伏牛山药用植物志

第五卷(下册)

尹卫平　高致明　等　著

林瑞超　主审

科学出版社

北京

内 容 简 介

　　《伏牛山药用植物志》是中国中原地区植物的总信息库和基础性科学资料，它主要记载了我国伏牛山地区药用植物的种类和分布情况，全书共分为 7卷 8 册。其中的第一至第三卷为大宗药材；第四、第五卷为常用药材(包括有毒植物)；第六、第七卷为冷背药材。有毒植物是本套著作中的重要组成部分。《伏牛山药用植物志》第五卷主要记载伏牛山区双子叶有毒植物资源。本书为《伏牛山药用植物志》丛书的第五卷下册。与第五卷上册一样，本册仍涵盖伏牛山产的常用有毒植物。书中每个有毒植物的描述包括：中文名、别名、基原、原植物(包括药用部位)、生境、分布、化学成分、毒性、药理作用、毒理、附注和参考文献(个别植物会有缺项)。在第五卷上、下册中，为便于互相交流，每个植物的英文名信息参照现有的文献，都尽量列出。下册共收录有伏牛山产有毒的双子叶植物 16 科 220 个品种。

　　本书是具有利用价值的高度综合性数据库，可供相关学科的研究生和科技工作者学习及参考。

图书在版编目（CIP）数据

伏牛山药用植物志. 第 5 卷. 下册/尹卫平，高致明等著. —北京：科学出版社，2015. 1
　　ISBN 978-7-03-042452-5

　　Ⅰ. ①伏… Ⅱ. ①尹… ②高… Ⅲ. ①药用植物－植物志－河南省 ②有毒植物－双子叶植物－植物志－河南省 Ⅳ. ①Q949.95

中国版本图书馆 CIP 数据核字（2014）第 262068 号

责任编辑：张会格 / 责任校对：郑金红
责任印制：徐晓晨 / 封面设计：陈　敬

科 学 出 版 社 出版
北京东皇城根北街 16 号
邮政编码：100717
http://www.sciencep.com

北京厚诚则铭印刷科技有限公司 印刷
科学出版社发行　各地新华书店经销

*

2015 年 1 月第 一 版　　开本：787×1092　1/16
2015 年 1 月第一次印刷　　印张：22 1/8
字数：560 000

定价：135.00 元
（如有印装质量问题，我社负责调换）

前　　言

　　《伏牛山药用植物志》第五卷，总称为伏牛山有毒双子叶植物。本卷共分上、下两册出版。有毒植物的撰写是本著作中的精华和重要的部分。根据植物分类学，本卷下册涵盖的双子叶有毒植物为 16 科 220 个品种（基于全书有毒双子叶植物，上、下册共涵盖 45 科 540 个品种），其中包括我们发现的和已经被证实的一些有毒植物的变种或新发现的品种。

　　《伏牛山药用植物志》第五卷下册是《伏牛山药用植物志》第五卷上册双子叶有毒植物部分的继续。从资源利用上讲，有毒植物也为经济植物的一个类别，仍然属于应用植物资源的范畴。我们只有认识、了解、开发和利用它们，才能发挥其应用价值。伏牛山区有毒植物品种多，分布广，蕴藏量巨大，因而具有种内变异多样性的特点，尤其有毒双子叶植物，是自然界中颇为重要的植物类群，一直受到人们的广泛关注。据调查，这些伏牛山区的双子叶有毒植物，一方面由于竞争能力强、蔓延生长，且对生境要求粗放，多广泛分布于田间荒野、山坡草丛、路边、溪边、沟边等环境，甚至耐干旱贫瘠，有不少种类还形成特殊的伴人和植物群落大量生长态势，这使开发和利用成本大大降低；另一方面，无论是有毒植物的毒性成分，还是来自植物的有毒部位（如植物自身或全株有毒，根茎毒，地上部分叶、茎毒，果实、种皮有毒或花有毒，汁液有毒，刺毛有毒，挥发油有毒等），其中毒性机制也呈多样性特征。为了更好地利用和开发野生药用植物资源，多年来，我们结合伏牛山植物药课题开展了本地区药用植物的调查工作，包括对双子叶有毒植物的研究。

　　近年来，有毒植物的广泛分布，已经得到国内外学者普遍关注。一些交叉学科，如生态学、毒理学、药理学、生物工程学领域的专家，甚至将有毒植物的研究作为药用植物的主要研发目标。同时一些有毒植物正逐步被鉴定，其中化学成分的性质和毒性机制也逐渐被阐明，它们中的许多重要研究成果，都已被工业、农业、医药食品和饲料业所采用，这些为有毒植物的进一步开发利用提供了技术支撑。另外，在本卷的撰写中，我们兼顾了多学科交叉特征，如在有毒植物药用和毒性方面，许多植物的亚种、变种都很相近，但药效、毒理成分确有区别，因此在撰写中，将植物学、遗传学、生药学、植物化学、微生物学、生态学、有毒植物学、毒素学等学科紧密结合起来，进行综合研究；同时还利用以当代大型仪器为先导的检测手段，以及快速准确鉴定新技术的发展，提高了植物药材品质的安全性及真伪的有效辨别。

　　本卷涉及的多数为药用植物和具有较高药用价值的双子叶有毒植物。这些植物在中医药制剂方面的应用，如经深加工后，制成各种复方剂型，针对不同疾病应用于临床治疗，均显示出较好的疗效。在文献中多有植物药制剂在治疗癌症、受体症、免疫症等疑难病症方面的临床报道。因此，书中的描述常会涉及一些临床药理方面的科学术语，均采用缩写形式，如静脉注射（iv）、腹腔注射（ip）、口服（po）、皮下注射（sc）、灌胃（ig）、环磷酰胺（cy）、前列腺素 E（PGE）、谷丙转氨酶（SGPT）、血卟啉衍生物（hematoporphyrin derivative, HpD)、半数有效量(50% effective dose, ED$_{50}$)和半数致死量(median lethal dose, LD$_{50}$)等。

本书共 56 万字。尹卫平教授撰写前言并负责统稿，撰写 3 万字，其他著者撰写字数分别为：周冬菊 13 万字，魏学锋 10 万字，汤红妍 10 万字，姜华 10 万字，易军鹏 10 万字。最后由尹卫平教授、高致明教授定稿，林瑞超教授主审，在此一并表示感谢。此外，由于编写时间仓促，加上作者水平所限，尤其还有更多研究工作有待深入探讨，因此书中难免有疏漏和不当之处，欢迎读者批评指正。在此对为本书的出版做出贡献的所有人员，包括所有主要参考文献的作者表示深切的谢意！

著　者

2014 年 7 月

目　录

前言

木通科 ·· 1

　猫儿屎 ·· 1

　木通 ··· 3

　三叶木通 ··· 6

　五叶木通 ··· 8

　白木通 ·· 9

木犀科 ·· 17

　茉莉 ·· 18

　日本女贞 ·· 20

　女贞 ·· 21

毛茛科 ·· 24

　金莲花 ·· 26

　铁筷子 ·· 28

　花葶乌头 ·· 31

　高乌头 ·· 32

　鞘柄乌头 ·· 34

　牛扁 ·· 36

　乌头 ·· 37

　毛果吉林乌头 ··· 40

　瓜叶乌头 ·· 41

　松潘乌头 ·· 44

　铁棒锤 ·· 45

　翠雀花 ·· 47

　还亮草 ·· 49

　河南翠雀花 ··· 50

　秦岭翠雀花 ··· 51

　腺毛翠雀花 ··· 54

　川陕翠雀花 ··· 54

　金龟草 ·· 55

　纵肋人字果 ··· 56

　华北耧斗菜 ··· 57

　无距耧斗菜 ··· 58

　耧斗菜 ·· 59

瓣蕊唐松草 ……………………………………………………… 60

盾叶唐松草 ……………………………………………………… 62

长柄唐松草 ……………………………………………………… 63

河南唐松草 ……………………………………………………… 65

粗壮唐松草 ……………………………………………………… 67

贝加尔唐松草 …………………………………………………… 67

秋唐松草 ………………………………………………………… 68

箭头唐松草 ……………………………………………………… 71

短梗箭头唐松草 ………………………………………………… 73

打破碗碗花 ……………………………………………………… 74

绒毛银莲花 ……………………………………………………… 75

林荫银莲花 ……………………………………………………… 76

毛蕊银莲花 ……………………………………………………… 78

大叶铁线莲 ……………………………………………………… 79

绵团铁线莲 ……………………………………………………… 80

柱果铁线莲 ……………………………………………………… 82

短尾铁线莲 ……………………………………………………… 83

陕西铁线莲 ……………………………………………………… 83

山木通 …………………………………………………………… 84

毛蕊铁线莲 ……………………………………………………… 85

茴茴蒜 …………………………………………………………… 86

石龙芮 …………………………………………………………… 87

毛茛 ……………………………………………………………… 89

小毛茛 …………………………………………………………… 90

扬子毛茛 ………………………………………………………… 93

禾本科 ………………………………………………………… 94

香茅 ……………………………………………………………… 95

马唐 ……………………………………………………………… 96

穇子 ……………………………………………………………… 97

牛筋草 …………………………………………………………… 98

六蕊假稻 ………………………………………………………… 99

黑麦草 ………………………………………………………… 100

稻 ……………………………………………………………… 101

黍 ……………………………………………………………… 103

双穗雀稗 ……………………………………………………… 105

象草 …………………………………………………………… 106

红毛草 ………………………………………………………… 107

防己科 107
　千金藤 111
　木防己 112
　轮环藤 115
杜鹃花科 116
　照山白 117
　秀雅杜鹃 118
　河南杜鹃 121
　太白杜鹃 121
　满山红 122
　杜鹃花 125
茄科 126
　毛曼陀罗 127
　曼陀罗 128
　颠茄 130
　漏斗泡囊草 134
　珊瑚樱 135
　马铃薯 136
　野茄 138
　野海茄 140
　烟草 141
茜草科 144
　鸡屎藤 145
　毛鸡矢藤 147
　茜草 148
　卵叶茜草 152
　膜叶茜草 153
　披针叶茜草 154
菊科 154
　下田菊 156
　胜红蓟 157
　东风菜 159
　一枝黄花 164
　旋覆花 166
　烟管头草 168
　大花金挖耳 169
　金挖耳 171
　暗花金挖耳 172

小花金挖耳 ·· 173

刺苍耳 ·· 174

腺梗豨莶 ·· 175

豨莶 ·· 176

黄花蒿 ·· 178

牡蒿 ·· 182

萎蒿 ·· 183

白包蒿 ·· 184

艾蒿 ·· 185

蜂斗菜 ·· 188

毛裂蜂斗菜 ·· 189

三七草 ·· 191

兔儿伞 ·· 193

蒲儿根 ·· 194

林荫千里光 ·· 195

红轮千里光 ·· 196

东北千里光 ·· 197

齿叶千里光 ·· 198

大丁草 ·· 198

笔管草 ·· 200

鸦葱 ·· 201

桃叶鸦葱 ·· 202

苦苣菜 ·· 202

山莴苣 ·· 203

山苦荬 ·· 204

多头苦荬菜 ·· 205

抱茎苦荬菜 ·· 206

齿缘苦荬菜 ·· 208

细叶苦荬菜 ·· 209

萝藦科 ·· 210

马利筋 ·· 212

杠柳 ·· 215

青蛇藤 ·· 218

牛皮消 ·· 220

竹灵消 ·· 222

朱砂藤 ·· 223

鹅绒藤 ·· 224

峨眉牛皮消 ·· 226

紫花白前 ·· 227
　大理白前 ·· 227
　荷花柳 ·· 228
　徐长卿 ·· 229
　变色白前 ·· 231
　地梢瓜 ·· 232
　隔山消 ·· 232
　萝藦 ·· 234
　华萝藦 ·· 236
　丽子藤 ·· 237
　苦绳 ·· 237
瑞香科 ·· 239
　黄瑞香 ·· 239
　陕西瑞香 ·· 242
　凹叶瑞香 ·· 243
　甘肃瑞香 ·· 244
　毛瑞香 ·· 245
　芫花 ·· 246
　荛花 ·· 249
　河朔荛花 ·· 250
　小黄构 ·· 252
　鄂北荛花 ·· 253
　狼毒 ·· 254
漆树科 ·· 256
　木蜡树 ·· 257
　野漆 ·· 258
　黄连木 ·· 260
蓼科 ·· 260
　酸模 ·· 261
　皱叶酸模 ·· 263
　巴天酸模 ·· 265
　羊蹄 ·· 266
　翼蓼 ·· 268
　金线草 ·· 269
　苦荞麦 ·· 270
　细梗荞麦 ·· 272
　刺蓼 ·· 272
　戟叶蓼 ·· 273

朱砂七 ……………………………………… 274

齿翅蓼 ……………………………………… 275

珠芽蓼 ……………………………………… 275

支柱蓼 ……………………………………… 277

河南蓼 ……………………………………… 278

头状蓼 ……………………………………… 279

黏毛蓼 ……………………………………… 279

赤胫散 ……………………………………… 280

水蓼 ………………………………………… 281

蔷薇科 ………………………………………… 283

毛叶石楠 …………………………………… 284

中华石楠 …………………………………… 285

唐棣 ………………………………………… 285

绢毛细曼委陵菜 …………………………… 286

匍枝委陵菜 ………………………………… 287

蛇莓委陵菜 ………………………………… 288

狼牙委陵菜 ………………………………… 289

三叶委陵菜 ………………………………… 290

鹅绒委陵菜 ………………………………… 291

朝天委陵菜 ………………………………… 291

西山委陵菜 ………………………………… 293

翻白草 ……………………………………… 293

莓叶委陵菜 ………………………………… 295

多茎委陵菜 ………………………………… 297

二裂委陵菜 ………………………………… 297

野杏 ………………………………………… 298

鼠李科 ………………………………………… 300

长叶冻绿 …………………………………… 301

锐齿鼠李 …………………………………… 302

薄叶鼠李 …………………………………… 303

鼠李 ………………………………………… 304

柳叶鼠李 …………………………………… 305

皱叶鼠李 …………………………………… 306

小叶鼠李 …………………………………… 307

罂粟科 ………………………………………… 307

罂粟 ………………………………………… 310

荷青花 ……………………………………… 314

荷包牡丹 …………………………………… 315

伏牛紫堇 ……………………………………………………… 316

曲花紫堇 ……………………………………………………… 318

元胡 ………………………………………………………… 319

紫堇 ………………………………………………………… 322

刻叶紫堇 ……………………………………………………… 323

黄堇 ………………………………………………………… 324

地丁草 ………………………………………………………… 325

土元胡 ………………………………………………………… 327

血水草 ………………………………………………………… 327

小果博落回 …………………………………………………… 329

白屈菜 ………………………………………………………… 331

秃疮花 ………………………………………………………… 334

角茴香 ………………………………………………………… 336

皂角刺 ………………………………………………………… 338

木 通 科

木通科 Lardizabalaceae，双子叶植物，约 7 属 50 种，大部产亚洲东部，只有 2 属分布于智利，我国有 5 属 40 种，多分布于长江以南各省区，有些种类供观赏用，有些种类的果实可食用。该科为木质藤本，很少为直立灌木；叶互生，掌状复叶，很少羽状复叶；花辐射对称，单性，很少杂性，单生或组成总状花序，很少圆锥花序；萼片 6，花瓣状，2 列，有时 3 列；花瓣 6，蜜腺状，远较萼片小，有时无花瓣；雄蕊 6，分离或合生，花药外向，纵裂，药隔常突出于药室顶端而呈角状或凸头状；心皮 3(6 或 9)，离生；子房上位，胚珠多数，很少单生；果为肉质的蓇葖果或浆果，沿腹缝开裂或不裂。

木通科植物主要活性成分是三萜木通皂苷，其苷元常见为常春藤皂苷元和齐墩果酸。这类皂苷在小剂量时有显著的抗炎、利尿作用，大剂量可引起肾衰竭。

木通科植物主要毒性表现为对肠胃的刺激和肾功能的损伤作用，如腹部剧烈疼痛、腹泻和呕吐，严重中毒时出现尿闭、蛋白尿甚至脱水等。

猫儿屎属 *Decaisnea* Hook. f. et Thoms.

落叶灌木。分枝少；冬芽大，卵形，有外鳞片 2 枚。奇数羽状复叶，无托叶；叶柄基部具关节；小叶对生，全缘，具短的小叶柄。花杂性，组成总状花序或再复合为顶生的圆锥花序；萼片 6，花瓣状，2 轮，近覆瓦状排列，披针形，先端长尾状渐尖；花瓣不存在。雄花：雄蕊 6 枚，合生为单体，花药长圆形，两缝开裂，先端具药隔伸出所成之附属体；退化心皮小，通常藏于花丝管内。雌花：退化雄蕊 6 枚，离生或基部合生；心皮 3，离生，直立，无花柱，胚珠多数，2 行排列于心皮腹缝线两侧，胚珠间无毛状体。肉质蓇葖果圆柱形，最后沿腹缝开裂；种子多数，藏于白色果肉中，倒卵形或长圆形，压扁，外种皮骨质，黑色或深褐色。分布于我国西南部和中部；东喜马拉雅山脉地区的尼泊尔、不丹、印度东北部和缅甸北部也有分布。河南有 1 种，为猫儿屎。

猫 儿 屎
Maoershi

ROOT OF FARGES DECAISNEA

【中文名】猫儿屎

【别名】猫瓜、鸡肠子、猫屎瓜、猫屎枫、水冬瓜、都哥杆、羊角立、羊角子、齿果、粘连子、猫屎包、鬼指头、小苦糖、猫屎筒

【基原】猫儿屎 *Decaisnea insignis* 为木通科 Lardizabalaceae 植物矮杞树 *Decaisnea fargesii Franch.* 的干燥根或果实。根随时可采，鲜用或晒干。果熟时采收，晒干。

【原植物】猫儿屎为木通科猫儿屎属落叶灌木，高达 5m。枝黄绿色至灰绿色，平滑无毛，具圆形皮孔；冬芽卵圆形，先端尖，长 1～2cm。羽状复叶长 50～80cm；小叶 13～25 片，具短柄，卵形至卵状长圆形，长 6～14cm，顶端锐尖，基部宽楔形或圆形，背面灰白色。圆锥花序下垂，长 20～50cm；花梗长 1～1.5cm。花浅绿色，花被片 6，外轮者长约 3cm，宽约 3mm，内轮者长约 2.5cm，宽约 6mm；雌花具 3 个心皮。果实圆柱形，微拱曲，长 5～10cm，直径 1～2cm，蓝紫色，具白粉，富含糊状白瓤。种子卵形，扁平，长约 1cm，黑色，有光泽。花期 5～6 月，果期 9～10 月(中国科学院西北植物研究所，1974)。

【生境】生于海拔 900～2200m 的谷坡灌丛或深山沟旁阴湿地方，喜肥沃土壤。

【分布】产于河南伏牛山区南部。

【化学成分】据报道，猫儿屎植物的化学成分研究主要分离鉴定得到 11 种皂苷化合物。经光谱分析及化学方法鉴定是 decaisoside A，化学名称为 3-O-α-L-吡喃鼠李糖-(1→2)-[β-O-吡喃半乳糖-(1→3)]-α-L-吡喃阿拉伯糖齐墩果酸；decaisoside B，化学名称为 3-O-α-L-吡喃鼠李糖-(I→2)-[β-D-吡喃半乳糖-(1→3)]-α-L-吡喃阿拉伯糖齐墩果酸-28-O-β-D-吡喃葡萄糖-(1→6)-β-D-吡喃葡萄糖苷；decaisoside C，化学名称为 3-O-α-L-吡喃鼠李糖-(1→2)-[β-D-吡喃半乳糖-(1→3)]-α-L-吡喃阿拉伯糖齐墩果酸-28-O-β-D-吡喃葡萄糖-(1→6)-β-D-吡喃葡萄糖-(1→4)-α-L-吡喃鼠李糖苷；decaisoside D，化学名称为 3-O-β-D-吡喃木糖-(1→3)-α-L-吡喃鼠李糖-(1→2)-α-L-吡喃阿拉伯糖常春藤-28-O-β-D-吡喃葡萄糖苷；decaisoside G，化学名称为 3-O-β-D-吡喃木糖-(1→3)-α-L-吡喃鼠李糖(1→2)-α-L-吡喃阿拉伯糖常春藤-28-O-β-D-吡喃葡萄糖-(1→6)-β-D-吡喃葡萄糖苷。另 6 种化合物为 saponin PG、dipsacoside B、kalopanaxsaponin B、saponinll、hederaponin B 和 saponin PJ3(孔杰，1996)。

【毒性】有毒。

【药理作用】猫儿屎对小鼠移植性肿瘤 S180(小白鼠肉瘤)、Hepa(肝癌)、Ec(艾氏病)的平均抑制率分别为 47.80%、41.48%、44.71%，具有一定的抗肿瘤活性(孔杰，1996；Kong et al.，1993)。木通科植物多为民间草药，据文献记载有解毒、杀菌、利尿、催生、镇痛等作用(江苏省植物研究所等，1988)。早在 20 世纪 60 年代，日本学者就将木通科植物制成利尿药，供肾疾、脚气及水肿患者内服(王朝义，1954)。

【主要参考文献】

江苏省植物研究所，中国医学科学院药物研究所，中国科学院昆明植物研究所. 1988. 新华本草纲要(第 1 册). 上海：上海科学技术出版社.

孔杰. 1996. 猫儿屎植物的化学成分及其药效学研究. 西北师范大学学报(自然科学版)，32：109.

王朝义. 1954. 科学的民间草药. 北京：人民卫生出版社.

中国科学院西北植物研究所. 1974. 秦岭植物志 第一卷 种子植物 (第二册). 北京：科学出版社：301.

Kong J，Li X C，Wei B Y，et al. 1993. Triterpenoid glyecosides from *Decaisnea fargesii*. Phytochemistry，33(2)：425~430.

木通属 *Akebia* Decaisne

该属植物全世界共有 4 种，分布在中国、日本、朝鲜。我国有 3 种和 2 个变种，分布以长江流域为主(应俊生和陈德昭，2001)。中国药典收载药材木通来源为木通(俗称五叶木通)*Akebia quinata* Decne.、三叶木通 *Akebia triforliata* Koidz.或白木通 *Akebia trifoliata* var. *australis* Rehd.的干燥藤茎，具有清热利尿、活血通脉之功效，主治小便短赤、淋浊、水肿、胸中烦热、风湿痹痛、乳汁不通等症(中华本草编委会编，1999)。药理研究表明，木通具有利尿、抗菌和抗肿瘤活性(刘桂艳等，2004)。本属大部种类的根、藤和果实均作药用，果味甜可食。藤本；掌状复叶互生或在短枝上的簇生，通常有小叶 3～5 片，很少 6～8 片；花单性同株，组成腋生的总状花序；萼片 3；雄蕊 6，离生，花丝极短或近于无，开花时花药内弯；心皮 3～9(～12)个，圆柱形，每心应有胚珠多颗，生于 2 个侧膜胎座上；肉质蓇葖果长椭圆形，沿腹缝开裂；种子多数，卵形，略扁平，排成多行藏于果肉中。为我国传统药用植物，有着 2000 多年的药用历史，具有很高的药用价值；叶、花、果观赏性强，果肉营养丰富，可鲜食或加工，开发潜力巨大。本属有 5 种，分布于亚洲东部，我国全产，其中三叶木通、木通、白木通河南均有分布。

【主要参考文献】

《中华本草编委会》. 1999. 中华本草(第3册). 上海：上海科学技术出版社：330.

刘桂艳，王晔，马双成. 2004. 木通属植物木通化学成分及药理活性研究概况. 中国药学杂志，39(5)：330~332.

应俊生，陈德昭. 2001. 中国植物志 第二十九卷. 北京：科学出版社.

木 通

Mutong

AKEBIAE CAULIS

【中文名】木通

【别名】通草、野木瓜、八月炸藤、丁翁、附通子、丁年藤(中国科学院中国植物志编辑委员会，2001)

【基原】为木通科 Lardizabalaceae 木通属植物木通 *Akebia quinata* (Houtt.) Decne，以根与藤茎入药。全年可采，切片晒干。

【原植物】落叶木质藤本。茎纤细，圆柱形，缠绕，茎皮灰褐色，有圆形、小而凸起的皮孔；芽鳞片覆瓦状排列，淡红褐色。掌状复叶互生或在短枝上的簇生，通常有小叶 5 片，偶有三四片或六七片的；叶柄纤细，长 4.5～10cm；小叶纸质，倒卵形或倒卵状椭圆形，长 2～5cm，宽 1.5～2.5cm，先端圆或凹入，具小凸尖，基部圆或阔楔形，上面深绿色，下面青白色；中脉在上面凹入，下面凸起，侧脉每边 5～7 条，与网脉均在两面凸起；小叶柄纤细，长 8～10mm，中间 1 枚长可达 18mm。伞房花序式的总状花序腋生，长 6～12cm，疏花，基部有雌花 1～2 朵，以上 4～10 朵为雄花；总花梗长 2～5cm；着生于缩短的侧枝上，基部为芽鳞片所包托；花略芳香。雄花：花梗纤细，长 7～10mm；萼片通常 3 片，有时 4 片或 5 片，淡紫色，偶有淡绿色或白色，兜状阔卵形，顶端圆形，长 6～8mm，宽 4～6mm；雄蕊 6(7)，离生，初时直立，后内弯，花丝极短，花药长圆形，钝头；退化心皮 3～6 枚，小。雌花：花梗细长，长 2～4(5)cm；萼片暗紫色，偶有绿色或白色，阔椭圆形至近圆形，长 1～2cm，宽 8～15mm，心皮 3～6(9) 枚，离生，圆柱形，柱头盾状，顶生；退化雄蕊 6～9 枚。果孪生或单生，长圆形或椭圆形，长 5～8cm，直径 3～4cm，成熟时紫色，腹缝开裂；种子多数，卵状长圆形，略扁平，不规则的多行排列，着生于白色、多汁的果肉中，种皮褐色或黑色，有光泽。花期 4～5 月，果期 6～8 月。（中国科学院中国植物志编辑委员会，2001）

【生境】生于海拔 300～1500 米的山地灌木丛、林缘和沟谷中。

【分布】伏牛山区野生。我国陕西、山东、江苏、安徽、江西、河南、湖北、湖南、广东、四川、贵州等地有分布。日本和朝鲜也有分布。

【化学成分】木通藤茎含白桦脂醇(betulin)，齐墩果酸(oleanolic acid)，常春藤皂苷元(hederagein)，木通皂苷(akeboside)Sta、Stb、Stc、Std、Stg1、Stg2、Sth、Stj、Stk 等。此外，尚含豆甾醇(stigmasterol)、β-谷甾醇(β-sitosterol)、胡萝卜苷(daucosterol)、肌醇(inositol)、蔗糖及钾盐。花中含有矢车菊素-3-木糖基-葡萄糖苷(cyanidin-3-xylosyl-glucoside)、矢车菊素-3-对-香豆酰基-葡萄糖苷(cyanidin-p-coumaroyl-glucoside)、矢车菊素-3-对-香豆酰基-木糖基-葡萄糖苷(cyanidin-3-p-coumaroyl-xylosyl-glucoside)等。木通的植物细胞经组织培养后得到木通种酸(quinatic acid)、3β-羟基-30-降齐墩果-12,20(29)-二烯-28-酸[3β-hydroxy-30-norolean-12,20(29)-dien-28-oicacid]、3-表-30-降齐墩果-12,20(29)-二烯-28-酸[3-epi-30-norolean-12,20(29)-dien-28-oicacid]、3β-羟基-29(或30)-醛基-12-齐墩果烯-28-酸[3β-hydroxy-29(or 30)-al-olean-12-en-28-oicacid]、桦叶菊萜酸(mesem bryanthemoidigenic acid)、30-降常春藤皂苷元-3-葡萄糖基阿拉伯糖苷[30-norhederagenin-3-O-β-gluco-(1→3)-α-L-arabinopyranoside]、30-降常春藤皂苷元-3-木糖基阿拉伯糖苷[30-norhederagenin-3-O-β-D-xylo-(1→2)-α-L-arabinopyranoside]、30-降齐墩果酸-3-木糖基阿拉伯糖苷[30-noroleanolic acid-3-O-β-D-xyl-(1→2)-α-L-arabinopyr-anoside]、3-表-松叶菊萜酸(3-eip-mesembryan-themoidige-nic acid)、3-乙酰-3-表松叶菊萜酸(3-O-acetyl3-eip-mesembryan-themoidigenic acid)、3-乙酰基松叶菊萜酸(3-O-acetyl-mesembryan-themoidigenic acid)、3-O-乙酰基-3-表-30-三对节萜(3-O-acetyl-3-epi-serratagenic acid)、3-乙酰基-30-三对节萜酸(3-O-acetyl-30-serratagenic acid)及齐墩果酮酸(oleanonic acid)。

木通中主要含有三萜皂苷成分，国内外学者已从木通种子中分离出 7 种三萜皂苷 saporfin A、saporfin B、saporfin C、saporfin D、saporfin E、saporfin F、saporfin G；藤茎中分离出 8 种三萜皂苷 akeboside S_{tb}（即 saponinA）、akeboside S_{tc}、akeboside S_{td}（即 saponin C）、akeboside S_{te}、akeboside S_{tf}、akeboside S_{th}、akeboside S_{tj}、akeboside S_{tk}；果皮中分离得到 12 种三萜皂苷 saponin P_A（即 saponin A）、saponin P_B、saponin P_C、saponin P_D（即 akeboside S_{tc}）、saponin P_E、saponin P_F（即 saponin C）、saponin P_G、saponin P_H、saponin P_{J1}、saponin P_{J2}、saponin P_{J3}、saponin P_K（akeboside S_{th}）。愈伤组织中分离出 4 种去甲三萜皂苷 quinatoside A、quinatoside B、quinatoside C、quinatoside D。

已知木通皂苷类成分部分结构式归纳如下：

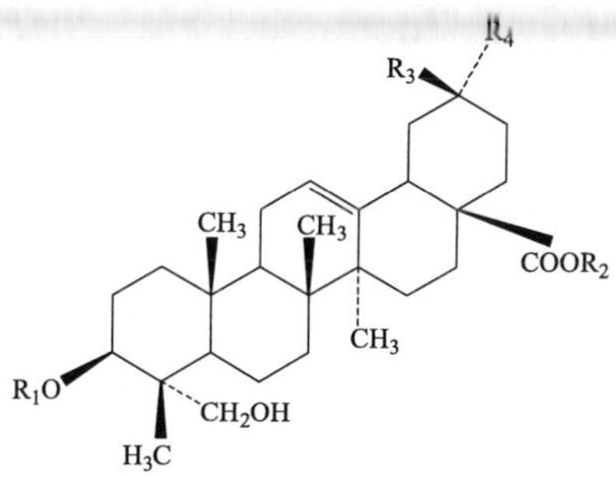

常春藤皂苷

R₁=花生四烯酸(ara)或木糖(xyl)

或鼠李糖(rha)

或葡萄糖(glc)

R₂=H 或 glc 或 rha

R₃=CH₃

R₄=CH₃

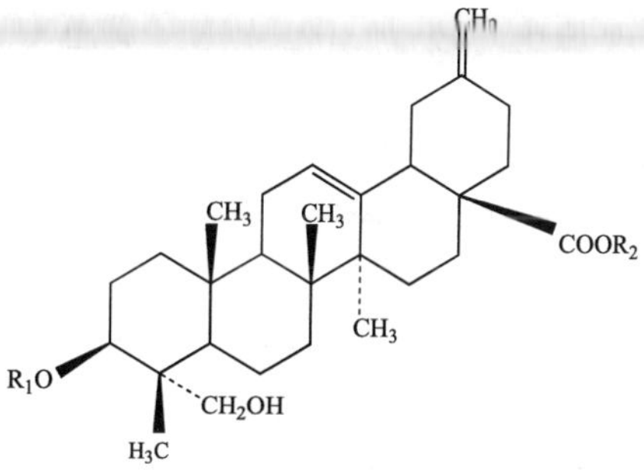

去甲常春藤皂苷

R₁=xyl 或 glc 或 ara

R₂=H

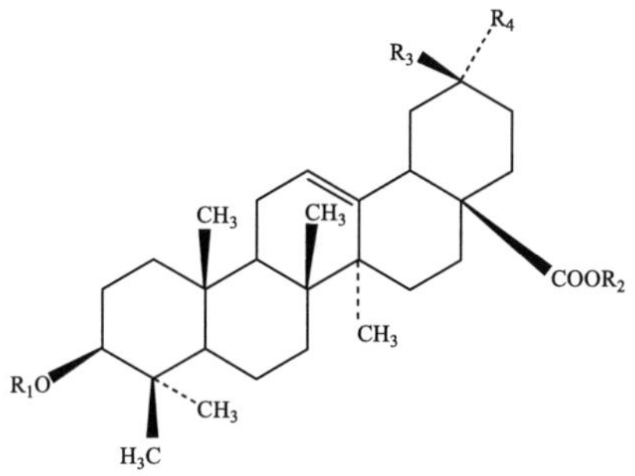

齐墩果酸皂苷

R₁=rha 或 ara 或 glc

R₂=H 或 rha 或 glc

R₃=CH₃

R₄=CH₃ 或 COOH

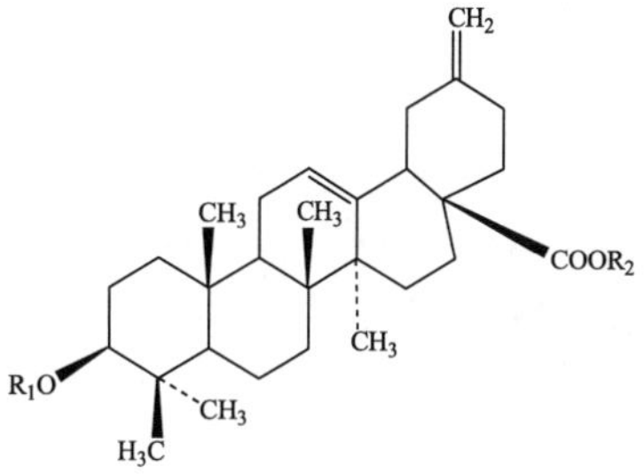

去甲齐墩果酸皂苷

R₁=xyl 或 glc 或 ara 或 H

R₂=H

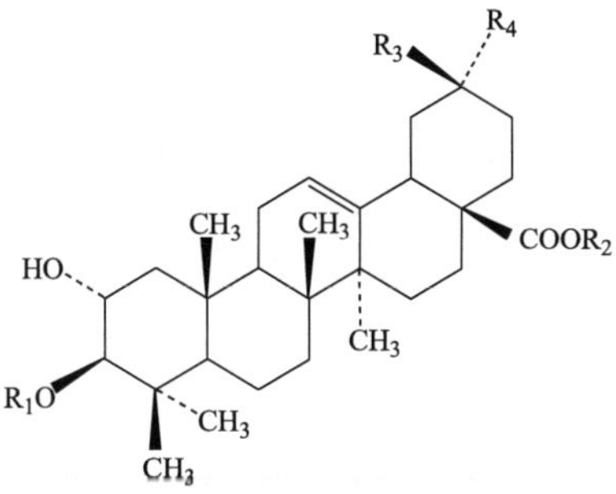

阿而球努列克酸皂苷

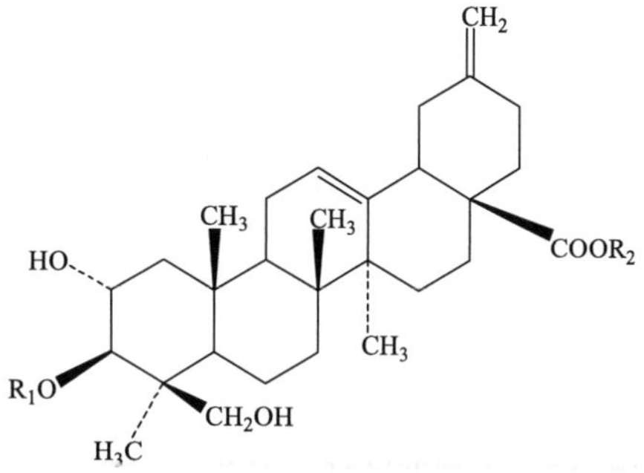

去甲阿而球努列克酸皂苷

　　木通中除含有皂苷类成分，藤茎中还含有豆甾醇、β-谷甾醇、胡萝卜苷、白桦脂醇、肌醇、蔗糖等；根中含有豆甾醇、β-谷甾醇及胡萝卜苷；木通水浸出物中所含无机成分以钾盐为最多，占原生药的 0.25%（刘桂艳等，2004）。

　　【毒性】果茎均有一定毒性。木通中毒为急性肾衰竭、代谢性酸中毒、高血钾（陈冀胜和郑硕，1987）。

　　【药理作用】茎、根和果实药用，利尿、通乳、消炎，治风湿关节炎和腰痛；果味甜可食，种子榨油，可制肥皂。药理研究结果表明，木通有利尿、抗菌和抗肿瘤活性。

【主要参考文献】

陈冀胜，郑硕. 1987. 中国有毒植物. 北京：科学出版社：286~287.

刘桂艳，王晔，马双成，等. 2004. 木通属植物木通化学成分及药理活性研究概况. 中国药学杂志，39：330~332.

中国科学院中国植物志编辑委员会. 2001. 中国植物志 第二十九卷. 北京：科学出版社.

三 叶 木 通

Sanyemutong

TRIFOLIATE

　　【中文名】三叶木通

　　【别名】八月炸、八月瓜、三叶拿藤、八月扎、羊开口、爆肚拿

　　【基原】为木通科 Lardizabalaceae 木通属植物三叶木通 *Akebia trifoliata* (Thunb.) Koidz 的干燥藤茎。

　　【原植物】三叶木通为木通科木通属落叶藤本。小枝灰褐色，有稀疏皮孔。掌状复叶，叶柄长 7~10cm；小叶 3 片，卵形或宽卵形，长 4~6cm，宽 2~4.5cm，先端凹，常有小尖头，基部截形或圆形，边缘具波状齿或全缘，表面深绿色，背面淡绿色；中间小叶柄长 2~4cm，侧生的长 6~8mm。花序由短枝的叶丛中抽出，总花梗长 10~25mm；小花梗长 4~5mm。雌花 1~3 朵，花被片暗紫色，长 10~12mm，宽约 10mm；雄花多数，花被片淡紫色，长约 3mm，宽 1.5~2mm；花药长 2mm。果实椭圆状，长 6~8cm，直径达 4cm，灰白色，微带淡紫色。种子黑褐色，扁圆形，长 5~7mm。花期 5 月，果期 8~9 月（中国科学院西北植物研究所，1974）。

　　【生境】生于海拔 550~2000m 的低山坡林下或灌丛中。

　　【分布】伏牛山区有分布。在河北、陕西、山西、甘肃、山东、河南和长江流域各地均有分布。

　　【化学成分】三叶木通的根茎含多种木通皂苷（akeboside），其苷元是常春藤苷元（hederagenin，$C_{30}H_{48}O_4$）或齐墩果酸（oleanolic acid，$C_{30}H_{48}O_3$），还含大量钾盐，其正丁醇部位含有多种齐墩果酸及常春藤皂苷类三萜皂苷，如齐墩果酸- 3-O-α-L-吡喃鼠李糖-(1→2)-α-L-吡喃阿拉伯糖苷；齐墩果酸-3-O-α-L-吡喃鼠李糖-(1→4)-β-D-吡喃葡萄糖-(1→2)-α-L-吡喃阿拉伯糖苷；常春藤皂苷元-3-O-α-L-吡喃鼠李糖-(1→4)-β-D-吡喃葡

葡糖-(1→2)-α-L-吡喃阿拉伯糖甘；3-O-α-L-吡喃鼠李糖-（1→2）-α-L-吡喃阿拉伯糖 齐墩果酸-28-O-α-L-吡喃鼠李糖-(1→4)-β-O-吡喃葡萄糖-（1→6）-β-O-吡喃葡萄糖酯苷；3-O-β-D-吡喃葡萄糖-(1→2)-α-L-吡喃鼠李糖-(1→4)-α-L-吡喃阿拉伯糖-常春藤皂苷元-28-O-α-L-吡喃鼠李糖-(1→4)-β-D-吡喃葡萄糖-(1→6)-β-D-吡喃葡萄糖酯苷；3-O-α-L-吡喃鼠李糖-(1→2)-α-L-吡喃阿拉伯糖-常春藤皂苷元-28-O-α-L-吡喃鼠李糖-(1→4)-β-D-吡喃葡萄糖酯苷；3-O-β-D-吡喃葡萄糖-(1→2)-α-L-吡喃阿拉伯糖-齐墩果酸-28-O-α-L-吡喃鼠李糖-(1→4)-β-D-吡喃葡萄糖-(1→6)-β-D-吡喃葡萄糖酯苷；3-O-α-L-吡喃鼠李糖-(1→4)-α-L-吡喃阿拉伯糖-齐墩果酸-28-O-α-L-吡喃鼠李糖-(1→4)-β-D- 吡喃葡萄糖-(1→6)-β-D-吡喃葡萄糖酯苷；3-O-α-L-吡喃鼠李糖-（1→6）-β-D-吡喃葡萄糖-(1→2)-α-L-吡喃阿拉伯糖-常春藤皂苷元-28-O-α-L-吡喃鼠李糖-(1→4)-β-D-吡喃葡萄糖-(1→6)-β-D-吡喃葡萄糖酯苷。

三叶木通种子油含量较高，采用石油醚回流法提取三叶木通种子油的化学成分，并进行分析，最终确定了其中 4 种脂肪酸成分，即十六(碳)酸、亚油酸、十八碳-13-烯酸和十八(碳)酸，相对含量分别为 24.8%、29.6%、40.5%和 5.1%。结果表明，三叶木通种子油中不饱和脂肪酸的相对含量达 70.1%。其叶含槲皮素、咖啡酸、对香豆酸(p-coumaric acid)、齐墩果酸和山奈醇(kaempferol)。其果实中蛋白质、淀粉、可溶性糖、有机酸含量分别为 0.98%、0.52%、8.55%、3.17%(W/W)，人体必需的氨基酸、矿物质元素含量分别为 150.1mg/100g、30.0mg/100g(冯航，2010；王晔等，2004)。

【毒性】枝叶有毒。

【药理作用】三叶木通为重要的药用植物，其干燥果实称"预知子"，具有疏肝理气、活血止痛、除烦利尿的功效，运用于肝气滞、胃气滞、痛经、烦渴等症。且其根、藤、果实均可入药，可治关节炎、骨髓炎等症，兼有防治肝癌的作用。

1. 对酪氨酸酶活性的抑制作用

三叶木通果实不同部位(果皮、果肉、种子)的乙醇提取物对酪氨酸酶活性均有一定的抑制作用，其中果肉对酪氨酸酶活性有极佳的抑制效果。

2. 抗炎作用

三叶木通水提物能显著抑制二甲苯致炎症反应，与模型组和阳性对照组相比差异显著；类似实验同样表明三叶木通水提物能显著抑制乙酸致炎症反应。根中苷类提取物有抗炎作用。

3. 抑菌作用

三叶木通水提物对乙型链球菌、痢疾杆菌作用明显，对大肠杆菌、金黄色葡萄球菌有一定抑菌作用(冯航，2010)。

【毒理】三叶木通果实的果皮、果肉对小鼠无毒，果皮滤液的最大耐受量大于 50g/kg，果肉的最大耐受量大于 100g/kg。而种子与蒸馏水的混悬液却对小鼠有毒，LD_{50}=12.83g/kg。灌胃后，绝大多数小鼠 5～10min 自发活动减少，呈嗜睡状态，1～2h 死亡，死亡前少数有轻度惊厥(后肢向后伸)，呼吸先停，随后心跳停止；未死亡小鼠中毒症状持续 3～4h，随后小鼠的饮食、活动恢复止常(钟彩虹等，2009)。

小鼠腹腔注射枝和叶的氯仿或甲醇提取物 200mg/kg，出现扭体、竖尾、肌张力增加、高步态等症状；在 500mg/kg 剂量下可见呼吸抑制，瘫痪以至死亡（陈冀胜和郑硕，1987）。

【主要参考文献】

陈冀胜，郑硕. 1987. 中国有毒植物. 北京：科学出版社：288.

冯航. 2010. 三叶木通化学成分和药理作用研究进展. 西安文理学院学报（自然科学版），13：16~18.

王晔，鲁静，林瑞超. 2004. 三叶木通藤攀的化学成分分究. 中草药，35：495~498.

中国科学院西北植物研究所. 1974. 秦岭植物志 第一卷 种子植物（第二册）. 北京：科学出版社：302.

钟彩虹，黄宏文，韦玉先，等. 2009. 三叶木通果实对小鼠急性毒性的初步研究. 武汉植物学研究，27：688~691.

五 叶 木 通
WuyeMutong

AKEBIA STEM

【中文名】五叶木通

【别名】木通、野木瓜、预知子、萝藤包、萝、牛软头

【基原】为木通科 Lardizabalaceae 木通属植物木通 *Akebia quinata* (Thunb.) Decne，以根与藤茎入药。全年可采，切片晒干。

【原植物】五叶木通，落叶木质缠绕藤本，长 3~15m，全株无毛。幼枝灰绿色，有纵纹。掌状复叶，小叶片 5，倒卵形或椭圆形，长 3~6cm，先端圆常微凹至具一细短尖，基部圆形或楔形，全缘。短总状花序腋生，花单性，雌雄同株；花序基部着生 1 或 2 朵雌花，上部着生密而较细的雄花；花瓣 3 片；雄花具雄蕊 6 个；雌花较大，有离生雌蕊 2 或 3。果肉质，浆果状，长椭圆形，或略呈肾形，两端圆，长约 8cm，直径 2~3cm，熟后紫色，柔软，沿腹缝线开裂。种子多数，长卵而稍扁，黑色或黑褐色。果实到秋冬季节就挂在藤上，未成熟时为绿色，成熟时果实颜色为金黄色。外表像芒果，内部果肉略像成熟的软柿子，籽像西瓜籽。花期 4~5 月，果熟期 8 月（陈冀胜和郑硕，1987）。

【生境】生于山坡、山沟、溪旁等处的乔木与灌木林中。

【分布】伏牛山区有分布，在陕西、山东、江苏、安徽、江西、河南、湖北、湖南、广东、四川、贵州等地也有分布。

【化学成分】从五叶木通 *Akebia quinata* Decne.藤茎乙醇提取物的二氯甲烷萃取部分分离得到 6 个化合物，其结构分别鉴定为：β-谷甾醇（I）、$\Delta^{5,22}$豆甾醇（II）、齐墩果酸（III）、常春藤皂苷元（IV）、胡萝卜苷（V）、$\Delta^{5,22}$豆甾醇-3-O-β-D-吡喃葡萄糖苷（VI）。化合物 VI 为首次从该属植物中分离得到（刘桂艳等，2005）。从正丁醇部分分离得到 3 个三萜成分，通过理化性质和波谱分析鉴定为：3α,24-二羟基-30-去甲齐墩果烷-12,20（29）-双烯-28-酸（I）；3α,24,29-三羟基齐墩果烷-12-烯-28-酸（II）；2α,3β,23-三羟基齐墩果烷-12-烯-28-酸（III）。其中，化合物 II 为新化合物，命名为木通茎酸（ouinatic stem acid）（刘桂艳等，2006）。

【毒性】五叶木通果实有毒。主要中毒症状是胃肠剧痛、腹泻、呕吐，严重中毒时出现少尿、尿闭、蛋白尿及脱水等肾衰竭症状。茎为常用中药，偶有中毒。中毒者出现

恶心、呕吐，伴有腹胀，随即少尿甚无尿。木通中毒为急性肾衰竭、代谢性酸中毒、高血钾(陈冀胜和郑硕，1987)。

【药理作用】

1. 利尿作用

家兔在严密控制进水量的情况下，每日灌服酊剂(用时蒸去乙醇，加水稀释过滤)0.5g/kg，连服 5d，有非常显著的利尿作用，灰分则无利尿作用，说明其利尿主要不是由于钾盐，而是其他的有效成分。家兔口服或静脉注射煎剂，亦出现利尿作用。

2. 抗菌作用

据初步体外试验结果，木通水浸剂或煎剂对多种致病真菌有不同程度的抑制作用。同属植物 *Akebia* longeracemosa Matsum(产我国台湾省及日本)中提得的皂苷，对大鼠、小鼠有利尿作用；对大鼠的实验性关节炎也有某些抑制作用，它能延长环己巴比妥钠引起的小鼠睡眠时间，有一定的镇痛作用。低浓度对家兔离体肠管和心房无明显作用，高浓度则使肠管收缩，心房抑制。对离体兔耳血管有收缩作用，口服毒性很小，注射给药则有一定毒性(刘桂艳等，2004)。

【附注】原植物为木通 *Akebia quinata* (Thunb.)Decne.、三叶木通 *Akebia trifoliata* (Thunb.) Koidz.，五叶木通 *Akebia quinata* (Thunb.) Decne.和白木通 *Akebia trifoliata* (Thunb.) Koidz. var. australis (Diels)Rehd.。

1. 三叶木通

与五叶木通相近。主要区别点：叶为三出复叶；小叶卵圆形、宽卵圆形或长卵形，长宽变化很大，先端钝圆、微凹或具短尖，基部圆形或楔形，有时微呈心形，边缘浅裂或呈波状，侧脉 5 或 6 对。

2. 白木通

本变种形态与三叶木通相近，但小叶全缘，质地较厚。

【主要参考文献】

陈冀胜，郑硕. 1987. 中国有毒植物. 北京：科学出版社：286~287.

刘桂艳，马双成，郑健，等. 2006. 五叶木通中一个新的三萜成分. 高等学校化学学报，27(11): 2120~2122

刘桂艳，王晔，马双成，等. 2004. 木通属植物木通化学成分及药理活性研究概况. 中国药学杂志，39：330~332.

刘桂艳，郑健，余振喜，等. 2005. 五叶木通藤茎甾体和三萜成分研究. 中药材，28(12): 1060~1061.

白 木 通

Baimutong

AKEBIA TRIFOLIATA VARAUSTRALIS

【中文名】白木通

【别名】八月瓜藤、地海参

【基原】为木通科 Lardizabalaceae 植物白木通 *Akebia trifoliata* (Thunb.)Koidz. var. *Australis* (Diels)Rehd.的干燥藤茎。

【原植物】白木通为木通科木通属植物的变种，本变种形态与三叶木通相近，但小叶全缘，质地较厚。白木通的干燥木质茎呈圆柱形且弯曲，长 30～60cm，直径 1.2～2cm。表面灰褐色，外皮极粗糙且有许多不规则裂纹，节不明显，仅可见侧枝断痕。质坚硬，难折断，断面显纤维性，皮部较厚，黄褐色，木部黄白色，密布细孔洞的导管，夹有灰黄色放射状花纹。中央具小形的髓。气微弱，味苦而涩。以条匀，内色黄者为佳。

【生境】生于海拔 600～1000m 的山坡或山谷灌丛中。

【分布】伏牛山区有分布。在西南及山西、陕西、江苏、浙江、江西、河南、湖北、湖南、广东等地也有分布。

【化学成分】白木通藤茎中包含多种三萜皂苷、三萜、苯乙醇苷、甾醇和长链脂肪酸酯类化合物，其中三萜皂苷均为齐墩果烷型的五环三萜皂苷，其苷元是在齐墩果酸的基础上进一步氧化为常春藤皂苷元、去甲常春藤皂苷元、去甲齐墩果酸、阿江榄仁酸、去甲阿江榄仁酸，其中阿江榄仁酸型和 30-去甲齐墩果烷型的三萜皂苷是白木通藤茎中的特征性成分。

三萜皂苷类化合物有 $2\alpha,3\beta,23$-trihydroxy-30-norolean-12-en-28-oic acid-β-D-glucopy-ranosylester（BMT-17）；$2\alpha,3\beta,23$-trihydroxy-30-norolean-12-en-28-oic acid-β-D-xylopyranosyl-（1→3）-O-α-L-rhamnopyranosyl-（1→4）-O-β-D-glucopyranosyl-（1→6）-O-β-D-glucopyranosylester（BMT-20）；$2\alpha,3\beta,23$-trihydroxyurs-12-en-28-oic acid-β-D-xylopyranosyl-（1→3）-O-α-L-rhamnopyranosyl-（1→4）-O-β-D-glucopyranosyl-（1→6）-O-β-D-glucopyranosyl ester（BMT-22）；3-β-［（β-D-glucopyranosyl-（1→3）-O-α-L-arabinopyranosyl）-oxy］-23-hydroxy-30-norolean-12-en-28-oic acid-α-L-rhamnopyranosyl-（1→4）-O-β-D-glucopyranosyl-（1→6）-O-β-D-glucopyra-nosylester（BMT-26）；3 -β-［（β-D-xylopyranosyl-（1→2）-O-α-L-arabinopyranosyl）-oxy］-30-norolean-12-en-28-oic acid-α-L-rhamnopyranosyl-（1→4）-O-β-D-glucopyranosyl-（1→6）-O-β-D-glucopyranosylester（BMT-29）；3-β-［（α-L-xylopyranosyl-（1→2）-O- α-L- arabinopyra-nosyl）-oxy］-30-norolean-12-en-28-oic acid-α-L-rhamnopyranosyl-（1→4）-O-β-D-glucopyran-osyl-（1→6）-O-β-D-glucopyranosylester（BMT-33）；3-β-［（β-D-glucopyranosyl-（1→2）-O-［β-D-glucopyranosyl-（1→3）-O-］-α-L-arabinopyranosyl）oxy］-30-norolean-12-en-28-oic acid-L-rhamnopyranosyl-（1→4）-O-β-D-glucopyranosyl-（1→6）-O-β-D-glucopyranosyl ester（BMT-30-2）等。

三萜化合物有 $2\alpha,3\beta,23,29$-tetrahydroxy-olean-12-en-28-oic acid（BMT-6）；苯乙醇苷类化合物有（3,4-dihydroxyphenyl）-ethyl-6-ecaffeoyl-glucopyranoside（BMT-4）、BMT-7、BMT-7-2。从连接的糖部分看，有单糖链苷，双糖链苷，3-O-糖链有直链、有支链，28-O-糖链均为直链；组成的糖主要有阿拉伯糖、木糖、鼠李糖和葡萄糖；3 位上内糖均为阿拉伯糖，其余为葡萄糖和木糖，28 位酯糖链主要为鼠李糖-（1→4）-葡萄糖-（1→6）-葡萄糖连接。

三叶木通和白木通的藤茎在皂苷类成分上具有较多的相似性，均含有特征性的阿江榄仁酸型和 30-去甲齐墩果烷型的三萜皂苷，五叶木通茎中以常春藤皂苷为主，三者的果实作为预知子入药也是较多含有常春藤皂苷（高慧敏，2006）。

白木通藤茎的化学成分研究通过反复硅胶柱色谱、ODS 柱色谱和重结晶的方法分离纯化,根据化合物的理化性质和波谱数据鉴定结构。结果分离得到 5 个化合物,分别为 2α,3β,23,29-tetrahydroxyolean-12-en-28-oic acid(Ⅰ),齐墩果酸-3-O-β-D-吡喃葡萄糖-(1→3)-α-L-吡喃阿拉伯糖苷(Ⅱ),齐墩果酸-3-O-β-D-吡喃葡萄糖-(1→2)-α-L-吡喃阿拉伯糖苷(Ⅲ),3-O-β-D-glucopyranosyl-(1→2)-α-Larabino pyranosyl-3-0-norolean-12-en-28-oic acid(Ⅳ),3-O-β-D-葡萄糖-(1→3)-α 和 L-阿拉伯糖-常春藤皂苷(Ⅴ)。5 个化合物均为首次从本植物中分离得到(高慧敏和王智民,2006)。综上,文献调研白木通化学成分研究中已证实的部分化学结构式如下(包括以上未被列出成分):

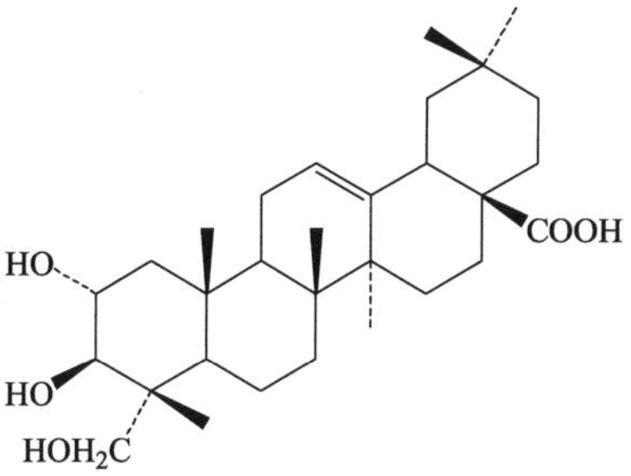

阿江榄仁酸(arjunolic acid)

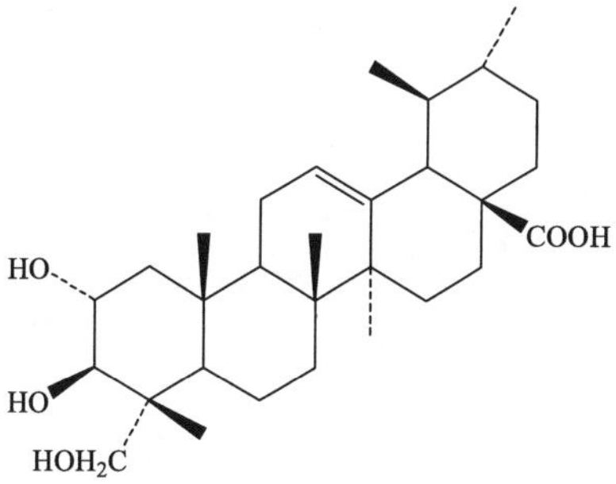

BMT-3a-Ⅱ

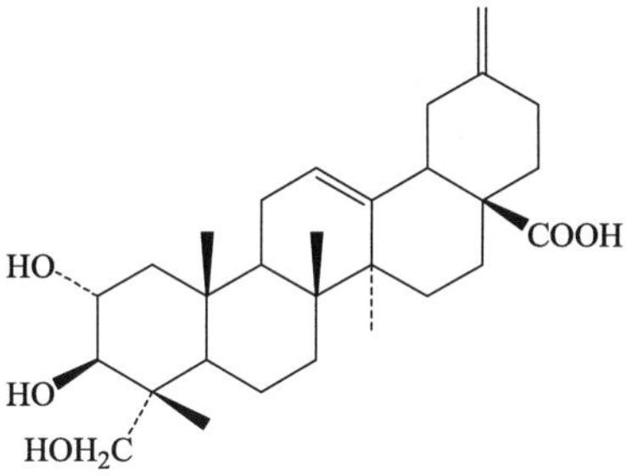

30-降阿江榄仁酸

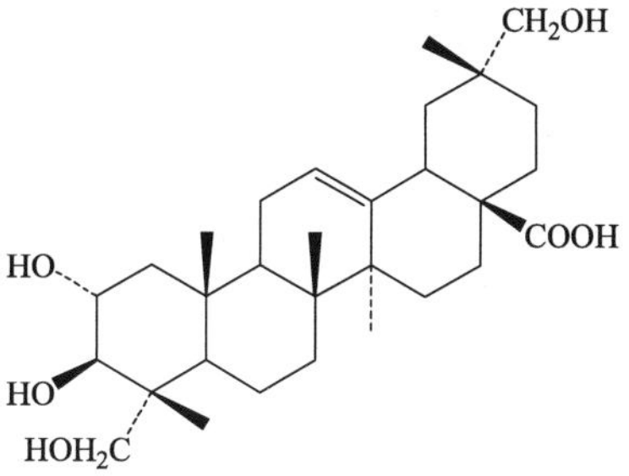

BMT-6

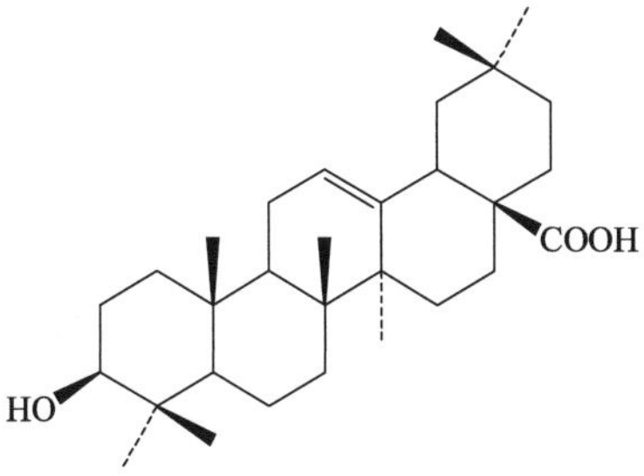

齐墩果酸(olcanolic acid)

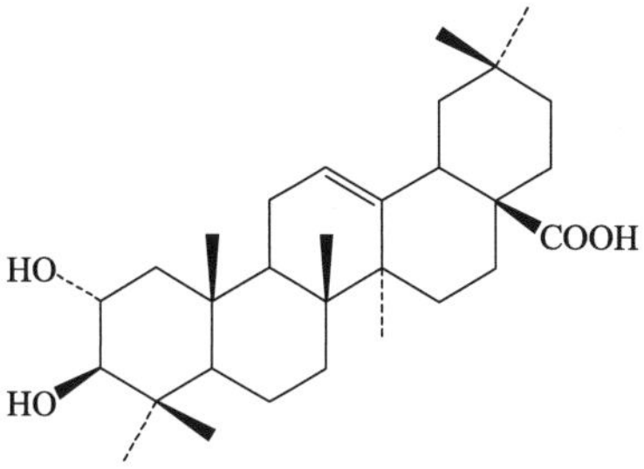

BMT-3ι

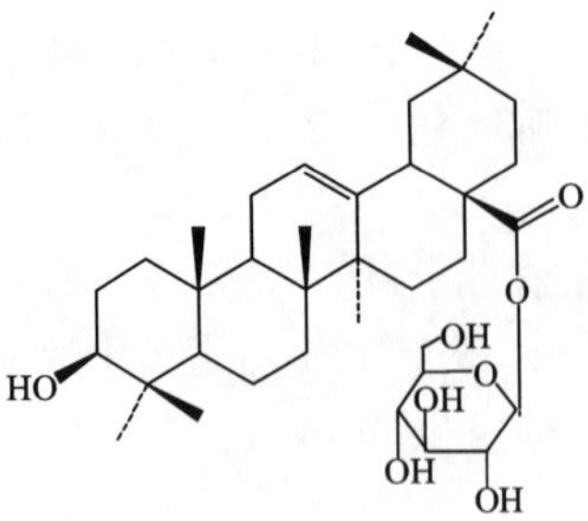

BMT-16-Ⅰ

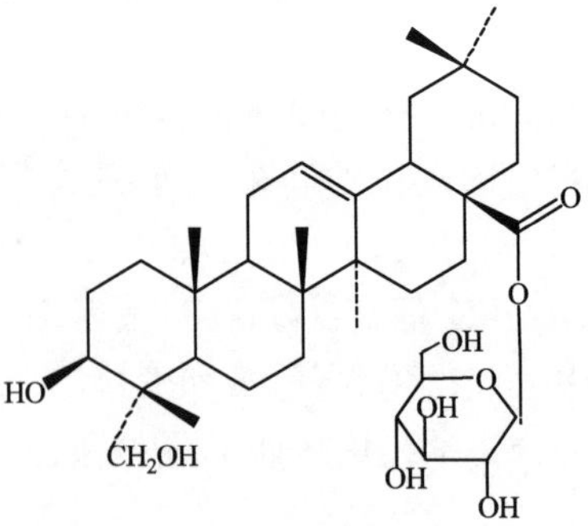

BMT-16-Ⅱ

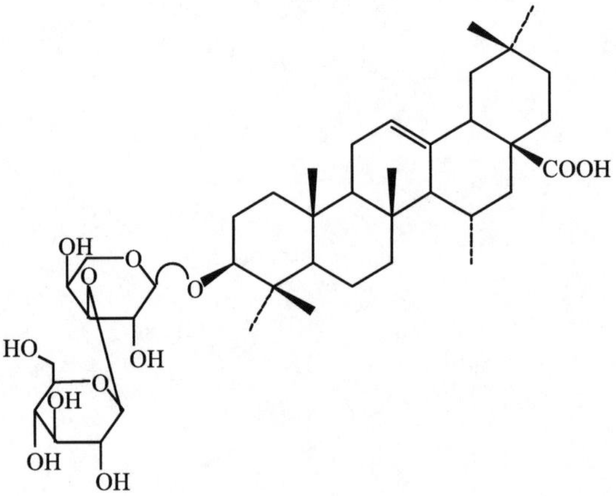

guaianin N

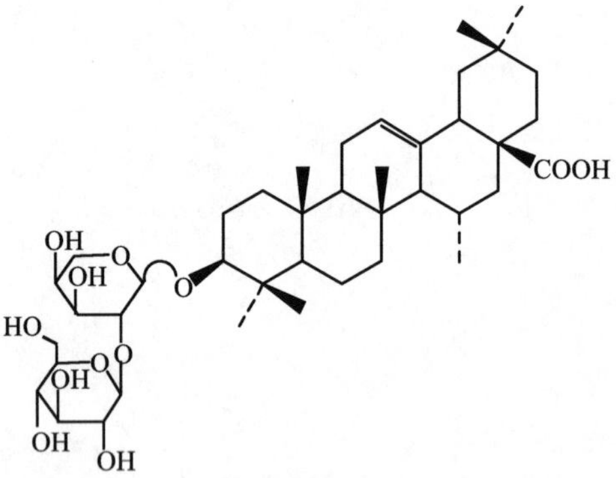

saponin PE

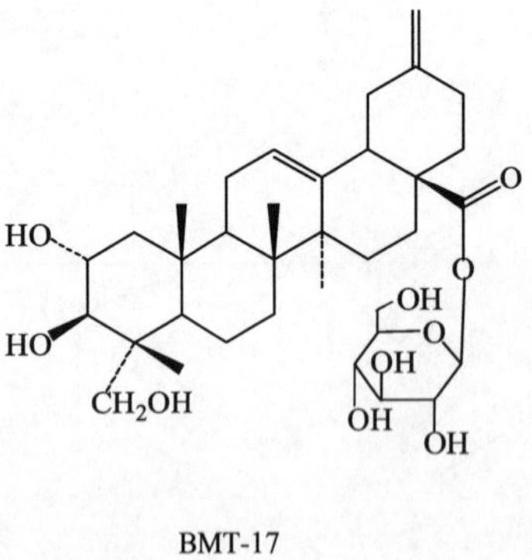

BMT-17

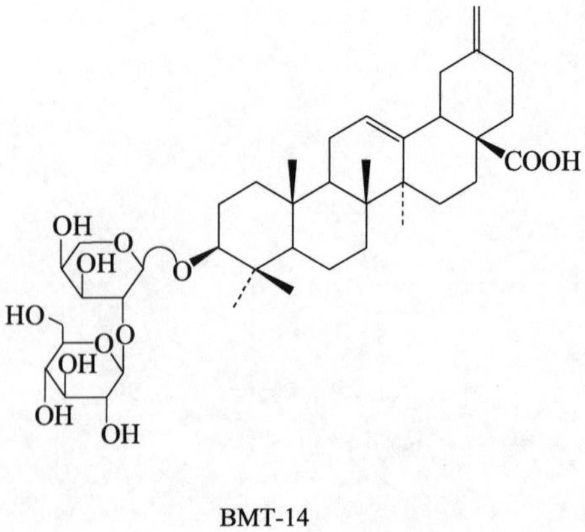

BMT-14

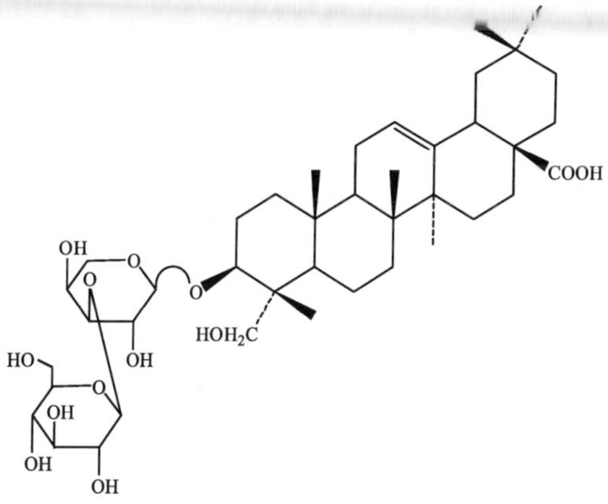

BMT-15

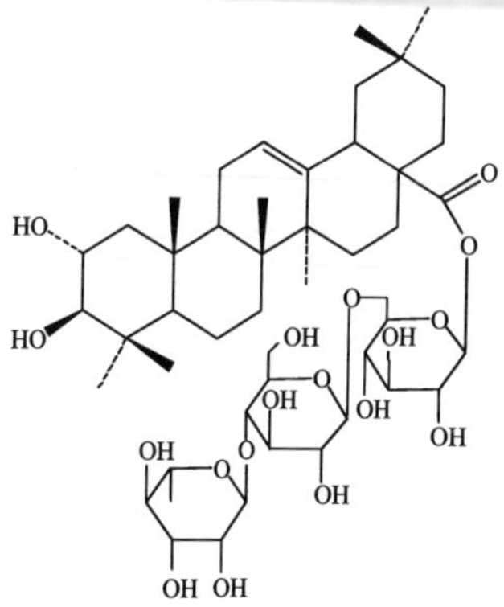

BMT-21

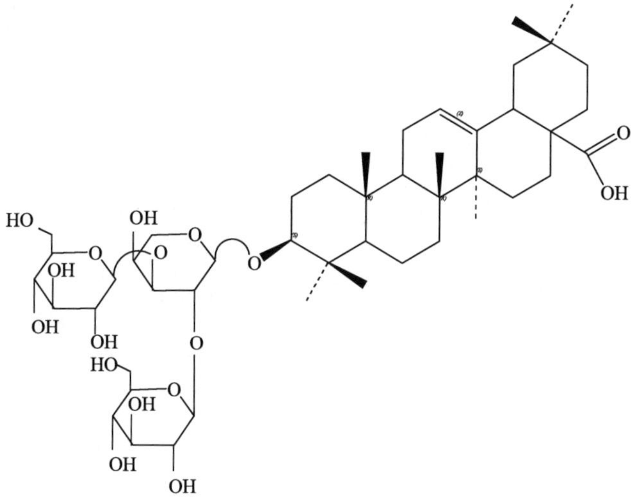

BMT-36

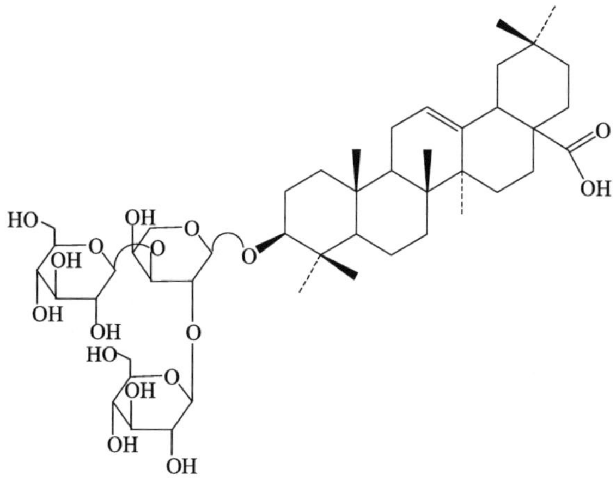

BMT 37

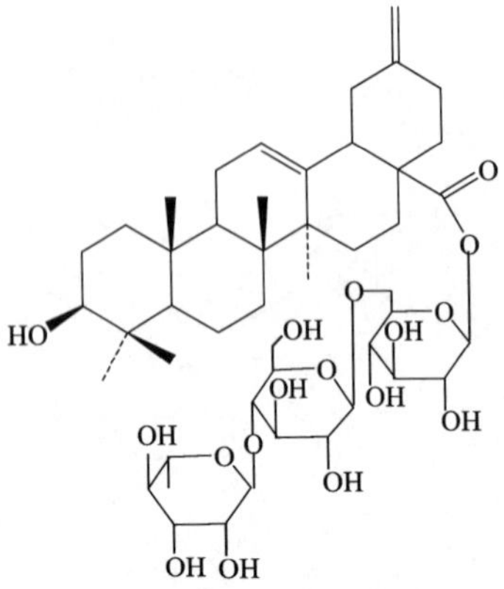

BMT-30

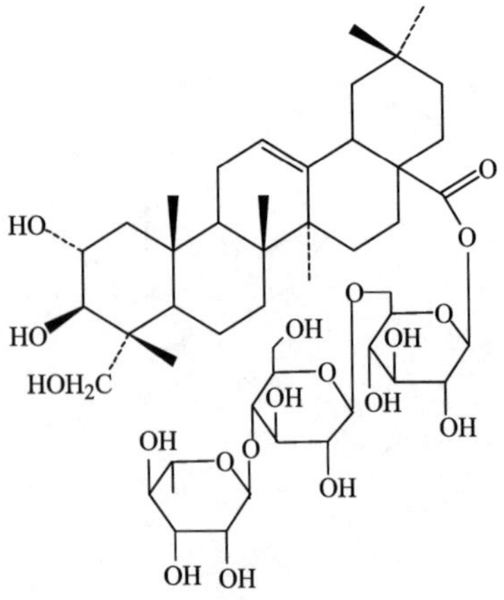

BMT-31

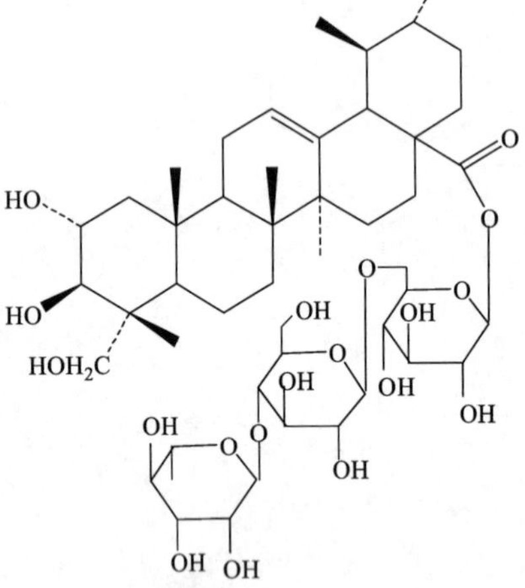

BMT-32

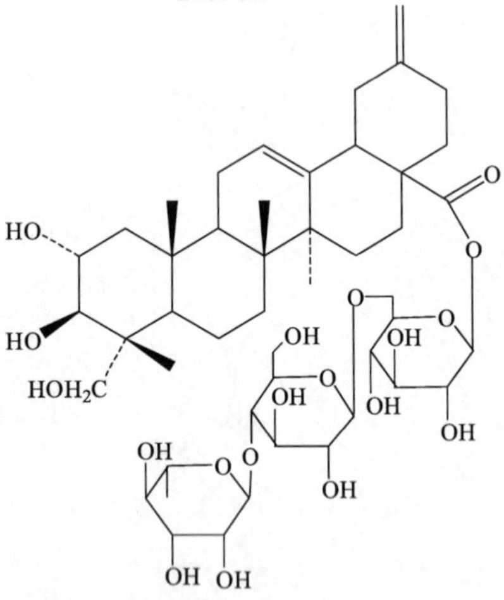

BMT-19

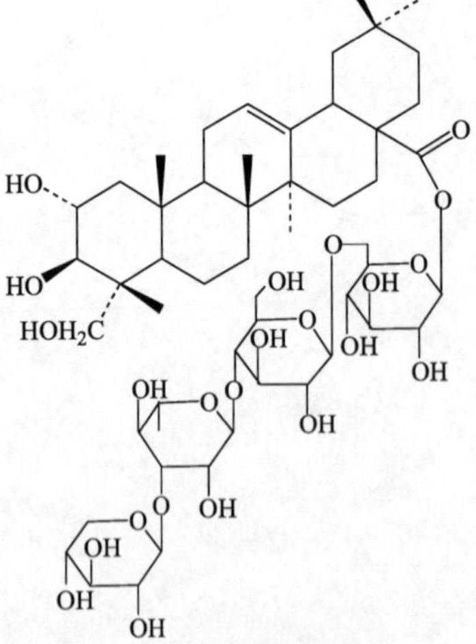

BMT-18

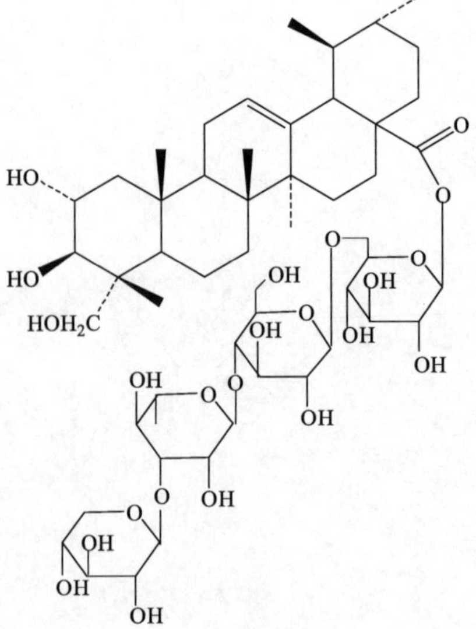

BMT-22

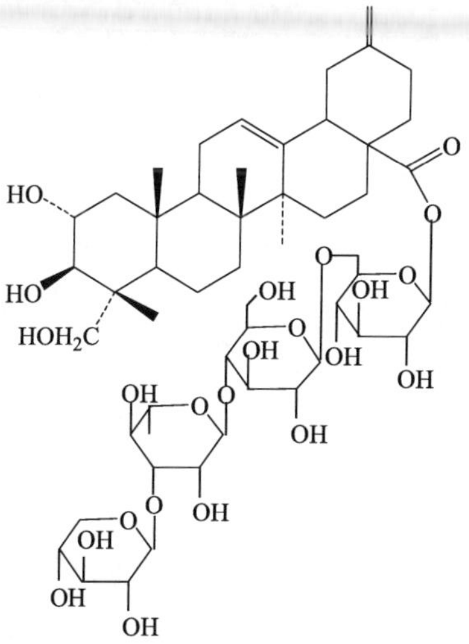

BMT-20

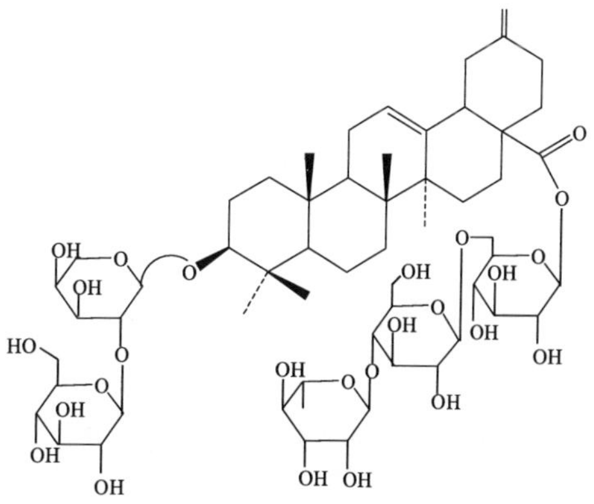

ciwujianoside A₂

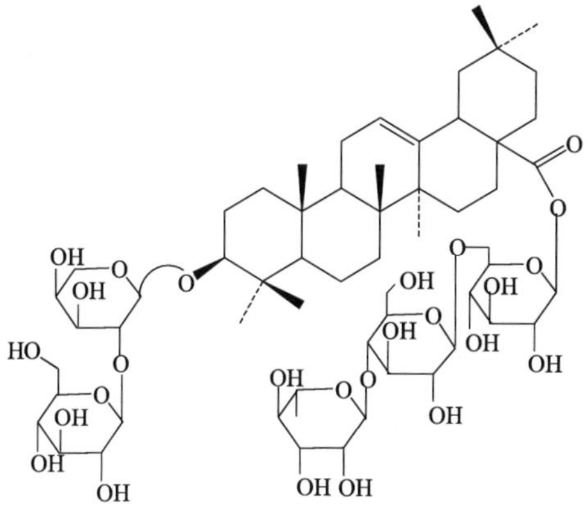

ciwujianoside A₁

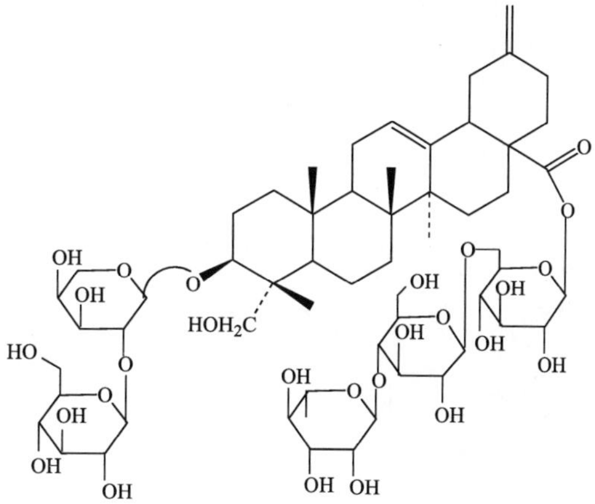

BMT-26

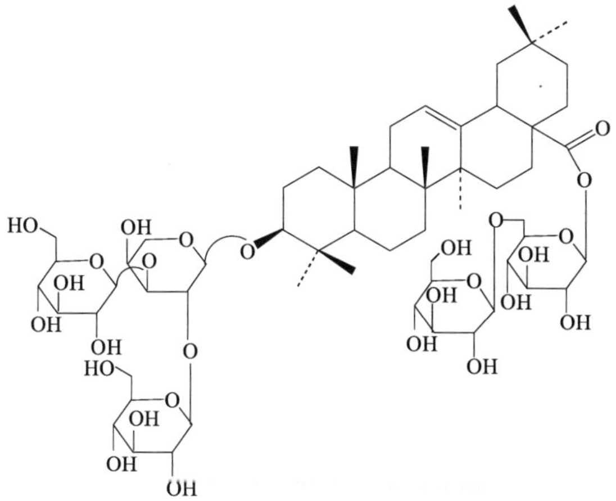

BMT-28-2

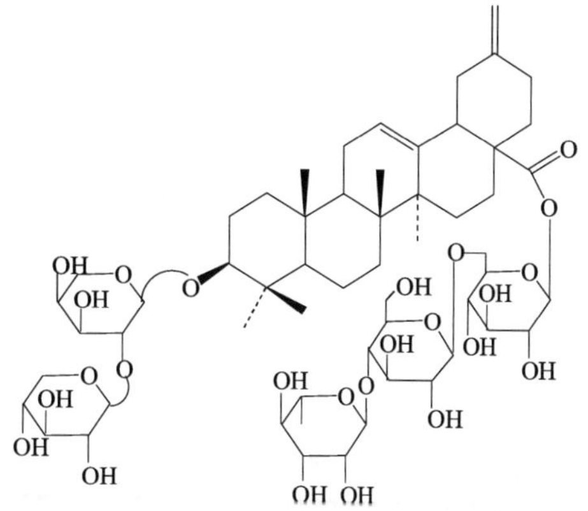

BMT-33

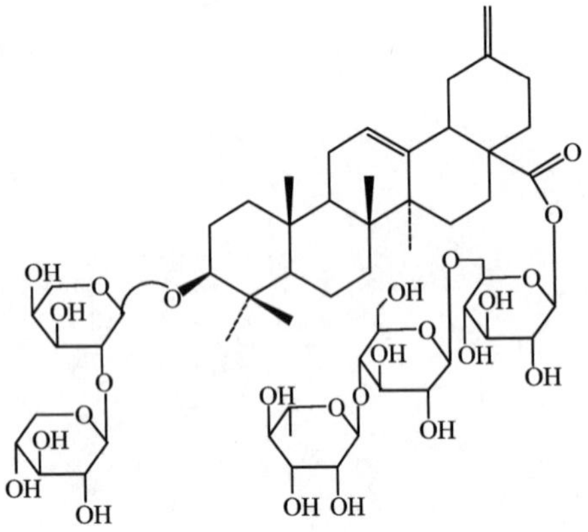

BMT-29

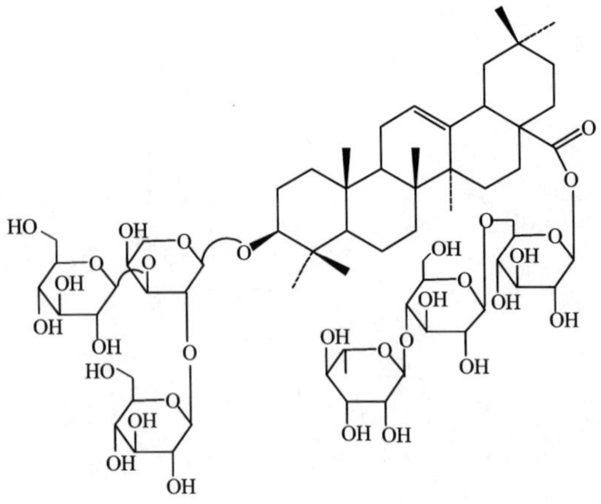

BMT-27

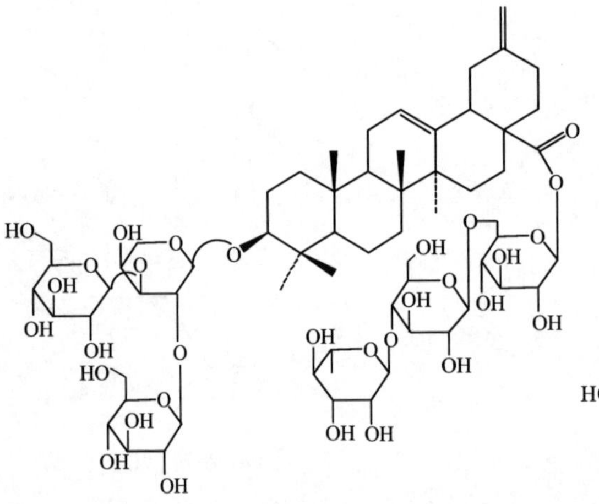

calceolarioside B

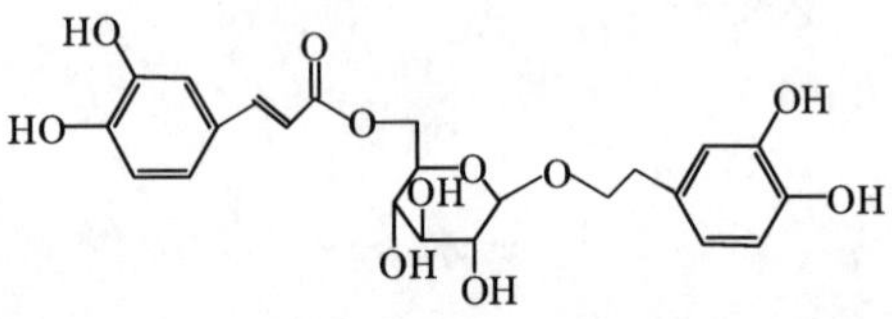

BMT-30-2

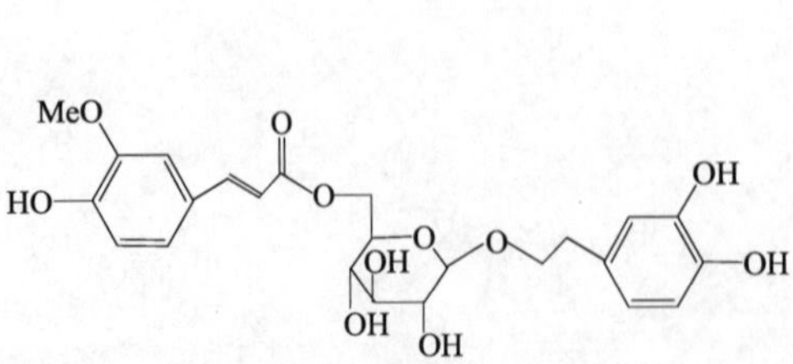

BMT-7

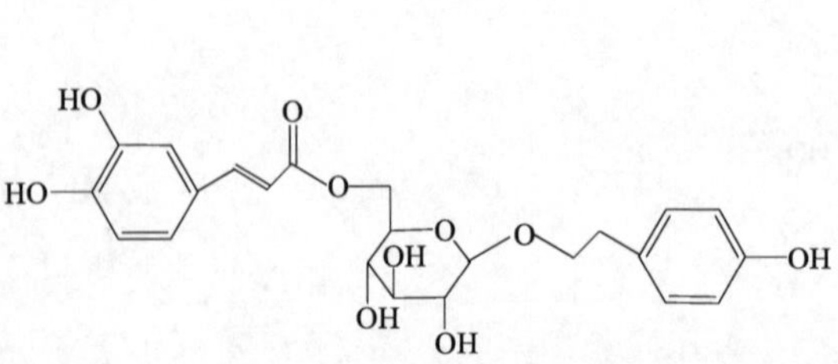

BMT-7-2

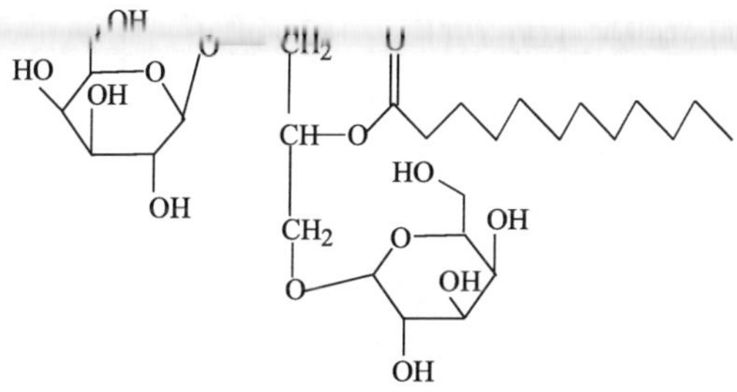

BMT-8

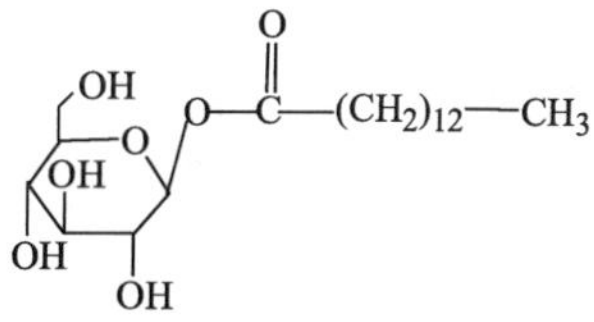

BMT-5-2

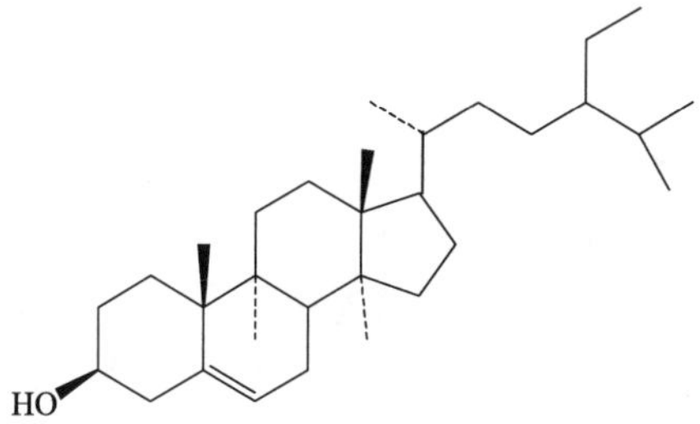

β-谷甾醇

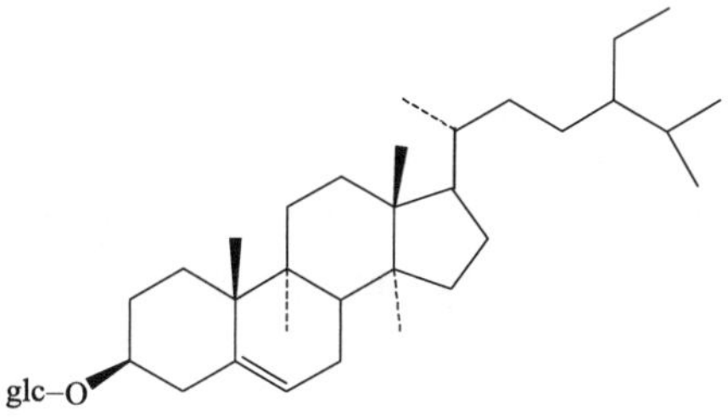

胡萝卜苷

【毒性】 小鼠急性毒性实验表明，和关木通、川木通相比，白木通毒性最小，可以作为木通的主要入药品种(刘桂艳等，2004)。

【药理作用】

1. 利尿作用

白木通与关木通、川木通相比，白木通效果最佳。3 种木通均能促进电解质排泄，特别是 Na^+ 的排除，这对于木通临床用于水钠潴留的水肿病症提供了实验依据。同时均能排 K^+。

2. 抗肿瘤作用

白木通种子的乙醇提取物,经动物药理实验发现,对肿瘤细胞有抑制作用(刘桂艳等，2004)。

【主要参考文献】

高慧敏，王智民. 2006. 白木通化学成分研究(Ⅱ). 中国药学杂志，41(6)：418~419.

高慧敏. 2006. 白木通化学和和通质量研究. 北京：中国中医科学院博士学位论文：31~36.

刘桂艳，王晔，马双成，等. 2004. 木通属植物木通化学成分及药理活性研究概况. 中国药学杂志，39(5)：331.

木 犀 科

木犀科 Oleaceae，乔木或灌木，稀灌木。叶对生，稀互生；单叶或羽状复叶，无托叶。花为顶生或腋生的圆锥花序，聚伞花序或簇生；花两性，单性或杂性，整齐；花萼常 4 裂，少有 5~15 裂；花冠 4 裂，很少 6~12 裂，稀无花瓣；雄蕊 2 个，很少 3~5 个，着生花冠上；子房上位，2 室，每室常有 2 胚珠，花柱单一或缺乏，柱头头状或 2

裂。果实为核果、浆果、翅果或蒴果。约 29 属，600 余种，广布于温带、亚热带地区。我国有 13 属，200 余种。河南连栽培有 9 属、39 种及 10 变种。此科有毒种类较少，主要有茉莉、女贞和日本女贞等。此科有毒种类较少。

茉莉在我国是一种普遍栽培的观赏植物，花清香，其根有一定的毒性。古代医学家曾将茉莉花根作为麻醉镇痛药方中的一种成分而应用。近代的研究表明根有一定的中枢神经抑制作用，但确切有毒成分仍未查清。已从茉莉属的某些植物的茎、叶中分离出单萜生物碱等成分。

女贞属植物中毒主要表现为消化系统症状，如呕吐、腹痛、腹泻，同时并发全身无力、精神萎靡、脱水等症，其有毒成分尚不清楚。

茉莉属 *Jasminum* Linn.

落叶或常绿，灌本或藤本，枝常绿色，有棱角。叶对生或互生，奇数羽状复叶，有时退化为单小叶，小叶全缘。花成顶生聚伞花序或侧生去年枝上，整齐，黄色或白色，稀粉红色，高脚碟状，具细长筒部及 4～9 裂，裂片在芽中回旋状；萼钟形，具 4～9 针形裂；雄蕊 2，不外露；子房 2 室，每室含 1～4 直立胚珠。浆果黑色，2 裂，每心皮各含 1 或 2 个种子，种子具少量胚乳。

综上可知，本属植物在我国是一种普遍栽培的观赏植物，花清香，其根有一定的毒性。

茉　莉
Moli

JASMINE

【中文名】茉莉

【别名】末利、抹历、没利、末丽

【基原】为木犀科 Oleaceae 植物茉莉 *Jasminum sambac* （Linn.）Ait.的花、叶、根。夏季花初开放时，择晴天采收，晒干备用；亦可用鲜品。夏、秋季采收叶，洗净，鲜用或晒干。秋、冬季采挖根部，洗净，切片，鲜用或晒干。

【原植物】茉莉为木犀科茉莉属木质藤本或直立灌木，高 0.5～1（3）m；幼枝被柔毛或无毛，近节处扁平。单叶对生，膜质或薄纸质，宽卵形或椭圆形，有时近倒卵形，长 3～9cm，宽 3.5～5.5cm，先端急尖或钝，基部微钝或微心形，两面无毛，背面脉腋有簇毛，全缘，边缘反卷；叶柄长约 5mm，被疏长毛或近无毛。聚伞花序顶生，通常有花 3 朵；花梗长 5～10mm，被柔毛；花萼被柔毛或无毛，先端 8 或 9 裂，裂片线形，长约 5mm；花白色，芳香，冠筒长 5～12mm，檐部裂片长圆形或近圆形，先端钝；雄蕊 2 枚，内藏；子房 2 室，每室有胚珠两颗。果未见。花期 6～10 月（中国科学院西北植物研究所，1983）。

【生境】野生或栽培，多生于润湿肥沃土壤中。

【分布】伏牛山区有栽培。江苏、浙江、福建、台湾、广东、四川、云南等地也均有栽培。

【化学成分】根含生物碱，须根含量为 0.023%（陈冀胜和郑硕，1987）。

花香成分主要有芳樟醇 (linalool)、乙酸苯甲酯 (benzyl acetate)、顺-丁香烯 (cis-caryophyllene)、乙酸 3-已烯酯 (3-hyexenyl acetate)、苯甲酸甲酯 (methyl benzoate)、顺-3-苯甲酸已烯酯 (cis-3-hexenyl benzoate)、邻氨基苯甲酸甲酯 (methyl anthranilate)、吲哚 (indole)、顺-茉莉酮 (cis-jasmone)、素馨内酯 (jasminelactone) 及茉莉酮酸甲酯 (methyl jasmonate) 等数十种。从花的乙醇提取物中分得 9′-去氧迎春花苷元 (9′-deoxyjasminigenin)、迎春花苷 (jasminin) 和 8,9-二氧迎春花苷 (8,9-dihydrojasminin)。叶中含有无羁萜 (friedelin)、羽扇豆醇 (lupeol)、白桦脂醇 (betulin)、白桦脂酸 (betulinic acid)、熊果酸 (ursolic acid)、齐墩果酸 (oleanolic acid)、α-香树脂醇 (α-amyrin)、β-谷甾醇 (β-sitosterol)，从叶中还分离出茉莉苷 (sambawside)A、E、F，茉莉木脂体苷 (sambacolignoside) 及齐墩果苷 (oleosideandrin)（国家中医药管理局《中华本草》编委会，1999）。

【毒性】根有毒。茉莉根乙醇提取物小鼠腹腔注射的 LD_{50} 为 (8.37 ± 0.89) g/kg。小鼠中毒后，呈现昏睡状态，但反射活动并未完全消失，最后因中枢抑制、呼吸麻痹而死亡（国家中医药管理局《中华本草》编委会，1999）。

【药理作用】药理作用体现在茉莉根上。

1. 镇静催眠作用

茉莉根乙醇提取物 2g/kg 腹腔注射，可使小鼠自发活动明显减少，并延长环己巴比妥钠所引起的小鼠睡眠时间，使小鼠被动活动降低（滚棒法实验）。用其水浸液 1~8g/kg 腹腔注射，对蛙、大鼠、豚鼠、兔和犬等均有不同程度的镇静和催眠作用；根的氯仿提取物能使小鼠出现翻正反射消失。

2. 镇痛作用

小鼠热板法实验表明本品乙醇浸出液有微弱镇痛作用。

3. 其他作用

较大剂量对离体蛙心、兔心呈现抑制作用，使离体兔耳和青蛙后肢血管扩张，抑制离体兔肠的蠕动，对家兔及小鼠的离体子宫，无论已孕或未孕均呈兴奋作用（国家中医药管理局《中华本草》编委会，1999）。

【主要参考文献】

陈冀胜，郑硕. 1987. 中国有毒植物. 北京：科学出版社：286~287.

国家中医药管理局《中华本草》编委会. 1999. 中华本草第 16 卷（第 6 册）. 上海：上海科学技术出版社：178~180.

中国科学院西北植物研究所. 1983. 秦岭植物志 第一卷 种子植物（第四册）. 北京：科学出版社：96.

女贞属 Ligustrum Linn.

落叶或常绿灌木或小乔木。冬芽具 2 个芽鳞。单叶对生，全缘，具短柄。圆锥花序顶生；花两性，白色，萼钟形，4 齿裂或全缘；花冠近漏斗状，4 裂，开展；雄蕊 2 个，生于花冠筒上，花丝短，内藏或伸出；子房球形，2 室，每室 2 胚珠，花柱圆筒形，长不超出雄蕊。浆果状核果，黑色或蓝黑色；种子 1~4 个。50 余种，分布于东亚、马来西亚和大洋洲。我国约 38 种。河南含栽培种有 7 种 1 变种。

日 本 女 贞

Ribennvzhen

JAPANESE PRIVET

【中文名】日本女贞

【别名】女贞木、冬青木、冬女贞、冬青树、日本毛女贞

【基原】为木犀科 Oleaceae 植物日本女贞 *Ligustrurn japonicum* Thumb. 的叶，全年或夏、秋季采收，鲜用或晒干。

【原植物】日本女贞为木犀科女贞属大型常绿灌木，高 3～5m，无毛。小枝灰褐色或淡灰色，圆柱形，疏生圆形或长圆形皮孔，幼枝圆柱形，稍具棱，节处稍压扁。叶片厚革质，椭圆形或宽卵状椭圆形，稀卵形，长 5～8（～10）cm，宽 2.5～5cm，先端锐尖或渐尖，基部楔形、宽楔形至圆形，叶缘平或微反卷，上面深绿色，光亮，下面黄绿色，具不明显腺点，两面无毛，中脉在上面凹入，下面凸起，呈红褐色，侧脉 4～7 对，两面凸起；叶柄长 0.5～1.3cm，上面具深而窄的沟，无毛。圆锥花序塔形，无毛，长 5～17cm，宽几与长相等或略短；花序轴和分枝轴具棱，第二级分枝长 9cm；花梗极短，长不超过 2mm；小苞片披针形，长 1.5～10mm；花萼长 1.5～1.8mm，先端近截形或具不规则齿裂；花冠长 5～6mm，花冠管长 3～3.5mm，裂片与花冠管近等长或稍短，长 2.5～3mm，先端稍内折，盔状；雄蕊伸出花冠管外，花丝几与花冠裂片等长，花药长圆形，长 1.5～2mm；花柱长 3～5mm，稍伸出于花冠管外，柱头棒状，先端浅 2 裂。果长圆形或椭圆形，长 8～10mm，宽 6～7mm，直立，呈紫黑色，外被白粉。花期 6 月，果期 11月（中国科学院中国植物志编辑委员会，1992）。

【生境】日本中部的中高海拔山区。

【分布】伏牛山区有栽培，原产日本。

【化学成分】果实含环烯醚萜苷，如女贞子苷（neuzhenide）和齐墩果苷（oleosideandrin）等。

【毒性】树皮、叶和果实有毒。马食树皮中毒，出现后肢无力、散瞳、黏膜轻度淤血，36～48h 死亡；食果实后则出现全身不适，下痢。

【药理作用】药理作用体现在日本女贞的叶上。

1. 对心血管的作用

本品的醇提取物，能提高离体蛙心的收缩幅度，静脉注射于猫，也可见心肌收缩增强。树脂样物质的醇溶液或叶的醇提取物，能降低血压，对离体兔耳血管呈收缩作用。

2. 对血脂代谢及动脉粥样硬化的影响

用苦茶叶浸膏粉 2g/d（相当于 20g 生药/d）喂养 1、2、3 个月后使高血脂兔的血总脂、总胆固醇较对照组低；用药后 1、2 个月测血过氧化脂质也较对照组低；3 个月末剖杀动物见主动脉粥样硬化面积小于对照组；3 个月末血细胞比容较对照组低，与氯贝丁酯结果相近。本品抑制和减轻动脉粥样硬化的形成不如绞股蓝明显（国家中医药管理局《中华本草》编委会，1999）。

【主要参考文献】

国家中医药管理局《中华本草》编委会. 1999. 中华本草第 16 卷（第 6 册）. 上海：上海科学技术出版社：178~180.
中国科学院中国植物志编辑委员会. 1992. 中国植物志 第六十一卷. 北京：科学出版社：151.

女　贞
Nvzhen

PRIVET

【中文名】女贞

【别名】女桢、女贞实、桢木、冬青子、白蜡树子、鼠梓子、蜡树、将军树、大叶蜡树、青蜡树

【基原】为木犀科 Oleaceae 植物女贞 *Ligustrum lumcidum* Ait. F.的果实、叶、根、树皮。

【原植物】女贞为木犀科女贞属常绿乔木，一般高 5～7m 或高 10～15m，树皮灰色，光滑不裂；枝条无毛，有皮孔。叶革质而脆，卵形、宽卵形、椭圆形或卵状披针形，长 6～14cm，宽 4～6cm，先端渐尖或长渐尖，基部圆形或宽楔形，表面深绿色，有光泽，具腺点，背面淡绿色，中脉表面凹下，背面凸起，侧脉 5～8 对，于先端联结，全缘略向外反卷；叶柄长 1.5～2cm。圆锥花序，顶生，长 10～20cm，无毛；苞片卵状三角形，短小；花淡黄白色；近无梗；花萼钟形，长约 1.5mm，裂片浅半圆形；冠筒与花萼等长，檐部 4 裂，裂片长圆形；雄蕊 2 枚，着生于花冠喉部，花丝与冠檐裂片等长；子房上位，2 室，柱头 2 裂。核果长圆形，长 6～8mm，成熟后蓝黑色；种子 1 粒，长圆形，长 4～6mm，表面有皱纹。花期 7 月，果期 10 月（中国科学院西北植物研究所，1983）。

【生境】生于海拔 300～1300m 的山坡林中、村边或路旁。

【分布】伏牛山南部有零星分布，河南各地有栽培。此外，陕西、甘肃、江苏、浙江、安徽、福建、湖北、湖南、江西、广东、广西、四川、贵州、云南等省区均有分布。

【化学成分】果实含齐墩果酸(oleanolic acid)、乙酰齐墩果酸(acetyloleanolic acid)、熊果酸(ursolic acid)、乙酸熊果酸(acetylursolic acid)、对-羟基苯乙醇(*p*-hydroxyphenethyl alcohol)、3,4-二羟基苯乙醇(3,4-dihydroxyphenethyl alcohol)、*β*-谷甾醇(*β*-sitosterol)、甘露醇(mannitol)、外消旋-圣草素(eriodictyol)、右旋-花旗松素(taxifolin)、槲皮素(quercetin)、女贞苷(ligustroside)、10-羟基女贞苷(10-hydroxy ligustroside)、女贞子苷(nuezhenide)、橄榄苦苷(oleuropein)、10-羟基橄榄苦苷(10-hydroxyoleuropein)、对-羟基苯乙基-*β*-D-葡萄糖苷(*p*-hydroxyphen-ethyl-*β*-D-glucoside)、3,4-二羟基苯乙基-*β*-D-葡萄糖苷(3,4-dihydrox-yphenethyl-*β*-D-glucoside)、甲基-*α*-D-吡喃半乳糖苷(methyl-*α*-D-galactopyranoside)、洋丁香酚苷(acteoside)、新女贞子苷(neonuezhenide)、女贞苷酸(ligustrosidic acid)、橄榄苦苷酸(oleuropeinic acid)及代号为 GI-3 的裂环烯醚萜苷。还含有由鼠李糖、阿拉伯糖、葡萄糖、岩藻糖组成的多糖，以及总量为 0.39%的 7 种磷脂类化合物，其中以磷脂酰胆碱(phosphatidyl choline）含量最高，占总量的 56.52%±1.34%。并含有钾、钙、镁、钠、锌、铁、锰、铜、镍、铬、银等 11 种元素，其中铜、铁、锌、锰、铬、镍为人体必需微量元素。

女贞叶含齐墩果酸（oleanolic acid）、对-羟基苯乙醇（*p*-hydroxyphenethyl alcohol）、大波斯菊苷（cosmossin）、木（木犀）草素 -7- 葡萄糖苷（luteolin-7-glucoside）、丁香苷（syringin）、 熊果酸（ursolic acid）。女贞皮含丁香苷（syringin）（国家中医药管理局《中华本草》编委会，1999）。

【毒性】女贞的果实女贞子对动物毒性很小，兔子 1 次服新鲜成熟果实 75g，无中毒现象。

【药理作用】

1. 降血脂及抗动脉硬化

女贞子粗粉 20g/只拌入食料中喂饲动物，对实验性高脂血症兔可降低血清胆甾醇及甘油三酯含量，并使主动脉脂质斑块及冠状动脉粥样斑块消减。女贞子成分齐墩果酸 30mg/kg 拌入饮料喂饲大鼠，0.4%齐墩果酯混悬液 0.5mL 给兔灌胃，对高脂血症大鼠、兔均有降血脂作用。齐墩果酸 30mg/kg、60mg/kg 加于饲料中喂饲日本鹌鹑 8 周，明显降低血清总胆甾醇、过氧化脂质、动脉壁总胆甾醇含量，降低动脉粥样硬化的发生率。

2. 降血糖

齐墩果酸 50mg/kg、100mg/kg 皮下注射，连续 7d，可降低正常小鼠血糖，对四氧嘧啶引起的小鼠糖尿病有预防及治疗作用，也能对抗肾上腺素或葡萄糖引起的小鼠血糖升高。

3. 抗肝损伤

齐墩果酸 30mg/kg、50mg/kg、100mg/kg 皮下注射，可抑制四氯化碳引起的大鼠血清谷丙转氨酶（SGPT）的升高，对未经四氯化碳处理的大鼠，齐墩果酸 50mg/kg、100mg/kg 皮下注射，也可使 SGPT 下降。齐墩果酸 70mg/kg 皮下注射，可减轻四氯化碳造成的肝损伤，组织学观察，肝细胞空泡变性、疏松变性、肝细胞坏死、小叶间质炎症，均较相应的对照组轻。齐墩果酸 2mg/只皮下注射，连续 6～9 周，对高脂食物及四氯化碳造成的大鼠肝硬化有防治作用。电镜观察，对四氯化碳肝损伤大鼠，齐墩果酸 20mg/只皮下注射，可使肝细胞的线粒体肿胀与内质网囊泡变均减轻。

4. 对机体免疫功能的影响

（1）对非特异性免疫的影响。据报道，女贞子能显著升高外周白细胞数目，其有效成分为齐墩果酸。

（2）对特异性免疫的影响。在对细胞免疫功能的影响方面，女贞子能明显提高 T 淋巴细胞功能。

（3）对体液免疫功能的影响。女贞子具有增强体液免疫功能的作用。女贞子煎剂连续 7d，灌胃（ig）12.5～25g/kg，可使鼠免疫器官胸腺、脾脏质量增加；大剂量可使成年鼠脾脏质量增加。

（4）对变态反应的抑制作用。女贞子煎剂 12.5g/kg、25g/kg 灌胃（ig）小鼠 7d；同剂量 5d（ig）给大鼠。不同剂量女贞子对小鼠或大鼠被动皮肤过敏反应（PCA）均表现明显的抑制作用。女贞子 20g/kg 显著降低豚鼠血清补体总量。实验说明女贞子对Ⅰ、Ⅱ、Ⅳ型变态反应具有明显抑制作用。

5. 抗炎作用

采用多种实验炎症模型证实女贞子 12.5g/kg、25g/kg 每天灌胃(ig)，连续 5d，对二甲苯引起小鼠耳郭肿胀、乙酸引起的小鼠腹腔毛细血管通透性增加；女贞子 ig 20g/kg×3d，可显著降低大鼠炎症组织前列腺素 E(PGE)的释放量；女贞子 ig 20g/kg×7d 可抑制大鼠棉球肉芽组织增生，同时伴有肾上腺质量的增加。其抗炎机制可能涉及以下几个方面：①激活垂体-肾上腺皮质系统，促进皮质激素的释放；②抑制 PGE 的合成或释放。另外，女贞子能降低豚鼠血清补体活性，对抗炎症介质组胺引起的大鼠皮肤毛细血管通透性增高，因此女贞子的抗炎机制可能也包括上述作用。

6. 抗癌、抗突变作用

齐墩果酸对小鼠肉瘤-180有抑瘤作用。女贞子煎剂12.5g/kg、25g/kg灌胃，齐墩果酸50g/kg、100mg/kg 皮下注射，对环磷酰胺及乌拉坦引起的小鼠骨髓微核率增多有明显抑制作用。

7. 对内分泌系统的作用

研究表明，女贞子中既有雌激素样物质，也有雄激素样的物质存在，经放射免疫测定，女贞子含睾酮 428.31pg/g，雌二醇 139.02pg/g。证明女贞子既有睾酮样也有雌二醇样的激素类似物，即同一药物具有双向调节作用。用女贞子等补肾阴的中药在无势小白鼠阴道黏膜上产生了雌激素样作用，服药组兔卵巢的大卵泡数明显增多，雌激素升高。

8. 对造血系统的影响

女贞子对红细胞造血有促进作用。

9. 对环磷酰胺及乌拉坦引起染色体损伤的保护作用

10. 为血卟啉衍生物：光氧化作用的抗光敏剂

女贞子能够对抗血卟啉衍生物(hematoporphyrin derivative，HpD)的光氧化作用，体内应用能够明显减轻 HpD 对小鼠的皮肤光敏反应。

11. 其他作用

女贞子尚有强心、扩张冠状血管、扩张外周血管等心血管系统作用(国家中医药管理局《中华本草》编委会，1999)。

【附注】女贞子在临床上有如下应用。

1. 治疗烧伤和放射性损伤

中成药外敷剂，用女贞叶 0.5 斤[①]入麻油 1 斤中煎，待叶枯后去叶，加黄蜡(冬天 2.5 两[②]，夏天 3 两)熔化收膏。外敷损伤处，每天 1 次。该中成药具有清热、消炎、止痛、生肌作用，在使用时不需特殊消毒。

2. 治疗急性菌痢

取新鲜女贞叶制成浓度为 50%的煎液。每次口服 20～30mL，每天 3 次，疗程 1 周。

【主要参考文献】

国家中医药管理局《中华本草》编委会. 1999. 中华本草第 16 卷（第 6 册）. 上海：上海科学技术出版社：183~185.

---

① 1 斤＝500g，下同。
② 1 两＝50g，下同。

中国科学院西北植物研究所. 1983. 秦岭植物志 第一卷 种子植物（第四册）. 北京：科学出版社：88.

毛 茛 科

　　毛茛科 Ranunculaceae，是被子植物的原始科之一，多年生至一年生草本，少数为藤本或灌木，单叶或复叶，花通常两性，辐射对称，果实为蓇葖果或瘦果，全世界广布。本科约 59 属 2000 种，全世界广布，主产北温带。我国有 41 属，725 种，分布全国各地，大部产西南各省区。根据果实类型，通常分为具蓇葖果的金莲花亚科和具瘦果的毛茛亚科。金莲亚科主要有乌头属、翠雀属、金莲花属、升麻属、黄连属、耧斗菜属及芍药属等；毛茛亚科主要有毛茛属、唐松草属、银莲花属、白头翁属、铁线莲属等。

　　毛茛科多为草本，少数为小灌木或木质藤本，单叶或复叶，通常互生，很少对生（铁线莲属）；无托叶。花通常两性，辐射对称，稀两侧对称（乌头属、翠雀属）；萼片 5 至多数，分离，有时呈花瓣状（白头翁属、铁线莲属）；花瓣 5 至多数，或无花瓣（白头翁、铁线莲），有时特化成蜜腺叶；雄蕊多数，螺旋排列；雌蕊心皮多数，分离，螺旋排列，每心皮 1 室，有多枚至 1 枚胚珠。果实为蓇葖果或瘦果。

　　本科有多种经济植物，如耧斗菜、飞燕草等可供观赏；黄连、乌头、白头翁、芍药、升麻、金莲花可供药用。有些植物如毛茛、铁线莲等为有毒植物。本科星叶草、独叶草、峨嵋黄连、黄牡丹、短柄乌头等 12 种列为我国首批珍稀濒危保护植物。

　　毛茛科多数植物的主根早萎，由茎基部生出须状不定根。单叶或复叶，互生或基生，稀对生；叶脉掌状，稀羽状。聚伞花序或由聚伞花序组成各式花序，稀总状花序。花下位，辐射对称，稀左右对称。萼片花瓣状；有各种颜色。花瓣不存在或存在，存在时有各种颜色，或特化成各种形状的引诱昆虫的分泌器官。雄蕊螺旋状排列，多数，稀少数；花丝多为狭条形，有一条纵脉，稀为长圆形片状，花药有时生于花丝两侧近边缘处（锡兰莲属）；花粉多具 3 沟，稀具散沟（类叶升麻属、银莲花属、毛茛属的一些种）或散孔（毛茛属和铁线莲属的一些种，唐松草属和罂粟莲花属）。

　　本科植物含有多种化学成分，在中国有 30 属约 220 种植物可供药用，其中黄连、附子、升麻、川木通等是有悠久历史的中药。金莲花属的花含金莲花黄质（trollixanthin）和一些黄酮化合物，有消炎作用，可治扁桃体炎、喉炎等症。升麻属含特有的四环三萜升麻吉醇（cimigenol）的衍生物和呋喃色酮类化合物（升麻素 cimicifugin 等），有祛风解热、发表解毒等作用。乌头属及翠雀属含剧毒的二萜类生物碱，其中不少有重要药用价值，如乌头碱（aconitine）有局部麻醉作用。乌头原碱（aconine）和次乌头碱（hypaconitine）有镇痛、镇静及解热作用。唐松草属含各种苄基异喹啉类生物碱，如唐松草果碱（thalicarrpine）、唐松草新碱（thalidasine）及黄皮树碱（obamegine）等，有抗菌、消炎、解毒、降压作用。黄连属富含小檗碱（berberine）及黄连碱（coptisine）等生物碱，有抗菌、消炎、降压、扩张血管等作用。星果草属的地下部分也含小檗碱等化合物，在广西民间作为黄连的代用品。白头翁属及银莲花属含有毛茛苷（ranunculin），这种苷水解或酶解后产生的原白头翁素(protoanemonin)有很强的抗菌活性，白头翁属多种植物的根状茎具有抗菌、消炎作用，可治细菌性或阿米巴痢疾。铁线莲属含毛茛苷及三萜皂苷等化合物，本属植物的木质茎作中药川木通用，有利尿作用；有些种类的根作威灵仙用，有祛风湿的作用。毛茛属富含毛茛苷，有些种(如毛茛、石龙芮)在新鲜捣烂后外用能治疗一些疾病；猫爪草的根可治疗淋巴结核。侧金盏花属含有五元不饱和内脂环型的强心苷，如侧金盏草毒苷(adonitoxin)。其苷元为侧金盏毒苷元(adonitoxigenin)，有强心及利尿作用。由于本科植物含有多种有毒的化学成分，因此不少种类(包括不少药用植物)是有毒植物，如打破碗花、天葵等，这些植物可作土农药，防治一些农作物的病虫害。

本科是含有毒植物种最多的科之一。约20属的植物有毒，主要有乌头属、翠雀属、银莲花属、升麻属、白头翁属、铁线莲属、毛茛属、唐松草属等。毛茛科约有30属220种可供药用，如著名中药黄连、附子、丹皮、赤芍、白芍、升麻、木通等的原植物均属本科。此外，本科不少属植物具有美丽的花，可供观赏，如牡丹、芍药、翠雀等都是我国著名的花卉植物。

毛茛科植物富含多类生物碱，是重要的含生物碱的科，此外还含强心苷类有毒成分。有毒成分大致可分为下列几类。

(1)二萜类生物碱。这类生物碱存在于乌头属和翠雀属植物中，迄今已鉴定的生物碱有200种以上，近年仍陆续有新生物碱被发现。这类生物碱大都具有显著的毒性及生理活性，如局麻、镇静、解热、强心等作用。二萜生物碱一般可分为 C19 和 C20 两大类，按其骨架又可分为四类：(Ⅰ)维特钦型，属考烷类；(Ⅱ)阿替生型，属阿替烷类；(Ⅲ)牛扁碱型，属乌头烷类；(Ⅳ)异叶阿替生型，C 环因氧原子参与而成 δ 内酯。(Ⅰ)、(Ⅱ)型属 C20 类，毒性较小，其毒理作用尚未见报道。(Ⅲ)、(Ⅳ)型为 C19 类，以(Ⅲ)型最多(110 种以上)，(Ⅳ)型较少。C19 类生物碱常为多取代，多有 1 或 2 个酯化的醇羟基，酯基多由乙酸、苯甲酸及其衍生物或黎芦酸等构成，凡含酯基者一般毒性较大，通常 2～5mg 就可使人致死，为此类生物碱的主要毒性成分。研究发现此类生物碱的毒性与 8 位和 14 位的酯基有关，8 位和 14 位均是酯基者，毒性较大。属于 C19 类乌头碱型酯碱的毒理作用复杂，具有显著的神经系统和心脏毒性：①对心脏的作用。治疗剂量能使心率减慢、舒张期延长、收缩期缩短、脉细弱、血压微降。剂量增大则加速心率及增强心肌收缩力，最后导致心颤动与心跳停止。这种作用，部分是由于其使迷走神经先兴奋而后抑制，更主要的是其对心肌的作用，使心肌兴奋性大大增加，而当中毒时，心肌最终将无力收缩，导致心跳停止。②对呼吸的影响。治疗剂量仅使呼吸中等减慢，大剂量则使呼吸困难。呼吸深度加大，最后被抑制和减慢。这种作用，可能是直接抑制呼吸中枢或由于心血管反射所致。③对末梢神经的作用。对局部皮肤黏膜的感觉神经末梢先兴奋，有瘙痒和烧灼感，继以麻痹、知觉丧失。此外，可反射地引起唾液分泌亢进，还可使体温下降。乌头碱类生物碱的中毒症状出现很快，摄食后由于生物碱很快被消化道黏膜吸收，首先引起咽峡部发热、麻木和刺痛。如注射则在注射部位立即产生上述反应，并很快扩散到全身，引起流涎、呕吐、肠痉挛和下泻，随之有窒息感，呼吸减慢、微弱而不规则，血压降低、心房纤维性颤动，以及体温下降等；特别明显的是由于心肌收缩力的减弱而引起眩晕和虚弱，最后因呼吸及心脏的衰竭而死亡，死前有痉挛。作用机制尚不完全清楚，但已证实对神经细胞轴索的钠离子通路有显著影响。乌头碱中毒后，用阿托品解毒最有效，也可用普鲁卡因。

（2）强心苷。铁线莲属植物中含有六元不饱和内酯环的强心苷，如嚏根草苷（hellebrin），对猫的最小致死剂量为 0.09mg/kg，其苷元为 0.98mg/kg，而乌头碱对猫皮下注射的致死剂量为 40.00mg/kg，可见其毒性之大。

（3）毛茛苷。毛茛苷存在于毛茛属和银莲花属植物中，其苷元为原白头翁素，具有强烈的刺激作用。

（4）苄基异喹啉类生物碱。存在于唐松草属植物中，如箭头唐松草碱，对小鼠静脉注射的致死剂量为 71mg/kg。鹤氏唐松草碱对猫静脉注射 1～3mg/kg，可引起血压暂时下降；狗静脉注射 10mg/kg 引起血压短暂下降，并可致死；小鼠腹腔注射半数致死量（LD_{50}）为 282mg/kg。

金 莲 花

Jinlianhua

GLOBEFLOWER

【中文名】金莲花

【别名】旱荷、旱莲花寒荷、陆地莲、旱地莲、金梅草、金疙瘩

【基原】金莲花 *Trollius chinensis* Bunge 是毛茛科 Ranunculaceae 金莲花属 *Trollius* 的植物。本植物以花入药。夏季花开放时采收，晾干。

【原植物】多年生草本，高 30～70cm。全株无毛。茎直立，不分枝，疏生 2～4 叶。基生叶 1～4 叶，长 16～36cm，有长柄，柄长 12～30cm，基部具狭鞘；叶片五角形，长 3.8～6.8cm，宽 6.8～12.5cm，3 全裂，中央全裂片菱形，先端急尖，3 裂达中部或稍超过中部，边缘具不等大的三角形锐锯齿；全裂片斜扇形，2 深裂近基部，上方深裂片与中央全裂片相似，下方深裂片较小，斜菱形；茎生叶互生，叶形与基生叶相似，生于茎下部的叶具长柄，上部叶较小，具短柄或无柄。花两性，单朵顶生或 2 到 3 朵排列成稀疏的聚伞花序，直径 3.8～5.5cm；花梗长 5～9cm；苞片 3 裂；萼片通常 10～15，金黄色，干时不变绿色，椭圆状卵形或倒卵形，长 1.5～2.8cm，宽 7～16mm，先端疏生三角形牙齿，间或为 3 个小裂片，或为不明显的小牙齿；花瓣（蜜叶）18～21，狭线形，稍长于萼片或与萼片等长，长 1.8～2.2cm，宽 1.2～1.5mm，无端渐狭，近基部有蜜槽；雄蕊多数，长 5～11mm，螺旋状排列，花丝线形，花药在侧面开裂，长 3～4mm；心皮 20～30。蓇葖果，长 1～1.2cm，宽约 3mm，具脉网，喙长约 1mm。花期 6～7 月，果期 8～9 月。

【生境】金莲花喜光稍耐荫，生长于海拔 1000～2000m 气候冷凉的山地草坡、沼泽、草甸或疏林下的杂草丛中。

【分布】伏牛山区均有分布。还主要分布在我国华东、华中至东北地区。朝鲜、日本、菲律宾亦有分布。

【化学成分】金莲花主要含黄酮类化合物和其他含氧及含氧化合物成分。

1. 黄酮类化合物

含荭草苷(orientin)、牡荆苷(vitexin)、槲皮素-3-O-β-D-吡喃葡萄糖苷、2″-O-(2‴-甲基丁酰基)牡荆苷、7-甲氧基-2″-O-(2‴-甲基丁酰基)牡荆苷、柳穿鱼黄素(pectolinarigenin)、刺槐素(acacetin)、蓟黄素(cirsimaritin)、2″-O-(2‴-甲基丁酰基)-异当药黄素[2″-O-(2‴-methylbutyryl)-isoswertisin]、荭草苷-2″-O-β-D-吡喃木糖苷、2″-O-(3‴,4‴-二甲氧基苯甲酰)牡荆苷、金丝桃苷(hyperoside)、当药苷(sweroside)、2″-O-(2‴-甲基丁酰基)荭草苷、刺槐素-7-O-新橙皮糖苷、槲皮素-3-O-α-L-吡喃阿拉伯糖(1‴-2″)-β-D-葡萄糖苷、7-甲氧基-2″-O-(2‴-甲基丁酰基)荭草苷、荭草素-2″-O-β-L-半乳糖苷等。

部分化合物的结构式如下：

	R_1	R_2	R_3
pectolinarigenin	OH	OCH$_3$	OCH$_3$
acacetin	OH	H	OCH$_3$
cirsimaritin	OCH$_3$	OCH$_3$	OH

orientin

2. 其他类化合物

其他类化合物为藜芦酸(veratric acid)、黎芦酰胺(veratramide)、棕榈酸、3,4-二羟基苯甲酸甲酯、6-脱氧-D-甘露醇-1,4-内酯(6-deoxy-D-mannono-1,4-lactone)、3,4-二羟基苯乙醇、2-(3,4-二羟基苯基)乙醇葡萄糖、4-羟基-3-甲氧基苯乙醇、乌苏酸、3α-acetyl-2,3,5-trimethyl-7α-hydroxy-5-(4,8,12-tri-methyl-tridecanyl)-1,3α,5,6,7,7α-hexahydro-4-oxainden-1-one、七叶内酯(esculetin)、2-(4′-羟基苯基)-1-硝基乙烷[2-(4′-hydroxyphenyl)-1-nitroethane]、原儿茶酸(protocatechuic acid)、藜芦酸甲酯(methyl veratrate)、香草酸(vanillic acid)、E-对-香豆酸甲酯(methyl E-p-coumarate)、对羟基苯甲酸(p-hydroxybenzonic acid)、对羟基苯甲酸甲酯(methyl-p-hydroxybenzoate)、金莲花碱(trolline)等(魏金霞等，2012；黄睿等，2012；刘召阳和罗都强，2010)。

【毒性】有小毒。

【药理作用】

1. 抑菌作用

金莲花抑菌谱较广，体外对革兰氏阳性球菌和革兰氏阴性杆菌，如铜绿假单胞菌、甲链球菌、肺炎双球菌、卡他球菌、痢疾杆菌均有较好的抑菌作用，尤其是对铜绿假单胞菌的作用比较显著。研究发现，金莲花提取物对革兰氏阳性菌，特别是对葡萄球菌的抑制作用较强。金莲花水和60%乙醇提取物中总黄酮含量高低与抑菌效果未显示相关关系，因此推测金莲花中还存在除黄酮化合物以外的抑菌成分。随后，研究显示，金莲花中的原金莲酸对金黄色葡萄球菌、表皮葡萄球菌具有一定的抑菌活性。另有研究发现，金莲花中荭草苷和牡荆苷对表皮葡萄球菌的抑制作用与总黄酮相当，而荭草苷对金黄色葡萄球菌的抑制作用优于总黄酮。在总黄酮、荭草苷和牡荆苷三者中，牡荆苷的抑菌效果最好。此外，用超声提取液做抑菌试验，结果显示，金莲花有显著抑制变形杆菌和伤寒杆菌的作用，有中等强度的抑制产气杆菌、大肠埃希菌的作用，而对金黄色葡萄球菌则没有抑制作用（Hai et al., 2011）。

2. 抗病毒活性

有学者采用金莲花水提取液做抗病毒试验，受试细胞是 Hep22，加入病毒类型有腺病毒（Ad）7 型和 21 型、CoxB$_3$ 及 CoxA$_{24}$ 变异株、ECH-O$_{18}$ 型、Polio Ⅰ 型。结果表明，在一定条件下，金莲花对 CoxB$_3$ 有很强的作用，对 CoxA$_{24}$ 有一定作用。用金莲花乙醇提取物对感染流感病毒的小鼠做实验，提示各剂量均显著延长感染流感病毒小鼠的存活时间，其中，中、高剂量可使小鼠死亡率显著降低（Xiao et al., 2007）。

3. 抗氧化活性

金莲花的黄酮类化合物分子结构中含有酚羟基，其有较强的还原作用，可作为氢供体来还原自由基，因此黄酮类化合物是很有潜力的抗氧化剂。研究发现，短瓣金莲花中总黄酮和四种黄酮苷类化合物在体外具有较强的抗氧化作用，金莲花总黄酮提取物及黄酮苷单体均可降低溶血率，有效保护红细胞结构完整性（Yao et al., 2002）。

4. 其他作用

最近有研究发现，金莲花黄酮化合物还有抗癌、降压和解痉作用（袁勤洋和刘长利，2011）。

【附注】金莲花性凉，味苦。归肝、肺经。具有清热解毒之功效。用于急、慢性扁桃体炎，急性中耳炎，急性鼓膜炎，急性结膜炎，急性淋巴管炎等的治疗。

【主要参考文献】

黄睿，张贵君，潘艳丽，等. 2012. 金莲花化学成分的 HPLC-MS 表征分析与鉴定. 中草药，43：670~672.

刘召阳，罗都强. 2010. 金莲花的化学成分研究. 中草药，41(3)：370~373.

魏金霞，李丹毅，华会明，等. 2012. 金莲花化学成分的分离与鉴定. 沈阳药科大学学报，29：12~15.

袁勤洋，刘长利. 2011. 中药金莲花药理作用研究进展. 人民军医，54：825~826.

Hai P L, Ming M Z, Gui J M. 2011. Radical scavenging activity of flavonoids from *Trollius chinensis* Bunge. Nutrition，27：1061~1065.

Xiao Q L, Tao G H, Feng Q, et al. 2007. Determination and pharmacokinetics of orientin in rabbit plasma by liquid chromatography after intravenous administration of orientin and *Trollius chinensis* Bunge extract. Journal of Chromatography B，853：221~226.

Yao L L, Shuang C M, Yi T Y, et al. 2002. Antiviral activities of flavonoids and organic acid from *Trollius chinensis* Bunge. Journal of Ethnopharmacology，79：365~368.

铁 筷 子

Tiekuaizi

ROOT OF HUPEH EUPHORBIA

【中文名】铁筷子

【别名】黑毛七、小山桃儿七、小桃儿七、九百棒、见春花、九龙丹、鸳鸯七、九莲灯、九朵云、九牛七、黑儿波、双铃草

【基原】铁筷子 *Helleborus thibetanus* Franch.为毛茛科 Ranunculaceae 铁筷子属 *Helleborus* 植物。

【原植物】多年生常绿草本，高 30～50cm，无毛。根茎直径约 6mm，有多数暗褐色须根。基生叶 1 或 2 枚，叶片鸟足状分裂，裂片 5～7 枚，长圆形或宽披针形，上部边缘有齿；茎生叶较小，无柄或有鞘状短柄，3 全裂。花单生，有时 2 朵顶生；萼片 5，粉红色，椭圆形或狭椭圆形；蜜叶 8～10 片，圆筒状漏斗形；雄蕊多数；心皮 2。蓇葖果扁，开裂，有多数种子。花期由冬至翌春。

铁筷子以块根入药。秋季采挖，洗净，晒干或鲜用。

【生境】较耐寒，喜半阴环境，忌干冷。生于海拔 1000～2100m 的山坡林下腐殖土或林缘灌木丛中。

【分布】本植物在伏牛山区的嵩县、栾川、西峡、内乡、鲁山等地有分布，为河南省重点保护植物。还主要生长在四川、甘肃、陕西等地。其他许多地区有引种栽培。

【化学成分】

1. 香豆素类化合物

含 6,8-二甲氧基-7-羟基香豆素、6,7,8-三甲氧基香豆素、6,7-二甲氧基香豆素、5-羟基-6,7-二甲氧基香豆素 5-*O*-葡萄糖苷、东莨菪苷、东莨菪素等。

2. 黄酮类化合物

含芦丁、槲皮素、5-羟基-7-甲氧基二氢黄酮(5-hydroxy-7- methoxyflavanone)等。

3. 甾体类化合物

含 5β-羟基蜕皮激素、β-蜕皮激素(β-ecdysterone)、polypodine B、α-蜕皮激素(α-ecdysone)、藜芦酸(veratric acid)、嚏根草因-3-*O*-α-L-鼠李糖苷、嚏根草因(hellebrigenin)、14β,16β-dihydroxy-5β-bufa-20,22-dienolide-3β-*O*-β-D-glucoside、14β,16β-di- hydroxy-5β-bufa-20,22-dienolide-3β-*O*-β-D-glucose(1→4)-*O*-β-D-glucoside、3,5,14-trihy droxy-19-oxo-3-[(α-L-rhamnopyranosyl)-oxy]-bufa-20,22-dienolide、14β,16β-dihydroxy-3β-[(β-D-glucopyranosyl)-oxy]-bufa-20,22-dienolide、14β,16β-dihydroxy-3β-{[β-D-glucopyranosyl-(1→4)-*O*-β-D-glucopyranosyl]-oxy}-bufa-20,22-dienolide、谷甾醇、胡萝卜苷、20-羟基蜕皮甾酮、14β,16β-二羟基-3β-[(β-D-葡萄吡喃糖基)-*O*]-5α-蟾酥甾-20,22-二烯、14β-羟基-3β-[β-D-葡萄吡喃糖基-(1→6)-(β-D-葡萄吡喃糖基)-*O*]-5α-蟾酥甾-20,22-二烯、孕甾-5,16-二烯-20-酮-3β-*O*-α-L-鼠李吡喃糖基-(1→2)-*O*-[β-D-葡萄吡喃糖基-(1→4)]-β-D-半乳吡喃糖苷、(23*S*,24*S*)-24-[(*O*-β-D-呋吡喃糖基)-*O*]-3β,23-二羟基螺甾-5,25(27)-二烯-1β-基氧-(4-*O*-乙酰基-α-L-鼠李吡喃糖基)-(1→2)-*O*-[β-D-木吡喃糖基-(1→3)]-α-L-阿拉伯吡喃糖苷、(25*R*)-26-[(*O*-β-D-葡萄吡喃糖基)-*O*]-呋甾-5,20(22)-二烯-3β-*O*-α-L-鼠李吡喃糖基-(1→2)-*O*-[β-D-葡萄吡喃糖基-(1→4)]-β-D-半乳吡喃糖苷、5β,14-二羟基-19-醛基-3β-[(α-L-葡萄吡喃糖基)-*O*]-蟾酥甾-20,22-二烯、5β,14β,16β-三羟基-19-醛基-3β-[(α-L-鼠李吡喃糖基)-*O*]-蟾酥甾-20,22-二烯、嚏根草苷(hellebrin)、

(25*S*)-22*α*,25-*O*-26-[(*O*-*β*-D-葡萄吡喃糖基)-*O*]-3*β*-羟基呋甾-5-烯-1*β*-*O*-*α*-L-阿拉伯吡喃糖苷、26-*O*-*β*-D-葡萄吡喃糖基-3*β*-羟基-22*α*-甲氧基呋甾-5,25(27)-二烯-1*β*-基磺酸盐、3*β*-羟基螺甾-5,25(27)-二烯-1*β*-基磺酸盐、3*β*-羟基孕甾-5,16-二烯-20-酮-1*β*-基磺酸盐、5*β*,14*β*,16*β*-三羟基-19-醛基-3*β*-[(*β*-D-葡萄吡喃糖基)-*O*]-蟾酥甾-20,22-二烯、14*β*,16*β*-二羟基-3*β*-[*β*-D-葡萄吡喃糖基-(1→4)-(*β*-D-葡萄吡喃糖基)-*O*]-5*α*-蟾酥甾-20,22-二烯、(23*S*,24*S*)-24-{[*O*-*β*-D-葡萄吡喃糖基-(1→4)-*β*-D-呋吡喃糖基]-*O*}-3*β*,23-二羟基螺甾-5,25(27)-二烯-1*β*-*O*-(4-*O*-乙酰基-*α*-L-鼠李吡喃糖基)-(1→2)-*O*-[*β*-D-木吡喃糖基-(1→3)]-*α*-L-阿拉伯吡喃糖苷、(23*S*,24*S*)-24-{[*O*-*β*-D-葡萄吡喃糖基-(1→4)-*β*-D-呋吡喃糖基]-*O*}-3*β*,23-二羟基螺甾-5,25(27)-二烯-1*β*-*O*-*β*-D-芹呋喃糖基-(1→3)-*O*-(4-*O*-乙酰基-*α*-L-鼠李吡喃糖基)-(1→2)-*α*-L-阿拉伯吡喃糖苷、(23*S*,24*S*)-24-{[*O*-*β*-D-葡萄吡喃糖基-(1→4)-*β*-D-呋吡喃糖基]-*O*}-3*β*,23-二羟基螺甾-5,25(27)-二烯-1*β*-*O*-*β*-D-芹呋喃糖基-(1→3)-*O*-(4-*O*-乙酰基-*α*-L-鼠李吡喃糖基)-(1→2)-*O*-[*β*-D-木吡喃糖基-(1→3)]-*α*-L-阿拉伯吡喃糖苷、(23*S*)-26-*O*-*β*-D-葡萄吡喃糖基-3*β*,23-二羟基呋甾-5,20(22),25(27)-三烯-1*β*-基磺酸盐、(23*S*,24*S*)-24-[(*O*-*β*-D-葡萄吡喃糖基)-*O*]-3*β*,23-二羟基螺甾-5,25(27)-二烯-1*β*-*O*-(4-*O*-乙酰基-*α*-L-鼠李吡喃糖基)-(1→2)-*O*-[*β*-D-木吡喃糖基-(1→3)]-*α*-L-阿拉伯吡喃糖苷、(23*S*,24*S*)-21-羟甲基-24-{[*O*-*β*-D-葡萄吡喃糖基-(1→4)-*β*-D-呋吡喃糖基]-*O*}-3*β*,23-二羟基螺甾-5,25(27)-二烯-1*β*-*O*-*β*-D-芹呋喃糖基-(1→3)-*O*-(4-*O*-乙酰基-*α*-L-鼠李吡喃糖基)-(1→2)-*O*-[*β*-D-木吡喃糖基-(1→3)]-*α*-L-阿拉伯吡喃糖苷、3*β*,14*β*,16*β*-三羟基-5*α*-蟾酥甾-20,22-二烯、3*β*,14*β*-二羟基-5*α*-蟾酥甾-20,22-二烯。

4. 其他类型化合物

其他类化合物包括腺苷、正十八烷酸、4-苹果酸乙酯、琥珀酸、2-正丁基-3-甲基琥珀酸、4-羟基-3-甲氧基苯甲酸、4-羟基苯乙醇、正三十四烷、葡萄糖、5-羟甲基糠醛、9,12-十八碳二烯酸、d-洋蜡梅碱等（杨凤英，2010；张家俊，2010；李东，2008；张艳红，2008；杨健，2007）。

【毒性】 根有小毒。

【药理作用】 不同浓度铁筷子水提取液对癌细胞（人胃癌细胞株及人白细胞病 K562 细胞株）集落形成有抑制作用。铁筷子对胃癌细胞和 K562 细胞均有显著的抑制作用，集落形成数明显少于对照组。本实验结果表明，铁筷子水提取物中具有直接干扰肿瘤生长的有效成分，可抑制肿瘤细胞在体外培养中的繁殖增长。

另外，对铁筷子中分离得到的铁筷子多糖的抗肿瘤活性做了较系统的研究，结果表明，在细胞培养体系中加入不同剂量的 HFPS 后，L_{1210} 和 HL-60 细胞克隆受抑制，集落形成率降低，剂量越大此抑制作用越明显，说明铁筷子多糖可干扰肿瘤细胞在体外的生长，实验同时还显示 HFPS 对肿瘤在体内的生长亦有显著的抑制作用（杨永健，2001；刘昕和杨永建，2000）。

【毒理】 应用过量可引起胃肠黏膜炎症、强烈呕吐、腹泻、眩晕、痉挛、惊厥、死亡，新鲜的根用于足趾可引起皮炎，甚至发泡。

【附注】 铁筷子性凉，味苦，有小毒。具有清热解毒，活血散瘀，消肿止痛之功效。可治疗膀胱炎、尿道炎、疮疖肿毒、跌打损伤、劳伤。

【主要参考文献】

李东. 2008. 贵州中草药铁筷子和鹿蹄草化学成分研究. 贵阳：贵州大学硕士学位论文.

刘昕，杨永建. 2000. 铁筷子多糖抗肿瘤及免疫调节作用的实验研究. 中药新药与临床药理，11：213~216.

杨凤英. 2010. 桃儿七的化学成分与生物活性研究. 天津：天津大学博士学位论文.

杨健. 2007. 铁筷子根茎化学成分的研究. 杨凌：西北农林科技大学硕士学位论文.

杨永健. 2001. 铁筷子对胃癌及白血病 K562 细胞体外生长的抑制效应. 中医药学报，29：50~51.

张家俊. 2010. 铁筷子根茎化学成分研究(Ⅲ). 杨凌：西北农林科技大学硕士学位论文.

张艳红. 2008. 铁筷子根茎化学成分的研究(Ⅱ). 杨凌：西北农林科技大学硕士学位论文.

花葶乌头

Huatingwutou

ROOT OF SHEATHED MONKSHOOD

【中文名】花葶乌头

【别名】黑毛七、小山桃儿七、小桃儿七、九百棒、见春花、九龙丹、鸳鸯七、九莲灯、九朵云、九牛七、黑儿波、双铃草

【基原】花葶乌头 *Aconitum scaposum* Franch.为毛茛科 Ranunculaceae 乌头属 *Aconitum* 植物。

【原植物】多年生草本，高 35~67cm。根近圆柱形，长约 10cm，直径 0.8cm。茎直立，稍密被反曲的淡黄色短尾。叶互生；基生叶 3 或 4，有长柄，柄长 13~40cm，基部有鞘；叶片肾状五角形，长 5.5~11cm，宽 8.5~22cm，基部有鞘；叶片肾状五角形，长 5.5~11cm，宽 8.5~22cm，基部心形，3 裂稍超过中部，中央裂片斜扇形，急尖，稀渐尖，不明显 3 浅裂，边缘有粗齿，侧裂片倒梯状菱形，急尖，稀渐尖，不明显 3 浅裂，边缘有粗齿，侧裂片斜扇形，不等 2 浅裂，两面有短伏毛；茎生叶小，2~4，集中在近基部，有时不存在，叶柄长约 5cm，叶片长约 2cm，或完全退化，叶柄鞘状。总状花序有 15~40 朵花；苞片生花梗基部。花两性，两侧对称；萼片 5，花瓣状，蓝紫色，外面疏被开展的微糙毛，上萼片圆筒形，高 1.3~1.8cm，外缘近直，与向下斜展的下缘形成尖喙；花瓣 2，疏被短毛或无毛；雄蕊多数，心皮 3，疏被长毛。蓇葖果，长 0.8~1.3cm。种子多数，倒卵形，长约 1.5mm，密生横狭翅。花期 8~9 月，果期 9~10 月。 花葶乌头以根茎入药。

【生境】生于海拔 1200~2000m 的山地沟谷或林中阴湿处。

【分布】主要分布在伏牛山嵩县、内乡、西峡、栾川、卢氏等海拔 1200~2000m 的林中或林缘。分布于四川、贵州北部、湖北、江西东部(铅山)、陕西南部、河南西南部。

【化学成分】含花葶乌头宁(scaconine)、花葶乌头碱(scaconitine)、*N*-去乙酰花葶乌头碱(*N*-deacetyl-scaconitine)(郝小江等，1985)。

【毒性】 花葶乌头根、茎、叶含有烈性毒素。乌头碱类生物碱的中毒症状出现很快，摄食后由于生物碱很快被消化道黏膜吸收，首先引起咽峡部发热、麻木和刺痛。如注射则在注射部位立即产生上述反应，并很快扩散到全身，引起流涎、呕吐、肠痉挛和下泻，随之有

窒息感，呼吸减慢、微弱而不规则，血压降低、心房纤维性颤动，以及体温下降等；特别明显的是由于心肌收缩力的减弱而引起眩晕和虚弱，最后因呼吸及心脏的衰竭而死亡，死前有痉挛。作用机制尚不完全清楚，但已证实对神经细胞轴索的钠离子通路有显著影响。

　　【药理作用】活血调经；散瘀止痛。少量服用花葶乌头可以起到良好的麻醉效果。

　　【附注】花葶乌头的根能祛风除湿，用于治风湿痛、关节痛、跌打损伤。

【主要参考文献】

郝小江，陈泗英，周俊. 1985. 花葶乌头中的三个新二萜生物碱. 云南植物研究，7: 217~224.

高 乌 头

Gaowutou

ROOT OF TALL MONKSHOOD

　　【中文名】高乌头

　　【别名】穿心莲、麻布袋、破骨七、曲芍、麻布七、口袋七、麻布口袋、碎骨还阳统天袋、网子七、背网子、瓣子七、龙骨七、花花七、簑衣七、九连环、龙蹄叶、七连环

　　【基原】高乌头 *Aconitum sinomontanum* Nakai 为毛茛科 Ranunculaceae 乌头属 *Aconitum* 植物。高乌头以根茎入药。

　　【原植物】多年生草本。根粗壮，圆柱形，黑褐色，长20cm，直径可达3cm。茎直立，通常不分枝，粗壮，高60～150cm，中、下部散生开展或微反曲的毛，或近无毛。基生叶1，茎生叶3或4，外廓肾形、肾状半圆形，长8～19cm，宽11～24cm，基部心形，3深裂近基部，中央裂片菱状楔形，3中裂，侧裂片斜扇形，二回三中裂，各裂片下部全缘，上部具粗而尖锐的锯齿，两面均散生开展毛或近无毛；基生叶柄长，茎生叶柄向上渐次缩短，长3～37cm，基部扩大呈鞘，散生开展毛或近无毛。总状花序着生于茎端及上部叶腋，长10～50cm，花序轴及花梗均密被黄色反曲的短柔毛；花序基部苞片叶状，通常分裂，花梗基部苞片线状披针形，被短柔毛，小苞片线形，着生于花梗中部；花蓝紫色或淡紫色，外面密被反曲短柔毛，上萼片筒状，高1.8～2.2cm，侧萼片倒卵圆形，长约1cm，下萼片长圆形，与侧萼片近等长；花瓣无毛，唇部先端微凹，距向下蜷卷；雄蕊无毛，花丝全缘；心皮3，无毛。蓇葖果无毛，长约1.5cm；种子倒卵形，具3棱，横狭翅密而明显。花期5～6月，果期7～8月。

　　【生境】生长在海拔800～2000m的山坡草地或林荫下。

　　【分布】主要分布在伏牛山嵩县、内乡、西峡、栾川、卢氏等地的海拔区域。还分布于四川、贵州北部、湖北、江西东部(铅山)、陕西南部、河南西南部。

　　【化学成分】主要含二萜生物碱：高乌甲素(拉巴乌头碱、刺乌头碱，lannaconitine)、*N*-去乙酰高乌甲素(*N*-deacetyllannaconitine)、冉乌碱(ranaconitine)、*N*-去乙酰冉乌碱(*N*-deacetylranaconitine)、高乌宁甲(sinomontanines A)、高乌宁乙(sinomontanines B)、高乌宁丙(sinomontanines C)、高乌宁丁(sinomontanines D)、高乌宁戊(sinomontanines

E)、高乌宁己(sinomontanines F)、高乌宁庚(sinomontanines G)、高乌宁辛(sinomontanines H)、高乌宁壬(sinomontanines I)、高乌碱甲(sinaconitines A)、高乌碱乙(sinaconitines B)、高乌亭甲(sinomontanitines A)、高乌亭乙(sinomontanitines B)、刺乌宁(lappaconine)、刺乌定(lappaconidine)、excelsine、8-O-acetylexcelsine、septatine、septatisine、牛扁酸单甲酯(lycaeonitie acid monomethyl ester)、去亚甲光飞燕草碱(demethyllenedelcorine)、硬飞燕草碱(18-O-methylgigactonine)、来本宁(lepenine)、毛茛叶乌头碱(ranaconitine)、牛扁酸单甲酯(lycaconitic acid monomethyl ester)等(原春兰等,2012;彭崇胜等,2005;彭崇胜等,2000a;彭崇胜等,2000b;陈兴良等,1991;陈泗英等,1980)。

综上文献调研,高乌头化学成分研究中已证实的部分化合物的结构式如下(包括以上未被列出成分):

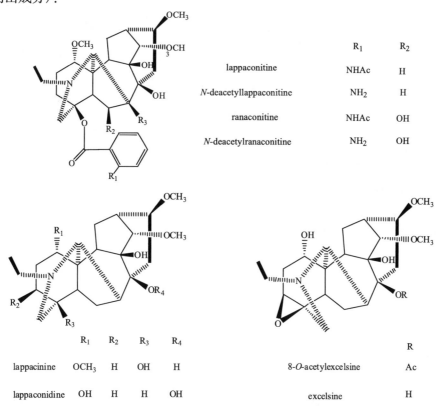

	R₁	R₂
lappaconitine	NHAc	H
N-deacetyllappaconitine	NH₂	H
ranaconitine	NHAc	OH
N-deacetylranaconitine	NH₂	OH

	R₁	R₂	R₃	R₄
lappacinine	OCH₃	H	OH	H
lappaconidine	OH	H	H	OH

	R
8-O-acetylexcelsine	Ac
excelsine	H

【毒性】有大毒。乌头碱类生物碱的中毒症状出现很快,摄食后由于生物碱很快被消化道黏膜吸收,首先引起咽峡部发热、麻木和刺痛。如注射则在注射部位立即产生上述反应,并很快扩散到全身,引起流涎、呕吐、肠痉挛和下泻,随之有窒息感,呼吸减慢、微弱而不规则,血压降低、心房纤维性颤动,以及体温下降等;特别明显的是由于心肌收缩力的减弱而引起眩晕和虚弱,最后因呼吸及心脏的衰竭而死亡,死前有痉挛。作用机制尚不完全清楚,但已证实对神经细胞轴索的钠离子通路有显著影响。

【药理作用】高乌甲素、N-去乙酰高乌甲素、冉乌碱、N-去乙酰冉乌碱、刺乌宁、刺乌定、excelsine 具有镇痛、局部麻醉、降温与解热、抗心率失常、抗肿瘤、抑制酪氨酸酶等药理作用。

【附注】高乌头根有毒，入药，能消肿止痛、活血散瘀、祛风，主治骨折、风湿性腰腿痛、疮疖、梅毒、心悸、胃痛、跌打损伤等症。

【主要参考文献】

陈泗英, 刘玉青, 杨崇仁. 1980. 高乌头的化学成分. 云南植物研究, 2: 473~475.

陈兴良, 郝小江, 王天恩. 1991. 贵州高乌头的生物碱成分. 贵州科学, 9: 244~248.

彭崇胜, 陈东林, 陈巧鸿, 等. 2005. 高乌头根中新的二萜生物碱. 有机化学, 25: 1235~1239.

彭崇胜, 王锋鹏, 王建忠, 等. 2000b. 两个新的双去甲二萜生物碱高乌宁碱丁和高乌宁碱戊的结构研究. 药学学报, 35: 201~203.

彭崇胜, 王建忠, 简锡贤, 等. 2000a. 高乌头和彭州岩乌头中生物碱成分的研究. 天然产物研究与开发, 12: 45~51.

原春兰, 王晓玲, 杨得锁. 2012. 高乌头中活性物质的杀虫活性. 现代农药, 11: 40~43.

鞘 柄 乌 头

Qiaobingwutou

ROOT OF SHEATHED MONKSHOOD

【中文名】鞘柄乌头

【别名】聚叶花葶乌头、独儿七、笋尖七、活血莲、墨七和土莎莲

【基原】鞘柄乌头 *Aconiutm vaginatum* Pritz 为毛茛科 Ranunculaceae 乌头属 *Aconitum* 植物。该植物以根部入药。

【原植物】多年生草本，具直根。茎高 45~68cm，无毛。基生叶 1~3，具长柄；叶片五角形，长 5~7.6cm，宽 9~13cm，3 裂稍过中部；茎生叶 3~5，密集于花序之下，下部的叶片似基生叶，上部的叶片变小。总状花序长 15~25cm，具多数花，密生淡黄色短毛；苞片狭卵形；花梗长 1.3~5cm；小苞片生花梗基部；花长 2.4~2.8cm；萼片 5，紫色，上萼片圆筒形，高 1.6~1.8cm；花瓣 2；雄蕊多数；心皮 3；蓇葖果 3，不等大。

【生境】生长于海拔 1500~2000m 的山地林中。

【分布】本植物在伏牛山区主要分布在西峡、栾川、嵩县等地。国内主要分布在四川、贵州、湖北西部和陕西南部。

【化学成分】鞘柄乌头化学成分研究报道主要为生物碱和非生物碱类化合物。

1. 生物碱类化合物

含 2-[2′-(2″-羟基-2″-甲基-丙酰胺)-苯甲酰胺]-苯甲酸甲酯{2-[2′-(2″-hydroxy-2″-methyl-propionylamino)-benzoylamino]-benzoic acid methyl ester}（**1**）、2-[2′-(2″-羟基-2″-甲基-丁酰胺)]-苯甲酰胺-苯甲酸甲酯{2-[2′-(2″-hydroxy- 2″-methyl- butanylamino)-benzoyl amino]-benzoic acid methyl ester}（**2**）、卡马考宁（cammaconine）、盐酸阿替生（atisinium chloride）、鞘乌宁（vaginatunine）、刺乌头碱（lappaconitine）、2-乙酰氨基苯甲酸甲酯[2-(acetylamino)-benzoic acid, methyl ester]。

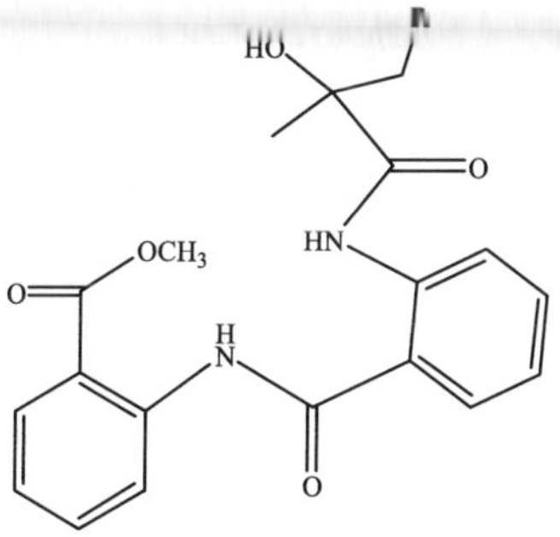

	R
1	H
2	CH₃

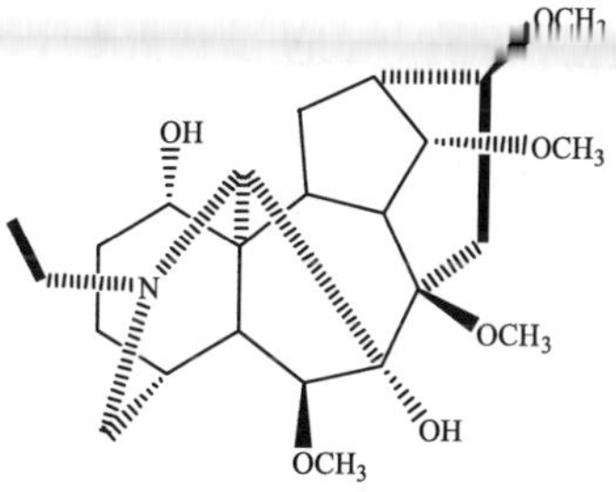

鞘乌宁

2. 非生物碱类化合物

含 β-谷甾醇(β-sitoterol)、胡萝卜苷(daucosterol)、软脂酸(hexadecanoic acid)、十六烷(hexadecane)、3,4-二羟基苯甲醛(3,4- dihydroxybenzaldehyde)、对羟基苯甲醛(p-hydroxybenzaldehyde)、对羟基苯甲酸(p-hydroxybenzoic acid)、苯甲酸(benzoic acid)(朱田，2008)。

【毒性】全草有毒。刺乌头碱的小鼠 LD_{50}: 静脉注射 6.9mg/kg，腹腔注射 9.1mg/kg，口服约 20mg/kg。静脉注射 11.5mg/kg，对兔心脏能产生心率失常作用。

乌头碱类生物碱的中毒症状出现很快，摄食后由于生物碱很快被消化道黏膜吸收，首先引起咽峡部发热、麻木和刺痛。如注射则在注射部位立即产生上述反应，并很快扩散到全身，引起流涎、呕吐、肠痉挛和下泻，随之有窒息感，呼吸减慢、微弱而不规则，血压降低、心房纤维性颤动，以及体温下降等；特别明显的是由于心肌收缩力的减弱而引起眩晕和虚弱，最后因呼吸及心脏的衰竭而死亡，死前有痉挛。作用机制尚不完全清楚，但已证实对神经细胞轴索的钠离子通路有显著影响。

【药理作用】

1. 抗肿瘤作用

采用 3-(4,5-二甲基噻唑-2)-2,5-二苯基四氮唑溴盐(MTT)抗肿瘤体外筛选比色法对鞘柄乌头乙醇提取物进行体外抗肿瘤活性部位筛选，筛选结果表明鞘柄乌头乙醇提取总膏及其生物碱部位对体外培养的人胃癌 AGS 细胞株、人肝癌 Hepg2 细胞株和人肺癌 A549 细胞株增殖均具有较强的抑制活性。本部分实验结果表明，鞘柄乌头醇提物能抑制肿瘤细胞的增殖，其活性部位为生物碱部位。

2. 刺乌头碱

有明显的止痛和局部麻醉作用，其作用比可卡因和普鲁卡因强而优于吗啡和杜冷丁。相当于吗啡镇痛作用，是普通镇痛药氨基比林的 7 倍，镇痛效果与杜冷丁相当，而镇痛效果维持时间更长，更是曲马多的替代品种。

刺乌头碱的麻醉异构体有较强的由深层至浅层的麻醉作用，临床证明，局部麻醉作用等同于可卡因；神经传导阻滞作用是可卡因的 5.25 倍，是普鲁卡因的 13 倍；浸润麻醉作用远远强于普鲁卡因和可卡因。具有高安全性，无成瘾性、致突变和致癌作用，对免疫系统也无蓄积、刺激、变态反应，以及毒性作用。经临床应用证明，在规定的用法与用量范围内无一中毒病例发生。

刺乌头碱还具有降温消热作用，对各种发热有显著的解热作用，临床证实解热作用优于氢基比林，其降温作用等于阿司匹林等西药。

刺乌头碱对多种炎症模型导致的毛细血管通透性增高及渗出、肿胀等有明显的抑制作用和增强肾上腺皮质功能的作用。同时，可以抑制毛细血管通透性，消除耳郭、足趾、关节、下肢肿胀，抑制球肉芽肿形成。另外，还具有增强免疫力等功效。

【附注】鞘柄乌头根具有活血止痛、祛风止痛、祛风湿作用。用于跌打损伤、劳伤腰疼、筋骨疼痛、肝体麻木等的治疗。另外，该草药民间用于抗肿瘤，疗效显著。

【主要参考文献】

朱田. 2008. 鞘柄乌头抗肿瘤活性成分研究. 湖北：华中科技大学硕士学位论文.

牛　扁

Niubian

HERB OF PUBERULENT MONKSHOOD

【中文名】牛扁

【别名】马尾大艽、曲芍

【基原】为毛茛科 Ranunculaceae 乌头属 *Aconitum* 植物牛扁 *Aconitum barbatum* Patrin ex Pers. var. *puberulum* Ledeb（为毛茛科乌头尾下牛扁的一个变种）。该植物以根入药。春、秋季挖根，除去残茎，洗净晒干。

【原植物】多年生草本植物，根近直立，圆柱形，长达 15cm，粗约 8mm。茎高 55～90cm，粗 2.5～5mm，中部以下被伸展的短柔毛，上部被反曲而紧贴的短毛，生 2～4 枚叶，在花序之下分枝。基生叶 2～4 枚，与茎下部叶具长柄；叶片肾形或圆肾形，长 4～8.5cm，宽 7～20cm，三全裂，中央全裂片宽菱形，三深裂近中脉，末回小裂片狭，披针形至线形，表面疏被短毛，背面被长柔毛；叶柄长 13～30cm，被伸展的短柔毛，基部具鞘。顶生总状花序，长 13～20cm，具密集的花；轴及花梗密被紧贴的短柔毛；下部苞片狭线形，长 4.5～7.5mm，中部的披针状钻形，长约 2.5mm，上部的三角形，长 1～1.5mm，被短柔毛；花梗直展，长 0.2～1cm；小苞片生花梗中部附近，狭三角形，长 1.2～1.5mm；萼片黄色，外面密被短柔毛，上萼片圆筒形，高 1.3～1.7cm，粗约 3.8mm，直，下缘近直，长 1～1.2cm；花瓣无毛，唇长约 2.5mm，距比唇稍短，直或稍向后弯曲；花丝全缘，无毛或有短毛；心皮 3。蓇葖果长约 1cm，疏被紧贴的短毛；种子倒卵球形，长约 2.5mm，褐色，密生横狭翅。7～8 月开花。

【生境】牛扁生于海拔 400～2700m 的山地疏林下、林边草地或较阴湿处。

【分布】本植物在伏牛山区主要分布在西峡、栾川、嵩县、卢氏、内乡、新安等地。还分布甘肃、陕西、山西、河北等地。

【化学成分】牛扁根含刺乌头碱（lappaconitine）、毛茛叶乌头碱（ranaconitine）、牛扁碱

(lyaconitine)、北方乌头碱(septentrionine)、北方乌头定碱(septentriodine)、牛扁宁碱
(puberanine)、牛扁定碱(puberanidine)、牛扁亭碱(puberaconitine)、牛扁替定碱
(puberaconitidine)、N-去乙酰刺乌头碱(N-deacetyllappaconitine)(孙丽梅，2008；于德泉，1982)。

【毒性】牛扁全草有毒，茎叶枯死后最毒。刺乌头碱对小鼠口服和静脉注射的 LD_{50}
分别为 20mg/kg 和 6.0mg/kg。另外同乌头碱类生物碱的毒性。

【药理作用】药理同"鞘柄乌头"的刺乌头碱

【附注】牛扁味苦，性温，有毒。归肝、肺经。具有祛风止痛、止咳化痰、平喘之功效。
主治风湿关节肿痛、腰腿痛、喘咳、瘰疬、疥癣等。另外，该植物具有较好的抗肿瘤作用。

【主要参考文献】

孙丽梅. 2008. 牛扁化学成分及其生物活性研究. 兰州：兰州大学硕士学位论文.
于德泉. 1982. 牛扁乌头生物碱的研究. 药学通报，17：45~46.

乌 头
Wutou

MONKSHOOD

【中文名】乌头

【别名】草乌、附子花、金鸦、独白草、鸡毒、断肠草、毒公、奚毒等

【基原】乌头 *Aconitum carmichaeli* Debx.为毛茛科 Ranunculaceae 乌头属 *Aconitum*
草本植物。

【原植物】多年生草本，高 0.6~1.5m。块根常 2 个并连，纺锤形或倒卵形，外皮黑
褐色；栽培品种侧根甚肥大，径达 5cm。茎直立或稍倾斜，叶互生，草质，五角形，长
6~11cm，宽 9~15cm，3 全裂，中裂片菱状楔形，急尖，近羽状分裂，侧裂片不等 2 裂，
各裂片边缘有粗齿或缺刻。总状花序狭长，密生反曲柔毛；萼片 5，宽约 2cm，蓝紫色，
上萼片高盔形，高 2~2.6cm，侧萼片长 1.5~2cm；花瓣 2，无毛，有长爪，距长 1~2.5mm；
雄蕊多数；心皮 3~5 片，离生。吉类果长约 2cm。花期 6~7 月，果期 7~8 月。

本植物以根入药，母根称"乌头"，为镇痉剂。

【生境】喜温暖湿润气候，生于山地、丘陵地、林缘。适应性很强，适宜在土层深
厚、疏松、肥沃、排水良好的沙壤上栽培。

【分布】在伏牛山区均有分布。还分布于辽宁、河南、山东、江苏、安徽、浙江、
江西、广西、四川等地。

【化学成分】生物碱是乌头属植物的毒性成分和主要化学成分。因此，该植物的化
学成分研究大多集中在此类成分上。大体分为以下几类。

1. 双酯型生物碱

该结构类型如乌头碱(aconitine)、新乌头碱(mesaconitine)、次乌头碱(hypaconitine)；
胺醇类生物碱，如尼奥灵(新乌宁碱，neoline)、塔拉乌头胺(talatizamine)；二萜类生物

碱，如北乌碱(beiwutine)、去氧乌头碱(deoxyaconitine)。

2. 单酯型二萜类生物碱

单酯型二萜类生物碱有苯甲酰乌头胺、苯甲酰中乌头胺和苯甲酰次乌头胺。其毒性明显减小，苯甲酰乌头胺的毒性为乌头碱的 1/200。其可被进一步水解成毒性更小的醇胺：乌头胺、中乌头胺和次乌头胺。乌头胺的毒性仅为乌头碱的 1/2000。

3. 其他生物碱成分

具有强心作用的生物碱成分如 dl-去甲基衡州乌药碱、棍掌碱和去甲猪毛菜碱等(李志勇等，2009)。

【毒性】有大毒。乌头碱、中乌头碱和次乌头碱不同给药途径的小鼠 LD_{50} 分别是：乌头碱，灌胃 1.8mg/kg，皮下注射 0.27mg/kg，腹腔注射 0.38mg/kg，静脉注 0.12mg/kg；中乌头碱，灌胃 1.8mg/kg，皮下注射 0.204mg/kg，腹腔注射 0.213 mg/kg，静脉注射 0.10mg/kg；次乌头碱，灌胃 5.8mg/kg，皮下注射 1.19mg/kg，腹腔注射 1.1mg/kg，静脉注射 0.47 mg/kg。

乌头碱能通过消化道或破损皮肤被吸收，主要经肾脏及唾液排出。因吸收快，故中毒极为迅速，可于数分钟内出现中毒症状。乌头碱主要作用于神经系统，使之先兴奋后抑制，甚至麻痹；感觉神经、横纹肌、血管运动中枢和呼吸中枢可麻痹。乌头碱还可直接作用于心肌，并兴奋迷走神经中枢，致使心律失常及心动过缓等。

乌头碱中毒突出表现为不同形式的心律失常，严重者可有多系统器官的损害。已知乌头碱中毒致心律失常机制首先是直接兴奋心肌，加速心肌细胞钠离子内流，促进心肌细胞膜去极化，诱发室内异位节律点，缩短心肌不应期而导致单源或多源性期前收缩、室性心动过速，扭转型室速。其次是兴奋心脏迷走神经，引起窦房结自律性降低而出现窦性心动过缓、交界性心律等。

综上，乌头碱毒性主要作用人体以下不同系统。

(1)神经系统。四肢麻木，特异性刺痛及蚁行感，麻木从上肢远端(指尖)开始向近端蔓延，继后为口、舌及全身麻木，痛觉减弱或消失，有紧束感。伴有眩晕、眼花、视物模糊。重者躁动不安、肢体发硬、肌肉强直、抽搐、意识不清甚至昏迷。

(2)循环系统。由于迷走神经兴奋及心肌应激性增加，可有心悸、胸闷、心动过缓、多源性和频发室性早搏、心房或心室颤动或阿-斯综合征等多种心律失常和休克。

(3)呼吸系统。呼吸急促、咳嗽、血痰、呼吸困难、发绀、急性肺水肿，可因呼吸肌痉挛而窒息，甚至发生呼吸衰竭。

(4)消化系统。恶心、呕吐、流涎、腹痛、腹泻、肠鸣音亢进，少数有里急后重、血样便，酷似痢疾。

发现人体中毒，临床常采用的急救措施有以下几种。

(1)口服或外用含有该乌头属植物的草乌头或附子的中药或药酒者，应立即停止使用。

(2)早期应即刻催吐、洗胃和导泻。洗胃液可用高锰酸钾及鞣酸溶液。导泻剂可在洗胃后从胃管中注入硫酸钠或硫酸镁。也可用 2%盐水高位结肠灌洗。

(3)大量补液，以促进毒物的排泄。

(4)对心跳缓慢、心律失常者可皮下或肌肉注射阿托品 1～2mg，4～6h 可重复注射，重者可用阿托品 0.5~1mg 加入葡萄糖溶液中缓慢静脉注射。

(5)经阿托品治疗后心律失常仍不能纠正者可用抗心律失常药物(如利多卡因)。血压下降者可给予升压药。呼吸抑制、心力衰竭等均可采取相应措施治疗。

【药理作用】

1. 抗炎作用

实验报道，乌头属植物生物碱成分川乌总碱能显著减少角叉菜胶性渗出物中 PGE 的含量，表明抑制 PGE 可能是其抗炎机制之一。

2. 镇痛作用

川乌总碱 0.22g/kg、0.44g/kg 灌服，在小鼠热板法、乙酸扭体法实验中均有明显的镇痛作用。小鼠皮下注射乌头碱的最小镇痛剂量为 25μg/kg，镇痛指数为 11.8，东莨菪碱可加强其作用。

3. 降血糖作用

乌头多糖 A 100mg/kg 腹腔注射对小鼠有显著降低正常血糖作用，30mg/kg 即能降低葡萄糖负荷的血糖水平，但乌头多糖 A 不能改变正常小鼠葡萄糖负荷或尿嘌呤所致高血糖小鼠血浆胰岛素水平，也不影响胰岛素与游离脂细胞的结合，但能显著增强磷酸果糖激酶活性，且对糖原合成酶活性有增强趋势，表明乌头多糖 A 的降糖机制不是通过对胰岛素水平的影响，而在于增强机体对葡萄糖的利用。

4. 对心血管系统的作用

乌头属植物中的川乌头生品及炮制品水煎剂对离体蛙心有强心作用，但剂量加大则引起心律失常，终致心脏抑制。煎剂可引起麻醉犬血压呈迅速而短暂下降，此时心脏无明显变化，降压作用可被阿托品或苯海拉明所拮抗。乌头碱 20μg 注入戊巴比妥钠麻醉犬侧脑室，5min 后可引起心律不齐和血压升高并可持续 90min，脊髓切断术和神经节阻断术均可预防和消除乌头碱引起的心律不齐和血压升高。双侧迷走神经切断术及双侧星状神经节切除术不影响血压，而仅提高产生心律不齐的阈值(从 20μg 至 40μg)，因而提示乌头碱对心血管作用是中枢性的。预先用利血平耗竭儿茶酚胺，双侧肾上腺切除术，胸部内脏神经切除术，以及 α、β 受体阻断剂，均能阻断和预防乌头碱引起的心律不齐，可以认为其心律不齐作用可能是由神经途径释放肾上腺的儿茶酚胺所致。阿吗灵 30mg/kg 静脉注射，普萘洛尔 20μg/(kg·min)静脉滴注和奎尼丁 15.8mg/kg 均能对抗乌头碱所致心律不齐。家兔静脉注射小量乌头碱可增强肾上腺素产生异位心律的作用，对抗氰化钙引起的 T 波倒置；对抗垂体后叶制剂引起的初期 S-T 段上升和继之发生的 S-T 段下降。在豚鼠中，还有增强毒毛旋花子苷 G 对心肌的毒性作用。

5. 对神经系统的作用

乌头碱小剂量能引起小鼠扭体反应，阿司匹林、吗啡等可拮抗这一作用。乌头碱有明显局部麻醉作用，对小鼠坐骨神经干的阻滞作用相当于可卡因的 31 倍，豚鼠皮下注射浸润麻醉作用相当于可卡因 400 倍。

6. 抗癌作用

乌头注射液 200μg/mL 对胃癌细胞有抑制作用，此作用随浓度增加而增强，并可抑制人胃癌细胞的有丝分裂。对小鼠肝癌实体瘤的抑制率为 47.8%~57.4%，对小鼠前胃癌和 S180 腹水癌的抑制率为 26%～46%。以川乌为主的制剂的注射液对胃癌细胞也有明显抑制和杀伤作用。

【附注】乌头味苦辛、大热、有大毒；归心、肝、肾、脾经。

乌头有大毒，内服应制用，禁生用。

【主要参考文献】

李志勇，李彦文，孙建宁，等. 2009. 乌头类植物药三种双酯型生物碱研究进展. 中央民族大学学报（自然科学版），18：87~91.

毛果吉林乌头
Maoguojilinwutou

ROOT OF KIRIN MONKSHOOD

【中文名】毛果吉林乌头

【别名】马尾大芃、曲芍

【基原】毛果吉林乌头 *Aconitum kirinense* Nakai var. *australe* W. T. Wang 为毛茛科 Ranunculaceae 乌头属 *Aconitum* 植物。

【原植物】多年生草本。根圆锥状，直径约 1cm。与原变种主要区别是其叶背面仅沿脉疏被长柔毛或近无毛。茎直立，高 60～100cm，下部具淡黄色开展毛，中部以上被反曲柔毛，少分枝或不分枝。基生叶 3 或 4，茎生叶 3 或 4，向上渐次缩小，外廓五角形或肾状五角形，长 4～16cm，宽 8～22cm，基部心形，3 深裂，中央裂片菱形，侧裂片斜扇形，各裂片复 2 或 3 中裂至浅裂，边缘下部全缘，上部有粗齿，表面被伏贴短毛，背面沿脉疏被长毛；叶柄长 5～27cm，被毛或近无毛。总状花序着生于茎端或上部叶腋；花序轴和花梗密被黄色反曲短柔毛；下部苞片叶状，分裂或不分裂，上部苞片及小苞片线形，小苞片着生于花梗的中、上部。花淡黄色，外面被短柔毛；上萼片圆筒形，高 1.5cm 左右，侧萼片倒卵状圆形，下萼片狭椭圆形；花瓣无毛，距向下蜷卷，与唇部近等长；雄蕊花丝全缘，无毛；心皮 3，子房被伏贴毛或疏短柔毛。

以根入药。春秋采挖，洗净晒干。

【生境】生于海拔 780～2000m 山地林中或山坡石上。

【分布】本植物在伏牛山区的卢氏、灵宝等地有分布。我国陕西、湖北、河南和山西均有分布。

【化学成分】含硬飞燕草次碱（delcosine）、tuguaconitine、光翠雀碱（denudatine）、14-dehydrobrownline、别那宁（lepenine）、11a-hydroxy lepenine、aconitine、dehydroluciductine、14-dehydrodelcosine 等（蒋莹，2010）。

部分化合物的结构式如下：

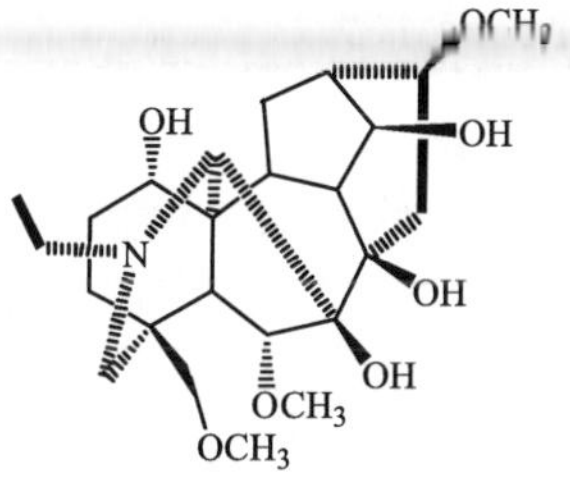

delcosine

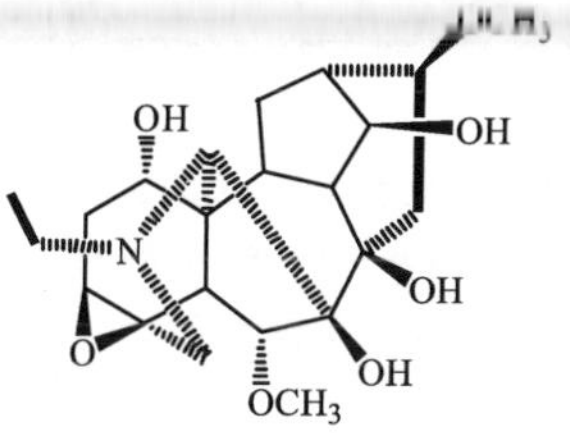

tuguaconitine

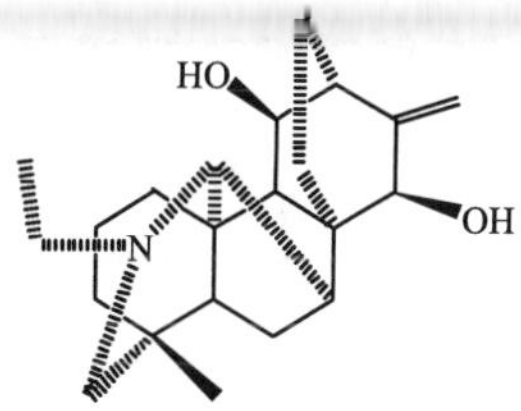

denudatine

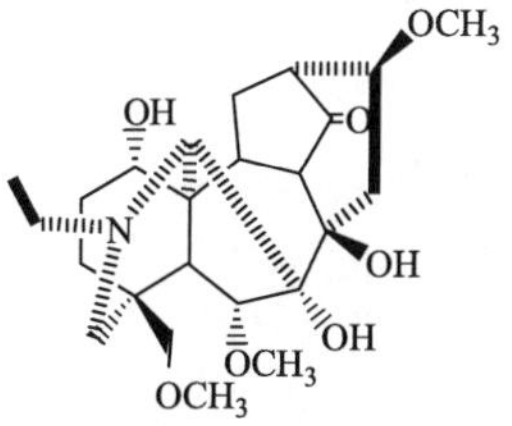

14-dehydrodelcosine

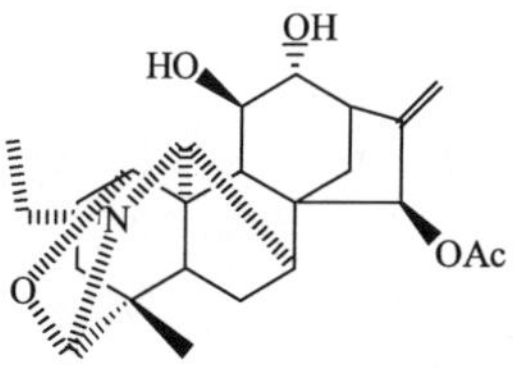

dehydrolucidusculine

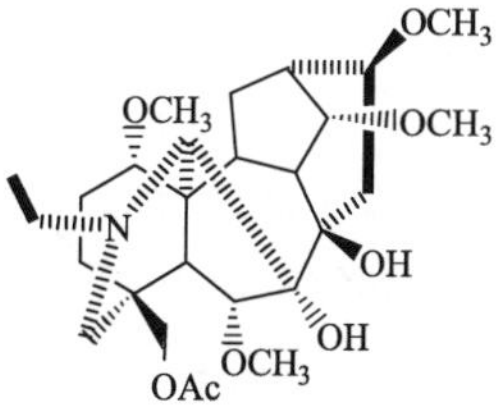

aconitine

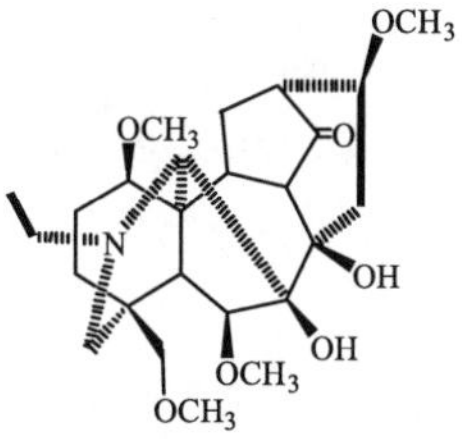

14-dehydrobrownline

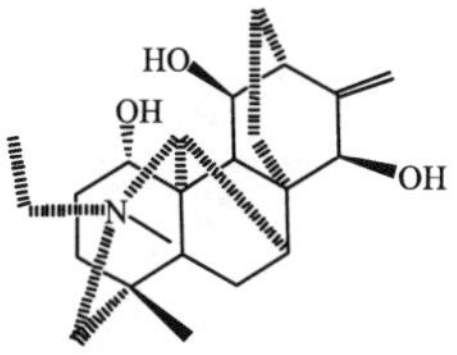

lepenine

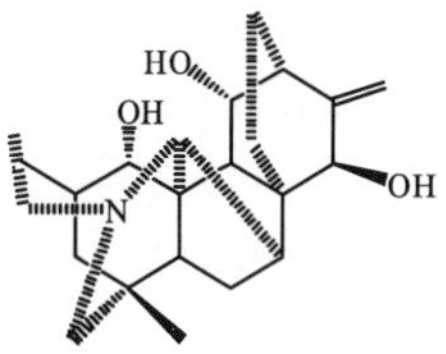

11a-hydroxy lepenine

【毒性】全草有毒。有乌头碱生物碱中毒症状。

【药理作用】有乌头属植物药理作用。中医药常用于祛风除湿，活血止痛。

【主要参考文献】

蒋莹. 2010. 毛果吉林乌头生物碱成分的研究. 郑州：郑州大学硕士学位论文.

瓜 叶 乌 头

Guayewutou

ROOT OF HEMSLEY MONKSHOOD

【中文名】瓜叶乌头

【别名】藤乌头、羊角七

【基原】为毛茛科 Ranunculaceae 乌头属 *Aconitum* 瓜叶乌头 *Aconitum hemsleyanum* Pritz 植物，以块根或全草入药。

【原植物】多年生缠绕草本。块根倒圆锥形，长可达 6cm 以上。蔓茎于向阳的一侧呈紫色，光滑，分枝。叶互生，宽圆卵形，长 5.5～7.5cm，宽 5.5～6.5cm；叶片掌状 3 深裂，中央裂片最大，梯状菱形或卵状椭圆形，顶端锐尖，侧裂片斜卵形，基部更分 2

浅裂，裂片边缘疏生钝齿；叶基部截形或浅心形，两面光滑无毛；叶柄长 2～3cm。花序含 2～12 花，小苞片条形；萼片 5，蓝紫色，花瓣状，上萼片盔形，具短喙，侧萼片倒卵状宽匙形，下部萼片卵状椭圆形，除侧萼片内面疏生白色长毛外，余均光滑无毛；花瓣 2，无毛，藏于盔瓣内，蜜腺体下部扩张至基部的裂口，近截形，距长 2mm；雄蕊多数；心皮 5，无毛或稀生微柔毛。果长圆筒形，长 1.2～1.5cm。花期 8～9 月。果期 10～11 月。

本植物以块根入药。7～8 月采挖，除去须根，清水浸漂至略有麻味。

【生境】瓜叶乌头生于海拔 1700～2200m 山地林中或灌丛中。

【分布】本植物分布在伏牛山区的灵宝、栾川、卢氏等地。还分布于四川、湖北、湖南北部、江西北部、浙江西北部、安徽西部、陕西南部。

【化学成分】瓜叶乌头根含瓜叶乌头甲素(guayewuanine A)、瓜叶乌头乙素(查斯曼宁，guayewuanine B)、瓜叶乌头丙素(guayewuanine C)、瓜叶乌宁 (hemsleyanine, 8-acetyl-14-benzoyl-ezochasmanine)、展花乌头宁 (chasmanine)、塔拉乌头胺 (talatisamine)、氨茴酰牛扁碱 (anthranoyllycoctonine)、牛扁碱 (lycoctonine)、8-去乙酰滇乌碱 (8-deacetylyunaconitine)、伪乌头宁 (pseudaconine)、sachaconitine、尼奥宁 (neoline)、森布星 (senbusineA)、6-表弗斯生 (6-epiforesticine)、滇乌碱 (yunaconitine)、印乌碱 (indaconitine) 等(周先礼等，2002；丁立生等，1994；张涵庆等，1982)。

部分化合物的结构式如下：

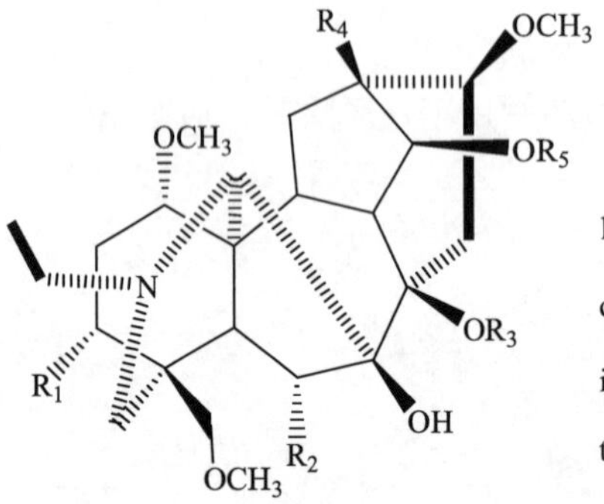

	R_1	R_2	R_3	R_4	R_5
hemsleyanine	OH	OCH_3	$COCH_3$	H	Bz
chasmanine	H	OCH_3	H	H	H
indaconitine	H	OCH_3	$COCH_3$	OH	Bz
talatisamine	H	H	H	H	H

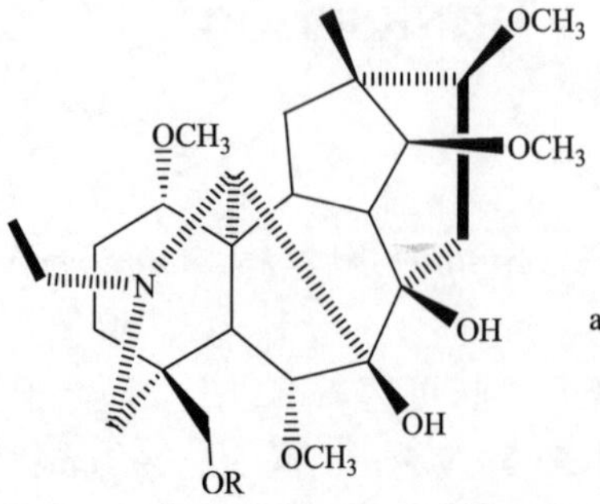

lycoctonine

anthranoyllycoctonine

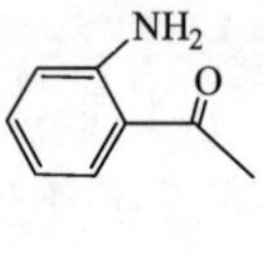

	R_1	R_2	R_3	R_4	R_5	R_6	R_7
8-deacetylyunaconitine	CH_3	OH	OCH_3	OCH_3	H	As	OH
pseudaconine	CH_3	OH	OCH_3	OCH_3	H	H	OH
sachaconitine	CH_3	H	H	H	H	H	H
neoline	H	H	OCH_3	OCH_3	H	H	H
senbusine A	H	H	OCH_3	OH	H	H	H
6-epiforesticine	CH_3	H	OCH_3	OH	H	H	H
yunaconitine	CH_3	OH	OCH_3	OCH_3	Ac	As	OH

【毒性】瓜叶乌头全草有大毒。塔拉乌头胺小鼠静脉注射 LD_{50} 为 115mg/kg。滇乌碱：小鼠口服 LD_{50} 为 2.97mg/kg，大鼠口服 LD_{50} 为 540μg/kg。印乌碱：引起心律失常，小鼠静脉注射 LD_{50} 为 (0.470±0.050) mg/kg。氨茴酰牛扁碱：神经肌肉阻断剂（鼠）；毒素（动物，呼吸微弱、麻痹、惊厥直到死亡）。

【药理作用】

1．滇乌碱的药理作用

（1）抗炎作用。对鼠毛细血管通透性、不同致炎剂产生的足跖肿胀、白细胞游走和棉球肉芽组织增生均有明显抑制作用。

（2）镇痛作用。用扭体反应、热板法、甲醛致痛法测得本品有镇痛作用，但作用不强。

（3）解热作用。对酵母致热大鼠有明显解热作用。

（4）免疫调节作用。腹腔注射 50μg/kg 能显著延长小鼠耳后移植心肌的存活时间，与泼尼松龙作用相近。能提高血清总补体的活性及网状内皮系统的吞噬功能。

（5）具有很强的局部麻醉作用。

2．牛扁碱的药理作用

升高血压（麻醉兔，剂量大于 0.25mg/kg，血压轻微升高）。

3．塔拉乌头胺的药理作用

在药理实验中有抗炎作用。有短暂的防压作用。犬静脉注射 20mg/kg，完全阻断上部交感神经节，其神经节阻断作用强于箭毒作用。

【附注】民间用块根治疗跌打损伤、关节疼痛等症。

【主要参考文献】

丁立生，陈瑛，王明奎，等. 1994. 瓜叶乌头的二萜生物碱. 植物学报，36：901~904.

张涵庆，朱元龙，朱任宏. 1982. 瓜叶乌头根中生物碱成分的研究. 天然产物研究与开发，24：259~263.

周先礼，简锡贤，王锋鹏. 2002. 瓜叶乌头中生物碱成分的研究. 天然产物研究与开发，14：14~17.

松 潘 乌 头

Songpanwutou

ROOT OF SUNGPAN MONKSHOOD

【中文名】松潘乌头

【别名】火焰子(陕西)、草乌(青海、宁夏)、缠绕乌头、羊角七

【基原】松潘乌头 *Aconitum sungpanense* Hand.-Mazz 为毛茛科 Ranunculaceae 乌头属 *Aconitum* 植物。

【原植物】多年生缠绕草本，块根常 2 个并生，倒卵形或长圆形，黑褐色，长约 3.5cm。茎缠绕，长约 2.5m，有分枝，圆柱形，绿色或有时紫色，被稀疏的反曲短柔毛或近无毛。叶草质，外廓卵状五角形或卵状三角形，长、宽近相等，3.5~16cm，三深裂或三全裂，中裂片卵状菱形或菱形，侧裂片斜形，深裂或全裂，各裂片先端渐尖，缘具粗锯齿，两面均散生短毛或近无毛；叶柄 1~7cm，被短柔毛。总状花序着生于上部叶腋，含 5~9 花；花序轴和花梗被疏短柔毛，稀无毛；基部苞片叶状，3 裂，小苞片线形，着生于花梗的中部；花梗纤细，长 1.5~3(4)cm，稍向一侧弧状弯曲；花蓝紫色，有时黄绿色；上萼片高盔状，高 1.5~2cm；侧萼片倒卵圆形，长 1.2~1.5cm；下萼片椭圆形或长圆形，长 1~1.5cm，外面均被短柔毛；花瓣无毛或被疏毛，唇部先端微凹，距向下弯曲；雄蕊花丝无毛或被疏毛，全缘；心皮通常 3~5，无毛或被疏短柔毛。蓇葖果长 1.5~2cm，被疏短柔毛或近无毛。种子三棱形，沿棱具狭翅，仅一面具横膜翅。花期 6~8 月，果期 9~10 月。

以块根或全草入药。

【生境】生于低山至中山的山坡灌丛或林下湿地。

【分布】本植物在伏牛山区的卢氏、嵩县、栾川有分布。还分布于山西、陕西(秦岭、陇县、旬邑)、宁夏(固原、泾源)、甘肃(南部)、青海日月山以东及四川(北部)。

【化学成分】

1. 生物碱类化合物

含 13,15-双去氧乌头碱(13,15-dideoxyaconitine)、黄草乌碱丙(vilmorrianine C)、粗茎乌碱甲(crassicauline A)、黄草乌碱甲(vilmorrianine A)、松潘乌碱(sungpanconitine)、滇乌碱(yunaconitine)、乌头碱(aconitine)、塔拉乌头胺(talatisamine)、展毛乌头宁(chasmanine)、8-去乙酰滇乌碱(8-deacetyl yunaconitine)、8-乙酰-14-苯甲酰查斯曼宁等。

2. 其他类型化合物

其他类型化合物包括 4-特丁基苯酚、乙酸、糠醛、2-甲氧基苯酚、2,3-二氢苯并呋喃、

癸酸-2,3-二羟基丙酯、8-炔-硬脂酸甲酯等 (Feng and Qiao, 2010; Xiao et al., 2004; 王锐和陈耀祖, 1992; 王锐等, 1991; 李洪刚和李广义, 1988)。

【毒性】块根有大毒，全草剧毒。

【药理作用】

1. 镇痛作用

松潘乌头总碱具有较好的镇痛作用，与乌头属的高乌甲素相比，治疗指数高，用量小，但起效慢。小鼠实验表明，松潘乌头总碱无镇痛成瘾性和耐受性。松潘乌头镇痛的主要成分为乌头碱，其对电刺小鼠尾法、小鼠热板法和乙酸扭体反应及大鼠尾部加压法均能提高痛阈(给药 1h 后痛阈最高)，且不成瘾。对各级癌痛均有缓解作用，而且对不同程度和性质的疼痛效果也不同，对慢性痛、轻度痛、胀痛、隐痛效果好，尤其适用于消化系统癌痛，较吗啡类药物显效慢，缓解时间长，无药物依赖性，止痛效果与剂量有关。其实乌头碱对各级癌痛均有缓解作用，应用时应掌握好剂量，谨防中毒。

2. 抗炎作用

实验表明，松潘乌头总碱对二甲苯致小鼠耳郭肿胀，蛋清、甲醛性大鼠足趾肿胀及大鼠琼脂肉芽肿增生均有显著抑制作用，说明松潘乌头总碱具有抗急、慢性炎症作用。

3. 降温、解热作用

实验结果发现，松潘乌头总碱能使正常及人工发热家兔的体温明显降低，因此表明其具有降温和解热作用(佟姝丽等, 2007)。

【附注】松潘乌头味辛、苦，性温，有大毒，具有祛风止痛、散瘀消肿之功效。民间用于跌打损伤、类风湿性关节炎引起的疼痛和红肿等症的治疗；外用治疗痈疖肿毒疗效显著。

【主要参考文献】

李洪刚, 李广义. 1988. 松潘乌头二萜生物碱的研究. 药学学报, 23: 460~463.

佟姝丽, 崔九成, 袁菊丽. 2007. 松潘乌头的研究进展. 陕西中医, 28: 900~902.

王锐, 陈耀祖. 1992. 松潘乌头和展毛多根乌头挥发油的 GC/MS 分析. 高等学校化学学报, 13: 1087~1089.

王锐, 倪京满, 胡兆勇, 等. 1991. 松潘乌头中的二萜生物碱研究. 兰州医学院学报, 17: 201~204.

Feng P W, Qiao H C. 2010. The C19-Diterpenoid Alkaloids. The Alkaloids: Chemistry and Biology, 69: 1~577.

Xiao L W, Zong X L, Bo L Y. 2004. Trans-2, 2', 4, 4'-tetramethyl- 6, 6'-dinitroazo benzene from . Fitoterapia, 75: 789~791.

铁 棒 锤

Tiebangchui

SHORTSTALK MONKSHOOD ROOT

【中文名】铁棒锤

【别名】八百棒、铁牛七、雪上一枝蒿

【基原】铁棒锤 *Aconitum pendulum* Busch 为毛茛科 Ranunculaceae 乌头属 *Aconitum* 草本植物。

【原植物】多年生草本植物，高 30～100cm。块根倒圆锥形，褐色。茎直立，不分枝或分枝，无毛，有时在上部疏被短柔毛。叶互生；茎下部叶在开花时枯萎；叶柄长 4～5mm，上部叶几无柄；叶片宽卵形，长 3.4～5.5cm，宽 4.5～5.5cm，3 全裂，全裂片二回近羽状深裂，末回裂片线形，宽 1～2.2mm，两面无毛。总状花序顶生，长 7.5～20cm，花序轴和花梗密被伸展的黄色短柔毛；下部苞片叶状或 3 裂，上部苞片线形；花梗长 2～6mm；小苞片生花梗上部，披针状线形，疏被短柔毛；花两性，两侧对称；萼片 5，花瓣状，上萼片船状镰刀形或镰刀形，具爪，下缘长 1.6～2cm，弧状弯曲，外缘斜，侧萼片圆倒卵形，长 1.2～1.6cm，下萼片斜长圆形，黄色，常带绿色，有时蓝色，外面被近伸展的短柔毛；花瓣 2，瓣片长约 8mm，唇长 1.5～4mm，距长约 1mm，向后弯曲，无毛或被疏毛；雄蕊多数，花丝全缘，无毛或有短毛；心皮 5，无毛或被短柔毛；花柱短。蓇葖果，长 1.1～1.4cm，无毛。种子多数，倒卵状三棱形，长约 3mm，光滑，沿棱有不明显的狭翅。花期 8～9 月，果期 9～10 月。

以块根或全草入药，7～8 月采收。除去茎苗，洗净晒干。

【生境】生于海拔 1200m 以上向阳的山地草坡、林缘、灌丛、草地、河边。

【分布】在伏牛山区西峡、嵩县、栾川、卢氏、灵宝等地有分布。还分布于陕西南部、甘肃南部、青海、河南西部、四川西部、云南西北部、西藏。

【化学成分】块根含雪乌碱(penduline)、次乌头碱(hypaconitine)、3-乙酰乌头碱(3-acetylaconitine)、乌头碱(aconitine)、华北乌头碱(songorine)、牛七碱(8-去乙酰氧基-8-乙氧基-3-乙酰乌头碱, szechenyine)、*N*-deethyl-3-acetylaconitine、*N*-deethyldeoxyaconitine、secoaconitine(Yu et al., 2011；林丽等，2011；王毓杰等，2011；陈凤娥，2007)。

【毒性】有毒，总浸膏的 LD_{50} 为 624mg/kg。其主要成分乌头碱，小鼠静脉注射的 LD_{50} 为 0.27mg/kg。

乌头碱中毒症状：流涎、恶心、呕吐、腹泻、头昏、眼花、口唇舌及四肢发麻、脉搏减少，呼吸困难，手足搐搦。神志不清，大小便失禁，血压及体温下降，心律失常。室性期前收缩，呈二联律；或窦性心律伴以多源频繁的室性期前收缩和窦房停搏。临床应用大剂量阿托品抢救乌头碱中毒，可以减轻症状，使心电图恢复正常。乌头碱在动物离体心房所引起的纤颤，可被普鲁卡因、抗组织胺药、奎尼丁、普萘洛尔等药物抑制。

【药理作用】具有乌头属植物的药理作用。除此以外，铁棒锤总碱还具有以下药效。

1. 镇痛作用

铁棒锤总碱具有显著的镇痛作用，其镇痛强度为吗啡的43.7倍，其主要有效镇痛成分为乌头碱、3-乙酰乌头碱等。

2. 抗炎作用

铁棒锤总碱及乌头碱、3-乙酰乌头碱均具有显著抗炎活性。总碱 0.15mg/kg、乌头碱和 3-乙酰乌头碱 0.05mg/kg 对大鼠蛋清性及甲醛性足跖肿具有显著抑制作用，但对棉球性肉芽组织增生无明显影响。

3. 局部麻醉作用

铁棒锤总碱、乌头碱、3-乙酰乌头碱均有显著局部麻醉效果，肌注或皮内注射均有效。总碱的局麻强度为的卡因的14倍，盐酸普鲁卡因的139倍。

4. 解热作用

伤寒菌苗发热家兔，腹腔注射 3-乙酰乌头碱 0.04mg/kg 有显著解热效果，于注射后 30min 起效，维持 3h 以上。

5. 致心律失常作用

与乌头碱相似，3-乙酰乌头碱及去氧乌头碱也均有致心律失常作用，但小鼠静脉注射诱发心律失常的剂量却较乌头碱高，3-乙酰乌头碱为乌头碱的 2.85 倍，且诱发成功率也远较之低，对呼吸的抑制作用较轻，据报道仅为乌头碱的 38%，3-乙酰乌头碱静脉注射对大鼠的致心律失常剂量为 0.09mg/kg。

6. 体内过程

3-乙酰乌头碱血药时间曲线符合开放型三室模型。各组织中分布以胆囊含量最高，肝、肾和肺次之。少量药物能通过胎盘进入胎儿。静脉注射后主要由尿排出，大部分以代谢产物形式排出，部分以原形物排出。

【附注】铁棒锤味苦、辛，性温，有大毒，归肺、心经。具有祛风止痛、散瘀止血、消肿拔毒之功效。用于风湿关节痛、腰腿痛、跌打损伤；外用治淋巴结结核（未破）、痈疮肿毒。

【主要参考文献】

陈凤娥. 2007. 铁棒锤的研究进展. 安徽农业科学，35：10352～10353.

林丽，高素芳，晋玲，等. 2011. 栽培与野生藏药铁棒锤中活性成分乌头碱的 HPLC 分析. 中国中药杂志，36：841～842.

王毓杰，张静，曾陈娟，等. 2011. 铁棒锤砂炒炮制品中二萜生物碱化学成分的研究. 华西药学杂志，26：11～13.

Yu J W, Jing Z, Chen J Z, et al. 2011. Three new C$_{19}$-diterpenoid alkaloids from *Aconitum pendulum*. Phytochemistry Letters，4：166～169.

翠 雀 花

Cuiquehua

CHINESE DELPHINIUM

【中文名】翠雀花

【别名】大花飞燕草、千鸟草、萝小花、小草鸟、猫眼花、鸡爪连、百部草、飞燕草、鸽子花、鹦哥草、玉珠色洼（藏名）

【基原】为毛茛科 Ranunculaceae 翠雀属 *Delphinium* 翠雀花 *Delphinium grandiflorum* Linn.植物。

【原植物】多年生宿根草本植物，高 35～65cm。全株被柔毛。茎具疏分枝，圆锥状花序。叶互生，掌状深裂，基生叶和茎下部叶具长翠雀柄；叶片圆肾形，三全裂，长 2.2～6cm，宽 4～8cm，裂片细裂，小裂片条形，宽 0.6～2.5mm。总状花序具 3～15 花，轴和花梗具反曲的微柔毛；花左右对称；小苞片条形或钻形；萼片 5，花瓣状，蓝色或紫蓝色，长 1.5～1.8cm，上面 1 片有距，先端常微凹；花瓣 2，较小，有距，距突伸于萼距内；退化雄蕊 2，瓣片宽倒卵形，微凹，有黄色髯毛；雄蕊多数；心皮 3，离生。蓇葖果 3 个聚生。花期 8～9 月。果期 9～10 月。

全草及种子可入药治牙痛。茎叶浸汁可杀虫。

【生境】喜凉爽、通风、日照充足的干燥环境和排水通畅的砂质壤土。生于山坡、草地、固定沙丘。

【分布】本植物在伏牛山区的嵩县、内乡、南召等地区有分布。原产于欧洲南部，我国分布在云南、山西、河北、宁夏、四川、甘肃、黑龙江、吉林、辽宁、新疆、西藏等地。

【化学成分】主含狼毒乌头碱(lycoctonine)、硬飞燕草碱(delsoline)、甲基牛扁亭碱(methylly-caconitine)、翠雀亭(delphatine)、大花翠雀亭(grandifloritine)、翠雀花明(delqramin)、大花翠雀素(grandiflorine)、德尔塔生(deltatsine)、安徽翠雀碱(anhweidelphinine)、14-脱氢翠雀胺(14-dehndrodelcosine)、大花翠雀素(grandiflorine)、翠雀花定(deigrandine)、乙酰翠雀花定(acetyldelgrandlne)、去甲地不容碱(demethyldelavaine)、翠雀花明(delgramine)、翠雀色明碱 A (delsemine A)和翠雀色明碱 B (delsemine B) (Shiiter et al., 2003；李从军和陈迪华，1993a，1993b，1993c；邓艳萍等，1992)。

【毒性】根有毒。对小鼠静脉注射根的总生物碱 LD_{50} 为 4.90mg/kg，主要症状为四肢无力、呼吸困难、惊厥、急骤跳跃后死亡。

【药理作用】

1. 心血管作用

离体豚鼠右心房实验证实，翠雀花可使心脏自发性收缩频率减少，心房肌收缩幅度降低，对心脏显示抑制作用。

2. 骨骼肌作用

翠雀花无兴奋作用，但可拮抗乙酰胆碱的兴奋作用，呈现一定的量效关系，这种肌松作用与箭毒相似，也称箭毒样肌松作用。

3. 平滑肌作用

对于离体肠、子宫、胆囊等器官平滑肌有兴奋作用，与乙酰胆碱相似，阿托品可以对抗翠雀花的这一兴奋作用。

4. 其他作用

有一定的解热、镇痛、杀虫作用。

【附注】翠雀花味苦、性寒、有毒，全草可作土农药，杀苍蝇及其幼虫。

【主要参考文献】

邓艳萍，陈迪华，宋维良. 1992. 翠雀花的生物碱成分. 化学学报，50：822~826.

李从军，陈迪华. 1993a. 大花翠雀的新二萜生物碱. 植物学报，34：466~469.

李从军，陈迪华. 1993b. 大花翠雀地上部分的生物碱. 植物学报，35：80~83.

李从军，陈迪华. 1993c. 翠雀花明的化学结构. 化学学报，51：915~918.

Shiiter E, Jigjidsuren T, Dulamjav B, et al. 2003. Norditerpenoid alkaloids from *Delphinium* species. Phytochemistry，62：543~550.

还 亮 草

Huanliangcao

CHERVIL LARKSPUR

【中文名】还亮草

【别名】还魂草、对叉草、蝴蝶菊、鱼灯苏、车子野芫荽、飞燕草、峨山草乌

【基原】为毛茛科 Ranunculaceae 翠雀属还亮草 *Delphinium anthriscifolium* Hance 植物一年生草本植物。

【原植物】一年生草本，高 30～70cm，遍体有白色毛。 叶片菱状卵形或三角状卵形，长 5～11cm，宽 4.5～8cm，2～3 回羽状全裂，1 回裂片斜卵形，2 回裂片或羽状浅裂，或不分裂而呈披针形，宽 2～4mm。 总状花序具 2～15 花，花序轴和花梗有微柔毛；花淡青紫色，直径 1cm；萼片 5，堇色，狭长椭圆形，长约 5mm，后方 1 萼片，伸出 1 长距，长超过萼片；花瓣 2 对，上方 1 对斜楔形，中央有浅凹口，下部成距，插入萼的距内，下方 1 对卵圆形，深 2 裂，基部成爪；雄蕊多数；心皮 3。 蓇葖果，长 1～1.6cm，有种子 4 粒。 花期 3～5 月。

本植物全草入药。

【生境】生于海拔 200～1200m 丘陵或低山的山坡草丛或溪边草地。

【分布】本植物在伏牛山区的卢氏、嵩县、栾川分布。还分布于广东、广西、贵州、湖南、江西、福建、浙江、江苏、安徽、河南、山西南部。

【化学成分】

1. 生物碱类化合物

还亮草种子含生物碱约 1%，内含洋翠雀碱(ajacine)、洋翠雀康宁(ajaconine)、洋翠雀枯生碱(ajacusine)、洋翠雀定碱(ajadine)、硬飞燕草碱(delsoline)、硬飞燕草次碱(delcosine)即翠雀胺(delphamine)、乙酰基硬飞燕草次碱(acetydelcosine)、二甲基乙酰基硬飞燕草次碱(dimethylacetyldelcosine)、三甲基乙酰基硬飞燕草次碱(trimethylacetyldelcosine)、高硬飞燕草碱(elatine)、anthriscifolmines A、anthriscifolmines B、anthriscifolmines C 等(Xiao et al., 2009)。

部分化合物的结构式如下：

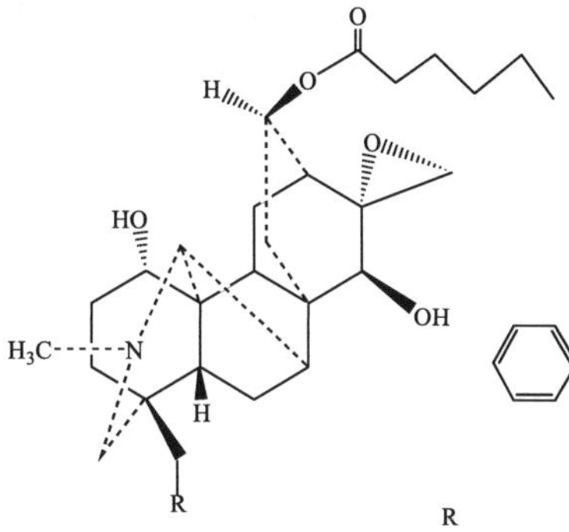

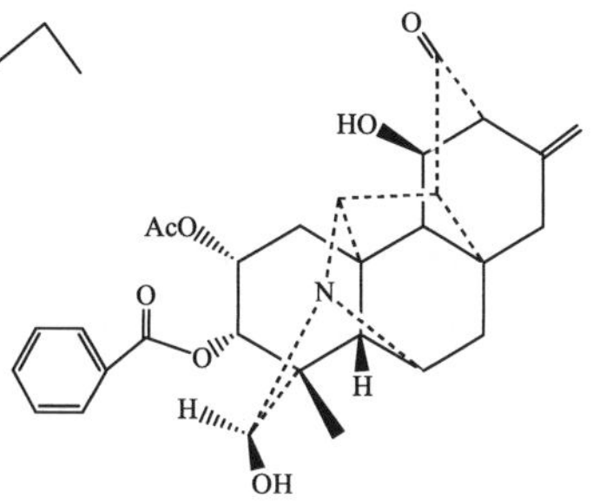

	R
anthriscifolmines A	H
anthriscifolmines B	OH

anthriscifolmines C

2. 甾醇类化合物

还亮草全株含谷甾醇(sitosterol)、豆甾醇(stigmasterol)、菜油甾醇(campesterol)、7-豆甾-烯醇(stigmast-7-enol)、4α-甲基豆甾-7,24(28)-二烯醇等甾醇类化合物。

3. 黄酮类化合物

含飞燕草苷(delphin)、花含洋槐苷(rodinin)、山奈酚-7-鼠李糖苷(kaempferol-7-rhamnoside)、山奈酚-3-芸香糖苷(kaempferol-3-rutineside)等黄酮苷。

另外，含乳化油(fixedoil)、类脂(lipid)等物质。

【毒性】还亮草种子的毒性较其他部分大。叶、种子可引起皮炎。中毒动物表现为步伐困难，特别是后肢；脉搏、呼吸皆变慢，体温有所降低，食欲则良好。更严重时可有肌肉抽搐，乃至运动失调；最后发生全身性痉挛收缩，呼吸衰竭而死。

【药理作用】脂肪油有杀虫作用。叶、种子可引起皮炎。

【附注】还亮草气微，味辛、苦，有毒。具有祛风、理湿、解毒、止痛等功效。中药用于治风湿骨痛、半身不遂；外用治痈疮、癣癞等病。

【主要参考文献】

Xiao Y L，Qiao H C，Feng P W. 2009. Three new C$_{20}$-diterpenoid alkaloids from *Delphinium anthriscifolium* var. *savatieri*. Chinese Chemical Letters，20：698~701.

河南翠雀花

Henancuiquehua

HENAN LARKSPUR

【中文名】河南翠雀花

【基原】为毛茛科 Ranunculaceae 翠雀属 *Delphinium* 河南翠雀花 *Delphinium honanense* W. T. Wang 一年生草本植物。

【原植物】茎高 48~58cm，无毛，不分枝，等距地生叶。基生叶在开花时枯萎。茎下部及中部叶有较长柄；叶片五角形，长 6~7cm，宽 7~10cm，三深裂裂至距基部约 8mm 处，中央深裂片菱形，顶端急尖或短渐尖，中部以下全缘，中部之上边缘有三角形粗牙齿，不分裂或三浅裂，侧深裂斜扇形，不等二深裂，表面有少数糙毛，背面沿脉网疏被糙毛；叶柄长为叶片的 1.5~2 倍，有少数开展的糙毛。总状花序长 8~11cm，约有 10 花；下部苞片三裂，其他苞片披针状线形至线形，长 0.8~1.7cm；轴和花梗被反曲的短柔毛和开展的黄色短腺毛；花梗斜上展，长 0.8~2.6cm；小苞片生花梗中部或下部，线形，长 5~8mm，宽 0.5mm；花近平展；萼片紫色，椭圆状卵形，长 1.5~1.6cm，外面疏被短柔毛，距钻形，长 2~2.1cm，基部粗为 3mm，稍向下弯曲；花瓣干时黄色，无毛；退化雄蕊紫色，瓣片近方形，二深裂，腹面有黄色髯毛，爪与瓣片近等长；雄蕊无毛；心皮 3，无毛。5 月开花。

以块根入药。7~8月采挖，除去须根，清水浸漂至略有麻味，用甘草、黑豆煎汤拌熟或同煮过后，取出晒干。

【生境】生于海拔 600～1900m 山坡或山地林下阴湿处。

【分布】本植物在伏牛山区的西峡、内乡、南召分布。还分布于河南西南部、陕西东南部和南部、湖北西部。

【化学成分】未见文献报道。

【药理作用】脂肪油有杀虫作用。叶、种子可引起皮炎。

【附注】药用部位：根（树儿乌头）。药用功能：祛风湿，活血脉。

秦岭翠雀花

Qinlingcuiquehua

ROOT OF GIRALD LARKSPUR

【中文名】秦岭翠雀花

【别名】虎膝、蓝花草

【基原】为毛茛科 Ranunculaceae 翠雀属 *Delphinium* 秦岭翠雀花 *Delphinium giraldii* Diels 草本植物。

【原植物】多年生草本。根茎横生，坚硬，暗褐色。茎直立，中空，无毛，高 55～150cm。下部茎生叶五角形，长 6.5～10cm，宽 12～20cm，3 全裂，两面疏生短柔毛；叶柄长约 15cm。圆锥花序顶生，稀疏，花序轴和花梗均无毛；小苞片钻形；萼片蓝紫色，卵形或椭圆形，外面疏生短毛；花瓣 2，蓝紫色，反折；退化雄蕊具爪，瓣片 2 裂。上面有黄色髯毛。雄蕊多数；心皮 3，无毛。蓇葖果 3，长圆形。本植物以根入药。

【生境】生长于海拔 960～2000m 的山地、草坡、林中。

【分布】本植物在伏牛山区的卢氏、栾川、灵宝分布。还分布于陕西、甘肃、山西、河南。

【化学成分】

1. 生物碱类化合物

含 3-乙酰乌头碱（3-acetylaconitine）、中乌头碱（mesaconitine）、苯甲酰乌头原碱（benzoylaconitine）、delelatine、tongolinine（张秀兰等，1979）、氨茴酰牛扁碱（anthranoyllycoctonine）、牛扁碱（lycoctonine）、dihydrogadesine、tatsiensine、siwanine A、delsemine A、delsemine B、甲基牛扁碱（methyllycaconitine）、ajacine、delajacine、delsoline、滇乌碱（yunaconitine）、查斯曼宁（chasmanine）、大麦芽碱（hordenine）、秦翠定甲（giraldine A）、1,14-二乙酰基秦翠定甲（1,14-diacetyl-giraldine A）、秦翠定乙（giraldine B）、秦翠定丙（giraldine C）、秦翠定丁（giraldine D）、秦翠定戊（giraldine E）、秦翠定己（giraldine F）、秦翠定庚（giraldine G）、秦翠定辛（giraldine H）和秦翠定壬（giraldine I）等（王建利等，2003）。

部分化合物的结构式如下：

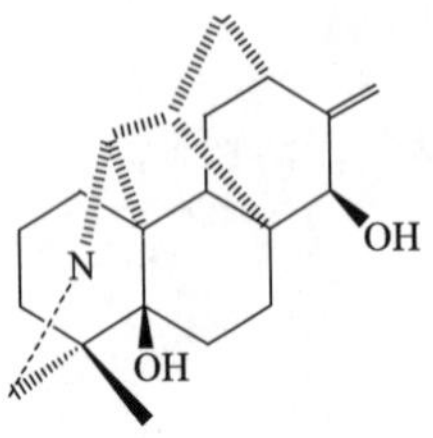

tongolinine

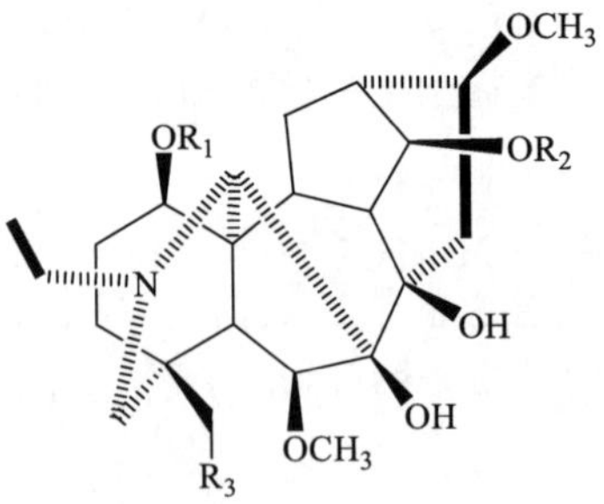

	R_1	R_2	R_3
lycoctonine	CH_3	CH_3	OH
dihydrogadesine	H	H	H
delsoline	H	CH_3	OCH_3

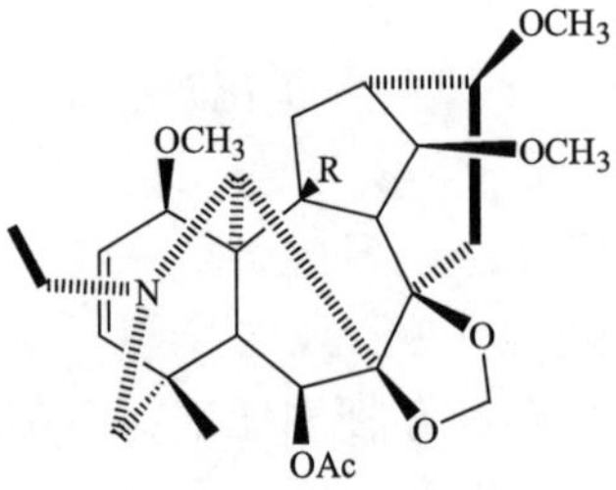

	R
tatsiensine	H
siwanine A	OH

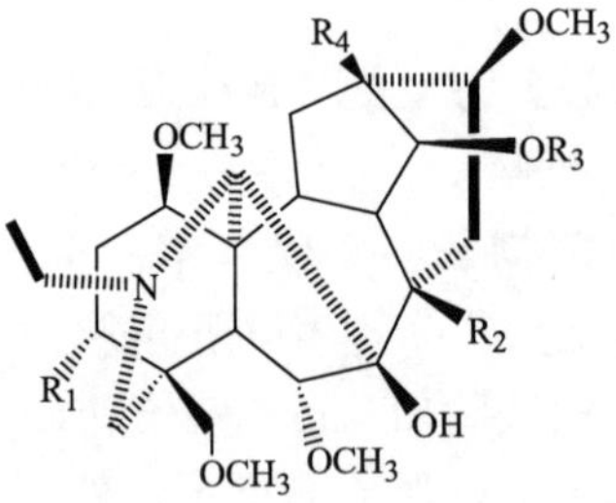

	R_1	R_2	R_3	R_4
yunaconitine	OH	OAc	As	OH
chasmanine	H	OH	H	H

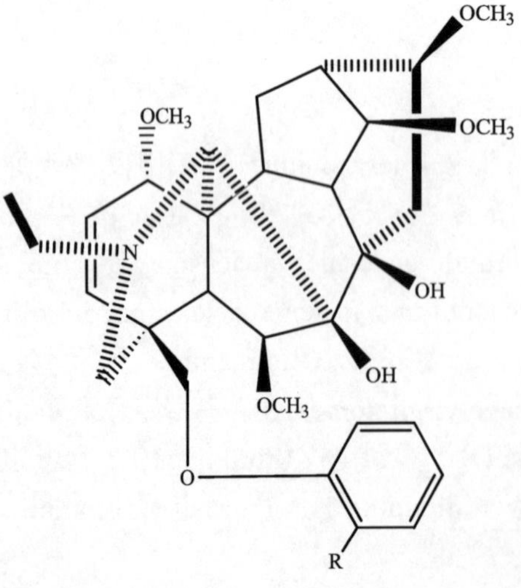

	R
anthranoy llycoctonine	NH_2
delsemine A	$NHCOCH(CH_3)CH_2CONH_2$
delsemine B	$NHCOCH_2CHCH(CH_3)CONH_2$
methyllycaconitine	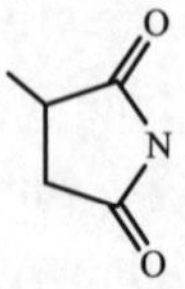
ajacine	$NHCOCH_3$
delajacine	$NHCOCH(CH_3)CH_2CH_3$

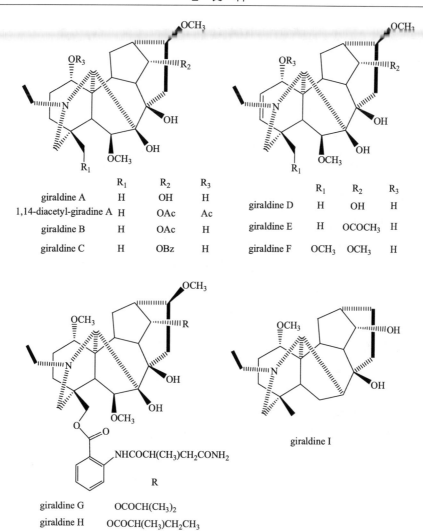

	R_1	R_2	R_3
giraldine A	H	OH	H
1,14-diacetyl-giradine A	H	OAc	Ac
giraldine B	H	OAc	H
giraldine C	H	OBz	H

	R_1	R_2	R_3
giraldine D	H	OH	H
giraldine E	H	OCOCH$_3$	H
giraldine F	OCH$_3$	OCH$_3$	H

R

giraldine G	OCOCH(CH$_3$)$_2$
giraldine H	OCOCH(CH$_3$)CH$_2$CH$_3$

giraldine I

2. 其他类型化合物

其他类型化合物有 β-谷甾醇、胡萝卜苷等(何仰清等，2009；周先礼，2003)。

【毒性】有小毒。

【药理作用】脂肪油有杀虫作用。叶、种子可引起皮炎。

【附注】秦岭翠雀花味辛、性温。具有活血、止痛等功效。主治头痛、腰背痛、腹痛、劳伤。

【主要参考文献】

何仰清，马占营，杨谦，等. 2009. 秦岭翠雀花化学成分的研究. 中国药学杂志，44：415~417.

王建莉，周先礼，王锋鹏. 2003. 秦岭翠雀花中生物碱成分的研究. 天然产物研究与开发，15(6)：498~501.

张秀兰，周宏辉. 1979. 川西翠雀花有效成分的研究. 中草药通讯：246~247.

周先礼. 2003. 国产药用草乌瓜叶乌头、秦岭翠雀花以及三小叶翠雀花生物碱成分的研究. 成都：四川大学博士学位论文.

腺毛翠雀花

Xianmaocuiquehua

GLANDULAR HAIR LARKSPUR

【中文名】腺毛翠雀花

【别名】灭虱草、瓣根草、蓝盏棵、鹦哥花

【基原】腺毛翠雀花 *Delphinium grandiflorum* Linn. var. *glandulosum* W. T. Wang 为毛茛科 Ranunculaceae 翠雀属 *Delphinium* 草本植物。

【原植物】多年生草本。5～10月开花。根芽和种子繁殖。成株茎高 35～65cm。基生叶和茎下部叶具长柄。叶片圆肾形，3 全裂，裂片细裂，小裂片线状披针形至线形，两面均有毛，茎生叶较少，叶柄向上渐短，以至无柄，叶片分裂或不分裂。总状花序，花稀疏，花序轴和花梗密被黄色腺毛和反曲的微短柔毛，小苞片条形或钻形，萼片 5，花瓣状，蓝色或紫蓝色，有距，距通常较萼片长，花瓣 2，短于萼片，有黄白色块斑，雄蕊多数，退化雄蕊 2，心皮 3，有毛。子实蓇葖果，被短柔毛，种子扁片状，边缘有干膜质翅。

【生境】多生长于浅山丘陵和山坡草丛中。

【分布】伏牛山的卢氏、新安、济源等地野生植物。还分布于陕西、青海、甘肃、河南、安徽、江苏、河北、山西。

【化学成分】主含生物碱类化合物。

【毒性】有小毒。

川陕翠雀花

Chuanshancuiquehua

CHUANSHAN LARKSPUR / YELLOW LARKSPUR

【中文名】川陕翠雀花

【别名】川鄂翠雀花

【基原】川陕翠雀花 *Delphinium henryi* Franch 为毛茛科 Ranunculaceae 翠雀属 *Delphinium* 草本植物。

【原植物】多年生草本。茎高 15～40(～70)cm，与叶柄和花梗均密被反曲的短柔毛，不分枝或上部分枝。基生叶有稍长柄，在开花时常枯萎，其他叶有短柄或近无柄；叶片五角形，长 1.8～4cm，宽 2.8～6.4(～7)cm，三全裂，裂片一至二回，多少细裂，小裂片狭卵形至线状披针形，两面疏被短柔毛；叶柄长达 6cm。伞房花序有 2～4 花；苞片叶状；花梗近直展，长 1.7～3.4(～5)cm；小苞片与花邻接，椭圆形至披针形，长 8～10mm，宽 3～3.5mm，萼片宿存，蓝紫色，卵形或椭圆状卵形，长 1.2～1.5cm，外面有短柔毛，距钻形，长 1.5～2.2cm，末端稍向下弯曲；花瓣无毛；退化雄蕊的瓣片褐色，有黑色斑点，偶尔蓝紫色，二裂近中部，腹面有黄色髯毛，爪与瓣片等长；雌蕊无毛；心皮3，子房密被短柔毛。蓇葖果长约1cm；种子淡褐色，倒圆锥状四面体形，长约1.5mm，沿棱有极狭的翅。8～9月开花。

【生境】生长于海拔1000～2200m的地区，常生于山地草坡、山坡林缘或疏林下。

【分布】产于伏牛山区卢氏、栾川、灵宝等地。我国四川东北部、湖北西部、陕西南部、河南西南部均有分布。

【化学成分】未见文献报道。

【毒性】有小毒。

金 龟 草

Jinguicao

SAMLL COHOSH

【中文名】金龟草

【别名】升麻、绿升麻、小升麻、三面刀、黑八角莲

【基原】原植物为毛茛科 Ranunculaceae 升麻属 Cimicifuga 金龟草 Cimicifuga acerina (Sieb. et Zucc.) Tanaka 草本植物。

【原植物】多年生草本，高25～110cm。根茎机横生，近黑色，有的有数细根。茎直立，上部密被灰色短柔毛。叶1或2，近基生，一回三出复叶；叶柄长达32cm，被疏柔毛或近无毛；中央小叶卵状心形，长5～20cm，宽4～18cm，7～9掌状浅裂，边缘具锯齿，侧生小叶较小，上面近叶缘被短糙伏毛，下面沿脉被白色柔毛。总状花序细长，长10～25cm，具多数花；花序轴密被灰色短柔毛；花小，上径约4mm，近无梗；萼片5，花瓣状，白色，椭圆形或倒卵状椭圆形，长3～5mm，花瓣无；退化雄蕊圆卵形，长约4.5mm，基部有蜜腺；雄蕊多数，花丝狭线形，长4～7mm，花药椭圆形，长1～1.5mm；心皮1或2，无毛。蓇葖果，长约10mm，宽约3mm，宿存花柱向外方伸展。种子8～12，椭圆状卵球形，长约2.5mm，浅褐色，有多数横向短鳞翅。花期8～9月，果期9～10月。

该植物以根茎入药。秋季采挖，洗净，晒干备用。

【生境】金龟草生长在海拔800～2600m的山坡林下草丛中、路边或沟旁。

【分布】伏牛山区主要分布在西峡、栾川、内乡和淅川等地。我国广东、浙江、湖南、贵州、河南、安徽、湖北、四川、甘肃、陕西、山西等地有分布。

【化学成分】金龟草所分离得到的主要化学成分包括：根茎含以升麻环氧醇（cimigenol）、25-O-甲基升麻环氧醇、15-O-甲基升麻环氧醇、去羟-15-O-甲基升麻环氧醇、25-O-乙酰升麻环氧醇、15,24-双异升环氧醇（cimigol）、兴安升麻醇（dahurinol）、异兴安升麻醇（isodahurinol）、25-O-甲基异兴安升麻醇、金龟草二醇（acerinol）、25-O-甲基金龟卓二醇、金龟酮醇（acerionol）、24-O-乙酰金龟卓酮醇、25-O-甲基金龟卓醇（25-O-methylcimiacerol）等为苷元的糖苷。

另有 25-O-乙酰升麻醇、25-脱水升麻醇-3-O-β-D-吡喃木糖苷、22-羟基升麻醇木糖苷、15,24-双异升麻环氧醇、兴安升麻醇、异兴安各麻醇、升麻二烯醇（cimicifugenol）、升麻二烯醇酯、25-O-乙酰升麻环氧醇木粮苷（25-O-acetylcimigenoside）、25-O-甲苷基升麻环氧醇木糖苷、升麻苷（cimicifugoside）、升麻新醇木糖苷（shenfgmanolxyloside）、乙酰升麻新醇木糖苷、24-乙酰基水合升麻新醇木糖苷（24-acetylhydrosjhengmanol xyloside）、(22R)-22-羟基升麻醇、(22R)-22-hydroxy-24-O-acetylhydroshengmanol-3-O-β-D-xylopyranoside、24-epi-24-O-acetyl-7,8-didehydroshengmanol-3-O-β-D-xylopyranoside、dahurinol、25-O-乙酰基-7,8-去氢升麻醇-3-O-β-D-吡喃木糖苷。

还含有 β-谷甾醇（β-sitosterol）、异阿魏酸（张庆文等，2001，2000）。

【毒性】有小毒。

【药理作用】金龟草在应用上主要有对心血管系统的作用，抗菌作用，镇静、抗惊厥作用，解热降温作用，对平滑肌的作用。

【附注】金龟草味甘、苦，性寒，有小毒。具祛风解毒、活血止痛功效。用于咽喉肿痛、风湿痹痛、痨伤、腰痛、跌打损伤等症。

金龟草不与乌头配伍使用。

【主要参考文献】

张庆文，叶文才，车镇涛，等. 2001. 小升麻中的环菠萝蜜烷三萜及其糖苷成分. 药学学报，36：287~291.

张庆文，叶文才，赵守训，等. 2000. 小升麻的化学成分研究. 中草药，31：252~253.

纵肋人字果

Zongleirenziguo

HERB OF FARGES DICHOCARPUM

【中文名】纵肋人字果

【别名】野黄瓜

【基原】纵肋人字果 Dichocarpum fargesii（Franch.）W. T. Wang et Hsiao 为毛茛科 Ranunculaceae 人字果属 Dichocarpum 草本植物。

【原植物】多年生草本。茎高 14~35cm，中部以上分枝。根状茎粗而不明显，生多数须根。叶基生及茎生，基生叶少数，具长柄，为一回三出复叶；叶片草质，轮廓卵圆形，宽 1.8~3.5cm；中央指片肾形或扇形，长 5~12mm，宽 7~16mm，顶端具 5 浅牙齿，牙齿顶端微凹，叶脉明显，侧生指片轮廓斜卵形，具 2 枚不等大的小叶，上面小叶斜倒卵形，长 6~14mm，宽 4~10mm，下面小叶卵圆形，长及宽均 5~9mm；叶柄长 3~8cm，基部具鞘；茎生叶似基生叶，渐变小，对生，最下面一对的叶柄长 2cm。花小，直径 6~7.5mm；苞片无柄，三全裂；花梗纤细，长 1~3.5cm；萼片白色，倒卵状椭圆形，长 4~5mm，顶端钝；花瓣金黄色，长约为萼片 1/2，瓣片近圆形，中部合生成漏斗状，顶端近截形或近圆形，下面有细长的爪；雄蕊 10，花药宽椭圆形，黄白色，长约 0.3mm，

花 距 长 3~4mm，中部微变宽。蓇葖果线形，长 1.2~1.5cm，顶端急尖，喙极短而不明
显；种子约9粒，椭圆球形，长 1.5~1.8mm，具纵肋。5~6月开花，7月结果。

该植物全草入药，夏、秋采收。

【生境】生于海拔 1300~1600m 的山谷阴湿处。

【分布】在伏牛山区主要分布在卢氏、栾川、西峡等地。还分布于陕西、甘肃、
河南、湖北、四川、贵州。

【毒性】有小毒。

【药理作用】健脾益胃，清热明目。

【附注】性平，味微甘。归肝、脾、胃经。具有健脾益胃、清热明目等功效。主治
消化不良、风火赤眼、无名肿毒。

华北耧斗菜

Huabeiloudoucai

COLUMBLNE

【中文名】华北耧斗菜

【别名】五铃花、紫霞耧斗、锦子菜、山牡丹

【基原】为毛茛科 Ranunculaceae 耧斗菜属 Aquilegia 华北耧斗菜 Aquilegia yabeana
Kitag. 草本植物。

【原植物】多年生草本，根圆柱形，粗约 1.5cm。茎高 40~60cm，有稀疏短柔毛和
少数腺毛，上部分枝。基生叶数个，有长柄，为一或二回三出复叶；叶片宽约 10cm；小
叶菱状倒卵形或宽菱形，长 2.5~5cm，宽 2.5~4cm，三裂，边缘有圆齿，表面无毛，背
面疏被短绒毛；叶柄长 8~25cm。茎中部叶有稍长柄，通常为二回三出复叶，宽达 20cm；
上部叶小，有短柄，为一回三出复叶。花序有少数花，密被短腺毛；苞片三裂或不裂，
狭长圆形；花下垂；萼片紫色，狭卵形，长(1.6~)2~2.6cm，宽 7~10mm；花瓣紫色，
瓣片长 1.2~1.5cm，顶端圆截形，距长 1.7~2cm，末端钩状内曲，外面有稀疏短柔毛；
雄蕊长达 1.2cm，退化雄蕊长约 5.5mm；心皮 5，子房密被短腺毛；蓇葖果长(1.2~)1.5~
2cm，隆起的脉网明显；种子黑色，狭卵球形，长约 2mm。5~6月开花。

该植物全草入药，夏、秋采收。

【生境】生于山坡草坡、林缘及山沟石。

【分布】在伏牛山区主要分布在嵩县、卢氏、栾川、西峡等地。还分布于四川东北
部(青川)、陕西南部、河南西部(嵩县)、山西、山东、河北和辽宁西部。

【化学成分】

1. 黄酮类化合物

含牡荆素(5,7,4′-三羟基-8-O-β-D-葡萄糖黄酮碳苷)、5，4′-二羟基-6,7-二甲氧
基-8-O-β-D-葡萄糖黄酮碳苷、5,7,4′-三羟基-6-甲氧基-8-O-β-D-葡萄糖黄酮碳苷、5，7，8，4′-四
羟基-6-O-β-D-葡萄糖黄酮碳苷、槲皮素-3-O-β-D-木糖-(1→2)-β-D-半乳糖苷、芦丁等。

2. 其他类型化合物

其他类型化合物有 3,4-二羟基苯乙酸、羟基酪醇、邻苯二酚、对羟基苯乙醇、3-甲氧基-4-羟基苯乙醇、原儿茶酸、没食子酸等(冯卫生等，2011)。

【毒性】有小毒。

【药理作用】

1. 芦丁的药理作用

芦丁具有抗炎，维持血管抵抗力、降低其通透性、减少脆性，抗病毒，抑制醛糖还原酶等作用。

2. 牡荆素的活性

牡荆素主要用于治疗心血管疾病，牡荆素主要功能是活血化瘀，理气通脉。用于瘀血阻脉所致的胸痹，症见胸闷憋气、心前区刺痛、心悸健忘、眩晕耳鸣和冠心病、心绞痛、高脂血症、心动脉供血不足等症候者。

牡荆素还是防癌抗肿瘤的天然药物成分，从黄荆、牡荆中得到的黄酮类化合物，如紫花牡荆素在生物活性测定中对人类癌细胞显示了广泛的细胞毒作用。

【附注】华北耧斗菜性平、味微甘。归肝、脾、胃经。具有健脾益胃，清热明目作用。该植物全草入药，用于治疗月经不调、产后瘀血过多、痛经等症。

【主要参考文献】

冯卫生，苏芳谊，郑晓珂，等. 2011. 华北耧斗菜的化学成分研究. 中国药学杂志，46：496~499.

无距耧斗菜
Wujuloudoucai

【中文名】无距耧斗菜

【别名】野前胡、千年耗子屎、黄风

【基原】 为毛茛科 Ranunculaceae 耧斗菜属 *Aquilegia* 无距耧斗菜 *Aquilegia ecalcarata* Maxim.草本植物。

【原植物】多年生草本。主根较粗长，外皮黑褐色。茎高 20～60cm，疏被短柔毛，常有分枝。基生叶有长柄，为 2 回 3 出复叶，小叶倒卵形、扇形或卵形，3 裂，裂片具圆齿，上面无毛，下面疏生柔毛或无毛；茎生叶较小。花序有 2～6 朵花；花梗长达 6cm，有短柔毛；花直径 1.5～2.8cm；萼片 5，深紫色，近水平展开，卵形或椭圆形，长 1～1.4cm；花瓣与萼片同色，顶端截形，无距；雄蕊多数，药深绿色，退化雄蕊披针形；心皮 4 或 5，子房上位。蓇葖果长 8～11mm，直立着生，微有毛，成熟后裂开。

该植物以根或全草入药，夏、秋采收。

【生境】生于山坡、林缘及山沟石。

【分布】在伏牛山区主要分布在卢氏、栾川、西峡等地。还分布于西藏东部、四川、贵州北部、湖北西部、河南西部、陕西南部、甘肃、青海。

【化学成分】文献报道无距耧斗菜化学成分主要有以下三类。

1. 黄酮类化合物

含异荭草素-7-O-葡萄糖苷、异牡荆黄素-4′-O-葡萄糖苷、异牡荆黄素-2″-O-鼠李糖苷、木犀草素-7-O-葡萄糖苷、当药苷(swertisin)、金雀花黄素(cytisoside)、金雀花黄素-2″-鼠李糖苷(cytisoside-2″-rhamnoside)、斯皮诺素(spinosin)等。

2. 生物碱

从无距耧斗菜中分得两个黄酮生物碱 aquiledine 和 isoaquiledine。

3. 其他类型化合物

其他类型化合物有 β-谷甾醇(陈四保等，2001；Chen et al.，2001；陈四保等，2000)。

【毒性】有小毒。

【药理作用】该植物主要药理活性与其中含有的黄酮类化合物有关。例如，木犀草素-7-O-葡萄糖苷具有多种生物活性，如抗氧化损伤、抗炎、止痉、抗组胺、抗癌、抗辐射等多种生物活性(牟艳玲等，2009；周玲等，2008)。

【附注】无距耧斗菜味甘、性平。具有清热解毒、生肌拔毒等功效。主治感冒头痛、黄水疮久不收口。

【主要参考文献】

陈四保，高光耀，王立为，等. 2001. 无距耧斗菜化学成分的研究 I. 中国中药杂志，26：472~474.

陈四保，余世春，王立为，等. 2000. 无距耧斗菜化学成分的研究 II. 中国中药杂志，35：38~40.

牟艳玲，胡志力，周玲，等. 2009. 木犀草素-7-O-β-D-葡萄糖苷对 H_2O_2 诱导乳鼠心肌细胞损伤的保护作用. 山东中医药大学学报，33：63~65.

周玲，解砚英，李杰，等. 2008. 木犀草素-7-O-β-D-葡萄糖苷对缺血缺氧培养乳鼠心肌细胞的保护作用. 中药新药与临床药理，19：259~261.

Chen S B, Gao G Y, Leung H W, et al. 2001. Aquiledine and isoaquiledine, novel flavonoid alkaloids from *Aquilegia ecalcarata*. The Journal of Natural Products，64：85~87.

耧 斗 菜

Loudoucai

EASTEN RED COLUMBINE

【中文名】耧斗菜

【别名】血见愁、猫爪花、白果兰

【基原】为毛茛科 Ranuncuaceae 耧斗菜属 *Aquilegia* 耧斗菜 *Aquilegia viridiflora* Pall. 植物。

【原植物】多年生草本，高 15~50cm。根圆柱形，直径达 1.5cm。茎直立，被柔毛及腺毛。基生叶二回三出复叶；叶柄长达 18cm，被柔毛或无毛，基部有鞘；叶片宽 4~10cm，中央小叶楔状倒卵形，长 1.5~3cm，宽与长几相等或更宽，上部 3 裂，裂片具 2 或 3 圆齿，上面绿色，无毛，下面有时为粉绿色，被短柔毛或近无毛，具短柄，侧生小叶与中央小叶相近；茎生叶数枚，一至二回三出复叶，上部叶较小。单歧聚伞花序，花 3~7 朵，微下垂；苞片 3 全裂；花梗长 2~7cm；花两性，萼片 5，花瓣状，黄绿色，长椭圆状卵形，长1.2～1.5cm，宽6～8mm，先端微钝，被柔毛；花瓣5，黄绿色，直立，倒卵形，与萼片近等长，先端近截形，距长1.2～1.8cm，直或微弯；雄蕊多数，长约2cm，花药黄色；退化雄蕊线状长椭圆形，白膜质；心皮4～6，密被腺毛，花柱与子房近等长。蓇葖果长1.5cm。种子狭倒卵形，长约2mm，黑色，具微凸起的纵棱。花期5～7月，果期6～8月。

该植物以根或全草入药，夏、秋采收。

【生境】生于海拔200～2300m的山地路旁、河边或潮湿草地。

【分布】在伏牛山区主要分布在卢氏、栾川、西峡等地。还分布于东北、华北，以及陕西、宁夏、甘肃、青海等地。

【化学成分】

楼斗菜全草含紫堇块茎碱（corytuberine）、木兰花碱（magnoflorine）、黄连碱（coptisine）。另外，该植物尚含有较多的黄酮类化合物（褚虹婉等，2008）。

【毒性】全草及种子有毒，开花期毒性最大。

【药理作用】

1. 木兰花碱

木兰花碱具有抗炎、降压、抗生育等作用。含有本品的配方有杀虫作用。本品的碘化物具有抗微生物和细胞毒性作用。

2. 黄连碱

黄连碱具有抗微生物活性，其抗卡尔酵母菌的效力比小檗碱、巴马汀及非洲防己碱都强。黄连碱的其他作用还包括：杀虫活性，诱导神经细胞分化，对胃黏膜有保护作用，抗癌作用，对免疫系统的作用，平滑肌松弛作用，抗肾炎作用等。

【附注】楼斗菜味甘、性平。具有通经活血、催产下胎衣、愈伤、止痛等功效。主治月经不调、经血淋漓不止、胎盘滞留、腹痛、刃伤等。

【主要参考文献】

褚虹婉，云学英，孙丽鑫，等. 2008. 楼斗菜中黄酮类化合物的含量测定. 内蒙古医学院学报，30：1～3.

瓣蕊唐松草

Banruitangsongcao

ROOT OF PETALFORMED MEADOWRUE

【中文名】瓣蕊唐松草

【别名】马尾黄连、多花蔷薇、花唐松草、肾叶唐松草

【基原】为毛茛科 Ranunculaceae 唐松草属 *Thalictrum* 瓣蕊唐松草 *Thalictrum petaloideum* L.草本植物。

【原植物】多年生草本，高20～80cm。全株无毛。茎直立，上部分枝。叶互生；叶柄长达10cm，基都有鞘；叶为三至四回三出复叶或羽状复叶；小叶草质，倒卵形、菱形

或肾状圆形，长 3～12mm，宽 2～15mm，先端钝，基部圆楔形或楔形，3 浅裂或 3 深裂，裂片全缘，网脉不明显；小叶柄长 5～7mm。复单歧聚伞花序伞房状；花两性，花梗长 0.5～3cm；萼片 4，花瓣状，卵形，长 3～5mm，白色，早落；花瓣无；雄蕊多数，长 5～12mm，花丝上部比花药宽，基部狭窄，花药狭长圆形，长 0.7～1.5mm，先端钝；心皮 4～13，无柄，花柱短，柱头生于腹面。瘦果卵形，长 4～6mm，有 8 条纵肋，无柄，宿存花柱长约 1mm。花期 6～7 月，果期 7～9 月。

该植物以根及根茎入药。夏、秋季采挖，除去茎叶及泥土，切段，晒干备用。

【生境】生于海拔 300～2500m 山地草坡向阳处。在公路边、沟中及高海拔均有分布，它们几乎在各种环境均可生长，但总的来说喜阳。

【分布】在伏牛山区卢氏、栾川、灵宝等地均有分布。还分布于我国四川西北、青海东部、甘肃、陕西、河南西北部、安徽、山西、河北、内蒙古和东北。

【化学成分】根茎含小檗碱(berberine)、隐品碱(crytopine)、药根碱(jatrorrihizine)、木兰花碱(magnoflorine)等。

【毒性】有小毒。隐品碱的急性毒性不大，对小鼠腹腔注射的 LD_{50} 为 0.2mg/kg。中毒时可使动物出现运动失调、不安、抽搐、流涎、姿势及循环障碍等，故可能与吗啡相似，作用于锥体外系及中脑部位。

【药理作用】

1. 抗肿瘤作用

采用 MTT 法和集落形成法检测，用 90%乙醇提取，D106 大孔吸附树脂分离，乙醇洗脱得到瓣蕊唐松草种子总生物碱对人肺腺癌细胞 NCI- 446、人大肠癌细胞 SWWC116 和人宫颈癌细胞 Hela 的生长与集落形成的抑制情况。结果表明，瓣蕊唐松草种子总生物碱对 NCI-446 和 SWWC116 的生长与集落形成有明显的抑制作用，生长抑制的半数抑制浓度(IC_{50})值分别为 0.6mg/L 和 1.4mg/L，集落形成抑制的 IC_{50} 值分别为 0.2mg/L 和 1.0 mg/L。瓣蕊唐松草种子总生物碱在体外具有明显的抗肿瘤作用(敖恩宝力格等，2011)。

药根碱对于小鼠腹水癌细胞对氧的摄取，有强烈的抑制作用。

2. 抗菌作用

药根碱的抗菌谱广，对细菌、真菌有抑制作用。对白色念珠菌具有强烈抑制作用，对卡尔酵母菌比巴马亭弱，对构成植物病害的某些真菌也有抑制作用。对阴道毛滴虫亦有活性。

细胞体外实验证实小檗碱能增强白细胞及肝网状内皮系统的吞噬能力。因此，小檗碱对多种革兰氏阳性及阴性菌具抑菌作用，其中对溶血性链球菌、金黄色葡萄球菌、霍乱弧菌、脑膜炎球菌、志贺痢疾杆菌、伤寒杆菌、白喉杆菌等有较强的抑制作用，低浓度时抑菌，高浓度时杀菌。对流感病毒、阿米巴原虫、钩端螺旋体、某些皮肤真菌也有一定抑制作用。

3. 降压作用

药根碱具有降压作用，静脉注射于麻醉兔可引起血压下降，对离体蛙心药根碱先抑制后兴奋，对蟾蜍后肢血管无明显影响。由于椎动脉注射时无降压作用，对阻断颈动脉血流及闭塞气管引起的升压反射均无影响，说明药根碱的降压作用与中枢神经也无关，阿托品不影响其降压作用，但药根碱可抑制肾上腺素的升压作用，表明其降压作用可能与抗交感神经介质有关。

4. 对心血管系统的作用

药根碱可使豚鼠左心房收缩力和 $\pm dF/dt$ 依浓度增加，$-dF/dt/df$ 下降，收缩期舒张时间延长，提高肾上腺素诱发的左心房自律性。延长左心房功能性不应期，降低右心房自搏频率。药根碱能明显增强心肌的正性阶梯现象，对双脉冲刺激及静息后增强效应无影响。实验表明，药根碱对心肌的作用与小檗胺相似。其正性肌力作用与外 Ca^{2+} 内流有关，而不涉及细胞内 Ca^{2+} 的释放。

药根碱 10mg/kg 静脉注射使大鼠心肌缺血和复灌所致的心律失常的开始时间推迟，持续时间缩短，并使复灌期间室性心律失常的发生率和动物死亡率降低。耳静脉注射药根碱每次 0.75mg/kg，还能使家兔冠脉结扎所致的心肌梗死范围缩小。

【附注】瓣蕊唐松草味苦、性寒；归肝、胃、大肠经。具有清热、燥湿、解毒等功效。主治湿热泻痢、黄疸、肺热咳嗽、目赤肿痛、痈肿疮疖、渗出性皮炎等。

【主要参考文献】

敖恩宝力格，王金妞，邰丽华. 2011. 瓣蕊唐松草种子总生物碱的体外抗肿瘤作用. 时珍国医国药，22：1941~1942.

盾叶唐松草

Dunyetangsongcao

HERB OF PELTATELEAF MEADOWRUE

【中文名】盾叶唐松草

【别名】岩扫把、龙眼草、石蒜还阳、羊耳、小淫羊藿、倒地挡、连钱草、水香草

【基原】为毛茛科 Ranunculaceae 唐松草属 *Thalictrum* 盾叶唐松草 *Thalictrum ichangense* Lecoyer ex Oliv.草本植物。

【原植物】植株全部无毛。根状茎斜，密生须根；须根有纺锤形小块根。茎高 14~32cm，不分枝或上部分枝。基生叶长 8~25cm，有长柄，为一至三回三出复叶；叶片长 4~14cm；小叶草质，顶生小叶卵形、宽卵形、宽椭圆形或近圆形，长 2~4cm，宽 1.5~4cm，顶端微钝至圆形，基部圆形或近截形，三浅裂，边缘有疏齿，两面脉平，小叶柄盾状着生，长 1.5~2.5cm；叶柄长 5~12cm。茎生叶 1~3 个，渐变小。复单歧聚伞花序有稀疏分枝；花梗丝形，长 0.3~2cm；萼片白色，卵形，长约 3mm，早落；雄蕊长 4~6mm，花药椭圆形，长约 0.6mm，花丝上部倒披针形，比花药宽，下部丝形；心皮 5~12（~16），有细子房柄，柱头近球形，无柄。瘦果近镰刀形，长约 4.5mm，约有 8 条细纵肋，柄长约 1.5mm。

该植物以全草、根入药。

【生境】盾叶唐松草分布于海拔 1000~1900m 山地沟边、灌丛中或林中。

【分布】盾叶唐松草在伏牛山区淅川、西峡、内乡等地有分布。还分布于云南东部、

四川、贵州、湖北西部、陕西南部、浙江、辽宁南部。

【化学成分】从盾叶唐松草所分离得到的化学成分有去氢海罂粟碱（dehydroglaucine）、箭头唐松草米定碱（thaliesimidine）、海罂粟碱（glaueine）、唐松草坡芬碱（thaliporphine）、去氢箭头唐松草米定碱（dehydrothalicsimidine）（吴知行等，1988）。

去氢箭头唐松草米定碱结构式如下：

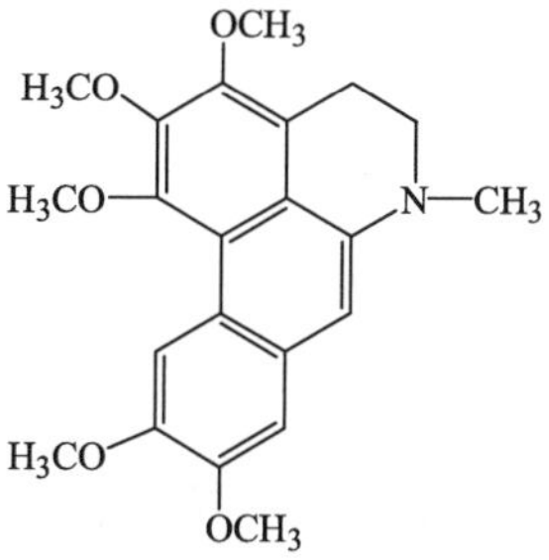

【毒性】有小毒。

【药理作用】

1. 粗提物

粗提物具有抗癌、抗炎、松肌与作为钙拮抗剂调节免疫功能等多方面药理活性。

2. 海罂粟碱

海罂粟碱对动物的肉芽组织有抗炎作用，但对大鼠足趾水肿仅有弱的或无作用。对化学、机械及热引起的大鼠疼痛无显著镇痛作用。另外，皮下注射盐酸盐 0.5mg/kg，能抑制电刺激引起的猫咳嗽反射；2～3mg/kg 剂量时，这种作用可持续 1～3h。止咳作用比可待因强，有更高的治疗指数。能延长可溶性环己烯巴比妥或水氯醛引起的睡眠时间。还有松弛肌肉、抗肾上腺素、抗变态反应，以及抑制条件回避反应等作用。有抗血栓形成和镇咳作用。

3. 去氢海罂粟碱

具有抗菌作用，对金黄色葡萄球菌、枯草杆菌、包皮垢分枝杆菌、白色念珠菌等的最低抑菌浓度均为 25μg/mL。

【附注】味苦、性寒。有小毒。清热解毒、除湿、通经、活血。

【主要参考文献】

吴知行，吴彤彬，闵知大，等. 1988. 盾叶唐松草的生物碱研究. 中国药科大学学报，3：239.

长柄唐松草

Changbingtangsongcao

ROOT OF PRZEWALSK MEADOWRUE

【中文名】长柄唐松草

【基原】为毛茛科 Ranunculaceae 唐松草属 *Thalictrum* 长柄唐松草 *Thalictrum*

przewalskii Maxim. 草本植物。

【原植物】茎高 50~120cm，无毛，通常分枝，约有 9 叶。基生叶和近基部的茎生叶在开花时枯萎。茎下部叶长达 25cm，为四回三出复叶；叶片长达 28cm；小叶薄草质，顶生小叶卵形、菱状椭圆形、倒卵形或近圆形，长 1~3cm，宽 0.9~2.5cm，顶端钝或圆形，基部圆形、浅心形或宽楔形，三裂常达中部，有粗齿，背面脉稍隆起，有短毛；叶柄长约 6cm，基部具鞘；托叶膜质，半圆形，边缘不规则开裂。圆锥花序多分枝，无毛；花梗长 3~5mm；萼片白色或稍带黄绿色，狭卵形，长 2.5~5mm，宽约 1.5mm，有 3 脉，早落；雄蕊多数，长 4.5~10mm，花药长圆形，长约 0.8mm，比花丝宽，花丝白色，上部线状倒披针形，下部丝形；心皮 4~9，有子房柄，花柱与子房等长。瘦果扁，斜倒卵形，长 0.6~1.2cm（包括柄），有 4 条纵肋，子房柄长 0.8~3mm，宿存花柱长约 1mm。6~8 月开花。

该植物以根入药。

【生境】分布在海拔 750~1700m 山地灌丛边、林下或草坡上。

【分布】在伏牛山区西峡、卢氏、栾川、嵩县等地有分布。还分布于内蒙古南部、河北、山西、陕西、甘肃、青海东部、湖北西北部、四川西部、西藏东部。

【化学成分】此品须根中含有小檗碱(berberin)、β-谷甾醇(β-sitosterol)、*N*-去甲唐松草替林(*N*-desmethylthalistyline)、5-氧-去甲唐松草替林(5-*O*-desmethylthalistyline)及 *N*-甲基-1-对羟基苯甲酸-6,7-二甲氧基异喹啉。报道含有的黄酮类化合物包括 5,7-二羟基-4′-甲氧基黄酮-7-*O*-(6-*O*-α-L-鼠李糖苷)-β-D-葡萄糖苷(**1**)、5,7-二羟基-4′-甲氧基黄酮-7-*O*-[6-*O*-(4-*O*-乙酰基-α-L-鼠李糖苷)-3-*O*-β-D-葡萄糖基]-6-*O*-乙酰基-β-D-葡萄糖苷(**2**)、5,7-二羟基-4′-甲氧基黄酮-7-*O*-[6-*O*-(4-*O*-乙酰基-α-L-鼠李糖苷)]-β-D-葡萄糖苷(**3**)、3,5,74′-四羟基黄酮-3-*O*-β-D-葡萄糖苷(**4**)(余世春，1999)。

部分化合物结构式如下：

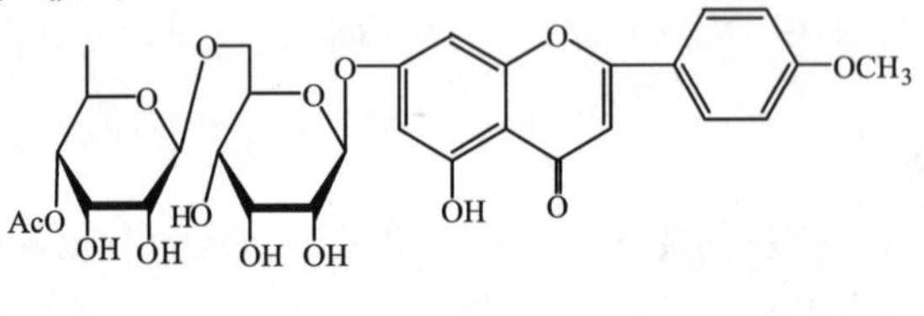

1

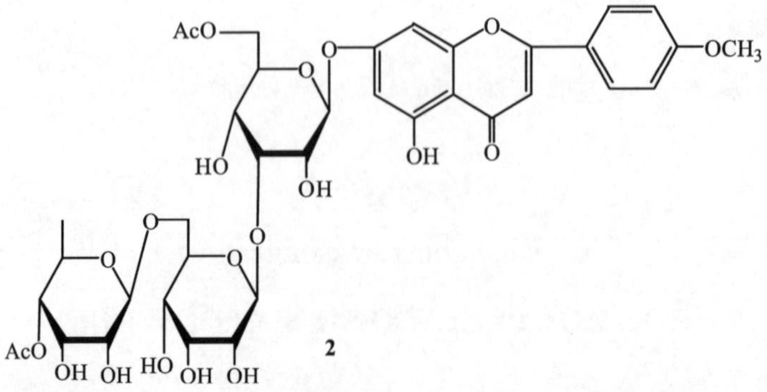

2

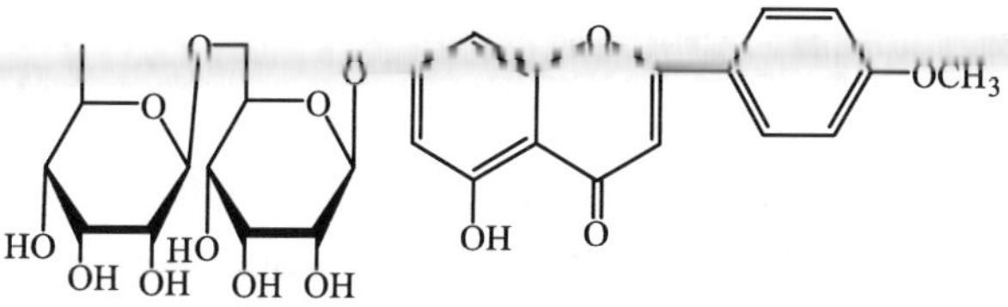

3

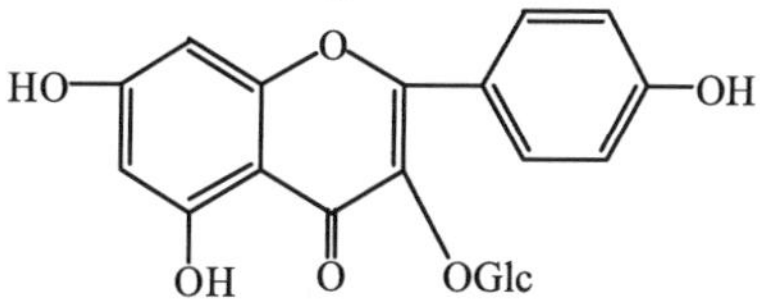

4

【毒性】有小毒。

【药理作用】祛风、除湿。

【附注】长柄唐松草味苦、性凉。归肺、肝二经。具有祛风除湿之功效。主要用于风疹瘙痒、风湿痹症、关节疼痛等的治疗。

民间用花和果实治肝炎、肝大等症；根具有祛风之效。

【主要参考文献】

余世春. 1999. 常用中药枇杷叶生物活性成分研究. 鞭柱唐松草与长柄唐松草化学成分及毛茛科次生代谢产物的化学系统学意义. 北京：中国协和医科大学博士学位论文.

河南唐松草

Henantangsongcao

【中文名】河南唐松草

【基原】为毛茛科 Ranunculaceae 唐松草属 *Thalictrum* 河南唐松草 *Thalictrum honanense* W. T. Wang et S. H. Wang 草本植物。

【原植物】植株全部无毛。茎高 80～150cm，上部有少数分枝。基生叶和茎下部叶在开花时枯萎。茎中部叶有短柄，为二至三回三出复叶；叶片长约 25cm；小叶坚纸质，顶生小叶近圆形或心形，长 4.2～6.5cm，宽 4.2～8.5cm，顶端钝，基部圆形、心形或浅心形，三浅裂，裂片有粗齿，背面有白粉，脉隆起，脉网明显；叶柄长 0.9～4cm。花序圆锥状，长 30～40cm，分枝稀疏，长 2～8cm，有密集的花；苞片三角形或三角状钻形；花梗长 4～6mm；萼片 4，淡红色，椭圆形，长 3～4.5mm，宽约 2.2mm，脱落；雄蕊约 35，长约 6.5mm，花药狭长圆形，长约 2mm，顶端圆形，有时有不明显短尖头，花丝狭线形，与花药近等宽；心皮 3～9，无柄，花柱短，柱头侧生。瘦果狭卵球形，长约 4.5mm，有 6 条粗纵肋，宿存柱头长 0.6～1mm。8～9 月开花。

该植物以根入药。

【生境】生于海拔 840～1800m 山地灌丛或疏林中。

【分布】在伏牛山区嵩县、栾川等地有分布。

【化学成分】含小檗碱(berberine)、唐松草酚定(thalifendine)、药根碱(jatrorrhizine)、秋唐松草替定碱(thalmelatidine)、铁线蕨叶碱(adiantifoline)。

【毒性】有小毒。小檗碱静脉注射或滴注可引起血管扩张、血压下降、心脏抑制等反应，严重时发生阿–斯综合征，甚至死亡。中国已宣布淘汰盐酸小檗碱的各种注射剂。少数人有轻度腹或胃部不适，便秘或腹泻。

【药理作用】

1. 小檗碱的药理作用

小檗碱对溶血性链球菌、金黄色葡萄球菌、淋球菌、弗氏痢疾杆菌、志贺痢疾杆菌等均有抗菌作用，并有增强白细胞吞噬作用，对结核杆菌、鼠疫菌也有不同程度的抑制作用，对大鼠的阿米巴菌也有抑制效用。小檗碱在动物身上有抗箭毒样作用，并具有末梢性的降压及解热作用。小檗碱的盐酸盐(俗称盐酸黄连素)已广泛用于治疗胃肠炎、细菌性痢疾等，对肺结核、猩红热、急性扁桃腺炎和呼吸道感染也有一定疗效。

体外对多种革兰氏阳性及阴性菌均具抑菌作用，其中对溶血性链球菌、金葡菌、霍乱弧菌、脑膜炎球菌、志贺痢疾杆菌、伤寒杆菌、白喉杆菌等有较强的抑制作用，低浓度时抑菌，高浓度时杀菌。对流感病毒、阿米巴原虫、钩端螺旋体、某些皮肤真菌也有一定抑制作用。体外实验证实，小檗碱能增强白细胞及肝网状内皮系统的吞噬能力。

2. 药根碱的药理作用

(1)对肾上腺素 α 受体的作用。药根碱能阻断肾上腺素 α1 受体，且对 α2 受体呈现部分激动作用。

(2)对心血管系统的作用。药根碱可抑制肾上腺素的升压作用，其降压作用可能与抗交感神经介质有关。

(3)抗菌作用。药根碱的抗菌谱广，对细菌、真菌有抑制作用。对白色念珠菌具有强烈抑制作用，对卡尔酵母菌比巴马亭弱，对构成植物病害的某些真菌也有抑制作用。对阴道毛滴虫亦有活性。

(4)其他作用。①利胆作用。药根碱的利胆作用较弱但较持久。②抗癌作用。对于小鼠腹水癌细胞对氧的摄取，有强烈的抑制作用。③镇静作用。药根碱 100mg/kg 腹腔注射可减少小鼠的自发活动，延长戊巴比妥钠所致动物睡眠时间，并可使阈下剂量的戊巴比妥钠引起小鼠睡眠，表明有镇静作用。④药根碱可促进离体肠管的自发运动，高浓度(0.01%以上)则可致张力增加，运动抑制(阎玉凝和 Paul，1993)。

【附注】其根有清热消炎、止痢、治目赤等功效，民间用其代黄连使用。

【主要参考文献】

阎玉凝，Paul L S. 1993. 河南唐松草生物碱的研究. 中国中药杂志，18：615~617.

粗壮唐松草

Cuzhuangtangsongcao

【中文名】粗壮唐松草

【基原】为毛茛科 Ranunculaceae 唐松草属 *Thalictrum* 粗壮唐松草 *Thalictrum robustum* Maxim. 草本植物。

【原植物】茎高(50~)80~150cm，有稀疏短柔毛或无毛，上部分枝。基生叶和茎下部叶在开花时枯萎。茎中部叶为二至三回三出复叶；叶片长达25cm；小叶纸质或草质，顶生小叶卵形，长(3~)6~8.5cm，宽(1.3~)3~5cm，顶端短渐尖，或急尖，基部浅心形或圆形，三浅裂，边缘有不等的粗齿，背面稍密被短柔毛，脉在背面隆起，脉网明显，小叶柄长 0.6~2cm；叶柄长 3~7cm；托叶膜质，上部不规则分裂。花序圆锥状，有多数花；花梗长 1.5~3mm，有短柔毛；萼片 4，早落，椭圆形，长约 3mm；雄蕊多数，花药狭长圆形，长约 1mm，顶端微钝，花丝比花药稍窄，线状倒披针形，下部丝形；心皮 6~16，无毛或近无毛，花柱蜷卷。瘦果无柄，长圆形，长 1.5~3mm，有 7~8 条纵肋，宿存花柱长 0.6~0.8mm。6~7 月开花。

本植物的根及根茎可作药用。

【生境】生于海拔 940~2100m 山地林中、沟边或较阴湿的草丛中。

【分布】在伏牛山区西峡、内乡、淅川、嵩县、栾川、卢氏、灵宝等地有分布。还分布于四川西北部和东部、湖北西北部、甘肃(天水以南)、陕西南部。

【毒性】有小毒。

【药理作用】能清热燥湿、泻火解毒。

贝加尔唐松草

Beijiaertangsongcao

【中文名】贝加尔唐松草

【别名】烟锅草、东亚唐松草

【基原】为毛茛科 Ranunculaceae 唐松草属 *Thalictrum* 贝加尔唐松草 *Thalictrum baicalense* Turcz. 草本植物。

【原植物】多年生草本，无毛。茎高 50~120cm。根茎短，长 2~6cm，径 5~12mm，须根丛生。3 回 3 出复叶；小叶宽倒卵形、宽菱形，有时宽心形，长 1.8~4cm，宽 1.2~5cm。3 浅裂，裂片具粗牙齿，脉下面隆起；叶轴基部扩大呈耳状，抱茎，膜质，边缘分裂呈罐状。复单歧聚伞花序近圆锥状，长 5~10cm；花直径约 6mm；萼片椭圆形或卵形，长 2~3mm；无花瓣；雄蕊 10~20，花丝倒披针状条形；心皮 3~5，柱头近球形。瘦果具短柄，圆球状倒卵形，两面膨胀，长 2.5~3mm；果皮暗褐色，木质化。5~6 月开花。

本植物的根及根茎可作药用。

【生境】生于海拔 900~2300m 山地林中、沟边或较阴湿的草丛中。

【分布】在伏牛山区西峡、淅川、嵩县、栾川、卢氏、灵宝等地有分布。还分布于西藏东南部、青海东部、甘肃、陕西南部、河南西部、山西、河北、吉林和黑龙江的东部。

【化学成分】根含唐松草碱(0.08%)、唐松草任碱、高唐松草任碱、唐松草殂碱。茎、叶含唐松草碱(0.004%)、唐松草北碱和唐松草北碱甲醚。

根茎含贝加尔定(baicalidine)、海罂粟碱(glaucine)、小檗碱(berberine)、唐松草碱、贝加尔灵(baicaline)、木兰花碱(magnoflorine)、贝加尔唐松定碱(thalbaicalidine)、贝加尔唐松灵碱(thalbaicaline)。

茎含小檗碱、海罂粟碱、贝加尔灵、贝加尔唐松灵碱、7-氧代贝加尔灵(7-oxobaicaline)、5-O-去申柱唐松草碱(5-O-demethylthalistyline)、N-去甲基唐松草碱(N-demethylthalistyline)、β-谷甾醇(β-sitosterol)。

【毒性】有小毒。研究表明，贝加尔唐松草盛花期全株的甲醇提取液对昆虫具有较好的触杀作用和胃杀作用。没有拒食和杀卵作用。甲醇提取物采用不同极性的溶剂萃取，结果又以乙酸乙酯萃取物的杀虫活性最强(牛树君等，2009)。

【药理作用】

1. 抗肿瘤作用

唐松草碱能抑制小鼠肉瘤 S-180 和人类鼻咽 ka 细胞等的生长，紫唐松草碱、卡品碱等对小鼠瓦克癌-256 及小鼠 Lewis 肺癌等均有显著的抑制作用。

2. 抗炎镇痛作用

唐松草提取的生物碱具有抗炎作用。对正常大白鼠尚能提高其痛阈。

3. 抗菌作用

水煎剂在体外对金黄色葡萄球菌、肺炎双球菌、白喉杆菌、变形杆菌、福氏痢疾杆菌等均有抑制作用。

【附注】根含小檗碱，能清热燥湿、解毒。入药，可代黄连用。

【主要参考文献】

牛树君,胡冠芳,刘敏艳,等.2009.贝加尔唐松草提取物对粘虫的杀虫活性及其作用机理研究.甘肃农业大学学报,44:106~110.

秋 唐 松 草

Qiutangsongcao

EAST-ASIA LOW MEADOWRUE

【中文名】秋唐松草

【别名】东亚唐松草

【基原】为毛茛科 Ranunculaceae 唐松草属 *Thalictrum* 秋唐松草 *Thalictrum thunbergii* DC.草本，113 根入药。

【原植物】多年生草本，无毛。茎高 50～120cm。根茎短，长约 2～6cm，径 5～12mm，须根丛生。3回3出复叶，小叶宽倒卵形、宽菱形，有时宽心形，长1.8~4cm，宽1.2~5cm。3浅裂，裂片具粗牙齿，脉下面隆起；叶轴基部扩大呈耳状，抱茎，膜质，边缘分裂呈罐状。复单歧聚伞花序近圆锥状，长5~10cm；花直径约6mm；萼片椭圆形或卵形，长2~3mm；无花瓣；雄蕊10~20，花丝倒披针状条形；心皮3~5，柱头近球形。瘦果具短柄，圆球状倒卵形，两面膨胀，长2.5~3mm；果皮暗褐色，木质化。5~6月开花。

本植物的根及根茎可作药用。

【生境】较耐寒，分布在海拔1000m以上山地。

【分布】在伏牛山区西峡、淅川、嵩县、栾川、卢氏、灵宝等地有分布。还分布于西藏东南部、青海东部、甘肃、陕西南部、河南西部、山西、河北、吉林和黑龙江的东部。

【化学成分】秋唐松草植物主要化学成分有以下几种类型。

1. 生物碱类化合物

包括白蓬草碱(thalicrine)、高白蓬草碱(homothalicrine)、马尾黄连碱(thalicberine)、O-甲基马尾黄连碱[(+)-O-methylthalicberine)]、烟锅草碱(thalicthuberine)等。

2. 环菠萝蜜烷三萜化合物

包括thalictosides A(3-O-β-D-quinovopyranosyl-(1→6)-β-D-glucopyranosyl-(1→4)-β-D-fuco pyranoside)、thalictosides C{3-O-β-D-glucopyranosyl-(1→6)-[α-L-rhamnopyranosyl-(1→2)-β-D-glucopyranosyl-(1→4)]-β-D-fucopyranoside}、thalictosides D{22-O-β-D-glucopyanosyl-(1→2)-β-D-glucopyranosyl-20R,21R,22S,24R-cycloartane-3β, 21,22,25,30-pentaol-3-O-α-L-rha-mnopyranosyl-(1→2)-[α-L-rhamnopyranosyl-(1→6)]-β-D-glucopyranoside}、thalictosidesE{20R,21R,22S,24R-cycloartane-3β,21,22,25,30-pentaol-3-O-α-L-rhamnopyranosyl-(1→2)-[α-L-rhamnopyranosyl-(1→6)]-β-D-glucopyranoside}、thalictosides F{22-O-β-D-glucopyranosyl-(1→2)-[β-D-xylopyranosy(1→6)]-β-D-glucopyranosyl-20R,21S,22S,24S-cycloartane-3β,21,22,25,30-pentaol-3-O-α-L-rhamnopyranosyl-(1→2)-[α-L-rhamnopyranosyl-(1→6)]-β-D-glucopyran oside}等。

	R_1	R_2
thalictosides A	β-D-glo	H
thalictosides C	β-D-glu	α-L-rha

glo=甘露糖   glu=葡萄糖   rha=鼠李糖

	R	C-21	C-24
thalictosides D	H	*R*	*R*
thalictosides E	xyl	*R*	*R*
thalictosides F	xyl	*S*	*S*

glc =甘露糖　　　ahr =阿拉伯糖　　　xyl =木糖

3. 黄酮类化合物

包括 apigenin 7,4'-bis-*O*-β-D-allopyranoside（**1**）、7-*O*-（6″-mono-*O*-acetyl-β-D-allopyranosyl）apigenin 4'-bis-*O*-β-D-allopyranoside（**2**）、7-*O*-（4″, 6″-di-*O*-acetyl-β-D-allopyranosyl）apigenin 4'-bis-*O*-β-D-allopyranoside（**3**）等（Hitoshi et al., 1992; Hitoshi et al., 1992, 1998, 2001; Emiko et al., 1984）。

	R₁	R₂
1	H	H
2	H	Ac
3	Ac	Ac

【毒性】有小毒。

【药理作用】清热、解毒、除湿。

【附注】秋唐松草性寒、味苦。有小毒。具有清热解毒、除湿之功效。主治牙痛、急性皮炎、湿疹。

【主要参考文献】

Emiko S，Toshiaki T，Toshihiro N. 1984. Studies on the constituents of *Thalictrum thunbergii* DC. Ⅰ. Chemical & Pharmaceutical Bulletin, 32: 5023~5026.

Hitoshi Y，Kazukiro H，Kazushi A, et al. 1992. Two New cycloartane glycosides，thalicto -sides A and C from *Thalictrum thunbergii* D. C. Chemical & Pharmaceutical Bulletin, 40: 2465~2468.

Hitoshi Y，Makiko N，Shoji Y，et al. 1998. Two new cycloartane glycosides from *Thalictrum thunbergii* D. C. Tetrahedron Letters，39: 6919~6920.

Hitoshi Y，Makiko N，Toshihiro N. 2001. Three new cycloartane glycosides from *Thalictrum thunbergii* D. C. Tetrahedron，57: 10247~10252.

箭头唐松草

Jiantoutangsongcao

【中文名】箭头唐松草

【别名】水黄连、金鸡脚下黄、黄脚鸡、硬杆水黄连

【基原】为毛茛科Ranunculaceae唐松草属Thalictrum箭头唐松草Thalictrum simplex Linn.草本。

【原植物】多年生直立草本，高1～1.5m，全株无毛。根茎短，须根细长，黄棕色。茎有纵棱。叶为2至3回3出羽状复叶；叶柄基部有纵沟，具膜质耳状鞘，基生叶的柄长6～8cm，茎生叶越向上叶柄越短，乃至无柄；小叶片线状长圆形或长圆状楔形，全缘或先端2或3裂，基部圆形或楔形，边缘反卷；顶端小叶具柄，两侧小叶常无柄；顶稍或花序上的叶狭小，近披针形，2或3裂或全缘。圆锥花序顶生；苞片及小苞片均为卵状披针形，褐色，膜质；花黄色，花柄长3～5mm；萼片4，卵状椭圆形，早落，长约2.2mm；雄蕊10～20，花丝细弱，花药线状长圆形，具小尖头；雌蕊6～12。瘦果很小，卵状圆形，无柄，灰褐色，宿存柱头短，呈箭头状，长约2mm，有8条纵肋。花期5～6月。果期6～8月。

本植物的根、根茎和全草入药。

【生境】生于海拔800～2200m向阳的山地草坡、斜坡、林缘、灌丛、草地、河边。

【分布】在伏牛山区西峡、嵩县、栾川、卢氏、灵宝等地有分布。还分布于辽宁、吉林、内蒙古、河北、山西、陕西、宁夏、甘肃、青海、湖北、四川、新疆等地。

【化学成分】

1. 地上部分

含唐松草宁碱(thalictrinine)、箭头唐松草碱(thalsimice)、鹤氏唐松草碱(hernandezine)、芬氏唐松草碱(thalidezine)、唐松草洒明碱(thalisamine)、(−)-thalimonine N-oxide A、(−)-thalimonine N-oxide B、(−)-thalimonine、(+)-leucoxylonine、(+)-leucoxylonine N-oxide。

2. 叶

含唐松草宁碱(thalictrinine)、箭头唐松草碱(thalsimice)。

3. 根

含生物碱小唐松草碱(thalicimine)、小唐松草宁碱(thalicminine)、β-别隐品碱(β-allocryptopine)、木兰花碱(magnoflorine)、箭头唐松草米定碱(thalicsimidine)、黄唐松草碱(thalictricine)、鹤氏唐松草碱(hernandezine)、小檗碱等。

4. 种子:含箭头唐松草碱(thalsimice)，种子油中分出唐松草酸(thalictric acid)(Maria et al., 1995, 1996)。

thalsimice

thalictricine

thalicimine

thalicsimidine

(+)-leucoxylonine

(+)-leucoxylonine N-oxide

(−)-thalimonine

(−)-thalimonine N-oxide A

(−)-thalimonine N-oxide B

【毒性】全株有毒，根毒性较大，茎叶次之。小鼠静脉注射箭头唐松草碱的致死剂量为 71mg/kg，小鼠腹腔注射鹤氏唐松草碱的 LD_{50} 为 282mg/kg。鹤氏唐松草碱 1～3mg/kg 静脉注射于猫，可引起血压短暂下降并导致死亡。对小鼠之半数致死量为 282mg/kg。

【药理作用】箭头唐松草碱对小鼠有镇静作思，对戊拉唑(150mg/kg 腹腔注射)虽无保护作用，但可延长环己巴比妥的睡眠时间达 2 倍，剂量在 500mg/kg(皮下注射)不影响体温，如加倍剂量则可使体温在 2h 内下降 2.5～2.7℃，于 18h 内下降 6.5～6.0℃。对麻醉猫 1～5mg/kg 静脉注射可使血压下降 20～90mm 汞柱，同时心率变慢，心收缩振幅加大，10mg/kg 则可致死。对胆碱能受体影响很轻，不改变肾上腺素的反应。5mg/kg 有轻度的抗肾上腺素作用，在猫小肠及子宫标本上有轻度拟胆碱样作用。在 0.0001 浓度时有解痉作用。

鹤氏唐松草碱对金黄色葡萄球菌、包皮垢分枝杆菌和白色念珠菌有显著作用，最低抑菌浓度分别为 100μg/mL、25μg/mL、50μg/mL。另外，静脉注射鹤氏唐松草碱 1～5mg/kg，可引起猫血压短暂下降（33%），10mg/kg 则引起急剧下降，导致死亡。

药理研究表明，采用浓度为 10μmol/mL 的 (−)-thalimonine 对小牛肾细胞（MDBK）和 F 细胞没有毒性作用，与感染细胞接触 15～120min 时对游离单纯疱疹病毒-1（HSV-1）没有影响，但能抑制 MDBK 细胞内的 HSV-1 复制，并呈量效关系，且抑制作用不可逆。在浓度为 10～100μmol/mL 时能抑制绵羊红细胞（SRBC）的抗体反应，呈量效相关，在 5μmol/mL 时 (−)-thalimonine 可使脾细胞中刀豆蛋白 A 增加，也可以使 T 细胞有丝分裂（PHA）增强，但未显示量效关系。在 50μmol/mL 和 100μmol/mL 时，(−)-thalimonine 还能明显抑制 B 细胞有丝分裂（LPS）。小鼠腹腔注射 0.5mg/kg 的 (−)-thalimonine 18h 后能刺激脾细胞增生。浓度为 0.025mg/kg 时刺激非黏附细胞增生，但这种刺激作用在较大剂量时消失。结果显示：(−)-thalimonine 具有明显的体内外免疫活性。

【附注】箭头唐松草味苦、性寒。归肝、肺、大肠经。具有清热解毒、利湿退黄、止痢之功效。主治黄疸、痢疾、肺热咳嗽、目赤肿痛、鼻疳等症。

【主要参考文献】

Maria P V，Christa W，Manfred H，et al. 1996. Reversed-phase high-performance liquid chromatographic separation of epimeric alkaloid N-oxides from *Thalictrum simplex* L. Journal of Chromatography A，730：63~67.

Maria P V，Selenghe D，Zhavzhan S，et al. 1995. Epimeric pavine N-oxides from *Thalictrum simplex*. Phytocheraistry，39：683~687.

短梗箭头唐松草

Duangengjiantoutangsongcao

ROOT OF SHORTSTALK SLIMPTOP MEADOWRUE

【中文名】短梗箭头唐松草

【别名】硬水黄连

【基原】为毛茛科 Ranunculaceae 唐松草属 *Thalictrum* 短梗箭头唐松草 *Thalictrum simplex* var. *brevipes* Hara 草本。

【原植物】多年生草本，高 60～100cm，全株无毛。茎直立，不分枝或有向上的分枝。叶互生；茎下部叶有稍长柄，上部叶无柄；茎生叶向上近直展，为二至三回三出复叶，茎下部叶片长达 20cm；小叶楔状倒卵形、楔形或狭菱形，长 1.5～4.5cm，宽 0.5～2cm，基部狭楔形或圆形，3 裂，裂片狭三角形，卵状披针形或披针形，先端锐尖，下面脉隆起，网脉明显。圆锥花序长 9～30cm，分枝近直展；花两性，花梗长 1～5mm；萼片 4，花瓣状，卵形，长约 2mm，白色，早落；花瓣无；雄蕊多数，花丝丝状，花药狭长圆形，长约 2mm，先端有短尖头；心皮 6～12，柱头宽三角形。瘦果狭卵形，长约 3mm，有 8 条纵肋，果梗短，或与瘦果近等长。花期 6～7 月，果期 7～9 月。

本植物的根或全草入药。

【生境】生于平原、低山草地或沟边。

【分布】在伏牛山区西峡、淅川、嵩县、栾川、卢氏、灵宝等地有分布。我国还分布于四川、青海东部、甘肃、陕西、湖北西部、山西、河北、内蒙古、辽宁、吉林。在朝鲜、日本也有分布。

【化学成分】根含箭头唐松草米定碱(thaliesimidine)、小檗碱(berberine)、小唐松草宁碱(thalicminine)、香唐松草碱(thalfoetidine)、木兰花碱(magnoflorine)、鹤氏唐松草碱(hernandezine)、芬氏唐松草碱(thalidezine)、箭头唐松草碱(thalcimine)、唐松草洒明碱(thalisamine)、隐品碱(cryptopine)、小檗胺(berbamine)、药根碱(jatrorrhizine)、唐松草星碱(thalictrisine)、异芬氏唐松草碱(isothalidezine)、箭头唐松草定碱(thalsimidine)、唐松草酸(thalictric acid)、尖刺碱 (oxyacanthine)、abietin、高车前苷(homoplantaginin) (潘正等，2011)。

【毒性】有小毒。鹤氏唐松草碱，小鼠 LD_{50} 为 282mg/kg。鹤氏唐松草碱静脉注射 1～3mg/kg，可引起猫血压短暂下降(33%)，10mg/kg 则引起急剧下降，导致死亡。

【药理作用】箭头唐松草碱对小鼠有镇静作用。

【附注】味苦、性寒；归肝、肺、大肠经；具有清热解毒、利湿退黄、止痢等功效。主治黄疸、痢疾、肺热咳嗽、目赤肿痛、鼻疳。

【主要参考文献】

潘正，高运玲，蔡应繁. 2011. 短梗箭头唐松草化学成分研究. 中成药，33：658~660.

打破碗碗花

Dapowanwanhua

HUBEI WIND FLOWER

【中文名】打破碗碗花

【别名】湖北秋牡丹、大头翁、山棉花、秋芍药、野棉花、遍地爬、五雷火、霸王草、满天飞、盖头花、山棉花、火草花、大头翁、湖北银莲花

【基原】为毛茛科 Ranunculaceae 银莲花属 *Anemone* 打破碗碗花 *Anemone hupehensis* Lemoine 草本植物。

【原植物】多年生草本，植株高(20～)30～120cm。根状茎斜或垂直，长约 10cm，粗(2～)4～7mm。基生叶 3～5，有长柄，通常为三出复叶，有时 1 或 2 个或全部为单叶；中央小叶有长柄(长 1～6.5cm)，小叶片卵形或宽卵形，长 4～11cm，宽 3～10cm，顶端急尖或渐尖，基部圆形或心形，不分裂或 3～5 浅裂，边缘有锯齿，两面有疏糙毛；侧生小叶较小；叶柄长 3～36cm，疏被柔毛，基部有短鞘。花葶直立，疏被柔毛；聚伞花序 2 或 3 回分枝，有较多花，偶尔不分枝，只有 3 花；苞片 3，有柄(长 0.5～6cm)，稍不等大，为三出复叶，似基生叶；花梗长 3～10cm，有密或疏柔毛；萼片 5，紫红色或粉红色，倒卵形，长 2～3cm，宽 1.3～2cm，外面有短绒毛；雄蕊长约为萼片长度的 1/4，花药黄色，椭圆形，花丝丝形；心皮约 400，生于球形的花托上，长约 1.5mm，子房有长柄，有短绒毛，柱头长方形。

聚合果球形，直径约1.5cm；瘦果长约3.5mm，有细柄，密被纲毛。7~10月开花。

本植物以根或全草入药。栽培2~3年，6~8月花未开放前挖取根部，除去茎叶、须根及泥土，晒干。茎叶切段，晒干或鲜用。

【生境】生于海拔400~1800m的低山、丘陵草坡或沟边。

【分布】在伏牛山区卢氏、栾川、西峡、淅川、内乡等地有分布。还分布于陕西南部、甘肃、浙江、江西、湖北西部、广东北部、广西北部、四川、贵州、云南东部。

【化学成分】含有白头翁素(anemonin)、齐墩果酸、打破碗碗花苷 A {hupehensis saponins A，3-O-[β-D-吡喃核糖基-(1→3)-α-L-吡喃鼠李糖基-(1→2)-β-D-吡喃葡萄糖糖]齐墩果酸苷}、打破碗碗花苷 B {hupehensis saponins B，3-O-[β-D-吡喃核糖基-(1→3)-β-D-吡喃鼠李糖基-(1→3)-α-L-吡喃鼠李糖(1→2)-α-L-吡喃阿拉伯糖]齐墩果酸苷}、打破碗碗花苷 C {hupehensis saponins C，3-O-[β-D-吡喃葡萄糖-(1→3)-β-D-吡喃核糖基-(1→3)-α-L-吡喃鼠李糖(1→3)-α-L-吡喃阿拉伯糖]长春藤苷}、3-O-[β-D-吡喃核糖基-(1→3)-α-L-吡喃鼠李糖基-(1→2)-α-L-吡喃阿拉伯糖]长春藤苷、3-O-[β-D-吡喃核糖基-(1→3)-α-L-吡喃鼠李糖基-(1→2)-α-L-吡喃阿拉伯糖]齐墩果酸苷（王明奎等，1994）。

【毒性】该物种为中国植物图谱数据库收录的有毒植物，其根茎有毒。打破碗碗花植株根粉采用不同极性的有机溶剂提取对蚜虫和棉叶螨具有触杀作用；其中甲醇提取物对菜青虫和棉红铃虫具有较好的忌避、拒食作用，乙醚提取物对菜青虫的生长发育有明显的抑制作用(阎钟坤等，1990)。

【药理作用】鲜汁用平板打洞法，对金黄色葡萄球菌、绿脓杆菌有抑制作用。

【附注】根茎药用，治热性痢疾、胃炎、各种顽癣、疟疾、消化不良、跌打损伤等症(《陕西中草药》)。全草用作土农药，水浸液可防治稻苞虫、负泥虫、稻螟、棉蚜、菜青虫、蝇蛆等，以及小麦叶锈病、小麦秆锈病等。

【主要参考文献】

王明奎，陈耀祖，吴凤锷. 1994. 打破碗碗花中三萜皂苷的研究. 化学学报，52: 609~612.

阎钟坤，刘绍友，张玉琳，等. 1990. 打破碗碗花的杀虫作用及化学成分的初步研究. 西北植物学报，10: 141~148.

绒毛银莲花

Rongmaoyinlianhua

ROOT OF HAIRY ANEMONE

【中文名】绒毛银莲花

【别名】野棉花、大头翁(陕西)、大火草

【基原】为毛茛科 Ranunculaceae 银莲花属 Anemone 绒毛银莲花 Anemone tomentosa (Maxim.) Pei 草本植物。

【原植物】多年生草本植物，植株高40~150cm。根状茎粗0.5~1.8cm。基生叶3或4，有长柄，为三出复叶，有时有1或2叶为单叶；中央小叶有长柄(长5.2~7.5cm)，小叶片卵形至三角状卵形，长 9~16cm，宽 7~12cm，顶端急尖，基部浅心形、心形或圆形，三浅裂至三深裂，边缘有不规则小裂片和锯齿，表面有糙伏毛，背面密被白色绒毛，侧生小叶稍斜，叶柄长（6~）16~48cm，与花葶都密被白色或淡黄色短绒毛。花葶粗 3~9mm；聚伞花序长 26~38cm，2 或 3 回分枝；苞片 3，与基生叶相似，不等大，有时 1 个为单叶，三深裂；花梗长 3.5~6.8cm，有短绒毛；萼片 5，淡粉红色或白色，倒卵形、宽倒卵形或宽椭圆形，长 1.5~2.2cm，宽 1~2cm，背面有短绒毛；雄蕊长约为萼片长度的 1/4；心皮 4 或 5，长约 1mm，子房密被绒毛，柱头斜，无毛。聚合果球形，直径约 1cm；瘦果长约 3mm，有细柄，密被绵毛。7~10 月开花。

本植物以根入药，春季或秋季挖取根，去净茎叶，晒干。

【生境】生于海拔 1000~2000m 的山地草坡或路边阳处。耐寒，喜凉爽湿润气候和非肥沃的砂质土壤，也耐干旱、瘠薄。喜阳光充足，也较耐荫。

【分布】在伏牛山区栾川、嵩县、卢氏、灵宝等地有分布。我国四川西部和东北部、青海东部、甘肃、陕西、湖北西部、河南西部、山西、河北西部均有分布。生于山地草坡或路边阳处。

【化学成分】从该植物的醇提取物中检出有挥发性成分、甾体、萜类、黄酮类、酚性成分、皂苷类成分等存在。在石油醚部分检出有挥发性成分、酯类等。在乙酸乙酯部分检出有挥发性成分、甾体、萜类和酚性成分，而在正丁醇部分显著检出有萜类、皂苷、黄酮苷类成分存在。

目前已经分离得到的化合物有齐墩果酸、齐墩果酮酸、齐墩果酸-3-*O*-*β*-D-吡喃木糖苷、*β*-谷甾醇、豆甾醇、胡萝卜苷、豆甾醇-3-*O*-*β*-D-吡喃葡萄糖苷、过氧化麦角甾醇、4,7-二甲氧基-5-甲基香豆素等（王俊儒等，1998）。

【毒性】有小毒。绒毛银莲花可以作为杀虫药物应用。研究表明，绒毛银莲花的石油醚提取物 30g/L 对 3 龄粘虫非选择性拒食作用最强；在相同浓度下石油醚层、乙酸乙酯层和正丁醇层中拒食作用最强的是乙酸乙酯层（王俊儒等，1998）。

【药理作用】绒毛银莲花对治疗肝胆疾病、妇科炎症、前列腺炎症和增生的效果比较好。动物实验表明，这个药对消除炎性水肿和改善前列腺脂膜的通透性效果好，还有促进排尿动力的作用。

【附注】性温、味苦；有小毒。具有化痰、散瘀、消食化积、截疟、解毒、杀虫等功效。用于治劳伤咳喘、痢疾等症，也可作小儿驱虫药。

【主要参考文献】

王俊儒，马建琪，彭树林，等. 1998. 大火草化学成分及其拒食活性研究初报. 西北植物学报，18：643~644.

林荫银莲花

Linyinyinlianhua

RHIZOME OF FLACCID ANEMONE

【中文名】林荫银莲花

【别名】鹅掌草、二轮七、蛫蚣三七（浙江）、地乌

【基原】为毛茛科 Ranunculaceae 银莲花属 *Anemone* 林荫银莲花 *Anemone flaccida* Fr. Schmidt 草本植物。

【原植物】多年生草本植物，植株高 40～150cm。根状茎粗 0.5～1.8cm。基生叶 3 或 4，有长柄，为三出复叶，有时有 1 或 2 叶为单叶；中央小叶有长根状茎斜生，圆柱形，直径 5～10mm，节间极缩短。基生叶 1 或 2；叶片五角形，长 3.5～7.5cm，宽 6.5～14cm，基部心形，3 全裂，中央全裂片菱形，顶端渐尖，3 浅裂，边缘有不等大的缺刻和牙齿，侧全裂片斜扇形，不等 2 深裂，两面疏被贴伏柔毛；叶柄长 10～25cm，无毛或近无毛。花葶高 15～35cm，上部疏被短柔毛；花序有 2 或 3 花；苞片 3，无柄，不等大，菱状三角形或菱形，3 深裂；花梗长 4～6cm，疏被短柔毛；萼片 5，白色，倒卵形或椭圆形，长 6.5～10mm，宽 3～5.5mm，顶端圆形，背面疏被短柔毛；雄蕊是萼片长的 1/2，花药长约 0.8mm；子房密被淡黄色短柔毛，无花柱，柱头近球形。花期 6～8 月。

本植物以根入药，春、夏挖取采收，去净茎叶，晒干。

【生境】生于海拔 600～1200m 的山坡林下沟边阴湿处。

【分布】在伏牛山区栾川、嵩县、西峡、淅川等地有分布。我国云南、四川、贵州、湖北、湖南、江西、浙江、江苏南部、陕西南部、甘肃南部等均有广泛分布。国外在日本和原苏联远东地区也有分布。

【化学成分】从林荫银莲花中分离得到的化合物主要为糖苷，有 3-*O*-*β*-D-吡喃葡萄糖醛酸-齐墩果酸-28-*O*-*α*-L-吡喃鼠李糖-(1→4)-*β*-D-吡喃葡萄糖-(1→6)-*β*-D-吡喃葡萄糖苷、3-*O*-*β*-D-吡喃葡萄糖醛酸-齐墩果酸-28-*O*-*β*-D-吡喃葡萄糖-(1→6)-*β*-D-吡喃葡萄糖苷、3-*O*-*β*-D-吡喃鼠李糖-(1→2)-*β*-D-吡喃葡萄糖-齐墩果酸-28-*O*-*α*-L-吡喃鼠李糖-(1→4)-*β*-D-吡喃葡萄糖-(1→6)-*β*-D-吡喃葡萄糖苷、3-*O*-*α*-L-吡喃鼠李糖-(1→2)-*α*-L-吡喃阿拉伯糖-齐墩果酸-28-*O*-*α*-L-吡喃鼠李糖-(1→4)-*β*-D-吡喃葡萄糖-(1→6)-*β*-D-吡喃葡萄糖苷、3-*O*-*α*-L-吡喃鼠李糖-(1→2)-*α*-L-吡喃木糖-齐墩果酸-28-*O*-*α*-L-吡喃鼠李糖-(1→4)-*β*-D-吡喃葡萄糖-(1→6)-*β*-D-吡喃葡萄糖苷、齐敦果酸-3-*O*-*β*-D-葡萄糖-(6′-丁酰基)-28-*O*-*α*-L-鼠李糖-(1→4)-*β*-D-葡萄糖-(1→6)-*β*-D-葡萄糖、monoethyl-malonate、水合氧化前胡内酯、齐墩果酸-3-*β*-D-吡喃葡萄糖-(1→2)-*α*-L-吡喃阿拉伯糖苷，齐墩果酸-3-*β*-D-吡喃葡萄糖醛酸、齐墩果酸 3-*β*-D-吡喃葡萄糖醛酸甲酯、齐墩果酸-28-*O*-*α*-L-吡喃鼠李糖-(1→4)-*β*-D-吡喃葡萄糖-(1→6)-*β*-D-吡喃葡萄糖苷、齐墩果酸-3-*β*-D-吡喃葡萄糖醛酸甲酯-28-*O*-*α*-L-吡喃鼠李糖-(1→4)-*β*-D-吡喃葡萄糖-(1→6)-*β*-D-吡喃葡萄糖苷、齐墩果酸-3-*O*-L-吡喃阿拉伯糖-(1→2)-*α*-L-吡喃鼠李糖-28-*O*-*α*-L-吡喃鼠李糖-(1→4)-*β*-D-吡喃葡萄糖-(1→6)-*β*-D-吡喃葡萄糖（韩林涛和黄芳，2009；张兰天等，2008；张兰天，2007）。

【毒性】有小毒。

【药理作用】

1. 抗肿瘤

研究表明，林荫银莲花总皂苷对肝癌细胞 Bel-7402、宫颈癌细胞 Hela、肺癌细胞 A259 均有一定的抑制作用，并呈现一定的剂量依赖性。从林荫银莲花中分离得到的两种

皂苷对肿瘤病毒的 RNA 反转录酶有抑制作用。

2. 抗炎作用

林荫银莲花总皂苷对佐剂性关节炎及蛋清致足肿均有较好的抗炎作用。能明显降低小鼠对静脉注射碳粒廓清指数，可使小鼠对植物血凝素刺激(PHA)的转化反应减弱，降低小鼠腹腔巨噬细胞吞噬鸡红细胞的功能，减少小鼠溶血素；对切除双侧肾上腺小鼠耳肿胀有抗炎消肿作用，对致敏豚鼠能明显降低其死亡率。

3. 免疫调节

林荫银莲花总苷对佐剂性关节炎大鼠特异性免疫功能影响的实验显示，鹅掌草总苷可抑制伴刀豆球蛋白 A(ConA)刺激的 T 淋巴细胞的转化，^{3}H-TdR 掺入率明显低于模型组，从而抑制佐剂性关节炎大鼠淋巴细胞的增殖和转化，表明鹅掌草总苷在调节机体特异性免疫功能，治疗风湿方面有很好的作用，值得进一步研究。

4. 镇静

林荫银莲花草煎剂对正常小鼠自发活动有抑制作用，显示了对中枢神经系统的镇静作用。

5. 解热

林荫银莲花总皂苷、总苷对于家兔因伤寒、副伤寒疫苗引起的发热，于给药 1h 后体温开始下降，2h 降温作用最强，降温特点与安乃近相似。给药后 3 次体温测定结果经统计学处理显示，林荫银莲花与对照组比较差异均非常显著($P<0.001$)。

【附注】林荫银莲花性温、味苦；有小毒。具有化痰、散瘀、消食化积、截疟、解毒、杀虫等功效。用于治劳伤咳喘、痢疾等症，也可作小儿驱虫药。

【主要参考文献】

韩林涛，黄芳. 2009. 鹅掌草根茎三萜皂苷类成分研究. 中药材，32：1059~1062.

张兰天，高石喜久，张彦文，等. 2008. 地乌中的三萜皂苷类成分. 中国中药杂志，33：1696~1699.

张兰天. 2007. 地乌和蛇莓的化学成分研究. 天津：天津大学博士学位论文.

毛蕊银莲花

Maoruiyinlianhua

【中文名】毛蕊银莲花

【别名】小木通、丝瓜花、过山龙

【基原】为毛茛科 Ranunculaceae 银莲花属 *Anemone* 毛蕊铁银莲花 *Anemone cathayensis* Kitag. var. *hispida* Tamura 草本植物。

【原植物】植株高 15~40cm。根状茎长 4~6cm。基生叶 4~8，有长柄；叶片圆肾形，偶尔圆卵形，长 2~5.5cm，宽 4~9cm，三全裂，全裂片稍覆压，中全裂片有短柄或无柄，宽菱形或菱状倒卵形，三裂近中部，二回裂片浅裂，末回裂片卵形或狭卵形，侧全裂片斜扇形，不等三深裂，两面散生柔毛或变无毛；叶柄长 6~30cm，除基部有较密长柔毛外，其他部分有稀疏长柔毛或无毛。花葶 2~6，有疏柔毛或无毛；苞片约 5，无柄，不等大，菱形或倒卵形，三浅裂或三深裂，半辐 2～5，长 2～5cm，有疏毛或无毛；萼片 5～6（～8～10），白色或带粉红色，倒卵形或狭倒卵形，长 1～1.8cm，宽 5～11mm，顶端圆形或钝，无毛；雄蕊长约 5mm，花药狭椭圆形；心皮 4～16，无毛。子房有毛。瘦果扁平，宽椭圆形或近圆形，长约 5mm，宽 4～5mm。4～7 月开花。

本植物以茎藤入药。秋季采收，晒干切片。

【生境】生于海拔 1000～2300m 山地草坡。

【分布】在伏牛山区卢氏、灵宝、洛宁等地野生。我国河北北部有分布。在朝鲜也有分布。

【化学成分】未见文献报道。

【毒性】全株有小毒。

【药理作用】具有舒筋活血、祛湿止痛、解毒利尿的作用。

【附注】味淡、性平。用于筋骨疼痛。外用治无名肿毒。

大叶铁线莲

Dayetiexianlian

ROOT OR STEM OF TUBE CLEMATIS

【中文名】大叶铁线莲

【别名】木通花、草本女萎、草牡丹

【基原】为毛茛科 Ranunculaceae 铁线莲属 *Clematis* 大叶铁线莲 *Clematis heracleifolia* DC.草本植物。

【原植物】落叶直立灌木，茎粗壮，高可达 1m，具明显的纵条纹，密生白色绒毛，三出复叶对生，总叶柄粗壮，长 5～15，密被白绒毛，顶生小叶叶柄长，叶片大，侧生小叶近无柄，叶片小，叶近革质，椭圆状卵形，长达 6～10cm，先端短尖，基部楔形，幼叶叶表具平伏毛，背面被短毛，脉上毛特密，顶生白或黄褐色毛。花两性，无花瓣，花萼管状，4 裂，蓝色，反卷，被白毛；花丝、花药、雌蕊被毛。瘦果倒卵形，红棕色，被毛，花柱宿存，长羽毛状，花期 7～8 月，果熟于秋季。

本植物的全草入药，7～8 月采收。除去茎苗，洗净晒干。

【生境】生于低山沟谷边潮湿处。具较强的耐荫能力，喜生于阴湿的林边、河岸和溪旁。

【分布】在伏牛山区大部分地方均有分布。分布于我国东北、华北、西北、华东，中南亦有分布。

【化学成分】未见文献报道

【毒性】有小毒。

【药理作用】清热解毒、祛风除湿。

【附注】外用治疮疖肿毒、结核性溃疡、瘘管。用于手足关节痛风，面色萎黄，唇舌色淡，头晕目眩，心悸失眠，肢体麻木。

绵团铁线莲

Miantuantiexianlian

RADIX CLEMATIDIS

【中文名】绵团铁线莲

【别名】山蓼、棉花团、山辣椒秧、黑薇、狭叶铁线莲

【基原】为毛茛科 Ranunculaceae 铁线莲属 Clematis 绵团铁线莲 Clematis hexapetala Pall. 草本植物。

【原植物】直立草本，高 30～100cm。茎圆柱形，有纵沟，疏生柔毛，后脱落无毛。叶对生；叶柄长 0.5～3.5cm；叶片近革质，绿色，干后常变黑色，一至二回羽状深裂，裂片线状披针形、长椭圆状披针形、椭圆形或线形，长 1.5～10cm，宽 0.1～2cm，先端锐尖或凸尖，有时钝，全缘，两面或沿叶脉疏被长柔毛或近无毛，网脉突起。聚伞花序顶生或腋生，通常具 3 花。有时为单花，花梗有柔毛；苞片线形。花两性，直径 2.5～5cm；萼片 4～8，通常 6，长椭圆形或狭倒卵形，长 1～2.5cm，宽 0.3～1cm，白色，开展，外面密生白色细毛，花蕾时像棉花球，内面无毛；花瓣无；雄蕊多数，花丝细长，长约 9mm，无毛，花药线形；心皮多数，被白色柔毛。瘦果倒卵形，扁平，长约 4mm，密生柔毛，宿存花柱羽毛状，长 1.5～3cm。花期 6～8 月，果期 7～10 月。

本植物以根及叶入药。夏秋采集，分别晒干。

【生境】生于固定沙丘、干山坡或山坡草地。

【分布】在伏牛山区大部分地方均有分布。分布于我国东北、华北、西北、华东、中南部亦有分布。

【化学成分】绵团铁线莲主要含有黄酮类和三萜等化合物。

1. 黄酮类化合物

含 3,5,6,7,8,3′,4′-七甲氧基黄酮 (3,5,6,7,8,3′,4′-heptamethoxy-flavone)、川陈皮素 (nobiletin)、甘草素 (liquiritigenin)、橙皮素 (hesperetin)、柚皮素 (naringenin)、7,4′-二羟基-二氢黄酮-7-O-β-D-葡萄糖苷 (liquiritigen-7-O-β-D-glucopyranoside)、5,7,4′-三羟基-3′-甲氧基黄酮醇-7-O-α-L-鼠李糖-(1→6)-β-D-葡萄糖苷 [5,7,4′-trihydroxy-3′-methoxy-flavanone -7-O-α-L-rhamnopyranosyl-(1→6)-β-D-glucopyranoside]、6-hydroxybiochain A、芒柄花素 (formononetin)、大豆素 (daidzein)、染料木素 (genistein)、鸢尾苷 (tectoridin)、山奈酚 (kaempferol) 等。

2. 其他类型化合物

含软木三萜酮 (friedelin)、木栓酮、白头翁素、β-谷甾醇、棕榈酸、香草酸、异落叶松脂素、5-羟甲基-2-呋喃酮、正壬烷、胡萝卜苷、5,8-dihydro-6-methyl-1,4-D-diglucopyranosyl naphthalene、丁香酸 (syringic acid)、3-methoxy-4-hydroxy-phenylethanol、clemochinenoside A 和 clemochinenoside B 等 (Dong, 2008; Shi et al., 2007; 董彩霞等，

2006a，2006b）。

clemochinenoside 骨架化合物结构式如下：

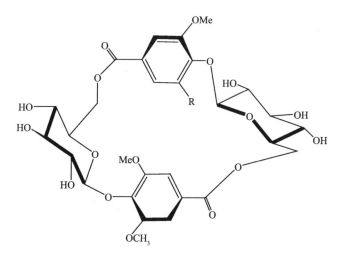

clemochinenoside

【毒性】有小毒。

【药理作用】

1. 对心脏和血压的作用

绵团铁线莲（即山蓼、狭叶铁线莲）对离体蟾蜍心脏有先抑制后兴奋的作用，50%的浸剂（1mL/kg）可使麻醉犬的血压下降，其降压作用似与对心脏的抑制有关。

2. 降血糖作用

绵团铁线莲对正常大鼠有显著增强葡萄糖同化的作用（即给予大鼠以大量葡萄糖后，尿糖试验仍为阴性），因此可能有降血糖作用。

3. 抗利尿作用

绵团铁线莲制剂对小鼠、大鼠、豚鼠有显著的抗利尿作用。浸剂与煎剂的效果无明显差别。

4. 对平滑肌的作用

绵团铁线莲煎剂对小鼠、大鼠及家兔的离体肠管有明显的兴奋作用；但对小鼠离体子宫作用不明显。

5. 其他作用

在试管内，水浸剂对皮肤真菌有抑制作用。水浸剂对奥杜盎小孢子菌也有抑制作用；煎剂对金黄色葡萄球菌、志贺痢疾杆菌有抑制作用。煎剂腹腔注射能轻度提高小鼠痛阈，提示其有镇痛作用。煎剂对疟原虫有抑制作用。醇提取液对小鼠中期妊娠有引产作用。

【附注】味辛咸、性温、有毒。归肺、肾、肠、胃等经。具有祛风除湿、通络止痛、消痰水、散癖积功效。主治痛风顽痹、风湿痹痛、肢体麻木、腰膝冷痛、筋脉拘挛、屈伸不利、脚气、疟疾、症瘕积聚、破伤风、扁桃体炎、诸骨鲠喉等。

【主要参考文献】

董彩霞，史社坡，武可泗，等. 2006a. 棉团铁线莲化学成分研究Ⅰ. 中国中药杂志，31：1696~1699.

董彩霞，武可泗，史社坡，等. 2006b. 棉团铁线莲黄酮类成分研究. 中国药学杂志，15：15~20.

Dong C X，Shi S P，Zhao M B，et al. 2008. A New glucopyranosyl naphthalene from *Clematis hexapetala* Pall. Chinese Journal of Natural Medicines，6：23~25.

Shi S P，Dong C X，Dan J，et al. 2007. Macrocyclic glucosides from *Clematis mandshurica* and *Clematis hexapetala*. Biochemical Systematics and Ecology，35：57~60.

柱果铁线莲

Zhuguotiexianlian

ROOT OF CHINESE CLEMATIS

【中文名】柱果铁线莲

【别名】小叶光板力刚、花木通、猪娘藤、钩铁线莲、癫子藤、大本威灵仙、钩铁线莲、钩形木通、光果铁线莲、黑骨头、黑脚威灵仙、黑木通、花木通、淮木通、癫子藤、老虎师藤、老虎须、木通、千斤藤、铁脚威灵仙、威灵仙、小叶光板力刚、一把扇、猪娘藤、钩形铁线莲、钩叶铁线莲、癞子藤、水木通、威灵棋、皱叶铁线莲

【基原】为毛茛科 Ranunculaceae 铁线莲属 *Clematis* 柱果铁线莲 *Clematis uncinata* Champ.草本植物。

【原植物】藤本，干时常带黑色，除花柱有羽状毛及萼片外面边缘有短柔毛外，其余光滑。茎圆柱形，有纵条纹。一至二回羽状复叶，有 5~15 小叶，基部二对常为 2 或 3 小叶，茎基部为单叶或三出叶；小叶片纸质或薄革质，宽卵形、卵形、长圆状卵形至卵状披针形，长 3~13cm，宽 1.5~7cm，顶端渐尖至锐尖，偶有微凹，基部圆形或宽楔形，有时浅心形或截形，全缘，上面亮绿，下面灰绿色，两面网脉突出。圆锥状聚伞花序腋生或顶生，多花；萼片 4，开展，白色，干时变褐色至黑色，线状披针形至倒披针形，长 1~1.5cm；雄蕊无毛。瘦果圆柱状钻形，干后变黑，长 5~8mm，宿存花柱长 1~2cm。花期 6~7 月，果期 7~9 月。

本植物以根及叶入药。夏秋采集，分别晒干。

【生境】生于海拔 100~1800m 的山地、山谷、溪边的灌木丛中、林边。

【分布】在伏牛山区大部分地方均有分布。分布于我国东北、华北、西北、华东，中南亦有分布。

【化学成分】种子油中含亚油酸（29.696%），其次是棕榈酸（12.37%）、A-松油醇（8.554%）、4-乙烯-2-甲氧基-苯酚（6.474%）、2-正戊基呋喃（4.063%）（王祥培等，2008）。

【毒性】有小毒。

【药理作用】祛风除湿、舒筋活络、镇痛。

【附注】柱果铁线莲根入药。治疗风湿性关节痛、牙痛、骨鲠喉；其叶可外用，通常用于外伤止血。

【主要参考文献】

王祥培，黄婕，靳凤云，等. 2008. 柱果铁线莲挥发油化学成分分析. 安徽农业科学，36：10936~10937.

短尾铁线莲

Duanweitiexianlian

STEM AND LEAF OF SHORTPLUME CLEMATIS

【中文名】短尾铁线莲

【别名】林地铁线莲、红钉耙藤

【基原】为毛茛科 Ranunculaceae 铁线莲属 *Clematis* 短尾铁线莲 *Clematis brevicaudata* DC.草本植物。

【原植物】落叶攀援藤本。枝条暗褐色，疏生短毛。叶对生，一至二回三出或羽状复叶，小叶卵形至披针形，长 1.5~6cm，先端渐尖成尾状，基部圆形，边缘具缺刻状牙齿，有时 3 裂，两面散生短毛或近无毛。复聚伞花序腋生或顶生；花直径 1~1.5cm；萼片 4，展开，白色或带淡黄色，狭倒卵形，长约 6mm，两面均被绢状短柔毛，毛在里面较稀疏，外面沿边缘密生短毛；无花瓣；雄蕊多数，无毛；心皮多数，花柱被长绢毛。瘦果宽卵形，长约 2mm，宽约 1.5mm，压扁，微带浅褐色，被短柔毛，宿存羽毛状花柱长达 2.8cm，末端具加粗稍弯曲的柱头。花期 8~9 月，果期 9~10 月。

以干燥茎枝或全草入药。本植物以根入药。中药夏、秋季采收，除去须根及枝叶，洗净泥土，晒干备用。

【生境】短尾铁线莲生于海拔 1200~2300m 的灌丛、山坡、河边、路旁。

【分布】在伏牛山区均有分布。国内主要分布于东北、华北、西北、华东、西南等地区。国外主要分布于日本、朝鲜、蒙古、俄罗斯等。

【化学成分】短尾铁线莲所分离得到的化合物有槲皮素、棕榈酸、二十二烷醇、二十五烷酸-α-单甘油酯、β-谷甾醇、胡萝卜苷、对羟基反式肉桂酸直链烷基酯类混合物、3,4-二羟基反式肉桂酸乙酯、丁香树脂单-β-D-葡萄糖苷（杨爱梅等，2009）。

【毒性】有小毒。

【药理作用】短尾铁线莲有利尿、消肿、祛寒生热和活血通瘀等功效。

【主要参考文献】

杨爱梅，杜静，苗钟环，等. 2009. 藏药短尾铁线莲化学成分研究. 中药材，32：1534~1537.

陕西铁线莲

Shanxitiexianlian

【中文名】陕西铁线莲

【别名】武当铁线莲

【基原】为毛茛科 Ranunculaceae 铁线莲属 *Clematis* 陕西铁线莲 *Clematis shensiensis* W. T. Wang 草本植物。

【原植物】藤本。小茎枝圆柱形，有纵条纹和短柔毛。一回羽复叶，常有 5 小叶；小叶片纸质，卵形或宽卵形，长 2.5～7cm，宽 1.5～5.5cm，顶端锐尖、短渐尖或钝，基部浅心形或圆形，全缘，上面疏生短柔毛或近无毛，下面密生短柔毛，两面网脉常不明显突出。聚伞花序腋生或顶生，3～9 花或花单生，常稍比叶短；花序梗、花梗密生短柔毛；花直径 3～5cm；萼片 4，或 5～6，开展，白色，倒披针形至倒卵状长圆形，长 1～2.5cm，宽约 5mm，外面边缘密生绒毛，中间为短柔毛；雄蕊无毛。瘦果卵形，扁，长 5～8mm，宽 3～5mm，宿存花柱长达 4cm，有金黄色长柔毛。花期 5～6 月，果期 8～9 月。

本植物以根入药。中药夏、秋季采收，除去须根及枝叶，洗净泥土，晒干备用。

【生境】生于海拔 700～1300m 山坡或沟边灌丛中。

【分布】在伏牛山区卢氏、洛宁、栾川、嵩县、西峡、内乡等地有分布。国内主要分布于陕西南部（海拔 1200m 左右）、湖北西部、山西南部。

【化学成分】未见文献报道

【毒性】有小毒。全株毒。

山　木　通

Shanmutong

STEM OF FINET CLEMATIS

【中文名】山木通

【别名】冲倒山、千金拔、天仙菊、蓑衣藤、万年藤、大叶光板力刚、大木通

【基原】为毛茛科 Ranunculaceae 铁线莲属 *Clematis* 山木通 *Clematis finetiana* Lévl. et Vant. 草本植物。

【原植物】山木通，木质藤本，长达 4m，无毛。叶对生，三出复叶；叶柄长 5～6cm；小叶片薄革质，卵状披针形、狭卵形或披针形，长 3～13cm，宽 1.5～5.5cm，先端渐尖或锐尖，基部圆形或浅心形，全缘，两面无毛，脉在两面隆起，网脉明显。聚伞花序腋生或顶生，有 1～7 朵花，在叶腋分枝处常有多数三角形宿存芽鳞，长 5～8mm；苞片小，钻形，有时下部苞片为三角状披针形，顶端 3 裂；花两性，花梗长 2.5～5cm，萼片 4，开展，狭椭圆形或披针形，长 1～1.8cm，白色，外面边缘密生短绒毛；花瓣无；雄蕊多数，长约 1cm，无毛，花药狭长圆形，药隔明显；心皮多数，被柔毛。瘦果狭卵形，稍弯，长约 5mm，有柔毛，宿存花柱羽毛状，长达 3cm。花期 4～6 月，果期 7～11 月。

本植物以根、茎、叶入药。

【生境】生于海拔 300～1200m 的山坡疏林溪边、路旁灌木丛及山谷石缝中。

【分布】在伏牛山区卢氏、洛宁、栾川、嵩县、西峡、内乡等地有分布。国内主要分布于云南、四川、贵州（700～1200m）、河南鸡公山、湖北、湖南（300～1200m）、广东

（200～800m）、广西、福建（400～1000m）、江西（100～700m）、浙江（120～1200m）、江苏南部、安徽淮河以南（100～900m）。

【化学成分】含有β-谷甾醇、正二十二烷、3-羰基齐墩果烷、正十六烷酸、正二十六烷酸、丁香酸、5-羟基-4-氧代戊酸、1,8-桉叶素、L-(-)-borneol（龙脑）、α-萜品醇、肉豆蔻酸、棕榈酸、共轭亚油酸、α-松油醇、5-甲基糠醛、2-戊基呋喃、己酸、亚油酸（巩玉静等，2011；王祥培等，2011；邱晓春等，2009）。

【毒性】有小毒。全株毒。

【药理作用】祛风利湿、活血解毒。

【附注】味苦、性温。入脾、胃、肝三经。具有治风湿关节肿痛、肠胃炎、疟疾、乳痈、牙疳、目生星翳等功效。山木通的根、茎、叶均有药用记载，本植物的根，在广西、江西等地常混作威灵仙使用。

【主要参考文献】

巩玉静，董彩霞，周洋，等. 2011. 山木通的化学成分研究. 中国野生植物资源，30：39~41.
邱晓春，靳凤云，黄婕，等. 2009. 山木通挥发油化学成分分析. 中草药，40：1888~1889.
王祥培，许乔，许士娜，等. 2011. 山木通挥发油成分的气相色谱-质谱联用分析. 时珍国医国药，22：630~631.

毛蕊铁线莲

Maoruitiexianlian

HERB OF MANDARIN CLEMATIS

【中文名】毛蕊铁线莲

【别名】小木通、丝瓜花、过山龙

【基原】为毛茛科 Ranunculaceae 铁线莲属 Clematis 毛蕊铁线莲 Clematis lasiandra Maxim. 草本植物。

【原植物】攀援草质藤本。老枝近于无毛，当年生枝具开展的柔毛。三出复叶、羽状复叶或二回三出复叶，连叶柄长 9～15cm，小叶 3～9（～15）枚；小叶片卵状披针形或窄卵形，长 3～6cm，宽 1.5～2.5cm，顶端渐尖，基部阔楔形或圆形，常偏斜，边缘有整齐的锯齿，表面被稀疏紧贴的柔毛或两面无毛，叶脉在表面平坦，在背面隆起；小叶柄短或长达 8mm；叶柄长 3～6cm，无毛，基部膨大隆起。聚伞花序腋生，常 1～3 花，花序梗长 0.5～3cm，在花序的分枝处生一对叶状苞片，花梗长 1.5～2.5cm，幼时被柔毛，以后脱落；花钟状，顶端反卷，直径 2cm；萼片 4 枚，粉红色至紫红色，直立，卵圆形至长方椭圆形，长 1～1.5cm，宽 5～8mm，两面无毛，边缘及反卷的顶端被绒毛；雄蕊微短于萼片，花丝线形，外面及两侧被紧贴的柔毛，长超过花药，内面无毛，花药内向，长方椭圆形，药隔的外面被毛；心皮在开花时短于雄蕊，被绢状毛。瘦果卵形或纺锤形，棕红色，长 3mm，被疏短柔毛，宿存花柱纤细，长 2～3.5cm，被绢状毛。花期 10 月，果期 11 月。

本植物以茎藤入药。秋季采收，晒干切片。

【生境】毛蕊铁线莲生于海拔 300～1200m 的水沟边、山坡阳处、石岩上、山坡灌丛中。

【分布】毛蕊铁线莲在伏牛山区均有分布。国内南起珠江流域北达黄河流域各地区均有生长。该植物也是我国铁线莲属分布最广的种类之一。国外日本也有分布。

【化学成分】含 4,7-二甲氧基-5-甲基-香豆素（siderin）、表松脂素（epipinoresinol）、松脂素（pinoresinol）、（+）-2-(3,4-dimethoxyphenyl)-6-(3,4-dihydroxy-phenyl)-3,7-dioxabicyclo[3,3,0]octane、matairesinol、落叶松脂素（lariciresinol）、justieiresinol、丁香脂素（syringaresinol）、鹅掌楸苷（liriodendrin）、3-甲氧基-对苯二酚-4-O-β-D-葡萄糖苷、3,5-二甲氧基-对苯二酚-1-O-β-D-葡萄糖苷（koabursinol）（任国杰等，2012）。

【毒性】毛蕊铁线莲有小毒，全株毒。

【药理作用】毛蕊铁线莲舒筋活血、祛湿止痛、解毒利尿。

【主要参考文献】

任国杰，许枬，张宏达，等．2012．小木通的化学成分．中国实验方剂学杂志，18：92~95.

茴 茴 蒜

Huihuisuan

HERB OF CHINESE BUTTERCUP

【中文名】茴茴蒜

【别名】水胡椒、蝎虎草、水杨梅、小桑子、糯虎草、黄花虎掌草、水虎掌草、过路黄、老虎爪子

【基原】为毛茛科 Ranunculaceae 毛茛属 *Ranunculus* 茴茴蒜 *Ranunculus chinensis* Bunge 草本植物。

【原植物】一年生草本植物。须根多数簇生。茎直立粗壮，高 20～70cm，直径在 5mm 以上，中空，有纵条纹，分枝多，与叶柄均密生开展的淡黄色糙毛。基生叶与下部叶有长达 12cm 的叶柄，为 3 出复叶，叶片宽卵形至三角形，长 3～8（～12）cm，小叶 2 或 3 深裂，裂片倒披针状楔形，宽 5～10mm，上部有不等的粗齿或缺刻或 2 或 3 裂，顶端尖，两面伏生糙毛，小叶柄长 1～2cm 或侧生小叶柄较短，生开展的糙毛。上部叶较小和叶柄较短，叶片 3 全裂，裂片有粗齿牙或再分裂。花序有较多疏生的花，花梗贴生糙毛；花直径 6～12mm；萼片狭卵形，长 3～5mm，外面生柔毛；花瓣 5，宽卵圆形，与萼片近等长或稍长，黄色或上面白色，基部有短爪，蜜槽有卵形小鳞片；花药长约 1mm；花托在果期显著伸长，圆柱形，长达 1cm，密生白短毛。聚合果长圆形，直径 6～10mm；瘦果扁平，长 3～3.5mm，宽约 2mm，为厚的 5 倍以上，无毛，边缘有宽约 0.2mm 的棱，喙极短，呈点状，长 0.1～0.2mm。花期 5～7 月，果期 8～9 月。

本植物以全草入药。

【生境】生于渠边或潮湿草地上。

【分布】在伏牛山区均有分布。还分布于我国西北、东北、西南、华中、华东等地区。国外的朝鲜、日本、俄罗斯西伯利亚地区、印度、尼泊尔均有分布。

【化学成分】含有乌头碱(aconitine)、硬飞燕草次碱(翠雀胺)(delcosine)、竹节香附皂苷(raddeanin)等。另外还含有黄酮类化合物(闫乾顺等,2011)。

【毒性】全草有毒。误食后会致口腔灼热、恶心、呕吐、腹部剧痛，严重者呼吸衰竭而致死亡。

乌头碱毒性较强，据资料报道，成人服用乌头碱结晶 0.2mg 中毒，3～5mg 致死，它主要使迷走神经兴奋，对周围神经损害临床主要表现为口舌及四肢麻木，全身紧束感等，通过兴奋迷走神经而降低窦房结的自律性，引起易位起搏点的自律性增高从而导致心律失常，损害心肌。

【药理作用】乌头碱具有镇痛作用，外用时能麻痹周围神经末梢，产生局部麻醉和镇痛作用。

【主要参考文献】

闫乾顺,鲁宁清,闫欣. 2011. 宁夏产茴茴蒜中总黄酮含量的测定. 广州化工,39：123~124.

石 龙 芮
Shilongrui

POISONOUS BUTTERCUP

【中文名】石龙芮

【别名】水堇、姜苔、水姜苔、彭根、鹘孙头草、胡椒菜、鬼见愁、野堇菜、黄花菜、小水杨梅、清香草、野芹菜、假芹菜、水芹菜、猫脚迹、鸡脚爬草、水虎掌草、和尚菜、胡椒草、黄爪草

【基原】为毛茛科 Ranunculaceae 毛茛属 *Ranunculus* 石龙芮 *Ranunculus sceleratus* Linn.草本植物。

【原植物】一年生或二年生草本，高 10～50cm。须根簇生。茎直立，上部多分枝，无毛或疏生柔毛。基生叶有长柄，长 3～15cm；叶片轮廓肾状圆形，长 1～4cm，宽 1.5～5cm，基部心形，3 深裂，有时裂达基部，中央深裂片菱状倒卵形或倒卵状楔形，3 浅裂，全缘或有疏圆齿；侧生裂片不等，2 或 3 裂，无毛；茎下部叶与基生叶相同，上部叶较小，3 全裂，裂片披针形或线形，无毛，基部扩大成膜质宽鞘，抱茎。聚伞花序有多数花；花两性，小，直径 4～8mm，花梗长 1～2cm，无毛；萼片 5，椭圆形，长 2～3.5mm，外面有短柔毛；花瓣 5，倒卵形，长 1.5～3mm，淡黄色，基部有短爪，蜜槽呈棱状袋穴；雄蕊多数，花药卵形，长约 0.2mm；花托在果期伸长增大呈圆柱形，长 3～10mm，粗 1～3mm，有短柔毛；心皮多数，花柱短。瘦果极多，有近百枚，紧密排列在花托上，倒卵形，稍扁，长 1～1.2mm，无毛，喙长 0.1～0.2mm。花期 4～6 月，果期 5～8 月。

本植物以全草入药。

【生境】生于平原湿地或河沟边。

【分布】在伏牛山区均有分布。广泛分布于全国各地。

【化学成分】

1. 黄酮类化合物

地上部分含 5,4′-二-O-甲基圣草酚-7-O-β-D-葡萄吡喃糖苷（5,4′-di-O-methyl-eriodictyol-7-O-β-D-glucopyranoside）、3′,4′-二羟基-5-甲氧基黄烷酮-7-O-α-L-鼠李吡喃糖苷（3′,4′-dihydroxy-5-methoxy-flavanone-7-O-α-L-rhamnopyranoside）、（1R,3E,7Z,12R）-20-羟基烟草习-3,7,15-三烯-19-酸 [（1R,3E,7Z,2R）-20-hydroxycembra-3,7,15-trien-19-oicacid]、（3E,7Z,11Z）-17,20-二羟基烟草-3,7,11,15-四烯-19-酸 [（3E,7Z,11Z）-17,20-dihydroxycembra-3,7,11,15-tetraen-19-oicacid]、柚皮素-4′-O-β-D-吡喃木糖-(1→4)-β-D-葡萄吡喃糖苷 [naringeni-4′-O-β-D-xylopyranosyl-（1→4）-β-D-glucopyranoside]、圣草酚-5-鼠李吡喃苷（eriodictyol-5-rhamnopyranoside）等。

该植物根含 3′,4′,5-三羟基黄烷酮-7-O-α-L-鼠李吡喃糖苷（3′,4′,5-trihydroxy flavanone -7-O-α-L-rhamnopyranoside）、柚皮素-4′-半乳糖苷（naringenin-4′-galactoside）、二氢山奈酚-4′-个木糖苷（dihydro-kaempferol-4′-xyloside）、二氢山奈素-3-葡萄糖醛酸苷（dihydro-kaempferide-3-glucuronide）、山奈素-3-葡萄糖醛酸苷（kaempferide- 3-hlucuronide）。

2. 氨基酸类物质

地上部分含有航氨酸（cystine，19.60%）、赖氨酸（lysine，18.14%）、组氨酸（histdine，9.29%）、丝氨酸（serine，2.10%）、谷氨酸（glutamicacid，2.45%）、脯氨酸（proine，3.46%）、甲硫氨酸（methionine，8.14%）等。

根含有胱氨酸（24.12%）、赖氨酸（17.40%）、组氨酸（9.04%）、丝氨酸（8.71%）、脯氨酸（3.18%）、甲硫氨酸（7.53%）等。

种子含有胱氨酸（12.85%）、组氨酸（1.70%）、丝氨酸（14.91%）、甲硫氨酸（22.08%）、甘氨酸（hlycine，5.48%）、苏氨酸（threonine，2.64%）、酪氨酸（tyrosine，4.91%）等。

3. 糖

地上部分含蔗糖（sucrose，19.97%）、葡萄糖（glucose，19%～75%）、果糖（fructose，52.05%）等。

根含蔗糖（67.46%）、葡萄糖（4.76%）、果糖（27.77%）等。

4. 其他类化合物

其他类化合物有 5-羟色胺、麦角甾-5-烯-3-O-α-L-鼠李吡喃糖苷（ergost-5-ene-3-O-α-L-rhamnopy ranoside）、豆甾-4-烯-3,6-二酮（stigmasta-4-ene-3,6-dione）、豆甾醇（stigmasterol）、6-羟基-7-甲氧基香豆素（isoscopoletin）、七叶内酯二甲醚（scoparone）、β-香树脂醇（amyrin）、羽扇豆酸（lupeol）、原儿茶醛（protocatechuic aldehyde）、原儿茶酸（protocatechuic acid）、二十二酸（docosanoicacid）、大黄素（emodin）等（彭涛等，2011；高晓忠等，2005）。

【毒性】全草有毒。误食可致口腔灼热，随后肿胀，咀嚼困难，剧烈腹泻，脉搏缓慢，呼吸困难，瞳孔散大，严重者可致死亡。

中毒早期可用 0.2%高锰酸钾溶液洗胃，服蛋清及活性炭，静脉滴注葡萄糖盐水，腹剧痛时可用阿托品等对症治疗。皮肤及黏膜误用或使用过量，可用清水、硼酸或鞣酸稀液洗涤。

【药理作用】

1. 抗菌

该植物提取物被报道对革兰氏阳性及阴性菌和霉菌都具有良好的抑制作用，如对链球菌(1∶60 000)，大肠杆菌(1∶33 000～1∶83 000)、白色念珠菌(1∶100 000)都有抑制作用。

2. 抗组胺作用

新鲜植物茎、叶中未发现组织胺或乙酰胆碱，但含有 7 种色胺的衍化物，其中之一为 5-羟色胺，还有两种抗 5-羟色胺的物质。所有 7 种色胺衍化物都对大鼠子宫的 5-羟色胺受体有收缩作用。浸剂或煎剂在 1∶100 以上浓度时在试管内有杀灭钩端螺旋体的作用。

【附注】 石龙芮味苦、辛，性寒，有毒。归心、肺经。具有清热解毒、消肿散结、止痛、截疟等功效。用于痈疖肿毒、毒蛇咬伤、痰核瘰疬、风湿关节肿痛、牙痛、疟疾等的治疗。

【主要参考文献】

高晓忠，周长新，张水利，等. 2005. 毛茛科植物石龙芮的化学成分研究. 中国中药杂志，30：124~126.
彭涛，邢煜君，张前军，等. 2011. 石龙芮化学成分研究. 中国实验方剂学杂志，17：66~67.

毛 茛

Maogen

JAPAN BUTTERCUP

【中文名】 毛茛

【别名】 水茛、毛建、毛建草、猴蒜、天灸、毛堇、自灸、鹤膝草、瞌睡草、老虎草、犬脚迹、老虎脚迹草、火筒青、野芹菜、辣子草、辣辣草、毛芹菜、老虎须、千里光、老鼠脚底板、烂肺草、三脚虎、水芹菜

【基原】 为毛茛科 Ranunculaceae 毛茛属 *Ranunculus* 毛茛 *Ranunculus japonicus* Thunb.草本植物。

【原植物】 多年生草本，高 30～70cm。须根多数，簇生。茎直立，具分枝，中空，有开展或贴伏的柔毛。基生叶为单叶；叶柄长达 15cm，有开展的柔毛；叶片轮廓圆心形或五角形，长及宽为 3～10cm，基部心形或截形，通常 3 深裂不达基部，中央裂片倒卵状楔形或宽卵形或菱形，3 浅裂，边缘有粗齿或缺刻，侧裂片不等 2 裂，两面被柔毛，下面或幼时毛较密；茎下部叶与基生叶相同，茎上部叶较小，3 深裂，裂片披针形，有尖齿牙；最上部叶为宽线形，全缘，无柄。聚伞花序有多数花，分散；花两性，直径 1.5～2.2cm；花梗长达 8cm，被柔毛；萼片 5，椭圆形，长 4～6mm，被白柔毛；花瓣 5，倒卵状圆形，长 6～11mm，宽 4～8mm，黄色，基部有爪，长约 0.5mm，蜜槽鳞片长 1～2mm；雄蕊多

数，花药长约 1.5mm，花托短小，无毛；心皮多数，无毛，花柱短。瘦果斜卵形，扁平，长 2～2.5mm，无毛，喙长约 0.5mm。花期 4～7 月，果期 8～9 月。

带根全草入药。夏、秋采集，切段，鲜用或晒干用。

【生境】毛茛生于田野、路边、水沟边草丛中或山坡湿草地。

【分布】毛茛在伏牛山区均有分布。我国东北至华南都有分布。

【化学成分】毛茛全草含原白头翁素（protoanemonin）及其二聚物白头翁素（anemonin）、滨蒿内酯（scoparone）、小麦黄素（tricin）、原儿茶酸（protocatechuic acid）、木犀草素（luteolin）、白头翁素（anemonin）、东茛菪内酯（scopoletin）、5-羟基- 6,7-二甲氧基黄酮（5-hydroxy-6,7 -dimethoxyflavone）、5 -羟基- 7, 8 -二甲氧基黄酮（5-hydroxy-7,8 - dimethoxyflavone）、小毛茛内酯（ternatolide）等（郑威等，2006）。

【毒性】毛茛有小毒。含有强烈挥发性刺激成分，与皮肤接触可引起炎症及水泡，内服可引起剧烈胃肠炎和中毒症状，但很少引起死亡，因其辛辣味十分强烈，一般不致吃得很多。发生刺激作用的成分是原白头翁素，聚合后可变成无刺激作用的白头翁素。原白头翁素在豚鼠离体器官（支气管、回肠）及整体试验中，均有抗组织胺作用。浸剂或煎剂在 1：100 以上浓度时在试管内有杀灭钩端螺旋体的作用。

【药理作用】

1. 杀菌和杀虫功效

浸剂或煎剂在 1：100 以上浓度时在试管内有杀灭钩端螺旋体的作用。

2. 抗组胺作用

喷雾呼入 1%原白头翁素，可降低豚鼠因吸入组胺而致支气管痉挛窒息的死亡率；并可使静脉注射最小致死量组胺的小鼠免于死亡。豚鼠离体支气管灌流实验证明：1%原白头翁素能对抗 0.01%组胺引起的支气管痉挛；使用 1%白头翁素后，在 1～2h 内可完全防止致痉挛的组胺对支气管的痉挛作用。1%原白头翁素可拮抗组胺对豚鼠离体回肠平滑肌的收缩作用。

3. 抗癌作用

动物和临床实验都证明，毛茛挥发油对肿瘤有抑制作用，肿瘤细胞大多呈急性坏死。抗肿瘤以新鲜毛茛为好，以根最佳，叶次之。

【主要参考文献】

郑威，周长新，张水利，等. 2006. 毛茛化学成分的研究. 中国中药杂志，31：892~894.

小 毛 茛

Xiaomaogen

CATCLAW BUTTERCUP

【中文名】小毛茛

【别名】猫爪草

【基原】为毛茛科 Ranunculaceae 毛茛属 *Ranunculus* 小毛茛 *Ranunculus ternatus*

Thunb 草本植物。

【原植物】一年生草本。簇生多数肉质小块根，块根卵球形或纺锤形，顶端质硬，形似猫爪，直径 3～5mm。茎铺散，高 5～20cm，多分枝，较柔软，大多无毛。基生叶有长柄；叶片形状多变，单叶或 3 出复叶，宽卵形至圆肾形，长 5～40mm，宽 4～25mm，小叶 3 浅裂至 3 深裂或多次细裂，末回裂片倒卵形至线形，无毛；叶柄长 6～10cm。茎生叶无柄，叶片较小，全裂或细裂，裂片线形，宽 1～3mm。花单生茎顶和分枝顶端，直径 1～1.5cm；萼片 5～7，长 3～4mm，外面疏生柔毛；花瓣 5～7 或更多，黄色或后变白色，倒卵形，长 6～8mm，基部有长约 0.8mm 的爪，蜜槽棱形；花药长约 1mm；花托无毛。聚合果近球形，直径约 6mm；瘦果卵球形，长约 1.5mm，无毛，边缘有纵肋，喙细短，长约 0.5mm。花期早，春季 3 月开花，果期 4～7 月。

本植物以干燥块根入药，即为中药"猫爪草"。春、秋二季采挖，除去须根及泥沙，晒干。

【生境】生于平原湿草地或田边荒地，或山坡草丛中。在海拔 1000m 以上的山中山地亦可见生长。

【分布】在伏牛山区均有分布。分布于我国广西、台湾、江苏、浙江、江西、湖南、安徽、湖北、河南等地。日本也有分布。

【化学成分】

1. 黄酮类化合物

粗贝壳杉黄酮-4′-甲醚、榧双黄酮、罗汉松双黄酮 A、白果素、异银杏素、穗花杉双黄酮等。

2. 甾醇类化合物

β-谷甾醇、豆甾醇、菜油甾醇、豆甾-4, 6, 8(14), 22-四烯-3-酮、豆甾醇-3-O-β-D-吡喃葡萄糖苷等。

3. 挥发性物质

棕榈酸乙酯、肉豆蔻酸、棕榈酸、二十八烷酸、二十烷酸、邻苯二甲酸二(2-乙基己酯)、正二十一烷酸甲酯、5-羟甲基糠醛、胡萝卜苷、γ-酮-δ-戊内酯、3,4-二羟基苯甲醛、呋喃果糖、α-羟基-β-二甲基-γ-丁内酯、4-羟甲基-γ-丁内酯、5-羟基氧化戊酸甲酯、琥珀酸甲酯、琥珀酸乙酯、3,4 -二羟基苯甲酸甲酯、对羟基桂皮酸、4-氧化戊酸、丁二酸、壬二酸、对羟基苯甲酸、对羟基苯甲醛等。

4. 其他类型化合物

连翘脂素(phillygenin)、猫爪草苷[4-O-5-(O-β-D-吡喃葡萄糖基)-戊酸-正丁基酯]、尿苷、4-O-5-(O-β-D-吡喃葡萄糖基)-戊酸甲酯、苯甲醇-O-β-D-吡喃葡萄糖苷等(赵云等，2010；熊英等，2008a，2008b；胡小燕等，2006)。

【毒性】有小毒。

【药理作用】

1. 抗结核菌及其他细菌

猫爪草的煎剂、生药粉末及醇提液在试管中对强毒人型结核菌(H31RV)均有不同程度的抑制作用，其抑菌浓度分别为 1∶10，1∶100，1∶1000，且抑菌作用较异烟肼稍强；

将猫爪草、青蒿水浸液过滤后以 1：200 浓度制成改良中药培养基和对照培养基，经灭菌后分别接种结核菌混悬液，放置于 37℃恒温箱中培养，结果对照培养基中结核菌生长良好，而中药培养基无结核菌生长。猫爪草水提液对金黄色葡萄球菌、白色葡萄球菌、四链球菌、痢疾杆菌等均有抑制作用，还可抑制耐药性结核杆菌（詹莉等，2001a，2001b，2002；潘兆惠，1986）。

2. 抗肿瘤作用

猫爪草的不同提取物对体外培养的肉瘤、S180 腹水癌及人乳腺癌细胞株 MCF-7 等肿瘤细胞株的生长和集落形成均有不同程度的影响，皂苷给药量与抑瘤率和集落形成明显地呈正相关关系，而多糖有一最佳浓度。研究发现，猫爪草的乙醇提取液对肿瘤坏死因子(TNF)有较强的诱生作用，在被筛选的 36 种中草药中，猫爪草(70%的乙醇浸膏)诱生作用最强(周立等，1995)。

3. 体外抗白血病细胞

毛茛苷对各种白血病细胞均有一定杀伤作用。

4. 抗急性炎症作用

复方猫爪草水提物抗急性炎症作用的研究，结果表明，对二甲苯所致小鼠耳肿胀，乙酸引起的小鼠腹腔毛细血管通透性增加，以及蛋清所致大鼠足跖肿胀均有抑制作用(杨嘉等，2000)。

5. 保护性抑制作用

猫爪草对中枢神经、心脏、呼吸系统及肠壁功能具有不同程度的抑制作用，并可使血压下降，并对血管无扩张作用。因此，可以推断猫爪草有利于改善体质和增强机体对疾病的抵抗力(李嘉玉等，1964)。

【附注】猫爪草味甘、辛，性温。有小毒。归肝经、肺经。具有散结、消肿等功效。用于瘰疬、淋巴结结核未溃、肺结核、淋巴结结核、淋巴结炎、咽喉炎的治疗。

【主要参考文献】

胡小燕，窦德强，裴玉萍，等. 2006. 猫爪草中化学成分的研究. 中国药学杂志，15：127~129.

李嘉玉，刘道矩，刘济宽. 1964. 中药猫爪草治疗颈淋巴结结核 180 例的分析. 天津医药杂志，6：958~962.

潘兆惠. 1986. 青蒿、猫爪草对耐药性结核杆菌抑菌作用观察. 中医药信息，5：26.

熊英，邓可众，郭远强，等. 2008a. 猫爪草中黄酮类与苷类化学成分的研究. 中草药，39：1449~1452.

熊英，邓可众，郭远强，等. 2008b. 中药猫爪草化学成分的研究. 中国中药杂志，33：909~911.

杨嘉，沈秀明，吴钢，等. 2000. 复方猫爪草水提物抗炎作用与急性毒性的探讨. 中草药，31：768~769.

詹莉，戴华成，杨治平，等. 2001a. 小毛茛内酯对结核病人颗粒裂解肽基因表达的作用. 中国药理学通报，17：405~408.

詹莉，戴华成，杨治平，等. 2001b. 小毛茛内酯对结核休眠感染病人 GLS mRNA 表达的影响. 中国防痨杂志，23：275~277.

詹莉，戴华成，杨治平，等. 2002. 毛茛内酯影响耐药结核患者外周血淋巴细胞 SHSP 和 GLS 表达的研究. 中国中药杂志，27：677~679.

赵云，阮金兰，王金辉，等. 2010. 猫爪草化学成分研究. 中药材，33：722~723.

周立，张炜，许津. 1995. 猫爪草有效成分诱生肿瘤坏死因子的作用. 中国医学科学院学报，17：456~460.

扬 了 毛 茛

Yangzimaogen

TOMENTOSE CORCHOROPSIS

【中文名】扬子毛茛

【别名】辣子草、地胡椒、鸭脚板草

【基原】为毛茛科 Ranunculaceae 毛茛属 *Ranunculus* 扬子毛茛 *Ranunculus sieboldii* Miq 草本植物。

【原植物】多年生草本。须根伸长簇生。茎铺散，斜升，高 20～50cm，下部节上伏地生根长叶，多分枝，密生开展的白色或淡黄色柔毛。基生叶与茎生叶相似，为 3 出复叶；叶片圆肾形至宽卵形，长 2～5cm，宽 3～6cm，基部心形，中央小叶宽卵形或菱状卵形，3 浅裂至较深裂，边缘有锯齿，小叶柄长 1～5mm，生开展柔毛；侧生小叶不等 2 裂，背面或两面疏生柔毛；叶柄长 2～5cm，密生开展的柔毛，基部扩大成褐色膜质的宽鞘抱茎，上部叶较小，叶柄也较短。花与叶对生，直径 1.2～1.8cm；花梗长 3～8cm，密生柔毛；萼片狭卵形，长 4～6mm，为宽的 2 倍，外面生柔毛，花瓣 5，黄色或上面变白色，狭倒卵形至椭圆形，长 6～10mm，宽 3～5mm，有 5～9 条或深色脉纹，下部渐窄成长爪，蜜槽小鳞片位于爪的基部；雄蕊 20 余枚，花药长约 2mm；花托粗短，密生白柔毛。聚合果圆球形，直径约 1cm；瘦果扁平，长 3～4(5)mm，宽 3～3.5mm，无毛，边缘有宽约 0.4mm 的宽棱，喙长约 1mm，成锥状外弯。花期 5～7 月，果期 8～10 月。

本植物以全草入药。

【生境】生于海拔 300～2500m 的山坡林边及平原湿地。

【分布】在伏牛山区西峡、内乡、淅川等地有分布。分布于四川、云南东部、贵州、广西、湖南、湖北、江西、江苏、浙江、福建、陕西、甘肃等地。日本也有分布。

【化学成分】杨子毛茛径鉴定含有不同化学成分。主要包括以下几类。

1. 挥发性物质

棕榈酸、硬脂酸、豆甾醇烯、β-谷甾醇、尿囊素、正三十一烷、β-胡萝卜苷、α-雪松醇、6,10,14-三甲基-2-十五烷酮、3-甲基-2-[3,7,11-三甲基-月桂烯基]呋喃、植醇、1-辛基-3-酮、1,8-萜二烯、α-紫罗兰酮、α-钴钯烯、β-紫罗兰酮、巨豆三烯酮、菲等。

2. 黄酮及黄酮类化合物

芹菜素-4′-O-α-L-鼠李糖苷、芹菜素-7-O-β-D-葡萄糖苷-4′-O-α-L-鼠李糖苷、芹菜素-8-O-α-L-阿拉伯糖苷、芹菜素-8-O-β-D-半乳糖苷、小麦黄素-7-O-β-D-葡萄糖苷、小麦黄素、木犀草素等。

3. 香豆素类化合物

东莨菪内酯、马栗树皮素、滨蒿内酯、东莨菪苷。

4. 其他类型化合物

秦皮乙素、滨蒿内酯、阿魏酸、原儿茶酸和小毛茛内酯(刘香等，2005，2006；潘云雪等，2004)。

【毒性】有小毒。

【药理作用】全草入药，具有清热解毒、利湿、消肿、退翳、截疟、杀虫等功效。

【主要参考文献】

刘香，郭琳，吴春高. 2005. 扬子毛根中挥发油的化学成分分析. 中成药，27：1335~1336.

刘香，郭琳，吴春高. 2006. 扬子毛根化学成分研究. 药物分析杂志，26：1085~1087.

潘云雪，周长新，张水利，等. 2004. 扬子毛茛中的化学成分研究. 中国药学杂志，13：92~96.

禾 本 科

禾本科 Poaceae，一年或越年、多年生草本，稀为灌木或乔木。根多为纤维状须根。茎埋藏于地下的部分称根状茎，生长于地上部分称为秆。秆直立、倾斜、平卧或匍匐于地面，通常中空，也有实心者，于节处闭塞，且较膨胀。叶单生于节处，成两行排列，分为叶鞘和叶片两个部分：叶鞘包秆，通常边缘有 1 条纵缝，稀封闭；叶片扁平，常为线形、披针形、卵形等，也有纵卷如针者，全缘，且具平行叶脉，少数脉间具小横脉纹；在叶鞘与叶片交接处有少数收缩成柄，叶鞘顶端的内表皮向上延伸，形成不同形状的附属物称为叶舌；有些叶片基部扩大呈耳状，称为叶耳。花序由许多小穗构成，小穗具柄或无柄，排成穗形或圆锥形；小穗含 1 朵至数朵无柄的小花及 1 个延续或具节的小穗轴，其基部有 2 片不含花的苞片称为颖，在下部的为第一颖，上部的为第二颖，形状多变化，也有其一退化甚至两颖均消失者；在颖的上部为小花，两性或单性，小花苞含两个苞片，在下部称第一稃或外稃，位于上部的称第二稃或内稃，另有 2 枚鳞被；雄蕊通常 3 枚轮生或 6 枚排成两轮，稀 1 枚或 2 枚，花丝线状，着生于花药基部，药室基部深裂，而外形为"丁"字着生；雌蕊 1 枚，子房上位，1 室，由 3 个心皮构成，内含 1 个胚珠，花柱 2 枚，稀为 3 枚或 1 枚，柱头常为毛刷状或乳突状。果实为颖果，稀为浆果、坚果或胞果；种子具丰富的胚乳，基部外侧为胚，内侧为种脐。本科包含 7 个亚科，700 属，近 10 000 种，遍布全世界。我国产 200 余属，1500 种以上。河南有 108 属，263 种，2亚种，35 变种，3 变型及 9 个栽培变种。

禾本科植物包括许多重要的粮食、蔬菜作物和供造纸、编制等用途的重要经济作物，本科虽少有毒植物，但多种植物含氰苷，某些植物由于毒菌污染而含有毒物质，如麦角菌寄生在本科黑麦子房中生成的麦角，含有生物碱麦角毒与麦角异毒，麦角毒少量兴奋延脑，大量造成延脑麻痹死亡。小白鼠静脉注射麦角毒 LD_{50} 为 33mg/kg。大麦麦芽细根中含坎狄辛，为神经节兴奋剂，家兔静脉注射 2.1mg/kg，立即引起窒息死亡，小白鼠腹腔注射 LD_{50} 为 35mg/kg，雏鸡（3 周）静脉注射为 0.36mg/kg。

本科不少植物或幼苗含有氰苷，如高粱的幼苗含有氰苷叶下珠苷，经酶水解产生氢氰酸，而造成家畜中毒死亡。其他含氰苷的植物还有：燕麦、香茅、狗牙根、马唐、穇子、牛筋草、六蕊假稻、黑麦草、稻、大黍、双穗雀稗、象草、红毛草、黄背草、玉蜀黍。

本科植物所含化学成分还有酚类、皂苷及生物碱等，如从楔形黑麦草分离得连吡咯胺衍生物黑麦草碱、黑麦草宁和黑麦草定，从雅致乳须草中分离得乳须草碱、乳须草次碱。

香茅属 *Cymbopogon* Spreng.

鞘内或鞘外分裂。秆直立，高大至中型，稀矮小，多不分枝。叶舌干膜质；叶片中富含香精油，宽线形至线形，基部圆心形至狭窄。伪圆锥花序大型复合至狭窄单纯；总状花序成对着生于总梗上，其下托以舟形佛焰苞；下方无柄总状花序基部常为一同性对（其无柄与有柄小穗对不孕而无芒）；总状花序具 3~6 节；总状花序轴节间与小穗柄边缘具长柔毛，有时背部亦被毛。

香　茅

Xiangmao

CITRONELLA GRASS

【中文名】香茅

【别名】茅香、香麻、大风茅、柠檬茅、茅草茶、姜巴茅、姜草、香巴茅、香茅草、风茅草

【基原】禾本科香茅属植物香茅 *Cymbopogon citratus* (DC.) Stapf，以全草入药。全年可采，洗净晒干。

【原植物】香茅为禾本科香茅属多年生草本植物。秆粗壮，高达 2m。含有柠檬香味。叶片长达 1m，宽 15mm，两面均呈灰白色而粗糙。佛焰苞披针形，狭窄，长 1.5~2cm，红色或淡黄褐色，3~5 倍长于总梗；伪圆锥花序线形至长圆形，疏散，具三回分枝，基部间断，其分枝细弱而下倾或稍弯曲以至弓形弯曲。第一回分枝具 5~7 节，第二回或第三回分枝具 2 或 3 节。总状花序孪生，长 1.5~2cm，具 4 节；穗轴节间长 2~3mm，具稍长柔毛，但其毛并不遮蔽小穗，无柄小穗两性，线形或披针状线形，无芒，锐尖；第 1 颖先端具 2 微齿，脊上具狭翼，背部扁平或下凹成槽；脊间无脉，第 2 外稃先端浅裂，具短尖头，无芒，有柄小穗暗紫色（国家中医药管理局《中华本草》编委会，1999）。

【生境】性喜阳光充足、温暖的气候，耐旱性强，唯不耐荫及怕积水。对土壤不苛求，但以土质疏松而肥沃之砂质壤土或壤土栽植为佳。

【分布】伏牛山区有野生。我国华南、西南地区均有栽培。

【化学成分】叶含香茅素、香茅甾醇、木犀草素、木犀草素-6-*O*-葡萄糖苷、木犀草素-7-*O*-*β*-葡萄糖苷、木犀草素-7-*O*-新橙皮糖苷、异荭草素，2″-鼠李糖异荭草素、绿原酸、咖啡酸、对-香豆酸、二十八醇、三十醇、三十二醇、二十六醇、*β*-谷甾醇、单糖、蔗糖；另含挥发油，内有 *β*-柠檬醛即橙花醛、香茅醛、牻牛儿醇、甲基庚烯酮、二戊烯、月桂烯等（国家中医药管理局《中华本草》编委会，1999）。

根茎含生物碱 0.3%，此生物碱具有吲哚环。

【药理作用】

1. 抗菌作用

西亚药用植物香茅叶精油中的牻牛儿醛、橙花醛对革兰氏阳性菌、阴性菌皆有抗菌

活性。另一种成分月桂烯虽无抗菌作用，但与上述两种成分混合有提高它们抗菌作用的现象。香茅油低浓度可使大肠杆菌细胞内物质渗漏，表明它有损伤细胞膜的作用；高浓度还有使大肠杆菌去壁菌细胞细胞质凝固的作用等。香茅油在加速试验条件下，经受快速氧化，被氧化的香茅油抗菌活性会降低。加入抗氧化剂，可增加油的抗菌活性。香茅挥发油有抗真菌作用。香茅精油对念珠菌属真菌的最低抑制浓度(MIC)为 0.05%(V/V)，对烟曲霉菌、石膏样小孢霉菌、须发菌的 MIC 分别为 0.1%、0.08%、0.08%(V/V)。其中的柠檬醛抑制真菌活性较强，而香茅醛仅对念珠菌抑制活性较强，二戊烯和月桂烯无抑制真菌活性。香茅精油还具有杀真菌作用。

2. 抗炎、降压等作用

20%香茅煎剂 15mL/kg 给大鼠口服，对角叉菜胶诱发的足跖肿抑制率达 18.6%。大鼠静脉注射煎剂，给药后出现一过性降压作用，1～2mL/kg 作用短暂，3mL/kg 作用可持续 35min 以上，10%、20%香茅叶煎剂 25mL/kg 给大鼠口服，有微弱的利尿作用(国家中医药管理局《中华本草》编委会，1999)。

【主要参考文献】

国家中医药管理局《中华本草》编委会. 1999. 中华本草 第 23 卷（第 8 册）. 上海：上海科学技术出版社：335.

马唐属 *Digitaria*

一年生或多年生草本。秆直立或基部倾卧。总状花序细弱，2 个至多数呈指状排列或散生于茎顶；小穗含 1 朵两性花，通常 2 或 3 枚，稀 1～4 枚着生于穗轴每节，其下方 1 枚无柄或其柄极短，上方者具较长柄，互生成两行于穗轴一侧；穗轴多少呈三棱形，边缘具翼或无翼；第一颖微小或缺如；第二颖等长或较短于第一外稃；第二花两性，外稃厚纸质，先端尖，背部凸起，边缘透明膜质，扁平，内稃同质。全属约 100 种，分布全世界热带地区。我国约 20 种。河南有 5 种。

马　唐

Matang

HERB OF COMMON CRABGRASS

【中文名】马唐

【别名】羊麻、羊粟、马饭、抓根草、鸡爪草、指草、蟋蟀草

【基原】为禾本科植物马唐 *Digitaria sanguinalis*(Linn.) Scop. 的全草。夏、秋季采割全草，晒干。

【原植物】马唐为禾本科马唐属一年生草本植物。秆基部倾斜，着土后节易生根或具分枝，高 40～100cm，直径 1～3mm，光滑无毛。叶鞘疏松，大都短于节间，多少疏生有疣基的软毛，稀可无毛；叶舌长 1～3mm；叶片长 3～17cm，宽 3～10mm，两面疏生软毛或无毛。总状花序 3～10 枚，长 5～18cm，上部者互生或呈指状排列于茎顶，基

部着近于轮生；上轴节间长 0.3～1.3cm；穗轴宽约 1mm，中肋白色，约占其宽的 1/3，两侧绿色，边缘粗糙而具细齿。小穗长 3～3.5mm，通常孪生，一具长柄，一具极短的柄或几无柄；第一颖长约 0.2mm，薄膜质，第二颖长为小穗的 1/2～3/4，具很不明显的 3 脉，边缘具纤毛；第一外稃与小穗等长，具明显的 5～7 脉，中部 3 脉明显，脉间距离较宽而无毛，侧脉甚接近或不明显，脉间常贴生柔毛。谷粒几等长于小穗，色淡。花期 6～8 月，果期 9～10 月(中国科学院西北植物研究所，1978)。

【生境】多生长于山坡草地和田野路旁。

【分布】伏牛山区浅山及平原分布都很普遍。广布我国南北各省(区、市)。全世界温热地带均有分布。

【主要参考文献】

中国科学院西北植物研究所. 1978. 秦岭植物志 第一卷 种子植物（第一册）. 北京：科学出版社：166.

穆属 *Eleusine*

一年生草本。叶片扁平。具 2 枚至数枚成指状排列于茎顶的穗状花序；小穗含数朵小花，两侧压扁，无柄，紧密地于穗轴一侧呈覆瓦状排列为两行，穗轴先端不延伸于顶生小穗之后；小穗轴脱落于颖之上及各小花之间；两颖不相等，第一颖较小，短于第一小花，宿存，披针形，先端尖，具 1 条强壮的中脉，形成背脊而两侧质薄，边脉不明显；外稃先端尖，具 3～5 条脉，2 侧脉若存在则极靠近中脉，形成宽而凸起的脊；内稃具 2 个脊，脊具翼或无；雄蕊 3 枚。种子黑褐色，成熟时具有波状花纹，疏松地包裹于质薄的果皮内。约有 10 种，大部分分布于非洲和印度。我国有 2 种。河南 2 种均有。

穆 子

Canzi

SEED OF RAGIMILLET

【中文名】穆子

【别名】龙爪粟、鸭爪稗、龙爪稷、鸡爪粟、云南稗、雁爪稗、鸭矩粟、野粟

【基原】为禾本科植物穆子 *Eleusine coracana*(Linn.) Gaertn 的种仁。秋季果实成熟时采收，晒干，搓下种仁，再晒干。

【原植物】穆子为禾本科穆属一年生草本，高 60～120cm。秆直立，常分枝，直径 5～10mm。叶鞘光滑；叶舌短，密生长 1～2mm 柔毛；叶片长 30～60cm，宽 5～10mm，表面粗糙或具柔毛，背面光滑。穗状花序 3～9 枚，长 4～9cm，成熟时常弯曲如鸡爪；小穗长 7～9mm，含 5 或 6 朵小花；颖有脊，脊具翼，翼上粗糙，第一颖长约 3mm，第二颖长约 4mm；外稃有脊，脊具狭翼，第一外稃长约 4mm；内稃短于外稃；花药长约 1mm。种子球形，长约 1.5mm，表面有皱纹。花期 7～8 月，果期 9～10 月(丁宝章和王遂义，1997)。

【生境】生水田中及湿地内。

【分布】伏牛山区有栽培。我国陕西、河南、西藏等地均有栽培。

【药理作用】

1. 对消化酶的影响

野生穇子对枯草杆菌蛋白酶抑制作用较强。

2. 对生长的影响

以穇子代替米作大鼠饲料，可促进其生长，并使其肝中脂肪含量提高，而穇子与米两者蛋白质的含量并无显著差异（国家中医药管理局《中华本草》编委会，1999）。

【主要参考文献】

丁宝章，王遂义. 1997. 河南植物志（第四册）. 郑州：河南科学技术出版社：182.

国家中医药管理局《中华本草》编委会. 1999. 中华本草 第23卷（第8册）. 上海：上海科学技术出版社：344.

牛　筋　草

Niujincao

GOOSEGRASS HERB

【中文名】牛筋草

【别名】千金草、千千踏、忝仔草、千人拔、穇子草、牛顿草、鸭脚草、粟仔越、野鸡爪、粟牛茄草、蟋蟀草、扁草、水枯草、油葫芦草、千斤草、尺盆草、路边草、稷子草、鹅掌草、野鸭脚粟、老驴草、百夜草

【基原】为禾本科植物牛筋草 Eleusneindica (Linn.) Gaerm. 的根或全草。8、9月采挖，去或不去茎叶，洗净，鲜用或晒干。

【原植物】牛筋草为禾本科穇属一年生草本。根系极发达。秆丛生，基部倾斜，高10～90cm。叶鞘两侧压扁而具脊，松弛，无毛或疏生疣毛；叶舌长约1mm；叶片平展，线形，长10～15cm，宽3～5mm，无毛或上面被疣基柔毛。穗状花序2～7个指状着生于秆顶，很少单生，长3～10cm，宽3～5mm；小穗长4～7mm，宽2～3mm，含3～6朵小花；颖披针形，具脊，脊粗糙；第一颖长1.5～2mm；第二颖长2～3mm；第一外稃长3～4mm，卵形，膜质，具脊，脊上有狭翼，内稃短于外稃，具2脊，脊上具狭翼。囊果卵形，长约1.5mm，基部下凹，具明显的波形皱纹。鳞被2，折叠，具5脉。染色体 $2n=18$，花期5～7月，果期8～10月（中国科学院中国植物志编辑委员会，1992）。

【生境】多生于荒芜之地及道路旁。

【分布】伏牛山区有分布。分布几遍全国。

【化学成分】茎叶含黄酮类：异荭草素（isoorientin）、木犀草素-7-O-芸香糖苷（luteolin-7-O-rutinoside）、小麦黄素（tricin）、5,7-二羟基-3',4',5'-三甲氧基黄酮（5,7-dihydroxy-3',4',5'-trimethoxyflavone）、木犀草素-7-O-葡萄糖苷（luteolin-7-O-glucoside）、牡荆素（vitexin）、异牡荆素（isovitexin）、三色堇黄酮苷（violanthin）、3-O-β-D-吡喃葡萄糖基-β-谷甾醇（3-O-β-D-glucopyranosyl-β-sitosterol）和 6'-O-棕榈酰基-3-O-β-吡喃葡萄糖基-β-谷

醇（6'-O-palmitoyl-3-O-β-glucopyranosyl-β-sitosterol）（国家中医药管理局《中华本草》编委会，1999）。

【药理作用】煎剂对乙脑病毒有抑制作用。非洲民间用作利尿、祛痰剂，或治腹泻。

【附注】临床使用：该品的中成药用于防治流行性乙型脑炎。预防用鲜草每日 1 两，1 次煎服，连服 3d；间隔 10d，再服 3d；或每天 2～4 两，1 次煎服，连服 3～5d。中医药临床所用的牛筋草，有时与同科植物的鼠尾粟混用。

【主要参考文献】

国家中医药管理局《中华本草》编委会. 1999. 中华本草 第 23 卷（第 8 册）. 上海：上海科学技术出版社：346.

中国科学院中国植物志编辑委员会. 1992. 中国植物志 第十卷. 北京：科学出版社：64.

假稻属 *Introduce* Soland.ex Swartz.

多年生草本。通常具匍匐茎。顶生圆锥花序；小穗含 1 朵小花，无芒，两侧压扁，自小穗柄的顶端脱落；颖退化不见；外稃硬纸质，脊上具硬纤毛，具 5 条脉，其边脉极接近边缘，而紧抱内稃边脉；内稃与外稃同质，具 3 条脉，脊上也具硬纤毛；雄蕊 6 枚或其数较少，花药线形。约 15 种，分布于全世界温热带地区。我国有 3 种。河南有 1 种。

六 蕊 假 稻

Liuruijiadao

SIX CORE FALSE RICE

【中文名】六蕊假稻

【别名】水游草、游丝草、游草、田中游草、李氏禾、蓉草、西游草、牛草

【基原】为禾本科假稻属植物六蕊假稻 *Leersiahexandra* Sw.，以全草入药。夏、秋采集，洗净晒干。

【原植物】六蕊假稻为禾本科假稻属多年生草本，高达 80cm。秆下部伏卧而上部斜升直立，节处生多数分枝的须根，并密生倒毛。叶片长 5～15cm，宽 4～8mm，粗糙；叶鞘通常短于节间；叶舌长 1～3mm，顶端截平。圆锥花序长 9～12cm，分枝光滑，具角棱，直立或斜升，长达 6cm；小穗长 4～6mm，草绿色或紫色；外稃 5 脉，脊具刺毛，内稃具 3 脉，中脉亦具刺毛；雄蕊 6，花药长约 3mm。花期 5～7 月，果期 8～10 月（中国科学院西北植物研究所，1978）。

【药理作用】中医药疏风解表、清热利湿。用于感冒、风湿筋骨疼痛、疟疾、尿道炎。

【生境】生长于水边。

【分布】伏牛山区有分布。此外，江苏、安徽、江西、湖北、四川、贵州、河北、河南等地均有分布。

【主要参考文献】

中国科学院西北植物研究所. 1978. 秦岭植物志 第一卷 种子植物（第一册）. 北京：科学出版社：159.

黑麦草属 *Lolium* Linn.

多年生或一年生草本。叶片扁平。具顶生穗状花序；小穗含数朵，单生而无柄，两侧压扁，以其背面连续而不断落的穗轴，小穗轴脱节于颖之上及各小花之间；第一颖除顶生小穗者外均退化，第二颖位于背轴一侧，具 5～9 条脉；外稃背部圆形，具 5 条脉，无芒或有芒；内稃等长或稍短于外稃，先端尖脊具狭翼；雄蕊 3 枚；子房无毛，花柱顶生，柱头帚刷状。颖果腹部凹陷而中部具纵沟，与内稃黏合不易脱离。约 10 种，分布欧亚大陆温带地区。我国引进有 4 种。河南有 3 种。

黑 麦 草

Heimaicao

PERENNIAL RYEGRASS

【中文名】黑麦草

【别名】宿根黑麦草、英国黑麦草

【基原】为禾本科植物黑麦草 *Lolium perenne* Linn. 的全草。

【原植物】黑麦草为禾本科黑麦草属多年生草本植物，具细弱的根茎。秆多数丛生，质地柔软，高 30～60cm，具 3 或 4 节。叶鞘疏松，通常短于节间；叶舌短小；叶片质地柔软，长 10～20cm，宽 3～6mm。穗状花序长 10～20cm，宽 5～7mm，穗轴节间长 5～10mm（下部者可达 2cm）。小穗含 7～11 花，长 1～1.4cm，宽 3～7mm；小穗轴节间长约 1mm，光滑无毛；颖短于小穗，通常较长于第一花，具 5 脉，边缘狭膜质；外稃披针形，具 5 脉，基部有显明基盘，通常无芒，或在上部小穗具有短芒，第一外稃长 7mm；内稃与外稃等长，脊上生短纤毛（中国科学院西北植物研究所，1978）。

【生境】喜冬季温暖湿润、夏季较凉爽的环境，生长适温为 20～27℃，抗寒、抗霜，在气温低于-15℃时才会产生冻害，甚至部分死亡。但不耐炎热，在温度 35℃以上时生长势变弱。喜阳，耐荫能力稍差，阴处生长时易出现病害。耐湿但不耐干旱，在水分少而瘠薄的沙土中生长不良，适宜在肥沃、湿润和排水良好的土壤中生长。适宜的 pH 为 6～7。耐践踏。寿命不长，一般 4～6 年。

【分布】伏牛山区有栽培，原产欧洲，为我国引种牧草。

【化学成分】黑麦草含粗蛋白 4.93%，粗脂肪 1.06%，无氮浸出物 4.57%，钙 0.075%，磷 0.07%。其中粗蛋白、粗脂肪比本地杂草含量高出 3 倍。

【附注】黑麦草饲料营养价值高，适口性好，是多种食草家畜、家禽和鱼类的好饲料。先作饲料，剩余有机质和其他养分过腹还田的办法是提高黑麦草综合效益的行之有效的方式。黑麦草分蘖多，覆盖度大，根系发达，有固土护坡、减少地面径流、增加渗透量等多方面作用，可用于防止水土流失。可青饲、青贮或调制干草，也适于放牧利用。

【十西参考文献】

中国科学院西北植物研究所. 1978. 秦岭植物志 第一卷 种子植物（第一册）. 北京：科学出版社：100～101.

稻属 *Oryza* Linn.

水生或陆生草本。叶片扁平。顶生圆锥花序；小穗具 1 枚两性花及 2 枚退化的外稃，两侧压扁，脱节于退化的外稃之下；颖退化，附着于小穗柄顶端，成 2 个半月边缘；退化外稃小型，呈鳞片状或锥刺状；孕性外稃硬纸质，有芒或无，具 5 条脉，其 2 条边脉也接近边缘；内稃与外稃同质，具 3 条脉，其边脉也接近边缘而紧被外稃 2 条脉所包；鳞被 2 片；雄蕊 6 枚，花药细长；花柱 2 枚，简短，柱头帚刷状，自小花两侧伸出。颖果平滑，种脐线形。约有 10 种，多分布于亚、非两洲。我国有 2 种，河南栽培 1 种。

稻
Dao
RICE

【中文名】稻

【别名】稌、嘉蔬、杭

【基原】为禾本科植物稻 *Oryza sativa* Linn.（粳稻）去壳的种仁。米皮糠为禾本科植物稻的颖果经加工而脱下的种皮，加工粳米、籼米时，收集米糠，晒干。

【原植物】稻为禾本科稻属一年生植物。秆高 1m 左右。叶鞘无毛，下部者长于节间；叶舌膜质而较硬，基部两侧下延与叶鞘边缘相结合，长 8～25mm，幼时具明显的叶，叶片长 30～60cm，宽 6～15mm。圆锥花序疏松，成熟时向下弯垂；分枝具角棱，常粗糙；小穗长圆形，长 6～8mm；退化外稃锥刺状，无毛，长 3～4mm，孕性外稃具 5 脉，遍被细毛或稀无毛，无芒或具长达 7cm 芒；内稃 3 脉，亦被细毛；鳞被 2 片，卵圆形，长约 1mm（中国科学院西北植物研究所，1978）。

【生境】稻喜高温、多湿、短日照，对土壤要求不严。

【分布】伏牛山区有栽培。全世界广为栽培。

【化学成分】约含 75%以上的淀粉（starch）、8%左右蛋白质（protein）、0.5%～1%脂肪（fat），另含少量 B 族维生素 B1、B2、B6 等。脂肪部分主要为胆甾醇（cholesterol）、菜油甾醇（campesterol）、豆甾醇（stigmasterol）、谷甾醇（sitosterol）、一/二/三酰甘油（monoglyceride，diglyceride，triglyceride）、磷脂（phospholipids），还含有二十四酰基鞘氨醇葡萄糖（N-lignoceryl sphingosylglucose）、自由脂肪酸（free fatty acid）。尚含乙酸（acetic acid）、延胡素酸（fumaric acid）、琥珀酸（succinic acid）、羟基代乙酸（glycolic acid）、枸橼酸（citric acid）、苹果酸（malic acid）等 15 种有机酸，以及葡萄糖（glucose）、果糖（fructose）、麦芽糖（maltose）等单糖和双糖（国家中医药管理局《中华本草》编委会，1999）。

【药理作用】

1. 抗肿瘤作用

从米皮糠中分出的米糠蛋白 PHI，米糠多糖 RBS 和米糠多糖 RDP 均具有抗肿瘤活性。小鼠腹腔注射或灌服米糠多糖 RON（α-葡聚糖）对 Mcth-A 纤维肉瘤和 Lewis 肺癌具有较好的抗肿瘤活性，肿瘤抑制率达 45%。米糠多糖 RIN 对肿瘤抑制率为 47%。米糠多糖 RBS30F1 对肌肉内移植的小鼠肿瘤 S180 具有明显的抑制作用，口服量在 30mg/kg 左右最适宜，此时与使用 5-氟尿嘧啶的抗肿瘤活性相当。动物试验表明，米糠多糖 RBS 能增强网状内皮组织增殖功能和巨噬细胞吞噬作用。米糠多糖 RON 的相对免疫调节活性为 140%。米糠多糖 ROP 和 RIN 也能够用链酶蛋白酶处理等方法，完全除去 RBS30F1 的蛋白质，但其抗肿瘤活性不变，推测其蛋白质与抗肿瘤作用无关。国内也报道，肿瘤移植后第 2 天、第 4 天、第 6 天、第 8 天、第 10 天在肿瘤部位注射米糠多糖 0.1µg/只、1µg/只，对小鼠移植性 S180 肿瘤抑制率分别为 53.3% 和 51.8%。从米糠中提取的米糠蛋白质 RBS-PM 能够抑制小鼠肿瘤，米糠活性成分 RBF-X 对小鼠肝脏肿瘤具有抑制作用，米糠糖朊对小鼠 S180 肿瘤有抑制作用。从米糠中提取的脂肪酸 100mg/kg 灌胃，能有效地抑制小鼠 S180 肿瘤，1 星期内肿瘤减少 20%。

2. 免疫调节作用

米糠多糖 RBS 和 RON 均具有免疫增强功能和免疫调节作用，多糖 RIN 的吞噬细胞吞噬指数为 146%。

3. 降血糖作用

从米糠中分离的多糖化合物，对正常小鼠和四氧嘧啶诱发的高血糖小鼠均具有明显的降血糖活性。将米糠脱除淀粉、蛋白质、脂肪和无机物等，然后从中萃取半纤维素，这种半纤维素也具有降血糖作用。

4. 降血脂作用

肌醇具有降血脂作用，从米糠中获得的半纤维素也具有降血脂作用。用添加 0.5% 米糠的半纤维素饲料喂养高血脂大鼠，连续 8d，其血清胆固醇水平从 435mg/100mL 降至 258mg/100mL。用淀粉酶处理脱脂米糠，除去淀粉，继用溶剂处理，除掉蛋白质，上清液含有半纤维素、纤维素和木质素等多糖化合物，可用作降低血清胆甾醇的药物。用含 5% 此类米糠多糖的饲料喂养大鼠，与模型对照组相比，大鼠血清胆甾醇水平从 318mg/100mL 降至 237mg/100mL。

5. 抑制肠钙吸收作用

米糠中含有的植酸在肠内能与食物中钙质结合成植酸钙，随粪便排出体外，减少肠对食物中钙的吸收，从而使尿中钙排泄量降低，减少形成尿结石的机会。体外试验表明，植酸钠钙结合能力最强，米糠植酸钙镁（菲丁）的钙结合力大于 EDTA 和柠檬酸。米糠非丁还能够抑制肠对钙离子的吸收，因此，临床上可用作抑制肠钙吸收的螯合剂，用于治疗钙尿结石。用稀硫酸从米糠中提取的非丁防治高钙尿患者的上尿道结石复发，效果显著，有降低尿钙的作用。

6. 改善肠代谢的作用

从脱脂米糠中分出的 1 种半纤维素 RBH，能够促进肠内双歧杆菌的增殖，进而拮抗腐败菌的增殖，因此，可以作为有效成分配制肠代谢改善药物。

7. 其他作用

从脱除淀粉、蛋白质、脂肪和无机物的米糠中分出 1 种米糠半纤维素，可用作肝功能活化剂。利用米糠半纤维素、α-淀粉、酪蛋白、纤维素、混合盐、蔗糖和米糠油等按一定比例配成 1 种饲料饲喂大鼠，能防止半乳糖胺对肝脏的毒性作用。对照组采用不含米糠半纤维素的饲料，则不能防止半乳糖胺对肝脏的毒性作用。从米糠油油饼中提出的乳清酸具有抗细菌和抗真菌活性。经小鼠试验表明，米糠多糖化合物 RBS，对大肠杆菌、李氏杆菌和绿脓假单胞菌均具有抗菌活性。米糖多糖 RBS30F1 对金黄色葡萄球菌、枯草杆菌、白色念珠菌和大肠杆菌等无抗菌作用。米糠多糖具有皮肤调理和润湿功能，可用于配制化妆品。从米糠中分出的 2(1H)-喹啉衍生物具有抗炎活性(国家中医药管理局《中华本草》编委会，1999)。

【附注】本种植物为主要且最有价值的粮食作物，粳米除供食粮外，可制淀粉及酿酒等；米糠亦为营养甚高的饲料。秆供编织之用，并为很好的造纸原料。

【主要参考文献】

国家中医药管理局《中华本草》编委会. 1999. 中华本草 第23卷（第8册）. 上海：上海科学技术出版社：375~380.

中国科学院西北植物研究所. 1978. 秦岭植物志 第一卷 种子植物（第一册）. 北京：科学出版社：158.

稷属 *Panicum* Linn.

一年生或多年生草本。叶片扁平。具顶生或有时腋生开展的圆锥花序；小穗背腹压扁，脱节于颖之下或有时颖片缓慢脱落，第二朵小花发育，第一朵小花不孕或雄性；颖革质，不等长，第一颖通常较小或微小，第二颖等长或略短于小穗；第一外稃相同于第二颖；内稃存在或缺如；第二外稃硬纸质，边缘包着同质内稃。约 500 种，广布于全球热带和亚热带地区。我国包括引进的约有 20 种。河南有 2 种。

黍

Shu

MILLET

【中文名】黍

【别名】稷、糜

【基原】为禾本植物黍 *Panicum miliaceum* Linn. 的种子、茎秆、根。种子秋季采收，碾去壳用；茎秆秋季采收，晒干；根秋季采挖，洗净，晒干。

【原植物】黍为禾本科稷属一年生植物。秆高 60～120cm，可具分枝，节密生髭毛，节下具疣毛，叶鞘松弛，亦被疣毛；叶舌长约 1mm，具长约 2mm 纤毛；叶片长 10～30cm，宽 1.5cm，具柔毛或无毛，边缘常粗糙。圆锥花序开展或较紧密，成熟后下垂，长约 30cm；分枝具角棱，边缘具粗刺毛，下部裸露，上部密生小穗。小穗长 4～5mm；颖纸质，无毛，第一颖长为小穗的 1/2～2/3，具 5～7 脉；第二颖与小穗等长，大都具 11 脉，其脉并于顶端渐汇合成喙状；第一外稃形似第二颖，大都具 13 脉；内稃薄膜质，较短小，长 1.5～2mm，先端常微凹。谷粒圆形或椭圆形，长约 3mm，乳白色或褐色（中国科学院西北植物研究所，1978）。

【生境】喜寒冷干燥气候。耐旱，耐盐碱。宜选择土质疏松、肥沃、排水良好的土壤栽培。

【分布】伏牛山区有栽培。我国东北、华北、西北、华南、西南及华东等地山区都有栽培。

【化学成分】去壳黍米含灰分（ash）2.86%、精纤维（crudefiber）0.25%、粗蛋白（crude protein）15.86%、淀粉（starch）59.65%、油 5.07%，其中饱和脂肪酸为棕榈酸（palmiticacid）、二十四烷酸（carnaubic acid）、十七烷酸（daturic acid），不饱和脂肪酸主要有油酸（oleic acid）、亚油酸（linoleic acid）、异亚油酸（isolinoleic aci）等。蛋白质（protein）主要有白蛋白（albumin）、球蛋白（globulin）、谷蛋白（glutelin）、醇溶谷蛋白（prolamine）等。黍米又含黍素（miliacin）、鞣质（tannin）及肌醇六磷酸（phytate）等。

根中含维生素（vitamin）K_1、糖（sugar），其中蔗糖（sucrose）和葡萄糖（glucose）含量低于 0.1%（国家中医药管理局《中华本草》编委会，1999）。

【毒性】黍根有小毒。

【药理作用】

1. 对消化酶的影响

黍米中分离出的抑制物质 4～256μg（蛋白质）可抑制人胰淀粉酶活性。在血清中，16～150μg 可使胰淀粉酶活性完全被抑制。黍种子提取物对猫、兔、鸡、马和猪 α-淀粉酶无影响，但可抑制人、牛、豚鼠、大鼠和狗 α-淀粉酶。

2. 其他作用

大鼠喂饲含 21.1%黍蛋白的饮食，血浆总胆固醇和高密度脂蛋白水平高于喂饲大豆蛋白组。肝脏胆固醇、三酰甘油水平和血浆三酰甘油水平不受影响（国家中医药管理局《中华本草》编委会，1999）。

【附注】临床使用上可预防褥疮。取黍米 30～50kg，白布 2～3.33m。做成宽 90～100cm，长短按患者肩部至腘窝的尺寸而定的布袋，装入黍米，缝口，均匀摊平，厚度约 5cm 即成。在此垫下可再铺一层普通棉垫。遇有水湿、尿液渗入垫内，用手推移掺搅黍米即可很快干燥。经 50 例长期卧床患者观察，无 1 例发生褥疮（国家中医药管理局《中华本草》编委会，1999）。

【主要参考文献】

国家中医药管理局《中华本草》编委会. 1999. 中华本草 第 23 卷（第 8 册）. 上海：上海科学技术出版社：385.
中国科学院西北植物研究所. 1978. 秦岭植物志 第一卷 种子植物（第一册）. 北京：科学出版社：164.

雀稗属 *Paspalum* Linn.

多年生而稀为一年生草本。具 2 个至多个穗形总状花序；小穗含 2 朵小花，两性，单生或孪生，几无柄或具短柄，成 2～4 行交互排列于穗轴一侧，谷粒背部对向穗轴；第一颖通常缺如，稀存在；第二颖与第一外稃相同，膜质；第二外稃厚纸质或软骨质，成熟后变硬，背部凸起，边缘内卷，包着同质而扁平或稍凹之内稃。约 300 种，分布于世界热带与温带。我国有 10 种，主产分布在东南部和南部。河南有 2 种。

双 穗 雀 稗
Shuangsuiquebai

DALLAS GRASS

【中文名】双穗雀稗

【别名】红拌根草、过江龙、游草、游水筋、铜钱草

【基原】为禾本科植物双穗雀稗 *Paspalum distichum* Linn. 的全草。

【原植物】双穗雀稗为禾本科雀稗属多年生杂草。主要以根茎和匍匐茎繁殖，种子也能作远途传播。匍匐茎实心，长可达 5～6m，直径 2～4mm，常具 30～40 节，水肥充足的土壤中可达 70～80 节，每节有 1～3 个芽，节节都能生根，每个芽都可以长成新枝，繁殖竞争力极强，蔓延甚速。于 4 月初匍匐茎芽萌发，6～8 月生长最快，并产生大量分枝，花枝高 20～60cm，较粗壮而斜生，节上被毛。叶片条状披针形，长 3～15cm，宽 2～6mm，叶面略粗糙，背面光滑具脊，叶片基部和叶鞘上部边缘具纤毛，叶舌膜质，长 1.5mm。总状花序 2 枚，个别 3 枚，指状排列于秆顶。小穗椭圆形成两行排列于穗轴的一侧，含 2 花，其中一花不孕。花期 6～7 月，果期 8～10 月（中国科学院西北植物研究所，1978）。

【生境】多用它与其他草种混合栽种于低洼湿地或排水略差之处，当其他草种失利时，此草因性喜湿可取而代之。该植物是叶蝉、飞虱的越冬寄主。

【分布】伏牛山区有分布。此外，还产于我国江苏、台湾、湖北、湖南、云南、广西、海南等地。双穗雀稗主要分布长江流域及其以南地区，喜湿润，耐干旱，在沟边、田边及低湿旱田均有危害。近年来，随着稻田轻型、高产技术措施的推广，稻田免耕及干湿的田间管理，一些地区的双穗雀稗已逐步由田边向稻田田间发展，危害日趋严重（王修慧等，2011）。

【主要参考文献】

王修慧，陆永良，廖冬如，等. 2011. 稻田双穗雀稗生物学特性、发生危害及防控. 江西农业学报，23：43~44.

中国科学院西北植物研究所. 1978. 秦岭植物志 第一卷 种子植物（第一册）. 北京：科学出版社：171.

狼尾草属 *Pennisetum* Rich.

多年生或一年生草本。具有穗状而呈圆柱形的圆锥花序；小穗披针形，含 1 或 2 朵小花，无柄或具短柄，单生，或 2 或 3 朵聚生成簇，在每簇之下围以刚毛而成总苞，后者通常密集聚生于一主轴上，并连同小穗一起脱落；颖不等长，第一颖质薄而微小；第

一外稃具 7～11 脉，先端尖或具芒状尖头，具有内稃且可含有雄蕊；第二外稃等长或较短于第一外稃，平滑，厚纸质，边缘薄而扁平，边缘包着同质之内稃。约 130 种，分布于热带与亚热带地区；多产于非洲。我国包括引种有 8 种。河南有 3 种。

象　草
Xiangcao

NAPIER GRASS

【中文名】象草

【别名】紫狼尾草

【基原】为禾本科植物象草 *Pennisetum purpureum* Schumach 的全草。

【原植物】象草为禾本科狼尾草属多年生丛生大型草本，有时常具地下茎。秆直立，高 2～4m，节上光滑或具毛，在花序基部密生柔毛。叶鞘光滑或具疣毛；叶舌短小，具 1.5～5mm 纤毛；叶片线形，扁平，质较硬，长 20～50cm，宽 1～2cm 或者更宽，上面疏生刺毛，近基部有小疣毛，下面无毛，边缘粗糙。圆锥花序长 10～30cm，宽 1～3cm；主轴密生长柔毛，直立或稍弯曲；刚毛金黄色、淡褐色或紫色，长 1～2cm，生长柔毛而呈羽毛状；小穗通常单生，或 2 或 3 朵簇生，披针形，长 5～8mm，近无柄，如 2 或 3 朵簇生，则两侧小穗具长约 2mm 短柄，成熟时与主轴交成直角，呈近篦齿状排列；第一颖长约 0.5mm 或退化，先端钝化或不等 2 裂，脉不明显；第二颖披针形，长约为小穗的 1/3，先端锐尖或钝，具 1 脉或无脉；第一小花中性或雄性，第一外稃长约为小穗的 4/5，具 5～7 脉；第二外稃与小穗等长，具 5 脉；鳞被 2，微小；雄蕊 3，花药顶端具毫毛；花柱基部联合。叶片上、下表皮细胞结构不同；上表皮脉间中间 2 或 3 行为近方形至短五角形、壁厚、无波纹长细胞，邻近 1～3 行为筒状、壁厚、深波纹长细胞，靠近叶脉 2～4 行为筒状、厚壁、有波纹长细胞；下表皮脉间 5～9 行为筒状、厚壁、有波纹长细胞与短细胞交叉排列。染色体 $2n=27$，花期 7～8 月，果期 9～10 月（中国科学院中国植物志编辑委员会，1992）。

【生境】象草喜温暖湿润气候，适应性很广。

【分布】伏牛山区有引种。原产地非洲。江西、四川、广东、广西、云南等地均有引种。

【主要参考文献】

中国科学院中国植物志编辑委员会. 1992. 中国植物志 第十卷（第一分册）. 北京：科学出版社：373.

红毛草属 *Rhynchelytrum* Nees

多年生或一年生草本；叶线状或丝状；圆锥花序开展，小穗两侧压扁，被长丝状毛，整个从纤细的小穗柄上脱落，每小穗含 2 花，第一颖微小，第一颖和第二颖间的小穗轴延长，第二颖和第一小花外稃同形，除顶端外均被长毛，顶端喙状并稍向外展，微凹或微裂，裂间具短尖头或芒，第一小花有内稃及 3 雄蕊；第二小花外稃远小于小穗，厚纸质，顶端钝；鳞被 2，折叠，具 5 脉，花柱基分离。

红 毛 草

Hongmaocao

HERB OF NAKEDFLOWER MURDANNIA

【中文名】红毛草

【别名】地韭菜、天芒针、地蓝花、鸭舌头、地潭花、山海带、红茅草

【基原】为禾本科植物红毛草 *Rhynchelytrum repens* (Witld.) C. E. Hubb. 的全草。

【原植物】红毛草为禾本科红毛草属多年生草本植物。根茎粗壮。秆直立，常分枝，高可达 1m，节间常具疣毛，节具软毛。叶鞘松弛，大都短于节间，下部亦散生疣毛；叶舌为长约 1mm 的柔毛组成；叶片线形，长可达 20cm。宽 2～5mm。圆锥花序开展，长 10～15cm，分枝纤细，长可达 8cm；小穗柄纤细弯曲，顶端稍膨大，疏生长柔毛；小穗长约 5mm，常被粉红色绢毛；第一颖小，长约为小穗的 1/5，长圆形，具 1 脉，被短硬毛；第二颖和第一外稃具 5 脉，被疣基长绢毛，顶端微裂，裂片间生 1 短芒；第一内稃膜质，具 2 脊，脊上有睫毛；第二外稃近软骨质，平滑光亮；有 2 雄蕊，花药长约 2mm；花柱分离，柱头羽毛状；鳞被 2，折叠，具 5 脉。染色体 $2n=36$，花果期 6～11 月（中国科学院《中国植物志》编辑委员会，1992）。

【生境】生于潮湿的沟边及荒地。

【分布】伏牛山有野生。我国的华东、中南、西南等地有分布。

【主要参考文献】

中国科学院《中国植物志》编辑委员会. 1992. 中国植物志 第十卷（第一分册）. 北京：科学出版社：230.

防 己 科

防己科 Menispermaceae，木质藤本，稀为灌木或乔木。叶互生，单叶，全缘或掌状分裂，叶脉掌状；无托叶。花小，单性，雌雄异株；呈腋生总状、聚伞状或圆锥花序，有时簇生或伞形；萼片与花瓣通常 6 个，各成 2 轮，稀较多或较少，花瓣较萼片小，有时缺如；雄花有雄蕊 6 个或 3 个，分离或联合；雌花有 3～6 个分离心皮，子房 1 室，胚珠 2 个，其中 1 个退化。果实为核果或核果状。70 属，400 种，分布于热带和亚热带。我国有 19 属，61 种，主产西南和南部。河南有 6 属，9 种及 1 变种。

本科为重要的有毒植物之一，多种植物有毒。自然中毒虽不多见，但其毒性久已为人所熟知。主要的有毒植物有千金藤属、木防己属和轮环藤属的一些种，以及锡生藤、蝙蝠葛、青藤、古山龙等。有些种类是著名的箭毒原料，供制作毒箭、毒刀，捕杀野兽用，药用不慎也能造成严重中毒或死亡。

本科植物富含生物碱，已从 20 多属 50～60 种植物中得到 200 余种，大多数属于异喹啉类生物碱，其中有些为剧毒成分，如筒箭毒碱剧毒成分为倍半萜印防己毒素 (picrotoxin)，它们均为强神经性毒素。异喹啉类生物碱多具中枢神经系统兴奋作用和强神经肌肉阻断作用，小剂量多数表现呼吸兴奋，中毒时能引起阵发性痉挛及呼吸困难，对心脏也有抑制作用，最

后由于呼吸抑制而死亡，且具强肌肉松弛作用。问世已久的肌松剂——氯化筒箭毒碱（tubocurarine）最初来自本科的毛谷树及其近缘植物。我国20世纪60年代首次从锡生藤得到叔胺锡生藤碱H(即dl-箭毒碱)亦具良好肌松作用，后从粉防己、毛叶轮环藤、海南轮环藤，以及地不容等植物提取了类似肌松成分。这些成分经改制成季铵盐或二甲基衍生物季铵盐后，肌松强度大大增强，均为作用于神经肌肉接头处突触后膜上的乙酰胆碱受体的非去极化型肌松剂。从千金藤属等一些植物中发现了多个新生物碱，如从广西地不容块根中分出的二氢巴马亭（dihydropalmatine）和去氢千金藤碱（dehydrostephanine），从粪箕笃（*Stephania longa* Linn.)块根中分得的两种莲花烷新碱——粪箕笃碱（longanine）和粪箕笃酮碱（longanone），从荷包的块根中分出的左旋荷包牡丹碱（L-dicentrine）。

本科植物中的生物碱有以下几类。

(1)苄基异喹啉类（benzylisoqinolines）：衡州乌药碱（coclaurine）、劳丹宁（laudanine），主要分布在木防己属和千金藤属。

(2)原阿朴菲类（proaporphines）：如光千金藤碱（stepharine），主要存在于千金藤属等少数植物里。

(3)阿朴菲类（aporphines）：如千金藤碱（stephanine）、木兰花碱（magnoflorine）、异紫堇定（isocorydine），主要分布在千金藤属、木防己属等。

(4)原小檗碱类（protoberberines）：如四氢巴马亭（tetrahydropalmatine）、药根碱（jatrorrhizine），广泛存在于千金藤属等的植物里。

(5)莲花烷类（hasubananes）：如青藤明（acutumine）、青藤定（acutumidine）、莲花宁碱（hasubanonine），主要存在于千金藤属等植物中。

(6)双苄基异喹啉类（bisbenzylisoquinolines）：如蝙蝠葛碱（dauricine）、箭毒碱（curine）等，此类生物碱在本科植物中分布最广，种类最多，主要在千金藤属等植物中。

(7)二苯骈(d,f)阿唑宁类[dibenz(d,f)azonines]：如樟叶防己弗宁（laurifonine）、樟叶防己芬（laurifine）、樟叶防己菲宁（laurifinine），主要存在于木防己属的少数植物中。

此外，还含有刺桐生物碱，较集中分布在木防己属。

部分化合物结构如下：

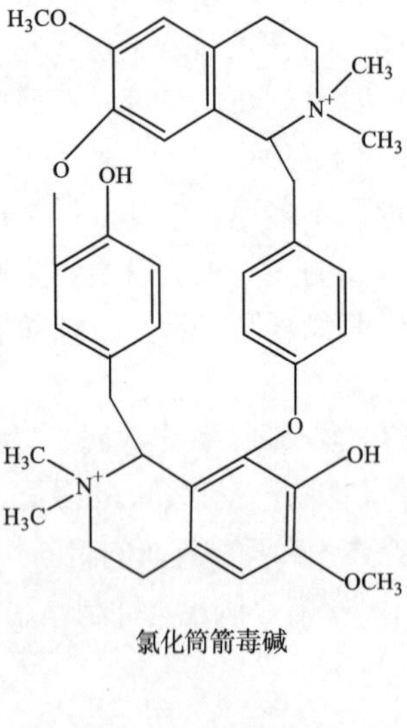

氯化筒箭毒碱 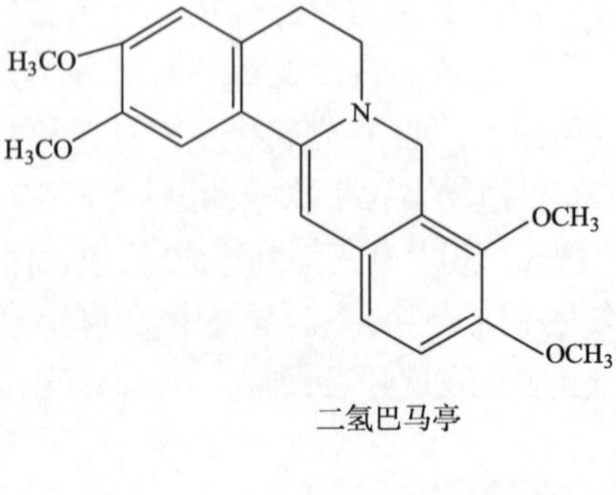　　　　　　　　　　　　　二氢巴马亭

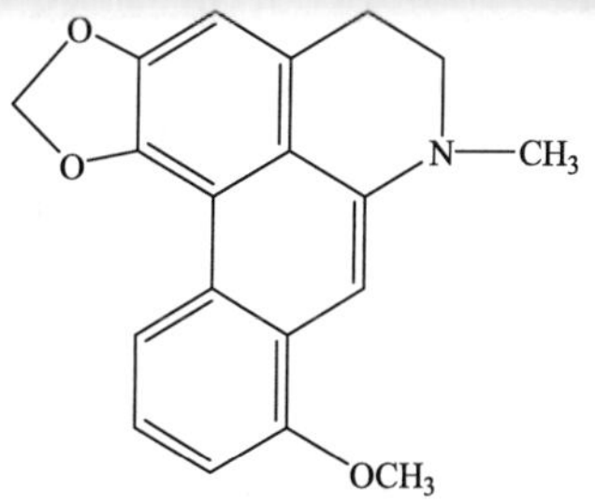

去氢千金藤碱

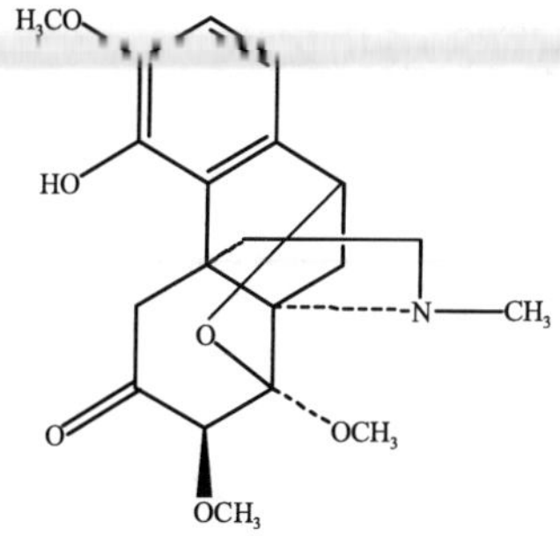

粪箕笃碱

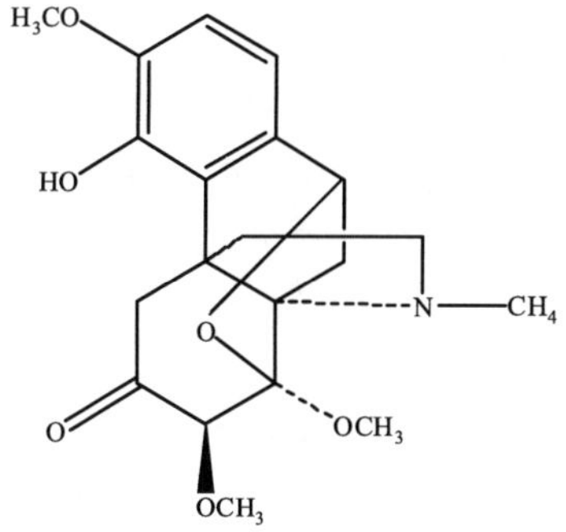

粪箕笃酮碱

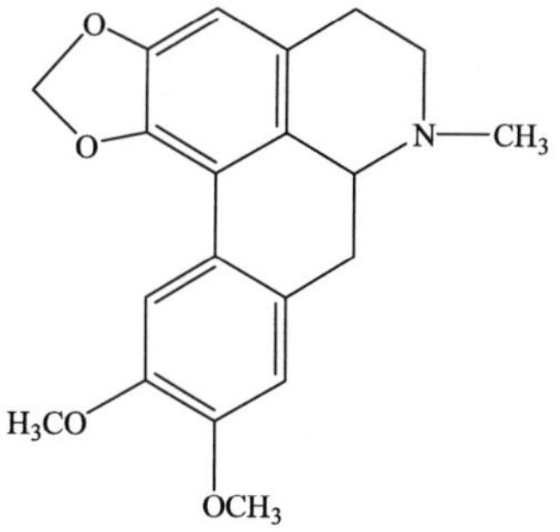

左旋荷包牡丹碱

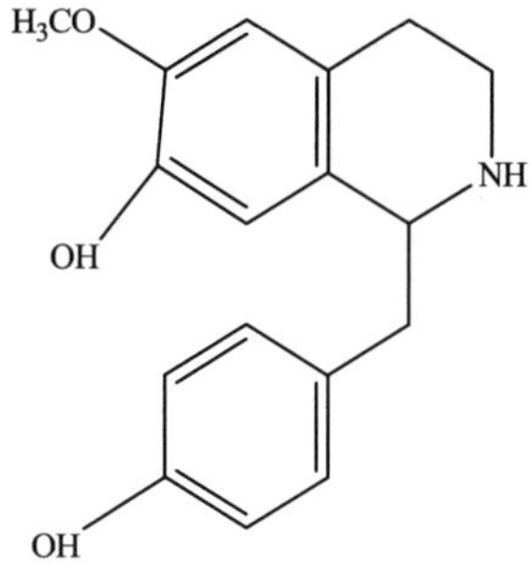

衡州乌药碱

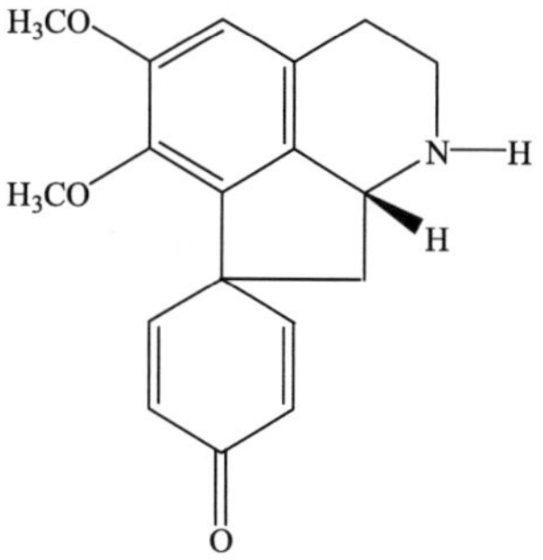

劳丹宁

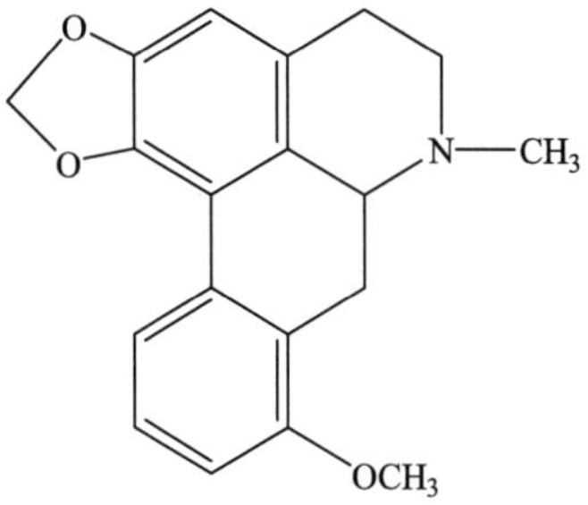

千金藤碱

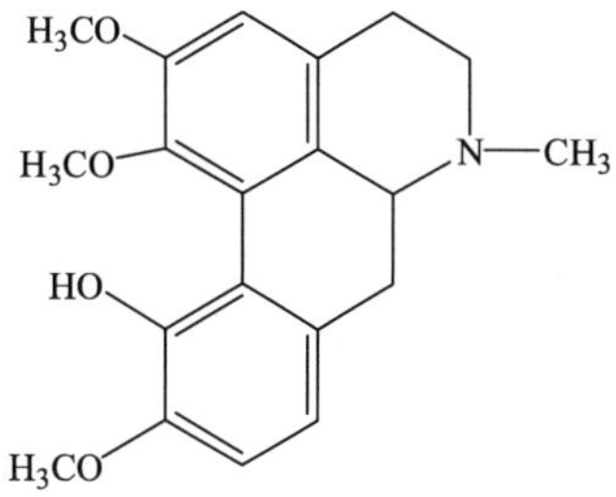

异紫堇定

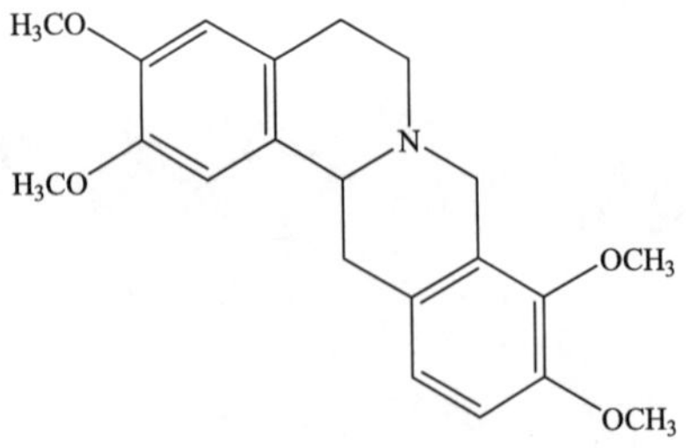

四氢巴马亭

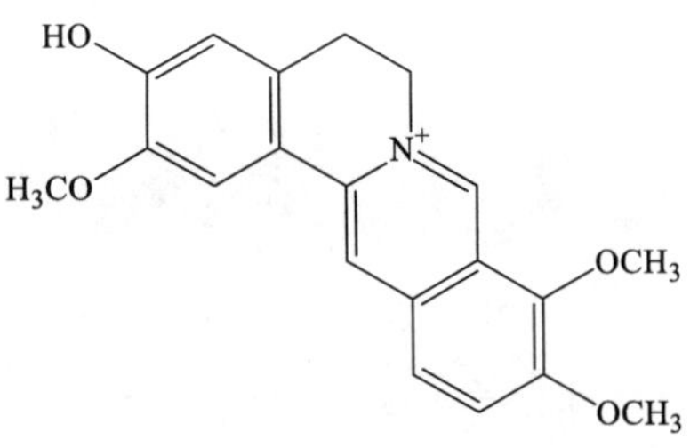

药根碱

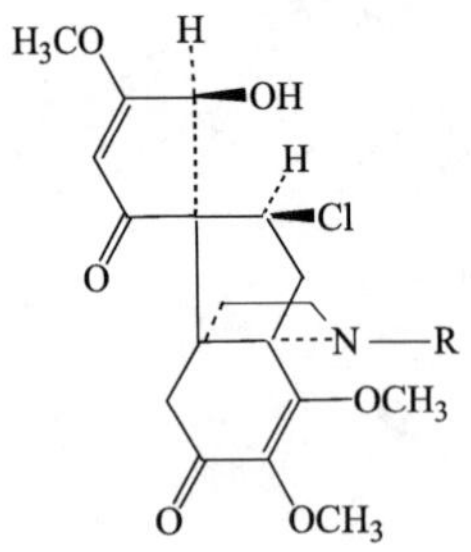

青藤明：R=CH₃；青藤定：R=H

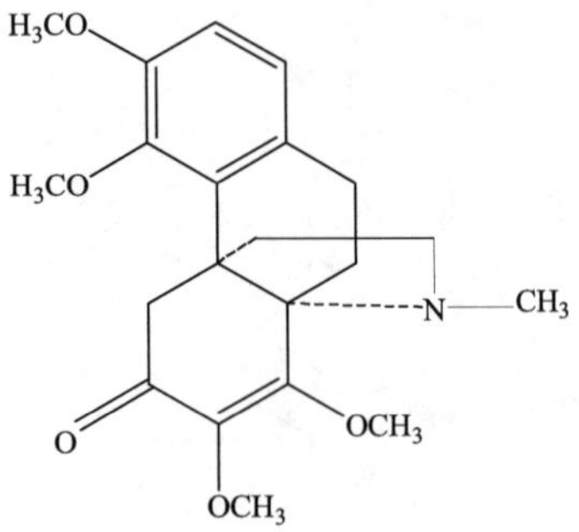

莲花宁碱

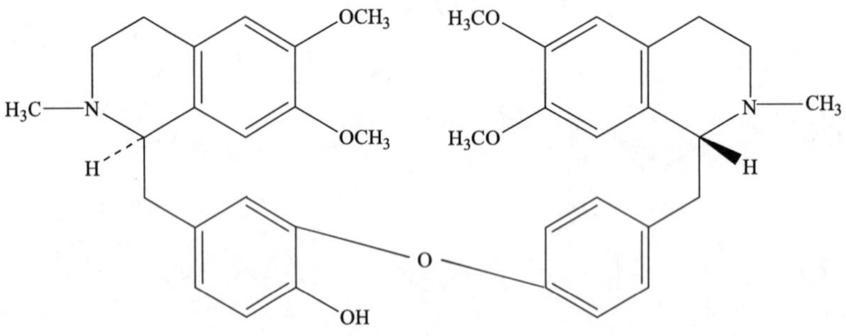

蝙蝠葛碱

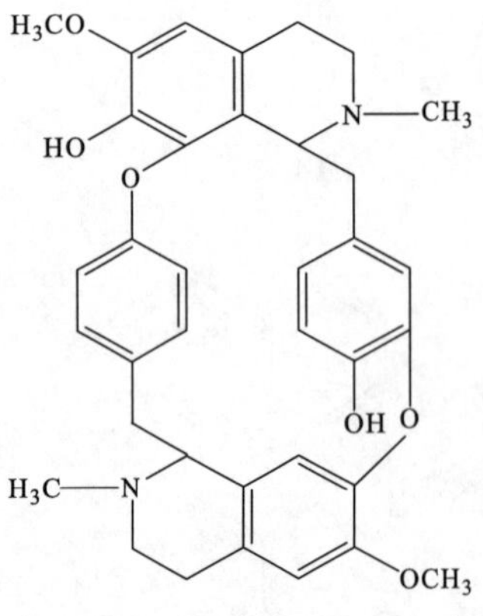

箭毒碱

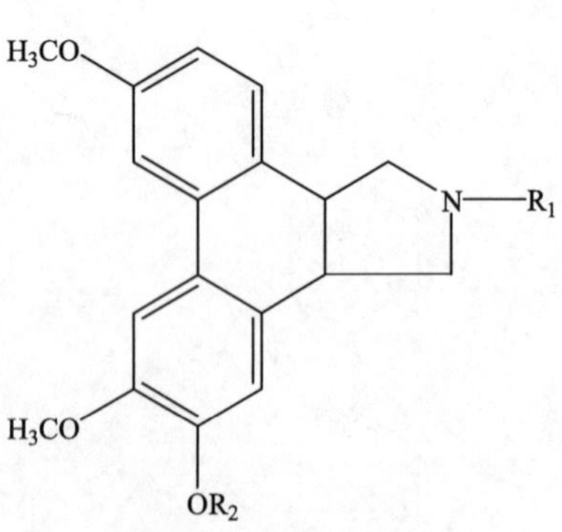

樟叶防己弗宁：R₁=R₂=CH₃

樟叶防己芬：R₁=H，R₂=CH₃

樟叶防己菲宁：R₁=CH₃，R₂=H

千 金 藤

Qianjinteng

【中文名】千金藤

【别名】金线吊乌龟、公老鼠藤、野桃草、爆竹消、朝天药膏、合钹草、金丝荷叶、天膏药、小青藤

【基原】为防己科植物千金藤属 *Stephania* Lour. 植物的根或茎叶。千金藤 *Stephania japonica*（Thunb.）Miers 以根或藤茎入药，春、秋均可采收，洗净切片，晒干。华千金藤 *Stephania sinica* Diels 以块根入药，全年可采。洗净切片，晒干备用。

【原植物】千金藤属为防己科木质藤本或缠绕草本植物。叶通常盾状，全缘，稀浅裂。花小，单性，雌雄异株，呈腋生聚伞状伞形花序；雄花的萼片 6～10 个，2 轮；花瓣 3～5 个，肉质，较萼片为短；雄蕊互相联合成中柱体，顶端盘状，药 6 个，环绕于中柱顶盘的边缘，横裂；雄花的萼片 3～5 个；花瓣与萼片同数，无退化雄蕊；心皮 1 个，花柱 3～6 裂。果实为核果，核压扁，马蹄形，背面有小突起，两侧有横纹；种子通常呈环形。伏牛山区有 2 种。

1. 千金藤

木质藤本，长 4～5m。全株无毛。小枝有细纵条纹。叶宽卵形或卵形，长 4～8cm，宽 3～7.5cm，先端钝，基部圆形、近截形或微心脏形，全缘，背面通常粉白色，掌状脉 7～9 条；叶柄长 5～8cm。花序伞状或聚伞状，腋生；总花梗长 2.5～4cm；花小，浅绿色，有梗；雄花萼片 6～8 个，花瓣 3～5 个；雌花萼片与花瓣均为 3～5 个，花柱 3～6 裂，外弯。核果近球形，直径约 6mm，红色。花期 5 月，果熟期 8～9 月。

2. 华千金藤

木质藤本。根圆柱状，外皮灰褐色，内部白色。茎无毛，叶三角状卵形，长 5～12cm，宽 8～18cm，先端渐尖，基部圆形或浅心脏形，两面无毛，主脉多为 9 条；叶柄长可达 10cm 以上。总花梗长 4～6cm；雄花小花梗长约 0.7mm；萼片 6 个，倒卵状长圆形，长约 1mm，光滑；花瓣 3 或 4 个，宽倒卵形，长 0.8mm。核果倒卵形，直径约 5mm。花期 6～7 月，果熟期 7～8 月（丁宝章和王遂义，1997）。

【生境】生于山坡路边、沟边、草丛或山地丘陵地灌木丛中。

【分布】千金藤产于伏牛山南部和河南大别山、桐柏山；还分布于我国西南、中南及华东各地区，北至陕西。日本也有分布。华千金藤产于河南伏牛山南部和大别山区；还分布于广东、广西、云南、湖北、湖南、浙江、四川等地（丁宝章和王遂义，1997）。

【化学成分】该植物含有千金藤茎成分。根含千金藤碱（stephanine）、表千金藤碱（epistephanine）、次表千金藤碱（hypoepistephanine）、间千金藤碱（metaphanine）、原千金藤碱（protostephanine）、原间千金藤碱（prometaphanine）、千金藤比斯碱（stebisimine）、千金藤默星碱（stephamiersine）、表千金藤默星碱（epistephamiersine）、氧代千金藤默星碱（stepinonine）、莲花宁碱（hasubanonine）、高千金藤诺灵（homostephanoline）、千金藤碱（steponine）、千金藤福灵（stepholine）、千金藤诺灵（stephanoline）、轮环藤酚碱（cyclanoline）、岛藤碱（insularine）、千金藤二胺（sephadiamine）、氧代表千金藤默星碱

(oxoepistephamiersine)、毛叶含笑碱(lanuginosine)。千金藤叶含氧代千金藤默星碱、16-氧代原间千金藤碱(16-oxoprometaphanine)、千金藤比斯碱。果实含一种新生物碱——原千金藤那布任碱(prostephanaberrine)(国家中医药管理局《中华本草》编委会，1999)。

【药理作用】 从千金藤中提取的季胺型生物碱轮环藤酚碱有松弛横纹肌的作用(大鼠坐骨神经—腓肠肌标本)，其作用强度为蝙蝠葛碱的1/20，能被新斯的明所拮抗。它与从千金藤中提取的另一种生物碱千金藤碱均有阻断神经节作用：如在猫颈上交感神经节前纤维—瞬膜，犬大内脏神经—升压，颈迷走神经末梢—降压，兔胃、猫骨盘神经—膀胱，犬鼓索神经—唾液分泌，尼可丁的升压反应等标本上，皆可表现阻断作用。同时，两者皆可降压，皆能抑制实验动物胃的收缩，对结扎幽门的大鼠所引起的胃液及酸的分泌有轻度抑制作用。从同属植物 *Stephania hernandifolia* (Willd.) Walp.中也能提取千金藤碱，它对未孕大鼠子宫并无作用，对豚鼠小肠有致痉作用，对 Carbacol 引起的痉挛无对抗作用，对离体蛙心能增强其收缩力，对麻醉猫的降压作用胜过利血平。在肌松作用方面，千金藤季铵碱具有与蝙蝠葛碱相似的降压作用，轮环藤季铵碱具有肌松及降压作用(国家中医药管理局《中华本草》编委会，1999)。

【主要参考文献】

丁宝章，王遂义. 1997. 河南植物志（第一册）. 郑州：河南科学技术出版社：504~505.

国家中医药管理局《中华本草》编委会. 1999. 中华本草第8卷（第3册）. 上海：上海科学技术出版社：378.

木 防 己

Mufangji

【中文名】木防己

【别名】上木香、牛木香、金锁匙、紫背金锁匙、百解薯、青藤根、钻龙骨、青檀香、白木香、银锁匙药、板南根、白山番薯、青藤仔、千斤坠、圆滕根、倒地铃、穿山龙、盘古风、乌龙、大防己、蓝田防己；毛木防己别名蛤藤、白碎玉、一斗金、金锁匙、山膏药、单鞭救主、八卦藤、金石榄

【基原】为防己科植物木防己属 *Cocculus* 木防己 *Cocculus trilobus* (Thunb.) DC.和毛木防己 *Cocculus sarmenntosus* (Lour.) Diels.的根。春、秋采挖，洗净，切片，晒干。

【原植物】木防己属为防己科木质藤本或直立灌木。叶互生，全缘或分裂。花单性，雌雄异株，圆锥或总状花序；萼片与花瓣各6个；雄花雄蕊6~9个；雌花有退化雄蕊6个或无，心皮3~6个，分离。核果近球形，核扁平，背和边有横背棱。

木防己为落叶木质藤本。小枝密生柔毛，具条纹。叶纸质，宽卵形或卵状椭圆形，长3~14cm，宽2~9cm，先端急尖、圆钝或微凹，全缘或有时3浅裂，两面有柔毛；叶柄长1~3cm。聚伞圆锥花序腋生，花淡黄色，萼片与花瓣各6个；雄花雄蕊6个；雌花有6个退化雄蕊，心皮6个，离生。核果近球形，直径6~8mm，红色至紫红色。花期5~6月，果熟期8~9月。

根、茎、叶入药，根能补肾益精、强筋骨、祛风除湿、利尿，治风湿关节炎、筋骨酸软、阳痿滑精、膀胱热、大小便不利、中风痉挛、痈肿恶疮等症；茎、叶治水肿、淋症。根与茎也可作兽药，治牛马神经痛、关节痛及发高热等症。茎皮纤维可制绳索，也为人造棉及纺织原料。根含淀粉 65%，可酿酒(丁宝章和王遂义，1997)。

【生境】生于向阳山坡、路旁、灌丛中。

【分布】伏牛山区有分布，此外产于河南各山区。还分布于华北、中南、华东及西南各地区。日本及朝鲜也有分布。

【化学成分】木防己含木防己碱(trilobine)、异木防己碱(isotrilobine)、木兰花碱(mango florine)、木防己胺(trilobamine)、去甲毛木防己碱(normeniamne)、毛木防己碱(menisarine)、表千金藤碱(epistephanine)、木防己宾碱(coclobine)；叶含衡州乌药里定碱(cocculolidine)(国家中医药管理局《中华本草》编委会，1999)。

【药理作用】

1. 镇痛作用

用小鼠热板法、扭体法和大鼠光热甩尾法测试，均证实木防己碱有镇痛作用。5～40mg/kg 腹腔注射，30min 后明显延长小鼠热板痛反应时间，且随剂量提高而增强，作用维持 180min 以上，ED_{50} 为 13mg/kg。连续应用不产生耐受性，为非麻醉性镇痛药。

2. 解热作用

木防己碱 80mg/kg、100mg/kg 腹腔注射对酵母发热大鼠有明显的退热作用。

3. 抗炎作用

木防己碱对早期渗出性炎症及晚期增殖性炎症都有明显的抑制作用。10～40mg/kg 腹腔注射或皮下注射，对蛋清、甲醛和角叉菜胶性大鼠足跖肿胀，棉球肉芽肿增生，小鼠腹腔毛细血管通透性增加和耳壳肿胀均有明显抑制作用。灌胃 400mg/kg 与腹腔注射 10mg/kg 抑制蛋清性大鼠足跖肿胀的强度相近。木防己碱不延长去肾上腺幼年大鼠生存时间，说明其没有肾上腺皮质激素样作用。摘除大鼠双侧肾上腺后作用仍存在。木防己碱使大鼠炎性组织释放的前列腺素 E(PGE)明显降低，血浆皮质醇浓度升高，胸腺萎缩，肾上腺质量增加。表明木防己抗炎机制与兴奋下丘脑或垂体促肾上腺皮质激素(ACTH)释放，以及抑制 PGE 合成与释放有关。

4. 肌肉松弛作用

木防己对大鼠、家兔、猫均有明显的肌松作用。家兔垂头试验的剂量为 (0.16 ± 0.03)mg/kg，较筒箭毒碱的剂量小，两药合用呈相加作用。麻醉兔、猫、大鼠静脉注射碘化二甲基木防己碱（DTI）(0.55～4.0mg/kg)均能使间接刺激坐骨神经产生的胫前肌最大颤搐完全阻断。DTI 对肌肉本身无直接作用，其作用部位在突触后膜，与乙酰胆碱竞争 N2 受体。属非去极化型肌松剂。

5. 降压作用

猫静脉注射木防己碱 1.25～20mg/kg 呈降压效应，并有剂量依赖关系；阿托品、普茶洛尔、溴化六甲双胺或切断迷走神经均不能阻断其降压效应。给麻醉动物(猫、犬、兔、大鼠)静脉注射 DTI(0.00625～1.0mg/kg)可引起血压显著下降，下降率为 24.3%～61.5%，并有剂量依赖关系。犬间隔 24h 静脉注射及大鼠连续静脉注射给药，DTI 降压作用无明显快速耐受性。DTI 3mg/kg、10mg/kg 口服，大鼠收缩压、麻醉大鼠平均压均有显著降低，0.5mg/kg 静脉注射对急性肾型高血压大鼠有明显的降压作用。降压机制主要与其对神经节阻断作用有关，可能与抑制肾素-血管紧张素系统也有一定的关系。麻醉犬静脉注射 DTI 后，心率减慢，血压迅速下降，左心室收缩峰压及左心室压力变化最大速率显著减少，但心输出量无显著变化。拦蛇箭总碱(从木防己根、茎中提出的硫酸盐)经主动脉条实验证明具有 α 受体阻断作用，但与酚妥拉明不完全相同。

6. 抗心律失常作用

盐酸木防己碱 5mg/kg、10mg/kg 静脉注射或腹腔注射，对氯仿、毒毛花苷 G、氯仿-肾上腺素、氯化钙乙酰胆碱、氯化钡所诱发的心律失常均有对抗作用。盐酸木防己碱 0.5mg/kg 脑室注射或 5mg/kg 静脉注射均能对抗脑室注射印防己毒素性心律失常，说明其具有抗心律失常作用。

7. 抑制血小板聚集作用

木防己碱无论体内与体外给药，均能抑制 ADP 诱导大鼠血小板聚集；体外给药 0.5mg/kg、0.75mg/kg、1.0mg/kg，其抑制率分别为 38.2%、68.2%和 94.0%；20mg/kg、40mg/kg 腹腔注射，其抑制率分别为 47.6%、84.6%，木防己碱对血小板血栓烷 A2(TXA2)的生成与活性也有明显的抑制作用，而对大鼠颈动脉壁前列环素(PGI2)的生成无明显的抑制作用。其抗血小板聚集作用可能与抑制环氧化酶有关。

8. 阻断交感神经节传递作用

DTI 注入犬颈上神经节可明显抑制瞬膜收缩，静脉注射可抑制电刺激内脏大神经引起的升压效应。在 5～40μg 时可降低兔颈上交感神经节动作电位的幅度，减慢颈上交感神经节突触传递的速度，提高颈上交感神经节动作电位的刺激阈值。这表明 DTI 具有阻断交感神经节作用。大鼠静脉注射盐酸木防己碱 5mg/kg、10mg/kg 后 120min 内，对迷走神经干自发电位的变化无明显影响，提示木防己碱对副交感神经中枢无直接作用。

9. 对血脂及血液流变学指标的影响

DTI 0.5mg/kg 腹腔注射可升高正常大鼠总胆固醇，降低正常大鼠和高脂饲养大鼠的高密度脂蛋白胆固醇含量，以及高密度脂蛋白胆固醇与低密度脂蛋白胆固醇的比值；在 10μg/kg 静脉注射能促进家兔血栓形成，在 5μg/kg、10μg/kg 时增加高切变率下血浆黏度，说明 DTI 对大鼠血脂调整和血液流变学指标可能有不利影响。

10. 其他作用

木防己提取总碱对去甲肾上腺素诱发的兔主动脉条收缩有明显拮抗作用，使去甲肾上腺素量效曲线平行右移，呈竞争性拮抗，提示木防己总碱具有 α 受体阻断作用。木防己碱小剂量兴奋兔小肠、子宫；大剂量使之麻醉。木防己碱可使蛙的瞳孔缩小，蛙、小鼠、兔的呼吸麻痹(国家中医药管理局《中华本草》编委会，1999)。

【毒理】盐酸木防己碱小鼠腹腔注射的 LD_{50} 为 52mg/kg，大鼠为 162mg/kg，给药后出现不同程度腹部刺激症状，随后安静，闭眼垂头。碘化二甲基木防己碱小鼠口服的 LD_{50} 为 522.0mg/kg，静脉注射为 2.23mg/kg。亚急性毒性试验表明，碘化二甲基木防己碱不引起心、肝、肾明显病理变化。

【附注】注意事项：中医药记载，阴虚、无湿热者及孕妇慎服。

【主要参考文献】

丁宝章，王遂义. 1997. 河南植物志（第一册）. 郑州：河南科学技术出版社：507.

国家中医药管理局《中华本草》编委会. 1999. 中华本草第8卷（第3册）. 上海：上海科学技术出版社：347~349.

轮 环 藤
Lunhuanteng

【中文名】轮环藤

【基原】为防己科植物轮环藤属 *Cyclea* Arn. ex Wight 植物，以根入药。

【原植物】藤本。叶具掌状脉，叶柄通常长而盾状着生。聚伞圆锥花序通常狭窄，很少阔大而疏松，腋生、顶生或生老茎上；苞片小。雄花：萼片通常4或5，很少6，通常合生而具4或5裂片，较少分离；花瓣4或5，通常合生，全缘或4~8裂，较少分离，有时无花瓣；雄蕊合生成盾状聚药雄蕊，花药4或5，着生在盾盘的边缘，横裂。雌花：萼片和花瓣均1或2，彼此对生，很少无花瓣；心皮1个，花柱很短，柱头3裂或较多裂。核果倒卵状球形或近圆球形，常稍扁，花柱残迹近基生；果核骨质，背肋二侧各有2或3列小瘤体，具马蹄形腔室，胎座迹通常为1或2空腔，常于花柱残迹与果梗着生处之间穿一小孔；种子有胚乳；胚马蹄形，背倚子叶半柱状(中国科学院《中国植物志》编辑委员会，1992)。

【生境】生于林缘和山地灌丛。

【分布】伏牛山区有分布，主要分布于长江流域及其以南各地区。

【化学成分】据报道，本属植物富含异喹啉类生物碱，已知双节基异喹啉类生物碱就有20多种。已知异喹啉生物碱有10种活性成分。

【药理作用】我国防己科轮环藤属 *Cylea*(Arnott)药用植物有7种左右。在民间具有悠久的药用历史，其根及根茎主要用作清热解毒、消炎止痛。近年来，国内对该属植物的化学、药理及临床等方面的研究颇为重视。可作为生产肌肉松弛剂的原料加以利用；为防己科化学分类提供了有价值的资料(朱兆仪等，1983)。

【毒性】有毒。

【附注】中国防己科轮环藤属药用植物四种轮环藤含如下化学成分(朱兆仪等，1983)。

1. **毛叶轮环藤** *Cyclea barbata*

单甲基粉防己碱(monomethytetrandrinium)、高阿诺莫林碱(homoaromoline)、异汉防己甲素(isotetrandrin)、小檗胺(berbamine)、汉防己甲素(tetrandrine)、谷素箭毒碱(chondoeurine)、汉防己甲素 1-氮-2′-氧化物(tetrandrinemono-*N*-2′-oxide)、汉防己乙素(hanfangichin B)、泰鲁果碱(thalrugosine)、异粒枝碱、里马辛碱(Iimaeine)、左旋箭毒碱(L- eurine)。

2. **粉背轮环藤** *Cyclea hypoglauca*

左旋箭毒碱、异粒枝碱、轮环藤碱(cycleanine)、轮环藤酚碱(cyeleanozlne)、β-谷川醇、d-栋醇(d -querctiol)。

3. **越南轮环藤** *Cyclea tonkinensis*

左旋箭毒碱、异粒枝碱、轮环藤碱、轮环藤酚碱、β-谷留醇、d-栋醇。

4. **海南轮环藤** *Cyclea hainanensis*

左旋箭毒碱、右旋-4″-*O*-甲基箭毒碱[(+)-4″-*O*-methycurine]、海牙定（即消旋箭毒碱，hayatine)、异粒枝碱、轮环藤酚碱、α-海南宁（α-hainanine)。

【主要参考文献】

中国科学院《中国植物志》编辑委员会. 1992. 中国植物志 第三十卷（第一分册). 北京：科学出版社：73.

朱兆仪，冯毓秀，何丽一，等. 1983. 中国防己科轮环藤属药用植物资源利用研究. 药学学报，18：7，535~540.

杜 鹃 花 科

　　杜鹃花科 Ericaceae，常绿或落叶灌木或亚灌木，稀小乔木。单叶互生，全绿或有锯齿，无托叶。花两性、辐射对称或稍两侧对称，单生，或为总状花序、圆锥花序和伞形花序；花萼 4~7 裂。宿存；花冠漏斗形、钟形、壶形或有时管状，5~7 裂，着生于肉质花盘上；雄蕊与花冠裂片同数或为其 2 倍，着生于花盘的基部，如为 2 倍其外轮雄蕊与花瓣对生，花药通常顶端孔裂；子房上位或下位，心皮合生，中轴胎座，每心皮有倒生胚珠 1 个至多个，花柱不分裂，柱头头状或盘状。果实多为蒴果，稀核果或浆果；种子多数，细小，有胚乳，胚通常直立。有 70 属，约 1500 种，分布于两半球的温带和热带高山地区。我国有 20 属，约 800 种。主要分布于西南区的高山地带。河南有 2 属，9 种，1 亚种。

　　杜鹃花科有毒种甚多，我国约 9 属 100 种，杜鹃花属的有毒种类最多，而且不少种仅为我国所有。

　　杜鹃花科植物剧毒种类较多，主要作用于消化系统、心血管系统和神经系统。人、畜常见中毒症状有流涎、呕吐、腹痛、腹泻、心跳缓慢、头晕、呼吸困难、肢端麻痹和运动失调，严重中毒时还出现角弓反张、昏睡，因呼吸抑制死亡。虽然杜鹃花科植物的毒性很大，但由于它们多为灌木，大都杂生于山地林中，因此能直接构成危害人、畜的种类并不太多。人的中毒往往只发生在部分可供药用或食用的植物。

　　杜鹃花科植物的重要有毒成分是四环二萜毒素，所分出的 60 多种有毒成分中，绝大多数均属这类结构类型。它们毒性大、数量多、分布广泛，还特别集中于某些属或种，并且仅为本科所有，是一类很有特色的天然高毒性化合物。此外，其他成分有挥发油、黄酮、三萜、酚类和鞣质等。近年来，在研究治疗慢性气管炎的草药中发现，不少杜鹃花科植物都有较好疗效，其有效成分挥发油和黄酮已应用于临床。

　　杜鹃花科植物毒素成分根据不同的结构类型可分为四类：木藜芦烷类、木藜芦酚类、二萜苷和双苯基黄酮苷。

　　杜鹃花科植物毒素和它们的原植物引起的中毒症状相似，但潜伏期短并具有特征性，主要有剧烈流涎、扭体和呕吐等肠胃道中毒症状，以及颈后倾、运动失调、角弓反张、呼吸抑制和惊厥等神经系统中毒症状。同时，很多毒素都有较强的降压和减慢心率等心血管系统作用。例如，小果芦肌类毒素毒性很大，对小鼠腹腔注射 LD₅₀ 大都在 1mg/kg 以下。在天然非生物碱毒素中，杜鹃花科植物毒素的毒性很引人注目。

杜鹃花属 *Rhododendron* Linn.

常绿或落叶灌木，稀乔木。全体被鳞毛、刚毛、簇卷毛、细毛、毡状毛或无毛。叶互生，全缘或稀具细齿，有叶柄。伞形花序或短总状花序，顶生，稀单生或腋生；花萼通常 5 裂，稀 6～10 裂；花冠辐射状、钟状、漏斗状或有时管状，通常两侧对称，5～10 裂；雄蕊与花冠裂片等数或为其 2 倍，花药无附属物，顶孔开裂；子房 5～10 室，每室有胚珠多数；花柱细长，柱头头状或盘状；蒴果，通常空间开裂；种子细小。有 800 多种，广布于北半球的寒带和温带，南至亚洲南部、马来半岛及大洋洲高山地带，我国有 700 余种，全国各地均有，但以西南地区最多。河南有 7 种和 1 亚种。

照 山 白

Zhaoshanbai

MICRANTHUM

【中文名】照山白

【别名】万径棵、蓝金子、铁石茶、药芦、达里、达子香、兰荆

【基原】为杜鹃花科杜鹃花属植物照山白 *Rhododendron micranthum* Turcz，以枝叶入药。夏、秋采收，晒干。

【原植物】照山白为杜鹃花科杜鹃花属常绿灌木，高 1～2m。老枝灰色，无毛，纵裂，幼枝被疏鳞片。叶革质，倒披针形或狭长圆形，长 3～6cm，宽 0.8～2cm，先端钝尖或钝圆，具短尖头，基部渐狭呈楔形，叶缘微反卷，中上部有不明显的细齿，表面散生鳞片，背面淡绿色，被褐色鳞片；叶柄长 5～7mm，被短柔毛和鳞片。短总状花序顶生；总花梗长 1～2cm，花梗纤细，长约 12mm，被鳞片和短柔毛；花萼小，5 深裂；花冠钟形，白色，长 6～8mm，5 裂，外面被鳞片；雄蕊 10 枚，外露；子房 5 室，被鳞片；花柱较雄蕊短，无毛。蒴果小，圆柱形，长 5～8mm，被稀疏鳞片。花期 6 月中旬至 7 月初；熟期 7～8 月（丁宝章和王遂义，1997）。

【生境】生于海拔 1200m 以上的山坡、山谷树下、路旁灌丛。

【分布】产于伏牛山、太行山。分布于我国东北、华北及山西、陕西（大巴山）、甘肃、山东、湖北、四川、云南等山区。朝鲜也有。

【化学成分】叶中挥发油含量为 0.27%（鲜叶）。酚酸类成分有：对-羟基苯甲酸（*p*-hydroxybenzoic acid）、原儿茶酸（protocatechuic acid）、香草酸（vanillic acid）和丁香酸（syringic acid）。还含槲皮素（quercetin）、棉花皮素（gossypetin）、山奈酚（kaempferol）、金丝桃苷（hyperoside）和紫云英苷（astragalin）。另外，还含椋木毒素（andromedotoxin）。主要有毒成分为木藜芦毒素 I 和未知结构的照山白结晶（$C_{20}H_{34}O_6$）。含皂苷、鞣质、还原性物质、多糖类、黄酮、油脂和挥发油等。叶中黄酮类有槲皮素、棉花皮素、山奈

酚（国家中医药管理局《中华本草》编委会，1999；陈冀胜和郑硕，1987）。

【毒性】全株有毒。春季的幼枝嫩叶比秋季枝叶毒性大 10 倍。牲畜食后可致中毒。人中毒常常发生在使用该植物叶作为药用的患者中。一般情况下，人每日口服 20g 叶的糖浆或浸膏片，仅有头晕、血压降低、心率减慢及肠胃道刺激等不良反应，但可恢复；过量服用，在 0.5h 后出现中毒反应，1h 即达高潮，表现为频繁打喷嚏、颈痛、出冷汗、黄视、无力、脉弱、心律不齐、血压下降以至休克（陈冀胜和郑硕，1987）。

【药理作用】

1. 镇咳作用

照山白总黄酮 500mg/kg 灌胃，对小鼠氨雾法致咳有明显镇咳作用，其总黄酮内的金丝桃苷 100mg/kg 腹腔注射，对小鼠氨雾法致咳，有明显镇咳作用。

2. 祛痰作用

照山白总黄酮 1.0g/kg、2.0g/kg 灌胃，使用小鼠酚红排泌法表明有祛痰作用。

【附注】临床使用：①治疗产后关节痛。孕妇忌服。超量服用，可引起中毒。②治疗慢性气管炎。③治疗高血压病（国家中医药管理局《中华本草》编委会，1999）。

【主要参考文献】

陈冀胜，郑硕. 1987. 中国有毒植物. 北京：科学出版社：231.

丁宝章，王遂义. 1997. 河南植物志（第三册）. 郑州：河南科学技术出版社：193.

国家中医药管理局《中华本草》编委会. 1999. 中华本草 第 16 卷（第 6 册）. 上海：上海科学技术出版社：29~31.

秀 雅 杜 鹃

Xiuyadujuan

RHODODENDRON CONCINNUM

【中文名】秀雅杜鹃

【别名】臭枇杷

【基原】为杜鹃花科杜鹃花属植物秀雅杜鹃 *Rhododendron concinuum* Hemsl 植物的花和叶，可入药。

【原植物】秀雅杜鹃为杜鹃花科杜鹃花属常绿灌木，高 2～3.5cm。幼枝无毛，被鳞片。叶革质，宽披针形，椭圆状披针形或卵状长圆形，长 3～8cm，宽 1～3cm，先端短渐尖，有尖头，基部圆形，表面暗绿色，有白色鳞片，背面被黄褐色鳞片，中脉突起；叶柄长 5～10mm，被鳞片。伞形花序，顶生，通常 3～5 花；花梗长 1～1.5cm，被鳞片；花萼小，外面被鳞片；花冠漏斗状，长约 3cm，淡紫色。外面被鳞片，内面有斑点，中下部有短柔毛；雄蕊外露，花丝下部有白色短柔毛；子房 5 室，密被鳞片；蒴果圆柱形，长 1.5～2cm，被鳞片。花期 5～6 月；果熟期 7～9 月（丁宝章和王遂义，1997）。

【生境】生于海拔 1700 以上的山顶或山坡冷杉林下和山谷边路旁的灌丛中。

【分布】产于伏牛山栾川、卢氏、灵宝、西峡、内乡、鲁山等。分布于陕西（大巴山）、四川、云南等地。

【化学成分】（2S）-4′,5,7-三羟基黄烷酮、（2R,3R）-（+）花旗松素、扁蓄苷、槲皮素-3-O-α-L-鼠李糖苷、金丝桃苷、槲皮素、16,17-二羟基-11β-贝壳杉烷-19 酸、异莨菪亭、喇叭茶醇、豆甾-4-烯-6β-醇-3-酮、β-香树脂醇、α-香树脂醇、28-羟基-β-香树脂醇、山楂醇、齐墩果酸、β-谷甾醇、β-胡萝卜苷（杨书慧和田瑄，2007）。它们的化学结构式如下：

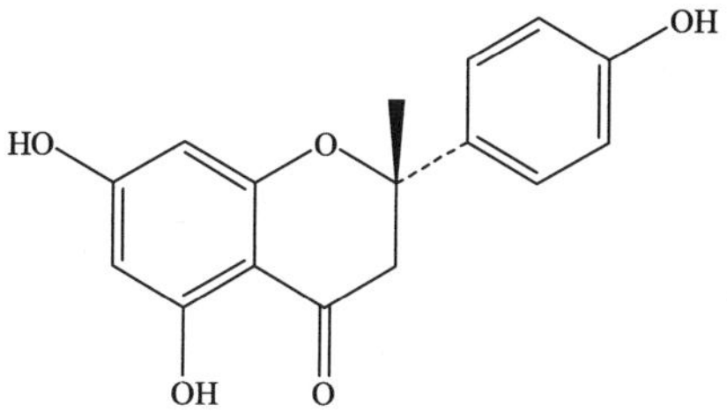

（2S）-4′,5,7-三羟基黄烷酮

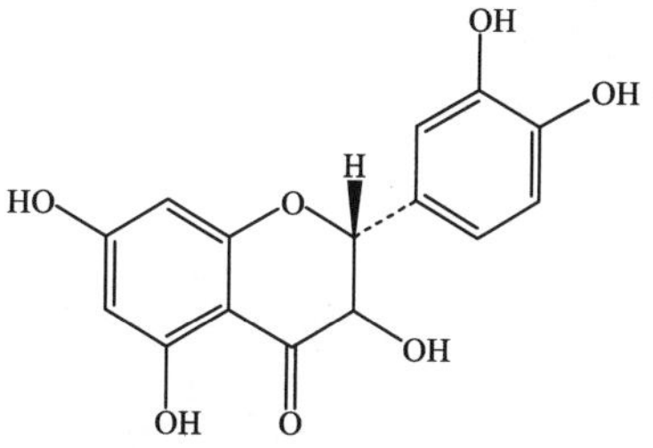

（2R,3R）-（+）花旗松素

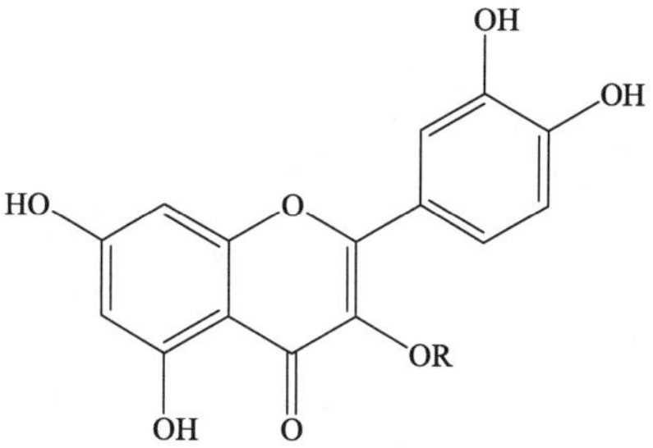

槲皮素-3-O-α-L鼠李糖苷：R=

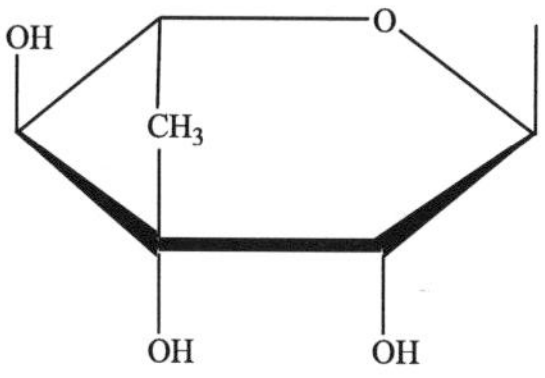

金丝桃苷：R=

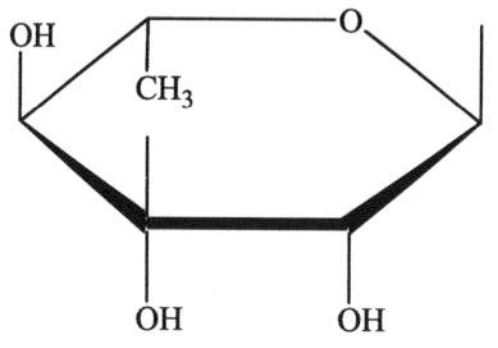

扁蓄苷：R=

槲皮素：R=H

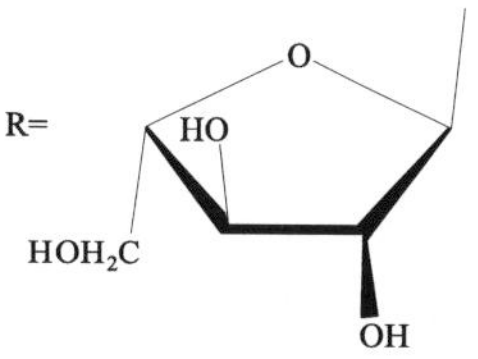

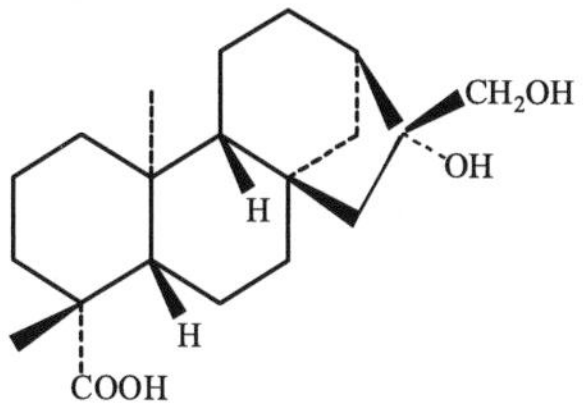

16,17-二羟基-11β-贝壳杉烷-19 酸

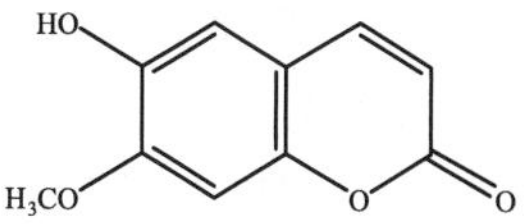

异莨菪亭

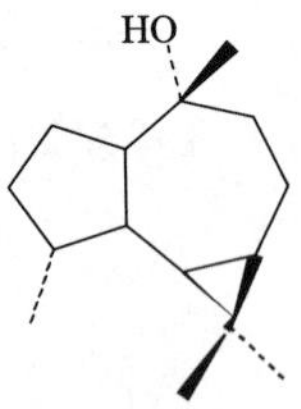

喇叭茶醇

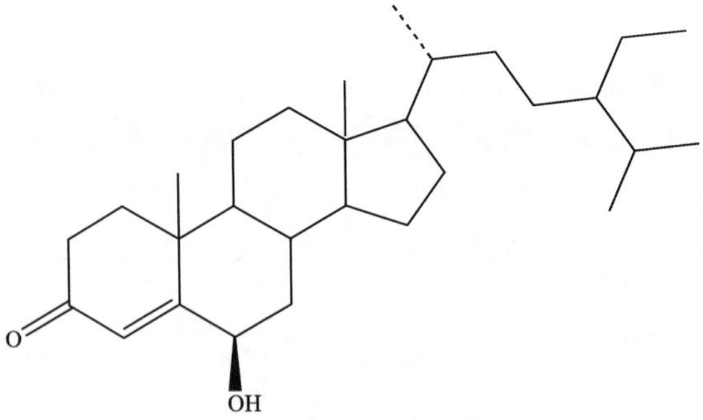

豆甾-4-烯-6β-醇-3-酮

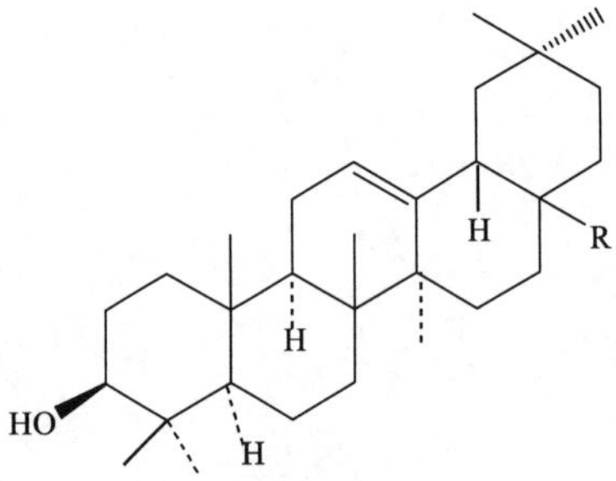

β-香树脂醇：R=CH

28-羟基-β-香树脂醇：R=CH₂OH

齐墩果酸：R=COOH

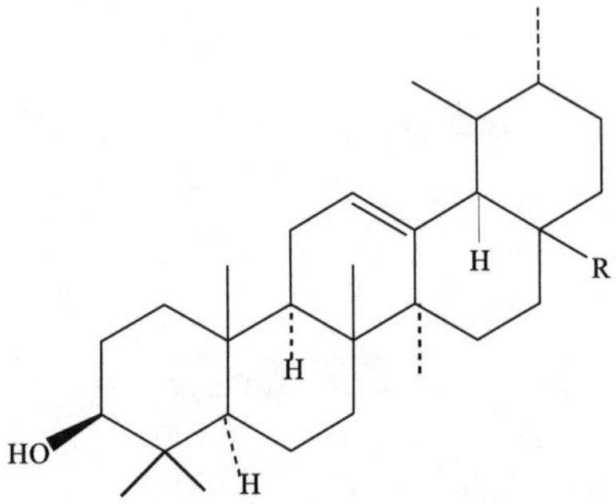

α-香树脂醇：R=CH₃

山楂醇：R=CH₂OH

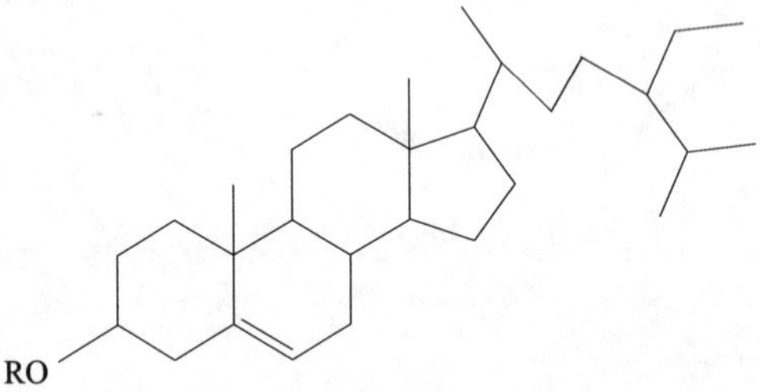

β-谷甾醇：R=H

β-胡萝卜苷：R=

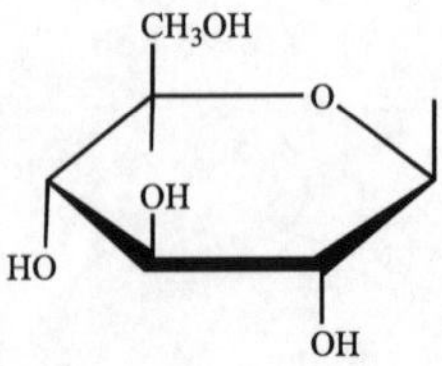

【药理作用】从秀雅杜鹃中分得的扁蒿苷具有显著的利尿和降压作用；槲皮素-3-O-α-L-鼠李糖苷具有抗炎、利尿作用，对鼠体组织和鸡胚中的流感病毒 A 有消除作用；金丝桃苷除具有明显的抗炎、镇咳作用，用于治疗慢性气管炎外，还具有同化作用和预防糖尿病性白内障作用；槲皮素除具有较好的祛痰、止咳、平喘作用，可用于治疗慢性支气

管炎之外，还有降血压、降血脂作用，可用于冠心病及高血压患者的辅助治疗。

从秀雅杜鹃中分得的三萜如齐墩果酸在动物试验中有降低转氨酶的作用，对 CCl₄ 引起的大鼠急性肝损伤有明显的保护作用，可以促进肝细胞再生，防止肝硬化。此外，还具有抗炎、强心利尿和抑制 S-180 肿瘤的作用（杨书慧和田瑄，2007）。

【主要参考文献】

丁宝章，王遂义. 1997. 河南植物志（第三册）. 郑州：河南科学技术出版社：193.
杨书慧，田瑄. 2007. 秀雅杜鹃化学成分的研究. 西北植物学报，27：364~370.

河 南 杜 鹃

Henandujuan

HENANENSE

【中文名】河南杜鹃

【基原】为杜鹃花科杜鹃花属植物河南杜鹃 *Rhododendron* 的花和叶。

【原植物】河南杜鹃为杜鹃花科杜鹃花属灌木，高 3~5m。枝粗壮，幼枝绿色，无毛。芽卵球形，近无毛。叶厚纸质，常在小枝顶部密集，椭圆形或长圆状椭圆形，长 7~9cm，宽 3~4cm，顶端常圆形并有短尖头，基部近圆形或近心形，边缘近全缘，干燥时反卷，表面暗绿色，背面灰白色，无毛，表面中脉微下陷，网脉不明显；叶柄粗壮，无毛，长 1.5~2cm。花 12~13 朵组成总状伞形花序，花序轴长 1~1.5cm，被淡黄色丛状卷毛；花梗长 1.5~2cm，被淡黄色簇状卷毛，花萼小，长 2mm；花冠常钟形，长 3cm，直径 2.5cm，白色，两面均无毛，裂片 5 个，内面有紫色斑点；雄蕊 10 个，花丝近基部具白色疏柔毛；子房密被腺体，花柱无毛。蒴果，长圆状圆筒形，微弯曲，暗褐色，长 1.5~2cm，直径 5~6mm（丁宝章和王遂义，1997）。

【生境】生于海拔 1800m 以上的灌丛和林中。

【分布】产于伏牛山卢氏、嵩县；该植物为河南特有。

【主要参考文献】

丁宝章，王遂义. 1997. 河南植物志（第三册）. 郑州：河南科学技术出版社：194.

太 白 杜 鹃

Taibaidujuan

RHODODENDRON ROXIEANUM

【中文名】太白杜鹃

【别名】药枇杷

【基原】为杜鹃花科杜鹃花属植物太白杜鹃 *Rhododendron purdomii* Rehd et Wiis

的花和叶。

【原植物】太白杜鹃为杜鹃花科杜鹃花属常绿灌木或小乔木，高 2～5m。幼枝被微毛或近无毛。叶革质，长圆状拔针形或长圆形，长 5～9.5cm，宽 2.5～4.5cm，先端钝圆，具突尖，基部圆形或楔形，边缘反卷，表面暗绿色，无毛。有光泽，微皱，背面淡绿色，无毛，中脉突起，网脉明显；叶柄粗壮，长 8～10mm，初被微毛。短总状伞形花序，顶生；总花梗长 5～10mm，被淡褐色柔毛，花冠钟状，长 2.5～3.5cm，淡粉红色或近白色，5 裂，裂片圆形；雄蕊 10 枚，稍外露，花丝下部被白色柔毛；子房锥形，密被白色长柔毛或有疏短柔毛；花柱无毛。蒴果圆柱形，微弯曲，长 1～3.5cm。有红褐色的柔毛或近无毛；果梗长 1～2.5cm，被红褐色柔毛。花期 4 月下旬至 6 月中旬；果熟期 7～8 月（丁宝章和王遂义，1997）。

【生境】生于海拔 1800m 以上的山坡林中，常形成片林。

【分布】产于伏牛山嵩县、栾川、鲁山、西峡、南召、卢氏等。还分布于甘肃、陕西（大巴山）。

【药理作用】花可治久喘，并有健胃、顺气和调经的功效。

【主要参考文献】

丁宝章，王遂义. 1997. 河南植物志（第三册）. 郑州：河南科学技术出版社：195.

满 山 红

Manshanhong

MARIESII

【中文名】满山红

【别名】映山红、迎山红、山崩子、靠山红、达子香、金达来、东北满山红

【基原】为杜鹃花科植物兴安杜鹃 *Rhododendron mariesii* Hemsl. et Wils 的叶。

【原植物】满山红为杜鹃花科杜鹃花属落叶灌木，高 0.5～2m。老枝灰色，无毛，幼枝初被伏贴的黄色丝状毛，后脱落，淡灰色或微红色。叶 2 或 3 个轮生，膜质，卵形、卵状长圆形、卵状拔针形，有时宽卵形或椭圆形，长 3～7cm，宽 1.8～3.5cm，先端短渐尖，基部圆形或微楔形，叶缘中上部具不明显的细钝齿，表面幼时密被淡褐色的长伏贴硬毛，背面淡绿色，疏被长伏贴硬毛，后无毛；叶柄长 3～10mm，有稀疏长硬毛。花顶生枝端，先叶开放，着花 1～3(5)朵；花梗长 5～10mm，有硬毛；花萼小，5 裂，被长刚毛；花冠漏斗形，长约 3cm，淡紫色，上方有红色斑点；雄蕊有 10 枚，不等长，外露，花丝无毛；子房近球形，密被淡褐色的长硬毛，花柱无毛。蒴果长约 12mm，圆柱形，不弯曲，密被长刚毛。花期 4～5 月；果熟期 6～7 月（丁宝章和王遂义，1997）。

【生境】生于海拔 1000m 以上的山坡、山谷林下或灌丛中。

【分布】产于大别山、桐柏山及伏牛山南部。还分布于我国陕西（大巴山）、江苏、福建、台湾、湖北、江西、四川等地。

【化学成分】叶含黄酮类物质：金丝桃苷(hyperoside)、异金丝桃苷(isohyperoside)、杜鹃素(farrerol)、杨梅酮(myricetin)、8-去甲杜鹃素(黄杉素, poriol)(8-demethyl farrerol)、山奈酚(kaempferol)、槲皮素(quercetin)、杨梅树皮素(myricetin)、杜鹃黄素(azaleatin)、杜鹃花醇(matteucinol)、双氢槲皮素(dihydroquercetin)、棉花皮素(gossypetin)、萹蓄苷(avicularin)。含香豆素类物质：东莨菪素(scopoletin)、伞形花内酯(umbelliferone)。含酚酸类物质：香草酸(vanillic acid)、对-羟基苯甲酸(p-hydroxy-benzoic acid)、没食子酸(gallic acid)、原儿茶酸(protocatechuic acid)、丁香酸(syringicacid)、杜鹃醇(rhododendrol)等，以及氢醌(hydroquinone)和微量梫木毒素(andromedotoxin)。又含挥发油，内有大牻牛儿酮(germacrone)、桧脑(juniper camphor)、薄荷醇(menthol)、α-桉叶醇(α-eudesmol)，β-桉叶醇、γ-桉叶醇和 4-苯基-2-丁酮(4-phenyl-2-butanone)。从挥发油中鉴定出 24 种成分，其中主成分为顺式 4,11,11-三甲基-8-亚甲基双环[7,2,0]-4-十一碳烯{cis-4,11,11-trimethyl-8-methylenebicyclo[7,2,0]-4-undecene}，葎草烯(humulene)、γ-芹子烯(γ-selinene)、γ-榄香烯(γ-elemene)、大牻牛儿酮和桧脑(肖培根，2001；国家中医药管理局《中华本草》编委会，1999)。

从该植物分离的黄酮类物质、香豆素类物质、酚酸类物质部分化学结构如下(肖培根，2001)：

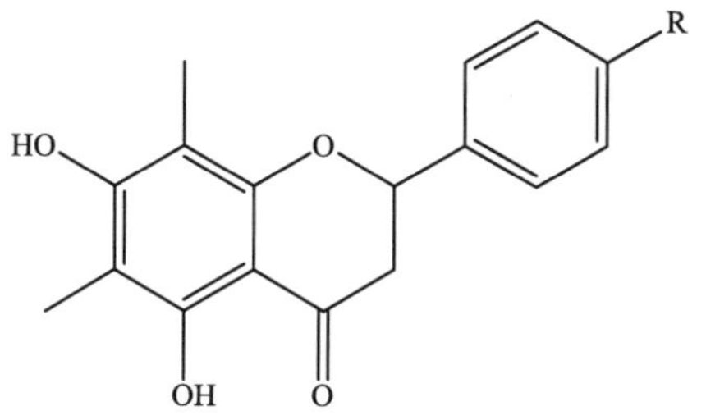

杜鹃素：R=OH
杜鹃花醇：R=OCH₃

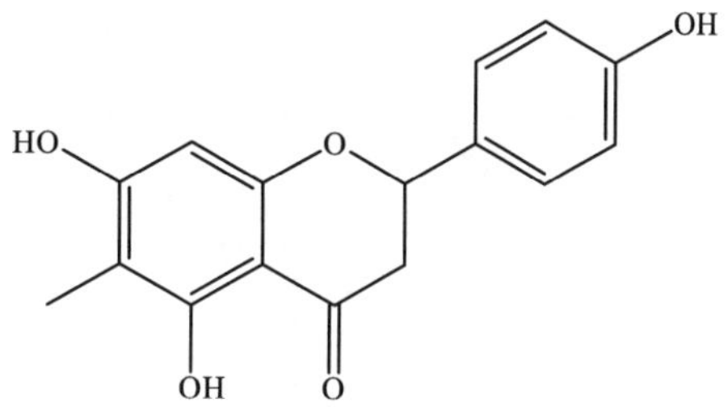

黄杉素(8-去甲杜鹃素)

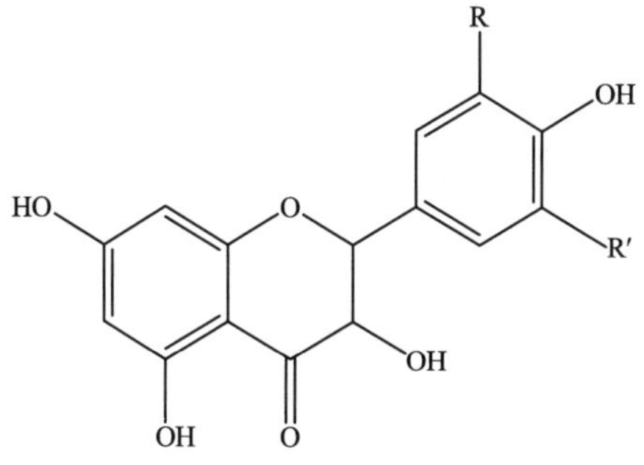

山奈酚：R=R'=H
槲皮素：R=OH，R'=H
杨梅酮：R=R'=OH

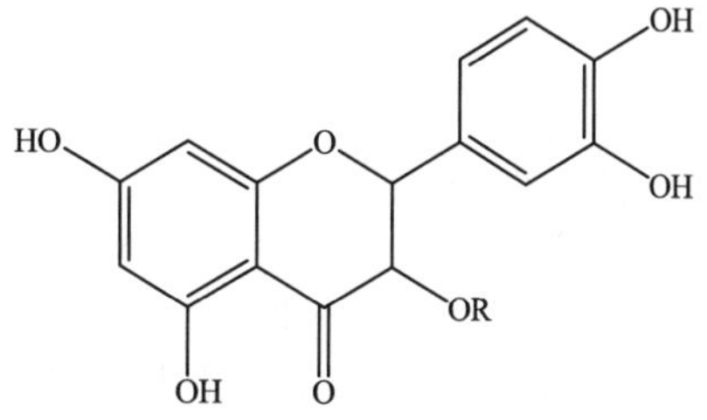

异金丝桃苷：R=gala(α)
金丝桃苷：R=gala(β)

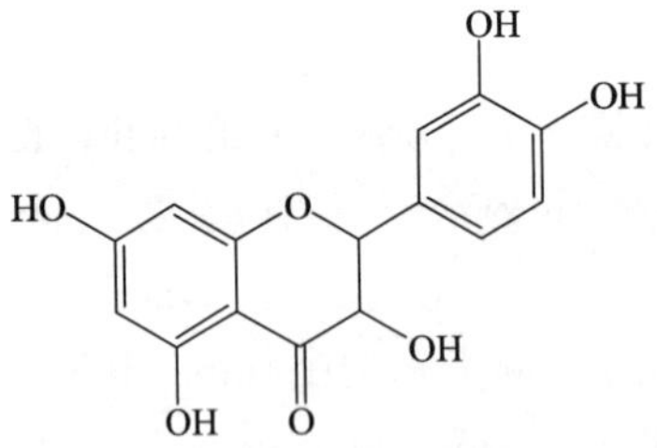

双氢槲皮素

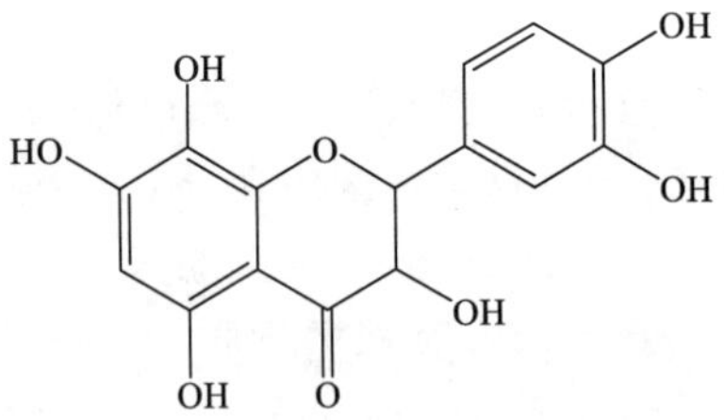

棉花皮素

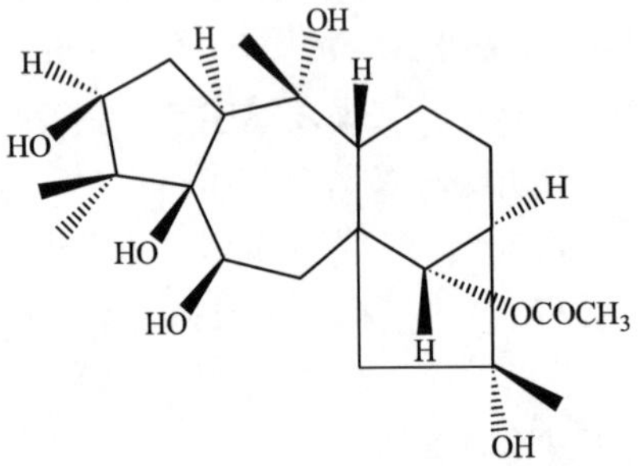

梫木毒素

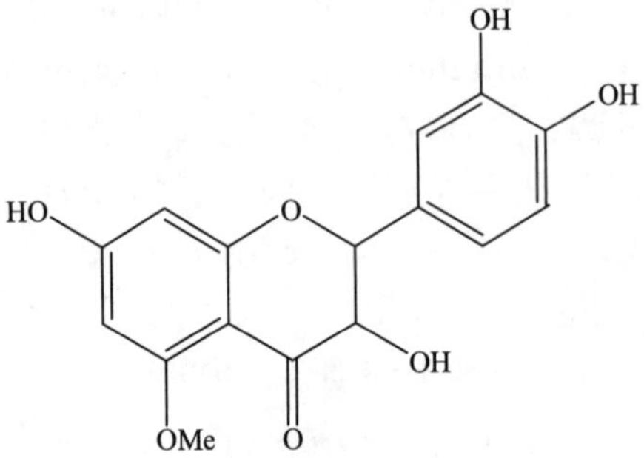

杜鹃黄素

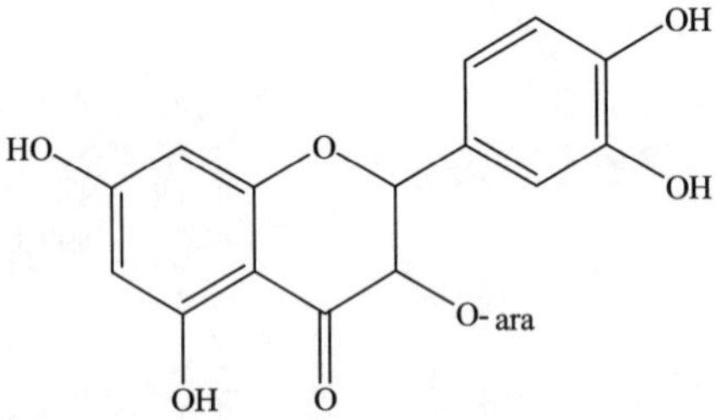

蔏蓄苷

【药理作用】

1. 镇咳、平喘祛痰作用

据报道满山红含杜鹃素类成分是镇咳治疗气管炎的主要成分。

2. 抗炎抑菌作用

满山红所含愈创木奥(guaiazulene)有抗炎和兴奋子宫作用，可用作抗炎剂。杜鹃素对金黄色葡萄球菌有抑菌活性，MIC 为 25μg/mL。丁香酸和香草酸有抗细菌和真菌的作用，茴香酸有防腐抗菌作用。

3. 降压、利尿作用

梫木毒素给麻醉猫 iv 有降压作用。蔏蓄苷对麻醉犬虽有降压作用，但持续时间很短，且易产生快速耐受性。蔏蓄苷 iv 0.5 mg/kg，对麻醉犬有利尿作用，作用随剂量而增加。在大鼠试验中，无论 po 或 ip 34mg/kg 即可产生显著的利尿作用，作用强度不如氨茶碱，但其毒性仅为氨茶碱 1/4，故其治疗指数较大。

4. 镇痛作用

榕木毒素有一定的镇痛作用,最小镇痛指数为 8.60。莨菪胺可大大加强其镇痛作用,而对毒性则无明显影响。阿托品能稍加强榕木毒素的镇痛作用。另外榕木毒素有弱的细胞毒活性,ED_{50} 为 $60\,\mu g/mL$,体内毒性较大。

5. 对中枢抑制作用

丁香酸有镇静和局部麻醉作用,其作用与剂量有依赖关系。

6. 对组织呼吸的影响

杜鹃素在体外能抑制大鼠气管–肺组织呼吸,使耗氧量降低约 26.4%,主要作用于吡啶核苷酸的酶体系(国家中医药管理局《中华本草》编委会,1999)。

【附注】在临床上用于治疗慢性气管炎。临床观察证明,对单纯型有较好疗效,对喘息型及合并肺气肿者效果较差。止咳效果显著,祛痰次之,平喘较差,消炎作用不强,不能预防感冒。也有用以满山红为主组成的复方进行治疗,似较单味疗效有所提高。例如,用满山红配合黄芩、穿山龙、桔梗治疗的有效率达 88%,其中显效以上为 52%。

副作用主要表现为胃肠道反应,如口干、恶心、呕吐、胃部不适、胃痛、食欲减退、腹泻、头晕、头痛等,一般均不严重,1～3d 后可自行消失。临床上还观察到,服用满山红水溶性粗提物有轻度短期降压作用;半数以上病例引起心率减慢(国家中医药管理局《中华本草》编委会,1999)。

【主要参考文献】

丁宝章,王遂义. 1997. 河南植物志(第三册). 郑州:河南科学技术出版社:192.

国家中医药管理局《中华本草》编委会. 1999. 中华本草 第 16 卷(第 6 册). 上海:上海科学技术出版社:24~26.

肖培根. 2001. 新编中药志 第三卷. 北京:化学工业出版社:516~517.

杜 鹃 花

Dujuanhua

AZALEA

【中文名】杜鹃花

【别名】红踯躅、山踯躅、山石榴、映山红、艳山红、艳山花、山归来、满山红、清明花、红柴片花、灯盏红花、山茶花、虫鸟花、报春花、迎山红

【基原】为杜鹃花科植物杜鹃花 Rhododendron aimsii Planch 的花或果实、嫩叶、根。花 4～5 月盛开时采收,晒干。根全年均可采,洗净,鲜用或切片,晒干。

【原植物】杜鹃花为杜鹃花科杜鹃花属落叶灌木,高 1～3m。老枝灰黄色,无毛幼枝被扁平的糙伏毛。春季叶纸质,夏季叶革质,卵形或椭圆形,长 1.5～6.5cm,宽 1～3cm,先端锐尖,具短头尖,基部楔形,全缘,表面暗绿色,疏生白色糙毛,背面淡绿色,密被棕色的扁平糙伏毛;叶柄短,长 3～5mm,密被棕色糙伏毛。花 2～6 朵簇生于枝端;花梗短,密被棕色扁平糙伏毛;花萼小,5 深裂,密被扁平

糙伏毛；花冠漏斗状，长 3～5cm，蔷薇色、鲜红色或深红色，上方 3 裂片内面有暗红色斑点；雄蕊 10 枚，不等长、外露，花丝中下部被短柔毛；子房被棕色扁平糙伏毛，10 室，花柱无毛。蒴果卵圆形，长 8～12mm，密被棕色扁平糙伏毛。花期 4～5 月；果熟期 7～8 月（丁宝章和王遂义，1997）。

【生境】生于海拔 1500m 以下的山坡灌丛或林中。

【分布】产于伏牛山、大别山和桐柏山。还分布于长江流域各省区（市），东达台湾，西达四川、云南，北至陕西南部。

【化学成分】花含花色苷类和黄酮苷类。已鉴定的花色苷类化合物有矢车菊素 3-葡萄糖苷（cyanidin-3-glucoside）、矢车菊素 3-半乳糖苷（cyanidin-3-galactpside）、矢车菊素-3-阿拉伯糖苷（cyanidin-3-arabinoside）、矢车菊素-3,5-二葡萄糖苷（cyanidin-3,5-diglucoside）、矢车菊素 3-半乳糖苷-5-葡萄糖苷（cyanidin-3-galactoside-5-glucoside）、芍药花素-3,5-二葡萄糖苷（peonidin-3,5-diglucoside）和锦葵花素-3,5-二葡萄糖苷（malvidin-3,5-diglucoside）；黄酮及黄酮苷类化合物有芸香苷（rutin）、杜鹃黄苷（azalein）、槲皮素（quercetin）、杜鹃黄素（azaleatin）、山奈酚（kaempferol）、5-甲醚-3-半乳糖苷（5-methylether-3-galactoside）、杜鹃黄素-3-半乳糖苷（azaleatin-3-galactoside）、杜鹃黄素-3-鼠李糖苷（azaleatin-3-rhamnoside）、杨梅树皮素-5-甲醚-3-鼠李糖苷（myricetin-5-methylether-3-rhamnoside）、杨梅树皮素-5-甲醚-3-半乳糖苷（myricetin-5-methylether-3-galactoside）、棉花皮素-3-半乳糖苷（gossypetin-3-galactoside）、槲皮素-3-半乳糖苷（quercetin-3-galactoside）、槲皮素-3-鼠李糖苷（quercetin-3-rhamnoside）、槲皮素-3-阿拉伯糖苷（quercetin-3-arabinoside）。

叶和嫩枝中含黄酮类、香豆素、三萜类、有机酸、氨基酸、鞣质、酚类、甾醇、强心苷、挥发油等；黄酮类中有红花杜鹃甲和乙，杜鹃花醇 0.012% 和杜鹃花醇苷 0.4%。叶中还含熊果酸 0.6% 和梫木毒素（国家中医药管理局《中华本草》编委会，1999）。

【药理作用】小鼠腹腔注射映山红煎剂有止咳作用（氨水喷雾引咳法），其乙酸乙酯提取物、氯仿提取物及其母液，分离出的结晶甲和结晶乙（黄酮化合物）也有镇咳作用。小鼠灌服煎剂有祛痰作用（酚红法）。豚鼠腹腔注射煎剂无平喘作用（组织胺喷雾法）。

【附注】种子、扦插及分株繁殖。全株入药，春季采花，夏季采叶干用或鲜用，主治气管炎、荨麻疹；外用治痈肿。秋季采根，主治风湿性关节炎、跌打损伤、闭经；外用可治外伤出血。也可作庭院观花树木。

【主要参考文献】

丁宝章，王遂义. 1997. 河南植物志（第三册）. 郑州：河南科学技术出版社：196~197.

国家中医药管理局《中华本草》编委会. 1999. 中华本草 第 16 卷（第 6 卷）. 上海：上海科学技术出版社：42~44.

茄　科

茄科 Solanaceae，一至多年生草本、半灌木、灌木或小乔木；直立、匍匐或攀援；无刺或具皮刺，稀棘刺。单叶全缘，或羽状分裂，或羽状复叶，互生无托叶。花单生、簇生或组成聚伞花序，或总状花序，顶生、腋生或与叶互生；花两性、稀杂性，辐射对称；萼 5 裂，花后增大或不增大，宿存；花冠钟状、漏斗状、长筒状或辐射状，5 裂，稀 10 裂；雄蕊 5 个，花冠着生，与裂片互生，花药卵状长圆形，分离或结合，孔裂或纵裂；子房上位，常与 2 心皮结合，2 室，稀 1 室或具不完全假隔膜在下部成 4 室；花柱线形，柱头头状，不裂或 2 浅裂。果为浆果或蒴果；种子多数，盘状或肾脏形；胚乳丰富，胚直立或弯成环状或螺旋状卷曲。约 80 属，3000 种；广布于全世界温带及热带地区。我国有 24 属，105 种及 35 变种；分布于全国各地。河南有 14 属，33 种及 5 变种。

　　茄科植物发生中毒的实例极常见，但死亡不多。含多种类型的有毒化学成分，具有多方面的毒理作用，是有毒植物中最重要的科之一。对茄科有毒植物的化学和毒理研究已有 100 多年的历史，取得了丰富成果，但仍有一些重要有毒种尚未进行详细研究。

　　茄科植物中毒常因误服、用药量过大或小孩误食其果，以及牲畜食叶等所致，引起中毒最多见的是曼陀罗和洋金花。马铃薯虽是重要的粮食作物和蔬菜，食用引起中毒者也不少见。

　　中毒症状可分为以下四类。

　　(1)曼陀罗属、山莨菪属、天仙子属、颠茄属、酸浆属、泡囊草属等植物中毒表现为谵妄、致幻等精神症状，并有口干、皮肤潮红、瞳孔散大、心跳快、烦躁不安等症状，严重者昏迷、痉挛，乃至死亡。但牲畜很少中毒。主要含托品类生物碱，牲畜对其不敏感。

　　(2)茄属植物中毒表现为胃肠刺激和中枢神经系统的抑制，如恶心、呕吐、腹泻、腹痛、呼吸和心跳先快后慢、昏迷、死亡。主要含甾体生物碱。

　　(3)烟草中毒表现为自主神经节细胞和神经、肌肉接点的先兴奋后阻断作用，如恶心、呕吐、头痛、头晕、呼吸困难、痉挛，以及因呼吸麻痹而死。主要含吡啶类生物碱。

　　(4)辣椒中毒表现为皮肤、黏膜和胃肠道的刺激，含辣椒素(capsaicin)等成分。

曼陀罗属 *Datura* Linn.

　　草本、半灌木或小乔木。茎直立，二歧分枝。单叶互生，有柄。花常单生于分枝杈间或叶腋；花萼长管状，5 浅裂，或同时在一侧深裂，自基部稍上处断裂而基部宿存或基部也脱落；花冠长漏斗状或高脚碟状，白色、黄色或淡紫色，冠筒长，5 浅裂，裂片先端渐尖，稀在 2 裂间有 1 长尖；雄蕊 5 个，花丝下部贴生于冠筒内，花药纵裂；子房 2 室，每室由背缝线生出假隔膜分隔则成不完全 4 室，柱头 2 浅裂。蒴果 4 瓣裂或浆果状，有硬针刺或无；种子多数，扁肾形或近圆形；胚极弯曲。约 16 种。多数分布于热带和亚热带，少数分布于温带。我国有 4 种，南北各地均有分布。河南有 3 种。

毛 曼 陀 罗

Maomantuoluo

DATURA INNOXIA

【中文名】毛曼陀罗

【别名】北洋金花、软刺曼陀罗、毛花曼陀罗、风茄花、串筋花

【基原】为茄科曼陀罗属植物毛曼陀罗 *Datura innoxia* Mill. 的叶和花、果实或种子。

【原植物】毛曼陀罗为茄科曼陀罗属一年生草本或半灌木，高 1～2m，全体密被白色细腺毛和短柔毛。茎粗壮直立。叶片宽卵形，长 10～18cm，宽 4～15cm，顶端急尖，基部不对称近圆形，全缘或有波状疏齿；叶柄长 4～5cm，花单生，直立或斜生，花梗长 1～2cm；花萼筒圆柱状，无棱角，长 8～10cm，5 裂；花冠漏斗状，长 15～20cm，直径 7.5cm，上部白色，花开后呈喇叭状，5 裂，裂片间有小尖头；雄蕊 5 个；子房卵圆形，密生白色柔刺毛。蒴果常斜垂，近圆形，直径 4cm，表面密生针刺和灰白色柔毛，针刺细，果熟时顶端 4 瓣裂；种子扁肾形，褐色。花果期 6～9 月(丁宝章和王遂义，1997)。

【生境】原为栽培种，现村边路旁沙质地上也见有野生。

【分布】伏牛山区有分布，产河南全省各地。辽宁、河北、江苏、浙江等地也有分布。

【化学成分】花含生物碱 0.19%～0.53%，其中东莨菪碱为 0.17%～0.53%，莨菪碱为 0.01%～0.49%。还含阿托品、酪胺(tyramine)、阿朴东莨菪碱(aposcopolamine，即阿朴天仙子碱)。

种子含 α-东莨菪宁碱（α-scopodonnine）和 β-东莨菪宁碱(β-scopodonnine)、莨菪碱、陀罗碱(meteloidine)、曼陀罗萜二醇(daturadiol)、曼陀罗萜醇酮(daturaolone)、阿托品(atropine)。

叶中含东莨菪碱、莨菪碱、陀罗碱(meteloidine)及黄酮类成分：槲皮素-7-葡萄糖-3-槐糖苷 (quercetin-7-glucosideo-3-sophoroside)、槲皮素-7-葡萄糖-3-葡萄糖半乳糖苷 (quercitin-7-glucoside-3-glucogalactoside) 及其咖啡酸、对香豆酸酯、山奈酚-7-葡萄糖-3-葡萄糖半乳糖苷 (kaempferol-7-glucosido-3-glucogalactoside) 及其咖啡酸酯。还含酪胺 (tyramine)、去水阿托品 (apoatropine)、阿扑东莨菪碱(aposcopolamine)。

根含总生物碱 0.15%～0.48%，最高达 0.541%。生物碱中主要是天仙子胺，其余有天仙子碱(占总生物碱的 16%)、左旋 3α, 6β-二巴豆酰氧基莨菪烷(3α, 6β -ditigloyloxytropane)、陀曼碱(meteloidine)、7-羟基-3,6-双已豆酰氧基莨菪烷[7-hydroxy-3,6-bis(tigloyloxy)tropane]、假托品碱、托品碱(国家中医药管理局《中华本草》编委会，1999)。

【毒性】全株有毒。小儿吸食花蜜可引起中毒。

【主要参考文献】

丁宝章，王遂义. 1997. 河南植物志（第三册）. 郑州：河南科学技术出版社：412.

国家中医药管理局《中华本草》编委会. 1999. 中华本草 第 19 卷（第 7 册）. 上海：上海科学技术出版社：260~262.

曼 陀 罗

Mantuoluo

STRAMONIUM

【中文名】曼陀罗

【别名】酒醉花、闹羊花、醉心花、老鼠刺

【基原】为茄科曼陀罗属植物曼陀罗 *Datura stramonium* Linn.的叶和花、果实或种子。

【原植物】曼陀罗为茄科曼陀罗属草本或半灌木状，高 0.3～1.5m，全体近无毛或幼嫩部分被短柔毛。茎粗壮，圆柱形，基部木质化。叶宽卵形或卵圆形，长 6～18cm，宽 3～10cm，先端渐尖，基部不对称楔形，有不规则的波状浅裂或波状牙齿，裂片三角形，叶柄长 2～5cm。花常单生于枝杈间或叶腋，直立；花萼筒状，长 4～5cm，筒部具 5 棱角，5 浅裂，花冠漏斗状，长 6～10cm，檐部 5 浅裂，裂片有短尖头，口部直径 3～5cm，下部淡绿色，上部白色或紫色；雄蕊 5 枚，内藏；子房卵形，2 室或不完全 4 室。蒴果直立，卵形或卵状球形，长 2～4cm，径 2～3cm，通常密被粗壮而坚硬针刺或无针刺，熟后淡黄色，规则 4 瓣开裂；种子多数，卵圆形，黑色或淡褐色。花期 5～9 月，果期 6～10 月（中国科学院西北植物研究所，1983）。

【生境】生于海拔 400～1500m 的山坡、路边和宅旁附近。也可栽培，供观赏用。

【分布】伏牛山区分布普遍，南北坡均产。我国各省区（市）都有分布。广布于世界温带至热带。

【化学成分】曼陀罗的花含生物碱 0.14%～0.33%，其中东莨菪碱为 0.03%～0.09%，莨菪碱为 0.08%～0.28%，还含阿托品。木本曼陀罗的花含较多的东莨菪碱，可多达 0.4%，还含莨菪碱及微量的阿托品。

曼陀罗种子含阿托品、天仙子碱即东莨菪碱、莨菪碱、31-去甲环木菠萝烯醇（31-norcycloartenol）、环桉烯醇（cycloeucalenol）、4α-甲基胆甾-8-烯醇（4α-methylcholest-8-enol）、31-去甲羊毛甾醇（31-norlanosterol）、31-去甲羊毛甾-9（11）-烯醇［31-norlanost-9（11）-enol］、环木菠萝烯醇（cycloartenol）、24-亚甲基环木菠萝烷醇（24-methylenecycloartenol）、β-香树脂醇（β-amyrin）、曼陀罗萜醇酮（daturaolone）、曼陀罗萜二醇（daturadiol）、脂肪酸等。

曼陀罗叶中含左旋天仙子胺即左旋莨菪碱（hyoscyamine）、左旋天仙子碱（seopolamine）即左旋东莨菪碱（hyoscine）、外消旋托品酸（troic acid）、红古豆碱（cuscohygrine）、曼陀罗甾内酯（daturalactone）、维他曼陀罗内酯（vitsagrine）、曼陀罗甾内酯（daturalactone）、山奈酚（kaempferol）。叶中白杨酮类成分有槲皮素（quercetin）、山奈酚（kaempferol）、白杨素（chrysin）、柚皮素（naringenin）、甘草苷元（liquiritigemin）。全草主要含天仙子胺，另含去水阿托品、托品碱（tropine）、陀罗碱、巴豆酸伪莨菪醇酯（tigloiline）、3α,6β-二巴豆酰氧基莨菪烷（3α,6β-ditigloyloxytropane）、3α,6β-二巴豆酰氧基莨菪烷-7-β-醇（3α,6β-ditigloyloxytropane-7-β-ol）。全草还含阿扑天仙子碱（apohyoscine）、α-颠茄次碱（α-bellabonnine）、β-颠茄次碱（β-Belladonnine）、2,6-二羟基莨菪烷（2,6-dihydroxytopane）、茵芋碱（skimmianine）、阿托品、去甲阿托品（noratropine）、去甲天仙子胺（norhyoscyamine）及天仙子碱-N-氧化物（hyoscine-N-oxide）（国家中医药管理局《中华本草》编委会，1999）。

【毒性】全株有毒。以种子最毒。中毒症状为口干、口渴、皮肤发红、干燥、头晕、瞳孔散大、心跳加快、躁动、抽搐、痉挛；食大量则血压下降、昏睡、呼吸停止而死亡（陈冀胜和郑硕，1987）。

【药理作用】散瞳作用：曼陀罗子浸液有散瞳麻痹作用。

【主要参考文献】

陈冀胜，郑硕. 1987. 中国有毒植物. 北京：科学出版社：557.

国家中医药管理局《中华本草》编委会. 1999. 中华本草 第19卷（第7册）. 上海：上海科学技术出版社：260~262.

中国科学院西北植物研究所. 1983. 秦岭植物志 第一卷 种子植物（第四册）. 北京：科学出版社：308.

颠茄属 *Atropa* Linn.

多年生或一年生草本。茎直立，2歧分枝。叶互生，全缘。花单生叶腋；萼宽钟状，5深裂，果时稍增大，叶状，外展；花冠筒状钟形，有5宽短裂片，筒与冠裂片间狭隘；雄蕊5个，插生于花冠筒基部，花丝在子房上方向内曲，花药纵裂；花盘明显；子房2室，花柱伸出花冠，柱头2浅裂。浆果球状，多汁；种子多数，扁平，有网状凹穴，胚极弯曲位于近周边处。本属约4种。分布于欧洲至亚洲中部。我国栽培1种。河南也有栽培。

颠　　茄

Dianqie

BELLADONNA

【中文名】颠茄

【别名】美女草、别拉多娜草、野山茄

【基原】为茄科植物颠茄 *Atropa belladonna* Linn. 的全草，在开花至结果期内采挖，除去粗茎及泥沙，切段干燥。

【原植物】颠茄为茄科颠茄属多年生草本，高0.5~2m。根粗壮，圆柱形。茎直立，带紫色，上部叉状分枝，嫩枝多腺毛。老时脱落，叶互生或在枝上部一大一小双生，叶片草质、卵形、长椭圆状卵形或椭圆形，长5~22cm，宽3~11cm，顶端渐尖或急尖，基部楔形并下延到叶柄，全缘；叶柄长4cm，幼时有腺毛。花单生于叶腋，俯垂，花梗长2~3cm，有腺毛；萼钟状，长为花冠1/2，5深裂，裂片三角形，有腺毛，果时稍增大呈星芒状向外展开；花冠筒状钟形，下部黄绿色，上部淡紫色. 长2.5~3cm，直径1.2~2cm，檐部5浅裂，裂片卵状三角形，花开时向外反折；雄蕊5个，较花冠略短；花盘稍明显；子房2室，柱头2裂。浆果球形，熟时黑紫色，有光泽，直径1.5~2cm，种子肾形，扁平，褐色。花期6~7月，果期8~9月（丁宝章和王遂义，1997）。

【生境】喜温暖湿润的气候，怕高温、严寒，在20~25℃气温下生长良好，气温超过30℃或雨水过多，易患根腐病。在阳光充足、适宜土壤湿度环境下生长的植株生物碱含量高。

【分布】伏牛山区有栽培。原产欧洲，我国南北均有栽培。

【化学成分】叶中含生物碱：托品酮（颠茄酮）(tropinone)、托品碱(tropine)、3α-苯基乙酰氧基莨菪烷(3α-phenylacetoxytropane)、去水阿托品（阿朴阿托品）(apoatropine)、阿朴东莨菪碱（去水东莨菪碱）(aposcopolamine)、天仙子胺（旧称莨菪碱）(hyoscyamine)、东莨菪碱(scopolamine)、阿托品(atropine)、颠茄碱(belladonine)、天仙子碱 N-氧(hyoscine N-oxide)。此外，还含黄酮：7-甲基槲皮素(7-methy lquercetin)、3 碱(choline)，还含有天仙子胺 N-氧化物(hyoscyamine N-oxide)、槲皮素-3-鼠李糖葡萄糖苷(quercetin-3-rhamnoglucoside)、山奈酚-3-鼠李糖半乳糖苷(kaempferol-3-rhamnogalactoside)、槲皮素-7-葡萄糖苷(quercetin-7-glucoside)、山奈酚-7-葡萄糖苷(kaempferol-7-glucoside)、槲皮素-7-葡萄糖基-3-鼠李糖半乳糖苷(quercetin-7-glucosyl-3- rhamnogalactoside)、山奈酚-7-葡萄糖基-3-鼠李糖葡萄糖苷(kaempferol-7-glucosyl-3-rhamnoglucoside)、槲皮素-7-葡萄糖基-3-鼠李糖葡萄糖苷(quercetin-7-glucosyl-3-rhamnoglucoside)。

　　根中含生物碱有：古豆碱(hygrine)、古豆醇碱(hygroline)、托品酮、托品碱、伪托品碱、红豆古碱、3α-苯基乙酰氧基莨菪烷、去水阿托品、去水东莨菪碱、莨菪碱、6-羟基去水阿托品、东莨菪碱、6-羟基莨菪碱(山莨菪碱)、阿托品和颠茄碱(肖培根，2001；国家中医药管理局《中华本草》编委会，1999)。

　　生物碱部分结构式如下：

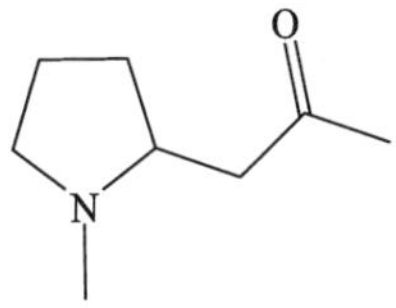

古豆碱 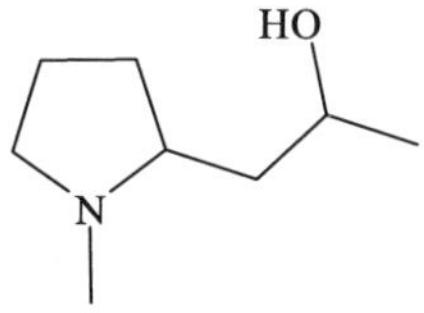　　　　　　　　　古豆醇碱 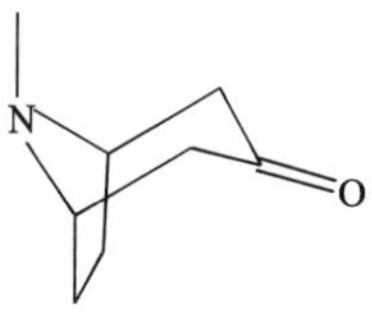　　　　　　　　托品酮

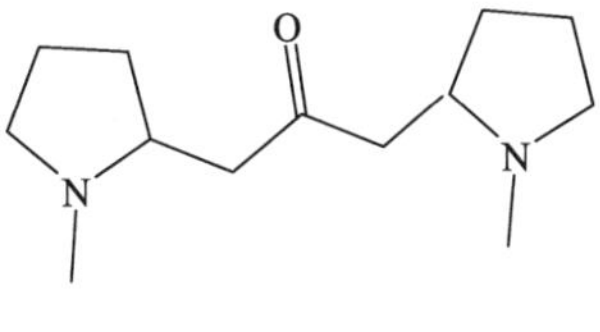

红古豆碱 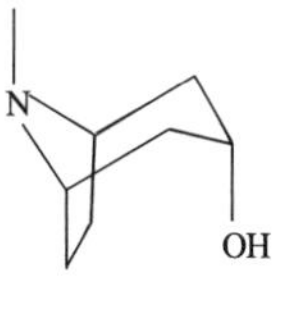　　　　　　　　托品碱 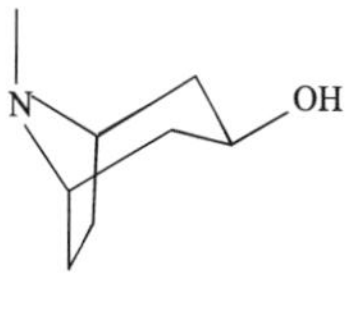　　　　　　　　　伪托品醇

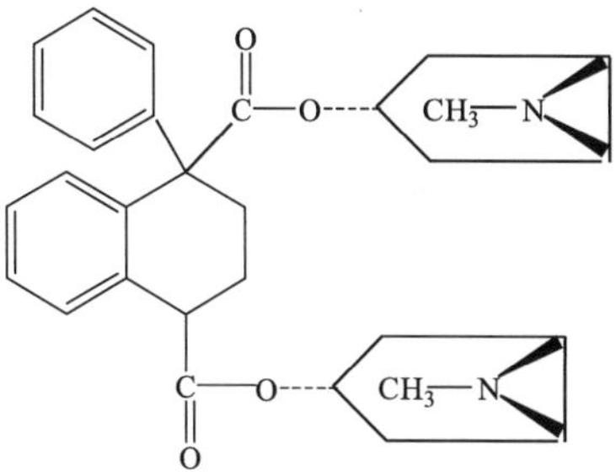

颠茄碱　　　　　　　　　　　　　3α-苯基乙酰氧基莨菪烷

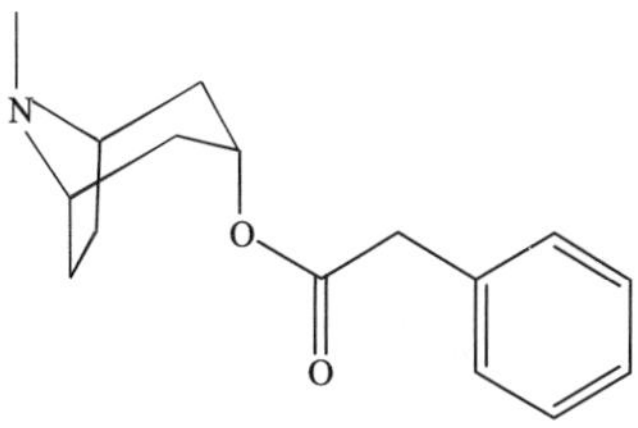

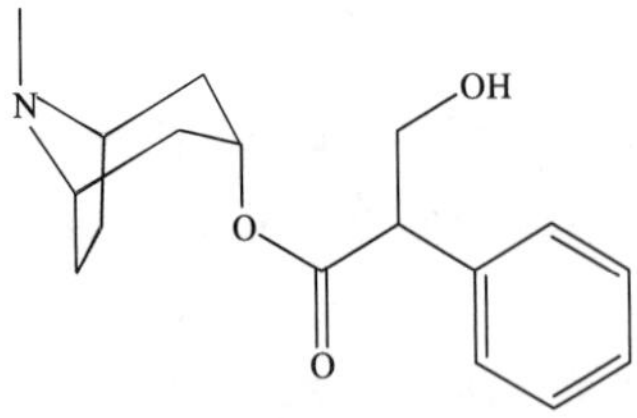

莨菪碱

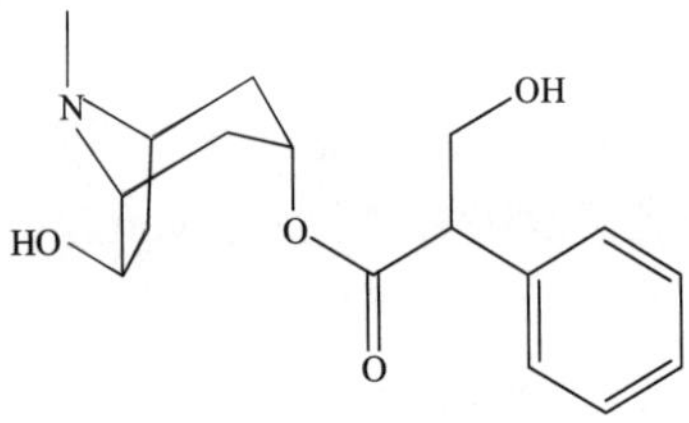

山莨菪碱

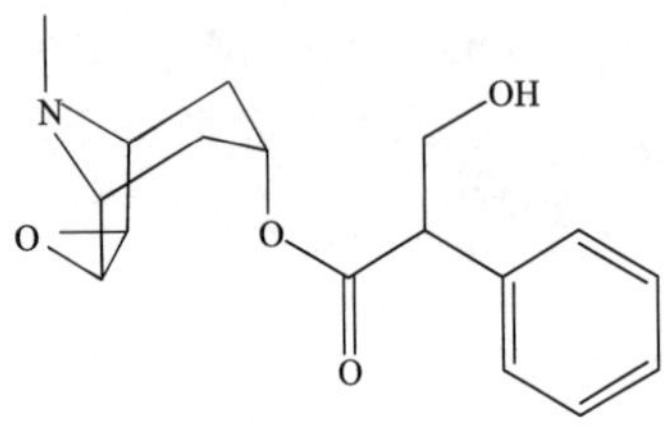

东莨菪碱

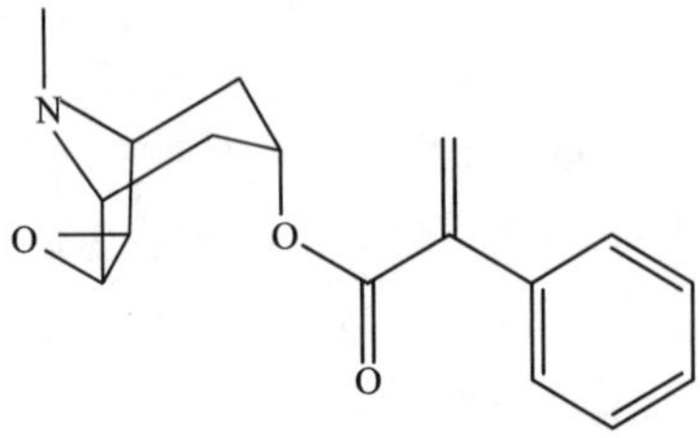

去水东莨菪碱

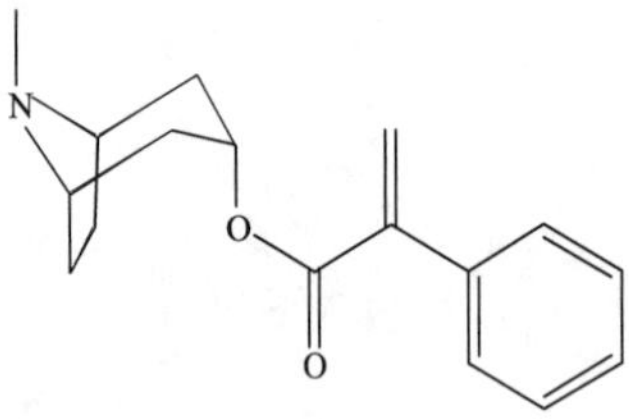

去水阿托品

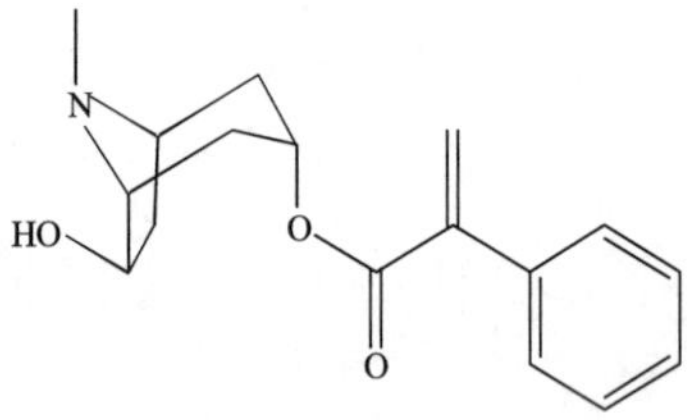

6-羟基去水阿托品

【毒性】颠茄含有致命毒素，如果吸入足够的剂量，将严重影响到中枢神经系统，这些毒素麻痹侵入者肌肉里面的神经末梢，比如血管肌、心脏肌和胃肠道肌里面的神经末梢。在其叶、果实和根部含有毒性成分颠茄生物碱、莨菪碱等。当长到 0.6～1.2m 高的时候，毒性最强，这时候它的叶子显深绿色，花为紫色钟形状。浆果为甜味多汁，经常会迷惑儿童食用。在土壤丰富、水分充足的地方生长茂盛，在世界一些地方大量存在。据报道，美国只有颠茄的人工种植品种。

使用颠茄会使食用者瞳孔放大、对光敏感、视力模糊、头痛、思维混乱，同时还出现抽搐。两个浆果的摄取量就可以使一个小孩丧命，10～20 个浆果会杀死一个成年人。即使砍伐它，都要小心翼翼，以免会引起过敏症状。

【药理作用】颠茄预先给予或与其他药物合用，对蓖麻油诱导的大鼠腹泻、5-羟色胺诱导的小鼠腹泻及霍乱毒素引起的大鼠腹泻有一定作用。颠茄对大鼠有尿潴留作用。颠茄酊剂体内、体外试验中，抗胆碱作用比按其含有的生物碱而预期的作用强(国家中医药管理局《中华本草》编委会，1999)。

颠茄的主要有效成分莨菪碱在提取过程中转变为阿托品，其作用有以下几点。

(1)抑制平滑肌痉挛：阿托品能松弛许多平滑肌，可抑制胃肠道平滑肌的强烈蠕动或痉挛，缓解胃肠绞痛；对于输尿管和膀胱逼尿肌，也有解痉作用。

(2)抑制腺体分泌：阿托品能抑制唾液腺和汗腺，引起口干和皮肤干燥，同时泪腺和呼吸道分泌也大为减少。

(3)对眼平滑肌的作用：阿托品能抑制瞳孔括约肌和睫状肌的收缩，出现扩瞳、眼内压升高。

(4)心血管系统：治疗剂量阿托品(0.5mg)使部分病例心率短暂减慢，较大剂量(1～2mg)使心率加速；能对抗迷走神经过度兴奋所致的传导阻滞和心率失常。对正常人体能提高窦房结的自律性，缩短心房不应期，促进心房内传导。

(5)中枢神经系统：较大治疗量(1～2mg)可轻度兴奋延脑和大脑，用2～5mg时兴奋作用增强，可出现焦躁不安、多言、谵妄；中毒剂量(10mg以上)常产生幻觉、定向障碍、运动失调和惊厥等(肖培根，2001)。

【附注】颠茄根一般于秋季采收，采收生长3年的根，干燥后供用。根部所含生物碱与地上部分基本相同，但含量稍高，作用相同。由于根部不会有叶绿素，故其浸出制剂颜色较浅，多供外用药剂(如搽剂、软膏、硬膏、栓剂)的制备，作为镇痛药，局部应用，以减轻风湿病、神经痛、腰痛、静脉炎、痔疮及肛门瘘的疼痛。

颠茄多用在制药工业上，供制备颠茄酊、颠茄流浸膏及颠茄浸膏等(肖培根，2001)。

颠茄片剂临床用于各种内脏绞痛，如胃肠绞痛、肾绞痛、膀胱刺激症状、尿频尿急等，疗效较好。用于全身麻醉前的给药，以减少呼吸道的分泌，防止分泌物阻塞呼吸道及吸入性肺炎的发生。用于虹膜睫状体炎，可预防虹膜与晶体的粘连和发生瞳孔闭锁。用于治疗迷走神经过度兴奋所致窦房阻滞、房室阻滞等缓慢性心律失常，还可治疗继发于窦房结功能低下而出现的室性异位节律等。

在临床上大剂量阿托品用于抗休克，如暴发型流行性脑脊髓膜炎、中毒性菌痢、中毒性肺炎等所致感染性休克。能解除血管痉挛、舒张外周血管、改善微循环，但作用原理不清楚。此外，还可解救有机磷酸酯类的中毒(肖培根，2001)。

【主要参考文献】

丁宝章，王遂义. 1997. 河南植物志（第三册）. 郑州：河南科学技术出版社：399.

国家中医药管理局《中华本草》编委会. 1999. 中华本草 第19卷（第7册）. 上海：上海科学技术出版社：249~250.

肖培根. 2001. 新编中药志 第三卷. 北京：化学工业出版社：402~406.

泡囊草属 *Physochlaina* G. Don

多年生草本。根粗壮，肉质；根状茎短，圆柱状。茎直立多分枝。单叶互生，叶片全缘，波状或有少数牙齿。花紫色、黄色或白色，有柄，稀近无柄，顶生伞房、伞形、稀头状聚伞花序，有叶状或鳞片状苞，稀无；萼筒状钟形，有微不等长的5萼齿，花后增大包围果实，形状多样，有10条纵肋和明显网纹；花冠钟状或漏斗状，基部圆筒状，檐部稍偏斜，紫色或黄色，稀白色，5浅裂，裂片近相等，在蕾中覆瓦状排列；雄蕊5枚，着生于冠筒中部或下部，等长或不等长，外露或内藏，花丝丝状，花药卵形，药室平行，纵缝开裂；花盘肉质，环状，果期垫座状；子房2室，圆锥状，花柱伸长而向上弯曲，柱头头状，不明显 2 浅裂。果实为蒴果，陀螺状，近膜质，2 室，近中部以上或顶端盖裂；种子多数，肾形，稍侧扁，表面具网纹状凹穴；胚环状弯曲，子叶半圆棒状。约 12 种。分布于喜马拉雅山、中亚至亚洲东部。我国有 7 种，分布于西部、中部和北部。伏牛山区有 1 种，为漏斗泡囊草。

漏斗泡囊草

Loudoupaonangcao

【中文名】漏斗泡囊草

【别名】秦参、二月旺、白毛参、热参、大紫参、华山参

【基原】为茄科植物泡囊草属漏斗泡囊草 *Physochlaina infundibularis* Kuang 的干燥根。

【原植物】漏斗泡囊草为茄科泡囊草属多年生草本。高 25～60cm，除叶片外，全体被腺状短柔毛。根状茎短，粗壮，肉质，垂直生。茎直立，单一或具分枝，枝条纤细，被白色长柔毛。叶互生，草质，卵形、卵状三角形或近戟形，长 6～12cm，宽 2～6cm，先端钝或急尖，基部楔形下延，稀戟形或心形，全缘或浅波状，或具稀疏而不规则的牙齿；叶柄长 3～8cm；伞形聚伞花序顶生；花萼漏斗状钟形，5 中裂，裂片披针形，花后增大成漏斗状，果萼膜质，长约 1.5cm；花冠漏斗状钟形，除筒部略带浅紫色外均为绿色，5 浅裂，裂片卵形；雄蕊 5 枚，着生于冠筒基部。子房近球形，花柱线状，与花冠近等长，柱头头状，不明显 2 裂。蒴果近球形，自中部以上开裂，包藏于漏斗状的宿萼中；种子肾形，淡黄色。花期 3～4 月，果期 4～6 月（中国科学院西北植物研究所，1983）。

【生境】生于海拔 1000m 以上的山谷或林下。

【分布】伏牛山区有分布。还分布于山西、陕西等地。

【化学成分】漏斗泡囊草根中含伞形花内酯(umbelliferone)、东莨菪素(scopoletin)、东莨菪苷(scopolin)、法荜枝苷(fabiatrin)、甘草苷元(lliquiritigenin)、槲皮素-3-O-β-D-吡喃半乳糖苷(Quercetin-3-O-β-D-galactopyranoside)、β-谷甾醇(β-Sitosterol)、β-谷甾醇-β-D-吡喃葡萄糖苷(β-sitosterol-β-D-glucopyranoside)、白桦脂酸(betulinic acid)、C21-C23 脂肪酸和红古豆碱(cuscohygrine)（国家中医药管理局《中华本草》编委会，1999）。

【毒性】全草有毒。

【药理作用】

1. 对中枢神经系统的作用

本品煎剂 ig 大白鼠 2g/kg，可使条件反射潜伏期延长，ip 1g/kg 除条件反射潜伏期延长外，大部分动物阳性条件反射被破坏，并有部分动物分化抑制有解除现象，这表示药物在机体内浓度较高时，大脑皮质的内抑制有减弱现象。煎剂 ig 或 ip 给药可使大白鼠、小白鼠、犬的活动明显降低，但对外界刺激还有反应。煎剂能对抗咖啡因、苯丙胺对小鼠引起的兴奋活动，但 ip 煎剂 2～4g/kg 对小鼠的肌肉张力，平衡协调运动无影响，说明

蟾蜍后动物呈现的活动障低，安静现象并非四肢肌肉松弛、平衡协调活动障碍引起，可能是药物对中枢神经系统抑制的结果。ip 煎剂 4g/kg 虽能对抗苯丙胺引起小鼠的兴奋活动，但在剂量为 10g/kg 时（约 1/4 LD$_{50}$ 量）仍不能对抗苯丙胺对小鼠的毒性作用，也不能对抗士的宁、戊四唑对小鼠引起的惊厥。

2. 平喘作用

本品水煎剂灌胃 100mg/kg 有明显的平喘作用（豚鼠组胺喷雾引喘法）。

3. 其他作用

水或乙醇提取物均能解除毛果芸香碱引起的离体兔肠的痉挛，也有对抗它所引起的家兔流涎作用；水或乙醇提取物滴眼时可扩大家兔瞳孔（国家中医药管理局《中华本草》编委会，1999）。

【毒理】小鼠腹腔注射煎剂，半数致死量为 43g/kg。小鼠腹腔注射煎剂的 LD$_{50}$ 为 43g/kg。漏斗泡囊草含阿托品，因此具有阿托品样的药理作用和毒性反应。

【附注】注意事项：忌铁器、五灵脂、皂荚、黑豆、卤水、藜芦等。

【主要参考文献】

国家中医药管理局《中华本草》编委会. 1999. 中华本草 第 19 卷 第 7 册). 上海：上海科学技术出版社：295.

中国科学院西北植物研究所. 1983. 秦岭植物志 第一卷 种子植物（第四册）. 北京：科学出版社：296.

茄属 *Solanum* Linn.

草本、灌木、亚灌木、小乔木，稀藤本，无刺或有刺，无毛或有毛。单叶互生，稀假对生，全缘、波状或分裂，稀羽状复叶。聚伞花序或伞状圆锥花序，稀单生；花两性，全部能孕或花序下部花能孕，上部的花雄蕊退化趋于雄性；萼 5 裂，稀 4 裂，稀在果时增大，不包被果实；花冠辐状、星状或漏斗状辐形，白色，稀紫色、紫红色或黄色，5 浅裂，稀 4 浅裂、半裂或深裂；雄蕊 5 个，稀 4 个，着生于花冠筒，花丝短，花药长圆形，常靠合成一圆柱形，顶端孔裂；子房 2 室，胚珠多数，柱头钝圆，罕为 2 浅裂。浆果，球形、椭圆形、扁圆形或梨形，黑色、黄色、橙色或红色；种子多数，卵形或肾形，扁平，有网纹状凹穴。约 2000 种。分布于全世界热带、亚热带，少数分布于温带，主产南美洲的热带。我国有 39 种，14 变种。河南有 12 种，3 变种。

珊 瑚 樱

Shanhuying

CORAL SAKURA

【中文名】珊瑚樱

【别名】冬珊瑚、红珊瑚、龙葵、四季果、看果、吉庆果、珊瑚子、玉珊瑚、野辣茄、野海椒

【基原】茄科茄属植物珊瑚樱 *Solanum pseudocapsicum* Linn.，以根入药。秋季采，晒干。

【原植物】珊瑚樱为茄科茄属直立分枝小灌木，高达 2m，全株光滑无毛。叶互生，狭长圆形至披针形，长 1～6cm，宽 0.5～1.5cm，先端尖或钝，基部狭楔形下延成叶柄，边全缘或波状，两面均光滑无毛，中脉在下面凸出，侧脉 6～7 对，在下面更明显；叶柄长 2～5mm，与叶片不能截然分开。花多单生，很少呈蝎尾状花序，无总花梗或近于无总花梗，腋外生或近对叶生，花梗长 3～4mm；花小，白色，直径 0.8～1cm；萼绿色，直径约 4mm，5 裂，裂片长约 1.5mm；花冠筒隐于萼内，长不及 1mm，冠檐长约 5mm，裂片 5，卵形，长约 3.5mm，宽约 2mm；花丝长不及 1mm，花药黄色，矩圆形，长约 2mm；子房近圆形，直径约 1mm，花柱短，长约 2mm，柱头截形。浆果橙红色，直径 1～1.5cm，萼宿存，果柄长约 1cm，顶端膨大。种子盘状，扁平，直径 2～3mm。花期初夏，果期秋末（中国科学院《中国植物志》编辑委员会，1992）。

【生境】栽培种植，有逸生于路边、沟边和旷地。

【分布】伏牛山区有栽培。原产南美。安徽、江西、广东、广西等地均有栽培。

【化学成分】从根中分得 7 个黄酮苷，其中 6 个分别为槲皮醇-3-二鼠李糖葡萄糖苷（quercitol-3- dirhamnoglucoside）、槲皮醇-3-鼠李糖苷（quercitol-3- rhamnoglucoside）、槲皮醇 -3- 单葡萄糖苷（quercitol-3-monoglucoside）、山奈酚 -3- 二鼠李糖葡萄糖苷（kaempferol-3- rhamnoglucoside）、山奈酚-3-单葡萄糖苷（kaempferol-3- monoglucoside）。根中含香豆素衍生物、生物碱 [毛叶冬珊瑚碱（solanocapsine）、珊瑚樱根碱（solacasine）]（国家中医药管理局《中华本草》编委会，1999）。

【毒性】珊瑚樱全株有毒，叶比果毒性更大。人畜误食会引起头晕、恶心、思睡、剧烈腹痛、瞳孔散大等中毒症状，但其根可供药用。

【药理作用】果、叶、根、茎所含之毛叶冬珊瑚碱对心肌有直接作用，阻碍心节律点的冲动形成，因而使心跳变慢，并延缓传导。高浓度使心功能失调，产生窦性心律不齐、房性期外收缩及窦性或房室阻断、心肌衰弱等。

毛叶冬珊瑚碱在 3μg/mL 时，能抑制结核杆菌生长，根也有抗结核杆菌作用。叶对金黄色葡萄球菌有抗菌作用。果实无抗菌作用。（国家中医药管理局《中华本草》编委会，1999）。

【主要参考文献】

国家中医药管理局《中华本草》编委会. 1999. 中华本草 第 19 卷（第 7 册）. 上海：上海科学技术出版社：313.

中国科学院《中国植物志》编辑委员会. 1992. 中国植物志 第六十七卷（第一分册）. 北京：科学出版社：80.

马 铃 薯

Malingshu

POTATO

【中文名】马铃薯

【别名】洋芋、土豆、山药蛋、阳芋、洋番薯、山洋芋、地蛋、洋山芋、荷兰薯、薯仔、茨仔

【基原】为茄科植物马铃薯 *Solanum tuberosum* Linn. 的块茎。夏、秋季采收，洗净，鲜用或晒干。

【原植物】马铃薯为茄科茄属一年生草本植物，高 30～80cm，无毛或被疏柔毛。地下茎块状，扁圆形或长圆形。奇数羽状复叶，小叶常大小相间，卵形或长圆形，最长者达 6cm，最小者长不及 1cm，顶端尖，基部稍不等，全缘，两面均被白色疏柔毛；叶柄长 2.5～5cm。伞形花序顶生，后侧生；花萼钟状，有疏柔毛，5 裂，裂片披针形；花冠辐状，白色或蓝紫色，直径 2.5cm，5 浅裂，裂片三角形；雄蕊 5 个；子房卵圆形，无毛，柱头头状。浆果圆球形，无毛，直径 1.5cm。花期 5～8 月（丁宝章和王遂义，1997）。

【生境】需要较冷凉的气候条件。

【分布】伏牛山区广泛栽培。全国各地均有栽培。

【化学成分】块根含生物碱糖苷，其苷元为：茄啶(solanidine)、莱普替尼定(leptinidine)、番茄胺(tomatidine)、乙酰基莱普替尼定(acetylleptinidine)，含生物碱、α-查茄碱(α-chaconine)、α-茄碱(α-solanine)和槲皮素(quercetin)。还含胡萝卜素类物质：董黄质(violaxanthin)、新黄质(neoxanthin)A、叶黄素(lutein)。含必需氨基酸苏氨酸(threonine)、缬氨酸(valine)、亮氨酸(leucine)、异亮氨酸(isoleucine)、苯丙氨酸(phenylalanine)、赖氨酸(lysine)、甲硫氨酸(methionine)及其他多种氨基酸。块根还含多种有机酸：枸橼酸(citric acid)、苹果酸(malic acid)、奎宁酸(quinic acid)、琥珀酸(succinic acid)、延胡索酸(fumaric acid)、草酸(oxalic acid)、癸酸(capric acid)、月桂酸(lauric acid)、肉豆蔻酸(myristic acid)、止权酸(abscisic acid)、赤霉酸(gibberellic acid)。此外，还含丙烯酰胺(acrylamide)、植物凝集素(lectin)（国家中医药管理局《中华本草》编委会，1999）。

【毒性】发芽的马铃薯，带青色的块根肉中含很小量的茄碱，对人体不仅有害，而且在某些情况下(储藏并不增加含量)，茄碱含量可较正常增高 4～5 倍，甚至超过 0.4g/kg，而 0.2g 游离茄碱即可产生典型的皂碱毒反应。症状虽严重，但不致死亡。有报告小孩服用发绿的马铃薯，发生严重胃肠炎而死亡者。

【药理作用】

1. 对某些酶的抑制作用

从马铃薯块根线粒体中分离出的内源性 ATP 酶抑制蛋白，它对 F1-ATP 酶的抑制作用需要 Mg^{2+}-ATP 存在。对分离出的酵母菌种 F1 的 IC_{50} 为 140μg 抑制剂/mg F1。这种抑制剂对分离出的酵母菌 F1 也有强大的 ATP 酶抑制作用。大鼠每 100g 食物加入 100mg、200mg 的从马铃薯分离出的胰蛋白酶抑制剂，在为期 28d 的短期试验中，可减少酪蛋白利用，大鼠胰腺肿大；在为期 95 星期的长期试验中，该抑制剂可产生剂量依赖性的胰腺病理改变，胰腺有小结增生和腺泡瘤。马铃薯中得到的一种蛋白酶抑制物(POTⅡ)可增加缩胆囊素(CCK)释放，因为内源性 CCK 在控制食物吸收方面有重要作用，所以该物质可能在减少食物吸收方面有一定作用。在 11 位男性实验中，1.5g POTⅡ加入高蛋白汤中，给予口服，可使能量吸收减少达 17.5%。链脲霉素诱导的糖尿病大鼠皮肤伤口处蛋白水解酶活性增加，胶原生物合成减慢。从马铃薯中得到的组织蛋白酶 D 抑制剂外用可使蛋白质水解活性恢复正常，胶原生物合成也加快。

2. 其他作用

马铃薯的水透析液可抑制某些致癌物质对鼠伤寒沙门氏菌的致突变作用。马铃薯、米饭平均半数胃排空时间为 71min、86min。因为血糖指数和胃排空时间呈负相关，所以相比马铃薯，米饭更适合糖尿病人食用。大鼠实验表明，马铃薯中的茄碱注射，可升高血糖，α-或 β-肾上腺素能受体阻断剂均能抑制此作用。植物凝集素试验中，马铃薯可作为大鼠甲状腺肿瘤的特异性标记物（国家中医药管理局《中华本草》编委会，1999）。

【主要参考文献】

丁宝章，王遂义. 1997. 河南植物志（第三册）. 郑州：河南科学技术出版社：409~410.

国家中医药管理局《中华本草》编委会. 1999. 中华本草 第19卷（第7册）. 上海：上海科学技术出版社：317~318.

野　茄

Yeqie

WILD EGGPLANT

【中文名】野茄

【别名】丁茄、颠茄树、牛茄子、衫钮果、黄天茄、黄水茄、凝固茄、黄刺茄、苦天茄、洋苦茄、狗茄子、龙葵、野茄子、野辣子

【基原】为茄科植物野茄 *Solanum coagulans* Forsk. 的根、叶、果实。夏、秋季采根、叶，秋、冬季采果，鲜用或晒干。

【原植物】野茄为茄科茄属一年生草本，高 20～90cm。茎直立，多分枝，有时基部木质化，有纵棱，沿棱被微柔毛。叶卵形，长 2.5～8cm，宽 1.5～5cm，先端短尖，基部宽楔形，下延至叶柄，全缘或具不规则波状齿，无毛或两面均被稀疏柔毛；叶柄长 1～2cm。蝎尾状花序，腋外生；总花梗长 1～2.5cm；花梗下垂，长约 5mm；花萼杯状，绿色，5 浅裂，被疏柔毛；花冠辐状，白色，5 深裂，裂片卵状三角形；雄蕊 5 枚，花丝短，花药顶孔开裂；子房 2 室，卵形，花柱长 1.5mm，中部以下被白色柔毛，柱头头状。浆果球形，直径 5～8mm，熟后紫黑色，基部有宿萼；种子多数，近卵形，压扁状。花期 6～9 月，果期 8～10 月（中国科学院西北植物研究所，1978）。

【生境】生于路旁或田野。喜温暖湿润的气候。对土壤要求不严，以比较肥沃而排水良好的砂质壤土较好。见于海拔 180～1100m 的灌木丛中或缓坡地带。

【分布】产自伏牛山区。我国各地均有分布。

【化学成分】地上部分含澳洲茄碱（solasonine）、澳洲茄边碱（solamargine）、β-澳洲茄边碱（β-solamargine）。橙色果实中含 α-胡萝卜素（α-carotene），果实中还含有植物凝集素（lectin）、澳洲茄胺（solasdine）、N-甲基澳洲茄胺（N-methylsolasodine）、12β-羟基澳洲茄胺（12β-hydroxysolasosine）、番茄烯胺（tosodine）、毛叶冬珊瑚碱（solanocapsine）、替告皂苷元（tigogenin）、26-O-（β-D-吡喃葡萄糖基)-22-甲氧基-25D-5α-呋甾烷-3β,26-二醇-3-O-β-石蒜四糖苷 [26-O-（β-D-glucopranosyl)-22-methoxy-25D-5α-urostan-3β,26-diol-3-

Oβ lycotenaoside]、去半乳糖蒂岢皂苷(deoguluotoilgenin)、蒂岢皂苷元四糖苷 SN-4(tigogenin tetraoside SN-4)、SN-a 即澳洲茄胺、SN-b 即澳洲茄醇胺(solanaviol)、SN-d 即 12β-羟基-26-去甲澳洲茄胺-26-羟酸(12β-hydroxy-26-norsolasodine-26-carboxylic acid)、SN-e 即澳洲茄醇胺-3-β-茄三糖苷(solanaviol-3-β-solatrioside)、SN-f 即 12β,27-二羟基澳洲茄胺-3-β-马铃薯三糖苷(12β,27-dihydroxysolasodine-3-β-chacotrisoide)。果实中尚含有 α-澳洲茄边碱(α-solamargine)、α-澳洲茄碱(α-solasonine)、乙酰胆碱(acetylcholine)。果实中的脂肪和生物碱的含量在成熟期间逐渐增加,如澳洲茄胺不成熟时占 4%～5%,成熟后占 5%～6%,但茄啶(solanidine)在果实不成熟时含有,成熟后却消失了。种子油中含有胆甾醇(cholesterol)。从根茎中分得龙葵皂苷(uttroside)A、B,龙葵螺苷(uttronin)A、B。

叶中含槲皮素-3-O-(2gla-α-鼠李糖基)-β-葡萄糖基(1→6)-β-半乳粮苷[quercetin-3-O-(2cal-α-rhamnosyl)-β-glucosyl(1→6)-β-galactoside]、槲皮素-3-O-α-鼠李糖基(1→2)-β-半乳糖苷[quercetin-3-O-α-thamnosyl(1→2)-β-galctoside]、槲皮素-3-β-葡萄糖基(1→6)-β-半乳糖苷[quercetin-3-β-glucosyl(1→6)-β-galactoside]、槲皮素-3-龙胆二糖苷(quercetin-3-gentiobioside)、槲皮素-3-半乳糖苷(quercetin-3-galactoside)、槲皮素-3-葡萄糖苷(quercetin-3-glucoside)。此外,还含有 23-O-乙酰基-12β-羟基澳洲茄胺(23-O-acetyl-12β-hydroxysolasodine)(国家中医药管理局《中华本草》编委会,1999)。

【药理作用】

1. 抗炎作用

提取物对动物有抗炎作用。澳洲茄胺有好的肌松样作用,降低血管通透性及透明质酸酶的活性;对动物的过敏性、烧伤性、组织胺性休克有某些保护作用,还能增加小鼠胰岛素休克的存活率,并能促进抗体的形成。

2. 对血糖的影响

野茄提取茄碱对大鼠腹腔注射时(50～100mg/kg),可升高血糖(苷元无此作用),但对四氧嘧啶性糖尿病大鼠,则血糖不升高。

3. 对中枢神经的作用

所含澳洲茄胺0.5mg/kg给予大鼠或家兔可增强大脑皮质对刺激的反应性和增进条件反射活动,连续给药 5～10d 或一次给予 5mg/kg 则所得结果相反,大剂量会降低痛觉的敏感性。结果表明,澳洲茄碱小量能增强动物(大鼠、兔)中枢神经系统的兴奋过程,大量则增强抑制作用。

4. 降压

野茄煎剂 0.5g/kg 静脉注射可使麻醉犬血压下降,心率变慢,15g/kg 灌胃也可使肾型高血压犬血压下降。

5. 对免疫功能的影响

野茄煎剂 10g/kg 腹腔注射,可提高小鼠体内自然杀伤细胞的活性。

6. 对支气管的影响

对支气管哮喘有良好功效,这是由于其叶、茎的醇提取物中的生物碱部分,能使肺、支气管组织中的组织胺耗竭,其中所含硝酸钾的无机盐类的祛痰作用也发挥部分作用。

7. 其他作用

据初步试验，野茄果有镇咳、祛痰作用。亦有报告野茄有阿托品样作用。澳洲茄碱对心脏有兴奋作用，龙葵碱则为抑制作用，两者对平滑肌皆为兴奋。野茄还能降低血液凝固性。抑菌试验表明，野茄煎剂对金黄色葡萄球菌、痢疾杆菌、伤寒杆菌、变形杆菌、大肠杆菌、绿脓杆菌、猪霍乱杆菌均有一定的抑菌作用（国家中医药管理局《中华本草》编委会，1999）。

【主要参考文献】

国家中医药管理局《中华本草》编委会. 1999. 中华本草 第 19 卷（第 7 册）. 上海：上海科学技术出版社：309.

中国科学院西北植物研究所. 1983. 秦岭植物志 第一卷 种子植物（第四册）. 北京：科学出版社：301~302.

野 海 茄

Yehaiqie

WILD SEA EGGPLANT

【中文名】野海茄

【别名】毛风藤、白毛英、毛果、毛和尚头

【基原】为茄科植物野海茄 *Solanum japonense* Nakai 的全草。

【原植物】野海茄为茄科茄属多年生草质藤本，枝细长，近无毛或小枝被疏柔毛。叶三角状宽披针形或卵状披针形，长 2~11cm，宽 1~5cm，先端长渐尖，基部圆形或楔形，全缘或波状，稀自基部 3~5 裂，两面无毛或均被具节疏柔毛，或仅脉上被疏柔毛；叶柄长 0.5~3cm。聚伞花序顶生或腋外生；总花梗长 8~15mm，果期梗先端稍膨大；花萼浅杯状，5 裂，萼齿三角形，花冠紫色，基部具 5 个绿色斑点，5 深裂，裂片披针形；雄蕊 5 枚，花药狭长圆形，顶孔开裂；子房卵形，花柱纤细，柱头头状。浆果球形，直径 5~10mm，熟后红色；种子肾形。花期 7~8 月，果期 8~9 月（中国科学院西北植物研究所，1978）。

【生境】生于海拔 600~1600m 的山谷或疏林下。

【分布】伏牛山区分布较普遍。分布于东北及河北、陕西、青海、新疆、江苏、安徽、浙江、河南、湖南、广东、广西、四川和云南等地。日本、朝鲜也产。

【化学成分】从叶中分得两个甾体化合物（steroidal compound）Sj-1、Sj-2。浆果中分得 Sj-2、Sj-3（澳洲茄边碱）。

【毒性】果有毒。

【主要参考文献】

中国科学院西北植物研究所. 1983. 秦岭植物志 第一卷 种子植物（第四册）. 北京：科学出版社：304.

烟草属 *Nicotiana* Linn.

一年生草本，亚灌木或灌木，常有腺毛。单叶互生，有柄或无柄，全缘稀波状。花序顶生，圆锥状或总状聚伞花序，或者单生；花有或无苞片；花萼整齐或不整齐，卵形或筒状钟形，5裂，果时常宿存并稍增大，不完全或完全包围果实；花冠整齐或稍不整齐、筒状、漏斗状或高脚碟状，筒部伸长或稍宽，5裂至几乎全缘，花开时直立、开展或外弯；雄蕊5个，着生在花冠筒中部以下，不伸或伸出花冠，花药纵裂；花盘杯状；子房2室。蒴果2裂至中部或近基部；种子多数、偏压，胚几乎通直或多少弯曲。约600种，分布于南美洲、北美洲和大洋洲。我国栽培4种，河南有2种。

烟　草

Yancao

TOBACCO

【中文名】烟草

【别名】野烟、淡把姑、担不归、金丝烟、相思草、返魂烟、仁草、八角草、金毕醮、淡肉要、淡巴菰、鼻烟、水烟、菸草、贪极草、延合草、穿墙草、土烟草、金鸡脚下红、烟叶、土烟

【基原】为茄科植物烟草 *Nicotiana tabacum* Linn. 的叶。

【原植物】烟草为茄科烟草属一年生草本植物。高 0.8～1.5(2) m，全株被腺毛。茎直立，粗壮，被柔毛，基部稍木质化，上部多分枝。单叶互生，叶片大，长圆状披针形、披针形或卵形，长 6～30(70) cm，宽 2～16(30) cm，全缘或微波状，先端渐尖，基部渐狭而半抱茎；无明显叶柄或具狭翼状叶柄。圆锥花序或总状花序，顶生，长 4～5cm，有苞片；花具花梗；花萼筒状钟形，绿色，5裂，裂片三角状披针形，大小不等；花冠漏斗状，长 3～5cm，粉红色，裂片先端急尖；雄蕊5枚，1枚较短，内藏，花药长圆形，花丝基部被毛。蒴果卵状球形，与宿萼近等长，长约 1cm，熟后 2瓣裂；种子多数，圆形或宽卵圆形，细小，略扁，褐色。花期 6～9月，果期 7～10月(中国科学院西北植物研究所，1983)。

【生境】宜高温多雨地区，以排水良好的砂质壤土为佳。

【分布】伏牛山区有栽培。我国南北各地广为栽培。

【化学成分】叶含烟酸(nicotine)、去甲烟碱(nornicotine)、毒藜碱(anabasine)、去氢毒藜碱(anatabine)、烟碱烯(nicotyrine)、N'-乙基去甲烟碱(N'-ethylnornicotine)，含多种有机酸，如杜鹃花酸(azelaic acid)、D-β-苯基乳酸(D-β-phenyllactic acid)、2-异丙基苹果酸(2-异丙基-5-氧代己酸，2-isopropyl-5-oxohexanoic acid)、另异闪白酸(alloisoleucic acid)、α-羟基异己酸(α-hydroxyisocaproic acid)、α-羟基异缬草酸(α-hydroxyisovaleric acid)、β-羟基-β-甲基缬草酸(β-hydroxy-β-methylvaleric acid)、β-羟基异己酸、顺式和反式-对-香豆酸(*cis,trans-p*-coumaric acid)、顺式和反式-阿魏酸(*cis,trans*-ferulic aicd)、顺式

和反式-咖啡酸(*cis,trans*-caffeic acid)、顺式和反式-芥子酸(*cis,trans*-sinapic acid)、邻-、间-和对-羟基苯甲酸(*o-,m-, p*-hydroxybenzoic acid)、邻-羟基苯乙酸(*o*-hydroxyphenylacetic acid)、2,5-二羟基苯甲酸(2,5-dihyroxybenzoic acid)、3,4-二羟基苯甲酸、2,3-二羟基苯甲醛(2,3-dihydroxybenzaldehyde)、2,5-二羟基苯甲醛、3,4-二羟基苯甲醛、二羟基桂皮醛(dihydroxycinnamaldehyde)、二羟基萘甲酸(dihydroxynaphthoic acid)。咖啡酸是其中的主要化合物。脂肪酸包括丙二酸(malonic acid)、玻珀酸(succinic aicd)、延胡索酸(fumaric acid)、苹果酸(malic acid)、枸橼酸(citric acid)、甲酸(formic acid)、乙酸(acetic acid)、异缬草酸(isovalericacid)、缬草酸(valeric acid)、己酸(hexanoic acid)、辛酸(octanoic acid)。叶还含绿原酸(chlorogenic acid)、4-和5-*O*-咖啡酰硅宁酸(4-,5-*O*-caffeoylquinic acid)、芸香苷(rutin)、山奈酚-3-鼠李葡萄糖苷(kaempferol-3-rhamnoglucoside)、东茛菪素(scopoletin)、东茛菪苷(scopolin)、13-羟基茄环丁萘酮-*β*-吡喃葡萄糖苷(13-hydroxysolanascone-*β*-glucopyranoside)、15-羟基茄环丁萘酮-*β*-吡喃葡萄糖苷、15-去甲-8-羟基-12*E*-半日花烯-14-醛(15-nor-8-hydroxy-12*E*-labden-14-al)、(7*S*,12*Z*)-12,14-半日花二烯-7,8-二醇［(7*S*,12*Z*)-12,14-labdadiene-7,8-diol］、马粟树皮素(esculetin)、1,2,4-三羟基苯(1,2,4-trihroxybenzen)、2-异丙氢醌(2-iso-propylhydroquinone)、1*β*-乙酰氧基-德贝利烟草醇-12-*O*-四乙酰基-*β*-D-吡喃葡萄糖苷(1*β*-acetoxy-debneyol- 12-*O*-tetraacetyl-*β*-D-glucopyranoside)、茄呢醇(solanesol)，微量生物碱2,4′-联吡啶(2,4′-glucopy ranoside)、2,4-联吡啶(2,4-dipyridyl)、4,4′-联吡啶(4,4′-dipyridyl)，以及几个氨基酸：烟草香素(nicotianine)、烟胺(nicotianamine)、酵母氨酸(saccharopine)。叶中另有一含肌醇的糖基磷神经鞘脂类物质。

花含(1*S*,2*E*,4*S*,6*E*,8*S*,11*S*)-2,6,12(20)-烟草三烯-4,8,11-三醇［(1*S*,2*E*,4*S*,6*E*,8*S*,11*S*)-2,6,12(20)-cembratriene-4,8,11-triol］、(1*S*,2*E*,4*S*,6*E*,8*S*,10*E*)-2,6,10-烟草三烯-4,8,12-三醇12*S*和12*R*-表异构体［12*S*-and 12*R*-epimers of (1*S*,2*E*,4*S*,6*E*,8*E*,10*E*)-2, 6, 10-cembratriene-4,8,12-triol）、(1*S*,2*E*,4*R*,6*E*,8*S*,10*E*)-2,6,10-烟草三烯-4,8,12-三醇的12*S*-和12*R*-的表异构体、烟草三烯-4,6-二醇(cembratriene-4,6-diol)，还含丁香烯(caryophyllene)。

干叶和新鲜花均含有(12*S*,13*S*)-、(12*R*,13*R*)-和(12*R*,13*S*)-的8,13-环氧-14-半日花烯-12-醇［(12*S*,13*S*)-,(12*R*,13*R*)-和(12*R*,13*S*)-8,13-epoxy-14-labden-12-ol］，12,15-环氧-12,14-半日花二烯-8-醇(12,15-epoxy-12,14-labdadiene-8-ol)，(11*E*,13*S*)-和(11*E*,13*R*)-的11,14-半日花二烯-8,13-醇［(11*E*,13*S*)-和(11*E*,13*R*)-11,14-labdadiene-8,13-ol］，(13*E*)-15-乙酰氧基-13-半日花烯-8-醇［(13*E*)-15-labden-8-ol］等7种化合物。

全草含茄环丁萘酮(solanascone)、茄萘醌(solanoquinone)、(3*E*,6*E*)-2,6-二甲基-10-氧代-3,6-十一碳二烯-2-醇［(2*E*,6*E*)-2,6-dimethyl-10-oxo-3,6-undecadien-2-ol］、(2*E*)-3-甲基-4-氧代-2-壬烯-8-醇［(2*E*)-3-methyl-4-oxo-2-nonen-8-ol］、3*ξ*-羟基-4*ξ*,9-二甲基-(6*E*,9*E*)-十二炭二烯二酸［3*ξ*-hydroxy-4*ξ*,9-dimethyl-(6*E*,9*E*)-dodecadienedioic acid］、4,8-二甲基-11-异丙基-6,8-二羟基十五-4,9-二烯-14-酮-1-醛(4,8-dimethyl-11-isopropyl-6,8-dihydroxypentadeca-4,9-dien-14-on-1-al)、(1*S*,2*E*,4*S*,6*R*,7*E*,11*S*)-2,7,12(20)-烟草三烯-4,6,11-三醇［(1*S*,2*E*,4*S*,6*R*,7*E*,11*S*)-2,7,12(20)-cembratriene-4,6,11-triol］、(1*S*,2*E*,4*S*, 7*E*, 10*E*, 12*S*)-2,7,10-烟草三烯-4,12-二醇［(1*S*,2*E*,4*S*,7*E*,10*E*,12*S*)-2,7,10-cembratriene-4,12-diol］、

(1*S*,2*E*,4*S*,7*E*,11*S*,12*S*)-11,12-环氧-2,7-烟草二烯-4,6-二醇[(1*S*,2*E*,4*S*,7*E*,11*S*,12*S*)-11,12-epoxy-2,7-cembradiene-4,6-diol]、4-*O*,8-*O*-二甲基-(1*S*,2*E*,4*R*,6*E*,8*S*,11*E*)-2,6,11-烟草三烯-4,8-二醇[4-*O*-,8-*O*-dimethyl-(1*S*,2*E*,4*R*,6*E*,8*S*,11*E*)-2,6,11-cembratriene-4,8-diol]、4-*O*-甲基-(1*S*,2*E*,4*R*,7*E*,11*E*)-2,7,11-烟草三烯-4,6-二醇[4-*O*-methyl-(1*S*,2*E*,4*R*,7*E*,11*E*)-2,7,11-cembratrene-4,6-diol]、4-*O*,6-*O*-二甲基(1*S*,2*E*,4*R*,7*E*,11*E*)-2,7,11-烟草三烯-4,6-二醇[4-*O*-,6-*O*-dimethyl-(1*S*,2*E*,4*R*,7*E*,11*E*)-2,7,11-cembratriene-4,6-diol]、(1*S*,2*E*,4*S*,7*E*,11*S*,12*S*)-11,12-环氧-4-羟基-2,7-烟草二烯-6-酮[(1*S*,2*E*,4*S*,7*E*,11*S*,12*S*)-11,12-epoxy-4-hydroxy-2,7-cembradien-6-one]、(1*S*,2*E*,4*S*,7*E*,10*E*,12*S*)-4,12-二羟基-2,7,10-烟草三烯-6-酮[(1*S*,2*E*,4*S*,7*E*,10*E*,12*S*)-4,12-dihydroxy-2,7,10-cembratien-6-one]、(1*S*,2*E*,4*S*,8*R*,11*S*,12*E*)-8,11-环氧-2,12-烟草二烯-6-酮[(1*S*,2*E*,4*S*,8*R*,11*S*,12*E*)-8,11-epoxy-2,12-cembradien-6-one]、(1*S*,2*E*,4*S*,8*R*,11*S*)-8,11-环氧-4-羟基-2,12(20)-烟草二烯-6-酮[(1*S*,2*E*,4*S*,8*R*,11*S*)-8,11-epoxy-4-hydroxy-2,12(20)-cembradien-6-one]、(1*S*,2*E*,4*S*,8*R*,11*S*,12*R*)-4,12-二羟基-8,11-环氧-2-烟草烯-6-酮[(1*S*,2*E*,4*S*,8*R*,11*S*,12*R*)-4,12-dihydroxy-8,11-epoxy-2-cembren-6-one]、3,7,11,15-烟草四烯-6-醇(3,7,11,15-cem-bratetrene-6-ol)、1,3-二酰基甘油(1,3-diacylglycerol)、1,2-二酰基甘油(1,2-diacylglycerol)、12*α*-氢过氧基-4*α*,6*α*-二羟基-4*β*,12*β*-二甲基-2,7,10-烟草三烯(12*α*-hydroperoxy-4*α*,6*α*-dihydroxy-4*β*,12*β*-dimethyl-2,7,10-cembratriene)、12*β*-氢过氧基-4*α*,6*α*-二羟这基-4*β*,12*α*-二甲基-2,7,10-烟草三烯、12*α*-氢过氧基4*β*,6*α*-二羟基-4*α*,12*β*-二甲基-2,7,10-烟草三烯、12(20)-去氢-11*α*-氢过氧基-4*α*,6*α*-二羟基-4*β*-甲基-2,7-烟草二烯[12(20)-dihydro-11*α*-hydroperoxy-4*α*,6*α*-dihydroxy-4*β*-methyl-2,7-cembradiene]、12(20)-去氢-11*α*-氢过氧基-4*β*-甲基-2,7-烟草二烯、11-去甲-8-羟基-9-辛辣木烷酮(11-nor-8-hydroxy-9-drimanone)、真鞘碱(octopine)、呋甾醇苷(furostanol glycoside)、螺甾烷苷(spirostan glycoside),还含多元醇,如甘油(glycerine)、丙二烯醇(propylene glycol)、三甘醇(triethylene glycol),所含不饱和烃类主要为新植二烯(nephytadiene,14-二十七烷酮(14-heptacosanone)即肉豆蔻酮[myriston(e)]。

种子富含蛋白质和脂类,含量分别为 21.7%和 38.9%。脂肪酸包括亚油酸(linoleic acid),占76%,棕榈酸(palmitic acid),占7.3%,还有硬脂酸(stearic acid)和芥酸(erucic acid)。种子中主要的三酰甘油为甘油三亚油酸酯(trilinolein)和甘油棕榈酸二亚油酸酯(palmitodilinolein);甾醇部分有胆甾醇(cholesterol)、*β*-谷甾醇(*β*-sitosterol)、豆甾醇(stigmasterol)、菜油甾醇(campesterol);三萜醇有环木菠萝烯醇(cycloatenol)、环木菠萝烷醇(cycloartanol)、24-亚甲基环木菠萝烷醇(24-methylenecycloartanol)。

烟草含挥发油,其碱性部分含糖醛(furfural)、2-甲基糖醛(2-methylfurfural)、苯甲醛(benzaldehyde)、5-甲基糖醛(5-methylfurfural)、2-糖醇(2-fufrurylol)、苯甲醇(benzyl alcohol)、苯乙醇(phenylethyl alcohol)、*α*-吡咯基甲酮(*α*-pyrryl methyl ketone)、吡咯-2-甲醛(pyrrol-2-aldehyde)、戊醇(pentanol)、2-甲基-5-乙酰基呋喃(2-methyl-5-acetylfuran)。另外,烟草中还含芳香性成分:(*E*)-3-甲基-3-壬烯-4-酮[(*E*)-3-methyl-3-nonene-4-ketone]、(*E*)-1-(2,3,6-三甲基苯基)-2-丁烯-1-酮[(*E*)-1-(2,3,6-trimethylphenyl)-2-butene-1-ketone]、15-十五酸内酯(pentadecan-15-olide)、8*α*,13:9*α*,13-二环氧-15,16-二去甲半日花烷(8*α*,13:9*α*,13-idepoxy-15,16-dinorlabdane)、(*Z*)-9-十八碳烯酸-18-内酯[(*Z*)-octadec-9-en-

18-olide]、(E)-2-亚乙基-6,10,14-三甲基十五醛[(E)-2-ethylidene-6,10,14 -trimethylpentadecanal]、辛辣木-8-烯-11-醛（drim-8-en-11-al）、13,14,15,16-四去甲半日花-8-烯-12-醛（13,14,15,16-tetranorlabd-8-en-12-al）、13,14,15,16-四去甲半日花-8(17)-烯- 11-醛[13,14,15,16-tetranorlabd-8(17)-en-11-al]、15,16-二去甲半日花-8-烯-13-酮（15,16-dinorlabd-8-en-13-one）、15,16-二 去 甲 半 日 花 -8(17)- 烯 -13- 酮 ［15,16-dinorlabd-8(17)-en-13-one］、 2- 十 三 酮（2-tridecanone）、苯乙醇异缬草酸酯（2-phenylethyl isovalerate）（国家中医药管理局《中华本草》编委会，1999）。

【毒性】全草有毒，叶毒性最大，其次是茎、根、花，种子最小。

【毒理】烟草中主要成分为烟碱，占总碱 93%，普通香烟中含量 1%～2%。其他成分含量很少。

烟碱在医疗上无用途，主要为毒理学上的意义；急性中毒时死亡之快，与氰化物相似。成人致死量在 50mg 左右，1 支烟卷即含 20～30mg。但有儿童吞食烟卷数支后仍有得救者，因烟丝中的烟碱吸收较慢，因此先吸收部分即可产生剧烈呕吐，而将留下部分吐出。吸烟是一种相当普遍的习惯，嗜好者认为 1 支烟卷可消除疲劳，提高工作效率；实际上这只是给予吸者精神上的某种满足而已，在客观试验中，吸烟对于脑力或体力劳动者，特别是需要高度准确性的活动，如打靶或投篮球，只有降低成绩的作用。吸烟成习惯者对烟碱的某些急性作用能产生一定耐受性，但与吗啡、阿片等不同，戒除时并无痛苦的戒断症状。每次吸入烟碱量，不仅与烟制品（如烟卷、雪茄、烟斗丝等）中其含量有关，而且与抽吸的深度与速度有关，如在 10min 内抽掉 2/3 烟卷时，大概可吸入 0.2mg 烟碱，如在 5min 内抽 2/3 时，则可吸入 2mg。吸烟过多，可产生各种毒性反应。因其有刺激性，可致慢性咽炎及其他呼吸道症状。支气管炎的发生率，嗜好者（每天 20 支以上）较不吸烟者高 4～7 倍。肺癌似与吸烟有关，在 45 岁后发生肺癌的患者中，每天吸 25 支以上的患者比不吸烟的多 50 倍左右。在胃肠道方面，易得消化失常、神经性胃病、溃疡病及便秘。吸烟与高血压症间的关系，尚不能确定，但一般认为易得期外收缩等心律不齐与冠状动脉病等。而闭塞血栓性脉管炎，几全部见于重吸烟者。过量吸烟还可引起头痛、失眠等神经症状。烟碱在黏膜面极易吸收，如置 2 滴于小狗舌面，1～2min 即可中毒而死；在完整的皮肤表面，亦能吸收而致中毒（国家中医药管理局《中华本草》编委会，1999）。

【主要参考文献】

国家中医药管理局《中华本草》编委会. 1999. 中华本草 第 19 卷（第 7 册）. 上海：上海科学技术出版社：281~282.

中国科学院西北植物研究所. 1983. 秦岭植物志 第一卷 种子植物（第四册）. 北京：科学出版社：310.

茜 草 科

茜草科 Rubiaceae，乔木，灌木或草本。单叶对生或轮生，通常全缘，有托叶。花两性，稀单性，通常辐射对称，稀两侧对称，单生或组成各种花序；花萼筒与子房合生，先端全缘或分裂，有时其中一片扩大成花瓣状；花冠筒状、漏斗状、高脚碟状或辐状，通常 4～6 裂，稀多裂，裂片镊合状或覆瓦状排列；雄蕊与花冠裂片同数而互生，着生花冠筒或喉部，花药 2 室，纵裂，稀孔裂；子房下位，1～10 室，但 2 室为多，花柱丝状，柱头 1～10 裂，胚珠每室 1 个至多个。果实为蒴果，浆果或核果；种子多数具胚乳。500 属，6000 多种，分布于全世界热带和亚热带，少数产温带地区或北极带。我国产 70 属，450 种以上，南北各地均有分布，河南有 10 属，20 种，7 变种。

本科的许多植物含有多种有经济价值的生物碱和黄酮类，如奎宁(quinine)、辛可宁(cinchonine)、辛可尼丁(cinchoniodine)、奎尼丁(quinidine)、钩藤碱(rhynchophylline)、异钩藤碱、柯诺辛因碱(corynoxeine)、异柯诺因碱、柯楠因碱(corynantheine)、二氢柯楠因碱(hirsutine)、硬毛帽木因碱(hirsuteine)、栀子素(gardenin)、栀子苷(gardenoside)、去羟栀子苷(geniposide)、山栀子苷(shanzhiside)、紫茜素(purpurin)、茜素(alizarin)、伪紫茜素(pseudopurpurin)、茜草色素(munjistin)等主要化学成分。据报道本科有毒成分为光泽汀[1,3-二羟基-2-(羟基甲基)蒽醌，lucidin]及其光泽汀苷[lucidin-3-O-primeverosidelucidin (EKU-4)]。

鸡矢藤属 *Paederia*

缠绕藤本。枝叶揉后具臭气味。叶对生，稀 3 或 4 片轮生，具叶柄；托叶通常三角形，早落。花顶生或腋生，呈聚伞花序或圆锥花序，具小苞片；花萼筒陀螺状或卵球形，檐部 4 或 5 裂；花冠筒状或漏斗状，檐部 4 或 5 裂，镊合状排列；雄蕊 4 或 5 个，着生于花冠喉部，花丝极短；花柱 2 个，胚珠每室 1 颗。果实为核果，球形或压扁，果皮薄而易脆，成熟时分裂为 2 个圆形或长圆形的小坚果；种子胚大，胚乳肉质。约 50 种，分布于亚洲、美洲热带和亚热带地区，我国产 11 种。分布于华南、中南、西南及陕西、甘肃等地。河南产 1 种及 1 变种。

鸡 屎 藤

Jishiteng

PAEDERIA SCANDENS

【中文名】鸡屎藤

【别名】鸡矢藤、牛皮冻、臭藤、斑鸠饭、女青、主屎藤、却节、皆治藤、臭藤根、毛葫芦、甜藤、五香藤、臭狗藤、香藤、母狗藤、白毛藤、狗屁藤、清风藤、臭屎藤、鸡脚藤、解暑藤、大鸡屎藤、鸭屎藤、苦藤、玉明砂、鸡屙藤、雀儿藤

【基原】为茜草科植物鸡屎藤 *Paederia scandens* (Lour.) Merr 的全草或根。

【原植物】鸡屎藤为茜草科鸡矢藤属缠绕藤本，长 3～5m；多分枝，无毛或近无毛。叶对生，近革质，叶柄长 1.5～7cm，无毛或被短柔毛；托叶三角形，长 2～3mm，边缘具缘毛；叶片形状和大小变异很大，通常为卵形、卵状长圆形至披针形，长 5～9.5(15)cm，宽 1～5(9)cm，先端急尖至渐尖，基部宽楔形、圆形至浅心形，全缘，两面无毛或背面

稍被短柔毛，叶脉在表面凹下，背面凸起，侧脉 4～6。聚伞花序排成顶生的大型圆锥花序或腋生而疏散少花，末回分枝上的花常呈蝎尾状排列。花无梗或具短梗，小苞片披针形，长约 2mm，无毛或具缘毛；花萼筒陀螺形，长 1～1.5mm，檐部 5 裂片三角形，长约 1mm；花冠淡紫色，筒状，长 1～1.5cm，外面密被粉末状柔毛，内面被白色柔毛，檐部 5 裂片宽三角形，长 1～2mm，先端急尖；雄蕊 5，着生于花冠筒内，花丝长短不等，花药背着；花柱丝状，基部联合。果实球形，成熟后黄色，具光泽，直径 5～7mm，先端具宿存的萼檐。种子浅黑色。花期 6～7 月，果期 8～9 月（丁宝章和王遂义，1997；中国科学院西北植物研究所，1985）。

【生境】生于小溪、河边、村旁路边及灌木林中较阴湿处。

【分布】伏牛山区有分布。除东北和西北外，其余各省区（市）均有分布。印度、中南半岛亦产。

【化学成分】全株含环烯醚萜苷类（iridoid glucoside）：单萜苷类鸡矢藤苷（paederoside）、鸡屎藤次苷（scandoside）、鸡矢藤苷酸（paederisidic acid）、车叶草苷（asperuloside）、去乙酰车叶草苷（deacetyl asperuloside），此外尚含熊果苷（arbutin）、齐墩果酸等萜类化合物，以及脂肪酸等（陈冀胜和郑硕，1987）。

部分化合物结构式如下：

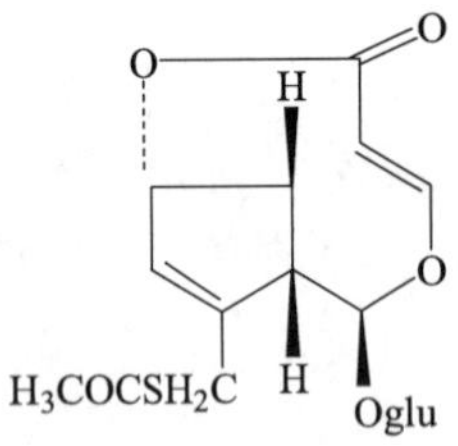

鸡矢藤苷 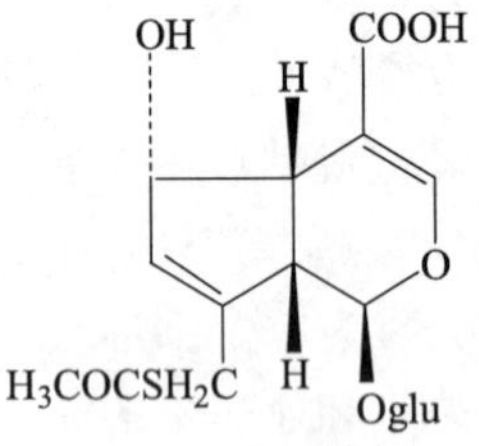　　　　　　　　　　　鸡矢藤苷酸

【毒性】全草有小毒。人过量服用会出现呕吐、腹泻等症状。小鼠腹腔注射全草的乙醚或乙醇提取物 500mg/kg，很快出现活动减少、呼吸困难、共济失调、阵发性痉挛，继而后肢瘫痪，因呼吸抑制而死亡；尚有镇痛作用（陈冀胜和郑硕，1987）。

【药理作用】

1. 镇静、镇痛和抗惊厥作用

鸡屎藤生物碱提取物腹腔注射能抑制小鼠自发性活动，延长戊巴比妥钠睡眠时间，有一定的镇静作用。热板法实验表明，小鼠腹腔注射鸡屎藤叶或根注射液 50～150g/kg后，痛阈提高 1.5～2.8 倍，比吗啡起效较慢而维持较久。鲜鸡屎藤水蒸馏浓缩液腹腔注射，对电刺激小鼠法也获得相同的镇痛效果，并对戊四唑诱发的小鼠惊厥有较强的保护作用，显著提高小鼠存活率。进一步的研究表明，鸡屎藤总挥发油经过精馏后获得的主要成分之一——二甲基二硫化物对家兔膈神经电位发放具有兴奋-抑制双相效应，并且随剂量增加，抑制效应加强。对蟾蜍外周神经干兴奋传导呈明显阻滞效应。对心率和脑电活动也有明显抑制作用。能明显易化青霉素所致大鼠大脑皮层癫痫放电，暴发性高波幅尖波连续发放型癫痫放电频率增加，持续性多棘波形癫痫放电振幅增高，阵发性多棘波形癫痫放电异常放电指数增多。部分动物用药后出现呼吸抑制、心率减慢、心电图波形改变，以及一过性脑波等电位现象，提示二甲基二硫化物具有明显的中枢神经毒性作用。同时，研究认为，二甲基二硫化物对大脑皮层癫痫放电的易化作用可以导致动物产生惊厥，因此，鸡屎藤对抗戊四唑致动物惊厥作用可能是一种阻滞外周神经干的肌肉松弛现象，而非中枢神经抗惊厥作用。

2. 抗菌作用

0.5g/mL 鸡屎藤煎剂对体外金黄色葡萄球菌和福氏痢疾杆菌有抑制作用，浸膏对金黄色葡萄球菌及肺炎链球菌也有抑菌作用。但另有报道，1.0g/mL 的煎剂对金黄色葡萄球菌、绿脓杆菌、痢疾杆菌、伤寒杆菌及大肠杆菌均无抑制作用。体内抗菌试验表明，小鼠腹腔注射 5.0g/mL 鲜鸡屎藤注射液，每日 0.5mL，对腹腔感染大肠杆菌、福氏痢疾杆菌均有保护作用。

3. 对平滑肌作用

鸡屎藤总生物碱能抑制肠肌收缩，并能拮抗乙酰胆碱所致的肠肌挛缩。鸡屎藤注射液有抗组胺所致的肠肌挛缩作用，但对氯化钡引起的肠肌挛缩无效。

4. 其他作用

鸡屎藤注射液和乙醚提取物对蟾酥坐骨神经腓肠肌标本，均有传导阻滞的局麻作用（国家中医药管理局《中华本草》编委会，1999）。

【主要参考文献】

陈冀胜，郑硕. 1987. 中国有毒植物. 北京：科学出版社：286~287.

丁宝章，王遂义. 1997. 河南植物志（第三册）. 郑州：河南科学技术出版社：482.

国家中医药管理局《中华本草》编委会. 1999. 中华本草 第 18 卷（第 6 册）. 上海：上海科学技术出版社：461.

中国科学院西北植物研究所. 1985. 秦岭植物志 第一卷 种子植物（第五册）. 北京：科学出版社：13.

毛 鸡 矢 藤

Maojishiteng

WOOL CHICKEN YATO

【中文名】毛鸡矢藤

【别名】毛鸡屎藤、臭皮藤、臭茎子、迎风子、臭藤、光珠子、青藤、哑巴藤、白鸡屎藤、小鸡矢藤、打屁藤、绒毛鸡屎藤

【基原】为茜草科植物毛鸡矢藤 *Paederia scandens* (Lour.) var.*tomentosa* (Bl.) Hend-Mazz. 的根或全草。

【原植物】毛鸡矢藤为茜草科鸡矢藤属藤本植物。小枝密被白色柔毛。叶对生；具叶柄；叶片卵形、卵状长圆形至披针形，长 5～7cm，宽 3～4.5cm，先端渐尖，基部心脏形，两面均密被白色柔毛；托叶卵状披针形，老时脱落。蝎尾状聚伞状花序排成圆锥花序，腋生或顶生；花白紫色或白色，无梗；萼狭钟状，长约 3mm；花冠筒长 7～10mm，

被粉状柔毛。果球形，黄色。花期 4～6 月（国家中医药管理局《中华本草》编委会，1999）。

本变种与正种的区别在于，茎、叶两面均被毛。

【生境】生于海拔 560～1800m 的山坡草地及路旁灌丛中。

【分布】伏牛山区分布普遍。我国很多省区（市）均有分布。印度、印度尼西亚、马来西亚、日本也有分布。

【化学成分】含挥发油成分：乙戊醚（ethyl amyl ether）、异戊基乙酯（isopentyl acetate）、苯甲醛（benzaldehyde）、乙基己酸酯（ethyl hexanoate）、苯甲酸香叶酯（phenylmethyl formate）、苯甲酸乙酯（phenylmethyl acetate）、2-苯甲酸乙酯（2-phenylethyl acetate）、5,6,7,7 α-四氢-4,4,7 α-三甲基-2(4H)-苯并呋喃酮［5,6,7,7 α-tetrahydro-4,4,7 α-trimethyl-2 (4H)-benzofuranone］、十五烷酸乙酯（pentadecanoic acid ethyl ester）、十六烯酸（hexadecenoic acid）、异戊基葵酯（isopentyl decanoate）（南京中医药大学，2006）。

【主要参考文献】

国家中医药管理局《中华本草》编委会. 1999. 中华本草（第 6 册）. 上海：上海科学技术出版社：464.

南京中医药大学. 2006. 中药大辞典（上册）. 上海：上海科学技术出版社：617.

茜草属 *Rubia* Linn.

多年生直立、蔓生或攀援草本。茎 4 棱，具钩状刺毛。叶 4～6 个轮生，有柄或无柄，托叶叶状。聚伞花序腋生或顶生；花小，萼筒卵形或近球形；花冠辐状，短钟状，裂片 5 个，镊合状排列；雄蕊 5 个，生于花冠筒上，花丝短；花盘小或肿胀；子房 2 室，每室有 1 胚珠，花柱 2 个。浆果，肉质，1 室发育时，果单生，近球形，如 2 室均发育，果孪生，呈双球形；种子近直立，胚乳角状，子叶叶状。60 余种，分布于欧洲、亚洲、美洲和非洲南部的热带和温带地区。我国约 12 种，南北各地均有分布。河南有 4 种，1 变种。

茜　草

Qiancao

RADIX RUBIAE

【中文名】茜草

【别名】小活血、血见愁、锯子草、拉拉藤、小血藤、活血草

【基原】为茜草科植物茜草 *Rubia cordifolia* Linn. 的干燥根及根茎。春、秋二季采挖，除去泥沙，干燥。

【原植物】茜草为茜草科茜草属多年生攀援草本植物；根紫红色或橙红色。茎伸长，粗糙，基部稍木质化；小枝四棱形，棱上具倒生小刺。叶通常 4 片轮生，纸质，叶柄长 1～8cm，沿棱具微小的倒刺；叶片卵形或卵状披针形，长 2～6(9)cm，宽 1～3(5)cm，先端渐尖，基部心形稀圆形，全缘，边缘具利刺，表面粗糙或疏被硬毛，背面疏被刺状

褐色，脉上有微小的刺毛，出出脉3～5，纤细。聚伞花片顶生和腋生，通常组成大而疏松的圆锥花序；小苞片披针形，长 1～2mm。花具短梗；花萼筒近球形，无毛；花冠黄白色或白色，辐状，筒部极短，檐部 5 裂片长圆状披针形，长约 1.5mm，先端渐尖，边缘具缘毛；雄蕊着生于花冠筒喉部，花丝极短，长约 3mm，花药椭圆形；花柱 2 深裂，柱头头状。果实近球形，直径约 5mm，表面平滑，成熟后黑色或紫黑色，内有 1 粒种子。花期 6～7 月，果期 9～10 月（丁宝章和王遂义，1997；中国科学院西北植物研究所，1985）。

【生境】生于山坡岩石旁或沟边草丛中。生于海拔 570～1800m 的山坡林下、路旁草丛、山谷或河边。

【分布】伏牛山区均产，分布普遍。分布于我国东北、华北、西北、华东、西南等地。亚洲热带地区及大洋洲澳大利亚广布。

【化学成分】主要成分为蒽醌及其苷类、萘醌及其苷类和环己肽类（cyclic hexapeptides）化合物。

(1) 蒽醌及其苷类。羟基茜草素（purpurin）、异羟基茜草素（xanthopurpurin）、伪羟基茜草素（pseudopurpurin）、茜草素（alizarin）、茜黄素（rubiadin）、亮黄素乙醚（cucidin ethyl ether）、茜草酸（munjistin）、去甲虎刺素（nordamnacantha）、1-羟基-2-甲基萘醌、1-羟基萘醌、1-羟基-2-甲氧基萘醌、1,3,6-三羟基-2-甲基萘醌、1,4-二羟基-2-甲基萘醌、1-羟基-2-羧基-3-甲氧基萘醌、1,2-二羟基萘醌-2-O-β-D-吡喃木糖-(1→6)-β-D-吡喃葡萄糖苷、1,4-二羟基-6-甲基萘醌、茜草苷（ruberythric acid）、亮黄素樱草糖苷（lucidin-3-primeveroside）、大叶茜草苷甲、大叶茜草苷乙、1-乙酰氧基-2-甲基-6-羟基萘醌-3-O-α-鼠李糖-(1→4)-2-葡萄糖苷、1,3,6-三羟基-2-甲基萘醌-3-O-(6'-O-乙酰基)-β-D-吡喃葡萄糖苷、1,2,4-三羟基萘醌、1,3,6-三羟基-2-甲基萘醌-3-O-β-D-吡喃葡萄糖苷、1,3-二羟基-2-羟甲基萘醌-3-O-β-D-吡喃木糖-(1→6)-β-D-吡喃葡萄糖苷和1,3,6-三羟基-2-甲基萘醌-3-O-β-D-吡喃木糖-(1→2)-β-D-(6'-O-乙酰基)吡喃葡萄糖苷。

(2) 萘醌及其苷类化合物。茜草萘酸，茜草萘酸苷 I 、II ，茜草双酯，大叶茜草素（mollugin），呋喃大叶茜草素[furomollugin，3'-甲氧羰基-4-羟基-萘并 (1',2'-2,3) 呋喃]、双氢大叶茜草素、茜草内酯（rubilactone）、萘酸双葡萄糖苷、2-(3'-羟基)异戊基-3-甲氧羰基-1,4-萘氢醌-1-O-β-D-吡喃葡萄糖苷。

(3) 环己肽类化合物（cyclic hexapeptides）。

(4) 多糖化合物（肖培根，2002）。

部分萘醌及其苷类化合物的化学结构式如下：

茜草萘酸

茜草双酯

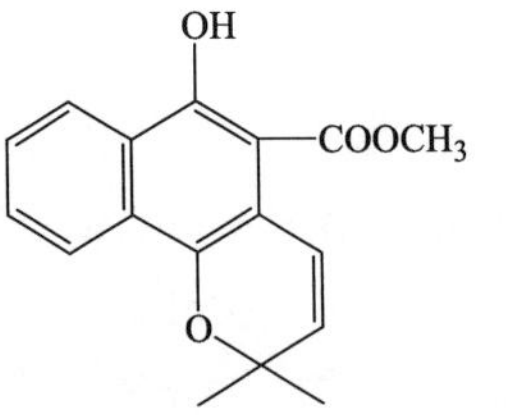

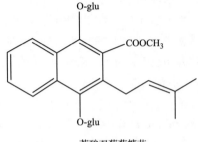

大叶茜草素

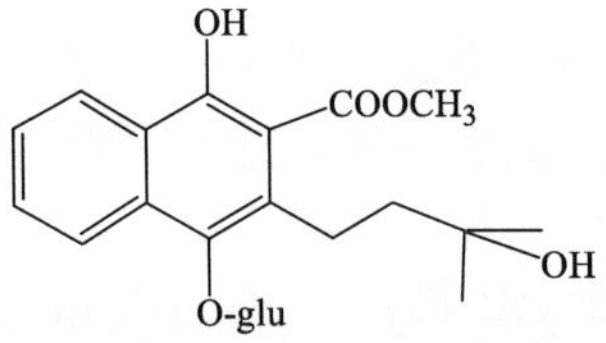

2-(3′-羟基)异戊基-3-甲氧羰基-
1,4-萘氢醌-1-O-β-D-吡喃葡萄糖苷

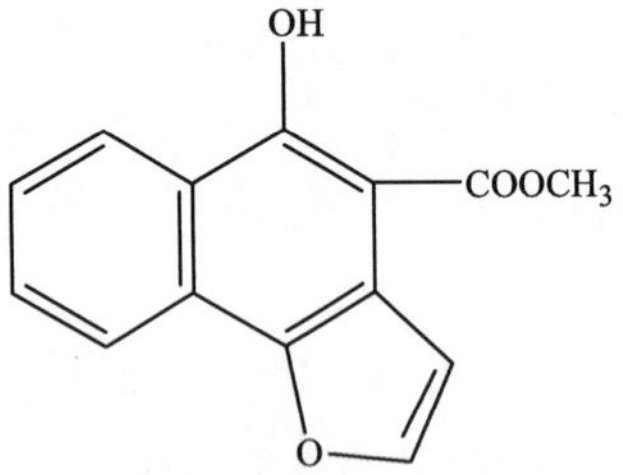

呋喃大叶茜草素

萘酸双葡萄糖苷

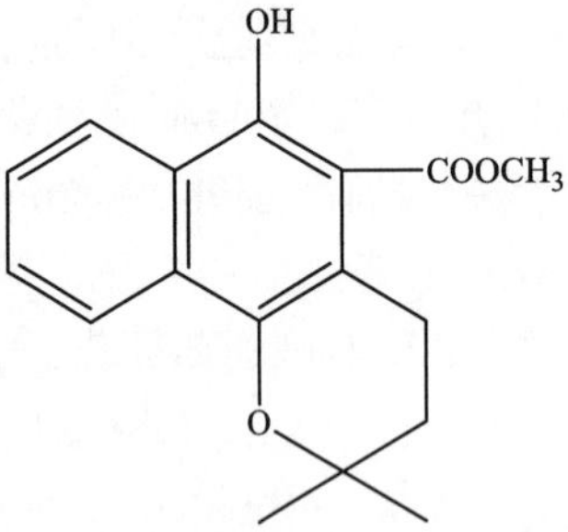

双氢大叶茜草素

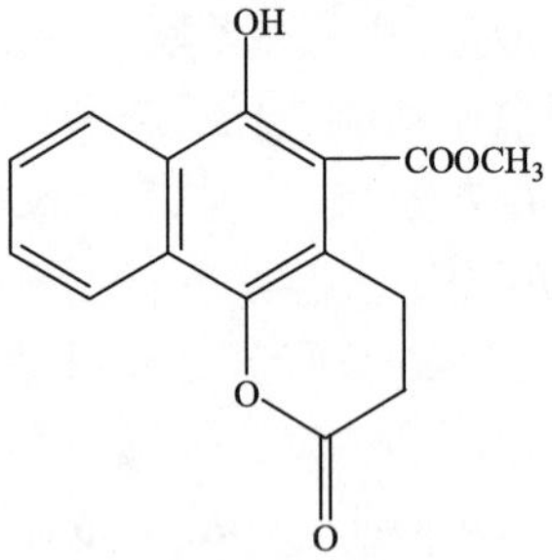

茜草内酯

【毒性】茜草中含有的光泽汀（lucidin）和 EKU-4（lucidin-3-O-primeveroside）具有遗传毒性（司南等，2010）。它们的化学结构式如下：

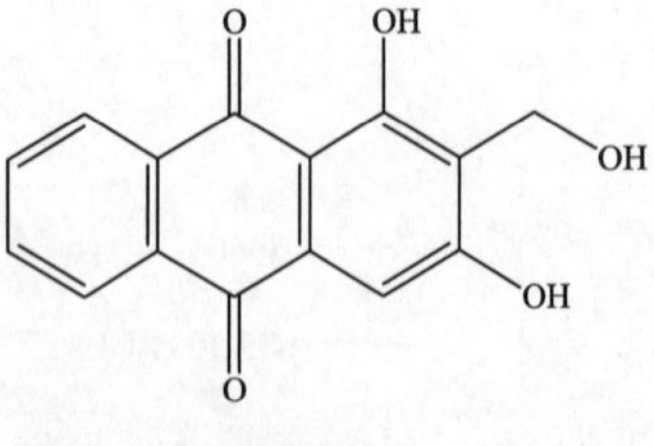

光泽汀

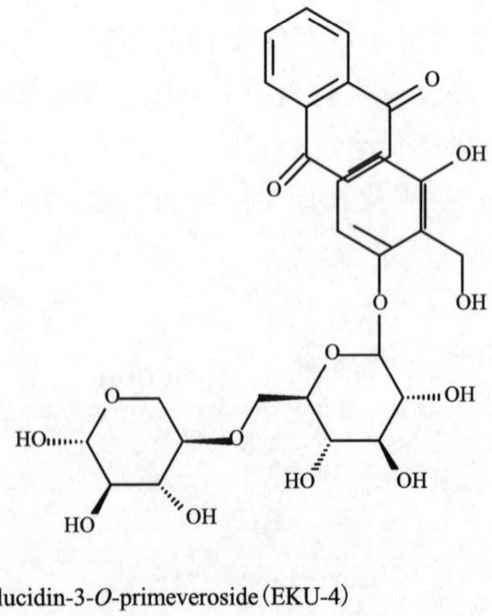

lucidin-3-O-primeveroside（EKU-4）

【药理作用】

1. 止血作用

茜草对凝血三阶段（凝血活酶生成，凝血酶生成，纤维蛋白形成)均有促进作用，而且其凝血作用可能与其抗肝素效能有关，茜草止血作用的有效活性部分是水提取液的正丁醇萃取部分。有报道，动物实验证明茜草具有延长小鼠凝血时间的作用，而茜草炭则能明显缩短小鼠的凝血时间(玻片法测量凝血时间)，家兔口服茜草温浸液后 30~60min 均有明显的促进血液凝固作用，表现为复钙时间、凝血酶原时间及白陶土部分凝血活酶时间缩短，茜草炭口服也能明显缩短小白鼠尾部出血的时间。

2. 抗癌作用

茜草根的甲醇提取物具有显著的抗小鼠 S180 腹水癌和 P388 白血病活性，从中分离到的环己肽类化合物对白血病，腹水癌，P388、L1210、B16 黑色素瘤和实体瘤，结肠癌 38，Lewis 肺癌和艾氏腹水癌均有明显的抑制作用。

3. 对造血系统的作用

升白作用。茜草的水提醇沉干膏对环磷酰胺引起的小鼠白细胞降低有升高作用。茜草双酯是中草药茜草的有效成分茜草酸的化学合成衍生物，具有明显的抗辐射和升高白细胞的作用。茜草双酯对人多形核白细胞受刺激产生的氧自由基有清除作用，这可能与脂溶性的茜草双酯易透过细胞膜有关。给正常小鼠口服茜草双脂 2.5mg/只，服后 4h 白细胞数已有增加，8h 明显增高，以粒细胞升高为主，然后下降恢复到正常；给正常狗口服茜草双酯 200mg，药后 6h 白细胞明显增加，为药前的 174%，18~24h 达最高峰，为药前的 196%~209%，此升高的白细胞主要是中性杆状粒细胞，48h 和 72h 逐渐恢复到给药前水平，正常狗连续 15d 口服茜草双酯 1g/只，24h 后有明显升白作用，维持在给药前的 141%~151%($P < 0.05$)。

4. 抗氧化作用、清除自由基作用

茜草多糖有显著抑制自由基脂质过氧化作用。动物实验表明，茜草多糖对小鼠肝匀浆生成丙二醛二醛(MDA)含量的抑制率为 64.1%，对邻苯三酚产生的氧自由基有显著的抑制作用，对 H_2O_2 所致的红细胞溶血率亦有显著的降低作用。从茜草粗多糖中分别提取得到均一多糖 QA2 和均一糖蛋白 QC，药理实验表明，两者均有明显的清除自由基的作用，其中 QA2 的清除率为 94.59%，QC 的清除率为 93.24%。茜草多糖对大鼠肾缺血再灌注损伤模型有保护作用，其机制为降低 MDA 的含量，显著性增加 SOD、Na^+,K^+ - ATP 酶及 Ca^{2+}-ATP 酶的活性，减轻肾功能的损伤。茜草乙醇提取物给大鼠灌胃，结果对 MDA 的形成有抑制作用，与药物剂量呈正相关，能对抗异丙基茜过氧化氢(CGP)诱导的脂质过氧化反应，且使谷胱甘肽(GSH)含量降低的程度、速度明显低于对照组，茜草多糖有较明显的清除自由基的作用，清除率大于 93%。

5. 对免疫系统的影响

动物实验表明茜草双酯(rubidate)，即升白主要苷元成分，能降低小鼠血清溶血酶含量。

6. 祛痰和抗乙酰胆碱作用

用酚红排泌法实验茜草醇提物的祛痰作用，结果显示，茜草能促进呼吸道分泌。茜草梗煎剂在离体兔回肠能抗乙酰胆碱的收缩作用，梗的水提取物对离体豚鼠子宫有兴奋作用，产后口服亦有加强子宫收缩作用。

7. 抗菌消炎作用

茜草水提取液在体外对金黄色葡萄球菌、白色葡萄球菌有抑制作用，对肺炎双球菌、流感杆菌及部分皮肤真菌也有抑制作用。动物实验表明，茜草具有延长小鼠的凝血时间和明显减轻小鼠耳脓肿作用，而茜草制炭后虽能明显缩短小鼠的凝血时间、减轻小鼠耳郭炎性脓肿，但抗炎作用不及茜草。

8. 护肝作用

小鼠实验表明，茜草水-甲醇提取物对肝脏具有保护作用。小鼠口服其提取物和生理盐水的对照实验表明，小鼠口服提取物对乙酰氨基酚所引起的致死率能显著降低，并缓解其肝毒性，提取物对四氯化碳所致的肝毒性也能明显降低。

9. 其他药理作用

茜草提取物能抑制小鼠的钝态皮肤过敏症（PCA），其抗过敏活性的强度与色甘酸钠、茶碱相当。茜草提取物的水溶部分可明显增加心肌和脑组织中 ATP 含量，对 ADP 引起的大鼠血小板聚集有解聚作用，即有抗心肌梗死的作用（张振英和黄显峰，2007）。

【附注】根供药用，具凉血止血、活血去瘀之功效（中国科学院西北植物研究所，1985）。

【主要参考文献】

丁宝章，王遂义．1997．河南植物志（第三册）．郑州：河南科学技术出版社：485．

司南，杨健，王宏洁，等．2010．液相色谱方法分析茜草中遗传毒性成分 Lucidin 及其苷．中国实验方剂学杂志，16：89~90．

肖培根．2002．新编中药志 第一卷．北京：化学工业出版社：629~630．

张振英，黄显峰．2007．茜草药理作用研究进展．现代中西医结合杂志，16：2172~2173．

中国科学院西北植物研究所．1985．秦岭植物志 第一卷 种子植物（第五册）．北京：科学出版社，：14~15．

卵叶茜草

Luanyeqiancao

EGG LEAF MADDER

【中文名】卵叶茜草

【基原】为茜草科植物卵叶茜草 *Rubia ovatifolia* Z.Y. Zhang 的干燥根及根茎。

【原植物】卵叶茜草为茜草科茜草属多年生攀援草本，长达 1.5m。茎和分枝具棱，光滑或疏生小刺，节间长 10~14cm。叶较大，4 片轮生，纸质，叶柄长 1.5~5.5(9)cm，具倒生小刺；叶片卵圆形，长 2~7(12)cm，宽 2~5(7)cm，先端渐尖稀钝圆，基部近心形或近圆形，全缘，边缘被稀疏的倒生小刺或平滑，表面绿色，疏被短硬毛或近无毛，背面黄绿色，无毛，基出 5 脉，表面凹下，背面稍凸起，两面脉上具微小的倒刺。聚伞花序腋生或顶生；苞片小，披针形，长 1~2mm；总花梗和花梗均纤细，花梗长 1~3mm，无毛。花萼筒近球形，无毛；花冠辐状，白色，筒部长约 1mm，檐部裂片三角形，先端稍内弯，雄蕊伸出，着生于花冠喉部，花丝极短，花药长圆形；花柱 2 裂，柱头球形。果实直径 4~5mm，黑色，无毛，具 1 粒种子。花期 7~8 月，果期 8~9 月。本种与茜草相似，但茎光滑或疏生小刺；叶大，卵圆形，背面无毛；花冠裂片无毛，可以区别（丁宝章和王遂义，1997；中国科学院西北植物研究所，1985）。

【生境】生于海拔 1300～1750m 的山坡或山沟。

【分布】伏牛山区栾川、嵩县、卢氏均有分布，此外陕西（镇巴，平利）、甘肃、四川（巫溪）等地均有分布。

【主要参考文献】

丁宝章，王遂义. 1997. 河南植物志（第三册）. 郑州：河南科学技术出版社：485.

中国科学院西北植物研究所. 1985. 秦岭植物志 第一卷 种子植物（第五册）. 北京：科学出版社：15.

膜 叶 茜 草

Moyeqiancao

THE MEMBRANE LOBES MADDER

【中文名】膜叶茜草

【别名】猪猪藤、大活血丹

【基原】为茜草科植物膜叶茜草 *Rubia membranacea* Diels 的干燥根及根茎。

【原植物】膜叶茜草为茜草科茜草属多年生草本，攀援状或披散状，长达 1m。主根伸长，红褐色，须根丝状，红色。茎和分枝均有棱，被倒向小刺状糙毛。叶 4～6 片轮生，膜质，叶柄长 2～7(11)cm，被钩状刺毛；叶片卵形，稀卵状披针形，长 2～9cm，宽 1～4(7)cm，先端渐尖，基部心形、浅心形或圆形，全缘，边缘具倒向糙毛，表面绿色，背面淡绿色，两面均被小刺状糙毛，基出脉 5，在表面凹下，背面凸起，脉上被小刺状糙毛。聚伞花序腋生或顶生；总花梗长 1～1.5cm。花梗纤细，长 1～3mm；小苞片线形，长 2～4mm；花萼筒近球形，无毛；花小，黄绿色，花冠近辐状，筒部极短，长约 1mm，檐部裂片三角形，开展；雄蕊着生于花冠喉部，伸出；花柱 2 裂，柱头头状。果实球形，直径 3～4mm，黑色，无毛，单生或孪生。花期 6～7 月，果期 8～9 月（丁宝章和王遂义，1997；中国科学院西北植物研究所，1985）。

【生境】生于海拔 1650～3000m 的山沟、林下及山坡草地。

【分布】伏牛山区有分布。山西、陕西、甘肃、青海（东部）、宁夏（六盘山）、四川、云南等地也有分布。

【药理作用】根供药用，功效与茜草相同。生干生热、利尿、消肿、通经、软肝、开通肝阻、利胆除黄。

【主要参考文献】

丁宝章，王遂义. 1997. 河南植物志（第三册）. 郑州：河南科学技术出版社：485.

中国科学院西北植物研究所. 1985. 秦岭植物志 第一卷 种子植物（第五册）. 北京：科学出版社：16.

披针叶茜草

Pizhenyeqiancao

RUBIA LANCEOLATA

【中文名】披针叶茜草

【别名】锯锯藤、沾沾草、老麻藤、锯锯草、拉拉藤、细叶茜草、锯子草、小锯子草、活血草、小禾镰草、锯耳草

【基原】为茜草科茜草属植物披针叶茜草 *Rubia lanceolata* Hayata 的全草。以全草入药。夏季采收，鲜用或晒干。

【原植物】披针叶茜草为茜草科茜草属多年生草本，攀援状或披散状，长达 1m；枝具狭翅，被倒向刺状糙毛，节间较长，节部膨大。叶 4 片轮生，革质，叶柄长 1～9cm，被倒向小刺状糙毛；叶片披针形或卵状披针形，长 2～9cm，宽 0.5～2(3)cm，先端渐尖，基部浅心形至近圆形，全缘，边缘反卷，被倒向小刺状糙毛，表面绿色，有光泽，背面淡绿色，两面脉上均被糙毛或短硬毛，基出脉 3，在表面凹下，背面凸起。聚伞花序排成大而疏散的圆锥花序，顶生和腋生；总花梗长而直立。花梗直而纤细，长约 5mm；小苞片披针形，长 3～5mm；花萼筒近球形，无毛；花冠辐状，黄绿色，筒部极短，檐部 5 裂片宽三角形；雄蕊 5，着生于花冠喉部，伸出；花柱 2 裂，柱头头状。果实球形，直径 4～5mm，成熟后黑色，通常 2 室发育，呈双球形，无毛。种子 2 粒。花期 5～6 月，果期 8～9 月。（丁宝章和王遂义，1997；中国科学院西北植物研究所，1985）。

【生境】生于海拔 600～1820m 的山沟、山坡林下、河滩草地与农田边。

【分布】伏牛山区的栾川、嵩县均有分布。陕西、甘肃、湖北、台湾、广东、广西、四川、贵州、云南等地也有分布。

【化学成分】地上部分含环烯醚萜类成分：车叶草苷(asperuloside)、水晶兰苷(monotropein)、桃叶珊瑚苷(aucubin)。全草含苷类化合物、车前草苷、茜根定–樱草糖苷、伪紫色素苷和 2,2-二甲基萘(1,2-b)吡喃。

【主要参考文献】

丁宝章，王遂义. 1997. 河南植物志（第三册）. 郑州：河南科学技术出版社：486.

中国科学院西北植物研究所. 1985. 秦岭植物志 第一卷 种子植物（第五册）. 北京：科学出版社：17.

菊　　科

菊科 Compositae 是世界，也是中国种子植物最大和最进化的科之一。约 1000 属，25000～30000 种，广布全世界，热带较少。在我国，包括归化及栽培年代已久的菊科植物有 240 属，约 2300 种，隶属于 2 亚科，5 超族，11 族。其中我国特有属 29 属，占我国菊科野生属总数的 13.43%。菊科药用植物约有 120 属，500 多种。

菊科多为草本。叶常互生，无托叶。头状花序单生或再排成各种花序，外具一至多

层苞片组成的总苞，花两性，稀单性或中性，极少雌雄异性。花萼退化，常变态为毛状、刺毛状或鳞片状，称为冠毛；花冠合瓣，管状、舌状或唇状；雄蕊 5，着生于花冠筒上；花药合生成筒状，称聚药雄蕊。心皮 2，合生，子房下位，1 室，1 胚珠。花柱细长，柱头 2 裂。果为连萼瘦果，顶端常具宿存的冠毛。

菊科植物化学成分的复杂性和多样性均居植物界之首，总计 30 余类，几乎包括了所有天然化合物类型，其中以含倍半萜内酯、聚炔类及菊糖为其突出特点。

菊科植物在医药、保健、日用化工等方面已有广泛的应用价值。例如，用来治疗冠心病的红花醇提物片剂，治疗肺结核的大蓟，治疗高血压的北野菊，改善心血管功能的菊花制剂，有抗病毒作用的单叶佩兰，具有平咳、镇喘作用的旋覆花，具利尿、抗肿瘤、抗癌活性的苍耳等。

目前菊科植物在农药方面的研究主要集中在杀虫剂上，关于菊科杀虫植物的介绍，据 Grainge 等的杀虫植物数据库统计，在有杀虫活性的 1600 种杀虫植物中，有 160 种是菊科植物。菊科植物在农药方面的应用当首推除虫菊。早在 1800 年，Jimtiroff 发现高加索部族用除虫菊花粉灭虱蚤。1828 年，已有除虫菊粉杀虫剂出售。近年来的研究表明，菊科植物含有两类特征天然产物，即对昆虫有拒食作用的倍半萜内酯和对许多种生物有机体有光活化毒杀作用的炔类化合物。

与对菊科植物杀虫作用的研究相比，对其杀菌作用的研究较少，但也颇有成效。现已知植物中抗菌、杀菌物质的主要类型有：萜类化合物、芳香族化合物、脂肪族化合物和含氮化合物，而实际上具有抗菌活性的植物有效成分结构类型较多，如生物碱、萜类、黄酮、酚、醇和酯等，几乎涉及各类植物成分。由前面菊科植物化学成分可知菊科植物含有多种杀菌活性成分，具有复合抑菌作用，对病原真菌有多种作用机制，尤其是对那些产孢量大、繁殖周期短、易产生抗性的真菌能从多方面加以抑制，从而延续抗药性的产生。为此，农药工作者从没放弃过对它的研究。从茵陈蒿中分离得到的茵陈素，其对多种植物病原菌有杀菌作用，后来发现从菊科植物中也能分离得；毛蒿素也能防治一系列植物病原菌，且毛蒿素现已进入合成研究。

菊科植物中的有毒成分主要集中在千里光属植物。千里光属植物普遍含有吡咯里西啶类生物碱(PA)。PA 的种类很多，据文献报道，已经从不同植物中分离得到了 300 多个 PA 化合物，菊科千里光属植物是其主要来源。PA 的结构由千里光次碱和千里光次酸 2 个基本部分组成，其结构特征可分为饱和型 PA 或不饱和型 PA 两大类，其中饱和 PA 无明显毒性或毒性较低，而具有 1、2 位不饱和双键形成烯丙醇酯结构的 PA(即不饱和PA)对人类具有强烈的肝毒性。不饱和 PA 的原型化合物毒性较弱，而是在经过肝脏转化成代谢产物后引起肝毒性。千里光属植物全草均含 PA，不同植物的 PA 含量相差较大，多数千里光属植物的总生物碱含量一般不超过 7%，如金色千里光(Senecio)、多裂千里光(Senecio multilobus)、羽叶千里光(Senecio jacobaea)和欧洲千里光(Senecio vulgaris)的总生物碱含量分别约为 0.02%,0.9%,0.2%~0.3%,0.16%。但也有例外，如 Senecio riddellii 叶中的总生物碱含量可高达 18%。同一植物不同部位的 PA 含量也有较大的差别，果实、叶中含量较高。同一植物不同生长期 PA 含量也不相同，幼苗的 PA 含量高于成熟植物，花蕾形成期的含量达峰值。开花前 PA 含量约占干物质的 1.2%，开花后 PA 约占干物质的 0.4%～0.5%。

　　不饱和PA在植物界分布极为广泛，除了存在于千里光属外，还存在于菊科款冬属（如款冬花）、蜂斗菜属（如蜂斗菜）、泽兰属、紫草科的紫草属（如紫草）、天芥菜属（如大尾摇）、倒提壶属和豆科的猪屎豆属（如农吉利、猪屎豆）等植物中。

　　PA原型化合物的毒性很小，而由肝脏微粒体酶代谢后可形成较小的代谢吡咯（为生物碱的脱氢形式），后者为有毒的代谢中间体，反应活性很高。代谢吡咯具有很强的亲电性，能与肝脏中的大分子，如酶、蛋白质、DNA、RNA以共价结合，并聚集于肝脏。代谢吡咯与DNA结合，抑制有丝分裂，可诱导形成巨大肝细胞（细胞体积增大10～30倍），肝细胞核染色体增加和细胞核增大，同时造成肝细胞代谢和功能紊乱，肝细胞发生脂肪变性、裂解或坏死。造成了细胞染色体的损伤，并聚集于肝脏，引起肿瘤发生。当肝损伤后，吡咯代谢产物可溢出或渗透到肺脏，造成肺损伤，可引起肺水肿和胸膜渗液。从化合物构效关系分析可知，含2个羟基的次碱和二元羧酸的次酸形成大环双酯型PA，其中，千里光宁、千里光菲灵及肾形千里光碱的毒性最大，随着次碱部分的羟基增加，其毒性相应降低。

下　田　菊

Xiatianju

COMMON ADENOSTEMMA

【中文名】下田菊

【别名】白龙须、云南思茅、水胡椒、风气草、汗苏麻

【基原】菊科下田菊属植物下田菊 Adenostemma lavenia (Linn.) Kuntze 的全草。

【原植物】多年生草本，高30～100cm。茎直立，基部稍平卧，着地生根，上部分枝，紫红色，有细毛，下部光滑。叶对生，叶片广卵形或卵状椭圆形，基部楔形，有柄，边缘有粗锯齿，叶面略有皱纹，具疏毛。秋季开白色或黄色小花，头状花序半球形，直径6～8mm，有长梗，排列成顶生疏散、2或3枝的圆锥花序；总苞片短圆形，约2列；花全为管状，两性对称，5裂，外面常有毛；花药截头状，顶部有一腺状尖头，基部钝；花柱分枝。瘦果倒椭圆形，全体具腺点或细瘤；顶端有3或4条短而硬的刺毛状的冠毛，每一冠毛的顶端有一腺体（中国科学院中国植物志编辑委员会，1998）。

【生境】生长于海拔460～2000m的水边、路旁、柳林沼泽地、林下及山坡灌丛中。

【分布】伏牛山有分布。产于江苏、浙江、安徽、福建、台湾、广东、广西、江西、湖南、贵州、四川、云南等地。

【化学成分】下田菊的主要的挥发油化学成分为 α-荜澄茄油烯（32.62%）、石竹烯（24.97%）和 γ-榄香烯（5.53%）、α-石竹烯（3.97%）、α-恰米烯（3.57%）、双环[4,3,0]-7-亚甲基-2,4,4-三甲基-2-乙烯基-壬烷（3.41%）、γ-萜品烯（3.07%）、α-柠檬烯（2.57%）、α-蒎烯（2.49%）及 2-莤烯（2.28%）。

【药理作用】石竹烯具有一定的平喘作用，可治疗老年慢性支气管炎[The Information

Center of Chinese Traditional and Herbal Drugs National Medical Bureau（国家医药管理局中草药情报中心站），1986］；γ-榄香烯能干扰癌细胞的生长代谢，抑制癌细胞增殖，最终杀死癌细胞，是抗癌的有效活性物质，它不但具有直接抗肿瘤作用，而且还有免疫保护作用，与放化疗协同作用，能缓解癌性疼痛、升高白细胞和抑制血小板聚集等；α-蒎烯有明显镇咳和祛痰功能，并有抗真菌（如白念珠菌）作用（Manin et al.，1993），此外还有驱虫、杀虫、除螨的作用。α-柠檬烯可镇咳、祛痰、抗菌，对肺炎双球菌、甲型链球菌、卡他双球菌、金黄色葡萄球菌有很强的抑制作用。可见，下田菊挥发油可以作为调配镇咳、祛痰、平喘和抑菌药剂的药源，加之资源丰富，有较高的开发价值。

　　【附注】下田菊及其变种全草都可药用。用于治疗感冒，外敷治痈肿疮疖，外治痈疥疮疡、蛇咬伤等。在云南还用以治疟疾。宽叶变种在四川取名重皮冲，全草治脚气病（中国科学院中国植物志编辑委员会，1985）。

【主要参考文献】

中国科学院中国植物志编辑委员会．1985．中国植物志 第七十四卷．北京：科学出版社．
中国科学院中国植物志编辑委员会．1998．中国植物志 第二十五卷（第一分册）．北京：科学出版社．
Manin S，Padilla E，Ocete　M A. 1993. Anti-inflammatory activity of　the essential oil of buplurm fruticesens. Planta Med：533~536.
The Information Center of Chinese Traditional and Herbal Drugs National Medical Bereau（国家医药管理局中草药情报中心站）．1986．The Handbook of Effective Conlponent from Plant．Beijing：People Health Press：18l~182（in chinese）．

胜 红 蓟
Shenghongji
TROPIC AGERATUM / FLOSS FLOWER

　　【中文名】胜红蓟
　　【别名】藿香蓟、咸虾花、臭炉草、藿香蓟、夏田菊、白花草、白花臭草、紫花毛草、消炎草
　　【基原】菊科胜红蓟属植物藿香蓟 *Ageratum conyzoides* Linn.，以全草或叶及嫩茎入药。夏、秋采收，洗净，鲜用或晒干。
　　【原 植 物】胜红蓟为一年生直立草本，高约60cm，有分枝，稍有香味，全株被粗毛。叶对生，卵形，长5～13cm，基部钝或浑圆，罕有心形，边缘有钝齿，两面粗糙。花蓝色或白色，顶生头状花序，呈伞房状，总苞片长椭圆形，突尖，花全为管状花，两性，5裂。瘦果具5棱，顶端有具芒的鳞片5枚。胜红蓟具有悠久历史的传统的药用价值，在世界上的许多国家分布，特别是在热带和亚热带地区。广泛的化学化合物包括生物碱、黄酮类。
　　【生境】低山、丘陵及平原普遍生长。
　　【分布】伏牛山有分布。主要广布于我国长江流域以南各地。
　　【化学成分】胜红蓟主要化学成分包含生物碱、黄酮苷、氨基酸、有机酸、挥发油、

无羁萜（friedelin）、β-谷甾醇、豆甾醇、氯化钾等（叶雪梅等，2010）。从胜红蓟花序挥发油中，鉴定出 17 种化合物，占挥发油色谱峰总量的 85%，主要种类有倍半萜类、环烯类及香豆素类化合物。其中含量较高的有早熟素 I（precocene I, 7-methoxy-2,2-dimethyl-2H-1-benzopyran, 占 52%）；早熟素 II（precocene II, 6,7-dimethoxy-2,2-dimethy-l-2H-1-benzopyran, 占 27%），石竹烯（caryophyllene, 占 10%）。

【毒性】据报道，耕牛误食胜红蓟可引起中毒死亡（吴德峰和方彦凯，2002）。通过急毒实验发现，胜红蓟水煎液的 LD_{50} 测不出，测得的辅酶 F420 依赖性亚甲四氢甲烷蝶呤脱氢酶（MTD）相当于成人日用量的 540 倍，说明该药安全性高，无毒性（梁银娇等，2011）。

【药理作用】研究表明，从该植物的提取物和代谢物中发现具有药理和杀虫活性的物质。其化学成分和生物活性的潜在的使用价值无论在药学上还是作为一个农业资源被广泛评估。实验研究发现，胜红蓟无论外敷还是水煎液内服灌胃，均能使外伤小白鼠的出血时间明显减少，与空白对照组比较有非常显著性差异（$P<0.01$），发现本药无论外用还是内服均具有显著的止血功用（梁银娇等，2011）。同时，胜红蓟作用于房室结，可降低房室的传导性。同时，胜红蓟也能抑制窦房结，导致心率减慢。其抑制房室结和窦房结的机制相同，即抑制舒张期自律细胞的 Ca^{2+} 和 Na^+ 缓慢内流。而 AgCE 缩短 QT 间期是激活 K^+ 通道的结果（刘国生，2000）。

胜红蓟的挥发油产生并释放到土壤中的黄酮类物质对疮痂病菌、炭疽病菌、白粉病菌和烟煤病菌等柑橘园主要病原真菌具有抑制活性。从胜红蓟植株中分离鉴定了 10 个黄酮物质，包括一个糖苷黄酮分子，但胜红蓟植株产生的大部分黄酮物质在土壤中会逐渐降解，黄酮分子如在柑橘园的土壤中累积并存在较长时间，黄酮物质对柑橘园主要病原真菌具有显著的抑制活性，其活性不仅超过胜红蓟释放的其他化感物质，而且强于商业的杀菌剂多菌灵，表明胜红蓟产生和释放的黄酮物质在柑橘园病害控制中起着重要作用（胡飞等，2002）。胜红蓟挥发油对菜蚜和绣线菊蚜有很强毒杀效果。在动物急性毒性试验中，胜红蓟挥发油使受试动物半数死亡的毒物浓度 LC_{50} 分别为 0.39% 和 0.41%。用 1% 的精油拌饲料饲喂 3 龄亚洲玉米螟，中毒幼虫因表皮不能脱去而死亡，死亡率达 93.34%（乐海洋，1992）。

【毒理】对于胜红蓟引起耕牛死亡的原因进行调查，发现耕牛中毒的症状是典型的神经症状，因此可以推断这种毒素是神经毒，其毒性能阻断糖蛋白的合成，增强或亢进血管通透性，破坏脑神经组织，随着胜红蓟采食量的增多，毒素蓄积，引起慢性的中毒过程（吴德峰和方彦凯，2002）。

【附注】胜红蓟全草用于上呼吸道感染、扁桃体炎、咽喉炎、急性胃肠炎、胃痛、腹痛、崩漏、肾结石、膀胱结石；外用治疗湿疹、鹅口疮、痈疮肿毒、蜂窝织炎、下肢溃疡、中耳炎、外伤出血。

【主要参考文献】

胡飞，孔垂华，徐效华，等. 2002. 胜红蓟黄酮类物质对柑桔园主要病原菌的抑制作用. 应用生态学报，13: 1166~1168.

乐海洋. 1992. 胜红蓟、万寿菊和柔毛水萝提取物对农业害虫生物活性初试. 广东农业科学，6: 34~36.

梁银娇，谢婷婷，陈丽玉，等. 2011. 闽产胜红蓟止血作用及急毒试验研究. 中医临床研究，3，37~39.

刘国生. 2000. 胜红蓟对豚鼠心脏的电生理影响. 国外医学中医中药分册，22：98~99.

吴德峰，方彦凯. 2002. 耕牛胜红蓟中毒. 中国兽医杂志，38：13~14.

叶雪梅，林崇良，林观样. 2010. 浙江产胜红蓟花序挥发油化学成分分析. 海峡药学，22：80~81.

东 风 菜

Dongfengcai

SCABROUS DOLLINGERIA RHIZOME AND ROOT

【中文名】东风菜

【别名】盘龙草、山蛤芦、土苍术、白云草、千秋七、仙白草、盘龙草、山白菜

【基原】为菊科植物东风菜 *Doellingeria scaber*(Thunb.)Nees 的嫩叶和短冠东风菜 *Doellingeria marchandii*(Levl.)Ling 的根茎及全草。

【原植物】多年生草本，高 1～1.5m。根茎粗短，横卧，棕褐色，旁生多数须根。茎直立，中部有时略带红色，有糙毛。叶互生；叶柄长 5～15cm，具翅；叶片心形，长 9～15cm，宽 6～15cm，上面绿色，下面灰白色；两面有糙毛，边缘有具小尖头的齿，基部急狭成窄翼长 10～15cm 的柄，花后凋落；中部以上的叶片卵状三角形，先端急尖，两面有毛。头状花序 1.8～2.4cm，排列成圆锥伞房状；总苞片约 3 层，不等长，边缘膜质；外围 1 层雌花约 10 个，舌状，舌片白色，条状长圆形；中央有多数黄色两性花，花冠筒状，上部 5 齿裂，齿片条状披针形。瘦果倒卵圆形或椭圆形，有 5 条厚肋，无毛；冠毛污黄色，与筒状花冠等长。花期 6～10 月，果期 8～10 月。菊科东风菜属植物全球约 7 种，主要分布于亚洲东部。我国有 2 种，为东风菜和短冠东风菜，广泛分布于我国东北部、北部、中部至南部各地，文献中只有东风菜的研究报道(蒋金和等，2008)。

【生境】生于山地林缘及溪谷旁草丛中。

【分布】伏牛山有分布。主要分布于我国北部、东部、中部至南部各地区。

【化学成分】迄今为止，从东风菜中分离得到了三萜及皂苷、单萜、倍半萜、二萜、酚酸和甾体等结构类型的化学成分。其中以刺囊酸型三萜皂苷为主要成分(蒋金和等，2008)。

1. 三萜及皂苷

用甲醇和水提取，经硅胶柱、ODS 反相柱色谱和制备高效液相等方法从东风菜中分离得到 26 种新刺囊酸型三萜皂苷，这些糖苷大都有一个共同的前皂苷元刺囊酸-3-*O*-吡喃葡萄糖醛酸，只是在 C-28-*O*-连接的糖部分不同。分别命名为：scaberosides A_1～A_4(**1**～**4**)，aster saponin Ha～Hb(**5,6**)，foetidissimoside A(**7**)，scaberosides Ha_1(**8**)，scaberosides Hb_1～Hb_2(**9,10**)，scaberosides Hc_1(**11**)，scaberosides B_1～B_9(**12**～**20**)，scaberosidesHc_2、Hd、Hf～Hi(**21**～**26**)。另外，从东风菜还分离到一些游离的三萜，分别是：3-oxo-16α-hydroxyo lean-12-en-oic acid(**27**)、3-*O*-β-D-glucuronopyranosyl-oleanolic acid methyl ester（**28**）、角鲨烯、木栓酮和木栓醇。

部分化合物结构式如下：

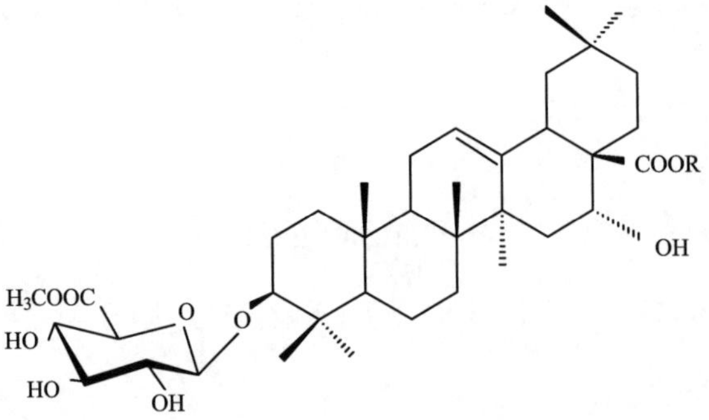

1　R= api-（1→3）-*O*-rha-（1→2）-ara

2　R= xyl-（1→4）-*O*-rha-（1→2）-xyl

3　R= api-（1→3 ）-［*O*-xyl-（1→4）］-*O*-rha-（1→2）-ara

4　R= xyl-（1→3）-［*O*-xyl-（1→3）-*O*-xyl-（1→4）］-*O*-rha-（1→2）-xyl

5　R= ara

6　R= rha-（1→2）-ara

7　R= xyl（1→4）-*O*-rha-（1→2）-ara

8　R= rha-（1→2）-［*O*-rha-（1→3）］-xyl

9　R= xyl（1→4）-*O*-rha-（1→2）-［*O*-rha-（1→3）］-xyl

10　R= xyl-（1→3）-*O*-xyl（1→4）-*O*-rha-（1→2）-［*O*-rha-（1→3）］-xyl

11　R= xyl-（1→3）-*O*-xyl（1→3）-［*O*-xyl-（1→4）-*O*-rha-（1→2）-*O*-rha-（1→3）］-xyl

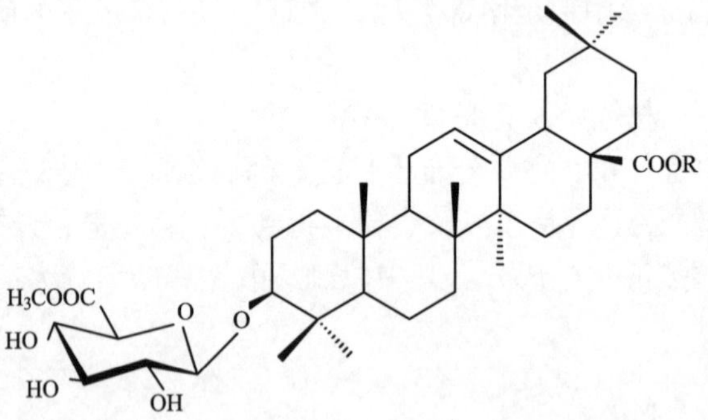

12　R= ara

13　R= xyl

14　R= rha-（1→2）-ara

15　R= rha-（1→2）-xyl

16　R= xyl-（1→4）-*O*-rha-（1→2）-ara

17　R= xyl-（1→4）-*O*-rha-（1→2）-xyl

18　R＝ rha-（1→2）-［O-xyl（1→4）］-O-rha-（1→2）-ara

19　R＝ xyl-（1→4）-O-rha-（1→2）-ara

20　R＝ rha-（1→2）-［O-xyl-（1→6）］-gla

21　R＝ xyl-（1→3）-O-xyl-（1→4）-O-rha-（1→2）-［O-rha-（1→3）］-xyl；R$_1$＝ xyl；R$_2$＝ H

22　R＝ xyl-（1→3）-O-xyl-（1→3）-［O-xyl-（1→4）］-O-rha-（1→2）-［O-rha-（1→3）-xyl］；
　　　R$_1$＝ xyl；R$_2$＝ H

23　R＝ xyl-（1→4）-O-rha-（1→2）-［O-rha-（1→3）］-xyl；R$_1$＝ H；R$_2$＝gal

24　R＝ xyl-（1→3）-O-xyl-（1→4）-O-rha-（1→2）-［O-（1→3）］-xyl；R$_1$＝H；R$_2$＝ gal

25　R＝ xyl-（1→3）-O-xyl-（1→4）-O-rha-（1→2）-［O-rha-（1→3）］-xyl；R$_1$＝ xyl；R$_2$＝gal

26　R＝ xyl-（1→3）-O-xyl-（1→3）- O-xyl-（1→4）-O-rha-（1→2）-［O-rha-（1→3）］-xyl；
　　　R$_1$＝ H；R$_2$＝ gal

27

28

2. 倍半萜类化合物

　　韩国学者 Jung 等从东风菜中分离得到 4 个倍半萜类化合物，分别为：大牛儿型 germacra-4（15）,5,10（14）-triene-1β-ol、凹顶藻烯型 7-methoxy-4（15）- oppositen-1β-ol，以及桉叶烷型 6α-methoxy-4（15）-eudesmane-1β-ol 和 1α-hydroxy-6β-O- β-D-glucosyl-eudesm-3-ene。白素平等从辽宁产东风菜根中分离得到 3 个愈创木烷型倍半萜 guaianediol、4α-hydroxy-10α-methoxy-1β-H,5β-H-guaian-6-ene 和 4β-hydroxy-10β-methoxy- guaian-6-ene，1 个芳萜烷型 4α-hydroxy-10β-methoxy-1β-H,5β-H aroma -dendrane，1 个香橙烷醇 4α,10β-aromadendranediol，以及香木兰烷型 4α-hydroxy-10β-methoxyaromadendrane。

3. 二萜和单萜化合物

从东风菜中分离得到 1 个新的松香烷二萜: 4,4,8,11β- tetramethyl- 2,3,4,4α,5,6,6α,7,10α,11, 11α,11β-dodecahydro1-H,9H-6α:7,10α:11-diepoxyphenanthro[3, 2-b]furan-9-one；2 个新过氧化物单萜苷: (3S)-3-O-(3′,4′-diangeloyl-β-D-glucopyranosyloxy)-7- hydroperoxy-3,7-dimethyoctal-1,5-diene 和 (3S) -3-O- (3′,4′-diangeloyl-β-D-glucopyranosyloxy) - 6-hydroperoxy-3, 7-dimethylocta-1,7-diene。

4. 酚类

Kwon 等从东风菜中分离出 4 种咖啡酰基奎尼酸衍生物: (−) 3,5-dicaffeoyl- muco-quinic acid、(−) 3,5-dicaffeoyl quinic acid、(−) 4,5-dicaffeoyl quinic acid 和 (−) 5-caffeoyl quinic acid。

5. 其他成分

从东风菜中分离得到 3 个脑苷脂: (2S,3S,4R,2′R,8Z,15′Z)-氮-2′-羟基- 15′-二十四碳烯酰-1-氧-β-D-葡萄糖基-4-羟基-8-鞘氨醇、(2S,3S,4R,8Z)-氮-硬脂酰基-1-氧-β -D-葡萄糖基-4-羟基-8-鞘氨醇和 (2S,3S,4R,2′R,8Z)-氮-2′-羟基-十六碳烷酰基-1-氧- β-D-葡萄糖基-4-羟基-8-鞘氨醇。还分离得到 5 个甾体化合物: α-波甾醇-3-氧-β-D-葡萄糖苷、α-波甾醇、麦角甾-6,22-二烯-3β,5α,8α-三醇、胡萝卜苷和β谷甾醇。从东风菜种子油中得到一种十六烯酸 trans-2-hexadecenoic acid。Moon 等用紫外和红外分析，结合制备薄层层析，表明东风菜中含有聚乙炔化合物。通过气相色谱-质谱(GC-MS)联用技术从东风菜中得到多种挥发性化合物，经过鉴定，共包含了 55 种碳氢化合物，11 种醛，37 种醇，5 种氧化物，4 种酯，4 种酮，2 种酸，1 种苯酚类挥发油成分；其中月桂烯的含量达到 18.80%(蒋金和等，2008)。

【药理作用】东风菜植物民间常作为抗炎、消肿、抗癌草药使用(韩道富，2002)。中医药记载为清热解毒、活血消肿、镇痛。主治风毒壅热、头痛目眩、肝热眼赤。

1. 提高细胞免疫、体液免疫

东风菜总皂苷及单体化合物生物活性实验证明，scaberoside A3、scaberoside B5 可显著促进小鼠脾淋巴细胞产生 IL-2，以总皂苷作用最佳; 在体外能显著增强伴刀豆球蛋白 A(ConA) 对淋巴细胞的刺激作用，对免疫细胞有调节作用，可明显增加脾空斑形成细胞的反应，对抗体形成细胞有刺激作用，对 NK 细胞的活性作用不明显。结果表明，东风菜总皂苷成分具有提高细胞免疫及体液免疫的作用(白素平等，2005；匡海学等，1999；肖洪彬等，1997)。

2. 抗肿瘤

对东风菜根部的总皂苷进行荷瘤小鼠碳粒廓清、T 淋巴细胞及其亚群的免疫研究。实验表明，小鼠按 150mg/kg、300mg/kg、600mg/kg 口服给药，对 S_{180} 和 HAC 实体瘤有明显的抑制作用，对肝癌腹水型荷瘤小鼠的生命延长率有明显的增加作用。进一步研究东风菜总皂苷对实体瘤病理组织学的影响发现，东风菜根总皂苷可明显抑制鼠肝癌肿瘤细胞的生长。主要表现在使瘤体组织坏死加重，瘤周围淋巴细胞及巨噬细胞浸润增加，增生反应明显，以及有少量纤维包膜形成。东风菜根总皂苷和环磷酰胺对荷瘤小鼠做对比实验表明，东风菜根总皂苷的肿瘤坏死面积弱，而细胞反应及包膜形成则明显优于环酰胺，说明东风菜总电甘的抗肿瘤作用可能与增加机体免疫功能有关（张鹏等，1998）。

3. 神经保护和营养作用

东风菜甲醇提取物的正丁醇部分对红藻氨酸氧化引起的小鼠脑细胞损伤有保护效应，暗示了正丁醇部分提取物对脑缺血损伤的保护作用（Sok et al.，2003）。Hur 等研究表明，东风菜中四个奎尼酸衍生物对淀粉样蛋白 Aβ 诱导的 PC12 细胞毒性有显著的降低作用，其中(-)4,5-dicaffeoyl quinic acid 作用最强。通过磷酸化酪氨酸激酶 A（Trk A）1/2 和磷脂酰肌醇（PI3）激酶后对 PC12 细胞作用对比得出四个化合物均能促进 PC12 细胞神经元突起生长，尤以(-)3,5-dicaffeoyl-muco-quinic acid 的活性最强，预示这类化合物可能用作阿尔茨海默病的治疗。对小鼠 C6 神经胶质瘤细胞研究表明，奎尼酸衍生物对四氢维洛林（THP）导致的细胞毒有保护效应，化合物(-)4,5-dicaffeoyl quinic acid 的活性最强（Hur et al.，2001，2004）。

4. 抗病毒

Kwon 等的实验表明，东风菜中四种咖啡酰基奎尼酸衍生物对人体免疫缺陷病毒-1（HIV-1）整合酶有抑制活性，其中(-)3,5-dicaffeoyl-muco-quinic acid 显示了强抗病毒活性[$IC_{50}=(7.0\pm 1.3)\mu g/mL$]（Kwon et al.，2000）。

5. 其他药理作用

对小鼠体内外活性研究表明，东风菜具有抗氧化活性，可作为调节血液中血浆、血脂的潜在功能性食物。东风菜的干燥粉末或全草榨汁可降低血浆脂质、三甘油酯、总胆固醇和肝胆固醇。还可降低红血细胞中的超氧化物歧化酶活性，而肝和其他红血细胞中的抗氧化酶活性降低或无变化。以上研究说明，东风菜的干燥粉末榨汁物有降脂作用，其中通过榨汁用干汁比干粉的降脂活性强。东风菜的水提物和乙醇提取物给小鼠灌胃后，静脉注射 ET-1 和蛇毒 S6b，其死亡时间较对照组明显延长，表明对 ET-1 和蛇毒 S6b 有一定的拮抗作用（龚凡荣，2000；王峰等，1997）。

【附注】药用为菊科植物东风菜的根或全草。产于中国大部分地区。夏、秋采挖，洗净，晒干，生用，亦用鲜品。

东风菜又是很好的保健食谱。具有增强人体正气，提高机体抗病能力的作用，使人健康少病，泽肤明目且健美，常人都可食用。

【主要参考文献】

白素平，范秉琳，闫福林. 2005. 东风菜中甾体成分研究. 新乡医学院学报，22: 185~187.

龚凡荣. 2000. 单味民间草药在临床中的应用. 中国民族民间医药杂志，2: 51.

韩道富. 2002. 民间草药东风菜的应用经验. 中国民族民间医药杂志，6: 363.

蒋金和，邓雪琳，王利勤，等. 2008. 东风菜化学成分及药理活性研究进展. 中成药，30: 1517~1520.

匡海学，郭向红，奥山彻，等. 1999. 东风菜根生物活性的研究. 中药药学报，2: 54.

王峰，杨连春，刘敏，等. 1997. 抗蛇毒中草药拮抗 ET-1 和 S6b 作用的初步研究. 中国中药杂志，22：620~622.

肖洪彬，张宁，张鹏，等. 1997. 东风菜总皂苷及其单体皂苷生物活性的研究. 中医药学报，25: 57~58.

张腾，匡海学，肖洪彬，等. 1998. 东风菜皂贰生物活性的研究Ⅲ. 中医药信息，4: 53.

Hur J Y, Lee P, Kim H, et al. 2004. (-)-3,5-dicaffeoy-lmuco-quinic acid isolated from *Aster scaber* contributes to the differentiation of PC 12 cells through tyrosine kinase cascade signaling. Bio-chem Biophys Res Commun，313：948~953.

Hur J Y, Oh S Y, Kim BH, et al. 2001. Neuroprotective and neurotrophic effects of quinic acids from *Aster scaber* in PC12 cells. Biol Pharm Bull，24：921~924.

Kwon H C，Jung C M，Shi C G，et al. 2000. A new caffeoyl quin acid from *Aster scaber* and its inbitory activity against human immunodeficiency virus-1 (HIV-1) integrase. Chem Pharm Bull，48：1796~1798.

Sok D E，Oh S H，Kim Y B，et al. 2003. Neuroprotective effect of rough *Aster butanol* fraction against oxidative stress in the brain of mice challenged with kainic acid. J Agric Food Chem，51：4570~4575.

一 枝 黄 花

Yizhihuanghua

GOLDEN-ROD

【中文名】一枝黄花

【别名】野黄菊、山边半枝香、洒金花、黄花细辛、黄花一枝香、黄花一条香、千根癀、土泽兰、百条根、铁金拐、苤子草、小白龙须、黄花马兰、大败毒、红柴胡、黄花仔、红胶苦莱、一枝香、大叶七星剑、蛇头王、金锁匙、满山黄、黄花儿、黄柴胡、肺痈草、黄花草、小柴胡、黄花细辛

【基原】本品为菊科植物一枝黄花 *Solidago decurrens* Lour. 的全草或根（中国科学院中国植物志编辑委员会，1985）。

【原植物】多年生草本，高 35～200cm。茎直立，通常细弱，单生或少数簇生，不分枝或中部以上有分枝。中部茎叶椭圆形，长椭圆形、卵形或宽披针形，长 2～5cm，宽 1～1.5cm，下部楔形渐窄，有具翅的柄，仅中部以上边缘有细齿或全缘；向上叶渐小；下部叶与中部茎叶同形，有长 2～4cm 或更长的翅柄。全部叶质地较厚，叶两面、沿脉及叶缘有短柔毛或下面无毛。头状花序较小，长 6～8mm，宽 6～9mm，多数在茎上部排列成紧密或疏松的长6～25cm的总状花序或伞房圆锥花序，少有排列成复头状花序的。总苞片 4～6 层，披针形或披狭针形，顶端急尖或渐尖，中内层长 5～6mm。舌状花舌片椭圆形，长 6mm。瘦果长 3mm，无毛，极少有在顶端被稀疏柔毛的。花期 4～7 月，果期 8～11 月。

【生境】生于海拔 565～2850m 的阔叶林缘、林下、灌丛中及山坡草地上。

【分布】伏牛山有分布。该品种是一个原产于我国南方的种。江苏、浙江、安徽、江西、四川、贵州、湖南、湖北、广东、广西、云南及陕西南部、台湾等地广为分布。

【化学成分】一枝黄花属植物品种多，有 120 多个种类，主要生长在北美洲，其中中国有 4 个品种：毛果一枝黄花、一枝黄花、钝苞一枝黄花和加拿大一枝黄花。对一枝黄花属植物化学成分的研究在西欧国家比较多，不同品种的化学成分也有差异，一枝黄花叶精油具有杀虫抑菌活性；一枝黄花叶挥发油中含有相对含量较高的榄香烯化合物（竺锡武，2009），全草含化学成分主要含黄酮、皂苷、苯甲酸苄酯、当归酸桂皮酯、炔属化合物、苯丙酸、矢车菊双苷等（薛晓霞等，2006；江涛等，2006）。

1. 黄酮类

芦丁、山奈酚-3-芦丁糖苷异槲皮苷、山奈酚-3-芸香糖苷（kaempferol-3- rutinoside）。

2. 皂苷类

一枝黄花酚苷（leiocarposide）。

3. 蕙甲酸苄酯类

2,3,6-三甲氧基苯甲酸-(2-甲氧基苄基)酯、2,6-二甲氧基苯甲酸苯-(2-甲氧基苄基)酯、2-羟基-6-甲氧基苯甲酸苄酯、2,6-二甲氧基苯甲酸苄酯(benzyl-2,6-dimethoxybenzoate)。

4. 当归酸桂皮酯类

当归酸-3,5-二甲氧基-4-乙酰氧基桂皮酯(3,5-dimethoxy-4-acetoxycinnamyl angelate)、当归酸-3-甲氧基-4-乙酰氧基桂皮酯。

5. 炔属化合物

(2E-8Z)-癸-二烯-4,6-二炔酸甲酯、(2E-8Z)-癸-二烯-4,6-二炔酸甲酯。

6. 苯丙酸类

咖啡酸(caffeic acid)、绿原酸(chlorogenic acid)和矢车菊双苷等。

7. 其他类化合物

其他类化合物如谷甾醇(sitosterol)、δ-杜松帖烯(δ-cadinene),以及多种微量元素,其中 Ca^{2+},Mg^{2+} 含量较多。

【药理作用】对一枝黄花药理活性的研究,国外未见报道。国外对同属的毛果一枝黄花研究比较深入,报道较多,药理活性有抗炎、抗菌、利尿、抗肿瘤活性等。在国内,早期对一枝黄花药理活性的研究报道有如下记载:①抗菌作用。煎剂对金黄色葡萄球菌、伤寒杆菌有不同程度抑制作用。对红色癣菌及禽类癣菌有极强的杀菌作用。水煎醇提液有抗白色念珠菌作用,其疗效与制霉菌素相当。②平喘祛痰作用。对家兔实验性支气管炎(吸入氨蒸气法),内服煎剂,可解除喘息症状,亦有祛痰作用。③其他作用。动物实验证明,能促进白细胞吞噬功能。对急性(出血性)肾炎有止血作用,提取物经小鼠皮下注射有利尿作用,但大剂量反可使尿量减少。近年来研究还发现,一枝黄花有以下药理活性:①降压作用。一枝黄花煎剂能显著降低麻醉兔血压,抑制蟾蜍心收缩力,降低蟾蜍心率和心输出量,其降压幅度和降压持续时间与异丙肾上腺素相当。②胃黏膜保护作用。腹腔注射一枝黄花煎剂,6h 后处死动物,和对照组比较发现,溃疡治愈率显著高于对照组(裘名宜等,2005)。

一枝黄花能明显增强动物平滑肌的运动。一枝黄花煎剂对炭末在小鼠小肠内的推进率有明显增强作用;用不同浓度的一枝黄花煎剂均能提高大鼠回肠平滑肌的活动,且随浓度增加,活动也增加。

【附注】临床应用(国家中医药管理局《中华本草》编委会,1999)中,一枝黄花有如下用途:①用作清热消炎剂。一枝黄花全草制成注射液,每次 2mL(相当于干草 2g),肌肉注射,每日 2～3 次,用于外科各种感染及大手术后预防感染 62 例,均有效。治疗中未见副作用。或用全草加工成冲剂,每袋6g(相当于干草 6.7 钱[①]),每日 2～3 次,每次 1 袋,小儿酌减,用开水冲服。治疗上呼吸道感染、扁桃体炎、咽喉炎、支气管炎、乳腺炎、淋巴管炎、疮疖肿毒、外科手术后预防感染及其他急性炎症性疾患,获得痊愈好转者占 92% 以上。②治疗慢性支气管炎。③治疗外伤出血。以一枝黄花晒干研末,撒于伤口;同时内服,每次 1～2 钱。治疗 100 例,均有效。④治疗手足癣。一枝黄花煎液

---

① 1 钱=5g,下同。

在试管内对红色癣菌有杀灭能力，曾对病程 5～10 年的 6 例患者，用该药液洗涤 5～6次，均告痊愈。

【主要参考文献】

国家中医药管理局《中华本草》编委会. 1999. 中华本草(第7册). 上海：上海科学技术出版社：964.

江涛，黄保康，秦路平. 2006. 一枝黄花属植物化学成分和药理活性研究. 中西医结合学报，4：430.

裘名宜，李晓岚，刘素鹏，等. 2005. 一枝黄花对消炎痛所致大鼠胃溃疡的影响. 时珍国医国药，16：1267.

薛晓霞，姚庆强，仲浩. 2006. 毛果一枝黄花的化学成分与药理活性研究进展. 齐鲁药事，25：163.

中国科学院中国植物志编辑委员会. 1985. 中国植物志 第七十四卷. 北京：科学出版社：76.

竺锡武. 2009. 植物精油的研究进展. 长沙：湖南农业大学博士学位论文.

旋 覆 花

Xuanfuhua

INDULA FLOWER

【中文名】旋覆花

【别名】盗庚、盛椹、戴椹、飞天蕊、金钱花、野油花、滴滴金、夏菊、金钱菊、艾菊、迭罗黄、满天星、六月菊、黄熟花、水葵花、金盏花、复花、小黄花、猫耳朵花、驴耳朵花、金沸花、伏花、全福花

【基原】为菊科植物旋覆花 *Inula japonica* Thunb. 或欧亚旋覆花 *Inula britannica* Linn. 的干燥头状花序。以干燥地上部分入药。夏、秋两季采割地上部分，晒干。

【原植物】多年生草本。根状茎短，横走或斜升，或多或少有粗壮的须根。茎单生，有时 2 或 3 个簇生，直立，高 30～70cm，有时基部具不定根，基部直径 3～10mm，有细沟，被长伏毛，或下部有时脱毛，上部有上升或开展的分枝，全部有叶；节间长 2～4cm。基部叶常较小，在花期枯萎；中部叶长圆形，长圆状披针形或披针形，长 4～13cm，宽 1.5～3.5cm，稀 4cm，基部多少狭窄，常有圆形半抱茎的小耳，无柄，顶端稍尖或渐尖，边缘有小尖头状疏齿或全缘，上面有疏毛或近无毛，下面有疏伏毛和腺点；中脉和侧脉有较密的长毛；上部叶渐狭小，线状披针形。头状花序径长 3～4cm，排列成疏散的伞房花序；花序梗细长。总苞半球形，直径 13～17mm，长 7～8mm；总苞片约 6 层，线状披针形，近等长，但最外层常叶质而较长；外层基部革质，上部叶质，背面有伏毛或近无毛，有缘毛；内层除绿色中脉外干膜质，渐尖，有腺点和缘毛。舌状花黄色，较总苞长 2～2.5 倍；舌片线形，长 10～13mm；管状花冠长约 5mm，有三角披针形裂片；冠毛 1 层，白色，有20 余个微糙毛，与管状花近等长。瘦果长 1～1.2mm，圆柱形，有 10 条沟，顶端截形，被疏短毛。花期 6～10 月，果期 9～11 月(中国科学院中国植物志编辑委员会，1979)。

【生境】野生于海拔 150～2400m 的山坡路旁、山谷、河滩、田埂、路边等较潮湿处。

【分布】伏牛山有分布。广泛分布于全国各地。日本、朝鲜、蒙古、俄罗斯也有分布。

【化学成分】大花旋覆花开花时期的地上部分含倍半萜内酯化合物大花旋覆花素

(britanin)和旋覆花素(inuliein)。化合州皮素(quercetin)、异州皮素(isoquercetin)、咖啡酸(caffeic acid)、绿原酸(chlorogenicacid)、菊糖及蒲公英甾醇(taraxasterol)等多种甾醇。

倍半萜类化学成分是旋覆花属植物的特征性成分，以桉烷型、吉马烷型和愈创木烷型为主，还包括伪愈创木烷型、裂环桉烷型、榄烷型、苍耳烷型和少量的无环倍半萜及倍半萜二聚体。旋覆花属植物中也普遍存在黄酮类成分。

旋覆花另含旋覆花佛术内酯、杜鹃黄素、胡萝卜苷、肉豆蔻酸等。欧亚旋覆花另含天人菊内酯、异槲皮苷、咖啡酸、绿原酸等。有报道通过杜色谱分离，从地上部分分离纯化得到 10 个化合物：泽兰内酯、7-羟基香豆素、瑞香素、东莨菪素、蟛蜞菊内酯、枸橼苦素、杜仲树脂酚、丁香酸、香草酸和异丁香酸（覃江江等，2011；郭启雷和杨峻山，2005；查建蓬等，2005）。

【毒性】采用亚慢性毒性试验来测试显脉旋覆花可能具有的毒性，以 2000mg/kg BW、4000mg/kg BW 和 8000mg/kg BW 剂量喂饲大鼠 90d，大鼠的生长、活动状况正常；血液学、血生化学检查、脏器系数、病理组织学检查显示对大鼠没有明显的影响(刘敏等，2012)。

【药理作用】

1. 平喘、镇咳作用

旋覆花黄酮对组胺引起的豚鼠支气管痉挛性哮喘有明显的抑制作用；对组胺引起的豚鼠离体气管痉挛亦有对抗作用，但较氨茶碱的作用慢而弱。小鼠氨水喷雾法和酚红排泌法实验表明，旋覆花黄酮无镇咳和祛痰作用，每只小鼠腹腔注射 150%旋覆花煎剂 0.1mL，于注射后 1h 有显著镇咳作用，但祛痰效果不明显。

2. 抗菌作用

大花旋覆花的根和地上部分的脂溶性及醚溶性部分有抗菌作用。旋覆花中的咖啡酸及绿原酸有较广泛的抑菌作用，但在体内能被蛋白质灭活。平板纸片法或挖沟法试验表明，旋覆花煎剂(1∶1)对金黄色葡萄球菌、炭疽杆菌和福氏痢疾杆菌Ⅱa 株有明显的抑制作用，但对溶血性链球菌、大肠杆菌、伤寒杆菌、绿脓杆菌、变形杆菌、白喉杆菌等多种致病菌的作用较弱或无抑制作用。

3. 对平滑肌的作用

绿原酸能显著增加大鼠、小鼠的小肠蠕动；绿原酸、咖啡酸、均可增加子宫的张力，但该作用能被罂粟碱所取消，而阿托品则对此无明显影响。

4. 对中枢神经系统的作用

用绿原酸和咖啡酸给大鼠口服或腹腔注射，均可提高大鼠的神经兴奋性。

5. 对消化系统的作用

绿原酸和咖啡酸口服，可增加人胃中盐酸的分泌量；也有增加大鼠胆汁分泌的作用。

6. 其他作用

动物实验表明，在离体兔回肠标本上，绿原酸能增强肾上腺素的作用；但对肾上腺素升高血糖作用、预防大鼠蛋清性足踝水肿则无影响。有散风寒、化痰止咳、消肿的功能(国家药典委员会，2005)。

【附注】绿原酸对人有致敏作用，吸入含有绿原酸的植物尘埃后，可发生气喘、皮炎等。但食入后可经小肠分泌物的作用，变为无致敏性物质，因此在试验致敏原时，宜用皮内法而不用口服法。

【主要参考文献】

查建蓬，付炎，吴一兵，等. 2005. 欧亚旋覆花挥发油的 GC-MS 分析. 中药材，28：466~468.

郭启雷，杨峻山. 2005. 旋覆花属植物中倍半萜类成分及药理活性研究进展. 天然产物研究与开发，17：804~809.

国家药典委员会. 2005. 中华人民共和国药典. 北京：化学工业出版社：227.

刘敏，胡嘉想，徐晓静，等. 2012. 显脉旋覆花的大鼠亚慢性毒性研究. 毒理学杂志，26：156~157.

覃江江，朱佳娴，朱燕，等. 2012. 旋覆花的化学成分研究. 天然产物研究与开发，23：999~1001.

中国科学院中国植物志编辑委员会. 1979. 中国植物志 第七十五卷. 北京：科学出版社：263~265.

烟 管 头 草

Yanguantoucao

DROOPING CARPESIUM

【中文名】烟管头草

【别名】烟袋草、构儿菜

【基原】为菊科天名精属植物烟管头草 *Carpesium cernuum* Linn. 的干燥全草。

【原植物】一年生草本，高 40～100cm。茎粗壮，直立，分枝多，有条纹，有毛。叶有柄，卵形、长圆形、倒卵形以至披针形，通常两面有毛，两端均渐狭，全线或有波状齿，下部叶长达 20cm，基部渐狭，形成有翅的长叶柄。头状花序单生在小枝的顶端，向下弯垂，直径 15～18mm，基部有叶状苞；总苞半球形或半卵球形，内层总苞片长圆形，通常上部稍扩大，长 7～9mm，边缘干膜质，外层总苞片线形，较长，上部绿色，叶状，最外层有数片更大而呈叶状；花黄色。瘦果线形，多棱，长 4～5mm，两端稍狭，上端顶部有黏汁，有长约 1mm 的短喙。花期 7～8 月，果期 8～10 月（中国科学院中国植物志编辑委员会，1979）。

【生境】生长于山坡、草地、林缘。

【分布】伏牛山有分布。主要产于我国的贵州各地苗乡。此外，东北、华北、华中、西北各地也有。

【化学成分】从草药烟管头草中分离鉴定了 44 个化合物，其结构类型涉及倍半萜、黄酮、苯酚、甾体、木脂素、三萜、吲哚、香豆素及黑麦草内酯，主要包括 24 个倍半萜类化合物，涉及 8 种骨架，其结构多数为倍半萜内酯，主要包括 9 个桉烷内酯，5 个愈创木内酯(包括 1 个新化合物)和 1 个新艾里莫酚内酯。烟管头草的茎叶中包括的化合物主要有：2α-hydroxy-eudesman-4(15),11(13)-dien-12,8β-olide、2α-hydroxy-eudesman-4(15)- en-12,8β-olide、特勒内酯、11(13)-二氢特勒内酯、天名精内酯酮、天名精内酯醇。3 个芳香族化合物有云杉醇、丹皮酚、黄木灵，其他还有 β-谷甾醇和 β-胡萝卜苷(张志刚等，2005；杨超和王兴，2002；董云发和丁云梅，1988)。

【毒性】有小毒。

【药理作用】烟管头草属菊科植物，全草入药，性湿微苦，有小毒，治疟疾，喉炎；

鲜叶外用治疮痛，根治痢疾、牙痛、子宫脱垂、脱肛，清热解毒、消肿止痛。适用于感冒发热、咽喉痛、牙痛、泄泻、小便淋痛、瘰疬、疮疖肿毒、乳痈、痄腮、毒蛇咬伤。根苦、凉，清热解毒、消肿止痛。用于牙痛、阴挺、泄泻、喉蛾。

【主要参考文献】

董云发，丁云梅. 1988. 天名精蓓半萜内酯化合物. 植物学报，30：71.

杨超，王兴. 2002. 烟管头草地上部分化学成分的研究. 兰州大学学报，4：61~67.

张志刚，许福泉，袁瑾，等. 2005. 野生植物烟管头草的营养成分. 氨基酸和生物资源，27：21~22.

中国科学院中国植物志编辑委员会. 1979. 中国植物志 第七十五卷. 北京：科学出版社：300.

大花金挖耳

Dahuajinwa'er

【中文名】大花金挖耳

【别名】大烟锅草、香油罐、千日草、神灵草、仙草

【基原】为双子叶植物菊科植物大花金挖耳 *Carpesium macrocephalum* Franch et Savat 的花和全草。夏季采收以全草入药。鲜用或晒干。

【原植物】多年生草本。茎高 60～140cm，基部直径 6～9mm，有纵条纹，被卷曲短柔毛，中上部分枝。茎叶于花前枯萎，基下部叶大，具长柄，柄长 15～18cm，具狭翅，向叶基部渐宽，叶片长卵形或椭圆形，长 15～20cm，宽 10～15cm，先端锐尖，基部骤然收缩成楔形，下延，边缘具粗大不规整的重锯齿，齿端有腺体状胼胝，上面深绿色，下面淡绿色，两面均被短柔毛，沿叶脉较密，侧脉在叶基部与中肋几成直角，在中上部则弯拱上升，中部叶椭圆形至倒卵状椭圆形，先端锐尖，中部以下收缩渐狭，无柄，基部略呈耳状，半抱茎，上部叶长圆状披针形，两端渐狭。头状花序单生于茎端及枝端，开花时下垂；苞叶多枚，椭圆形至披针形，长 2～7cm，叶状，边缘有锯齿。总苞盘状，直径 2.5～3.5cm，长 8～10mm，外层苞片叶状，披针形，长 1.5～2cm，宽 5～9mm，先端锐尖，两面密被短柔毛，中层长圆状条形，较外层稍短，先端草质，锐尖，被柔毛，下部干膜质，无毛，内层匙状条形，干膜质。两性花筒状，长 4～5mm，向上稍宽，冠檐 5 齿裂，花药基部箭形，具撕裂状的长尾，雌花较短，长 3～3.5mm。瘦果长 5～6mm（中国科学院中国植物志编辑委员会，1989）。

【生境】生于山坡灌丛及混交林边。

【分布】伏牛山有分布。主要产于东北、华北、陕西、甘肃南部和四川北部。日本、朝鲜、原苏联远东地区均有分布。

【化学成分】大花金挖耳花蕾精油得率为 2.9%，从中鉴定出 53 种成分，占色谱峰总面积的 86.01%。含 (E,E)-3,7,11,15-四甲基-1,6,10,14-十六烷四烯（15.33%）、甲苯（11.32%）、($3\alpha,5\alpha$)-3,5,14,19-四羟基强心甾-20(22)-烯（6.00%）、2-乙氧基四氢呋喃（5.44%）、亚油酸（3.51%）、乙基环戊烷（cthyl cyclopentane）、甲苯（toluene）、4-甲基-3-戊烯-2-酮（4-methyl-3-penten-2-one）、2-乙氧基四氢呋喃（2-ethoxytetrahydrofuran）、4-甲

基-4-羟基-2-戊酮(4-hydroxy-4-methyl-2-pentanone)、乙基苯(ethyl-benzene)、1,4-二甲基苯(1,4-dimethyl-benzene)、邻二甲苯(o-xylene)、2-羟基-2(3H)-呋喃[2-hydro-2(3H)-furanone]、2,4-二甲基-1-戊烯(2,4-dimethyl-1-pentene)、松油烯-4-醇(terpinen-4-ol)、正十三醇(1-tridecanol)、十四烷(tetradecane)、2-叔丁基-1,4-二甲氧基苯(2-dimethylethyl-1，4-dimethoxy-benzene)、2,2,4,8-四甲基-7-甲氧基-三环[5,3,1,0(4,11)]十一烷，{2,2,4,8-tetramethyltricyclo-7-methoxy-[5,3,1,0(4,11)]-undecane}、十五碳烷(pentadecane)、三甲基十四碳烷(3-methyl-tetradecane)、十六碳烷(hexadecane)、(3α,5α)-2-甲烯基-胆甾烷-3-醇[(3α,5α)-2-methylene-cholestan-3-ol]、11-甲基-11-羟基三环[4,3,1,1(2,5)]-10-酮[11-methyl-11-hydroxy-tricyclo-[4,3,1,1(2,5)]-undecan-10-one)、2-甲基-5-(2,6,6-三甲基环己烯基)-戊烷-2,3-二醇[2-methyl-5-(2,6,6-trimethyl-cyclohex-1-enyl)-pentane-2,3-diol]、1,6-二烯-蛇麻烷-3-醇(humulane-1,6-dien-3-ol)、α-没药烷醇(α-bisabolol)、十七碳烷(heptadecane)、二十碳烷(eicosane)、2,6,10,14-四甲基十六碳烷(2,6,10,14-tetramethyl-hexadecane)、3-乙基-3-羟基-5α-孕甾烷-17-酮[3-ethyl-3-hydroxy-(5α)-androstan-17-one)、3,5,14,19-四羟基-强心甾-20(22)-烯[3,5,14,19-tetrahydroxy-card-20(22)-enolide]、9-己基十七碳烷(9-hexyl-heptadecane)、桉烷-5(14),11(13)-二烯-8,12β-内酯[eudesma-5(14),11(13)-dien-8,12β-olide]、棕榈酸(n-hexadecanoic acid)、十八碳烷氧基乙醇(2-octadecyloxy-ethanol)、2,6,10-三甲基-十四碳烷(2,6,10-trimethyl-tetradecane)、(E,E)-3,7,11,15-四甲基-1,6,10,14-十六烷四烯[(E,E)-3,7,11,15-tetramethyl-1,6,10,14-hexadecatetraen]、10-甲基二十碳烷烃(10-methyl-eicosane)、4-环己烷基二十碳烷[cyclohexane(4-propylheptadecyl)]、(Z,Z)-9,12-亚油酸甲酯[(Z，Z)-9,12-octadecadienoic acid methyl ester]、2,6,10,15-四甲基-十七烷(heptadecane,2,6,10,15-tetramethyl)、3,4,4α,7,8,8α-六氢-7-甲基-3-甲烯基-6-(3-丁基酮)-[3α-R-(3α,7α,8α)]-2H-环庚烷并呋喃-2-酮{3,4,4α,7,8,8α-hexahydro-7-methyl-3-methylene-6-(3-oxobutyl)-[3α-R-(3α,7α,8α)-2H-cyclo-hepta[b]furan-2-one}、亚油酸[(Z,Z)-9,12-octadecadienoic acid]、(E，E)-12-甲基-2,13-十八烷二烯-1-醇[12-methyl-(E,E)-2,13-octadecadien-1-ol]、正三十七烷醇(1-heptatriacotanol)、(E)-8-甲基-9-十四烷醇乙酸酯[(E)-8-methyl-9-tetradecen1-ol acetate]、(E,E,Z)-1,3,12-十九烷四烯-5,14-二醇[(E,E,Z)-1,3,12-nonadecatriene-5,14-diol]、(Z)-5-甲基-6-二十一烷烯-11-酮[(Z)-5-methyl-6-heneicosen-11-one]、乙基异别胆烷(ethyl isoallocholate)、(3α,5α,7α,12α)-3,7,12-三羟基胆甾烷-26-酸[(3α,5α,7α,12α)-3,7,12-trihydroxy-cholestan-26-acid]、3,13,16,20-四乙酰基-3-脱氧-3,16-二羟基-12-脱氧佛波醇(3,13,16,20-tetraacetate-3-desoxo-3,16-dihydroxy-12-desoxy phor bol)、3-乙基-5-(2-乙基丁基)-十八碳烷[3-ethyl-5-(2-ethylbutyl)-octadecane]、17-三十五碳烷烯(17-pentatriacontene)、7-甲基十四烷烯醇乙酸酯[7-methyl-(Z)-tetradecen-1-ol acetate]、(E)-10,13,13-三甲基-11-十四烯醇乙酸酯[(E)-10,13,13-trimethyl-11-tetradecen-1-ol acetate]、四十四碳烷(tetratetracontane)(冯俊涛等，2007)。

国内外学者对大花金挖耳化学成分的研究始于21世纪初(Kim et al.,2002)，已从其花和果实中分离鉴定出萜类(Yang et al.,2002)、黄酮、香豆素等20余个化合物(Kim et al.,2004)。

【药理作用】大花金挖耳具有清热、解毒、消炎、止血、杀虫之功效。目前，对大花金挖耳的生物活性研究主要集中于医用活性方面，研究表明，大花金挖耳水提取物具有强烈抑制血小板聚集作用，其他合物具有一定的抗肿瘤作用(杨晓红和周小平，2000)。在农用活性方面，张宏利、郝双红等分别报道了大花金挖耳全株粗提物的杀虫活性和除草活性。冯俊涛和李玉平等在对西北地区的植物源杀菌剂筛选中发现大花金挖耳全株具有极强的抑菌活性(冯俊涛等，2007)。大花金挖耳花弱极性部分(即石油醚提取物)对番茄叶霉病菌、小麦纹枯病菌菌丝生长表现出较强的抑制作用，且对供试病原菌孢子萌发具有一定的抑制作用。冯俊涛等测定了大花金挖耳花蕾挥发油对 14 种常见作物病原菌的抗菌活性，结果表明该精油对全蚀病菌和小麦纹枯病菌有很强的抗性(冯俊涛等，2007)。

【附注】另有报道说，大花金挖耳和具有抑制血栓素 A$_2$ 合成作用的物质都具有抑制血小板聚集的功能。

【主要参考文献】

冯俊涛，苏祖尚，王俊儒，等. 2007. 大花金挖耳花蕾中精油的化学组成及其杀菌活性研究. 西北植物学报，27：156~162.

杨晓红，周小平. 2000. 大花金挖耳提取物的血小板聚集作用. 人参研究，1：12.

中国科学院中国植物志编辑委员会. 1989. 中国植物志. 北京：科学出版社：295~296.

Kim M R，Kim C S，Yung K，et al. 2002. Isolation and structures of guaianolides from *Carpesium macrocephalum*. J Nat Prod，65：583~584.

Kim M R，Seung K L，Kim C S，et al. 2004. Phytochemical constituents of *Carpesium macrocephalum*. Arch Pharm　Res，27：1029~1033.

Yang C，Shi Y P，Zhong J J. 2002. Sesquiterpene lactone glycosides，eudesmanolides and other constituents from *Carpesium macrocephalum*. Planta Med，68：626~630.

金　挖　耳

Jinwa'er

GOLDER LEAF

【中文名】金挖耳

【别名】挖耳草、朴地菊、劳伤草、野烟、铁抓子草、野向日葵、铁骨消、翻天印、倒盖菊、山烟筒头、耳瓢草

【基原】为菊科植物金挖耳 *Carpesium divaricatum* Sieb. et Zucc 的全草。鲜用或切段晒干。

【原植物】多年生草本。茎直立，高 25～150cm，被白色柔毛，初时较密，后渐稀疏，中部以上分枝，枝通常近平展。基叶于开花前凋萎，下部叶卵形或卵状长圆形，长5～12cm，宽 3～7cm，先端锐尖或钝，基部圆形或稍呈心形，有时呈阔楔形，边缘具粗大具胼胝尖的牙齿，上面深绿色，被具球状膨大基部的柔毛，老时脱落、稀疏而留下膨大的基部，叶面稍粗糙，下面淡绿色，被白色短柔毛并杂以疏长柔毛，沿中肋较密；叶柄较叶片短或近等长，与叶片连接处有狭翅，下部无翅；中部叶长椭圆形，先端渐尖，基部楔形，叶柄较短，无翅，上部叶渐变小，长椭圆形或长圆状披针形，两端渐狭，几无柄。头状花序单生茎端及枝端，苞叶 3～5 枚，披针形至椭圆形，其中 2 枚较大，较总苞长 2～5 倍，密被柔毛和腺点。总苞卵状球形，基部宽，上部稍收缩，长 5～6mm，直

径 6～10mm，苞片 4 层，覆瓦状排列，外层短（向内逐层增长），广卵形，干膜质或先端稍带草质，背面被柔毛，中层狭长椭圆形，干膜质，先端钝，内层条形。雌花狭筒状，长 1.5～2mm，冠檐 4 或 5 齿裂，两性花筒状，长 3～3.5mm，向上稍宽，冠檐 5 齿裂，筒部在放大镜下可见极少数柔毛。瘦果长 3～3.5mm。

　　【生境】生于山坡路旁和荒地草丛中。

　　【分布】伏牛山有分布。主要产于四川、贵州、湖南、福建，以及东北等地。

　　【化学成分】含金挖卫素（divaricin）A、金挖卫素 B、金挖卫素 C（Maruyama，1990），cardivins A、cardivins B、cardivins C、cardivins D（Kim et al.，1997），以及 2,5-dimethoxythymol、2-methoxythymol isobutyrate、10-isobutyloxy-8,9-epoxythymolisobutyrate、10-（2-methyl butyloxy）-8,9-epoxy-thymolisobutyrate（Zee et al.，1998）。还含有 1β,6α-dihydroxy-4（15）-eudesmene、β-dictyopterol、2-isopropenyl-6-acetyl-8-methoxy-1,3-benzodioxin-4-one、（3E,6E,10E,14E,18E）-2,6,10,15,19,23-hexamethyl-3,6,10,14,18,22-tetracosahexaen-2-olneophytadiene（Chung et al.，2010）。含有（2E,10E）-1,12-dihydroxy-18-acetoxy-3,7,15-trinethylhexadeca-2,10,14-triene（Zee,1999）。从金挖耳全草的甲醇提取物中分得 9 个化合物，分别鉴定为天名精内酯酮（carabrone，**1**）、天名精内酯醇（carabrol，**2**）、11α-H-桉烷-4（15）-烯-12，8β-内［11α-H-eudesman-4（15）-en-12，8β-olide，**3**］、特勒内酯［5α-hydroxy-eudesman-4（15），11（13）-dien-12，8β-olide，**4**］、1-酮-桉烷-11（13）-烯-12,8α-内酯［1-oxoeudesm-11（13）-eno-12,8α-lactone，**5**］、5α-羟基 4-表旋覆花内酯（5β-hydroxy-10α,14H-4-epiinuviscolide，**6**）、5,6α-环氧桉烷-12,8β-内酯（5,6-epoxyeudesman-12,8β-olide，**7**）、β-谷甾醇（β-sitosterol，**8**）、β-胡萝卜苷（β-daucosterol，**9**）（王秀茹和沈彤，2012）。

　　【药理作用】主治清热解毒、消肿止痛、感冒发热和咽喉肿痛（国家中医药管理局《中华本草》编委会，1999）。

【主要参考文献】

国家中医药管理局《中华本草》编委会. 1999. 中华本草（第 7 册）. 上海：上海科学技术出版社：761.

王秀茹，沈彤. 2012. 金挖耳化学成分的研究. 中草药，43：661~663.

Chung I M，Seo1 S H，Kang E Y，et al. 2010. Antiplasmodial activity of isolated compounds from *Carpesium divaricatum*. Phytotherapy，24：451~453.

Kim D K，Nam I B，Sang U C，et al. 1997. Four new cytotoxic germacranolides from *Carpesium divaricatum*. J Nat Prod，60：1199~1202.

Maruyama M. 1990. Sesquiterpene lactones from *Carpesium divaricatum*. Phytochemistry，19：547~550.

Zee O P，Kim D K，Kang R L. 1998. Thymol derivatives from *Carpesium divaricatum*. Arch Pharm Res，21：618~620.

Zee O P，Kim D K，Sang U C，et al. 1999. A new cytotoxic acyclic diterpene from *Carpesium divaricatum*. Archives of pharmacal，22：225~227.

暗花金挖耳
Anhuajinwa'er

　　【中文名】暗花金挖耳

　　【别名】东北金挖耳

【基原】为菊科大名精属植物植物暗花金挖耳 *Carpesium triste* Maxim 的全草。

【原植物】多年生草本。茎高 30～100cm，被开展的疏长柔毛，近基部及叶腋较稠密，中部分枝或有时不分枝。基叶宿存或于开花前枯萎，具长柄，柄与叶片等长或更长，上部具宽翅，向下渐狭，叶片卵状长圆形，长 7～16cm，宽 3～8.5cm，先端锐尖或短渐尖，基部近圆形，很少阔楔形，骤然下延，边缘有不规整具胼胝尖的粗齿，上面深绿色，被柔毛，下面淡绿色，被白色长柔毛，有时甚密；茎下部叶与基叶相似，中部叶较狭，先端长渐尖，叶柄较短，上部叶渐变小，披针形至条状披针形，两端渐狭，几无柄。头状花序生于茎、枝端及上部叶腋，具短梗，呈总状或圆锥花序式排列，开花时下垂；苞叶多枚，其中 1～3 枚较大，条状披针形，长 1.2～3cm，宽 1.8～3mm，被稀疏柔毛，其余约与总苞等长。总苞钟状，长 5～6mm，直径 4～10mm，苞片约 4 层，近等长，外层长圆状披针形或中部稍收缩而略呈匙形，上半部草质，先端钝或锐尖，被疏柔毛或几无毛，内层条状披针形，干膜质，先端钝或有时具细齿。两性花筒状，长 3～3.5mm，向上稍宽，冠檐 5 齿裂，无毛，雌花狭筒形，长约 2.5mm。瘦果长 3～3.5mm（中国科学院中国植物志编辑委员会，1979）。

【生境】生长于海拔 700～3300m 的地区，见于林下和溪边。

【分布】伏牛山有分布。主要产于黑龙江、吉林、辽宁、四川、云南和西藏。

【化学成分】含有单萜、倍半萜、二萜、三萜、香豆素、甾体、黄酮、木脂素及其苯苷的衍生物、长链酸、甘油酯等化合物。其中倍半萜类和香叶基香叶醇类二萜占绝大多数。韩国学者对暗花金挖耳的变种（*Carpesium triste* var. *manshuricum*）进行了化学成分研究，并且从中分离到了两个新的吉马烷型倍半萜。研究者从暗花金挖耳全草中分离得到 8 个化合物，其中包括 2 个倍半萜类化合物，分别鉴定为 4α-羟基-9β,10β-环氧-1βH, 5αH-愈创木-11(13)-烯-8α,12-内酯、天名精内酯酮；6 个甾醇类化合物，分别鉴定为豆甾醇-3-*O*-β-D-葡萄糖苷、豆甾醇、5α,8α-环二氧-24(*S*)-甲基麦角甾-6,22-二烯-3β-醇、5α,8α-环二氧-24(*S*)-甲基麦角甾-6,9(11),22-三烯-3β-醇、β-谷甾醇和 β-胡萝卜苷（苏日娜等，2012）。

【药理作用】清热解毒、消肿止痛、通淋利尿、利湿止泻。用于疮疖肿毒、乳腺炎等热毒症，咽喉肿痛、牙痛等肿痛、热淋，尿路感染，腹泻痢疾。

【主要参考文献】

苏日娜，武海波，王文蜀. 2012. 暗花金挖耳化学成分研究. 中草药，43：1721~1723.

中国科学院中国植物志编辑委员会. 1979. 中国高等植物数据库全库（第七十五卷）. 北京：科学出版社：304.

小花金挖耳

Xiaohuajinwa'er

【中文名】小花金挖耳

【基原】为菊科双子叶植物小花金挖耳 *Carpesium minum* Hemsl.的全草。

【原植物】多年生草本。茎直立，高 10～30cm，基部常带紫褐色，密被卷曲柔毛，后渐稀疏，露出腺点状突起，节间长 5～16mm。叶稍厚，下部的椭圆形或椭圆状披针形，长 4～9cm，宽 1～2.2cm，先端锐尖或钝，基部渐狭，上面深绿色，下面淡绿色，初被柔毛，后渐脱落，几无毛或沿叶脉有稀疏柔毛，两面均有腺点状突起，触之有粗糙感觉，边缘中上部有不明显的疏锯齿，齿端有腺体状胼胝；叶柄长 1～3cm，与叶片中肋通常均带紫色，被毛与茎相似；上部叶较小，披针形或条状披针形，近全缘，具短柄或无柄。头状花序单生茎、枝端，直立或下垂；苞叶 2～4 枚，2 枚较大，条状披针形，长 6～15mm，密被短柔毛。总苞钟状，长约 5mm，直径 4～6mm；苞片 3 或 4 层，外层较短，卵形至卵状披针形，干膜质，先端锐尖，少数上部带绿色，背面被极稀疏的柔毛，内层条状披针形，先端钝，有不规整的细齿。雌花狭筒状，长 1～1.5mm，冠檐 5 齿裂，两性花筒状，长约 2mm，向上稍宽，冠檐 5 齿裂。瘦果长约 1.8mm（中国科学院中国植物志编辑委员会，1979）。

　　【生境】生于海拔 800～1000m 的山坡草丛中及水沟边。

　　【分布】产于伏牛山区。主要分布于中国的江西、湖北、云南、四川等地。

　　【化学成分】该植物地上部分含有(1R,2S,4S,5R)-2,5-二羟基-p-薄荷烷、(1S,2S,4R,5S)-2,5-二羟基-p-薄荷烷、(3R,4R,6S)-3,6-二羟基-p-1-薄荷烯、5αH-桉烷- 4(15),11(13)-二烯-12,8β-内酯、5α-羟基-桉烷-4(15),11(13)-二烯-12,8β-内酯、2α-羟基-5αH-桉烷-4(15),11(13)-二烯-12,8β-内酯、4β-羟基-1α,10βH-伪愈创木烷-11(13)-烯-12,8α-内酯、4-羰基-1α,10βH-伪愈创木烷-11(13)-烯-12,8α-内酯(高雪和陈刚，2012)。

　　【药理作用】用于治疗蛇伤。

【主要参考文献】

高雪，陈刚. 2012. 小花金挖耳地上部分萜类成分研究. 化学研究与应用，24：1762~1765.

中国科学院中国植物志编辑委员会. 1979. 中国高等植物数据库全库（第七十五卷）. 北京：科学出版社：306.

刺 苍 耳

Cicang'er

SPINY COCKLEBUR

　　【中文名】刺苍耳

　　【基原】为菊科植物刺苍耳 Xanthium spinosum Linn. 的成熟果实。

　　【原植物】高 40～120cm。茎直立，上部多分枝，节上具三叉状棘刺。叶狭卵状披针形或阔披针形，长 3～8cm，宽 6～30mm，边缘 3～5 浅裂或不裂，全缘，中间裂片较长，渐尖，基部楔形，下延至柄，背面密被灰白色毛；叶柄细，长 5～15mm，被绒毛。花单性，雌雄同株。雄花序球状，生于上部，总苞片一层，雄花管状，顶端裂，雄蕊 5。雌花序卵形，生于雄花序下部，总苞囊状，长 8～14mm，具钩刺，先端具 2 喙，内有 2 朵无花冠的花，花柱线形，柱头 2 深裂。总苞内有 2 个长椭圆形瘦果。

　　【生境】生于路边、荒地和旱作物地。

【分布】伏牛山有分布，主要广泛产于河南东部、安徽西北部，北京丰台区和辽宁的大连。

【化学成分】所含化学成分复杂，主要包括挥发油、倍半萜内酯、糖苷类，以及脂肪油分等。从刺苍耳中得到的倍半萜类化合物，分别为苍耳农、苍耳亭、3-cycloheptenelacetic acide、xanthinosin、inusoniolide、5-azuleneacetic acide、2-hydroxy xanthinosin，其中苍耳农为新化合物（胡冬燕等，2012）。

【药理作用】性味辛苦，具有散风湿、通鼻窍的作用。中药临床应用中，主要以治疗风寒头痛、鼻渊流涕、湿痹拘挛、风疹瘙痒等症为主，为鼻科常用药（贾鑫等，2011；胡双丰，2005）。

【毒理】苍耳植物全株均有毒性，病理特征表现为动物和人在误食一定量后出现血糖下降、昏迷，严重者出现肾衰竭甚至死亡。

【主要参考文献】

胡双丰. 2005. 苍耳子与其伪品刺苍耳子的鉴别. 中国医院药学杂志, 25: 185.

胡冬燕, 杨顺义, 袁呈山, 等. 2012. 苍耳化学成分的分离与鉴定. 中草药, 43: 640~644.

贾鑫, 康小兰, 禹惠婧, 等. 2011. 苍耳子与刺苍耳子有效成分含量比较研究. 中药材, 34: 1703.

腺 梗 豨 莶

Xiangengxixian

【中文名】腺梗豨莶

【别名】肥猪草、肥猪菜、黏苍子、黏糊菜、黄花仔、黏不扎、黏金强子、黏为扎、珠草、棉苍狼

【基原】腺梗豨莶为菊科植物 *Siegesbeckia pubescens* Makino 干燥地上部分。

【原植物】一年生草本。茎直立，粗壮，高 30~110cm. 上部多分枝，被开展的灰白色长柔毛和糙毛。基部叶卵状披针形，花期枯萎；中部叶卵圆形或卵形，开展，长 3.5~12cm，宽 1.8~6cm，基部宽楔形，下延成具翼而长 1~3cm 的柄，先端渐尖，边缘有尖头状规则或不规则的粗齿，上部叶渐小，披针形或卵状披针形；全部叶上面深绿色。下面淡绿色，基出三脉，侧脉和网脉明显，两面被平伏短柔毛，沿脉有长柔毛。头状花序径 18~22mm，多数生于枝端，排列成松散的圆锥花序；花梗较长，密生紫褐色头状具柄腺毛和长柔毛；总苞宽钟状；总苞片 2 层，叶质，背面密生紫褐色头状具柄腺毛，外层线状匙形或宽线形，长 7~14mm，内层卵状长圆形，长 3.5mm. 舌状花花冠管部长 1~1.2mm，舌片先端 2 或 3 齿裂，有时 5 齿裂；两性管状花长约 2.5mm，冠檐钟状，先端 5 裂。瘦果倒卵圆形，4 棱，顶端有灰褐色环状突起。花期 5~8 月，果期 6~10 月。

【生境】生于山坡、山谷林缘、灌丛林下的草坪中；河谷、溪边、河槽潮湿地、旷野、耕地边等处也常见，分布海拔为 160~3400m。

【分布】主产于伏牛山。还广产于吉林、辽宁、河北、山西、甘肃、陕西、江苏、浙江、安徽、江西、湖北、四川、贵州、云南及西藏等地。

【化学成分】该植物中主要含有二萜类化合物，主要是贝壳杉烷型、海松烷型二萜类化合物。近年来，人们发现该植物中还含有豨醚酸（siegesmetlylethericacid）、对映-16β,17-二羟基-贝壳杉烷-19-羧酸（ent-16β,17-dihydroxy-kauran-19-cioacid）、β-谷甾醇（β-sitosterol）、单棕榈酸甘油酯（glycerovlmononalmltate）、豆甾醇（stigmasterol）、阿魏酸（ferulicacid）、奇任醇（kirenol）、琥珀酸（succinicacid）（傅宏征等，1997）。此外还含对映-16β,17,18-三羟基-贝壳杉-19-羧酸（高辉等，2009）、过氧化麦角固醇（ergosterol peroxide）、尿嘧啶（uracil）、豆甾-4-烯-3-酮（stigmast-4-en-3-one）、胡萝卜苷（daucosterol）（蒋璘等，2009），15,16-异亚丙基-豨莶苷（15,16-isopropy lidene-darutoside）、豨莶精醇（darutigenol）、豨莶苷（darutoside）、豆甾-3-O-β-D-吡喃葡萄糖苷（stigmasterol-3-O-β-D-glucopyranosid）（欧志强等，2009）。

对其中所含挥发油研究的结果显示，采用气相色谱法从中共分离出 62 种化合物，鉴定出其中 14 种化合物。其中 1,2,3,4a,5,6,8a-八氢-7-甲基-4-亚甲基-1-(1-甲基乙基)-(1α,4aα,8aα)-萘含量最高达 19.17%（高辉等，2000）。

【药理作用】对腺梗豨莶甲醇提取物的不同溶剂萃取部位，以及单体化合物奇壬醇（源于腺梗豨莶乙酸乙酯萃取部位）对 LPS 诱导的小鼠巨噬细胞释放 NO 的抑制作用的研究结果表明，石油醚及乙酸乙酯萃取部位具有较强的 NO 抑制活性，作用强度与奇壬醇相比具有明显优势（赵凯华等，2009）。

腺梗莶萜二醇酸十二指肠给药能使家兔 ABP、LVSP、$\pm$dp/dt$_{max}$、HR、DBP 都呈下降趋势，降压速度与剂量呈正性相关，并使家兔全血黏度（低切、中切、高切）下降，表明腺梗莶萜二醇酸是腺梗莶降压的有效成分，使全血黏度降低，具有抑制血栓形成的作用（高辉等，2001）。

【附注】腺梗豨莶具有祛风湿、利关节、解毒的功效。用于治疗风湿痹痛、筋骨无力、腰膝酸软、四肢麻痹、半身不遂、风疹湿疮等症。

【主要参考文献】

傅宏征，楼之岑，杨秀伟，等. 1997. 腺梗豨莶的化学成分研究（Ⅰ）. 中草药，28：259.

高辉，李平亚，李德坤. 2001. 腺梗豨莶萜二醇酸降压及对血液流变学影响的研究. 白求恩医科大学学报，27：472.

高辉，李平亚，李德坤. 2009. 腺梗豨莶的化学成分研究（Ⅰ）. 中草药，33：495.

高辉，李平亚，吴巍. 2000. 腺梗豨莶茎叶挥发油成分的研究. 白求恩医科大学学报，26：456.

蒋璘，丁怀伟，宋少江. 2009. 腺梗豨莶化学成分的分离与鉴定. 沈阳药科大学学报，26：444.

欧志强，赵朗，王刊. 2009. 腺梗豨莶的化学成分研究. 中国中药杂志，34：2754.

赵凯华，赵烽，刘珂. 2009. 腺梗豨莶提取物对脂多糖活化巨噬细胞释放一氧化氮的抑制作用. 烟台大学学报（自然科学与工程版），22：137.

豨　莶

Xixian

HERBA SIEGESBECKIAE

【中文名】豨莶

【别名】稀莶草、火莶、猪膏莓、虎膏、狗膏、火杴草、猪膏草、黏糊菜、希仙、虎莶、黄猪母、肥猪苗、母猪油、亚婆针、黄花草、猪母菜、棉苍狼、黏强子、黏不扎、棉黍棵、绿莶草、大叶草、虾钳草、铜锤草、土伏虱、金耳钩、有骨消、猪冠麻叶、四棱麻、大接骨、老奶补补丁、野芝麻、毛擦拉子、大叶草、珠草、老陈婆、油草子、风湿草、老前婆、野向日葵、牛人参

【基原】菊科草本植物豨莶 *Siegesbeckia orientalis* Linn. 现耿豨莶 *S. pubescens* *Makino* 或毛耿豨莶 *S. glabrescens* Makine 的地上部分。

【原植物】与腺梗豨莶相似，花梗和枝上部密被短柔毛。叶片阔卵状三角形至披针形。边缘有不规则的浅裂或粗齿。

【生境】生山坡、林缘及路旁。

【分布】伏牛山有分布。主要产于秦岭及长江以南。

【化学成分】含豨莶草苦味苷及生物碱。报道从该植物的地上部分分离得到 7 个化合物，β-D-glucopyranosyl-ent-2-oxo-15,16-dihydroxy-pimar-8(14)-en-19-oic-late(**1**)、[1(10)E,4Z]-8β-angeloyloxy-9α-methoxy-6α,15-dihydroxy-14-oxygermacra-1(10),11(13)-trien-12-oic acid-12,6-lactone(**2**)、pubetallin(**3**)、kirenol(**4**)、ent-2β,15,16,19-tetrahydroxy-pimar-8(14)-en-19-O-β-glucopyranoside(**5**)、ent-12α,16-epoxy-2β,15α,19-trihydroxypimar-8-ene(**6**)、ent-2-oxo-15,16,19-trihydroxypimar-8(14)-en-19-O-β-D-glucopyranoside(**7**)。其中化合物(**1**)和(**2**)是新化合物(Wang and Hu, 2006)。

分离的化合物结构式如下：

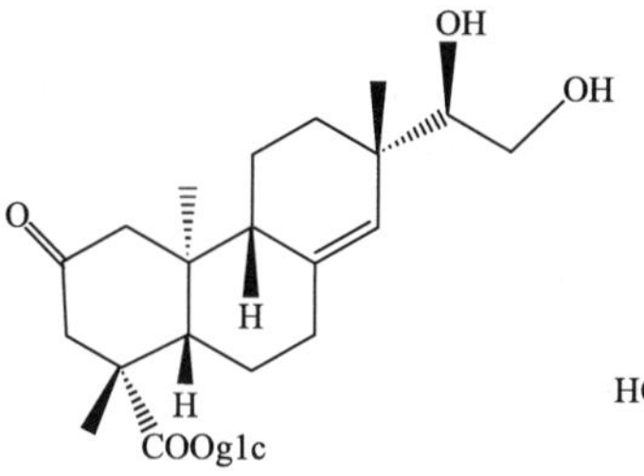

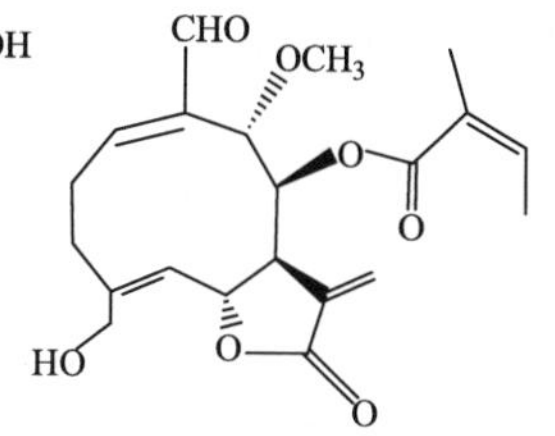

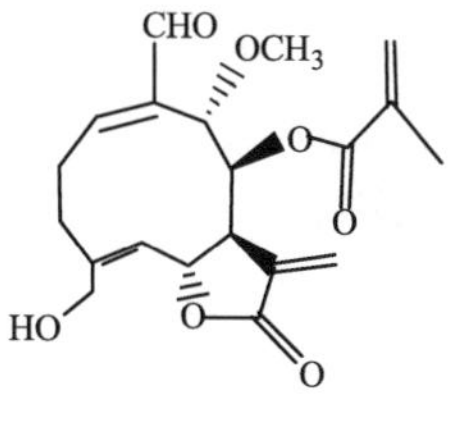

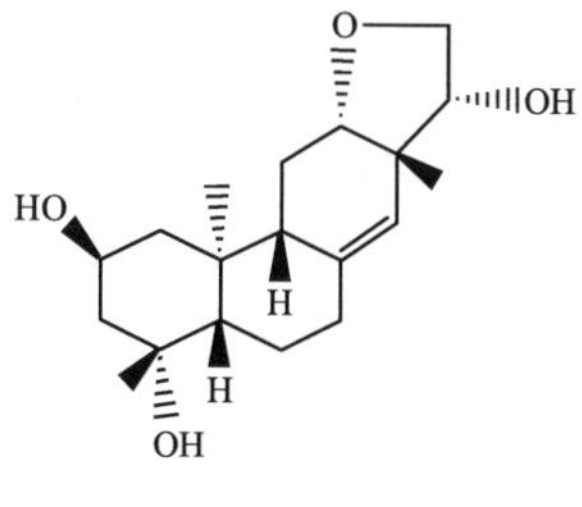

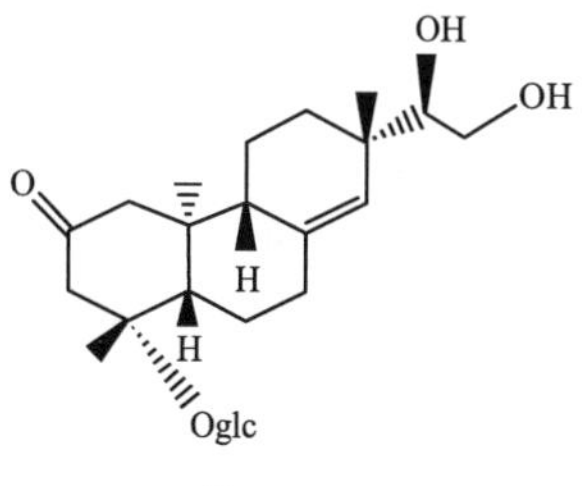

【药理作用】

1. 抗炎作用

2. 降压作用

豨莶(品种不明)的水浸液、乙醇-水浸出液和 30%乙醇浸出液，有降低麻醉动物血压的作用。

【主要参考文献】

Wang L L，Hu L H．2006．Chemical constituents of *Siegesbeckia orientalis* L．Journal of Integrative Plant Biology，48：991~995．

黄 花 蒿

Huanghuahao

SWEET WORMWOOD

【中文名】黄花蒿

【别名】青蒿臭蒿、草蒿、香丝草、酒饼草、马尿蒿、苦蒿、黄香蒿、黄蒿、野筒蒿、鸡虱草、秋蒿、香苦草、野苦草

【基原】为菊科植物黄花蒿 *Artemisia annua* Linn.（青蒿）的全草。

【原植物】一年生草本，高达 1.5m，全体近于无毛。茎直立，圆柱形，表面具有纵浅槽，幼时绿色，老时变为枯黄色；下部木质化，上部多分枝。茎叶互生；3 回羽状细裂，裂片先端尖，上面绿色，下面黄绿色，叶轴两侧有狭翅，茎上部的叶，向上渐小，分裂更细。头状花序球形，下垂，排列成金字塔形、具有叶片的圆锥花序，几密布在全植物体上部；每一头状花序有短花柄，基部具有或不具有线形苞片；总苞平滑无毛，苞片 2 或 3 层，背面中央部分为绿色，边缘呈淡黄色，膜质状而透明；花托矩圆形，花均为管状花，黄色，外围为雌花，仅有雌蕊 1 枚；中央为两性花，花冠先端 5 裂，雄蕊 5 枚，花药合生，花丝细短，着生于花冠管内面中部，雌蕊 1 枚，花柱丝状，柱头 2 裂，呈叉状。瘦果卵形，微小，淡褐色，表面具隆起的纵条纹。花期 8~10 月，果期 10~11 月。

【生境】生于荒野、山坡、路边及河岸边。

【分布】伏牛山有分布。全国各地均有分布。

【化学成分】目前文献报道，从黄花蒿中分离的倍半萜类成分（Bhakuni et al.，2001），主要为青蒿素类化合物，包括青蒿酸、青蒿醇、青蒿醚类和青蒿酯类。屠呦呦等（屠呦呦等，1981；Tu et al.，1982）利用硅胶柱色谱法从中国产黄花蒿全草脂溶性部分分离得到了青蒿素 A、B，二氢青蒿素 B，青蒿素 D、E。地上部分含萜类：青蒿素（qinghaosu. Artemi-sinin,arteannuin）、青蒿素 I（qinghaosu I，artemisinin A，arteannuin A）、青蒿素 II（qinghaosu II，artemisinin B，arteannuin B）、青蒿素 III 即氢化青蒿素、去氧青蒿素（qinghaosu III，hydroartemisinin，de-oxyartemisinin）、青蒿素 IV（qinghaosu IV）、青蒿素 V（qinghaosu V）、青蒿素 VI（qinghaosu VI）、青蒿素 B 的异构体青蒿素 C（artemisinin C，arteannuin C）、青蒿素 G（arteannuin G）、去氧异青蒿素 B（deoxyisoartemisinin B，epideoxyarteannuin B）、去氧异青蒿素 C（deoxyisoartemisinin C）、青蒿烯（artemisi-tene）、青蒿酸（qinghao acid，artemisic acid，artemisinic acid，arteannuic acid）、去氢青蒿酸（dehydroartemisinic acid）、环氧青蒿酸（epoxyartemisinic acid）、11*R*-左旋二氢青蒿酸（11*R*-dihydroartemisinic acid）、青蒿酸甲酯（methyl artemisinate）、青蒿醇（artemisinol）、去甲黄花蒿酸（norannuic acid）、二氢去氧异青蒿素 B（dihydroepideoxyarteannun B）、黄花

蒿内酯（an-nulide）、无羁萜（friedelin）及 3β-无羁萜醇（fiiedelun 3β ol）等，黄酮类，槲皮万寿菊素-6,7,3,4-四甲醚（quercetagetin-6,7,3,4-tetramethylether）、猫眼草酚（chrysosplenol, chrysosplenol D）、蒿黄素（artemetin）、3-甲氧基猫眼草酚即猫草黄素（3-methoxychryso-splenol，chrysolplenetin）、3,5,3-三羟基-6,7,4-三甲氧基黄酮（3,5,3-trihydroxy-6,7,4-trimethoxy-flavone）、5-羟基-3,6,7,4-四甲氧基黄酮（5-hydroxy-3,6,7,4-tetram-ethoxyflavone）、紫花牡荆素（casticin）、中国蓟醇（cirsili- neol）、5,3-二羟基-6,7,4-三甲氧基黄酮（penduletin）、5,7,3,4-四羟基-二甲氧基黄酮（axillarin）、去甲中国蓟醇（cirsiliol）、树柳黄素（tamarixetin）、鼠李素（rhamnetin）、槲皮素-3-甲醚（quercetin-3-methylether）、滨蓟黄素（cirsimaritin）、鼠李柠檬素（rhamnoci-trin）、金圣草素（chrysoeriol）、5,2,4-三羟基-6,7,5-三甲氧基黄酮（5,2,4-trihydroxy-6,2,4-trihydroxy-6,7,5-trimethoxyflavone）、5,7,8,3-四羟基-3,4-二甲氧基黄酮（5,7,8,3-tetrahydroxy-3,4-dimethoxyflavone）、槲皮万寿菊素-3,4-二甲醚（quercetagetin-3,4-dimethylether）、山奈酚（kaempferol）、槲皮素（quercetin）、木犀草素（luteolin）、万寿菊素（patuletin）、槲皮素芸香糖苷（quercetin-3-rutinoside）、木犀草素-7-O-糖苷（luteolin-7-O-glyco-side）、山奈酚-3-O-糖苷（kaempferol-3-O-glucpferol-3-O-glucoside）、槲皮素-3-O 糖甙（quercetin-3-O-glucoside）、万寿菊素-3-O-糖苷（patuletin-3-O-glucside）及 6-甲氧基山奈酚-3-O-糖苷（6-methoxykaempferol-3-O-glucoside）等，香豆素类，东莨菪素（scopoletin）、香豆粗（coumarin）、6,8-二甲氧基-7-羟基香豆粗（6-8-iemethoxy-7-hydroxycoumarin）、5,6-二甲氧基-7-羟基香豆素（5,6-dimethoxy-7-hydroxycoumarin）及蒿属香豆素（scoparon）等。含挥发油成分有左旋-樟脑（camphor）、β-丁香烯（β-caryophellene）、异蒿属酮（isoartemisia keton），β-蒎烯（β-pinene）、乙酸乙脑酯（bornyl acetate）、1,8-桉叶素（1,8-cineole）、香苇醇（carveol，苄基异戊酸）（benzylisovalerate）、β-金合欢烯（β-farnesene）、（王古）（王巴）类（copaene）、γ-衣兰油烯（γ-muurolene）、三环烯（tricyclene）、α-蒎烯（α-pinene）、小茴香酮（fenchone）、蒿属酮（artemisa ketone）、芳樟醇（linalool）、异龙脑（isolborneol）、α-松油醇（α-terpineol）、龙脑（borneol）、樟烯（camphene）、月桂烯（myrcene）、柠檬烯（limonene）、γ-松油醇（γ-terpineol）、异戊酸龙脑酯（bornyl isovalerate）、γ-毕澄茄烯（γ-cadinene）、ξ-毕澄茄烯，α-榄香烯（α-elemene）、β-榄香烯、γ-榄香烯、水杨酸（salicylic acid）、β-松油烯（β-terpinene）、α-侧柏烯（α-thujene）、4-蒈烯（4-terpineol）、4-乙酸松油醇酯（4-terpingyl acetate）及乙酸芳樟醇酯（linlayl acetate）等。其他成分还包括：棕榈酸（palmitic acid）、豆甾醇（stigmasterol）、β-谷甾醇（β-sitosterol）、石南藤酰胺乙酸酯（aurantiamide acetate）、5-十九烷基间苯二酚-3-O-甲醚酯（5-nonadecylresorcinol-3-O-methylether）、二十九醇（nonacosanol）、2-甲基三十烷-8-酮-23-醇（2-methyltriacosan-8-one-23-ol）、三十烷酸三十一醇酯（hentriacontanyl triaconta-noate）、2，29-二甲基三十烷（2，29-dimethyltriacontane）、黄花蒿双五氧化物（annuadiepoxide）、本都山蒿环氧化物（ponticae-poxide）及相对分子质量分别为 150 000、100 000 的 β-糖苷酶（β-glucosidase）Ⅰ、Ⅱ等。

【毒性】青蒿素的急性和亚急性毒性：小鼠灌胃青蒿素 LD_{50} 为 4223mg/kg，治疗指数 47.1，安全系数为 13.7。采用猫、犬、家兔、豚鼠、大鼠、小鼠等动物，青蒿素给药途径有灌胃、肌肉注射、腹腔注射等，剂量为 100～1600mg/kg，连续给药 3～7d，观察给药前后一般状态、食欲、体重、心血管系统、肝肾功能的变化，以及各主要脏器病理组织学改变。结果当剂量相当于临床用量 70 倍时，未见犬、猫、兔、豚鼠、大鼠等动物心血管系统、肝肾功能有异常变化，仅小鼠灌胃青蒿素 800mg/(kg·d)组给药后 4d 出现谷丙转氨酶一过性升高。亚急性毒性观察中，狗、大鼠应用相当临床用量的 70 倍时，未见脑电、心电、肝功、血象、蛋白质总量、蛋白质分类、食欲、生长等有异常改变，仅见狗连续用药 21d 后非蛋白氮较给药前升高，心、肝、肾等主要脏器病理检查仅显示可逆性病变。小鼠畸胎实验，青蒿素不影响正常生育，亦无畸形，诱变性测定结果表明，青蒿素不是诱变剂，无致癌作用。

【药理作用】

1. 抗疟作用

青蒿乙醚提取中性部分和其稀醇浸膏对鼠疟、猴疟和人疟均呈显著抗疟作用。体内试验表明，青蒿素对疟原虫红细胞内期有杀灭作用，而对红细胞外期和红细胞前期无效。青蒿素具有快速抑制原虫成熟的作用。蒿甲醚乳剂的抗疟效果优于还原青蒿素琥珀酸钠水剂，是治疗凶险型疟疾的理想剂型。青蒿琥酯 2.5mg/kg、5 mg/kg、10 mg/kg、15mg/kg，2 次/d，连续 3d，皮肤外搽，治疗猴疟均有不同程度疗效。5 mg/kg、10mg/kg，2 次/d，连续 10d，皮肤外搽即可使猴疟转阴。加入适量促透氮酮，可提高抗疟作用。脱羰青蒿素和碳杂脱羰青蒿素对小鼠体内的伯氏疟原虫 K173 株的 ED_{50} 和 ED_{90} 分别为 12.6mg/kg和 25.8mg/kg。体外试验表明，青蒿素可明显抑制恶性疟原虫无性体的生长，有直接杀伤作用。青蒿素、蒿甲醚和氯喹对恶性疟原虫的 IC_{50} 分别为 75.2 nmol/L、29.4 nmol/L 和43.2nmol/L。青蒿素酯钠对恶性疟原虫 6 个分离株(包括抗氯喹株)有抑制作用。

2. 抗菌作用

青蒿水煎液对表皮葡萄球菌、卡他球菌、炭疽杆菌、白喉杆菌有较强的抑菌作用，对金黄色葡萄球菌、绿脓杆菌、痢疾杆菌、结核杆菌等也有一定的抑制作用。青蒿挥发油在 0.25%浓度时，对所有皮肤癣菌有抑菌作用，在 1%浓度时，对所有皮肤癣菌有杀菌作用。青蒿素有抗流感病毒的作用。青蒿酯钠对金黄色葡萄球菌、福氏痢疾杆菌、大肠杆菌、卡他球菌，甲型和乙型副伤寒杆菌均有一定的抗菌作用。青蒿中的谷甾醇和豆甾醇亦有抗病毒作用。

3. 抗寄生虫作用

青蒿乙醚提取物、稀醇浸膏及青蒿素对鼠疟、猴疟、人疟均呈显著抗疟作用。体外培养提示，青蒿素对疟原虫有直接杀灭作用。电镜观察证明，青蒿素主要作用于疟原虫红细胞内期无性体的膜相结构，首先作用于食物色膜、表膜和线粒体膜，其次是核膜和内质网。此外对核内染色体亦有影响。由于食物泡膜发生变化，阻断了疟原虫摄取营养的早期阶段，使疟原虫迅速发生氨基酸饥饿，形成自噬泡，并不断排出体外，使泡浆大量损失，内部结构瓦解而死亡。青蒿素对间日疟、恶性疟及抗氯喹地区恶性疟均有疗效高、退热及原虫转阴时间快的特点，尤其适于抢救凶险性疟疾，但复燃率高。此外，青蒿尚有抗血吸虫及钩端螺旋体作用。

4. 解热作用

用蒸馏法制备的青蒿注射液，对百、白、破三联疫苗致热的家兔有明显的解热作用。青蒿与金银花组方，利用蒸馏法制备的青银注射液，对伤寒、副伤寒甲、乙三联菌苗致热的豪兔，有比单味青蒿注射液更为显著的退热效果，其降温迅速而持久，优于柴胡和安痛定注射液对照组。金银花与青蒿有协同解热作用。

5. 免疫作用

用小鼠足垫试验、淋巴细胞转化试验、免疫特异玫瑰花试验和溶血空斑试验等 4 项免疫指标观察青蒿素的免疫作用，发现青蒿素对体液免疫有明显的抑制作用，对细胞免疫有促进作用，可能具有免疫调节作用。青蒿素、蒿甲醚有促进脾 TS 细胞增殖功能。肌肉注射蒿甲醚对 Begle 大外周血 T、B、Tu 及 Tr 淋巴细胞亦有明显抑制作用。亦明显降低正常小鼠血清 IgG 含量、增加脾脏质量。降低鸡红细胞致敏小鼠血清 IgG 含量。静脉注射青蒿素 50～100mg/kg 能显著提高小鼠腹腔巨噬细胞吞噬率(50.2%～53.1%)和吞噬指数(1.58～1.91)。青蒿素还可提高淋巴细胞转化率，促进细胞免疫作用。青蒿琥酯可促进 Ts 细胞增殖，抑制 TE 细胞产生，阻止白细胞介素及各种炎症介质的释放，从而起到免疫调节作用。

6. 对心血管系统的作用

兔心灌注表明，青蒿素可减慢心率，抑制心肌收缩力，降低冠脉流量。静脉注射有降血压作用，但不影响去甲肾上腺素的升压反应，认为主要系对心脏的直接抑制所改。静脉注射 20mg/kg 青蒿素可抗乌头碱所致兔心律失常。

7. 其他作用

青蒿琥酯能显著缩短小鼠戊巴比妥睡眠时间。青蒿素对实验性矽肺有明显疗效。蒿甲醚对小鼠有辐射防护作用。

【附注】分离的青蒿素及其衍生物的药代动力学：用放射免疫测定法检测，给狗静脉注射青蒿酯 6mg/kg，测得 T1/2 为 0.45h；肌肉注射蒿甲醚油剂 10mg/kg 和 30 mg/kg，血药浓度达峰时间分别在给药后 4.0h、6.5h，MRT 值为 7.0h、9.2h，注射较口服利用度高，青蒿素比蒿甲醚在血中消除时间快，可能是药效低的原因之一。药物进入机体，部分以游离形式到达靶部位发挥作用，相当一部分可与血浆蛋白结合。大、小鼠静脉注射 H-蒿甲醚后，测放射性在肝内含量最高，其次在小鼠为肾及肾上腺，大鼠为肺和肾上腺。从尿和粪中排出，尿中可分出 4 个转化物，即氢化青蒿素、还原氢化青蒿素、五元环内酯甲酮化合物、9,10-二羟基氢化青蒿素，均无抗疟作用，提示青蒿素体内代谢转化是一失活过程，其结构特征是失去过氧桥。

【主要参考文献】

陈靖，周玉波，张欣，等. 2008. 黄花蒿幼嫩叶的化学成分. 沈阳药科大学学报，25：866~870.

董岩，刘洪玲. 2004. 青蒿与黄花蒿挥发油化学成分对比研究. 中药材，27：568~571.

李瑞珍，王定勇，廖华卫. 2007. 野生黄花蒿种子挥发油化学成分的研究. 中南药学，5：230~232.

屠呦呦，倪慕云，钟裕亮，等. 1981. 中药青蒿化学成分研究Ⅰ. 药学学报，16：366~370.

杨国恩，宝丽. 2009. 黄花蒿中的黄酮化合物及其抗氧化活性研究. 中药材，32：1683~1686.

赵进，孙晔，田丽娟. 2009. 不同产地黄花蒿挥发油成分的 GC-MS 研究. 陕西中医学院学报，32：72~73.

赵红梅，沈慧敏. 2006. 黄花蒿(Artemisia annua L.)化感物质释放途径及化感作用机理研究. 兰州：甘肃农业大学硕士学位论文.

朱大元，邓定安，张顺贵，等. 1984. 青蒿内酯的结构. 化学学报，42：937~939.

Ahmad A，Misra Acton N，Klayman D L，et al. 1994. Terpenoids from Artemisia annua and constituents of its essential oil. Phytochemistry，37：183~186.

Bhakuni R S，Jain D C，Sharma R P，et al. 2001. Secondary of *Artemisia annua* and their biological activity. Curr Sci，80：35~48.

Brown G D. 1993. Annulide，a sesquiterpene lactone from *Artemisia annua*. Phytochemistry，32：391~393.

Brown G D. 1994. Cadinanes from *Artemisia annua* that may be intermediates in the biosynthesis of artemisinin. Phytochemistry，36：637~639.

EL-Feraly F S，AL-Meshal I A，Khalifa S I. 1989. Epideoxyarteannuin B and 6，7-dehydroartemisinic acid from *Artemisia annua*. J Nat Prod，52：196~198.

Marco J A，Sanz J F，Bea J F. 1990. Phenolic constituents from *Artemisia annua*. Pharmazie，45：382~383.

Misra L N. 1986. Arteannuin-C，a sesquiterpene lactone from *Artemisia annua*. Phytochemistry，25：2892~2893.

Serykh E A，Khanina M A，Berezovskaya T P，et al. 1991. Artemisia lagocephala essential oil. Khim Prir Soedin，27：429~430.

Sy L K，Brown G D，Haynes R. 1998. A novel endoperoxide and related sesquiterpenes from *Artemisia annua* which are possibly derived from allylic hydroperoxides. Tetrahedron，54：4345~4356.

Sy L K，Brown G D. 1998. Three sesquiterpenes from *Artemisia annua*. Phytochemistry，48：1207~1211.

Sy L K，Brown G D. 2001. Deoxyarteannuin B，dihydrodeoxyarteannuin B，and trans-5-hydroxy-2-isopropenyl-5 -methylhex-3-en-l-ol from *Artemisia annua*. Phytochemistry，58：1159~1166.

Tu Y Y，Ni M Y，Zhong Y R，et al. 1982. Studies on the constituents of *Artemisia annua* part Ⅱ. Planta Med，48：143~145.

Wei Z X，Pan J P，Li Y. 1992. Artemisinin G：a sesquiterpene from *Artemisia annua*. Planta Med，58：300.

Woerdenbag H J，Bos R，Salomons M C，et al. 1993. Volatile constituents of *Artemisia annua* L.（Asteraceae）. Flav Fra J，8：131~137.

Woerdenbag H J，Pras N，Bos R，et al. 1991. Analysis ofartemisinin and related sesquiterpenoids from *Artemisia annua* L. by combined gas chromatography/mass spectrometry. Phytochem Anal，2：215~219.

Yang S L，Roberts M F，O'Neill M J，et al. 1995. Flavonoids and chromenes from *Artemisia annua*. Phytochemistry，38：255~257.

Yang S L，Roberts M F，Phillipson J D. 1989. Methoxylatedflavones and coumarins from *Artemisia annua*. Phytochemistry，28：1509~1511.

Zheng G Q. 1994. Cytotoxic terpenoids and flavonoids from *Artemisia annua*. Planta Med，60：54~57.

牡　蒿

Muhao

JAPANESE WORMWOOD HERB

【中文名】牡蒿

【别名】齐头蒿、水辣菜、布菜、土柴胡、猴掌草、流尿蒿、臭艾、克头青、油艾、油蒿、油蓬、奶疳药、花艾草、六月雪、老鸦、马莲蒿、马根柴、鹅草药、牛尾蒿、白花蒿、熊掌草、菊叶柴胡、脚板蒿、花等草、匙叶艾

【基原】为菊科植物牡蒿 *Artemisia japonica* Thunb 的全草。入药为未开花前采收，夏季晒干。

【原植物】牡蒿为多年生草本；茎直立，高 30~100cm，无毛或稍被蛛丝状毛。单叶互生，无柄，茎生叶，或具 1 或 2 枚假托叶，茎中部以下的叶匙形，基部楔形，顶端多羽状 3 裂，中间裂片较宽，再作羽状 3 裂；花序下的叶线形或线状披针形，全缘。头状花序排列成圆锥状，每花序长约 2mm，宽约 1.5mm，具短梗，总苞球形，苞片 3 或 4 层，最外层卵圆形，中间绿色，草质，边缘膜质，花托球形；绿花约 10 朵，雌性，仅有 1 雌蕊；中央为两性花，花冠管状，先端 5 裂；雄蕊 5；雌蕊 1，子房椭圆形。瘦果椭圆形，长约 0.8mm。花果期 8~10 月。

【生境】生长于山坡路旁或荒地上。

【分布】伏牛山上产。中国大部分地区均有分布。

【化学成分】牡蒿地上部分含挥发油，其成分为月桂烯(myrcene)、对-聚伞花素(p-cymene)、柠檬烯(limonene)、紫苏烯(perillene)、α-蒎烯(α-pinene)、β-蒎烯(β-pinene)、α-松油醇(α-ter-pineol)、乙酸龙脑酯(bornylacetate)、樟烯(camphene)、草蒲烯(calamenene)、α-玷烯(α-copaene)、甲基丁香油酚(methyleugenol)、萘(naphthalene)。从地上部分还含β-行树脂醇(β-amyrin)、三十烷酸(triacontanoic acid)、β-谷甾醇和豆甾醇的混合物(β-sitosterol and stigmasterol)、7,8-二甲氧基香豆粗(7,8-dimethoxy-coumarin)、6,7-二甲氧基香豆素(6,7-dimethoxycoumarin)即蒿属香豆素(scoparone)、茵陈色原酮(capillarisin)、8,4-二羟基-3,7,2-三甲氧基黄酮(8,4-dihydroxy-3,7,2-trimethoxyflavone)、3,5-二羟基-6,7,3,4-四甲氧基黄酮(3,5-dihydroxy-6,7,3,4-tetramethoxyflavone)、桂皮酸(cinnamic acid)、对-甲氧基苯甲酸(p-methoxybezene carboxylic acid)、阿魏酸(ferulic acid)、脱肠草素(herniarin)、东莨菪素(scopoletin)、6,8-二甲氧基香豆粗(6,8-dimethoxy-coumarinisofraxidin)、茵陈二块酮(capillin)、茵陈素(capillarin)、芹菜素-7-O-葡萄糖苷(apigenin-7-O-glucoside)、木犀草素-7-O-葡萄糖苷(luteolin-7-O-glucoside)。

【药理作用】全草的乙醇或丙酮的提取物有抗红色毛癣菌的作用(体外)。具有较好的活血、止血及抗炎作用(黄婷慧等，2010)。张德华等通过小鼠灌胃试验对牡蒿提取物抗氧化性进行了研究，发现其在一定浓度下有较强抗氧化作用，而且无遗传毒性(张德华等，2011)。

【附注】中医药用：清热、凉血、解毒。主治夏季感冒、肺结核潮热、咯血、小儿疳热、衄血、便血、崩漏、带下、黄疸型肝炎、丹毒、毒蛇咬伤。

【主要参考文献】

黄婷慧，卢先明，陈素兰，等. 2010. 民间药"牡蒿"的安全性评价及药效学研究. 成都中医药大学学报，33：77~79.
张德华，程鹏飞，凌玲. 2011. 牡蒿提取物抗氧化作用的遗传毒性研究. 天然产物研究与开发，23：39~42.

萎 蒿

Weihao

TARRAGON

【中文名】萎蒿

【别名】柳蒿、水蒿英

【基原】为菊科多年生草本植物萎蒿 Artemisia selengensis Turcz.的全草。

【原植物】多年生草本，高 0.5～1.2m。茎直立，被白色细软毛，上部分枝。叶互生，中下部叶片广阔，3～5 深裂或羽状深裂，裂片椭圆形或椭圆状披针形，边缘有不规则的锯齿，上面散生白色腺点，疏生毡毛，下面密生白色毡毛。头状花序钟形，长 3～4mm，直径 2～2.5mm，几无柄；总苞片 4 或 5 层，密被白色绵毛，边缘膜质，外层披针形；雌花长约 1mm；两性花结实，长约 2mm，紫褐色。瘦果椭圆形，无毛。花期 7～10 月。

【生境】生于荒地、林缘。

【分布】伏牛山有分布。主要产于东北、华北、华东、西南各地区野生群居或栽培。

【化学成分】含有挥发性油、维生素、苷类、鞣质、生物碱、矿物质、碳水化合物等（杨振国等，1995）。冯孝章等从蒌蒿地上部分中分离得到二十九烷醇、二十九烷基正丁酯、6,7-二羟基香豆素、东莨菪素、β-谷甾醇、胡萝卜素等 12 个化合物（Hu and Feng，1999）。张健等从蒌蒿叶中分离得到伞形花内酯、芹菜素、木犀草素 7-O-β-D-葡萄糖苷、芦丁、东莨菪素和 β-谷甾醇 6 个化合物（张健等，2004）。

【药理作用】该植物提取的黄酮类化合物，具有降低心肌耗氧量、增加冠脉和脑血管流量、降血糖和血脂等作用，能清除人体中超氧离子自由基、抗衰老、增强机体免疫力，在医药领域具有广阔的应用前景。

该植物原汁及其水提取物对痢疾杆菌、大肠杆菌、巨大芽胞杆菌等有抑制作用（郑功源等，1999），可进一步研究提取其抗菌有效成分。

提取物有较强的抗氧化作用，而且在乳化体系中的抗氧化性能强于在油体系中的抗氧化性能（杨安树等，2003）。同时，柠檬酸、酒石酸、抗坏血酸对蒌蒿提取物的抗氧化作用有协同效应，且增效作用的顺序为酒石酸＞抗坏血酸＞柠檬酸。

【附注】全草入药，具有平抑肝火、防牙痛、喉痛等功效。《本草纲目》中有描述："补中益气，利膈开胃，疗心悬"，"祛风寒湿痹，可去河豚鱼毒"。民间以全草入药，止血消炎、镇咳化痰、开胃健脾、散寒除湿，可治寒冷腹痛、痛经、月经不调，也用于治疗急性传染性肝炎，效果好，无副作用。外用可治久不愈合的创伤、宫颈糜烂等。

【主要参考文献】

杨安树，邓丹雯，郑功源. 2003. 蒌蒿中黄酮类物质抗氧化作用的研究. 食品科学，24：67~70.

杨振国，陈彬，杨艺青. 1995. 江西蒌蒿的开发利用. 中国野生植物资源，1：61~62.

张健，林玉英，孔令义. 2004. 蒌蒿的化学成分研究. 中草药，35：979~980.

郑功源，陈红兵，邓丹雯，等. 1999. 蒌蒿提取物抑菌作用的初步研究. 天然产物研究与开发，11：72~76.

Hu J F, Feng X Z. 1999. New guaianolides from *Artemisia selengensis*. J Asia Nat Prod, 1: 169~176.

白 包 蒿

Baibaohao

HERBA ARTEMISIAE LACTIFLORAE

【中文名】白包蒿

【基原】白苞蒿为菊科蒿属植物白苞蒿 *Artemisia lactiflora* Wall. ex DC.的干燥全草。

【原植物】多年生草本。主根明显，侧根细而长；根状茎短，直径 4~8（~15）mm。茎通常单生，直立，稀 2 至少数集生，高 50~150（~200）cm，绿褐色或深褐色，纵棱稍明显；上半部具开展、纤细、着生头状花序的分枝，枝长 5~15（~25）cm；茎、枝初时微有稀疏、白色的蛛丝状柔毛，后脱落无毛。

【生境】多生于林下、林缘、灌丛边缘、山谷等湿润或略为干燥地区。

【分布】伏牛山有分布。主要产于秦岭山脉以南的陕西（南部）、甘肃（南部）、江苏、安徽、浙江、江西、福建、台湾、湖北、湖南、广东、广西、四川、贵州、云南等地区；陕西、甘肃及东部、中部与南部各地区分布在中、低海拔，西南地区可分布在海拔 3000m 附近。

【化学成分】含挥发油，成分有黄酮苷、酚类，还含氨基酸及香豆素等物质。

【药理作用】全草入药，广东、广西民间作"刘寄奴"（奇蒿）的代用品，有清热、解毒、止咳、消炎、活血、散瘀、通经等作用，用于治肝、肾疾病，近年也用于治血丝虫病。

艾　蒿

Aihao

SUSPEND THE ARTEMISIA

【中文名】艾蒿

【别名】艾、冰台、艾蒿、医草、灸草、蕲艾、黄草、家艾、甜艾、草蓬、艾蓬、狼尾蒿子、香艾、野莲头、阿及艾

【基原】为菊科植物艾蒿 *Artemisia argyi* Levl. et Vant.的干燥叶。

【原植物】多年生草本，高 45～120cm。茎直立，圆形，质硬，基部木质化，被灰白色软毛，从中部以上分枝。单叶，互生；茎下部的叶在开花时即枯萎；中部叶具短柄，叶片卵状椭圆形，羽状深裂，裂片椭圆状披针形，边缘具粗锯齿，上面暗绿色，稀被白色软毛，并密布腺点，下面灰绿色，密被灰白色绒毛；近茎顶端的叶无柄，叶片有时全缘完全不分裂，披针形或线状披针形。花序总状，顶生，由多数头状花序集合而成；总苞苞片 4 或 5 层，外层较小，卵状披针形，中层及内层较大，广椭圆形，边缘膜质，密被绵毛；花托扁平，半球形，上生雌花及两性花 10 余朵；雌花不甚发育，长约 1cm，无明显的花冠；两性花与雌花等长，花冠筒状，红色，顶端 5 裂；雄蕊 5 枚，聚药，花丝短，着生于花冠基部；花柱细长，顶端 2 分叉，子房下位，1 室。瘦果长圆形。花期 7～10 月。

【生境】普遍生长于路旁荒野、草地。

【分布】伏牛山有分布。我国的东北、华北、华东、西南，以及陕西、甘肃等地均有分布。

【化学成分】

1. 挥发油类成分

艾蒿全草的挥发油含量为 0.20%～0.33%。1985 年，朱亮锋等首次报道了艾蒿的挥发油化学成分，以 1,8-桉叶素为主体化合物的挥发油（39.45%）有近 40 种成分，主要为 α-侧柏烯、蒎烯、莰烯、香桧烯、1-辛烯-3-醇、对-聚伞花素、1,8-桉叶素、γ-松油烯、樟脑、龙脑等（朱亮锋等，1985）。顾静文等报道的艾蒿挥发油的主要化学成分为 1,8-桉叶油素（35.40%）、1,4-桉叶油素（4.17%）、樟脑（5.52%)等（顾静文等，1998）。艾蒿叶含挥发油约 0.020%(《全国中草药汇编》编写组，1976）。潘炯光等从艾蒿叶中鉴定出 2-甲基丁醇、2-己烯醛、三环萜、α-侧柏烯等 60 种成分（潘炯光等，1992）。刘国声从山东崂山

产野生艾叶的挥发油中鉴定出 34 种成分，其中含量较高的有柠檬烯、α-侧柏酮、α-水芹烯和香茅醇等（刘国声，1990）。

2. 黄酮类成分

艾蒿黄酮类成分主要有 5,7-二羟基-6,3,4-三甲氧基黄酮（eupatilin）、5-羟基-6,7,3,4-四甲氧基黄酮、槲皮素（quercetin）和柚皮素（naringenin）等。

3. 桉叶烷类成分

艾蒿桉叶烷类（eudesm ane）成分有柳杉二醇、魁蒿内酯、1-氧-4β-乙酰氧基桉叶-2,11（13）-二烯-12,8β-内酯、1 氧-4α-乙酰氧基桉叶-2,11（13）-二烯-12,8β-内酯。

4. 三萜类成分

三萜类成分有 α-及 β-香树脂醇、无羁萜、α-及 β-香树脂醇的乙酸酯、羽扇烯酮（lupenone）、黏霉烯酮、羊齿烯酮、24-亚甲基环木菠萝烷酮、西米杜鹃醇和 3β-甲氧基-9β,19-环羊毛甾-23（E）烯-25,26-二醇等（Tan and Jia，1992）。

5. 微量化学元素

用原子吸收光谱测定发现艾蒿中含有多种微量元素，如锶（Sr）、铬（Cr）、钴（Co）、镍（Ni）、锰（Mn）、铜（Cu）、锌（Zn）、铁（Fe）、钠（Na）、钾（K）、钙（Ca）、镁（Mg）等（洪宗国，2003）。

6. 其他

艾蒿的其他化学成分主要有 β-谷甾醇、豆甾醇、棕榈酸乙酯、油酸乙酯、亚油酸乙酯和反式的苯亚甲基丁二酸等（Aina et al.，1984）。

【毒性】艾叶煎剂对小鼠腹腔注射的 LD_{50} 为 23g 生药/kg，艾叶油小鼠口服药 LD_{50} 为 247mL/kg，腹腔注射 LD_{50} 为 112mL/kg。据报道有因服干艾叶约 100g 中毒致死 1 例。

【药理作用】

1. 抗菌作用

艾蒿在体外对炭疽杆菌、甲型溶血性链球菌、乙型溶血性链球菌、白喉杆菌、肺炎双球菌、金黄色葡萄球菌、枯草杆菌等均有抑制作用。艾叶的水浸剂对常见致病性皮肤真菌有抑制作用。艾叶烟熏患处有明显抗菌作用，使空气中菌落数减少，完全抑制化脓菌的生长。艾叶烟熏对腺病毒、鼻病毒、疱疹病毒、流感病毒和腮腺炎病毒均有抑制作用，上述作用与民间用药经验相符。

2. 抗癌作用

艾叶有抗消化道肿瘤、乳腺癌的作用，艾叶油灌胃能增强小鼠对炎症渗出细胞的吞噬能力，能增强网状内皮细胞的吞噬反应。

3. 利胆作用

艾叶油混悬液 8mL/kg、3mL/kg 十二指肠给药，可使正常大鼠胆汁流量增加 91.5% 和 89%，与给药前比较有极显著性差异（$P < 0.001$）。0.02mL/kg 艾叶油十二指肠给药，可使正常小鼠胆汁流量增加 20%，显示其有明显的利胆作用（邱洁芬和胡遵荣，2003）。

4. 平喘、镇咳、祛痰作用

艾蒿挥发油具有镇咳平喘、祛痰功效，其中主要有效成分为萜品烯醇，直接作用于气管，可平喘祛痰镇咳，调节中枢，对药物性哮喘有明显保护作用，并能延长乙酰胆碱加组胺的引哮潜伏期，减少动物抽搐。从艾蒿中提出的 4-松油烯醇 300mg/kg 灌胃亦有显著平喘作用。用艾叶油灌胃 0.5mL/kg，对丙烯醛柠檬酸引发的豚鼠咳嗽有明显镇咳作用，挥发油成分 4-松油烯醇灌胃 300mg/kg 亦有明显的镇咳作用。用艾叶油灌胃 1mL/kg，对小鼠酚红法有明显祛痰作用；其挥发油成分 4-松油烯醇灌胃 1mL/kg 或丁香烯腹腔注射 0.7mL/kg 亦有祛痰作用(防治慢性气管炎艾叶油研究协作组，1977)。α-松油醇 0.05mL/kg 灌服对豚鼠吸入乙酰胆碱和组胺诱发的哮喘有保护作用，反式香苇醇亦为平喘有效成分(浙江省平喘药研究协作组，1982)。

5. 止血与抗凝作用

张学兰等研究了炮制对艾叶主要成分及止血作用的影响，结果表明，艾叶加热炮制后挥发性成分含量明显降低。炒炭或烘制后对小鼠的凝血及出血时间有显著影响，具有明显的止血作用。

6. 抗过敏作用

有研究表明，艾叶油中成分 2-萜品烯醇、葛缕醇能抑制大鼠被动皮肤过敏反应和 5-羟色胺引起的皮肤血管渗透性增强，抑制豚鼠肺组织释放慢反应物质的影响(SRS-A)引起的豚鼠回肠收缩(姜文全，2002)。反式-葛缕醇还对豚鼠离体气管 Sc-hultz-Dale 反应有抑制作用(李慧，2002)。

7. 对神经系统的作用

艾叶油具有明显的镇静作用，能延长戊巴比妥钠的睡眠时间，但能加速士的宁的惊厥致死，似有一定的协同作用，此外，大剂量对心脏具有危害作用，且能保护豚鼠卵白蛋白引起的过敏性休克(李慧，2002)。

8. 对心血管系统的作用

艾叶油对离体蟾蜍心脏、离体兔心脏的收缩力有抑制作用，艾叶油能对抗肾上腺素和组胺引起的收缩。有研究表明 1:50 浓度艾叶油 1～2 滴均能明显抑制心脏的收缩力，对心率影响不大，但可引起房室传导阻滞现象，如加大浓度可使心搏停止，对离体兔心脏，艾叶油 1mL 可抑制心脏收缩力，心率及冠脉流量也明显减弱和减少，对兔主动脉在紧张度提高的情况下有松弛作用，且能对抗异丙肾上腺素的强心作用。

【附注】中医临床报道可治疗慢性肝炎、肺结核喘息症、慢性气管炎、急性菌痢、间日疟、钩蚴皮炎、寻常疣。

【主要参考文献】

《全国中草药汇编》编写组. 1976. 全国中草药汇编(上册). 北京：人民卫生出版社：27.

防治慢性气管炎艾叶油研究协作组. 1977. 艾叶油及其有效成分的药理研究. 医药工业，11：5.

顾静文，刘立鼎，陈京达，等. 1998. 艾蒿和野艾蒿精油的化学成分. 江西科学，16：273.

姜文全. 2002. 艾叶熏蒸用于母婴同室空气消毒. 西北药学杂志，17：80。

李慧. 2002. 艾叶的药理研究进展及开发应用. 基层中药杂志，16：51.

刘国声. 1990. 艾叶挥发油成分的研究. 中草药，21：8.

潘炯光，徐植灵，古力，等. 1992. 艾叶挥发油的化学研究. 中国中药杂志，17：741.

邱沽芬，胡遵荣. 2003. 试述艾叶的药理作用及临床应用. 实用中医药杂志，19：446.

浙江省平喘药研究协作组. 1982. 艾叶油新的平喘有效成分的研究. 中草药，13：1.

朱亮锋，陆碧瑶，罗友娇. 1985. 艾蒿和蕲艾精油化学成分的研究. 云南植物研究，7：443.

Aina L，Yasuo F J，Jia Z J. 1984，Eudesmanolides and other constituents from *Artemisia argyiet* Vant. Chem Phare Bull，32（2）：
　723.

Tan R E，Jia Z J. 1992. Eudesmanolides and other constituents from Artemisia argyi. Plant Med ica，58：370.

蜂 斗 菜

Fengdoucai

RHIZOME OF JAPANESE BUTTERBUR

【中文名】蜂斗菜

【别名】蛇头草、水钟流头、黑南瓜、野饭瓜、南瓜三七、野南瓜、野金瓜头

【基原】菊科蜂斗菜属植物蜂斗菜 *Petasites japonicus* (Sieb. et Zucc.) Fr. Schmidt，以全草或根状茎入药。

【原植物】多年生草本。根茎短粗，周围抽生横走的分枝，多少被白色茸毛或绵毛。叶基生，心形或肾形，于花后出现，长 2.8～8.6cm，宽 12～15cm，下面灰绿色，有蛛丝状毛，边缘有重复锯齿；叶柄长达 23cm，初时表面有毛。花雌雄异株；花茎从根茎部抽出，茎上互生鳞片状大苞片，有平行脉；头状花序排列成伞房状；雌花白色，雄花黄白色，均有冠毛。瘦果线形，有 5～10 棱。花期 4～5 月。

【生境】生于向阳山坡林下，溪谷旁潮湿草丛中。

【分布】伏牛山有分布。主要产于浙江、江西、安徽、福建、四川、湖北、陕西。

【化学成分】根含蜂斗菜素 50%～55%，还含菖烯-3-雅槛兰树油烯、α-檀香萜烯、百里香酚甲醚、呋喃雅槛兰树油烷、囊吾烯酮、白蜂斗菜素和它的当归酸酯、6-羟基雅槛兰烯内酯、白蜂斗菜素甲醚、呋喃蜂斗菜醇、6-乙酰基呋喃蜂斗菜醇、6-当归酰基呋喃蜂斗菜醇、硫-呋喃蜂斗菜二酯、呋喃蜂斗菜单酯，以及胆碱、原儿茶酸、当归酸、己酸、辛酸、β-谷甾醇、黄酮类化合物等。

花茎含挥发油，其中含壬烯-1-当归酸、十一碳烯-1-十三碳烯-1,3-乙酰氧基壬烯-1-β-榄香烯、β-甜没药烯，以及异戊醇、己烯-3-醇-1-壬烯-1-醇-3 芳樟醇、藜芦醚、蜂斗菜酮、β-石竹烯、百里香酚甲醚、蜂斗菜醇酮、十三碳三烯-1,4,7-对-聚伞花素等。还含蜂斗菜螺内酯、二氢蜂斗菜螺内酯、合模蜂斗菜螺内酯、硫-蜂斗菜螺内酯、蜂斗菜哪螺内酯、蜂斗菜醇酯、异蜂斗菜素、蜂斗菜酸。又含山奈酚、槲皮素、咖啡酸、绿原酸、延胡索酸和 17 种氨基酸。叶中挥发油的主成分是十三碳烯-1-β-石竹烯。还含蜂斗菜酸、异蜂斗菜素、蜂斗菜螺内酯（Min et al.，2005）。

此外，还分离出雅槛兰蜂斗菜酮、9-乙酰氧基蜂斗菜哪螺内酯、硫-蜂斗菜单酯。

【毒性】从蜂斗菜中分离的蜂斗菜烯碱有强肝毒和致癌作用。

【药理作用】蜂斗菜中的化合物具有降低细胞内 Ca^{2+} 浓度，抗组胺、抑制白三烯合成的作用，从而具有治疗偏头疼、抗炎、解痉的作用。

蜂斗菜氯仿提取成分在小鼠同种及异种被动皮肤过敏反应（PCA）模型、组胺致小鼠毛细血管通透性增高模型，以及小鼠迟发型超敏反应（DTH）模型上均显示显著的抗过

敏作用(郑倩倩等，2011)。

有报道认为，紫蜂斗菜的根部提取物可缓解喘息和花粉症的症状。在探讨蜂斗菜提取物抗Ⅰ型变态反应的活性时发现，其含有抑制肥大细胞脱颗粒的成分，其中蜂斗菜酸的活性最强(IC_{50}为 2.1μg/mL)，倍半萜烯糖苷 FKB-1 亦具有活性(IC_{50}为 8.6μg/mL)(下田博司，2006)。

研究表明，蜂斗菜根是一种有效和耐受性良好的预防儿童和青少年偏头痛的潜在药物。

【附注】

1. 治扁桃体炎

蜂斗菜五钱。水煎，频频含漱。

2. 治跌打损伤

鲜蜂斗菜根茎三至五钱。捣烂取汁服或水煎服，渣外敷伤处。

3. 治疗毒蛇咬伤

先用针刺局部，然后取鲜蜂斗菜根适量捣烂，敷伤口周围。严重者再用蜂斗菜根 5钱捣汁生吃，或煎水内服。每天 1 次，连服 2～3d。

【主要参考文献】

下田博司. 2006. 蜂斗菜地上部分所含成分的抗Ⅰ型变态反应活性. 国际中医中药杂志，28：50.

郑倩倩，孔培俊，吴喜民，等. 2011. 蜂斗菜不同极性部位抗过敏的实验研究. 上海中医药大学学报，25：79~82.

Min B S, Cui H S, Lee H K, et al. 2005. A new furofuran lignan with antioxidant and antiseizure activities from the leaves of *Petasites japonicus*. Arch Pharm Res, 28: 1023~1026.

毛裂蜂斗菜

Maoliefengdoucai

【中文名】毛裂蜂斗菜

【别名】葫芦叶、旱荷叶、冬花

【基原】为双子叶植物药菊科植物毛裂蜂斗菜 *Petasites tricholobus* Franch. 的全草。

【原植物】多年生草本，全身被白色茸毛，根状茎。早春从根状茎生出花茎，高约7～25cm，包叶披针形，3～8cm。基生叶，圆肾形，直径 8～12cm，顶端圆形，基部耳状心形边缘有刺，下面被有蛛丝状白色茸毛，掌状脉，有长柄(吕培霖等，2012)。

【分布】伏牛山有分布。主要产于陕西、甘肃、青海、四川、云南、西藏。

【化学成分】其根茎含有 6 个化合物，经波谱解析鉴定为合模蜂斗菜螺内酯(homofukinolide)、蜂斗菜内酯-B(bakkenolide-B)、豆甾醇(stigmasterol)、β-谷甾醇(β-sitoterol)、蜂斗菜内酯-D(bakkenolide-D)和胡萝卜苷(daucosterol)(李余先等，2010；程捷恺，1999)。

各化合物的结构依次如下：

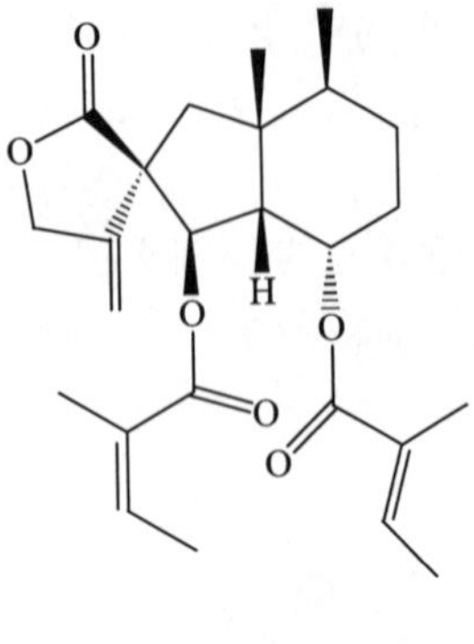

homofukinolide 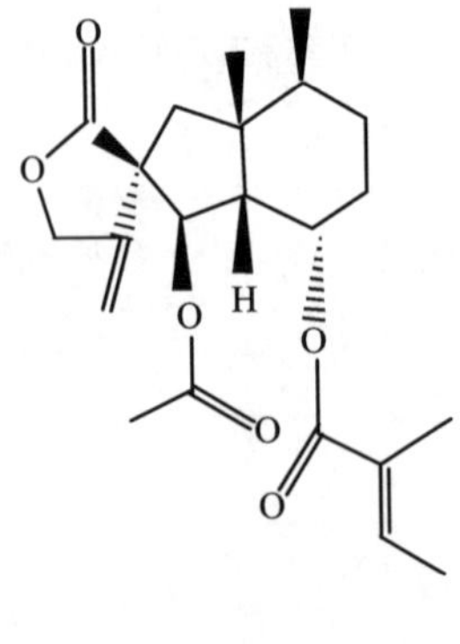　　　　　　　bakkenolide-B 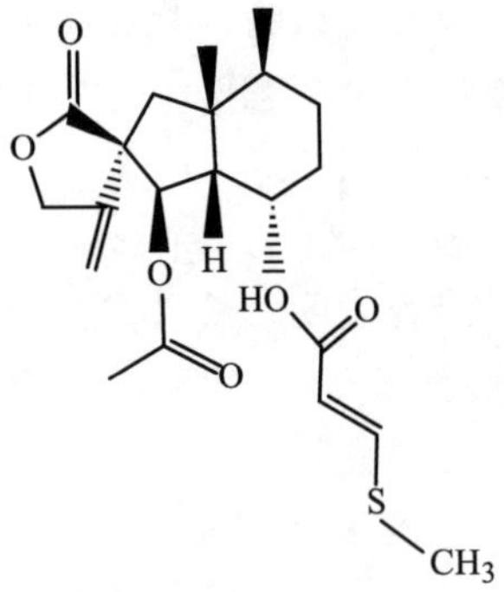　　　　　　　　bakkenolide-D

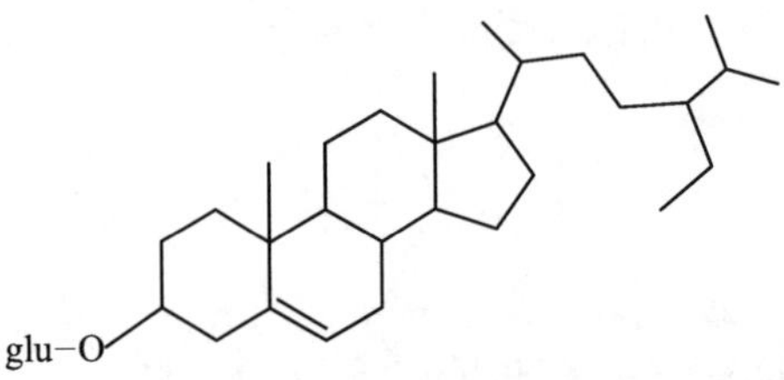

daucosterol 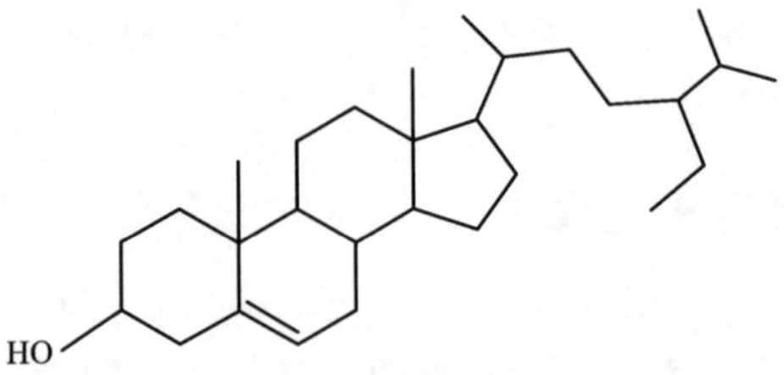　　　　　　　　　　　　　β-sitoterol

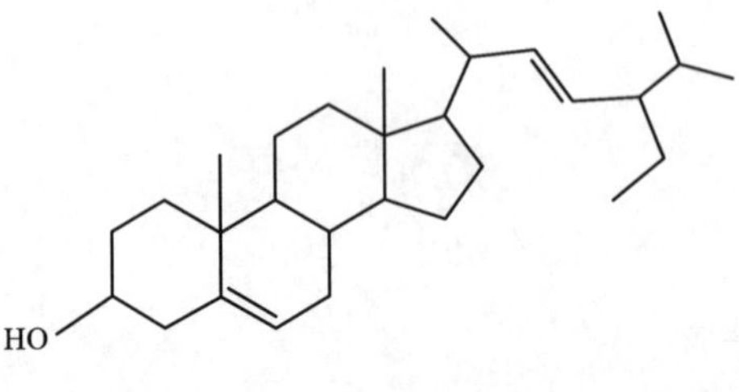

stigmasterol

【毒性】对倍半萜内酯类化合物初步的体外药理实验表明，这类化合物有细胞毒性，具有潜在的抗癌活性，并且可抑制血小板活化因子，达到抗凝的作用。

【药理作用】蜂斗菜内酯-B 和蜂斗菜内脂-D 对组胺引起的豚鼠离体气管片收缩均有抑制作用，蜂斗菜内酯-B 在 10^{-6}g/mL、10^{-5}g/mL 和 10^{-4}g/mL 均能使气管片收缩百分率降低，10^{-5}g/mL 效果最明显；蜂斗菜内酯-D 在 10^{-7}g/mL、10^{-6}g/mL 和 10^{-5}g/mL 亦能使气管片收缩百分率降低，在 10^{-7}g/mL 时，抑制组胺收缩的效果就特别明显（李余先等，2010）。

现代药理研究表明，蜂斗菜素和硫-蜂斗菜素等倍半萜类化合物具有抗组胺、抑制白三烯合成、降低细胞内钙离子浓度的作用，从而达到抗炎、解痉的药效。

【附注】蜂斗菜具有解毒化痰的作用，民间常用于治扁桃体炎、咽喉疼痛、毒蛇咬伤等（谢宗万，1990）。

【主要参考文献】

程捷恺. 1999. 毛裂蜂斗菜化学成分的研究. 中国药学杂志，34：734~736.

李余先，王燕，郭美丽. 2010. 蜂斗菜的化学成分研究. 第二军医大学学报，31：779~781.

吕培霖，郑明霞，夏军梅. 2012. 毛裂蜂斗菜的生药鉴定. 现代中药研究与实践，26：32~33.

谢宗万. 1990. 中药材品种论述(上). 上海：上海科学技术出版社：467.

三 七 草

Sanqicao

HERB OF CHRYSANTHEMUM-LIKE GROUNDSEL

【中文名】三七草

【别名】土三七、见肿消、乳香草、奶草、泽兰、叶下红、散血草、和血丹、天青地红、破血丹、血牡丹、九头狮子草、白田七草

【基原】为菊科植物三七草 *Gynura* aurantiaca 的叶或全草。

【原植物】多年生直立草本，宿根肉质肥大。茎带肉质，高 1m 以上，嫩时紫红色，成长后多分枝，表面光滑，具细线棱。基生叶多数，丛生；有锯齿或作羽状分裂，上面深绿色，下面紫绿色，两面脉上有短毛；茎生叶互生，形大，长 8~24cm，宽 5~10cm，羽状分裂，裂片卵形至披针形，边缘浅裂或具疏锯齿，先端短尖后渐尖，叶片两边均平滑无毛；叶柄长 1~3cm；托叶 1 对，3~5 浅裂。头状花序，排列成伞房状，疏生茎梢，长 1.5~2cm；总苞绿色，摘状或钟状，苞片线状披针形，长 13~16mm，边缘膜质，半透明，10~12 枚排成一列，基部外面附有数枚小苞片；花冠筒状，黄色，6 裂，裂片线形至卵形，长 7~10mm，先端尖；雄蕊 5，药联合；雌蕊 1，子房下位，柱头分叉，呈钻状，有短毛。瘦果线形，细小，表面有棱，褐色，冠毛多数，白色。花期 9~10 月。

【生境】生于山野或荒地草丛中。一般多为庭院间栽培。

【分布】伏牛山有分布。主要产于我国南方各地区。

【化学成分】含有双稠吡咯啶生物碱。例如，菊三七碱（**1**）（唐世蓉等，1980）、seneciphyline（**2**）（袁珊琴等，1990；广东植物研究所，1974）、菊三七碱甲（**3**）、菊三七碱乙（**4**）（袁珊琴等，1990）、gynuramine（**5**）、aeetylgynuramin（**6**）（Wiedenfeld，1982）、integerrimine（**7**）和 usaramine（**8**）（Roeder et al，1996）。

　　各化合物结构式如下：

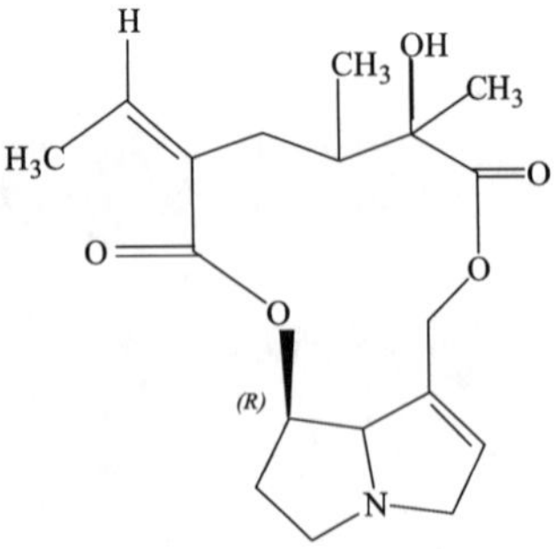

1

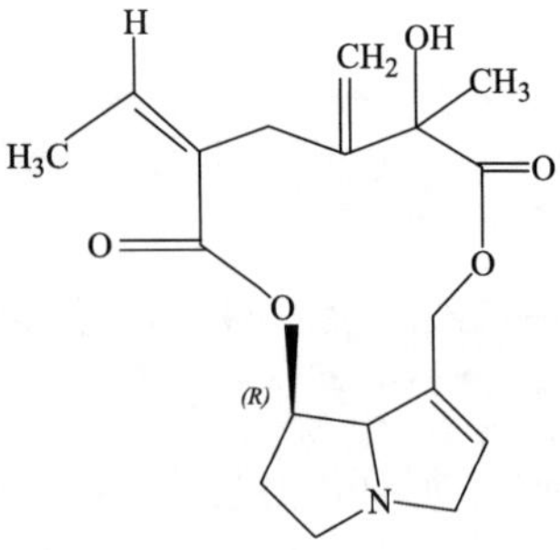

2

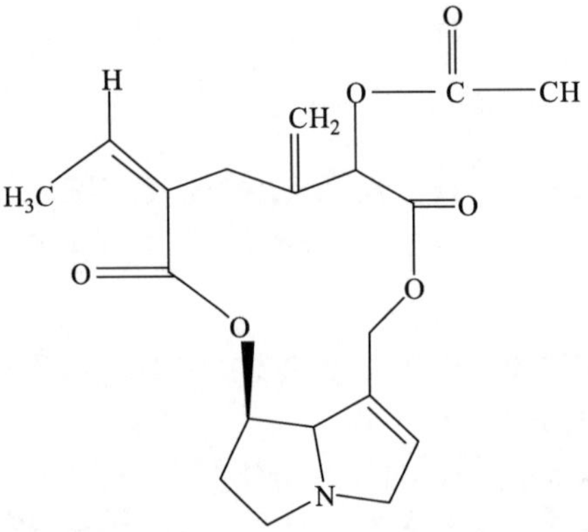

3

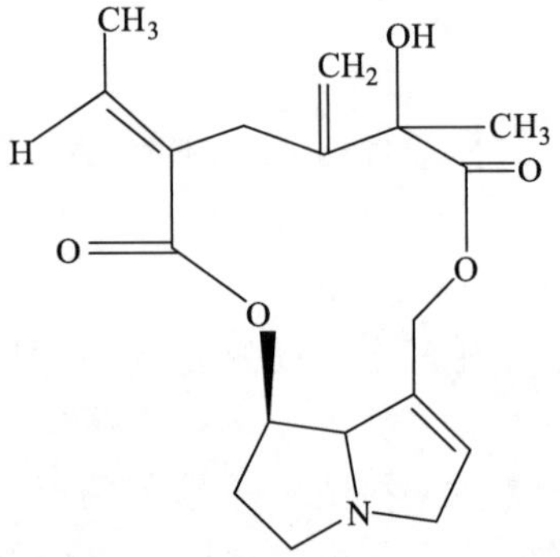

4

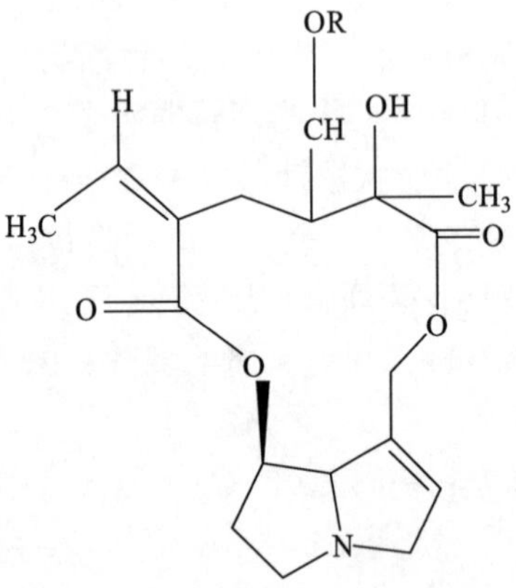

5　R=H

6　R=COCH₃

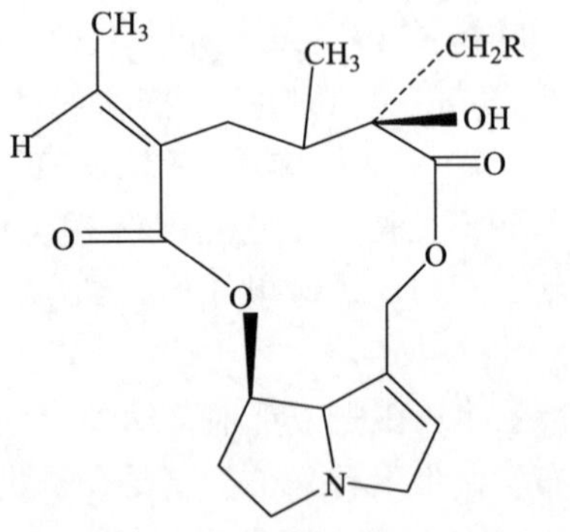

7　R=H

8　R=OH

　　还含其他一些化合物，如色素、甘露醇、藜拍酸、5-甲脲嗜咙、6-氨基嘌呤、氯化铁、蛋白质、多糖、鞣质、有机酸、原儿茶酸、对经基桂皮酸、棕榈酸等。

　　【毒性】含有双稠吡咯啶生物碱，而该类生物碱具有肝脏毒性和致癌作用。

　　【药理作用】研究表明，其有镇痛作用、止血作用、抗凝血作用、抗疟作用、抗炎作用、降糖作用、阿托品样作用等。

　　【毒理】双稠吡咯啶生物碱能使肝细胞 RNA 酶活性及 RNA、DNA 的合成能力下降，细胞不能完成有丝分裂，从而形成多核巨细胞(林启寿，1977)。

　　【附注】治跌打损伤、衄血、乳痈、无名肿毒、毒虫螫伤、急慢惊风。

【主要参考文献】

广东植物研究所. 1974. 海南植物志. 北京：科学出版社：16.

林启寿. 1977. 中草药成分化学. 北京：科学出版社：69.

唐世蓉，吴余芬，方长森. 1980. 菊叶三七抗疟成分的提取鉴定. 中草药，11：193.

袁珊琴，顾国明，魏同泰. 1990. 菊叶三七生物碱成分研究. 药学学报，25：191.

Roeder E ，Eekert A，Wiedenfeld H. 1996. Pyrrolizidine alkaloids from *Gyn ura divarieata*. Planta Med，62：356.

Wiedenfeld H. 1982. Two pyrrolizidine alkaloids from *Gynura seandens*. Phytoehemistry，21：2767~2768.

兔 儿 伞

Tuersan

ACONITELEAF SYNEILESIS HERBA

　　【中文名】兔儿伞

　　【别名】七里麻、一把伞、南天扇、伞把草、贴骨伞、破阳伞、铁凉伞、雨伞草、雨伞菜、帽头菜、龙头七

　　【基原】为菊科植物兔儿伞 *Syneilesis aconitifolia* (Bunge) Maxim 的根或全草。

　　【原植物】多年生草本。茎直立，高 70~120cm，单一，无毛，略带棕褐色。根生叶 1 枚，幼时伞形，下垂；茎生叶互生，圆盾形，掌状分裂，直达中心，裂片复作羽状分裂，边缘具不规则的牙齿，上面绿色，下面灰白色；下部的叶直径 20~30cm，具长柄，长 10~16cm，裂片 7~9 枚；上部的叶较小，直径 12~24cm，柄长 2~6cm，裂片 4 或 5 枚。头状花序多数，密集成复伞房状；苞片 1 层，5 枚，无毛，长椭圆形，顶端钝，边缘膜质。花两性，8~11 朵，花冠管状，长约 1cm，先端 5 裂。雄蕊 5，着生花冠管上；子房下位，1 室；花柱纤细，柱头 2 裂。瘦果长椭圆形，长约 5mm；冠毛灰白色或带红色。花期 7~8 月，果期 9~10 月(吴素珍等，2007)。

　　【生境】生长于山坡荒地。

　　【分布】伏牛山有分布。主要产于东北、华北及华东等地。

　　【化学成分】目前，国内外对兔儿伞化学成分的研究并不多见，国外有学者报道，从兔儿伞中提出了黄酮类化合物及生物碱类化合物(Ferdinand and Michael，1977；Roeder et al.，1995)。

　　【毒性】有小毒。

　　【药理作用】兔儿伞乙醇提取物、丙酮提取物、乙酸乙酯提取物和水提取物对羟自由基、超氧阴离子自由基均有清除作用，其中以乙醇提取物的效果最佳(李加林等，2010)。

兔儿伞乙醇提物对腹水癌细胞 S_{180} 有显著的抑制作用，明显增加胸腺指数，但对脾脏指数没有明显影响(吴素珍等，2011)。兔儿伞对乙酸、甲醛、温度所致小鼠疼痛有较好的镇痛作用，对复方巴豆油合剂所致小鼠耳肿胀有消肿作用(潘国良和张志梅，2002)。

【附注】治风湿麻木、全身骨痛、四肢麻木、肾虚腰痛、痛疽、颈部淋巴结炎、跌打损伤、毒蛇咬伤。

【主要参考文献】

李加林，刘丽华，吴素珍，等. 2010. 兔儿伞不同溶剂提取物的体外抗氧化作用研究. 时珍国医国药，21：145~146.

潘国良，张志梅. 2002. 兔儿伞镇痛抗炎作用的研究. 现代中西医结合杂志，11：1985.

吴素珍，李加林，朱秀志. 2011. 兔儿伞醇提物的抗肿瘤实验. 中国医院药学杂志，31：102~104.

吴素珍，刘丽华，李加林，等. 2007. 兔儿伞属植物研究. 赣南大学医学院学报，27：478~479

Ferdinand B A, Michael G. 1977. Terpenglucoside aus *Syneilesis aconitifolia*. Phytochemistry，16：1057.

Roeder E, Wiedenfeld H, Liu K, et al. 1995. Pyrrolizidine alkaloids from *Syneilesis aconitifolia*. Planta Medi，61：97.

蒲 儿 根

Puergen

HERBA TARAXACI

【中文名】蒲儿根

【别名】矮千里光、猫耳朵、肥猪苗

【基原】菊科千里光属植物蒲儿根 *Senecio oldhamianus* Maxim.，以全草入药。春秋季采收，鲜用或晒干。

【原植物】多年生或二年生茎叶草本。根状茎木质，粗，具多数纤维状根。茎单生，或有时数个，直立，高 40~80cm 或更高，基部径 4~5mm，不分枝，被白色蛛丝状毛及疏长柔毛。或多少脱毛至近无毛。基部叶在花期凋落，具长叶柄；下部茎叶具柄，叶片卵状圆形或近圆形，长 3~5(8)cm，宽 3~6cm，顶端尖或渐尖，基部心形，边缘具浅至深重齿或重锯齿，齿端具小尖，膜质，上面绿色，被疏蛛丝状毛至近无毛，下面被白蛛丝状毛，有时或多或少脱毛，掌状 5 脉，叶脉两面明显；叶柄长 3~6cm，被白色蛛丝状毛，基部稍扩大，上部叶渐小，叶片卵形或卵状三角形，基部楔形，具短柄；最上部叶卵形或卵状披针形。头状花序多数排列成顶生复伞房状花序；花序梗细，长 1.5~3cm，被疏柔毛，基部通常具 1 线形苞片。总苞宽钟状，长 3~4mm，宽 2.5~4mm，无外层苞片；总苞片约 13，长圆状披针形，宽约 1mm，顶端渐尖，紫色，草质，具膜质边缘，外面被白色蛛丝状毛或短柔毛至无毛。舌状花约 13，管部长 2~2.5mm，无毛，舌片黄色，长圆形，长 8~9mm，宽 1.5~2mm，顶端钝，具 3 细齿，4 条脉；管状花多数，花冠黄色，长 3~3.5mm，管部长 1.5~1.8mm，檐部钟状；裂片卵状长圆形，长约 1mm，顶端尖；花药长圆形，长 0.8~0.9mm，基部钝，附片卵状长圆形；花柱分枝外弯，长 0.5mm，顶端截形。被乳头状毛。瘦果圆柱形，长 1.5mm，舌状花瘦果无毛，在管状花被短柔毛；冠毛在舌状花缺，管状花冠毛白色，长 3~3.5mm。花期 1~12 月。

【生境】生于林下阴湿地区、水沟旁。

【化学成分】据文献报道，对蒲儿根花的化学成分进行研究，采用硅胶柱色谱、Sephadex LH-20 凝胶柱色谱等色谱技术分离纯化菊科蒲儿根花的化学成分，通过理化方法和波谱数据确定化合物结构。从蒲儿根花的乙醇浸膏中分离并鉴定了 6 个化合物：β-谷甾醇、棕榈酸、泽兰素、euparone、金丝桃苷和咖啡酸。以上化合物都是从该植物中首次得到，其中化合物泽兰素是该植物花部位含量高且具有苹果香味的芳香性成分(王彩芳等，2013)。蒲儿根中化学成分尚未见有详细报道。

【药理作用】清热解毒，用于痈疖肿毒。

【主要参考文献】

王彩芳，杨茹，曾献磊，等. 2013. 蒲儿根花的化学成分研究. 北京师范大学学报(自然科学版)，4：357-359.

林荫千里光

Linyinqianliguan

SHADY GROUNDSEL

【中文名】林荫千里光

【别名】大风艾、红柴胡、黄苑、森林千里光、桃叶菊

【基原】为菊科植物林荫千里光 *Senecio nemorensis* Linn.的全草。

【原植物】林荫千里光，基生叶和下部茎叶在花期凋落；中部茎叶多数，近无柄，披针形或长圆状披针形，长 10～18cm，宽 2.5～4cm，顶端渐尖或长渐尖，基部楔状渐狭或多少半抱茎，边缘具密锯齿，稀粗齿，纸质，两面被疏短柔毛或近无毛，羽状脉，侧脉 7～9 对，上部叶渐小，线状披针形至线形，无柄。头状花序具舌状花，多数，在茎端或枝端或上部叶腋排成复伞房花序；花序梗细，长 1.5～3mm，具 3 或 4 小苞片；小苞片线形，长 5～10mm，被疏柔毛。总苞近圆柱形，长 6～7mm，宽 4～5mm，具外层苞片；苞片 4 或 5，线形，短于总苞。总苞片 12～18，长圆形，长 6～7mm，宽 1～2mm，顶端三角状渐尖，被褐色短柔毛，草质，边缘宽干膜质，外面被短柔毛。舌状花 8～10，管部长 5mm；舌片黄色，线状长圆形，长 11～13mm，宽 2.5～3mm，顶端具 3 细齿，具 4 脉；管状花 15～16，花冠黄色，长 8～9mm，管部长 3.5～4mm，檐部漏斗状，裂片卵状三角形，长 1mm，尖，上端具乳头状毛。花药长约 3mm，基部具耳；附片卵状披针形；颈部略粗短，基部稍膨大；花柱分枝长 1.3mm，截形，被乳头状毛。瘦果圆柱形，长 4～5mm，无毛；冠毛白色，长 7～8mm。花期 6～12 月。

【生境】生于林中开旷处、草地或溪边，海拔 770～3 000m。

【分布】伏牛山主产。主要分布于我国新疆、吉林、河北、山西、山东、陕西、甘肃、湖北、四川、贵州、浙江、安徽、河南、福建、台湾各地区。

【化学成分】含烟酰胺、香草醛、丁香酸、丁香醛、3-乙酰-4-羟基苯甲酸、4,4-二甲基-1,7-庚二酸、3-醛基吲哚、咖啡酸乙酯、对-甲氧基桂皮酸葡萄糖酯、(6*S*,7*E*)-6-hydroxy-4,7-megastigmadien-3, 9-dione、annuionone D、abscisic acid(石宝俊等，2010)。

菊科千里光属植物普遍含有吡咯里西啶生物碱(pyrrolizidine alkaloids, 简称 PA), 属于双环氨基醇衍生物, 是该属植物毒性的主要成分, 如千里光碱、全缘千里光碱、千里光菲林碱、克氏千里光碱、倒千里光碱、肾形千里光碱、单猪屎豆碱、千里光菲灵、千里光宁等(梁爱华和叶祖光, 2006)。

【毒性】不饱和 PA 可造成人类以肝小静脉栓塞(VOD) 为特征的严重肝脏损害, 死亡率较高。发病过程可呈现急性、亚急性和慢性过程。摄入大量 PA 引起急性肝毒性, 以急性腹痛、腹胀、急剧肝大, 以及迅速出现腹水为突出表现, 常伴有全身乏力、发热、恶心、呕吐和腹壁静脉扩张等症状, 有的患者有水肿和黄疸。亚急性主要表现为肝脏肿大, 有或无腹水, 有的患者有脾大。慢性肝损伤是由长期摄入小剂量 PA 引起, 表现为肝纤维化和肝硬化, 与其他疾病引起的肝硬化临床特点无明显区别, 故慢性期的临床诊断有一定困难。实验室检查可见血清转氨酶和胆红素增高, 也可能有血清白蛋白降低、碱性磷酸酶增高和凝血酶原作用时间延长等。儿童显示对不饱和 PA 更敏感, 临床已经报道了大量儿童暴发中毒甚至致死的案例。此外, 不饱和 PA 可以透过胎盘组织。不饱和 PA 除了可造成肝脏损害外, 还偶见引起肺动脉高压和充血性心衰(梁爱华和叶祖光, 2006)。

【药理作用】林荫千里光有抗菌作用、抗钩端螺旋体作用、抗滴虫作用、保肝作用、抗氧化作用及清除自由基活性、HIV 抑制作用(陈录新等, 2006)。

【毒理】PA 原型化合物的毒性很小, 而由肝脏微粒体酶代谢后可形成较小的代谢吡咯(为生物碱的脱氢形式), 后者为有毒的代谢中间体, 反应活性很高。代谢吡咯具有很强的亲电性, 能与肝脏中的大分子如酶、蛋白质、DNA、RNA 以共价结合, 并聚集于肝脏。其与 DNA 结合, 抑制有丝分裂, 可诱导形成巨大肝细胞(细胞体积增大 10～30 倍), 使肝细胞核染色体增加和细胞核增大, 同时造成肝细胞代谢和功能紊乱、肝细胞发生脂肪变性、裂解或坏死。其造成了细胞染色体的损伤, 并聚集于肝脏, 引起肿瘤发生。当肝损伤后, 吡咯代谢产物可溢出或渗透到肺脏, 造成肺损伤, 可引起肺水肿和胸膜渗液。PA 与大分子的结合能力与其肝毒性呈正相关。从化合物结构来看, 含 2 个羟基的次碱和二元羧酸的次酸形成大环双酯型 PA, 如千里光宁、千里光菲灵及肾形千里光碱的毒性最大, 随着次碱部分的羟基增加, 其毒性相应降低(梁爱华和叶祖光, 2006)。

【主要参考文献】

陈录新, 李宁, 张勉, 等. 2006. 千里光的研究进展. 海峡药学, 18: 13~16.
梁爱华, 叶祖光. 2006. 千里光属植物的毒性研究进展. 中国中药杂志, 31: 93~97.
石宝俊, 俞桂新, 王峥涛. 2010. 林荫千里光的化学成分. 中国药科大学学报, 41: 26~28.

红轮千里光

Honglunqianliguang

ALL GRASS OF COMMON ORIGANUM

【中文名】红轮千里光
【别名】甲客儿

【基原】为菊科植物红轮千里光 *Senecio flammeus* Turcz. ex DC. 的全草。

【原植物】多年生草本，高 20～70cm。茎直立，被白色蛛丝状密毛。下部叶长圆形或倒披针形，长 8～9cm，宽 2～2.5cm，下部渐狭成具翅而半抱茎的长柄，边缘有具小尖头的齿，下面或两面被蛛丝状密毛；中部以上叶长圆形，基部抱茎，无柄；上部叶小，条形。头状花序，3～8 个排列成假伞房状，梗长 1.5～3cm，被密绵毛；总苞杯状，直径 1～1.2cm，长约 5cm，总苞片 1 层，紫黑色，条形；筒状花多数，紫黄色。瘦果，近圆柱形，有纵肋，被毛，冠毛污白色。

【生境】生于山坡草地、林缘。

【分布】伏牛山有分布。主要还产于我国西北部至东北部各地。

【化学成分】由于该属植物成分接近，故参见"林荫千里光"。

【毒性】由于该属毒性植物成分接近，故参见"林荫千里光"。

【药理作用】治痈肿疔毒，咽喉肿痛，蛇咬伤，蝎、蜂螯伤，目赤肿痛，湿疹，皮炎。

【毒理】参见"林荫千里光"。

东北千里光

Dongbeiqianliguang

CLIMBING GROUNDSEL HERB

【中文名】东北千里光

【别名】大花千里光、琥珀千里光

【基原】为菊科植物千里光属的植物东北千里光 *Senecio ambraceus* Turcz. ex DC. var. *glaber* Kitam.的全草。

【原植物】多年生草本，株高 50～70cm。茎直立，上部有分枝，被珠丝状毛或无毛。基部叶花时枯萎；下部叶倒卵状长圆形，羽状深裂，长 6～9cm，宽达 4cm，有柄，裂片开展，约 5～8 对，羽状撕裂或有齿，先端钝，两面近无毛；中部叶常 2 回羽状分裂，上部叶渐小，羽状深裂或有齿或条形。头状花序多数，复伞房状；花序梗长，有条形苞叶；总苞半球形，长 7～10mm，直径达 14cm，外有条形苞片；总苞片 1 层，约 15 个，长圆形，先端尖，边缘膜质，无毛，舌状花 10 余朵，黄色，长 12～18mm，舌片长圆形；管状花多数。瘦果，圆柱形，管状花瘦果有毛；冠毛白色。 花期 8～9 月；果期 9～10 月。

【生境】生长于海拔 150～1500m 的地区，一般生于草坡，目前尚未由人工引种栽培。

【分布】河南伏牛山区有分布。我国的陕西、河北、吉林、黑龙江、辽宁、甘肃、山东等地有分布。国外在俄罗斯、蒙古、朝鲜均有分布。

【化学成分】由于该属植物成分接近，故参见"林荫千里光"。

【毒性】东北千里光含有肝毒性成分吡咯里西啶类生物碱。

【药理作用】中草药东北千里光具有清热解毒、明目退翳、杀虫止痒、散瘀消肿等功效，被用作广谱抗菌药物，在临床上广泛使用(孟凡君等，2010)。

【主要参考文献】

孟凡君，张雪君，谢卫东. 2010. 中草药千里光研究进展. 东北农业大学学报，9：156~160.

齿叶千里光
Chiyeqianliguang

【中文名】齿叶千里光

【基原】菊科千里光属植物齿叶千里光 *Senecio morrisonensis* Hayata var. *dentatus* Kitam.的全草。

【原植物】茎叶高大草本。根被绒毛。直立稀具匍匐枝，平卧，或稀攀援具根状茎，多年生草本，或直立一年生草本。

【生境】生于海拔 1650～3300m 的林下、林缘或山坡。

【分布】伏牛山有分布。主要特产于中国台湾(台北、宜兰、新竹、台中、嘉义、花莲)。

【化学成分】由于该属植物成分接近，故参见"林荫千里光"。

【毒性】由于该属毒性植物成分接近，故参见"林荫千里光"。

【毒理】参见"林荫千里光"。

大 丁 草
Dadingcao

HERB OF COMMON LEIBNITZIA

【中文名】大丁草

【别名】烧金草、豹子药、苦马菜、米汤菜、鸡毛蒿、白小米菜、踏地香、龙根草、翻白叶、小火草、廉草

【基原】为菊科植物大丁草 *Gerbera anandria* (Linn.) Sch. Bip. 的全草。

【原植物】植株有白色绵毛，后脱落。叶全部基生。春型植株矮小，通常高8～19cm；叶广卵形或椭圆状广卵形，长 2～6cm，宽 1.5～5cm，顶端钝，基部心形或有时羽裂；头状花序紫红色，舌状花长 10～12mm；管状花长约 7mm。秋型植株高大，高 30～60cm；叶片倒披针状长椭圆形或椭圆状广卵形，长 5～6cm，宽 3～5.5cm，通常提琴状羽裂，顶端裂片卵形，边缘有不规则圆齿，基部常狭窄下延成柄；头状花序紫红色，全为管状花。瘦果长 4.5～6mm，有纵条；冠毛长 4～5mm，黄棕色。春花期 4～5月，秋花期 8～11月。

【生境】生于山坡路旁、林边、草地、沟边等阴湿处。

【分布】伏牛山有分布。主要还分布于中国南北各地。

【化学成分】本品地上部分含苯并吡喃类化合物、4-羟基香豆素野樱苷、5-甲基苷豆粗-4-O-β-D-吡喃葡萄糖苷、大丁苷、大丁苷元、大丁双香豆素、琥珀酸、木犀草素-7-β-D-葡萄糖苷、大丁纤维二糖苷(5-methylcoumarin-4-cellobioside)、大丁龙胆二糖苷、蒲公英赛醇、β-谷甾醇、3,8-二羟基-4-甲氧基香豆素、3,8-二羟基-4-甲氧基-2-氧代-2H-1-苯并吡喃-5-羟酸、5,8-二羟基-7-(4-羟基-5-甲基-香豆粗-3-基)-香豆素。

【毒性】该植物毒性较小。

【药理作用】本属植物在我国民间作药用。例如，大丁草用作清热利湿、解毒消肿、止咳、止血药；毛大丁草具宣肺、止咳、发汗、利水、行气、活血等作用。

现在人们已通过药理实验证明了这些植物及其中一些有效成分的生物活性，并探讨了其作用机制，在此基础上，可以更好地解释药物作用的物质基础。

1. 抗菌作用

朱廷儒等人的研究表明大丁草有抗菌活性，并证明其中 4-羟基香豆素是主要的抗菌成分。大丁苷对绿脓杆菌、金黄色葡萄球菌均显抑制作用。大丁苷对体内感染绿脓杆菌的动物，显示保护作用，存活率超过半数以上，ED_{50} 为 46.2mg/kg。大丁纤维二糖苷和大丁龙胆二糖苷在体外对金黄色葡萄球菌的最小抑菌浓度仅为 0.5 mg/mL。而大丁双香豆素和大丁苷元的抑菌浓度分别为 0.125mg/mL 和 0.25mg/mL，此外大丁草中的琥珀酸对绿脓杆菌、大肠杆菌、金黄色葡萄球菌均有抑制作用，有效抑菌浓度 0.5mg/mL。

一般香豆素类化合物在肠道中代谢主要是 3、4 双键的还原和酯键水解生成 C_6-C_3 型酚酸化合物。对灌胃给药的大鼠的尿和粪便研究，及对人肠道微生物培养后研究，均表明 4-羟基香豆素的代谢则不同。产物主要以未开环的形式存在，并且会以两分子缩合成双香豆素。这在香豆素的代谢中是一种新发现。大丁草中大丁苷、大丁二糖苷均在肠道代谢成大丁苷元和双香豆素，然后进入体内发挥作用。

此外，药理实验表明，大丁苷能刺激机体网状内皮系统的吞噬功能，可能这是该药具抗菌作用的原因之一。

2. 镇咳、祛痰、平喘作用

遵义医学院药理组研究表明，大丁苷有镇咳、祛痰作用，半数最低有效剂量分别为 1.56g/kg、12.5g/kg。ED_{50} 相当于(139.3 ± 8.0)g/kg。而张世武等研究表明，毛大丁草抑制窒息反应 ED_{50} 为 18.0g/kg，提示该药虽可能有一定的"平喘"作用，但远不及镇咳作用强。

进一步研究证明，毛大丁草所含熊果苷及其苷元鸡纳酚具镇咳作用。熊果苷的镇咳活性在一定范围内与剂量成正比。其苷元鸡纳酚需要剂最更小，其作用机制很可能是选择性抑制"咳嗽中枢"而发挥镇咳作用(杨立勇等，2011)。

【毒理】大丁苷给小鼠腹腔注射 200～500mg/kg，3d 内无死亡，给家兔静脉注射 20mg/kg，每日 2 次，7d 后血液、肝肾功能未见异常。动物实验表明，熊果苷毒性很低。

【主要参考文献】

杨立勇，梁光义，张永，2011. 毛大丁草化学及药理研究进展. 贵阳中医学院学报，33：71~73.

笔 管 草

Biguancao

COMMON SCOURING RUSH HERB

【中文名】笔管草

【别名】木贼、纤弱木贼、接骨蕨、马人参、笔塔草、节节草、斗眼草、豆根草、锁眼草、笔头草、塔草、毛筒草、博节草

【基原】为木贼科植物笔管草 *Equisetum debile* Roxb 的全草或根。

【原植物】多年生草本，高(10)20～80cm，全株密被蛛丝状绵毛，后渐无毛或无毛，仅上部有毛。茎直立，具沟槽，基部被残叶鞘，上部分枝。基生叶线形，有时超出茎，长达 30cm，宽 0.5～1(2)cm，基部渐狭成柄，柄基部扩大成鞘，淡褐色，先端渐尖，具5～7 条平行脉，表面无毛，背面疏被柔毛；茎生叶与基生叶同形，较小，无柄、抱茎，向上渐小，头状花序数个，排成伞房状；总苞狭筒形，长 2～3.5(4.5)cm，宽 0.7～15mm，初被蛛丝状绵毛，后渐脱落，总苞片 5 层，覆瓦状排列，外层小，三角状卵形，长 2～4mm，宽 1.5～2.5mm，先端锐尖，中层卵形或卵状披针形，长 1～1.5cm，宽 3～5mm，内层线状披针形，长达 4cm，宽 4mm，具宽膜质边；舌状花黄色，背面稍带淡紫色，超出总苞，先端 5 齿裂。瘦果无毛，黄褐色，圆柱形，长 2cm，具纵肋，先端渐狭成喙，稍弯；冠毛黄褐色，长 2cm。花期 5～7 月，果期 6～9 月。

【生境】生于干山坡、固定沙丘、沙质地、山坡灌丛、林缘、路旁等处。

【分布】伏牛山有分布。主要产于我国东北及黄河流域以北各地。朝鲜、蒙古、俄罗斯(西伯利亚及远东地区)也有分布。

【化学成分】从笔管草全草乙酸乙酯和正丁醇提取物中分离得到 4 个甲荃环己烯型 (megastigmane) 化合物和 4 个黄酮苷，分别鉴定为 blumenol A、corchoinoside C、sammangaoside A、$(3S,5R,6R,7E,9S)$-megastigmane-7-ene-3-hydroxy-5,6-epoxy-9-O-β-D-glucopyranoside、山奈酚-3,7-双葡萄糖苷、camelliaside C、山奈酚-3-槐糖苷和 clematine(许小红等，2005)。

【毒性】毒性较弱。

【药理作用】笔管草活性成分 ED-I，可调节高脂血症小鼠血脂异常，并可促进 HepG2 细胞低密度脂蛋白受体 mRNA 的表达。

不同剂量的笔管草醇提物能降低大鼠血清中甘油三酯(TG)和总胆固醇(TC)浓度 ($P<0.05$)，对实验性高脂血症兔能降低血中 TC 浓度($P<0.05$)，而对 TG 和 B-载脂蛋白无明显影响($P>0.05$)(吴国土等，2004)。

【附注】用于治疗急性黄疸型肝炎：成人每天用鲜草 1～2 两或干草 1 两，煎水当茶饮。据 82 例观察，大部分病例服药后尿量增多，食欲好转，黄疸明显消退。可能与本品有利湿、退黄、清热作用有关。

【主要参考文献】

吴国土，薛玲，黄自强. 2004. 笔管草醇提物的调节血脂作用. 齐齐哈尔医学院学报，25：121～123

许小红，阮宝强，蒋山好. 2005. 笔管草中 Megastigmane 及黄酮苷类化学成分. 中国天然药物，3：93-96

鸦 葱

Yacong

ROOT OF AUSTRIAN SERPENTROOT

【中文名】鸦葱

【别名】罗罗葱、谷罗葱、兔儿奶、笔管草、老观笔

【基原】菊科鸦葱属植物鸦葱 *Scorzonera austriaca* Willd.，以根或全草入药。

【原植物】多年生草本，高 10～20cm，植株无毛。根粗，直立，根颈处常分枝形成地下直立或斜上升的根状茎，分枝或不分枝，外被深褐色的残存叶柄所成粗纤维。茎单生或数个丛生，直立或外倾。基生叶多数，椭圆状披针形或长圆状披针形，长 5～12cm，宽 2～8mm，顶端渐尖，有的外弯，全缘，平或略皱曲，基部渐窄成不明显的柄，叶柄基部渐宽成鞘状，白色，抱茎，茎生叶苞片状，1～3 枚，卵状三角形或披针形，长 1cm，或更小。头状花序单生于茎顶，总苞钟状柱形，长 15～18mm，总苞片 4 或 5 层，外层小，三角状卵形，长约 5mm，内层条状披针形，顶端渐尖，膜质边缘较宽，无毛，舌状花黄色，干时淡紫红色，长约 16mm，舌片长约 8mm，深色脉纹清楚，前段齿裂。瘦果(未熟)无毛，或于上端冠毛之下有一圈毛，平坦或有小疣；冠毛淡黄褐色，长约 8mm，羽毛状，上部 1/3 粗糙。花期 6～7 月。

【生境】生山坡草地。

【分布】伏牛山有分布。主要分布于华北、华东各地。

【化学成分】鸦葱的化学成分含橡胶、菊糖和胆碱。部分化合物含有倍半萜类化合物愈创木内酯结构。结构式如下：

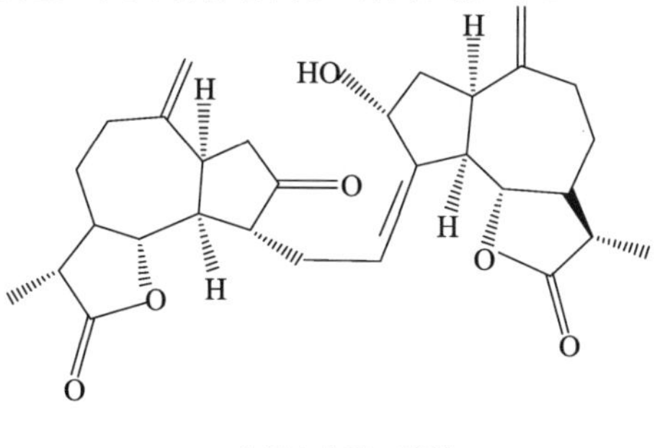

愈创木内酯二聚体

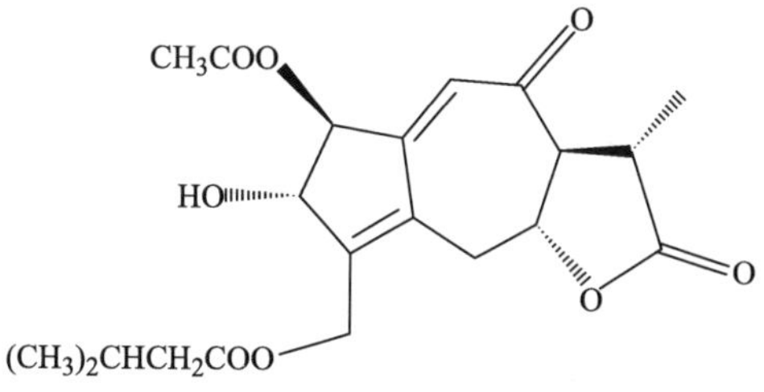

降碳伪愈创木内酯

【药理作用】清热解毒、活血消肿。外用治疗疮、痈疽、毒蛇咬伤、蚊虫叮咬、乳腺炎。

【附注】鸦葱根打烂敷，治疗疮及妇女乳房肿胀。

【主要参考文献】

武全香，李娟，祝英. 2003. 藏药鸦葱化学成分的研究. 有机化学，23(增刊)：466

桃 叶 鸦 葱
Taoyeyacong

【中文名】桃叶鸦葱

【别名】老虎嘴

【基原】菊科鸦葱属植物桃叶鸦葱 *Scorzonera sinensis* Lipsch. et Krasch.，以根入药。

【原植物】多年生草本，高 5～53cm。根垂直直伸，粗壮，粗达 1.5cm，褐色或黑褐色，通常不分枝，极少分枝。茎直立，簇生或单生，不分枝，光滑无毛；茎基被稠密的纤维状撕裂的鞘状残遗物。基生叶宽卵形、宽披针形、宽椭圆形、倒披针形、椭圆状披针形、线状长椭圆形或线形，包括叶柄长可达 33cm，短可至 4cm，宽 0.3～5cm，顶端急尖、渐尖，或钝或圆形，向基部渐狭成长或短柄，柄基鞘状扩大，两面光滑无毛。离基 3～5 出脉，侧脉纤细，边缘皱波状；茎生叶少数，鳞片状，披针形或钻状披针形，基部心形，半抱茎或贴茎。头状花序单生茎顶。总苞圆柱状。直径约 1.5cm。总苞片约 5层，外层三角形或偏斜三角形，长 0.8～1.2cm，宽 5～6mm，中层长披针形，长约 1.8cm，宽约 0.6mm，内层长椭圆状披针形，长 1.9cm，宽 2.5mm；全部总苞片外面光滑无毛，顶端钝或急尖。舌状小花黄色。瘦果圆柱状，有多数高起纵肋，长 1.4cm，肉红色，无毛。无脊瘤。冠毛污黄色，长 2cm，大部羽毛状，羽枝纤细，蛛丝毛状，上端为细锯齿状；冠毛与瘦果连接处有蛛丝状毛环。花期 4～6 月，果期 7～9 月。

【生境】生于山坡、丘陵地、沙丘、荒地或灌木林下，海拔 280～2500m。

【分布】伏牛山主产。我国吉林、辽宁、内蒙古、河北、河南、山西、陕西、甘肃、山东、江苏等地均有分布。

【化学成分】含鞣质。桃叶鸦葱根及地上部分中鞣质含量分别为 8.18%和 9.27%。

【药理作用】桃叶鸦葱乙酸乙酯部位高、中剂量组均可显著缩短小鼠强迫游泳、悬尾不动时间。可见桃叶鸦葱对小鼠抑郁症的强迫游泳模型、悬尾模型均有显著治疗作用，且作用与药物的剂量密切相关（杨辉和李秀荣，2011）。

桃叶鸦葱鞣质的体外抗氧化具一定的剂量依赖性，质量浓度为 0.05g/mL 时对 H_2O_2 及 ·OH 的平均清除率分别达到 8.89%和 88.24%（杨辉和王治宝，2012）。

【附注】清热解毒、活血消肿。外用治疗疮、痈疽、毒蛇咬伤、蚊虫叮咬、乳腺炎。

【主要参考文献】

杨辉，李秀荣. 2011. 桃叶鸦葱抗抑郁作用的实验研究. 中成药，33：1588~1589.

杨辉，王治宝. 2012. 桃叶鸦葱鞣质的提取及体外抗氧化作用. 中国实验方剂学杂志，18：244~246.

苦 苣 菜
Kujucai

COMMON SOWTHISTLE

【中文名】苦苣菜

【别名】苦菜、滇苦菜、田苦荬菜、尖叶苦菜、苦荬菜

【基原】菊科苦苣菜属植物苦苣菜 Sonchus oleraceus L.的全草。

【原植物】一、二年生草本，有纺锤状根。茎中空，直立高 50~100cm，下部无毛，中上部及顶端有稀疏腺毛。叶片柔软无毛，长椭圆状、广倒披针形，长 15~20cm，宽 3~8cm，深羽裂或提琴状羽裂，裂片边缘有不整齐的短刺状齿至小尖齿；茎生叶片基部常为尖耳郭状抱茎，基生叶片基部下延成翼柄。头状花序直径约 2cm，花序梗常有腺毛或初期有蛛丝状毛；总苞钟形或圆筒形，长 1.2~1.5cm；舌状花黄色，长约 1.3cm，舌片长约 0.5cm。瘦果倒卵状椭圆形，成熟后红褐色；每面有 3 纵肋，肋间有粗糙细横纹，有长约 6mm 的白色细软冠毛。

【生境】生于山坡或山谷林缘、林下或平地田间、空旷处或近水处，海拔 170~3200m。

【分布】伏牛山卢氏和嵩县有分布；河南桐柏有分布。几遍全球分布(中国植物志，网引)。

【化学成分】 苦苣菜地上部分含一新二糖类化合物，还含苦苣菜苷(sonchuside)A、B、C、D，葡萄糖中美菊素(glucoza-luzanin)C，9-羟基葡萄糖中美菊素(macroliniside)A，假还阳参苷(crepidiaside)A 及毛连菜甙(picriside)B、C，木犀草素-7-O-吡喃葡萄糖苷(cinaroside)，金丝桃苷(hyperoside)，蒙花苷(linarin)，芹菜素(apigenin)，槲皮素(quercetin)，山奈酚(kaempferol)。花中分到木犀草素(luteolin)，槲皮素，槲皮黄苷(quercimer-itrin)，木犀草素-7-O-吡喃葡萄糖苷，木犀草素-7-O-呋喃葡萄糖苷(isocynaroside)及木犀草素-7-β-D-glucuronopyranoside(夏正祥等，2012)。种子油中含玫鸠菊酸(vernolic acid)13.7%。叶中还含维生素(vitamin)C(马祥忠，2011)。

【药理作用】 全草(产于澳大利亚者)含抗肿瘤成分，在小鼠大腿肌肉接种肉瘤-37后第六天，皮下注射苦荼的酸性提取物，6~48h 后杀死小鼠，肉眼及显微镜观察，均可见到肉瘤受到明显的伤害(出血、坏死)。

【药理价值】清热解毒、凉血止血。主肠炎、痢疾、黄疸、淋证、咽喉肿痛、痈疮肿毒、乳腺炎、痔瘘、吐血、衄血、咯血、尿血、便血、崩漏。(中国医药网，网引)

【主要参考文献】

苦苣菜. 中国植物志［引用日期 2013-12-4］
苦菜. 中国医药网［引用日期 2014-05-1］.

山　莴　苣

Shanwoju

HERB OF INDIAN LEFTUCE

【别名】野生菜、土莴苣、鸭子食、白龙头、苦芥菜、苦菜、野莴苣、苦麻、驴干粮、苦马菜、野大烟、苦麻菜、苦马地丁、土人参

【基原】为菊科植物山莴苣 Lactuca indica Linn. 的全草或根。

【原植物】一年生或二年生草本。茎直立，高 80～150cm，被柔毛，上部分枝。叶互生，长椭圆状披针形，长 10～30cm，宽 1.5～5cm，不裂，或边缘具齿裂或羽裂；上面绿色，下面白绿色，叶缘略带暗紫色；无柄，基部抱茎；茎上部的叶呈长披针形。头状花序顶生，排列成圆锥状；总苞下部膨大，苞片多列，呈覆瓦状排列；舌状花淡黄色，日中正开，傍晚闭合；雄蕊 5；子房下位，花柱纤细，柱头 2 裂。瘦果卵形而扁，黑色，喙短，喙端有白色冠毛一层。花期 8～9 月，果期 9～10 月。

【生境】生田间、路边、灌丛或滨海处。

【分布】伏牛山有分布。除西北外，我国各地均有分布。

【化学成分】全草含 α-香树脂醇，β-香树脂醇（α-amyrin，β-amyrin），羽扇豆醇（lupeol），伪蒲公英甾醇（pserdotaraxasterol），蒲公英甾醇（taraxasterol），计曼尼醇（germanicol），β-谷甾醇（β-sitosterol），菜油甾醇（campesterol），豆甾醇（sitgmasterol）（Chia et al.，2003；Hui and Lee，1971）。

【药理作用】具清热解毒、活血祛瘀作用，治咽喉肿痛，疣瘤。

【附注】临床上，中药作清热药。

【主要参考文献】

Hui W H，Lee W K. 1971. Triterpenoid and st eroid constituent s of some *Lactuca* and *Ageratum* species of Hong Kong. Phytochemi stry，10：899

Chia C H，Shwu J L，Juei T C. 2003. Antidiabeticdimeric guianolides and a lignan glycoside from *Lactuca indica*. J Nat Prod，66：625

山 苦 荬

Shankumai

CHINESE IXERIS HERB

【中文名】山苦荬

【别名】苦益菜、节托莲、小苦麦菜、苦叶苗、败酱、黄鼠草、小苦苣、活血草、陷血丹、小苦荬、苦丁菜、苦碟子、光叶苦荬菜、燕儿衣、败酱草

【基原】为菊科植物山苦荬 *Ixeris chinensis* (Thunb.) Nakai[*Lactuca chinensis*(hunb.) Makino]的全草或根。

【原植物】多年生草本，高 10～40m。全枝无毛。基生叶莲座状，条状披针形或倒披针形，长 7～15cm，宽 1～2cm，先端钝或急尖，基部下延成窄叶柄，全缘，或具疏小齿或不规则羽裂；茎生叶 1 或 2 枚，无叶柄，稍抱茎。头状花序排成聚伞状花序；总苞片 7～9mm，外层总苞片卵形，内层总苞片条状披针形；舌状花黄色或白色，10～12mm，先端 5 齿裂。瘦果狭披针形，稍扁平，红桂冠色，长 4～5mm，喙长约 2mm，冠毛白色。花期 4～5 月。

【生境】广泛分布于海拔 500～4000m 的山地及荒野，为一种常见的田间杂草。

【分布】伏牛山有分布。主要产于我国北部、东部和南部。原苏联、朝鲜、日本、

城市山有。

【化学成分】报道本品地上部分含一个新的二糖类化合物，还含苦苣菜苷（sonchuside）A、B、C、D，葡萄糖中美菊素（glucoza-luzanin）C，9-羟基葡萄糖中美菊素（macroliniside）A，假还阳参苷（crepidiaside）A 及毛连菜苷（picriside）B、C。木犀草素-7-O-吡喃葡萄糖苷（cinaroside），金丝桃苷（hyperoside），蒙花苷（linarin），芹菜素（apigenin），槲皮素（quercetin），山奈酚（kaempferol）。花中分到木犀草素（luteolin），槲皮素，槲皮黄苷（quercimer-itrin），木犀草素-7-O-吡喃葡萄糖苷，木犀草素-7-O-呋喃葡萄糖苷（isocynaroside）及木犀草素-7-β-D-glucuronopyranoside。种子油中含玟鸠菊酸（vernolicacid）13.7%。叶中还含维生素（vitamin）C（张垠等，2010；Kenji et al，1995）。

【药理作用】100%煎剂对在体兔心有抑制作用，使心收缩力减弱，频率减少。对在体及离体蟾蜍心脏，略有增强现象，但舒张不全。滴在蟾蜍肠系膜上，能使小动脉扩张，先用肾上腺素使之收缩时亦如此。能使麻醉兔和犬的血压下降，其降压原理似乎与迷走神经有关（江苏新医学院，1977）。

【附注】山苦荬味苦性寒，具有清热解毒、破瘀活血、排脓消肿之效。主治肠炎、痢疾、血滞疼痛等。

【主要参考文献】

江苏新医学院. 1977. 中药大辞典(上册). 上海：上海科学技术出版社：186.

张垠，童志平，薛鹏禧，等. 2010. 藏药山苦荬化学成分研究. 安徽农业科学，38：16222~16225.

Kenji S, Hideki S, Nobuyuki K, et al. 1995. Composite constituent: novel triterpenoid, ixerenol, from aefial parts of *Ixeris chinensis*. Chem Pharm Bull, 43：180~182.

多头苦荬菜

Duotoukumaicai

LONG IXERIS

【中文名】多头苦荬菜

【别名】蔓生苦荬菜

【基原】菊科苦荬菜属植物多头苦荬 *Ixeris polycephala* Cass. 的全草。

【原植物】一年生或二年生草本，高 15~30cm。茎直立，常基部分枝。基生叶具短柄；叶片线状披针形，长 6~14cm，宽 0.3~0.7cm，先端渐尖，基部楔形下延，全缘，稀羽状分裂，叶脉羽状；中部叶无柄，宽披针形或披针形，长 6~12cm，宽 0.7~1.3cm。先端渐尖，基部箭形抱茎，全缘或具疏齿。头状花序密集成伞房状或近伞形；总花序梗纤细，长 0.5~1.5cm；总苞钟形，果期呈坛状，长 0.6~0.8cm，宽 0.3~0.4cm；总苞片 2 层，外层总苞片 5 层，长约 0.07cm，内层总苞片 8 层，卵状披针形或披针形，长 0.6~0.8cm，边缘膜质；舌状花黄色，舌片长约 0.5cm。果实纺锤形，长约 0.3cm，具 10 条纵棱，褐色，喙长约 0.1cm；冠毛白色，长约 0.4cm，刚毛状。花期 3~5 月；

果熟期 4～6 月。

【生境】生于田间、路旁及山坡草地。

【分布】伏牛山生长。主要产于我国华东、华中、华南及西南地区。朝鲜、日本及印度也有分布。

【化学成分】苦荬菜含有萜类及黄酮类化合物，包括三萜类化合物、倍半萜类化合物、木犀草素、维生素 B、维生素 C 等（毛小涛等，2011）。

【药理作用】全草入药，具有清热解毒、止血之效。

【附注】主治肺痈、乳痈、痢疾、子宫出血、疔疮、疖肿、无名肿毒、阴道滴虫、毒蛇咬伤等症。

【主要参考文献】

毛小涛，李红，杨伟光，等. 2011. 苦荬菜研究进展. 青海草业，20：50~52.

抱茎苦荬菜

Baojingkumaicai

【中文名】抱茎苦荬菜

【别名】苦碟子、黄瓜菜

【基原】菊科植物抱茎苦荬菜 *Ixeris sonchifolia* (Bunge) Hance 的全草。

【原植物】多年生草本，高 30～80cm。全株无毛。根粗壮而垂直。茎直立。基生叶多数，长圆形，长 3.5～8cm，宽 1～2cm，先端急尖或圆钝，基部下延成柄，边缘具锯齿或不整齐的羽状深裂；茎生叶较小，卵状长圆形，长 2.5～6cm，宽 0.7～1.5cm，先端急尖，基部耳形或戟形抱茎，全缘或羽状分裂。头状花序密集成伞房状，有细梗；总苞长 5～6mm，外层总苞片 5，极小，内层总苞片 8，披针形，长约 5mm；舌状花黄色，长 7～8mm，先端截形，5 齿裂。瘦果黑色，纺锤形，长 2～3mm，有细条纹及粒状小刺，喙长约 0.5mm，冠毛白色。花期 4～5 月、果期 5～7 月。

【生境】生于荒野、山坡、路旁、溪流旁及疏林下。

【分布】伏牛山有分布。主要产于东北、华北和华东。

【化学成分】抱茎苦荬菜的化学成分复杂，主要含腺苷、黄酮类、倍半萜内酯类和三萜皂苷类化合物，除此之外还含有甾醇、香豆素、木脂素、维生素、氨基酸、糖等类化合物。

1. 黄酮类化合物

抱茎苦荬菜中黄酮类化合物含量较高，主要有木犀草素、木犀草素-7-*O*-β D-葡萄糖苷、木犀草素-7-*O*-β-D-葡萄糖醛酸苷、木犀草素-7-*O*-β-D-吡喃葡萄糖醛酸苷甲酯、木犀草素-7-*O*-β-D-吡喃葡萄糖醛酸苷乙酯、芹菜素、芹菜素-7-*O*-β-D-葡萄糖苷、芹菜素-7-*O*-β-D-葡萄糖醛酸苷、芹菜素-7-*O*-β- D-吡喃葡萄糖醛酸苷甲酯。

2. 倍半萜内酯类化合物

马继元等分离并鉴定了两个新倍半萜内酯类化合物，8-desox-artelin 和 ixerin Z。封锡志等分离鉴定出 4 个新化合物，分别命名为苦碟内酯 A、苦碟内酯 B、苦碟内酯 C 和苦碟内酯 D。

3. 三萜类化合物

抱茎苦荬菜中主要含有齐墩果酸、羽扇豆醇、蒲公英甾醇乙酯和蒲公英烷- 20-烯-3β,16α-二羟基-3-乙酯等乙酸降香萜烯醇酯。近来又从抱茎苦荬菜中分离鉴定出 4 个新的三萜化合物，分别命名为 ixeris sapon in A、ixeris sapon in B、ixeris sapon in C 和 ixeris sapon in D。

4. 腺苷

腺苷是抱茎苦荬菜扩冠作用的主要有效成分。

5. 其他化合物

抱茎苦荬菜中含有甾醇类化合物，如β-谷甾醇和豆甾烯醇；有机酸类，如棕榈酸和(E)-2,5-二羟基桂皮酸；木脂素类，如(+)-丁香脂素。还含其他物质，如东莨菪素、邻苯二甲酸双(2-乙基)已酯、1,4-苯二甲醇和对-羟基苯甲醛；含有游离氨基酸，如天冬氨酸、丝氨酸、脯氨酸、缬氨酸和精氨酸等(Feng et al., 2003；封锡志，2001；Ma and Wang，1998；孟宪贞等，1981)。

【毒性】抱茎苦荬菜注射液小鼠静脉注射的 LD_{50} 为(44.3±8.1) g/kg。大鼠每日以抱茎苦荬菜浸膏 4.2g/kg 连续灌胃 20d，结果给药组动物体重比对照组增长略快，非蛋白氮比对照组略低，给药后凝血时间比给药前有所延长，其他指标，如白细胞和红细胞总数、转氨酶、尿常规等给药前后和给药组与对照组之间均无明显差异，各脏器肉眼检查和组织切片检查无明显病理变化。

【药理作用】

1. 对心脑血管功能的影响

(1)增加冠脉流量。抱茎苦荬菜注射液以 0.01mg/mL、0.5mg/mL 和 1mg/mL 灌流，可使离体豚鼠冠脉流量分别增加 36.8%、135.7%、170.8%；1.5g/kg 静脉注射，可使麻醉犬冠脉流量增加，并降低心肌耗氧量；2g/kg 静脉注射可对抗垂体后叶素引起的兔心肌缺血；25g/kg 腹腔注射，明显降低小鼠的氧代谢，小鼠死亡时平均临界氧分压降低，而存活时间显著延长。以 Warburg 呼吸计法测定家兔心肌代谢，结果表明，无论在有氧或不同程度缺氧条件下，抱茎苦荬菜均能显著抑制心肌细胞的氧代谢，均使心肌的乳酸含量显著降低。

(2)增加脑血流量，改善微循环。家兔静脉注射抱茎苦荬菜注射液 4g/kg，血压下降，脑血流量少。但与生理盐水对照组比较，抱茎苦荬菜组脑血流量明显大于对照组。抱茎苦荬菜注射液使脑血管阻力显著降低，降低范围为 0～37%($P < 0.05$)，表明该药增加脑血流量，改善脑循环。抱茎苦荬菜对腹静脉注射细菌毒素引起蟾蜍肠系膜微循环障碍有显著的治疗作用，能使毛细血管血流速度加快，使已接近停止的血流重新恢复流动。

2. 对血液系统的影响

(1)对血小板聚集的抑制作用。抱茎苦荬菜注射液 200mg/mL 时，在试管内对 ADP 和胶原诱导的血小板聚集有显著抑制作用，作用与双嘧达莫(潘生)0.05mg/mL 相似。在家兔体内实验中，无论一次或多次静脉给药，抱茎苦荬菜对 ADP 诱导的血小板聚集，仅有轻度抑制，但无统计学意义；而双嘧达莫呈显著抑制作用。

（2）增强纤维蛋白溶解酶的活性。家兔、豚鼠、犬一次静脉注射抱茎苦荬菜注射液 4g/kg 后，20.50min 后纤维蛋白溶解时间显著缩短（$P < 0.05$），90min 后作用明显减弱或恢复正常。家兔连续静脉给药 7d（每日 4g/kg），末次给药 20min 后，纤维蛋白溶解酶活性显著增强，停药 24h 后已没有明显作用。犬连续给药 27d（每日 4g/kg、8g/kg），结果无论大小剂量，凡在前次给药后 24h 测纤维蛋白酶活性均无明显增强作用，说明抱茎苦荬菜有效作用时间较短。

3. 镇痛、镇静作用

抱茎苦荬菜注射液 19.5g/kg 腹腔注射，小鼠热板法实验表明有镇痛作用，并降低小鼠自主活动能力；15g/kg、30g/kg 腹腔注射，可协同戊巴比妥钠的催眠作用，增加小鼠入睡率（戴锦娜等，2006）。

【毒理】临床上，抱茎苦荬菜广泛用于脑血栓、冠心病的临床治疗，在治疗过程中产生毒性作用的报道罕见。

【主要参考文献】

戴锦娜，尹然，陈晓辉，等. 2006. 抱茎苦荬菜化学成分和药理作用研究进展. 西北药学杂志，21：94~96.

封锡志. 2001. 抱茎苦荬菜的化学成分和生物活性研究. 沈阳：沈阳药科大学博士学位论文.

孟宪贞，倪素芳，索鸿勋. 1981. 抱茎苦荬菜化学成分的研究 1. 扩冠有效成分的分离和结构鉴定. 中草药，12：4.

Feng X Z, Dong M, Gao Z J, et al. 2003. Three new triterpenoid saponins from *Ixeris sonchifolia* and their cytotoxic activity. Planta Medi，69：1036.

Ma J，Wang Z T. 1998. Sesquiterpene lactones from *Ixeris sonchifolia* . Phytochemistry，48：201.

齿缘苦荬菜

Chiyuankumaicai

【中文名】齿缘苦荬菜

【别名】氨基酸草、饲用苦荬菜

【基原】菊科苦荬菜属多年生植物齿缘苦荬菜 *Ixeris dentate*（Thunb.）Nakai 的全草。

【原植物】多年生草本，高 30~60（150）cm。茎直立，无毛。基生叶倒披针形，先端锐尖，基部下延成叶柄，边缘具疏锯齿或稍呈羽状分裂；茎生叶披针形，基部略呈耳状，无叶柄。头状花序多数，有细梗，排列为伞房状。总苞长 5~10mm；外层总苞片小，卵形；内层总苞片条状披针形。舌状花黄色，长 9~12mm。瘦果纺锤形，略扁，有等粗的纵肋，黑褐色，长 4~5mm，喙长 1~2mm；冠毛浅棕色。

【生境】喜温耐寒，抗旱耐涝性强。齿缘苦荬菜种子发芽起始温度为 5~6℃，需 10d 以上才能出苗，最适生长温度为 25~35℃。耐热性很强，在 35~40℃ 的高温下也能正常生长。20℃以上时出苗快。经多年驯化选育而成的人工栽培种适宜全国各地栽培。

【分布】伏牛山生长。齿缘苦荬菜分布于我国华东、华南、西南等地。在国外，朝鲜、日本也有分布。

【化学成分】齿缘苦荬菜作为保健型蔬菜，具有较高的营养价值。鲜嫩多汁的茎叶中，矿物质含量丰富。在蛋白质的组成上，氨基酸种类齐全，有人体必需的甲硫氨酸、赖氨酸等，还含有较多的胡萝卜素、核黄素、VC 等。据测定，齿缘苦荬菜分枝期的干物质中含蛋白质 29.83%、甲硫氨酸 0.18%、赖氨酸 0.78%、粗脂肪 5.26%、粗纤维 10.98%、无氮浸出物 42%、粗灰分 13.98%（其中钙 2.34%、磷 0.65%）（邸文静等，2006）。

【主要参考文献】

邸文静，徐　舶，刘志江，等. 2006. 齿缘苦荬菜的栽培. 特种经济动植物，5：27~28.

细叶苦荬菜
Xiyekumaicai

GRACILE

【中文名】细叶苦荬菜

【别名】纤细苦荬菜

【基原】菊科苦荬菜属多年生植物细叶苦荬菜 *Ixeris gracilias* Stebb 的全草。

【原植物】多年生草本，具白色乳汁，无毛。根细，纤维状。茎直立，高 30～45cm，上部分枝。基部叶柄长 3～5cm，叶线状披针形，长 6～13cm，宽 7～9mm，先端渐尖，基部楔形下延，全缘，脉羽状；中部叶无柄，2～4 片，线形，长 5～10cm，宽 3～7mm，基部稍抱茎，全缘或基部边缘具缘毛。头状花序多数，排列成疏伞房状圆锥花序；总花序梗纤细；总苞圆筒状，外总苞片 3，内层 5，线形，缘狭膜质。舌状花黄色，筒部与舌片等长，雄蕊 5，花药墨绿色，花柱裂瓣卷曲。果棕褐色，具纵棱，喙长 1mm，冠毛刚毛状，浅黄褐色。花期 6～9 月，果期 7～10 月。

【生境】旷野、草地、路旁。

【分布】伏牛山有分布。

【化学成分】含三萜、甾醇、倍半萜、黄酮等多种成分（刘胜民等，2010）。

【药理作用】该属植物性寒味苦，多为药用，具有清热解毒、凉血消肿、镇痛抗炎的作用（《全国中草药汇编》编写组，1996）。

【附注】用于治疗无名肿痛、腹腔脓肿、乳痈疖肿、阑尾炎、肝炎等各种炎症，以及肺热咳嗽、肺结核等。

【主要参考文献】

刘胜民，谢卫东，孟凡君. 2010. 苦荬菜属植物化学成分及药理活性研究进展. 时珍国医国药，21：975~977.

《全国中草药汇编》编写组. 1996. 全国中草药汇编（2 版）. 北京：人民卫生出版社：177~556.

萝 摩 科

　　萝藦科 Asclepias，多年生草本、灌木或藤本，常有乳汁。单叶对生或轮生，全缘，无托叶。聚伞花序通常伞形，有时伞房状或稀总状，腋生或顶生；花两性，整齐；花萼5 深裂；花冠合瓣，辐状或坛状，很少为高脚碟状，顶端 5 裂；副花冠由 5 个离生或基部合生的裂片或鳞片组成，有时两轮；雄蕊 5 个，雌雄蕊合生，称合蕊柱；花丝合生成为 1 个有蜜腺的筒，称合蕊冠；花粉在原始的类群为颗粒状，承载于匙形的载粉器中，每花药有一载粉器，而在较进化的类群中，花粉联合包被在一层薄膜内成为花粉块，通过花粉块柄连于粉腺上，每花药有 2～4 个花粉块；子房上位，心皮 2 个，离生，胚珠多数。蓇葖果双生或 1 个不发育；种子顶端具丛生的白色绢质种毛。约 180 属，2200 种，分布于世界热带、亚热带地区，少数分布于温带地区。我国产 44 属，245 种，33 变种，主产西南及东南部地区。河南有 6 属，24 种，2 变种，广布河南各山区及丘陵地区。

　　本科绝大多数为草质或木质藤本，少数为直立灌木或草本，几乎都含白色乳汁，少含有紫色液汁，如黑鳗藤 *Stephanotis mucronata* (Blanco) Merr.，为黑色液汁。如假木通 *Stephanotis chunii* Tsiango 叶交互对生，稀轮生，没有互生。稀无叶植物，如肉珊瑚属 *Sarcostemma* R. Br.。很少为茎肉质多浆植物，如球兰属 *Hoya* R. Br.，豹皮花属 *Stapelia* Linn.。茎、枝攀援或缠绕，少数种类却附生在树上或石上，生出不定根以吸收养料和水分，如球兰属植物。花通常小形，稀中形，如吊灯花属 *Ceropegia* Linn. 和豹皮花属 *Stapelia* Linn.，黑鳗藤属 *Stephanotis* Thou. 及大花藤属 *Raphistemma* Wall. 等仅相对地稍大一些。通常为聚伞花序，顶生，或生于叶腋内或腋外生，通常互生，稀对生。若花序腋生时，同节对面叶腋内的花序通常保持不育或腋生一营养枝。

　　本科的花的结构图式完全一致，其花萼裂片、花冠裂片及雄蕊均为五基数，单雌蕊二心皮，子房上位。花冠形状通常为辐状（轮状）或坛状，稀高脚碟状，花冠裂片覆瓦状排列。若覆瓦状排列，其覆盖与旋转方向通常是相反的，即花冠裂片在花蕾时向左覆盖，其上部则向右旋转；反之，向右覆盖则向左旋转，这些特征与夹竹桃科相统一。花粉块和副花冠特征是萝藦科最主要的分类依据。花粉器上花粉块数量的多寡和有无花粉块柄是分亚科的唯一特征。若花粉器上有 4 个花粉块，固定于 1 个细小淡色无柄的着粉腺上的，则为鳓鱼藤亚科 Subfam. Secamonoideae，若花粉器上只有 2 个花粉块，固定于 1 个紫红色有柄的着粉腺上，则为马利筋亚科 Subfam. Asclepiadoideae。花粉块的方向和位置是很重要的特征，它是马利筋亚科分族的主要依据之一。其方向和位置的确定是将着粉腺视作水平点，若花粉块位置在着粉腺下方，花粉块顶端通过花粉块柄与着粉腺连接，称为“花粉块下垂”，如马利筋族 Trib. Asclepiadeae；反之，花粉块位置在着粉腺上方，花粉块基部通过花粉块柄与着粉腺连接，则称为“花粉块直立”，如牛奶菜族 Trib. Marsdenieae 大部分属；若花粉块与着粉腺位置在同一个水平上，其花粉块顶端或基部通过花粉块柄与着粉腺连接，称为“花粉块平展”，如娃儿藤属 *Tylophora* R. Br. 和箭药藤属 *Belostemma* Wall. ex Wight。花粉块的形状，一般为长圆状、卵圆状或长卵状，两端圆或一端较窄，300～1130μm，阔度为 85～77μm，大小因属种的不同而有所差异。花粉块外边是 1 层软韧的薄膜，有时成为一层薄膜边缘，如球兰属 *Hoya* R. Br.，有时成为一内角薄膜，如吊灯花属 *Ceropegia* Linn.。内面藏着的花粉颗粒黏挤得很紧，成为多角形，无萌发孔，表面近于光滑，没有清楚的雕纹。副花冠特征是萝藦科分属的主要依据。它与花丝位置在一起，稀副花冠缺如，或仅有微型而膜质的副花冠着生在合蕊冠的基部，如乳突果属 *Adelostemma* Hook. f.，或副花冠退化成丛毛条带或硬块着生在花冠筒上，如匙羹藤属 *Gymnema* R. Br.。通常为单轮副花冠，着生于合蕊冠上，若副花冠极短，高不及合蕊冠 1/2 者为秦岭藤属 *Biondia* Schltr.，副花冠呈星状射出则为球兰属 *Hoya* R. Br.，若副花冠裂片为圆球状膨胀则为娃儿藤属 *Tylophora* R. Br.，如果副花冠呈杯状或条裂则通常是鹅绒藤属 *Cynanchum* Linn.，有的副花冠呈镰刀状（如鲫鱼藤属 *Secamone* R. Br.）、锚状（如眼树莲属 *Dischidia* R. Br.）、侧面平板状（如白水藤属 *Pentastelma* Tsiang et P. T. Li），等等，稀双轮副花冠（如尖槐藤属 *Oxystelma* R. Br.，肉珊瑚属 *Sarcostemma* R. Br.，豹皮花属 *Stapelia* Linn.）。花药侧面联合形成五角形的钝锥状，腹部粘生于柱头基部，花药顶端通常有内弯的膜片，保护花粉块的发育。子房的心皮保持分离，但花柱联合向上形成共同的膨大的柱头，柱头通常顶端平坦或呈短圆锥状，甚至有长喙。果实类型完全一致，由一对蓇葖果组成或因 1 个不发育而成单生，外果皮通常平滑，稀有刺（如刺瓜 *Cynanchum corymbosum* Wight，钉头果 *Gomphocarpus fruticosus*(Linn.)R. Br.），或有翅（如南山藤 *Dregea volubilis*(Linn. f.)Benth. ex Hook. f.），或成褶皱环片状的（如贯筋藤 *Dregea sinensis* Hemsl. var. *corrugata*(Schneid.)Tsiang et P. T. Li）。种子顶端全部冠有一丛白（黄）色绢质种毛；种毛长为种子的 5～10 倍，易于借助气流传播种子进行繁殖。

　　本科植物通常有毒，乳汁及根部毒性较大，如牛角瓜属 *Calotropis* R. Br.，马利筋属 *Asclepias* Linn.，鲫鱼藤属 *Secamone* R. Br.，钉头果属 *Gomphocarpus* R. Br.，青洋参 *Cynanchum otophyllum* Schneid.，丽江牛皮消 *Cynanchum likiangense* W. T. Wang ex Tsiang et P. T. Li，大白药 *Marsdenia griffithii* Hook. f.，百灵草 *Maxsdenia longipes* W. T. Wang ex Tsiang et P. T. Li，三分丹 *Tylophora atrofolliculata* Metc.，七层楼 *Tylophora floribunda* Miq.，等等，但可作药用，治蛇咬伤、跌打、风湿关节炎、肿瘤、疮毒等，还可作杀虫剂，毒杀农业害虫和虎豹。它们含有多种生物碱和苷类，如马利筋苷(asclepiadin)、鹅绒藤苷(cynanchin)、白前苷(cynanchocerin)、娃儿藤苷(tylophorin)、牛角瓜苷(calotropin)和催吐白前苷(vincetoxin)等，有强心作用，是重要的药物原料。本科大多数为药用植物，如萝藦属 *Metaplexis* R. Br.，马利筋属 *Asclepias* Linn.，鹅绒藤属 *Cynanchum* Linn.，牛角瓜属 *Calotropis* R. Br.，钉头果属 *Gomphocarpus* R. Br.，纤冠藤属 *Gongronema*(Endl.)Decne.，天星藤属 *Graphistemma* Champ. ex Benth. et Hook. f.，匙羹藤属 *Gymnema* R. Br.，醉魂藤属 *Heterostemma* Wight et Arn.，球兰属 *Hoya* R. Br.，铰剪藤属 *Holostemma* R. Br.，牛奶菜属 *Marsdenia* R. Br.，尖槐藤属 *Oxystelma* R. Br.，石萝藦属 *Pentasacme* Wall. ex Wight，肉珊瑚属 *Sarcostemma* R. Br.，黑鳗藤属 *Stephanotis* Thou.，夜来香属 *Telosma* Coville，弓果藤属 *Toxocarpus* Wight et Arn.，润肺草属 *Brachystelma* R. Br.，娃儿藤属 *Tylophora* R. Br. 和鲫鱼藤属 *Secamone* R. Br. 等 21 个属植物，可治多种疾病，如癌症、跌打损伤、风湿关节炎、淋巴结核、痈肿疔毒、小儿疳积、哮喘等。产胶植物有地梢瓜

Cynanchum thesioides（Freyn）K. Schum.，漾濞牛奶菜 *Marsdenia yaungpiensis* Tsiang et P. T. Li 等。纤维植物有通光散 *Marsdenia tenacissima*（Roxb.）Wight et Arn.，青洋参 *Cynanchum otophyllum* Schneid.，南山藤属 *Dregea* E. Mey.，钉头果属 *Gomphocarpus* R. Br. 和萝藦属 *Metaplexis* R. Br. 等。此外，还有产蓝色染料植物，如蓝叶藤 *Marsdenia tinctoria* R. Br.，球花牛奶菜 *Marsdenia globifera* Tsiang 和海南牛奶菜 *Marsdenia hainanensis* Tsiang 等。观赏植物有球兰属 *Hoya* R. Br.，豹皮花属 *Stapelia* Linn. 和肉珊瑚属 *Sarcostemma* R. Br. 等。

马利筋属 *Asclepias* Linn.

多年生草本。叶对生或轮生，具柄。聚伞花序伞形状；花萼 5 深裂、内面有腺体 5～10 个。全世界约有 120 种，分布于美洲、非洲、南欧和亚洲热带和亚热带地区。据报道，我国栽培 1 种和 1 变种，河南栽培 1 种。

马 利 筋

Malijin

【中文名】马利筋

【别名】莲生桂子花、芳草花、金凤花、莲生桂子草、七姊妹、野鹤嘴、状元红、草木棉、细牛角仔树、羊角丽、唐绵、金银花台、竹林标、野辣子、金盏银台、连生桂枝、野辣椒、透云花、山桃花、水羊角、女金丹、半天花刀口药(国家中医药管理局《中华本草》编委会，1999)

【基原】为萝藦科马利筋属植物马利筋 *Asclepias curassavica* Linn. 的全草。全年均可采，晒干或鲜用。

【原植物】马利筋为萝藦科马利筋属多年生直立草本植物，灌木状，高 80cm，有乳汁。叶膜质，披针形至椭圆状披针形，长 6～14cm，宽 1～4cm，顶端急尖或渐尖，基部楔形而下延至叶柄；侧脉 8 对，柄长 0.5～1cm。聚伞花序有花 10～20 朵；花萼裂片披针形，被柔毛；花冠紫红色，裂片长圆形，反折；副花冠生于合蕊柱上，5 裂，黄色，匙形有柄；着粉腺紫红色。蓇葖果披针形，长 6～10cm，直径 1～2cm；种子卵圆形，长约 6mm，种毛长 2.5cm。花期几乎全年；果熟期 8～12 月(丁宝章和王遂义，1997)。

【分布】伏牛山区有分布。原产拉丁美洲的西印度群岛，现在广布于世界各热带和亚热带地区。我国长江流域以南各地区均有栽培，在南方也有逸为野生的(中国科学院西北植物研究所，1974)。

【化学成分】含多种牛角瓜强心苷类化合物，主要有马利筋苷(asclepiadin)、异牛角瓜苷(calactin)、牛角瓜苷 A(calotropin A)、牛角瓜苷 B、牛角瓜苷 C、高牛角瓜苷(proceroside)，苷元有乌沙苷元(uzarigenin)、粉绿小冠花苷元(coroglaucigenin)、副冠毒苷元(corotoxigenin)、马利筋苷元(asclepogenin)、枯热酒苷元(curassavogenin)、科勒坡苷元(clepogenin)、阿斯科勒苷元(ascurogenin)等(陈冀胜和郑硕，1987)。

部分化合物结构式如下

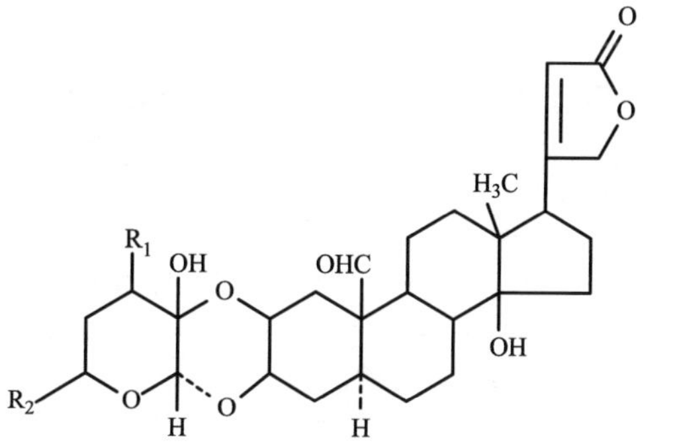

马利筋苷(asclepiadin)：R₁=OCOCH₃，R₂=CH₃

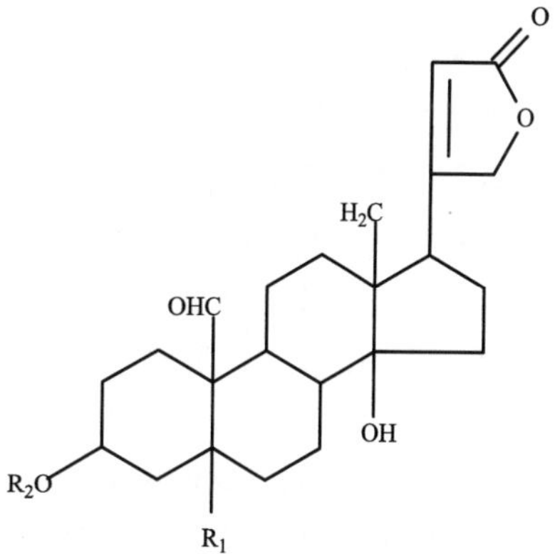

异牛角瓜苷(calactin)：R₁=OH，R₂=CH₃

牛角瓜苷 A：R₁=H，R₂= —CH—C—CH—CH₂—CH—CH₃

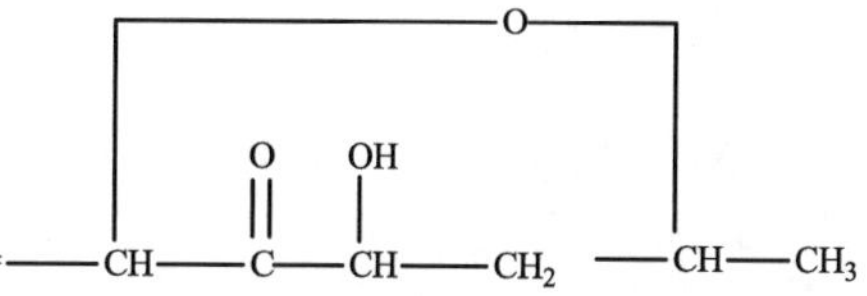

牛角瓜苷 B：R₁=H，R₂= —CH—C—CH—CH—CH—CH₃

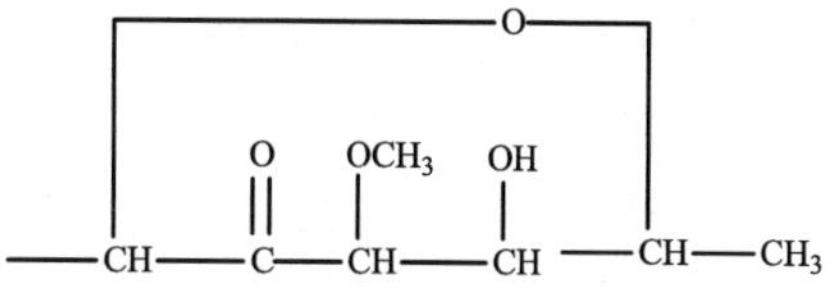

牛角瓜苷 C：R₁=OH，R₂= —CH—C—CH—CH—CH—CH₃

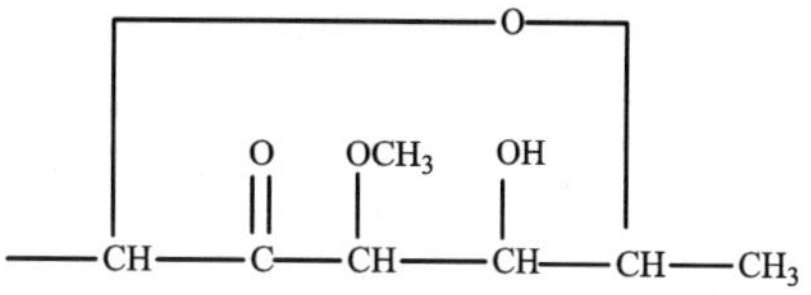

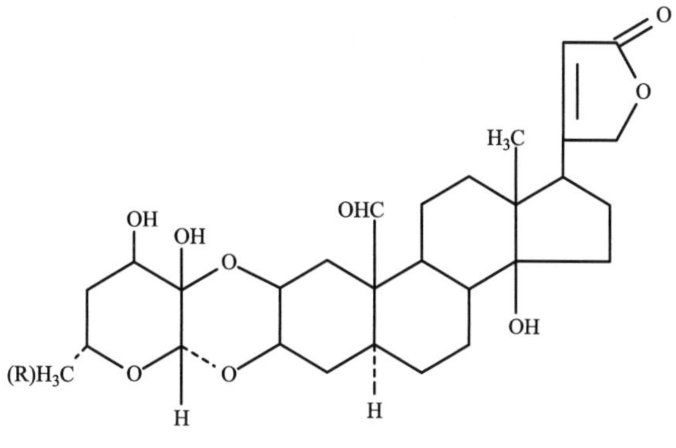

高牛角瓜苷(proceroside)

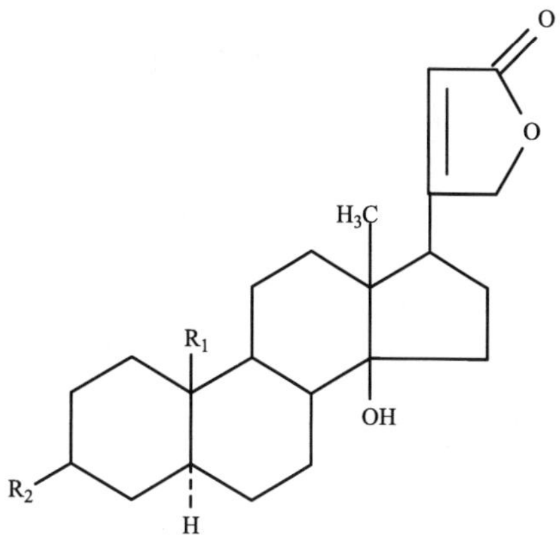

粉绿小冠花苷元(coroglaucigenin)：R₁—CH₂OH，R₂=OH(β)副冠

毒苷元(corotoxigenin)：R₁=CHO，R₂=OH(β)

【毒性】全株有毒，其白色乳汁毒性更大。味苦，有致呕吐、下泻及发汗等作用。主要毒性成分为细胞毒卡罗托苷及多种卡烯内酯、马利筋苷等。

【药理作用】

1. 强心作用

本植物根、茎煎剂及叶、花、种子、果壳的酊剂注射于蛙均有显著强心作用，0.1g左右(生药)于 1h 可使蛙心停止于收缩期，以花、茎作用为强，叶次之，果壳为弱。10%马利筋种子配剂 0.3mL/kg 静注，可使巴比妥中毒猫心收缩幅度显著增大，1.5min 时增大约 2 倍，可引起戊巴比妥钠所致心衰猫心肺装置静脉压迅速下降，心收缩力增强，心输出量增多，但于 4min 出现中毒表现，心跳停止，静脉压回升。猫静注也见心电图 R 波急剧增高，R-R 及 PQ 间隔延长。强心成分为马利筋苷、牛角瓜苷。

2. 抗癌作用

本品醇提取物体外试验对人鼻咽癌 KB 细胞有明显的抑制作用，牛角瓜苷为细胞毒成分之一。

3. 催吐作用

本品根、茎有催吐作用。

4. 其他作用

本品叶、茎水提取物可使大鼠后肢灌流量明显增加，对豚鼠离体子宫有轻度抑制作用，但对豚鼠回肠、蟾蜍直肠、犬血压无明显影响(国家中医药管理局《中华本草》编委会，1999)。

【毒理】本属植物多有一定毒性，是牧草中毒的原因之一。大鼠分别给予本植物、叶的水、醇、石油醚提取物 2g 原生药/d，连续 4 星期，未引起死亡，且对体重及生殖功能也无明显影响；本品的乙醇提取物 5mg/kg 腹腔注射连续 5d，对家兔未见蓄积中毒；而曾报道静注于大鼠和兔则均可引起肺、肠道苍白，肾充血，脑、肺、肠系膜小动脉及脊髓的颈腰部等出血；马利筋苷静注对鸽的最少致死量(MLD)为(54.97±19.4)mg 生药/kg；小鼠腹腔注射马利筋苷 MLD 为 15mg/kg(国家中医药管理局《中华本草》编委会，1999)。

【附注】临床使用上有清热解毒、活血止血、消肿止痛的功效。主治咽喉肿痛、肺热咳嗽、热淋、月经不调、崩漏、带下、痈疮肿毒、湿疹、顽癣、创伤出血。

注意事项：本品全株有毒，其白色乳汁毒性更大。中毒症状表现为最初头疼、头晕、恶心、呕吐，继而腹痛、腹泻、烦躁、谵语，最后四肢冰冷、冒冷汗、面色苍白、脉搏不规则、瞳孔散大、对光不敏感、痉挛、昏迷、心跳停止而死亡(国家中医药管理局《中华本草》编委会，1999)。

【主要参考文献】

陈冀胜，郑硕. 1987. 中国有毒植物. 北京：科学出版社：113~115.

丁宝章，王遂义. 1997. 河南植物志 (第三册). 郑州：河南科学技术出版社：289.

国家中医药管理局《中华本草》编委会. 1999. 中华本草第 16 卷 (第 6 册). 上海：科学技术出版社：6323~6324.

中国科学院西北植物研究所. 1974. 秦岭植物志第一卷 种子植物 (第二册). 北京：科学出版社：149.

杠柳属 *Periploca* Linn.

藤状灌木，具乳汁，叶对生，羽状脉。聚伞花序腋生或顶生，花萼 5 裂，内侧有 5 个腺体；花冠辐状，5 裂，副花冠杯状，顶端 5～10 裂；花丝短，花药顶端合生，花粉颗粒状，承载于匙形的载粉器上，每花药有一载粉器。蓇葖果双生，长角状，种子顶端具白色绢质种毛。约 12 种，分布于亚洲温带、欧洲南部和非洲热带地区。我国产 4 种，分布于东北、华北、西南及华中地区。河南产 2 种，为杠柳和青蛇藤。

杠　柳

Gangliu

CHINESE SILKVINE ROOT-BARK

【**中文名**】杠柳

【**别名**】北五加皮(北方通称)、羊奶子(东北)、山五加皮、羊角条(河南)、羊奶条、羊角叶(河北、河南)、臭加皮、香加皮、狭叶萝藦(四川)、羊角桃(河南、山西)、羊角梢、立柳、阴柳、钻墙柳、狗奶子、桃不桃柳不柳(江苏)

【**基原**】为萝藦科杠柳属植物杠柳 *Periploca sepium* Bunge 的根皮。夏、秋季挖取全根，除去须根，洗净，用木棒轻轻敲打，剥下根皮，晒干或烘干。

【**原植物**】杠柳为萝藦科杠柳属多年生植物。蔓性灌木，长 1～2m。除花外，全株无毛。叶膜质，长圆状披针形，长 5～9cm，宽 1.5～2.5cm，顶端渐尖，基部楔形，每边侧脉 20～25 条。聚伞花序腋生，花冠紫红色，直径 1.5～2cm，裂片 5 个，反折，内面有疏柔毛，副花冠杯状，5 裂，裂片丝状伸长，有柔毛；花粉颗粒状，藏在直立匙形的载粉器内。蓇葖果双生，长 7～12cm，直径约 5mm，种子顶端具白色绢质种毛。花期 5～6 月，果熟期 8～9 月(丁宝章和王遂义，1997)。

【**药材性状**】根皮呈卷筒状或槽状，少数呈不规则块片状，长 3～12cm，直径 0.7～2cm，厚 2mm。外表面灰棕色至黄棕色，粗糙，有横向皮孔，栓皮常呈鳞片状剥落，露出灰白色皮部；内表面淡黄色至灰黄色，稍平滑，有细纵纹。体轻，质脆，易折断，断面黄白色，不整齐。有特异香气，味苦。以条粗、皮厚、呈卷筒状、香气浓、味苦者为佳(国家中医药管理局《中华本草》编委会，1999)。

【**生境**】生于平原及低山丘陵的林缘、沟坡、路边等处。

【**分布**】广泛分布于伏牛山区。还分布于吉林、辽宁、内蒙古、河北、山东、山西、江苏、江西、贵州、四川、陕西、甘肃和河南等地(丁宝章和王遂义，1997)。

【**化学成分**】根皮含的甾类糖苷有杠柳毒苷 (periplocin) 即北五加皮苷 (periplocoside)G，皂苷杠柳苷 K(glycoside K)，北五加皮苷 K、H1、H2、A、B、C、D、E、L、M、N、J、K、F、O，杠柳苷 (periploside)A、B、C，杠柳加拿大麻糖苷 (periplocymarin)，β-谷甾醇-β-D-葡萄糖苷 (β-sitodteryl-β-D-glucoside)；包含的游离孕烯醇类化合物有 5-孕甾烯-3β,20(R)-二醇-3-单乙酸酯[5-pregnene-3β,20,(R)-diol-3-monoacetate]、21-O-甲基-5-孕甾烯-3β,14β,17β,20,21-五醇(21-O-methyl-5-pregnene-3β,14β,17β,20,21-pentol)、21-O-甲

基孕甾二烯-3β,17β,20,21-四醇（21-*O*-methyl-5,14-pregnadi-ene-3β,17β,20,21-tetrol）、21-*O*-甲基-5-孕甾烯-3β,14β,17β,21-四醇-20-酮（21-*O*-methyl-5-pregnene-3β,14β,17β,21-tetrol-20-one）A，还含北五加皮寡糖（periplocae oligosaccharide）C1、C2、F1、F2，4-甲氧基水杨醛（4-methoxysalicylaldehyde）及 β-谷甾醇（β-sitosterol）（国家中医药管理局《中华本草》编委会，1999）。杠柳植物中尚含有其他成分，如异香草醛、香草醛、4-甲氧基水杨酸，萜类成分如 β-香树脂醇乙酸酯、α-香树脂醇、α-香树脂醇乙酸酯、羽扇豆烷乙酸酯，从杠柳植物中还得到了 3 个环阿尔廷型三萜化合物，即（24*R*）-9,19-cycloart-25-ene-3β,24-diol、（24*S*）-9,1-cycloart-25-ene-3β,24-diol、cycloeucalenol，1 个香豆素类东莨菪内酯，以及由 2-去氧糖组成的低聚糖，如 4-*O*-（2-*O*-乙基-β-D-毛地黄糖基）-D-磁麻糖，甲基 4-*O*-（2-*O*-乙基-β-D 毛地黄糖基）-D-磁麻糖苷，香草醛乳糖苷，香草醛蔗糖苷 C_1、D_2、F_1、F_2，perisaccharide A，perfisaccharide B，perisaccharide C，4-甲氧基水杨醛，β-谷甾醇，胡萝卜苷等（卫银盘等，2009）。

　　部分化合物结构式如下：

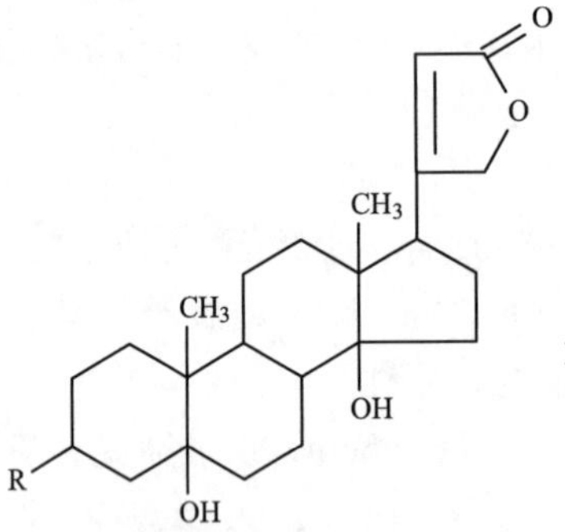

杠柳毒苷（periplocin） 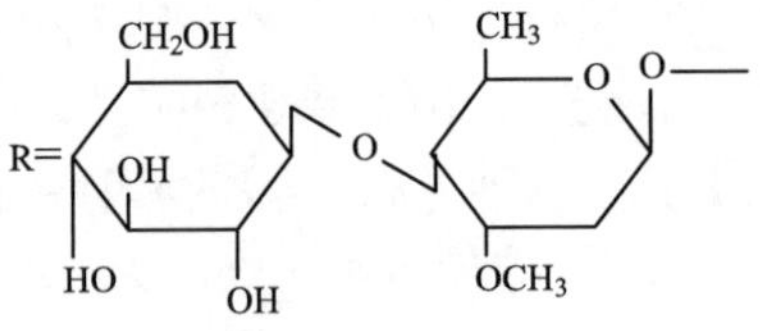　　　　　　　　　　杠柳苷元

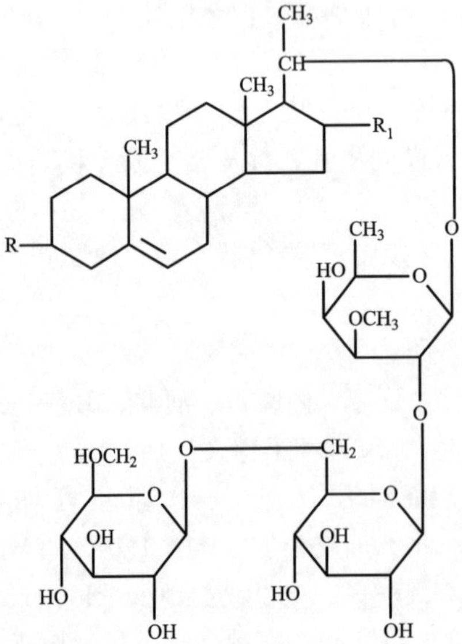

北五加皮苷H_1：　　R_1=H

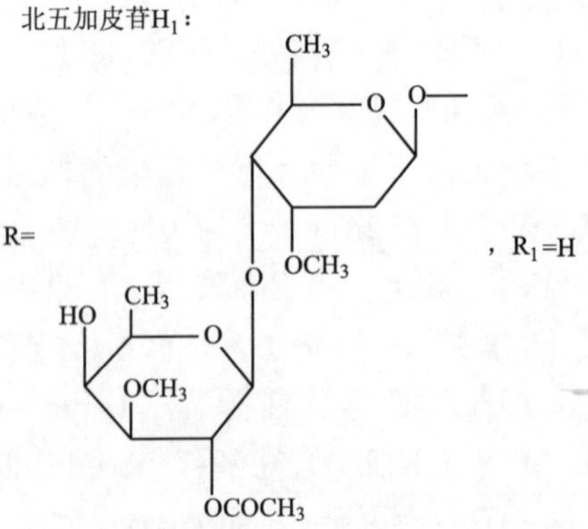

北五加皮苷 H_2: R=H, R_1=OH

北五加皮苷 K: R=OH, R_1=H

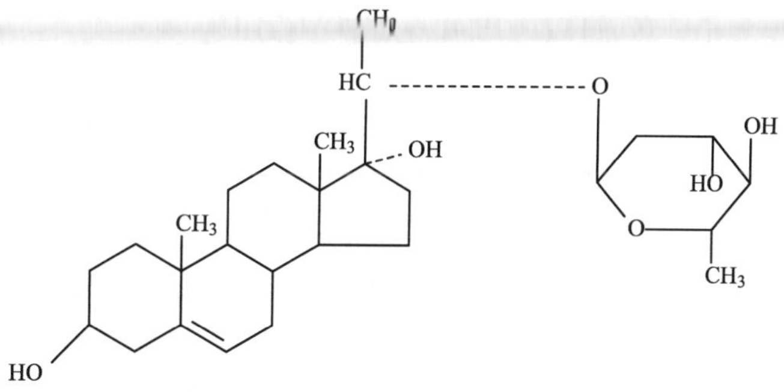

北五加皮苷 E

【毒性】本品有毒，不可作萝摩科植物萝摩皮的代用品，亦不宜过量或持续长期服用(陈冀胜和郑硕，1987)。

【药理作用】

1. 强心作用

李玉红等研究杠柳的强心作用，应用 Langendorff 离体心脏灌流系统在恒压、恒流灌注条件下，香加皮有效部位能直接作用于大鼠离体心肌从而显著性地升高左心室收缩峰压(LVSP)，增加左心室内压变化最大速度，降低左心室舒张末压(LVEDP)，从而改善心功能，具有强心作用。

2. 抗炎作用

杠柳中的孕甾苷类 periplocoside E (PSE)在体内与体外均有显著的免疫抑制作用。杠柳苷元对肥大细胞脱颗粒和组胺释放的抑制作用有显著的剂量依赖性，对体外培养的肥大细胞，以及整体动物的肥大细胞均可产生显著抑制脱颗粒和组胺释放作用。因此，杠柳苷元应该是杠柳产生抗炎作用的物质基础，至少是其药理作用的物质基础之一。

3. 抗癌作用

陈书红等研究表明，杠柳苷元对乳腺癌细胞株 MCF-7 有很强的抑制作用。张静等研究指出杠柳提取物对多种不同人体组织来源的肿瘤细胞的增殖均具有广泛的杀伤作用，且醇提物的抑瘤作用明显强于水提物，其抗肿瘤机制可能与阻滞肿瘤细胞周期和诱导凋亡有关。单保恩等研究香加皮水提取物对人红白血病细胞株(K562)、人胃癌细胞株(BGC-823)、人食管癌细胞株(TE-13)、人肝癌细胞株(SMMC-7721)、人乳腺癌细胞株(MCF-7)和人宫颈癌细胞株(Hela)在体外均有明显的抑制作用($P<0.05$)，其中对 K562、BGC-823、TE-13 的抑制作用量效关系明显(r 分别为 0.89、0.71 和 0.72，$P<0.05$)。研究结果显示，杠柳苷元对体外培养的多种来源的肿瘤细胞株具有显著的细胞毒性，半数抑制浓度为 0.46～1.50mg/L，效果优于低纯度杠柳苷元，其体外抗肿瘤作用具有明显的时间和剂量依赖性。另外，整体荷瘤动物实验显示，杠柳苷元可显著延长荷腹水瘤小鼠的存活时间，抑制实体瘤的生长，其作用与目前临床常用的抗肿瘤治疗药物氟尿嘧啶(vu)注射液相当，疗效十分确切。

4. 神经生长因了促进剂作用

杠柳中分离得到的甾体苷 glyocoside K、H 在以神经生长因子为介质的鸡胚胎侧根交感神经节的组织培养中，具有神经纤维生长促进剂作用。

　　5. 细胞分化诱导剂的作用

　　杠柳茎皮甲醇提取物经药理研究表明，具有细胞分化诱导活性。（卫银盘等，2009）。

　　【毒理】杠柳的根皮强心作用很强，用量过多易中毒。注射于动物，可使其血压上升极高，3～20min 即可致死。据报道，杠柳根皮粗苷对家鸽最小致死量为(2.62±0.11)mg/kg。

　　【附注】临床使用上，根皮、茎皮可供药用，能祛风湿、壮筋骨、强腰膝，治风寒湿痹、腰腿关节疼痛等。我国北方都称杠柳的根皮为"北五加皮"，浸酒，功用与五加皮略似，但有毒，不宜过量和久服，以免中毒；根皮可作杀虫药(中国科学院西北植物研究所，1983)。

【主要参考文献】

陈冀胜，郑硕. 1987. 中国有毒植物. 北京：科学出版社：10：124~125.

丁宝章，王遂义. 1997. 河南植物志（第三册）. 郑州：河南科学技术出版社：278~279.

国家中医药管理局《中华本草》编委会. 1999. 中华本草 第16卷（第6册）. 上海：上海科学技术出版社：6381~6383.

卫银盘，赵丽迎，邓雁如. 2009. 杠柳的化学成分及药理作用研究进展. 天津中医药大学学报，28(3)：165~166.

中国科学院西北植物研究所. 1983. 秦岭植物志 第一卷（第四册）. 北京：科学出版社：149.

青 蛇 藤

Qingsheteng

STEM OF PRETTYLEAF SILKVINE

　　【中文名】青蛇藤

　　【别名】黑骨头、鸡骨头、铁夹藤、管人香、乌骚风、宽叶凤仙藤、黑乌骚

　　【基原】为萝藦科杠柳属植物青蛇藤 *Periploca calophylla* (Wight.)Falc. 的茎。以茎入药秋季采收，切断，晒干。

　　【原植物】青蛇藤为萝藦科杠柳属多年生植物。藤状灌木，长 1～3m，具乳汁。幼枝淡绿色，干时具纵条纹，老枝棕褐色，密被皮孔；除花外，全株无毛。叶近革质，椭圆状披针形，长 4.5～6cm，宽 1.5cm，先端渐尖，基部楔形，叶表面深绿色，背面淡绿色；中脉在叶表面微凹，在叶背面凸起，侧脉纤细，密生。叶缘具一边脉；叶柄长 1～2mm。聚伞花序腋生，长 2cm，着花达 10 朵；花萼裂片卵圆形，长 1.5mm，具缘毛，内面基部有 5 枚小腺体；花冠深紫色，辐状，直径约 8mm，外面无毛，内面被白色柔毛，檐部裂片长圆形，中间不加厚，不反折；副花冠环状，5～10 裂，其中 5 裂延伸为丝状，被长柔毛，花药彼此相连，花粉器匙形，四合花粉藏于载粉器内，基部黏盘卵圆形，黏生柱头上；子房无毛，心皮离生，胚珠多数；花柱短，柱头短圆锥状，先端 2 裂。蓇葖果 2，长圆柱形，长 12cm，直径 5mm；种子长圆形，长 1.5cm，宽 3mm，扁平，黑褐色，先端具白色绢质种毛，种毛长 3～4cm。花期 7～8 月，果熟期 9～10 月(中国科学院西北植物研究所，1983)。

【生境】生于海拔 1000m 以下的山谷崇木林中。

【分布】产于伏牛山的栾川、卢氏、嵩县、西峡等地。还分布于甘肃、西藏、云南、贵州、四川、广西及湖北等地区（丁宝章和王遂义，1997）。

【化学成分】细枝含多种孕兹烯衍生物，包括卡罗星苷（calocin）、普罗星苷（plocin）、普罗星苷元（plocigenin）、普罗星宁苷（plocinine）、罗星苷（locin）和卡罗星宁苷（calocinin）、还含三萜及其衍生物，包括 β-香树脂醇乙酸酯、α-香树脂醇（α-amyrin）、β-香树脂醇（β-amyrin）、α-香树脂醇乙酸酯（α-amyrin acetate）、β-香树脂醇乙酸酯（β-amyrin acetate）、齐墩果酸（oleanolic acid）、常春藤皂苷元（hederagenin）和阿江榄仁酸（arjunolic acid）；还含甲型强心苷元、萝藦苷元。此外，还含加拿大麻糖（cymarose）和 4-甲氧基水杨醛（4-methoxysalicylaldehyde）（国家中医药管理局《中华本草》编委会，1999）。

此外，青蛇藤还含有 4-hydroxy-3,5-dimethoxybenzoldehyde、3-methoxy-4-hydroxybenoic acid、熊果酸、2α-羟基熊果酸、胡萝卜苷、羽扇豆醇乙酸酯、α-香树脂醇乙酸酯、大黄素甲醚、β-谷甾醇（郭红丽和周金云，2003）；glycoside E、cleomiscosin A、芥子酸（sinapic acid）、香草醛（vanillin）、水杨酸（salicylic acid）、(6'-palmitoyl)-sitosterol-3-O-β-D- glucoside、正三十烷醇（1-triacontan）、杠柳苷、山奈酚-3-O-α-D-阿拉伯糖苷、山奈酚-3-O-β-D-葡萄糖苷、3',4',5,7-tetrahydroxy-flavanone-2(S)-3'-O-β-D-glucopyranoside、(+)-syringaresinol-4'-O-β-D-monoghcoside、sinapate glucose-1ester、erigeside C、2,6-dimethoxy-4-hydmxyphenoll-O-β-D-glucoside（郭红丽和周金云，2005a，2005b）；杠柳苷元、periploside M、$2\alpha,3\beta$,23-三羟基-乌苏-12-烯-28-羧酸、北五加皮苷 E、胡萝卜苷（谭小鸿等，2010）。

【毒性】全株有毒，茎的毒性较大（陈冀胜和郑硕，1987）。

【毒理】有毒植物。小鼠腹腔注射茎的氯仿提取物 200mg/kg，出现活动较少、竖尾、共济失调、瘫痪等症状；400～1000mg/kg，阵挛性惊厥，随即死亡。狗静脉注射 5～10mg/kg，有不安、前肢无力、排便、竖尾、呼吸加深、瞌睡等症状，60min 后逐渐恢复；15～100mg/kg，则症状加重，另有后肢强直、哀鸣、呼吸困难、惊厥、死亡（陈冀胜和郑硕，1987）。

【附注】临床使用多用茎入药，能祛风散寒、活血散瘀，治腰痛、跌打损伤及蛇咬伤等。全株供药用，可舒筋活血、祛风除湿；治风湿性关节炎、跌打损伤、胃痛、消化不良、乳腺炎、闭经、疟疾等症，外用治骨折。

【主要参考文献】

陈冀胜，郑硕. 1987. 中国有毒植物. 北京：科学出版社：123~124.

丁宝章，王遂义. 1997. 河南植物志(第三册). 郑州：河南科学技术出版社：279.

郭红丽，周金云. 2003. 青蛇藤的化学成分研究. 中国药学杂志，38(7)：497~499.

郭红丽，周金云. 2003. 青蛇藤的化学成分研究. 中国药学杂志，7：497-499

郭红丽，周金云. 2005a. 青蛇藤的化学成分研究(II). 中草药，36(3)：350~351.

郭红丽，周金云. 2005b. 青蛇藤正丁醇部分苷类成分的分离与鉴定. 中国中药杂志，30(1)：44~46.

国家中医药管理局《中华本草》编委会. 1999. 中华本草 第16卷 (第6册). 上海：上海科学技术出版社：380.

谭小鸿，张援虎，周岚等. 2010. 青蛇藤化学成分研究. 中国药房，47：4463-4464

中国科学院西北植物研究所. 1983. 秦岭植物志 第一卷 (第四册). 北京：科学出版社：137.

鹅绒藤属 *Cynanchum* Linn.

灌木或多年生草本，直立或攀援。叶对生，稀轮生。伞形状或总状聚伞花序腋生；花萼 5 裂；花冠辐状，5 裂，副花冠 5 裂，单轮或双轮，若为双轮时，其裂片内面有舌状附属物；花药顶端常有膜片，花粉块每室 1 个，下垂；柱头平或微 2 裂。蓇葖果双生或其中 1 个不育而单生；种子顶端有白绢质种毛。约 200 种，分布于热带、亚热带至温带地区。我国产 53 种，12 变种，分布于全国各地。河南产 16 种，2 变种，有牛皮消、竹灵消、朱砂藤、鹅绒藤、峨眉牛皮消、紫花合掌消、大理白前、荷花柳、徐长卿、变色白前、地梢瓜、隔山消。

牛 皮 消

Niupixiao

ROOT OF WILFORD SWALLOWWORT

【中文名】牛皮消

【别名】飞来鹤、耳叶牛皮消、隔山消、牛皮冻、何首乌、瓢瓢藤、毛牛瓢、七股莲

【基原】为萝藦科鹅绒藤属植物牛皮消 *Cynanchum auriculatum* Royle ex Wight. 的块根。春初或秋季采挖块根，洗净泥土，除去残茎和须根，晒干，或趁鲜切片晒干。鲜品随采随用。

【原植物】牛皮消为萝藦科鹅绒藤属多年生植物。蔓性半灌木；宿根肥厚，呈块状；茎圆形，被微柔毛。叶对生，膜质，被微毛，宽卵形至卵状长圆形，长 4～12cm，宽 4～10cm，顶端短渐尖，基部心形。聚伞花序伞房状，着花 30 朵；花萼裂片卵状长圆形；花冠白色，辐状，裂片反折，内面具疏柔毛；副花冠浅杯状，裂片椭圆形，肉质，钝头，在每裂片内面的中部有 1 个三角形的舌状鳞片；花粉块每室 1 个，下垂；柱头圆锥状，顶端 2 裂。蓇葖双生，披针形，长 8cm，直径 1cm；种子卵状椭圆形；种毛白色绢质。花期 6～9 月，果期 7～11 月（丁宝章和王遂义，1997；中国科学院中国植物志编辑委员会，1977）。

【生境】生于海拔 300～2000m 的山坡林缘、路旁、灌丛、河边湿地。

【分布】产于伏牛山区。分布于河北、陕西、甘肃，以及华东、华中、东南各省区（丁宝章和王遂义，1997）。

【化学成分】含多种 21 碳甾体化合物，有牛皮消苷元(**1**)、告达亭(caudatin)(**2**)、林里奥酮(lineolorl)(**3**)、伊克马贰元(ikemagenin)(**4**)、伊克马醇(ikemagenol)(**5**)、12-*O*-肉桂酰伊克马醇(12-*O*-cinnamoylikemagenol)(**6**)、20-*O*-肉桂酰伊克马醇(20-*O*-cinnamoylike magenol)、20-*O*-肉桂酰珊瑚苷元(20-*O*-cinnamoylsarcosfin)(**7**)、异林里奥酮(isolineolon)、林里奥酮苷(glucolineolon)、肉珊瑚苷(glucosercotin)、异伊克马苷元(isoikemagenin)、去酰基萝藦苷元(deacylmetaplexigenin)、告达亭苷(glucocaudatin)、牛皮消苷（cynanchoside）、锥弗苷元 A(drerogenin A)、锥弗苷元 B(drerogenin B)、锥弗苷元 Q(drerogenin Q)等。此

外，还有 β-香树脂醇乙酸酯（β-anyrinacetate）、环桉烯醇（cyeloeucalenol）。根皮羟孪性的萝藦毒素（cynanchotoxin）（杨敏丽等，2009；陈冀胜和郑硕，1987）。

部分化合物结构式如下：

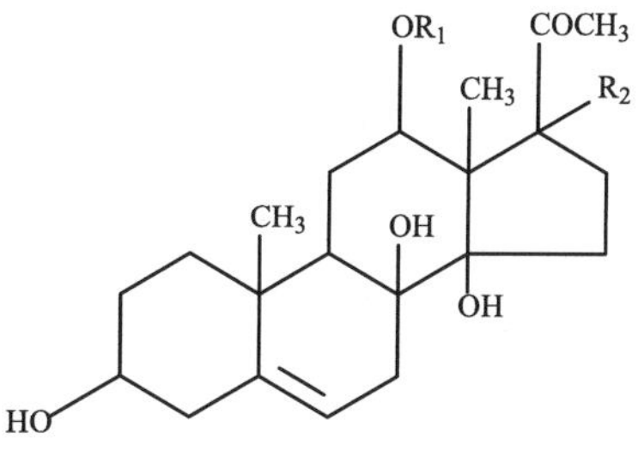

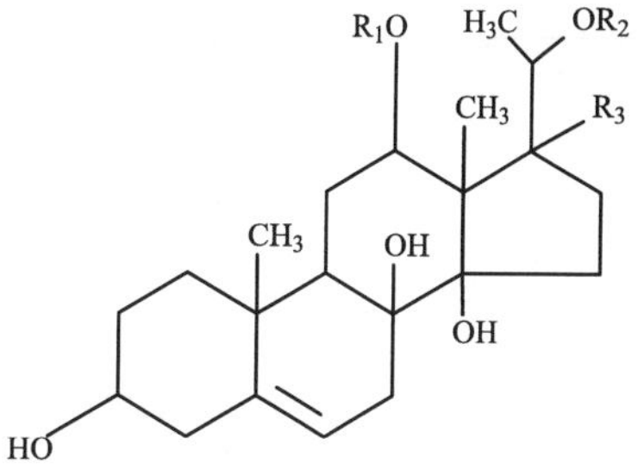

1　R₁=COCH=C(CH₃)CH(CH₃)₂
$$R_1 = COCH{=}C(CH_3)CH(CH_3)_2$$
　　R₂=H

2　R₁=H，R₂=OH

3　R₁=R₂=H

4　R₁=COCH=CH—⬡
　　R₂=H

5　R₁=R₂=R₃=H

6　R₁=COCH=CH—⬡，
　　R₂=R₃=H

7　R₁=H，R₂=COCH=CH—⬡，
　　R₃=OH

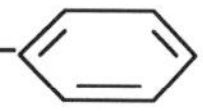

【毒性】根有毒，中毒症状有流涎、呕吐、痉挛、呼吸困难、心跳缓慢等。根可毒杀老鼠和麻雀。

【药理作用】

1. 对免疫功能的影响

牛皮消总磷脂 200mg/kg 灌胃，能提高正常小鼠末梢血 α-乙酸萘酶（ANAE）阳性淋巴细胞比值及绝对数，对由环磷酰胺引起的 α-乙酸萘酶阳性淋巴细胞比值和绝对数下降也有预防或治疗作用。牛皮消 C21 甾体酯苷 50mg/kg 和 200mg/kg 灌胃，连续 10d，对环磷酰胺引起的小鼠脾抗体分泌细胞减少，牛血清白蛋白引起的迟发型超敏反应的降低，胸腺、脾脏的减重均有对抗作用。

2. 抗臭氧损伤

牛皮消粉 60mg/只灌胃，连续 12d，对臭氧造成小鼠肺终末细支气管上皮脱落伴增生，肝损伤，胸腺、脾脏萎缩等类似衰老的变化，均有减轻的作用。牛皮消粉 60mg/只灌胃，连续 20d，对臭氧造成的 60 日龄小鼠体重减轻、体温下降、体力减弱、御寒能力降低，肝、脑、肺过氧化脂质增多，脑单胺氧化酶-B（MAO-B）活性增强等指标，均有明显改善，证明牛皮消有抗自由基损伤及抗衰老作用。

【附注】临床使用：块根可药用，有养阴清热、润肺止咳之效，可治神经衰弱、胃及十二指肠溃疡、肾炎、水肿、食积腹痛、小儿疳积、痢疾；外用治毒蛇咬伤、疔疮。

【主要参考文献】

陈冀胜，郑硕. 1987. 中国有毒植物. 北京：科学出版社：116~117.

丁宝章，王遂义. 1997. 河南植物志（第三册）. 郑州：河南科学技术出版社：281.

杨敏丽，马晓梅，殷丽娜. 2009. 牛皮消块根提取物的杀虫活性及活性成分研究. 精细化工中间体，39(5)：13~16.

中国科学院中国植物志编辑委员会. 1977. 中国植物志 第六十三卷. 北京：科学出版社：318~319.

竹　灵　消

Zhulingxiao

UNPLEASANT MOSQUITOTRAP

【中文名】竹灵消

【别名】婆婆针线包、正骨草、婆婆衣、绒针、白薇、恶牛皮消、牛角风、九连台、犀角细辛、川白薇、细根白薇（国家中医药管理局《中华本草》编委会，1999）

【基原】为萝藦科鹅绒藤属植物竹灵消 Cynanchum inamoenum (Maxim.) Loes. 的根或地上部分。夏、秋季采挖，洗净，晒干。

【原植物】竹灵消为萝藦科鹅绒藤属多年生草本植物。直立草本，基部分枝甚多，高 30~50cm；根须状；茎干后中空，被单列柔毛。叶薄膜质，广卵形，长 4~5cm，宽 1.5~4cm，顶端急尖，基部近心形，在脉上近无毛或仅被微毛，有边毛，侧脉约 5 对。伞形聚伞花序，近顶部互生，着花 8~10 朵；花黄色，长 5mm，直径约 6mm；花萼裂片披针形，先端急尖，近无毛；花冠辐状，无毛，裂片卵状长圆形，钝头；副花冠较厚，裂片三角形，短急尖；花药在顶端具 1 圆形的膜片；花粉块每室 1 个，椭圆形，下垂，花粉块柄短，近平行，具短柄，着粉腺近椭圆形；子房上位，由 2 枚离生心皮组成，柱头扁平。蓇葖果双生，稀单一，披针形，先端长渐尖，基部稍狭，长 6cm，直径 5mm；种子卵圆形，黑褐色，长 5mm，宽 2.5mm，种毛白色绢质，长 2.5cm。花期 5~7 月，果期 7~10 月（中国科学院西北植物研究所，1983）。

【生境】生于海拔 1000~1700m 的山坡疏林、灌木丛中或草地上。

【分布】河南伏牛山区有广泛分布。还分布于辽宁、河北、山东、山西、安徽、浙江、湖北、湖南、甘肃、贵州、四川、西藏。朝鲜和日本也有分布（丁宝章和王遂义，1997）。

【化学成分】根中分离得到直立白薇苷（cynatratoside）A、茶叶花宁（apocynin）、2,4-二羟基苯乙酮（2,4-dihydroxyace-tophenone）、对-羟基苯乙酮（p-hydroxyaceto-phenone）、胡萝卜苷（alexandrnin）和 β-谷甾自醇（β-sitosterol），还含有白薇苷和白薇苷 E（国家中医药管理局《中华本草》编委会，1999；吴振洁等，1997）。

【毒性】全株有毒，根部毒性较强。

【毒理】对小鼠腹腔注射氯仿提取物 600~1000mg/kg，出现行动迟缓、眼睑下垂、耳郭反射消失、瘫痪，4~24h 内相继死亡（陈冀胜和郑硕，1987）。

【附注】临床上，中药记载具有清热凉血、利胆、解毒功效。主治阴虚发热、虚劳久咳、咯血、胁肋胀痛、呕恶、泻痢、产后虚烦、无名肿毒、蛇虫或疯狗咬伤。根部药用，能除烦清热、散毒、通疝气；民间用作治妇女血厥、产后虚烦、妊娠遗尿、疥疮及淋巴炎等(国家中医药管理局《中华本草》编委会，1999)。

【主要参考文献】

陈冀胜，郑硕. 1987. 中国有毒植物. 北京：科学出版社：118.

丁宝章，王遂义. 1997. 河南植物志 (第三册). 郑州：河南科学技术出版社：282.

国家中医药管理局《中华本草》编委会. 1999. 中华本草 第16卷 (第6册). 上海：上海科学技术出版社：341~342.

吴振洁，丁林生，赵守训. 1997. 竹灵消的化学成分研究. 中草药，28(7)：397~398.

中国科学院西北植物研究所. 1983. 秦岭植物志 第一卷 (第四册). 北京：科学出版社：43~144.

朱 砂 藤

Zhushateng

PUBESCENT PEPPER HERB

【中文名】朱砂藤

【别名】白敛、桔梗、赤芍、野红薯藤、湖北白前(中国科学院中国植物志编辑委员会，1977)。

【基原】为萝藦科鹅绒藤属植物朱砂藤 *Cynanchum officinale* (Hemsl.) Tsiang et Zhang。根药用，秋、冬季采根，洗净，晒干。

【原植物】朱砂藤为萝藦科鹅绒藤属多年生植物。藤状灌木；主根圆柱状，单生或自顶部起2分叉，干后暗褐色；嫩茎具单列毛。叶对生，薄纸质，无毛或背面具微毛，卵形或卵状长圆形，长5~12cm，基部宽3~7.5cm，先端部渐尖，基部耳形；叶柄长2~6cm，被单列微毛。聚伞花序腋生，长3~8cm，着花约10朵；花萼裂片外面具微毛，花萼内面基部具腺体5枚；花冠淡绿色或白色，裂片辐状；副花冠肉质，深5裂，裂片卵形，内面中部具1圆形的舌状片；花粉块每室1个，长圆形，下垂；子房无毛，柱头略为隆起，顶端2裂。蓇葖果通常仅1枚发育，向端部渐尖，基部狭楔形，长达11cm，直径1cm；种子长圆状卵形，顶端略呈截形；种毛白色绢质，长2cm。花期5~8月，果期7~10月(丁宝章和王遂义，1997)。

【生境】生于山坡、路边灌丛或杂木林中。

【分布】产于伏牛山南坡、嵩县、西峡、南召、内乡等地。陕西、甘肃、安徽、江西、湖南、湖北、广西、贵州、四川和云南等地区也有分布(丁宝章和王遂义，1997)。

【化学成分】据报道，从朱砂藤根分离得到了 β-香树脂醇，蒲公英醇乙酸酯、β-谷甾醇(刘文平等，1994)。通过系统提取法对朱砂藤的根、茎、叶三部分分别提取，用化学反应法进行成分鉴定，结果表明，朱砂藤中含有叶绿素、挥发油、三萜类、酚类、醌类、强心苷、有机酸、黄酮类、三萜皂苷、鞣质、氨基酸、糖类等多种物质。

【毒性】根可药用，补虚镇痛，治癫痫、狂犬病和毒蛇咬伤等。有毒植物，其根、茎、叶有毒，根的毒性较大。中毒症状与青阳参相似。小鼠腹腔注射根的氯仿提取物，在1000mg/kg时，出现共济失调、头部震颤，随即瘫痪、阵挛性惊厥、死亡(陈冀胜和郑硕，1987)。

【附注】药用根部，民间用作补虚镇痛，治癫痫、狂犬病和毒蛇咬伤。

【主要参考文献】

陈冀胜，郑硕. 1987. 中国有毒植物. 北京：科学出版社：10：118~119.

丁宝章，王遂义. 1997. 河南植物志（第三册）. 郑州：河南科学技术出版社：281.

刘文平，王国亮，杨政. 1994. 朱砂藤根化学成分的研究. 武汉植物学研究，12(1)58~60.

中国科学院中国植物志编辑委员会. 2004. 中国植物志 第六十三卷. 北京：科学出版社：321~322.

鹅 绒 藤

E'rongteng

JUICE OF CHINESE SWALLOWWORD

【中文名】鹅绒藤

【别名】羊奶角、牛皮消、软毛牛皮消、祖马花、趋姐姐叶、老牛肿

【基原】为萝藦科南山藤属植物鹅绒藤 *Cynanchum chinense* R. Br. 的白色乳汁及根。夏、秋季节间采乳汁随用；根挖出后洗净，晒干。

【原植物】鹅绒藤为萝藦科鹅绒藤属多年生草本植物。缠绕草本，叶对生，薄纸质，宽三角状心形，长 4~9cm，宽 4~7cm，顶端锐尖，基部心形，两面均被短柔毛；侧脉约 10 对，在叶背略隆起。伞形聚伞花序腋生，有花 20 朵；花萼外面被柔毛；花冠白色，裂片长圆状披针形；副花冠 2 型，杯状，上端裂成 10 个丝体，分为两轮，外轮与花冠裂片等长，内轮略短；花粉块每室两个，下垂；柱头略突起，顶端 2 裂。蓇葖果双生或仅 1 个发育，细圆柱状，长 11cm，直径 5mm；种子长圆形，种毛白色绢质。花期 6~8 月，果期 8~10 月（丁宝章和王遂义，1997）。

【生境】生于海拔 500m 以下的向阳山坡灌丛及平原荒原。

【分布】产于河南伏牛山区。分布于辽宁、河北、山东、山西、陕西、宁复、甘肃、江苏、浙江等地区（丁宝章和王遂义，1997）。

【化学成分】全草含甾体、生物碱、氨基酸、蛋白质、糖及糖苷。报道从同属植物中也分离得到 C21 甾体苷、生物碱等多种化学成分。主要成分有蛋白酶、黄酮苷、萜酯及有机酸等（马艳和周凤琴，2010）；含有化学成分 7-O-α-L-鼠李吡喃糖基-山奈酚-3-O-α-L-鼠李糖苷、7-O-α-L-鼠李吡喃糖基-山奈酚-3-O-β-D-葡萄糖苷、7-O-α-L-鼠李吡喃糖基-山奈酚-3-O-β-D-葡萄吡喃糖基(1→2)-β-D-葡萄糖苷等化合物（李冲等，1999）；据报道，还有正三十三烷醇、正三十八烷、胡萝卜苷（张振华，2011）。

【毒性】有毒性。

【药理作用】

1. 提高机体免疫作用

王大军等研究鹅绒藤总生物碱（cynanchum chinense total alkaloid，CCTA）对正常小鼠体液免疫的影响，方法是给正常小鼠腹腔注射高（12.96mg/kg）、中（6.4mg/kg）、低（3.24mg/kg）3 个剂量的 CCTA，每天 1 次，连续 7d，于末次给药后 12h，眼球取血并取脾脏，以定量溶血分光光度试验进行小鼠脾脏抗体形成细胞检测，对小鼠血清溶血素进

行测定，结果 CCTA 高、中剂量组抗体形成细胞光密度值(OD 值) 及血清溶血素 HC50 明显高于免疫小鼠对照组(*P*<0.05，*P*<0.01)；与 CCTA 低剂量组比较，CCTA 高、中剂量组抗体形成细胞 OD 值升高(*P*<0.05)，血清溶血素 HC50 升高(*P*<0.01)。以上结果说明，CCTA 有提高正常小鼠体液免疫的作用(王大军等，2009)。

2. 抗惊厥作用

彭晓东等观察鹅绒藤全草水提物和氯仿提取物的抗惊厥作用。方法包括：采用小鼠超强电休克惊厥(MES)和戊四氮惊厥(MET)法研究提取物对实验性惊厥的影响；自主活动仪法观察提取物对小鼠自主活动的影响；转轮法测定提取物对小鼠的最小中枢神经系统毒性；采用协同阈下剂量戊巴比妥钠催眠实验，观察提取物对镇静催眠药物的协同作用。结果显示：鹅绒藤水提物可以对抗戊四氮惊厥(ED_{50}=2.34g/kg)，鹅绒藤氯仿提取物在实验剂量范围内无作用。鹅绒藤氯仿提取物可以对抗最大电休克(ED_{50}=1.34g/kg)，而水提物无对抗最大电休克的作用。两种提取物对阈下剂量戊巴比妥钠的催眠效应有协同作用，水提物作用的 ED_{50} 为 2.36g/kg，氯仿提取物作用的 ED_{50} 为 0.75g/kg。两种提取物对实验小鼠自主活动有剂量依赖性抑制作用。在实验条件下，两种提取物未呈现出中枢神经系统毒性。得出结论为：鹅绒藤全草水提物和氯仿提取物可以对抗不同的小鼠实验性癫痫模型，鹅绒藤抗癫痫作用广泛，同时具有中枢抑制作用(彭晓东等，2009)。

3. 提高机体心肌功能

李汉青等研究了鹅绒藤对离体豚鼠心房收缩力及频率的影响，结果表明，鹅绒藤水溶性浸膏(AECC)及正丁醇提取物(BICC)对离体豚鼠左心房均表现出依剂量性、负性肌力作用，AECC 的 IC_{50} 为 4.5mg/mL，BICC 的 IC_{50} 为 1.3mg/mL，二者高浓度时对离体豚鼠右心房频率有明显抑制作用，经测定二者对小鼠 LD_{50} 分别为(3.8±0.4)g/kg(AECC，ip)，(0.60±0.07)g/kg(BICC，iv)(95%可信限)(李汉青等，1996)。

4. 提高机体免疫功能

李阳等研究鹅绒藤对小鼠免疫功能的影响和体外抗菌活性，用鹅绒藤水溶性浸膏(AECC)及其正丁醇提取物(BECC)给实验小鼠灌胃后测定细胞免疫及体液免疫指标。用 K-B 法做了 AECC 的药敏试验。结果显示：①AECC 对小鼠免疫功能无明显影响，BECC 在高剂量下[3g/(kg·d)]能增加耳反应程度指数和胸腺质量，减少巨噬细胞吞噬率和吞噬指数。在低剂量下[1.5g/(kg·d)]只能增加耳反应程度指数。②AECC 在各种浓度下无抑菌圈。通过上述试验，得出结论：BECC 能增强小鼠细胞免疫功能，AECC 在体外无抗菌活性(李阳等，1998)。

5. 降压作用

余建强等研究报道鹅绒藤水溶性浸膏(AECC)对麻醉大鼠血压的影响及机制，采用麻醉大鼠急性降压实验，观察静脉注射阿托品、去甲肾上腺素，切断双侧迷走神经对 AECC 降压作用的影响。结果显示，AECC 有明显的降压作用，此种作用不受阿托品的影响，与副交感系统无直接的关系，也不是通过阻断 α 受体或抑制血管运动中枢实现，可能是对血管心脏的直接作用。大剂量(0.8g/kg)iv AECC 使心率减慢，P-P 间期延长(余建强和李汉清，2001)。

【毒性】实验表明，采用鹅绒藤水提液和醇提液，当剂量为每 20g 体重，灌注 3.33g

细粉的煎剂时，1h 内小白鼠全部死亡。猪摄入鹅绒藤粉约 20g/kg 体重后，即出现中毒症状。有实验表明，鹅绒藤乳汁冻干粉小鼠静脉注射(iv)的半数致死量(LD$_{50}$)为 0.02g/kg。注射鹅绒藤水提物和氯仿提取物的半数致死量(LD$_{50}$)分别为 9.91g/kg 和 3.88g/kg。从毒理学分析，萝摩科植物大多含 C21 甾体苷，可能具有一定的毒性，因此不能将鹅绒藤直接加入饲料中喂养动物(吕康年和段得贤，1990)。

【主要参考文献】

丁宝章，王遂义．1997．河南植物志（第三册）．郑州：河南科学技术出版社：280．

李冲，苟占平，杨永健，等．1999．鹅绒藤化学成分研究．中国中药杂志，24(6)：353~355．

李汉青，于海洋，余建强．1996．鹅绒藤对离体豚鼠心房收缩力及频率的影响．宁夏医学院学报，18(1)：1~2．

李阳，佟书娟，周娅，等．1998．鹅绒藤对小鼠免疫功能的影响和体外抗菌活性的研究．宁夏医学杂志，20(2)：76~77．

吕康年，段得贤．1990．猪鹅绒藤中毒实验．中国兽医科技，12：36~37．

马艳，周凤琴．2010．民间药鹅绒藤化学成分药理及临床应用研究概况．中华中医药学刊，2：289~291．

彭晓东，闫乾顺，闫琳，等．2009．鹅绒藤对小鼠抗惊厥作用的观察．第四军医大学学报，30(4)：340~343．

王大军，王琦，王宁萍，等．2009．鹅绒藤总生物碱对小鼠体液免疫功能的影响．宁夏医科大学学报，31(2)：161~162．

余建强，李汉清．2001．鹅绒藤浸膏对麻醉大鼠的降压作用．宁夏医学院学报，23(5)：327~328．

峨眉牛皮消

Emeiniupixiao

EMEI SWALLOWWORT

【中文名】峨眉牛皮消

【别名】峨眉白前

【基原】为萝摩科鹅绒藤属植物峨眉牛皮消 *Cynanchum giraldii* Schltr 的全草。

【原植物】峨眉牛皮消为萝摩科鹅绒藤属多年生植物。攀援灌木。茎纤细，被微毛。叶对生，薄纸质，朝状长圆形，长 7~14cm，宽 3~6cm，顶端渐尖，基部耳状心形，两面均被微毛；侧脉约 10 对。伞形聚伞花序顶生，有花 5~10 朵；花萼裂片卵圆状三角形；花冠深红色或淡红色，近辐状，裂片长圆形；副花冠 5 深裂，裂片内有舌片；花粉块每室 1 个，下垂，花粉块柄粗壮。蓇葖果常单生，长 8~9.5cm；种子卵形，基部具细齿，顶端缢缩。花期 7~8 月，果熟期 8~10 月(丁宝章和王遂义，1997)。

【生境】藤状灌木。生于海拔 1000~3500m 山坡林缘及路旁灌木丛中。生长于山地林下，山谷灌木林边草地上或石山、石壁上。

【分布】产于伏牛山南部西峡、南召、内乡、淅川。分布于陕西、甘肃、四川。自秦岭以南，沿四川盆地北缘直至峨眉山为多。目前尚未由人工引种栽培。

【化学成分】根含痉挛性的萝摩毒素(cynanchotoxin)。

【毒性】有毒性。

【附注】块根可药用，有养阴清热、润肺止咳之效，可治神经衰弱、胃及十二指肠溃疡、肾炎、水肿、食积腹痛、小儿疳积、痢疾；外用治毒蛇咬伤、疔疮。

【主要参考文献】

丁宝章，王遂义. 1997. 河南植物志（第三册）. 郑州：河南科学技术出版社：282.

紫花合掌消

Zihuahezhangxiao

ROOT OF AMPLEXICAUL SWALLOWWORT

【中文名】紫花合掌消

【基原】为萝摩科鹅绒藤属植物紫花合掌消 *Cynanchum amplexicaule* (Sieb. et Zucc.) Hemsl. var. *castaneum* Makino 的全草。

【原植物】紫花合掌消为萝摩科鹅绒藤属多年生直立草本植物，高 50～100cm，全株有白色乳液，除花萼、花冠被有微毛外，全株无毛。根须状。叶薄纸质，无柄，倒卵状椭圆形，基部抱茎，上部叶较小。多歧聚伞花序；花冠紫色；副花冠 5 裂，扁平；花粉块每室 1 个，下垂。蓇葖果单生，刺刀形，长 5cm，直径 5mm。花期 5～9 月，果熟期在 7 月以后（丁宝章和王遂义，1997）。

【生境】生于海拔 1000m 以下的山坡草地、河岸、沙滩草丛中。

【分布】产于伏牛山区及河南豫东平原。分布于东北、华北、华中等地区。朝鲜和日本也有分布。

【化学成分】全草分别含有挥发油、强心苷、生物碱（张涛，1995）。

【附注】全草可药用，主要有消肿解毒的功效。根和根茎可用于治疗风湿关节炎。

【主要参考文献】

丁宝章，王遂义. 1997. 河南植物志（第三册）. 郑州：河南科学技术出版社：282.
张涛. 1995. 紫花合掌消的生药学研究. 武汉职工医学院学报，23(3)：33~35.

大 理 白 前

Dalibaiqian

DALI RHIZOMA CYNANCHI STAUNTONII

【中文名】大理白前

【别名】丽江白薇、白薇、群虎草、莪独莫娘、老君须、百龙须、蛇辣子、狗毒、大理白薇

【基原】为萝摩科鹅绒藤属植物大理白前 *Cynanchum forrestii* Schltr. 的根。夏、秋季采挖，洗净，切片，晒干。

其根与同属植物白薇 *Cynanchum atratum* Bunge 和变色白前 *Cynanchum versicolor*

Bunge 相似，一些地方将其作为白薇的代用品（刘悦和瘐石山，2006）。

【原植物】大理白前为萝藦科鹅绒藤属多年生植物。多年生直立草本，茎多不分枝，被单列柔毛。叶对生，薄纸质，宽卵形，长 4～8cm，宽 1.5～4cm，基部近心形或钝形，顶端急尖；侧脉 5 对。伞形聚伞花序，有花 10 余朵；花萼裂片披针形；花冠黄色，辐状，裂片卵状长圆形，有缘毛；副花冠肉质，裂片三角形，与合蕊柱等长；花粉块每室 1 个，下垂；柱头略隆起。蓇葖果多单生，披针形，无毛，长 6cm，直径 8mm；种子扁平，种毛长 2cm。花期 4～7 月，果熟期 6～11 月（丁宝章和王遂义，1997）。

【生境】生于海拔 1000～2000m 的灌丛、林缘及沟边草地。

【分布】产于伏牛山和太行山。分布于西藏、甘肃、四川、贵州和云南等地区。

【化学成分】从该植物的根部分离得到芫花叶白前苷元-3-O-β-D-吡喃葡萄糖基-(1→4)-β-D-吡喃葡萄糖基-(1→4)-β-D-吡喃夹竹桃糖基-(1→4)-β-D-吡喃毛地黄毒糖基-(1→4)-β-D-吡喃夹竹桃糖基、芫花叶白前苷元-3-O-β-D-吡喃葡萄糖基-(1→4)-β-D-吡喃葡萄糖基-(1→4)-α-L-吡喃加拿大麻糖基-(1→4)-β-D-吡喃毛地黄毒糖基-(1→4)-β-D-吡喃夹竹桃糖苷、芫花叶白前苷元-3-O-β-D-吡喃葡萄糖基-(1→4)-β-D-吡喃葡萄糖基-(1→4)-α-L-吡喃加拿大麻糖基-(1→4)-β-L-吡喃加拿大麻糖基-(1→4)-β-D-吡喃夹竹桃糖苷、芫花叶白前苷元-3-O-β-D-吡喃葡萄糖基-(1→6)-β-D-吡喃葡萄糖基-(1→4)-β-D-吡喃夹竹桃糖基-(1→4)-β-D-吡喃毛地黄毒糖基-(1→4)-β-D-吡喃夹竹桃糖苷、芫花叶白前苷元-3-O-β-D-吡喃葡萄糖基-(1→6)-β-D-吡喃葡萄糖基-(1→4)-β-D-吡喃夹竹桃糖基-(1→4)-β-D-3-去甲基-2-去氧吡喃黄花夹竹桃糖基-(1→4)-β-D-吡喃黄花夹竹桃糖苷、芫花叶白前苷元-3-O-β-D-吡喃葡萄糖基-(1→4)-β-D-吡喃葡萄糖基-(1→4)-β-D-吡喃夹竹桃糖基-(1→4)-β-L-吡喃加拿大麻糖（陈纪军等，1989）；还有(+)-5'-甲氧基异落叶松树脂醇、3α-O-β-D-吡喃葡萄糖苷、六羟基胆甾烷-7-烯-6-酮、tylophorinidine、蔗糖、棕榈酸、β-谷甾醇、胡萝卜苷、壬二酸等（刘静等，2007）。

【药用价值】根可药用，有清热散邪、利尿、生肌止痛之效。

【附注】中医药临床上根和根茎可入药。

【主要参考文献】

陈纪军，周俊，张壮鑫. 1989. 大理白前的化学成分. 云南植物研究，11（4）：471~475.

丁宝章，王遂义. 1997. 河南植物志（第三册）. 郑州：河南科学技术出版社：282.

刘静，刘悦，黄相中，等. 2007. 大理白前化学成分研究. 中国中药杂志，32（6）：500~503.

刘悦，瘐石山. 2006, 大理白前化学成分及其生物活性研究；大理白前中活性苷类化学成分 ESI-MS 裂解行为研究. 北京：中国协和医科大学博士学位论文.

荷 花 柳

Hehualiu

【中文名】荷花柳

【基原】为萝藦科鹅绒藤属植物荷花柳 Cynanchum riparium Tsiang et Zhang 的植物，为中国的特有植物。

【原植物】荷花柳为萝藦科鹅绒藤属多年生植物。直立多年生草本，无毛。叶线形，下部略大，近轮生，长 9～12cm，宽 6～9mm，上部对生，长 3.5～5cm，宽 1.5～3mm，基部向叶柄下延逐渐狭小，向端部则渐狭；除中脉外，小脉不明显。聚伞花序生于叶腋内，比叶短；花序梗长 7～15mm；花直径 4mm，与花梗等长；花萼裂片卵形，渐尖，长 1.5mm，宽 0.7mm，在弯缺处有小腺体；花冠紫红色，其裂片长圆形，长 2mm，宽 1.7mm，端部急尖；副花冠 5 深裂，与合蕊柱等长或较短，裂片卵形，钝头；花药方形，花药的膜片扁圆形；花粉块卵圆形，着粉腺长圆形，花粉块柄平展。花期 5 月，果熟期 8 月（丁宝章和王遂义，1997）。

【生境】生于河滩地上及河岸上。

【分布】分布于我国河南伏牛山等地区。

【主要参考文献】

丁宝章，王遂义. 1997. 河南植物志（第三册）. 郑州：河南科学技术出版社：283~284.

徐 长 卿

Xuchangqing

RADIX CYNANCHI PANICULATI

【中文名】徐长卿

【别名】鬼督邮、石下长卿、别仙踪、料刁竹、钓鱼竿、逍遥竹、一枝箭、英雄草、料吊、土细辛、九头狮子草、竹叶细辛、铃柴胡、生竹、一枝香、牙蛀消、线香草、小对叶草、对月草、天竹、溪柳、蛇草、瑶山竹、黑薇、蜈蚣草、铜锣草、 山刁竹、蛇利草、药王、对叶莲、上天梯、老君须、香摇边、摇竹消、摇边竹、三百根、刁竹、千云竹、痢止草（国家中医药管理局《中华本草》编委会，1999）

【基原】萝藦科鹅绒藤属植物徐长卿 Cynanchum paniculatum(Bge.)Kitag.的干燥根及根茎或带根全草。夏、秋季采挖，根茎及根，洗净晒干；全草晒至半干，扎把阴干。

【原植物】徐长卿为萝藦科鹅绒藤属多年生直立草本植物。高约 1m。根须状，多达 50 余条。茎不分枝，近无毛。叶对生，纸质，披针形至线形，长 5～13cm，宽 5～15mm，两端锐尖，两面近无毛，有缘毛，侧脉不明显；叶柄长约 3mm。圆锥状聚伞花序腋生，长 7cm，有花 10 余朵；花萼内腺体有或无；花冠黄绿色，裂片长 4mm；副花冠裂片 5 个，基部增厚，顶端钝；花粉块每室 1 个，下垂；柱头 5 角形。蓇葖果单生，披针形，长 6cm，直径 6mm；种子长圆形，种毛长 1cm。花期 5～7 月，果熟期 9～12 月（丁宝章和王遂义，1997）。

【生境】生于海拔 1000m 以下的山坡草地、灌丛及疏林中。

【分布】产于伏牛山区。分布于辽宁、内蒙古、河北及西北、西南、华中、华南等地区。日本和朝鲜也有。

【化学成分】全草含牡丹酚(paeonol)约 1%，另含异丹皮酚(isopaeonol)、硬脂酸癸酯、蜂花烷(triacontane)、十六烯(hexadecene)、β-谷甾醇和 D-赤丝草醇(erythritol)等化合物。还含有肉珊瑚苷元(sarcostin)、去酰牛皮消苷元(deacylcynanchogenin)、托曼苷元(tomentogenin)和与去酰萝摩苷元(deacylmetaplexigenin)极为相似的物质，以及乙酸、桂皮酸等。根含黄酮苷、糖类、氨基酸、牡丹酚和 C21 甾类化合物和变形甾苷类化合物。尚含 D-加拿大麻糖(D-cymarose)、D-洋地黄毒糖(D-digitoxose)、L-夹竹桃糖(L-oleandrose)和 D-沙门糖(D-sarmentose)。另有报道含 C21，由芫花叶白前苷元 D(glaucogenin D)和不同糖连成的徐长卿苷(cynapanoside)A、徐长卿苷 B、徐长卿苷 C 及芫花叶白前苷元 B(glaucogenin B)所形成的白薇苷 B(cynatartoside B)。

【毒性】有小毒。

【药理作用】

1. 镇痛作用

热板法证明，徐长卿对小鼠有镇痛作用，腹腔注射 5g/kg 或 10g/kg 10min 后出现镇痛，1h 后仍未消失。牡丹酚也可使小鼠痛阈提高。但有人证明，应用去牡丹酚的徐长卿药液也能延长疼痛反应时间，提高痛阈和镇痛率。由此证明，徐长卿的镇痛成分除牡丹酚外尚有其他成分。

2. 镇静作用

牡丹酚有镇静作用。光电管法与抖笼法试验证明，去牡丹酚徐长卿注射液 5g/kg 小鼠腹腔注射能显著减少自发活动，但不能延长巴比妥类催眠药的睡眠时间。兔静脉注射可出现惊厥，这是否与给药方法、动物种属差异有关，尚待进一步研究。

3. 对心血管系统的作用

兔腹腔注射徐长卿 3g/kg 连续 7d，不能消除该兔静滴脑垂体后叶素引起的心肌急性缺血性心电图 T 波抬高的变化。但徐长卿煎剂 10～15g/kg 小鼠腹腔注射，可使其心肌对 86 铷的摄取明显增加，因而认为能增加冠状动脉血流量，改善心肌代谢，从而缓解心肌缺血。牡丹酚具有降低动物血压作用。去牡丹酚的徐长卿制剂，仍可降低犬、兔和大鼠的血压，减慢心率，故认为徐长卿的降压成分除牡丹酚外，可能还有其他物质。

4. 对实验性高脂血症及动脉粥样硬化病变的影响

对喂饲胆固醇的高脂血症兔每日给徐长卿 3g/kg，在第 5 周和第 9 周的血清总胆固醇和 B-脂蛋白均明显降低，与对照组比较有差异。给药组的动脉粥样硬化病变发生率也较低，仅 3/10，而对照组是 7/9，徐长卿组大块密集斑块条纹分散且少，小动脉脂质沉积程度也较轻微。给药组动物的肾上腺，网状内皮系统和肝损害程度也较轻。此外，从实验性高脂血症兔血中嗜碱性粒细胞的百分数变化，发现在给药后第 9 周胆固醇下降时，嗜碱性的细胞上升，说明徐长卿有降血脂作用。

5. 对平滑肌的作用

徐长卿注射液可使豚鼠离体回肠张力下降，并可对抗氯化钡引起的回肠强烈收缩。但对乙酰胆碱、组胺所致的回肠收缩无对抗作用，同法证明，牡丹酚对乙酰胆碱、组胺、氯化钡引起豚鼠离体回肠的强烈收缩，则均有显著的对抗作用。

6. 抗菌作用

平板打洞法证明，金黄色葡萄球菌对徐长卿呈中度敏感，大肠杆菌、宋内氏痢疾杆菌、绿脓杆菌、伤寒杆菌对其不敏感。徐长卿对甲型链球菌也有抑制作用。试管稀释法证明，徐长卿全植物煎剂 1:4 对福氏痢疾杆菌、伤寒杆菌，1:2 对绿脓杆菌、大肠杆菌、金色葡萄球菌有抑制作用。牡丹酚在体外，1:15 000 对大肠杆菌、枯草杆菌，1:2000 对金黄色葡萄球菌有抑制作用。

【毒理】小鼠腹腔注射徐长卿去牡丹酚制剂的半数致死量为 (32.9 ± 1.0) g/kg。兔静脉注射 5g/kg 时，可出现惊厥，持续 30～60s，1～2min 后始可站立，逐渐恢复正常，48h 内动物情况良好。

【附注】临床上中医药用于治疗慢性气管炎、镇痛、皮肤病和毒蛇咬伤、带状疱疹等。据报道，可配合金雀根（豆科植物锦鸡儿 *Caragana sinica* (Buchoz) Rehd.）制成 100% 注射液用于肌肉注射。

【主要参考文献】

丁宝章，王遂义. 1997. 河南植物志（第三册）. 郑州：河南科学技术出版社：282.

国家中医药管理局《中华本草》编委会. 1999. 中华本草 第16卷（第6册）. 上海：上海科学技术出版社：345.

变 色 白 前

Biansebaiqian

GRADIENT RHIZOMA CYNANCHI STAUNTONII

【中文名】变色白前

【别名】白龙须、白马尾、半蔓白薇

【基原】为萝藦科鹅绒藤属植物变色白前 *Cynanchum versicolor* Bunge 植物。

【原植物】变色白前为萝藦科鹅绒藤属多年生植物。半灌木，茎上部缠绕，下部直立，被绒毛。叶对生，纸质，宽卵形或椭圆形，长 7～10cm，宽 3～6cm，顶端锐尖，基部圆形或近心形，两面被黄绒毛，具缘毛，侧脉 6～8 对。伞形聚伞花序腋生，近无总梗，有花 10 余朵；花萼裂片披针形，内部腺体极小；花冠初呈黄白色，渐变为黑紫色，枯时暗褐色，钟状辐形；副花冠极低，短于合蕊柱；花药棱状三角形；花粉块长圆形；柱头略凸起，顶部不明显 2 裂。蓇葖果单生，宽披针形，长 5cm，直径 1cm；种子长 5mm，种毛长 2cm。花期 5～8 月，果熟期 7～9 月（丁宝章和王遂义，1997）。

【生境】生于山坡灌丛、林缘及疏林中。

【分布】产于伏牛山、太行山和大别山。分布于吉林、辽宁、河北、四川、山东、江苏和浙江等地区。

【主要参考文献】

丁宝章，王遂义. 1997. 河南植物志（第三册）. 郑州：河南科学技术出版社：282.

地 梢 瓜

Dishaogua

HERB OFBASTARDTOADFKAX-LIKE STAUNTONII

【中文名】地梢瓜

【别名】地稍花、砂奶奶、列骨飘、细叶白前羊、不奶棵、小丝瓜、浮瓢棵

【基原】为萝藦科鹅绒藤属植物地稍瓜 *Cynanchum thesiodes* (Freyn). K. Schum 的全草。夏、秋季采收，洗净，晒干。

【原植物】地梢瓜为萝藦科鹅绒藤属多年生植物。直立半灌木。地下茎单轴横走。茎自基部多分枝，叶对生，线形，长 3~5cm，宽 2~5mm，叶背中脉隆起。伞形聚伞花序腋生；花萼外面被柔毛；花冠绿白色；副花冠杯状，裂片三角状披针形，高于药隔的膜片。蓇葖果纺锤形，中部膨大，长 5~6cm，径 2cm；种子扁平，长 8mm，种毛长 2cm。花期 5~8 月，果熟期 8~10 月（丁宝章和王遂义，1997）。

【生境】生于田埂、沟边、荒园、山坡灌丛、草地及疏林下。

【分布】产于伏牛山和河南各地。分布于东北、华北、西北及江苏等地区。朝鲜、日本和俄罗斯也有分布。

【化学成分】从地梢瓜全草中分离得到 β-谷甾醇（β-sitosterol）、胡萝卜苷（daucosterol）、阿魏酸（ferulic acid）、琥珀酸（succinic acid）、蔗糖（sucrose）、槲皮素（quercetin）、1,3-O-二甲基肌醇（1,3-O-dimethyl-myo-inositol）、β-香树脂醇乙酸酯（β-amyrin acetate）、羽扇豆醇乙酸酯（lupeol acetate）、α-香树脂醇正辛烷酸酯（α-amyrin caprylate）、1,3-二棕榈酰-2-山梨酰-甘油（glyceride-1,3-dipalmito-2-sorbate）、柽柳素（tamarixetin）、柽柳素-3-O-β-D-半乳糖苷（tamarixetin-3-O-β-D-galactopyrano-side）和地梢瓜苷（thesioideoside）（国家中医药管理局《中华本草》编委会，1999）。

【药理作用】本植物提取物体内、体外实验都显示具有抗病毒作用。

【主要参考文献】

丁宝章，王遂义. 1997. 河南植物志（第三册）. 郑州：河南科学技术出版社：287.

国家中医药管理局《中华本草》编委会. 1999. 中华本草 第 6 卷（第 6 册）. 上海：上海科学技术出版社：353.

隔 山 消

Geshanxiao

ROOT OF WILFORD SWALLOWWORT

【中文名】隔山消

【基原】为萝藦科鹅绒藤属植物隔山消 *Cynanchum wilfordii* (Maxim) Hemsl. 的块根。秋、冬季采挖，洗净，切片，晒干。

【原植物】隔山消为萝藦科鹅绒藤属多年生草质藤本。肉质根近纺锤形，长约

10cm，直径 2cm，灰褐色。茎被单列毛。叶对生，薄纸质，卵形，长 5~6cm，宽 2~4cm，顶端渐尖，基部耳状心形，两面被微柔毛；基脉 3 或 4 条，放射状；侧脉 4 对。近伞房状聚伞花序半球形，有花 15~20 朵；花序梗被单列毛；花长 2mm，直径 5mm；花萼外被柔毛，裂片长圆形，花冠淡黄色，辐状，裂片长圆形。外面无毛，内面被长柔毛；副花冠比合蕊柱短，裂片四方形；花粉块每室 1 个，长圆形，下垂；花柱细长、柱头略突起。蓇葖果单生，披针形，长 12cm，直径 1cm；种子卵形，长 7mm，顶端具白绢质长 2cm 的种毛。花期 5~9 月，果期 7~10 月（丁宝章和王遂义，1997）。

【生境】生于海拔 700~1500m 的山坡、山谷灌丛或路边草丛中。

【分布】产于伏牛山区嵩县、南召、西峡、内乡，太行山区林州、济源等地；大别山区均有分布。我国辽宁、河北、山东、山西、陕西、宁夏、甘肃、新疆、江苏、安徽、湖南、湖北和四川等地区有分布。朝鲜、日本也有分布。

【化学成分】从该植物根中分离得到隔山消苷（wilfoside）、没食子酸、原儿茶酸、鞣花酸（蓝海等，2001）。根皮含白薇素（cynanchol），有强心苷反应。根所含的总苷水解得到 3 种 C21 甾体苷元，分别为加加明（gagamin）、告达亭（caudatin）、开德苷元（kidjolanin）和萝藦苷元（metaplexigenin）。所含的 C21 甾苷有牛皮消苷（cynauricuoside）A、B、C 和隔山消苷（wilfoside）C3N、C2N、C1G、KIN。另含白首乌二苯酮（baishouwubenxophenone）及磷脂类成分，主要为磷脂酰胆碱（phosphatidylcholine，PC）、磷脂酰乙醇胺（phosphatidylethanolamine，PE）和磷脂酰肌醇（phosphatidylinositol，PI）（陈艳，2008）。

【附注】《中华本草》记载该植物的用途及功能：地下块根供药用，用以健胃、消饱胀、治噎食；外用治鱼口疮毒。另外中药主要用于补肝肾、强筋骨、健脾胃、解毒等。

【主要参考文献】

陈艳. 2008. 民族药隔山消的化学成分的研究. 贵阳：贵州大学硕士学位论文.
丁宝章，王遂义. 1997. 河南植物志（第三册）. 郑州：河南科学技术出版社：288.
蓝海，李龙星，杨永寿. 2001. 隔山消的化学成分研究. 大理医学院学报，10(4)：13~14.

萝藦属 *Metaplexis*

多年生草质藤本或藤状半灌木，具乳汁。叶对生，卵状心形，具柄。聚伞花序总状，腋生，总花梗长；花萼 5 深裂，裂片双盖覆瓦状，内面基部有 5 个小腺体；花冠近辐状。筒短，裂片 5 个，向左覆盖，副花冠环状，生于合蕊冠上，5 短裂，裂片兜状；雄蕊 5 个，生于冠基，腹部与雌蕊黏生，花丝合成筒状。花药顶端具内弯的膜片；花粉块每室 1 个，下垂；子房有 2 个离生心皮，胚珠多数，柱头呈长喙状，顶端 2 裂。蓇葖果叉生；种子具绢质毛。约 6 种，分布于亚洲东部。我国产 2 种，河南均有，为萝藦和华萝藦。

萝 藦

Luomo

ROUGH POTATO

【中文名】萝藦

【别名】芄兰、莞、省瓢、苦丸、白环藤、熏桑、鸡肠、头羊角菜、合钵儿、细丝藤、过路黄、婆婆针扎儿、婆婆针袋儿、羊婆奶、奶浆藤、奶浆草、野隔山消、小隔大撬、老婆筋、天鹅绒、小青布、大洋泡奶、刀口药、千层须（国家中医药管理局《中华本草》编委会，1999）

【基原】为萝藦科萝藦属植物萝藦 Metaplexis japornica（Thunb.）Makine 的全草或根。7～8 月采收全草，鲜用或晒干；块根夏、秋季挖，洗净，晒干。

【原植物】萝藦为萝藦科萝藦属植物。多年生草质藤本，长达 8m。茎下部常木化，幼时密被短柔毛。叶膜质，卵状心形。长 5～12cm，宽 4～7cm，顶端渐尖，基部心形，叶耳圆，两面无毛；侧脉略明显；叶柄长 3～6cm，顶端具丛生腺体。总状式聚伞花序，总花梗长 6～12cm；花梗长 8mm；小苞片膜质，披针形，长 3mm；花蕾圆锥状，顶端尖；花萼裂片披针形，外面被微毛；花冠白色，有淡紫色斑纹，裂片披针形，张开，顶端反折，内面被柔毛；副花冠环状，短 5 裂；雄蕊连成圆锥状，包围雌蕊，花药顶端具白色膜片；花粉块卵圆形；子房无毛，柱头长喙状，端部 2 裂。蓇葖果纺锤形，平滑无毛，长 8～9cm，直径 2cm，基部膨大；种子卵圆形，长 5mm，具膜质边缘，种毛长 1.5cm。花期 7～8 月，果熟期 9～12 月（丁宝章和王遂义，1997）。

【生境】生于海拔 700～1800m 的山坡林缘、灌丛、草地及疏林中。

【分布】广泛分布于伏牛山区，产于河南各山区；分布于东北、华北、华东及甘肃、陕西、贵州、湖北等地区。日本和朝鲜也有分布。

【化学成分】叶、茎、根和种子均含多种 C21 甾体苷类化合物，根含酯型苷，从中分得妊烯型苷元成分苯甲酰热马酮（benzoylramanone）、萝藦苷元（metapleigenin）、异热马酮（isoramanone）、肉珊瑚苷元（sarcostin）、萝藦米宁（gagaminin）、二苯甲酰萝藦醇（dibenzoylgagaimol）、去酰萝藦苷元、去酰牛皮消苷元（deacylcynanchogenin）、夜来香素（pregularin）、去羟基肉珊瑚苷元（utendin）等。

茎、叶也含妊烯灯苷，在其水解产物中有加拿大麻糖（D-cymarose），洋地黄毒糖（digitoxose）；还有肉珊瑚苷元（**1**）、7β-甲氧基肉珊瑚苷元（7β-methoxysarcostin，**2**）、二苯甲酰日萝苷元（dibenzoylgagaimol，**3**）、萝藦醇甲醚（gagaimol-7-methylether）、7α-羟基-12-O-苯酰去乙酰基萝藦苷元（7α-hydroxy-12-O-benzoyldeacetylmetaplexigenin）、萝藦米（gagamine）、林里奥酮（lincolon，**4**）、普果拉灵（pergularin，**5**）、苯甲酰门来酮（benzoylramanone，**6**）、萝藦苷元（metaplexigenin，**7**）和康德郎酯 F（condurango cster F，**8**），还分出洋地黄毒糖（陈冀胜和郑硕，1987）。

部分化合物结构式如下：

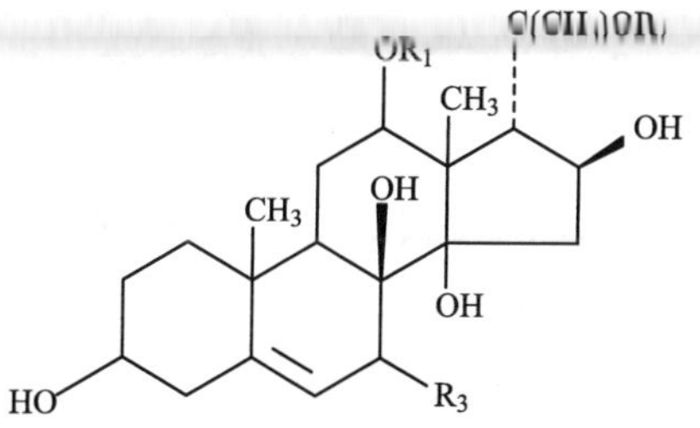

$$C(CII_1)OR_1$$
$$OR_1$$

1　R_1=（图示结构 HN—CH$_3$，C=O），R_2=COCH$_3$，　R_3=H

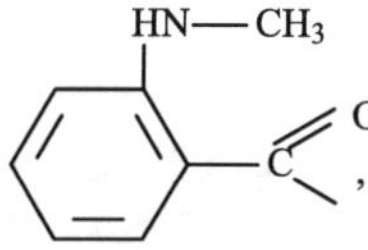

2　R_1=R_2=H，　R_3=OCH$_3$

3　R_1=R_2=（图示结构 C=O），　R_3=α—OH

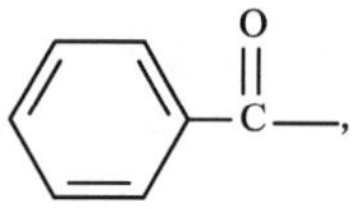

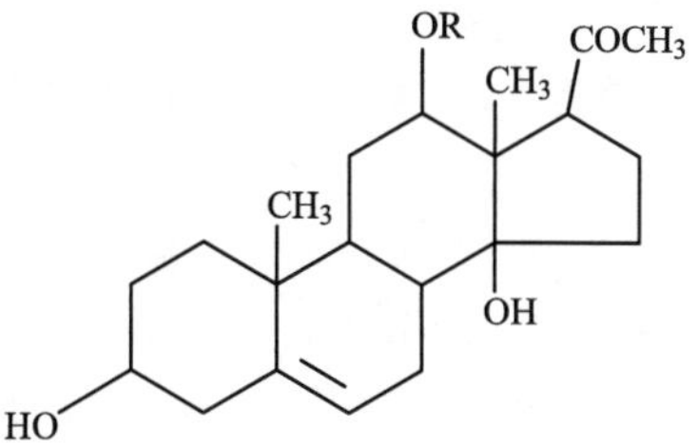

4　R_1=R_2=H

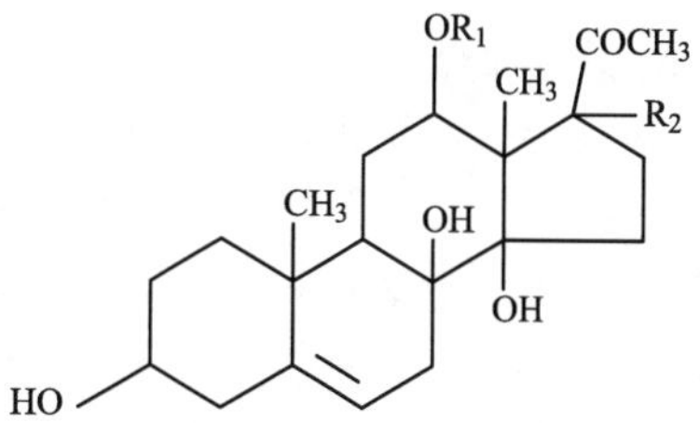

5　R=H，　17β—OH

6　R=（图示结构 C=O），　17β—H

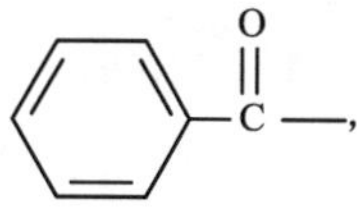

7　R=COCH$_3$，　8β—OH，　17β—OH

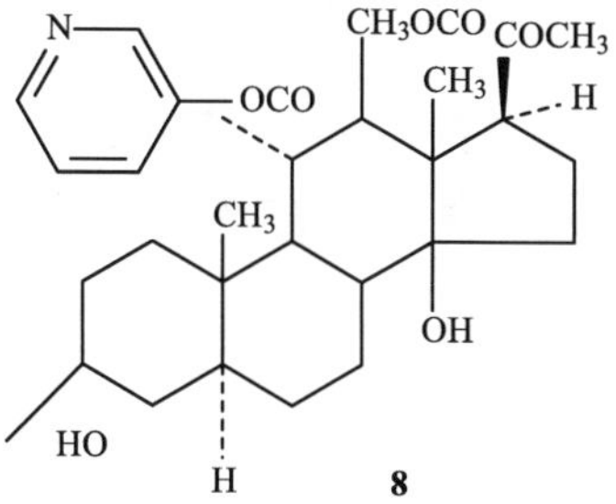

8

【毒性】根、茎有毒。药理实验证实，小鼠腹腔注射其氯仿提取物 1000mg/kg，10h 内全部死亡。全株供药用，多服可引起中毒（陈冀胜和郑硕，1987）。

【附注】中医药有用于治疗骨、关节结核的报道。

【主要参考文献】

陈冀胜，郑硕. 1987. 中国有毒植物. 北京：科学出版社：10：122~123.

丁宝章，王遂义. 1997. 河南植物志（第二册）. 郑州：河南科学技术出版社：289~290.

国家中医药管理局《中华本草》编委会. 1999. 中华本草 第16卷（第6册）. 上海：上海科学技术出版社：376~377.

华　萝　藦

Hualuomo

PUBESCENT PEPPER HERB

【中文名】华萝藦

【基原】为萝藦科萝藦属植物华萝藦 *Metaplexis hemsleyana* Oliv.的根茎、根或全草。夏、秋季挖起根茎及根，除去泥土，或采收全草，晒干（国家中医药管理局《中华本草》编委会，1999）。

【原植物】华萝藦为萝藦科萝藦属植物。多年生草质藤本，长 5m，具乳汁。枝上具单列短柔毛。叶膜质，卵状心形，长 5～11cm，宽 2.5～10cm，顶端急尖，基部心形。叶耳圆形，长 1～3cm，叶柄长 5cm，顶端具丛生腺体。总状式聚伞花序腋生；总花梗长 4～6cm；花梗长 5～10mm；花白色，芳香；花蕾阔卵状，顶端钝或圆；花萼裂片长圆状或卵状披针形，花冠近辐状，两面无毛；副花冠环状，生于合蕊冠基部；花药近方形，花粉块长圆形，着粉腺卵球状；柱头长尖，2 裂。蓇葖果叉生，长圆形，长 7～8cm。外面粗糙被微毛，种子宽长圆形，种毛长 3cm。花期 7～9 月，果熟期 9～12 月（丁宝章和王遂义，1997）。

【生境】生于海拔 1000m 以上的山谷林下、灌丛、草地中。

【分布】产于伏牛山南部。陕西、四川、云南、贵州、广西、湖北和江西等地区也有分布。

【化学成分】华萝藦根中提取出喷虹皂苷元（penupogenin）、12-*O*-桂皮酰基去酰萝藦苷元（kidjoranin）和华萝藦苷（hemoside）。从华萝藦的根中还分离到 4 个甾体去氧糖苷，分别命名为 hemoside A、hemoside B、hemoside C 和 hemoside D。经光谱分析及化学反应，鉴定其结构依次为：12,20-*O*-二苯甲酰肉珊瑚苷元 3-*O*-β-D-磁麻吡喃糖苷、12,20-*O*-二苯甲酰肉珊瑚苷元 3-*O*-β-D-黄夹吡喃糖基-(1→4)-β-D-夹竹桃吡喃糖基-(1→4)-β-D-磁麻吡喃糖苷、12-*O*-乙酰-20-*O*-苯甲酰肉珊瑚苷元 3-*O*-β-D-黄夹吡喃糖基-(1→4)-β-D-夹竹桃吡喃糖基-(1→4)-β-D-磁麻吡喃糖苷和吉马苷元 3-*O*-β-D-黄夹吡喃糖基-(1→4)-β-D-夹竹桃吡喃糖基-(1→4)-β-D-磁麻吡喃糖苷（国家中医药管理局《中华本草》编委会，1999；胡英杰等，1998）。

【附注】中医药有补肾强壮的功效。

【主要参考文献】

丁宝章，王遂义. 1997. 河南植物志 (第三册). 郑州：河南科学技术出版社：290.

国家中医药管理局《中华本草》编委会. 1999. 中华本草. 第 16 卷(第 6 册). 上海：上海科学技术出版社：375.

胡英杰，木全章，沈小玲，等. 1998. 华萝藦的化学成分. 化学学报，56：507-513.

南山藤属　*Dregea* E. Mey.

攀援木质藤本。叶对生，基部通常心形或截形。全缘，羽状脉。伞状聚伞花序腋生；花萼 5 裂，内面有腺体；花冠辐状，顶端 5 裂；副花冠 5 裂，肉质，贴生在雄蕊背面；雄蕊着生于花冠的近基部；花粉块每空 1 个，长圆形，直立；子房由 2 枚离生心皮组成，每心皮有胚珠多数。蓇葖果双生；种子具白色绢质种毛。约 12 种，分布于亚洲和非洲的南部。我国产 4 种及 4 变种。河南产 2 种，为丽子藤和苦绳。

丽 子 藤
Liziteng

ROOT OF YUNAN DREGEA

【中文名】丽子藤

【别名】公公藤、白血藤、奶浆藤、隔山撬、云南假夜来香

【基原】为萝藦科南山藤属植物丽子藤 *Dregea yunnanensis* Tsiang et P. T. Li var. *yunnanensis* 的全株。夏、秋季采收，切段，晒干或鲜用。

【原植物】萝藦为萝藦科南山藤属多年生草质藤本。攀援灌木。叶纸质，卵圆形，长 1.3～3cm，宽 0.9～2.5cm，先端短渐尖，基部心形，两面被茸毛；叶柄长 0.5～2.5cm，顶端具 3 或 4 个丛生小腺体。伞状聚伞花序，长达 5cm；花冠白色，辐状；副花冠裂片肉质；花粉块直立；子房被疏柔毛。蓇葖果披针形，长 3.5～5cm，果皮平滑无皱，种毛长 2cm。花期 4～8 月，果熟期 10 月（丁宝章和王遂义，1997）。

【生境】生于海拔 1000m 以上的山地林中。

【分布】产于伏牛山南部的西峡、南召、内乡、淅川等地。我国云南、四川和甘肃等地区也有分布。作为种子繁殖，可作园林垂直绿化树种（丁宝章和王遂义，1997）。

【附注】中医药有治疗神经衰弱、食欲缺乏的功效。

【主要参考文献】

丁宝章，王遂义. 1997. 河南植物志（第三册）. 郑州：河南科学技术出版社：291.

国家中医药管理局《中华本草》编委会. 1999. 中华本草 第 16 卷（第 6 册）. 上海：上海科学技术出版社：360.

苦 绳
Kusheng

【中文名】苦绳

【别名】奶浆藤、隔山撬、白丝藤、白浆藤、小木通、通光散、刀愈药、野泡通、藤木通、华南山藤

【基原】为萝藦科南山藤属植物苦绳 *Dregea sinensis* Hemsl. 的全株。夏、秋季采收，切段，晒干或鲜用。

【原植物】苦绳为萝藦科南山藤属多年生木本植物。攀援木质藤本，幼枝被褐色绒毛。叶纸质，卵状心形或近心形，长 5～11cm，宽 4～6cm，先端短渐尖，基部心形，两面被毛，侧脉 5 对；叶柄长 1.5～4cm，被绒毛，顶端具丛牛腺体。伞形聚伞花序腋生；萼内面基部有 5 个腺体；花冠内面紫红色，外面白色，辐状，直径 1～1.2cm，花冠裂片

具缘毛；副花冠裂片肉质，肿胀；花粉块直立；子房无毛。蓇葖果长 5～6cm。外果皮具波纹，被短柔毛。花期 4～8 月，果熟期 7～10 月（丁宝章和王遂义，1997）。

【生境】生于山地疏林中或灌丛中。

【分布】产于伏牛山南部。我国江苏、浙江、四川、贵州、云南、湖北、广西、甘肃、陕西等地区有分布。

【化学成分】据报道，从苦绳中分离得到一新甾体苷元 dresigenin A（I），结构鉴定为 12-O-乙酰基-20-O-(2-甲基丁酰基) 二氢肉珊瑚苷元 [12-O-acetyl-20-O-(2-metylbutyryl) dihydrosarcostin I（沈小玲和木全章，1989）；另有 5 个化合物为 β-D-黄夹吡喃糖基-(1→4)-β-D-磁麻吡喃糖甲苷（苦绳双糖苷-2a）、β-D-葡萄吡喃糖基-(1→4)-β-D-黄夹吡喃糖基-(1→4)-α-D-夹竹桃吡喃糖甲苷（苦绳三糖苷-3a）、β-D-葡萄吡喃基-(1→4)-β-D-葡萄吡喃糖基-(1→4)-β-D-黄夹吡喃糖基-(1→4)-α-D-夹竹桃吡喃糖甲苷（苦绳四糖苷-4a）（沈小玲和木全章，1990）、20-O-(2-甲基丁酰基)-托曼托苷元[20-O-(2-methyl-butyryl)-tomentogenin]即苦绳苷乙（dregeoside B）、二氢肉珊瑚苷元 3-O-β-D-吡喃黄夹糖基-(1→4)-β-D-吡喃夹竹桃糖基-(1→4)-β-D-吡喃磁麻糖苷 [dihydrosarcostin3-O-β-D-thevetopyranosy-(1→4)-β-D-oleandropyranosyl-(1→4)-β-D-cymaropyranoside]即苦绳苷 I（dresioside I）（沈小玲等，1996；沈小玲和木全章，1990）；还含 12,20-二-O-异戊酰基托曼托苷元-3-O-α-L-夹竹桃吡喃糖-(1→4)-α-L-夹竹桃吡喃糖苷（12,20-di-O-isovaleryl-tomentogenin-3-O-α-L-oleandropyranosy-(1→4)-α-L-oleandropyranoside)（金岐端和木全章，1990）、丁香脂素、松脂素、3,4'-二甲氧基-4,9,9'-三羟基-苯并呋喃木脂素-7'-烯松柏素，以及 syringaresinol-4'-O-β-D-glucoside、coniferaldehyde、sinapic aldehyde 和 3-hydroxy-1-(3-methoxy-4-hydroxyphenyl)-propanlone 等 8 个化合物（陈显宏等，2008）。

【毒性】有毒植物。

【毒理】毒性为茎有毒。动物实验表明，小鼠腹腔注射该茎的氯仿提取物 800～1000mg/kg，出现无力、伏地、四肢外展、呼吸困难、阵发性翻滚、耳郭反射消失，最后翻正反射消失，5～12h 相继死亡（刘云宝和瘐石山，2007）。

【附注】全株药用，常用于催乳、止咳、祛风湿；叶外敷可治外伤肿痛、骨折等症。可作园林垂直绿化树种，也可作水土保持护坡树种。

【主要参考文献】

陈显宏，华会明，刘云宝，等. 2008. 苦绳中苯丙素类化学成分研究. 中国中药杂志，33（23）：2787~2789.

丁宝章，王遂义. 1997. 河南植物志（第三册）. 郑州：河南科学技术出版社：291.

胡英杰，沈小玲，许杰. 1996. 苦绳的兹体成分. 药学学报，31（8）：613~616.

金岐端，木全章. 1990. 苦绳二糖苷的结构研究. 药学学报，25（8）：617~621.

刘云宝，瘐石山. 2007. 苦绳化学成分及其生物活性研究；苦绳中甾体苷类成分 ESI-MS 裂解行为及 HPLG-ESI-MS/MS 在线结构测定研究. 北京：中国协和医科大学博士学位论文.

沈小玲，木全章. 1989. 苦绳的一个新甾体成分. 云南植物研究，11（1）：51~54.

沈小玲，木全章. 1990. 苦绳的寡糖成分. 化学学报，18：709~713.

瑞 香 科

　　瑞香科 Thymelaeaceae，乔木、灌木或草本。单叶互生或对生，全缘，无托叶。花辐射对称，两性或单性，排成顶生或腋生头状花序、总状花序或穗状花序，稀单生；苞片有或无；萼下位，管状，似花瓣，裂片 4 或 5 个，覆瓦状排列；花瓣缺或为鳞片状；雄蕊与萼片同数或为其 2 倍，或退化为 2 个，通常着生于萼管喉部；花盘杯状，或为离生的鳞片，稀缺；子房上位，1 室，稀 2 室，每室有 1 个悬垂胚珠。果实为核果、坚果或浆果，很少是蒴果状。花粉为球形，直径 20～50μm，具模糊的散孔，孔数 4～26 个，外壁较厚，分 2 层，外层厚于内层，表面通常具网状纹，轮廓不平。虫媒传粉，一般花都具鲜明的颜色，芳香，子房基部具蜜腺。果实通常肉质，干燥的果实较轻，适应鸟类传播，有的还有冠毛状附属物，由风传播。约 40 属，500 余种，广布于温带及热带，尤其以非洲南部、大洋洲及地中海为最多。我国有 9 属，94 种，主产长江以南各地，北部少见。河南有 5 属，13 种，1 变种。

　　瑞香科多数种类的韧皮纤维发达，细柔，韧性强，是高级用纸和人造棉的良好原料；瑞香属、荛花属、结香属等都是著名的庭园观赏花木；许多种类可入药，如沉香属的木材可作薰香料，树脂为名贵的药材，但一般都有微毒；少数种子可榨油，花可提取芳香油。

瑞香属 *Daphne* Linn.

　　落叶或常绿灌木。冬芽小，具数片芽鳞。叶互生，稀对生，全缘，具短柄。花两性，集成头状花束或短总状花序，通常具苞片；花被管状钟形，裂片 4 或 5 个；雄蕊 8～10 个，2 轮，内藏，花丝短；通常无花盘；花柱短或缺，柱头头状。核果，具 1 种子；种子有少量胚乳。约 95 种，分布于欧洲和亚洲的温带和亚热带。我国约有 37 种。河南产 6 种，为黄瑞香、陕西瑞香、凹叶瑞香、甘肃瑞香、毛瑞香、荛花。

黄 瑞 香
Huangruixiang
ORIENTAL PAPERBUSH

【中文名】黄瑞香

【别名】祖师麻、大救驾、金腰带、黄狗皮

【基原】为瑞香科植物黄瑞香 *Daphne giraldii* Nitsche 的茎皮和根皮。秋季采挖，洗净，剥取茎皮和根皮，切碎，晒干(国家中医药管理局《中华本草》编委会，1999)。

【原植物】黄瑞香为瑞香科瑞香属多年生植物。茎皮及根皮入药。落叶直立灌木，高 45～70cm。幼枝无毛，浅绿而带紫色，老枝黄灰色。叶常集生于小枝梢部，倒披针形，

长 3～6cm，宽 7～2mm，失端尖或圆，有凸尖，基部楔形，全缘，稍反卷，上面绿色，下面灰白色，两面无毛。花黄色，稍芳香，常 3～8 朵成顶生头状花序，无苞片；花梗短，无毛；花被筒状，长 8～12mm，裂片 4 个，近卵形，先端渐尖，长 3～4mm。核果卵形，鲜红色。花期 6 月，果熟期 7 月(丁宝章和王遂义，1997)。

【生境】生于海拔 600～2200m 的灌丛中或山坡。

【分布】产伏牛山、灵宝小秦岭。我国陕西、甘肃、青海、四川等地区均有分布(丁宝章和王遂义，1997)。

【化学成分】根皮和茎皮主要含二萜和香豆素。二萜类：瑞香毒素(daphnetoxin)(1)、12-羟基瑞香毒素(12-hydroxydaphnetoxin)(2)、黄瑞香甲素(giraldin)(3)、黄瑞香丙素(daphnegiraldifin)。香豆素类：西瑞香素(daphnoretin)、瑞香素(daphnetin)即 7,8-二羟基香豆素(7,8-dihydroxycoumarin)、瑞香苷(daphnin)即 7,8-二羟基香豆素-7-β-D-葡萄糖苷(7,8-dihydroxycoumarin-7-β-D-glucoside)、7,8-二甲氧基香豆素(7,8-dimethoxycoumarin)、伞形花内酯(umbelliferone)、7-羟基-8-甲氧基香豆素(7-hydroxy-8-methoxycoumarin)、7-甲氧基-8-羟基香豆素(7-methoxy-8-hydroxycoumarin)。另含 β-谷甾醇(β-sitosterol)、3,4,5-三甲氧基苯甲酸(3,4,5-trimethoxybenzoic acid)、丁香苷(syringin)、芫花素(genkwanin)即 5,4′-二羟基-7-甲氧基黄酮(5,4′-dihydroxy-7-methoxyflavone)(国家中医药管理局《中华本草》编委会，1999)。

部分化合物结构式如下：

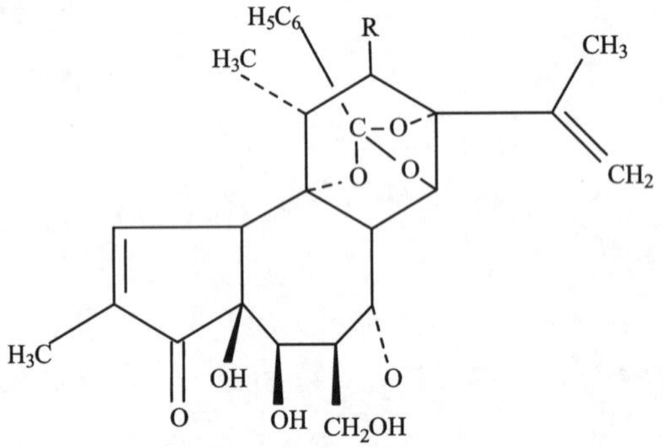

1. 瑞香毒素：R=H

2. 12-羟基瑞香毒素：R=OH

3. 黄瑞香甲素：$R = O - \overset{\overset{O}{\|}}{C} - \overset{\overset{H}{|}}{C} = \overset{\overset{H}{|}}{C} - (CH_2)_3CH_3$

【毒性】根皮有小毒。

【药理作用】

1. 镇痛作用

黄瑞香中的瑞香素即祖师麻甲素(7,8-二羟基香豆素)有明显的镇痛作用。多种镇痛实验表明，注射和灌服瑞香素都有明显镇痛作用，且呈剂量依赖。瑞香素腹腔注射 50mg/kg 就能明显减少乙酸所致的小鼠扭体次数。30mg/kg 就能延长热水刺激小鼠甩尾潜伏期，大静脉注射 50mg/kg 也能提高电刺激痛觉阈值。灌服瑞香素的 LD_{50} 在小鼠热板法中为(174 ± 11) mg/kg；在小鼠电刺激法中为(296 ± 21) mg/kg。瑞香素的镇痛作用可被脑室内注射 5-羟色胺(5-HT)或去甲肾上腺素(NE)加强，测定脑内各部位的 5-HT、5-羟吲哚乙酸、NE 和多巴胺(DA)含量表明，瑞香素仅使低位脑干部位(包括中脑、脑桥和延脑)的 5-羟吲哚乙酸含量明显增加，提示其镇痛作用与加强脑干 5-HT 系统活动有关。此外，7-羟基-8-甲氧基香豆素、7,8-二甲氧基香豆素于小鼠热板实验中所表现的镇痛作用均稍强于瑞香素(国家中医药管理局《中华本草》编委会，1999)。

2. 抗炎作用

研究发现，黄瑞香提取物对冰醋酸所致小鼠的疼痛性反应具有抑制作用，对二甲苯所致的炎症具有抗炎作用；对佐剂诱发的原发性足跖肿胀具有良好的对抗作用。陈乐天等进一步比较了黄瑞香石油醚提取物、乙酸乙酯提取物、正丁醇提取物对抗炎、镇痛的药效学作用。研究表明，黄瑞香的乙酸乙酯提取物和正丁醇提取物均具有显著的抗炎、镇痛作用，且两者混合物的作用强于某一单一成分；其中乙酸乙酯提取物抗炎活性较好，正丁醇提取物镇痛活性较显著。Gao 等通过对大鼠佐剂性关节炎试验研究得出结论，祖师麻甲素能显著降低足肿胀，降低关节炎的严重程度，证明了祖师麻甲素是黄瑞香治疗类风湿关节炎的有效成分之一。另外，祖师麻甲素的体外抗炎作用研究发现，祖师麻甲素通过抑制环氧合酶-2(COX-2)的蛋白质的表达，进而达到抑制前列腺素 E2(PGE2)生成的效果，也可能与抑制肿瘤坏死因子(TNF-α)和一氧化氮(NO)生成有关。Fvlak-takidou 等发现祖师麻甲素及相关的香豆素衍生物能抑制中性粒细胞所导致的氧化损伤。

3. 抗肿瘤

据报道黄瑞香注射液可抑制巨噬细胞 RAW264.7 分泌 VEGF(血管内皮细胞生长因子)，进而减缓肿瘤细胞的增长速度。国外有报道证明，祖师麻甲素是一种蛋白激酶抑制剂，$1.95\sim250\mu g/mL$ 对肉瘤细胞 S180 和肝癌细胞 SMMC-7721 生长有不同程度的抑制作用，具有较强体外抗肿瘤活性，且呈现良好的剂量依赖性。

4. 抗疟作用

疟疾是一种全球性的危害人类健康的重要寄生虫病，其病原体为疟原虫。研究表明，祖师麻甲素在体内、外均具有杀疟原虫裂殖体活性。祖师麻甲素的抗疟作用与铁螯合能力有关，祖师麻甲素与 Fe 按 2∶1 混合后，抗疟能力明显下降。祖师麻甲素对体外恶性疟原虫核糖核酸还原酶(RNR)活性具有明显的抑制作用，能够抑制恶性疟原虫 RNR 的基因表达，RNR 有可能作为祖师麻甲素抗疟作用的候选靶点之一。

5. 其他作用

研究表明，黄瑞香对治疗原发性肾小球肾炎有显著的疗效，且与雷公藤、火把花根联合用药效果更佳。祖师麻甲素对卡氏肺孢子虫引起的肺炎也有显著的治疗效果，并在糖尿病、抗血栓、抗生育等方面也有显著的疗效 (王鹏等，2011)。

【毒理】根皮有小毒，对皮肤有刺激作用，外用时引起皮肤灼烧感、起泡，有的人出现皮疹、发热及嗜睡等反应。动物试验表明：小鼠腹腔注射根皮的水提取物 1000mg/kg时，2min 后出现活动减少、翻正反射消失，2/4 小鼠死亡；小鼠腹腔注射乙醇提取物 1000mg/kg，8min 后活动减少，2/4 死亡(陈冀胜和郑硕，1987)。

【附注】黄瑞香有治疗关节炎的功效。

【主要参考文献】

陈冀胜，郑硕. 1987. 中国有毒植物. 北京：科学出版社：10：588~589.

丁宝章，王遂义. 1997. 河南植物志（第三册）. 郑州：河南科学技术出版社：72.

国家中医药管理局《中华本草》编委会. 1999. 中华本草 第14卷（第5册）. 上海：上海科学技术出版社：407~410.

王鹏，刘金平，詹妮等. 2011. 祖师麻活性成分和药理活性研究新进展. 特产研究，4：73~75.

陕 西 瑞 香

Shanxiruixiang

YELLO DAPHNE

【中文名】陕西瑞香

【别名】走丝麻

【基原】为瑞香科植物陕西瑞香 *Daphne myrtilloides* Nitsche 的茎皮和根皮。秋季采挖，洗净，剥取茎皮和根皮，切碎，晒干（国家中医药管理局《中华本草》编委会，1999）。

【原植物】陕西瑞香为瑞香科瑞香属多年生植物，以茎皮和根皮入药。矮落叶灌木，高 12~15cm。幼枝浅绿色，密被绢状柔毛，老枝浅红褐色，无毛。叶倒卵形或倒卵状椭圆形，长 1.5~3cm，宽 1.2~1.8cm，先端尖，基部楔形，全缘反卷，具缘毛，表面无毛，背面幼时疏被柔毛，具短柄。2~5 朵花簇生成顶生头状花序，无梗；花黄色；花被筒细长，长 6~8mm，外面被绢状柔毛，裂片 5 个，长约为花被筒 1/2；雄蕊 10 个，2 轮，分别着生于花被筒中部以上，子房长圆形，外面被柔毛。花期 5~6 月，果熟期 7 月（丁宝章和王遂义，1997）。

【生境】多生于海拔 1500m 左右的山坡或灌丛中。

【分布】伏牛山灵宝、栾川、卢氏等地有分布。产于我国陕西、甘肃、青海等地区。

【化学成分】根皮含二萜、香豆素、木脂素类成分。二萜主要为唐古特瑞香甲素（tanguticacine）、格尼迪木春（gniditrin）、上沉香毒（excoecariatoxin）、瑞香毒素（daphnetoxin）、瑞香醇酮（daphneolone）；香豆素类成分有瑞香新素（daphneticin）、瑞香素（daphnetin）、西瑞香素（daphnoretin）、7-羟基-8-甲氧基香豆素（7-hydroxy-8-methoxycoumarin）；木脂素主要为左旋-松脂酚[(–)pinoresinol]、丁香树脂酚（syringaresinol）、左旋-落叶松脂醇[(–)laricircsinol]、左旋-双氢芝麻素[(–)dihydrosesamin]。另含十六烷酸（hexadecanoic acid）（国家中医药管理局《中华本草》编委会，1999）。

【药理作用】

1. 镇痛作用

陕西瑞香中的瑞香素即祖师麻甲素(7,8-二羟基香豆素)具有明显的镇痛作用。

2. 抗炎作用

动物实验表明,瑞香素给大鼠灌胃在 400mg/kg 时能抑制蛋清性和右旋糖酐性足跖肿胀，此抑制作用与同剂量水杨酸钠相似，大鼠腹腔注射 20mg/kg 亦能抑制蛋清性、右旋糖酐性及甲醛性足跖肿胀，切除双侧肾上腺后，瑞香素的抗炎作用消失。

3. 镇静催眠作用

小鼠腹腔注射瑞香素 100mg/kg 能明显减少自发活动。200mg/kg 时表现镇静，不活动，眼睑下垂，300mg/kg 时翻正反射消失，持续时间为(29.4±5.1)min；400～600mg/kg 时翻正反射消失，最后死于呼吸停止。

4. 对心血管系统的影响

静脉注射瑞香素 30mg/kg，对麻醉猫有明显而短暂的降压作用，切断双侧迷走神经仍有降压作用。给犬静脉注射瑞香素 10 mg/kg，在出现短暂降压作用同时，观察到后肢血管、椎动脉阻力及冠状动脉左旋支阻力降低。

5. 对血脂及血液系统的影响

小鼠灌胃瑞香素 800mg/kg，能明显降低由腹腔注射蛋黄乳引起的高胆固醇血症的血总胆固醇(TC)含量，但不影响正常小鼠 TC 含量，此剂量瑞香素也能明显降低喂饲高脂饲料小鼠血清 TC 含量，并且升高血清高密度脂蛋白-胆固醇(HDL-C)和 HDL-C 与 TC 比值水平，但对总三酰甘油(TG)和低密度脂蛋白-胆固醇(LDL-C)无明显降低作用，对正常大鼠血清 HDL-C 含量及 HDL-C 与 TC 比值亦有升高作用，但对 TG、LDL-C 含量无影响。

6. 对免疫功能的影响

瑞香素使小鼠胸腺和脾脏明显萎缩，胸、脾指数分别下降 51.1%和 20.6%，且与剂量相关，瑞香素显著促进小鼠腹腔巨噬细胞吞噬功能。吞噬率和吞噬指数分别增加 33%和 38.6%(国家中医药管理局《中华本草》编委会，1999)。

【毒理】瑞香素给小鼠灌胃、腹腔注射的 LD_{50} 分别为(3.66+0.28)g/kg 及 0.48g/kg。另有报道，灌胃、静脉注射的 LD_{50} 分别为 5.37g/kg 和 0.375g/kg。犬每日静脉注射 20mg/kg 连续 3d，未见明显毒性，但剂量增大可引起流涎、呕吐和腹泻。连续给药 3 星期，检查猴血常规，肝、肾功能均无明显改变，但有心率减慢，大剂量见心电图 ST 段之 J 点下移(国家中医药管理局《中华本草》编委会，1999)。

【附注】临床用于镇痛、消炎、手术麻醉，从陕西瑞香中提取的瑞香素，有报道应用在中药麻醉手术中可作为镇痛药。

【主要参考文献】

丁宝章，王遂义. 1997. 河南植物志 (第三册). 郑州：河南科学技术出版社：74.

国家中医药管理局《中华本草》编委会. 1999. 中华本草 第 14 卷 (第 5 册). 上海：上海科学技术出版社：407~410.

凹 叶 瑞 香

Aoyeruixiang

【中文名】凹叶瑞香

【别名】祖师麻、走司马、黄杨皮、爬岩香、金腰带、冬夏青、矮陀陀

【基原】为瑞香科植物凹叶瑞香 *Daphne retusa* Hemsl. 的根皮和茎皮。秋季采挖，洗净，剥取茎皮和根皮，切碎，晒干（国家中医药管理局《中华本草》编委会，1999）。

【原植物】凹叶瑞香为瑞香科瑞香属多年生植物。常绿灌木，高 0.3～1m。幼枝密被灰黄色或灰褐色刚伏毛。叶革质，长圆形至长圆状披针形，长 2.5～8cm，宽 0.5～2cm，先端钝，有凹缺，基部楔形，边缘向外反卷，表面光滑，背面无毛。头状花序顶生；总花梗和花梗极短、被黄色刚伏毛；总苞的苞片长圆形，边缘有睫毛；花被筒状，无毛，外面淡红紫色，内面白色，芳香，裂片 4 个，长约 7mm，无毛，雄蕊 8 个，2 轮，分别着生花被筒的上部及中部；子房长圆状。核果红色，卵形，无柄。花期 5～6 月，果熟期 7 月（丁宝章和王遂义，1997）。

【生境】生于海拔 1400m 以上的山坡、山沟林下。

【分布】产伏牛山灵宝、卢氏、栾川、嵩县、西峡、内乡等地。我国陕西、甘肃、青海、四川、云南等地区有分布（丁宝章和王遂义，1997）。

【化学成分】从凹叶瑞香氯仿部位分离得到 8 个香豆素类成分，分别为 7-羟基香豆素、7-甲氧基-8-羟基香豆素、7-羟基-8-甲氧基香豆素、双白瑞香素-7-*O*-β-D-葡萄糖苷、伞形花内酯-7-*O*-β-D-葡萄糖苷、结香苷 A、结香苷 C 和 8，8′-bi-2H-1-benzopyran-2,2′ dione、7′-(α-D-glucopyranosyloxy)-7-hydroxy-3-(2-oxo-2H-1-benzopyran-7-y1)oxy（扈晓佳等，2009）。从凹叶瑞香的乙酸乙酯部位分离得到 14 个化合物，经鉴定为瑞香黄烷 A、瑞香黄烷 B、瑞香黄烷 C、瑞香黄烷 E、瑞香黄烷 V、芫花素、芫根苷、4′,5-二羟基-3′,7-二氧基黄酮、瑞香新素、5″-去甲氧基瑞香新素、左旋-松脂酚、瑞香醇酮、紫丁香苷和丁香醛（扈晓佳等，2011）。

【主要参考文献】

丁宝章，王遂义. 1997. 河南植物志 (第三册). 郑州：河南科学技术出版社：73.

国家中医药管理局《中华本草》编委会. 1999. 中华本草 第 14 卷 (第 5 册). 上海：上海科学技术出版社：407.

扈晓佳，李建强，柳润辉，等. 2009. 凹叶瑞香中的香豆素成分. 中国天然药物，7(1)：34~36.

扈晓佳，李建强，柳润辉，等. 2011. 凹叶瑞香的化学成分研究. 天然产物研究与开发，23(1)：20~24.

甘 肃 瑞 香

Gansuruixiang

GANSU DAPHNE

【中文名】甘肃瑞香

【别名】陕甘瑞香、唐古拉瑞香、唐古特瑞香、小冬青等

【基原】为瑞香科植物甘肃瑞香 *Daphne tangutica* Maxim. 的茎皮和根皮。秋季采挖，洗净，剥取茎皮和根皮，切碎，晒干（国家中医药管理局《中华本草》编委会，1999）。

【原植物】甘肃瑞香为瑞香科瑞香属多年生植物。常绿灌木。枝粗壮，幼枝疏被黄色短柔毛。叶革质，倒披针形、长披针形，长 3～9cm，宽 0.7～2cm，先端钝或稀凹缺，基部渐狭或楔形，边缘常反卷，两面无毛。花外面淡紫色或紫红色，内面白色，有

芳香，常数花簇生成顶生头状花序，具总包；包片边缘有睫毛，长卵形或卵状披针形，长 5～7mm；花被筒状，长约 20mm，无毛，裂片 4 个；雄蕊 8 个，2 轮，分别着生于花被筒上部及中部；花盘环状，边缘具不规则浅裂；子房长圆状倒卵形。核果卵状，红色。花期 6 月，果熟期 7 月（丁宝章和王遂义，1997）。

【生境】生于海拔 1400m 以上的山坡或灌丛中。

【分布】产于伏牛山卢氏、灵宝、栾川、嵩县、西峡等地。我国陕西、甘肃、青海、四川、云南等地区均有分布。

【化学成分】甘肃瑞香根皮含二萜、香豆素类、木脂素类成分。二萜主要为唐古特瑞香甲素（tanguticacine）、格尼迪木春（gniditrin）、上沉香毒（excoecariatoxin）、瑞香毒素（daphnetoxin）、瑞香醇酮（daphneolone）；香豆素类成分有瑞香新素（daphneticin）、瑞香素（daphnetin）、西瑞香素（daphnoretin）、7-羟基-8-甲氧基香豆素（7-hydroxy-8-methoxycoumarin）；木脂素主要为左旋-松脂酚[(–)-pinoresinol]、丁香树脂酚（syringaresinol）、左旋-落叶松脂醇[(–)-lar-iciresinol]、左旋-双氢芝麻素[(–)-dihydrosesamin]。另含十六烷酸（hexadecanoic acid）等（国家中医药管理局《中华本草》编委会，1999）。

【主要参考文献】

丁宝章，王遂义. 1997. 河南植物志(第三册). 郑州：河南科学技术出版社：73~74.

国家中医药管理局《中华本草》编委会. 1999. 中华本草第 14 卷(第 5 册). 上海：上海科学技术出版社：407.

毛 瑞 香

Maoruixiang

LILAC DAPHNE FLOWER BUD

【中文名】毛瑞香

【别名】铁牛皮、黑枝瑞香、金腰带

【基原】为瑞香科植物毛瑞香 *Daphne odora* Thunb. var. *atrocaulis* Rehd. 的茎皮及根。夏、秋季采挖，洗净，鲜用或切片晒干(国家中医药管理局《中华本草》编委会，1999)。

【原植物】毛瑞香为瑞香科瑞香属多年生植物。茎皮和根入药。常绿灌木，高 0.5～1m。小枝深紫色或紫褐色，无毛。叶厚纸质，椭圆形至倒披针形，长 5～10cm，宽 1.5～3.5cm。花白色，有芳香，常 5～13 朵组成顶生头状花序，无总花梗，基部具数枚早落苞片；花被筒状，长约 10mm，外侧被灰黄色绢状毛，裂片 4 个，长约 5mm；雄蕊 8 个，2 轮，分别着生花被筒上部及中部；花盘环状，边缘波状，外被淡黄色短柔毛；子房长椭圆状，无毛。核果卵状椭圆形，红色(丁宝章和王遂义，1997)。

【生境】生于海拔 800m 以下山坡灌丛中。

【分布】伏牛山有分布，主产于大别山、桐柏山。我国浙江、安徽、江西、湖北、湖南、四川、广东、广西及台湾均有分布。

【化学成分】据报道从毛瑞香根中分得的化合物为 β-谷甾醇、双白香素（daphnoretin）、瑞香新素（daphneticin）和 D - (−)-lariciresinol（王伟文等，1995）。还有对羟基苯甲酸乙酯、反式 2-丙烯酸、3,4-二羟基苯基、二十二烷酯、5,4′二羟基-7-甲氧基黄酮（即芫花素）、2,4-二羟基嘧啶、瑞香素、5,7,4′-三羟基黄酮-3β-胡萝卜苷等化合物（张薇等，2005）。

【毒性】根皮有毒（丁宝章和王遂义，1997）。

【附注】毛瑞香有祛风除湿、活血止痛的功效。

【主要参考文献】

丁宝章，王遂义. 1997. 河南植物志（第三册）. 郑州：河南科学技术出版社：72.

国家中医药管理局《中华本草》编委会. 1999. 中华本草 第 14 卷（第 5 册）. 上海：上海科学技术出版社：413.

王伟文，周炳南，王成瑞. 1995. 瑞香科植物毛瑞香的化学成分研究. 中草药，566~567.

张薇，张卫东，李廷钊，等. 2005，毛瑞香化学成分研究. 中国中药杂志，7：513~515.

芫 花

Yuanhua

LILAC DAPHNE FLOWER BUD

【中文名】芫花

【别名】芫、去水、赤芫、败花、毒鱼、杜芫、头痛花、闷头花、老鼠花、闹鱼花、棉花条、大米花、芫条花、地棉花、九龙花、芫花条、癞头花、南芫花、毒老鼠花、紫金花（国家中医药管理局《中华本草》编委会，1999）

【基原】为瑞香科植物芫花 *Daphne genkwa* Sieb. et Zucc. 的干燥花蕾。春季花未开放前采摘，除去杂质，晒干或烘干。

【原植物】芫花为瑞香科瑞香属多年生植物。落叶灌木，高 30~100cm。枝细长，幼枝密被淡黄色绢状毛。叶对生或偶为互生，纸质，椭圆状长圆形至卵状披针形，长 3~4cm，宽 1~1.5cm，先端尖，基部楔形，全缘、表面疏被绢状毛或无毛，背面被淡黄色绢状毛，沿中脉较密；叶柄短，被绢毛。花先叶开放，淡紫色或淡紫红色，3~7 朵成簇腋生；花被筒状，长约 15mm，外面密被绢状毛，裂片 4 个；雄蕊 8 个，2 轮，分别着生于花被筒中部及上部；花盘杯状；子房卵形，密被淡黄色柔毛。核果白色，卵状长圆形，长约 7mm，内含种子 1 粒。花期 4~5 月，果熟期 5~6 月（丁宝章和王遂义，1997）。

【生境】生于海拔 300~2000m 的山坡、山谷路旁。

【分布】伏牛山区有分布。产于河北、陕西、甘肃、山东、江苏、安徽、浙江、江西、福建、湖北、湖南、四川等地区。

【化学成分】花与花蕾含二萜原酸酯类化合物：花含芫花酯甲（yuanhuacin）（**1**）、芫花酯乙（yuanhuadin）（**2**）、芫花酯丙（yuanhuafin）、芫花瑞香宁（genkwadaphnin）即 12-*O*-苯甲酰基瑞香毒素（12-*O*-benzoxydaphnetoxin）（**3**）；花蕾含芫花酯丁（yuanhuatin）、芫花酯戊（yuanhuapin）等。黄酮类化合物：芫花素（genkwanin）、3′-羟基芫花素（3-hydroxygenkwanin）即木犀草素-7-甲醇（luteolin-7-methylether）、芫根苷（yuankanin）即芫花素-5-葡萄糖-木糖苷或芫花素-5-木糖-葡萄糖苷、芹菜素（apigenin）、木犀草素

（luteolin）、茸毛椴苷（tilirosid）即山奈酚-3-*O*-β-D-（6″-对香豆酰）吡喃葡萄糖甘 [kaempferol-3-*O*-β-D-（6″-pcoumaroyl）glucopyranoside]。

花挥发油中含大量脂肪酸，棕榈酸（palmitic aicd）、油酸（oleic acid）和亚油酸（linoleic acid）含量较高，约占总油量的 60%；尚含正二十四烷（*n*-tetracosane）、正十五烷（*n*-pentadecane）、正十二醛（*n*-dodecanal）、十一醛（undecanal）、苯甲醛（benzaldehyde）、α-呋喃甲醛（α-furaldehyde）、苯乙醇（phenylethanol）、1-辛烯-3-醇（1-octene-3-ol）、葎草烯（humulene）、丙酸牻牛儿醇酯（geraniolpropionate）和橙花醇戊酸酯（nerol pentanoate）等（国家中医药管理局《中华本草》编委会，1999）。

芫花根皮还含有芫根乙素等其他成分。部分化合物结构式如下：

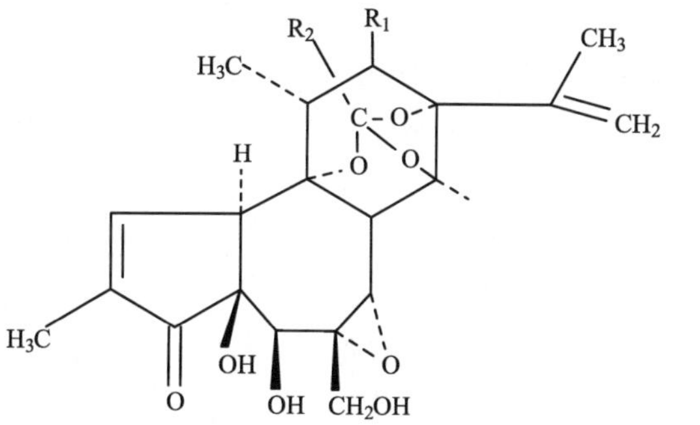

1 $R_1 = OCOC_6H_5$

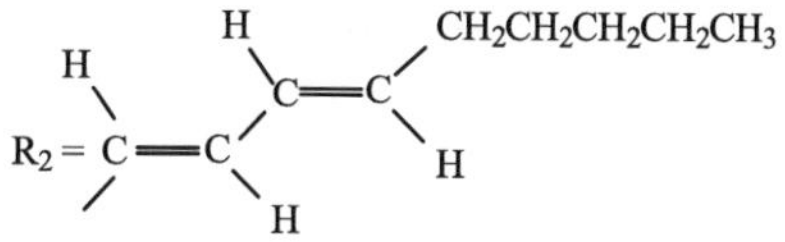

2 $R_1 = OCOCH_3$

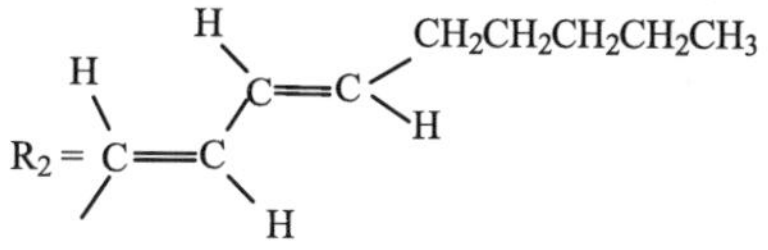

3 $R_1 = OCOC_6H_9$, $R_2 = C_6H_5$

【毒性】 全株有毒，以花蕾和根毒性较大。含刺激皮肤、黏膜起泡的油状物，内服中毒后引起剧烈的腹痛和水泻（陈冀胜和郑硕，1987）。

【药理作用】

1. 利尿作用

用 3%氯化钠液腹腔注射，形成腹水的大鼠灌胃 10g/kg 的芫花煎剂或醇浸剂，均有利尿作用。

2. 镇咳、祛痰作用

氨水喷雾法引咳实验结果表明，小鼠灌胃 1.25g/kg 醋制芫花与苯制芫花的醇水提取液，或 0.625g/kg 羟基芫花素均有止咳作用。酚红排泄实验表明，小鼠灌胃 5g/kg 醋制芫花与苯制芫花醇水提取液或 0.625g/kg 羟基芫花素，均有一定祛痰作用，其祛痰机制可能与治疗后炎症减轻、痰液黏滞度降低有关。

3. 对中枢神经系统的作用

小白鼠口服 20g/kg 单味甘草或炙芫花煎剂后有一定镇痛作用。在热板法、酒石酸锑钾扭体法及电击法中，对小鼠都有明显镇痛作用，但吗啡受体拮抗剂纳洛酮能阻断其镇痛作用。在小鼠转棒实验中，腹腔注射 1000mg/kg 的芫花乙醇提取物显示明显镇静作用，在抗士的宁或苯甲酸钠咖啡因惊厥实验中，有明显抗惊厥作用，抗士的宁惊厥作用较强。此外，芫花还能明显增强异戊巴比妥钠对犬的麻醉作用。

4. 对消化系统的作用

对动物离体肠段的影响：取约 2kg 的健康成年家兔数只，雌雄皆有，急性处死后取出空肠，常规处理，保存于台氏(Tyrode)液中备用。实验共分 20 组进行。结果表明，药物在高浓度时，炙芫花对肠段的兴奋作用优于甘草，低浓度时则甘草低于芫花。

5. 抗生育作用

对子宫颈的作用弱于子宫体，且与雌二醇无协同作用。兔宫颈注射 100μg/kg 芫花酯甲，引起强烈宫缩。犬静脉注射芫花素有相同作用。孕猴宫腔内给药也能引起流产。且局部给药作用加强，静脉注射反应慢或不明显。致流产原因：从芫花酯甲引产下来的胎盘和胎儿的病理检查结果可见，退变的绒毛蜕膜组织血栓形成、红细胞破坏、胎盘绒毛膜板下有大量中性多形核白细胞集聚，系药物注入后引起炎症细胞浸润之故；胎儿各器官的血管明显扩张(瘀血)、组织水肿、出血，细胞肿胀等病理改变系药物对局部组织的直接作用；蜕膜细胞退变坏死，以及胶带的炎性细胞浸润和水肿，可能是内源性前列腺素的分泌释放增多，致子宫平滑肌细胞收缩增强，从而达到引产的目的。

6. 对黄嘌呤氧化酶的抑制作用

芫花的花和芽对黄嘌呤氧化酶(XO)具有强的抑制作用，并从中分离出芫花素、芹菜素、3-羟基芫花素和木犀草素四种对 XO 有抑制作用的成分，它们的抑制活性 IC_{50} 分别为 $7.0×10^{-5}$mol/L、$7.4×10^{-7}$mol/L、$1.0×10^{-5}$mol/L 和 $5.9×10^{-7}$mol/L。芹菜素和木犀草素是 XO 的最强抑制剂。这些黄酮类化合物在同样的试验条件下对单胺氧化酶未表现有强的抑制活性。

7. 抗白血病作用

据报道，从芫花花部的甲醇提取物中分离得到两种强力抗 P-388 淋巴细胞性白血病的二萜化合物——芫花瑞香宁和芫花酯甲。两者在体内低剂量(0.8mg/kg)时，即显较强抑制活性。研究表明，芫花瑞香宁与芫花酯甲均可抑制 P-388 癌细胞核酸与蛋白质的合成，对前者的抑制作用，系在 DNA 聚合酶与嘌呤合成中的磷酸核糖氨基转移酶、肌苷酸脱氢酶及二氢叶酸还原酶，对后者系在延伸步骤中阻抑与干扰肽基转移酶的反应。

8. 抗菌作用

体外试验 1∶50 浓度的醋制芫花及苯制芫花醇水提取液对肺炎球菌、溶血链球菌、流行性感冒杆菌均有抑制作用。芫花水浸液(1∶4)在试管内对许兰氏杆菌、奥杜盎氏小孢子菌、星形奴卡氏菌等皮肤真菌均有不同程度的抑制作用。而芫花素无抗菌作用。

9. 其他作用

芫花甲醇提取物对 cAMP 磷酸二酯酶(PDE)具有抑制活性。

10. 对心血管系统的作用

芫花叶有明显的增加冠脉流量的作用，但其对心率变化影响不明显。芫花根对心血管系统也有作用，十万分之一的芫根乙素水溶液离体肠鼠心脏灌流，具明显冠状动脉扩张作用，效价略低于二甲氧基甲基呋喃色原酮(khellin)。

11. 毒鱼作用

芫根乙素十万分之一的水溶液可使金鱼 30min 内致死，似 khellin 类呋喃色原酮的毒鱼作用(国家中医药管理局《中华本草》编委会，1999)。

【毒理】

1. 毒性实验

芫花与醋制芫花的醇浸剂，小鼠腹腔注射的 LD_{50} 分别为 1.0g/kg 与 7.07g/kg，而其水浸剂的 LD_{50} 分别为 8.30g/kg 与 17.78g/kg，说明醋制能降低生芫花的毒性。

2. 芫花制剂对胎盘的影响

芫花醇剂给孕猴每日腹腔注射 20～100μg/kg，连续 10d，可见主要脏器有明显病变，因弥漫性和血管内凝血死亡。(国家中医药管理局《中华本草》编委会，1999)

【附注】以芫花为主或适当配伍可用于治疗多种疾病，如用于治疗传染性肝炎、风湿性关节炎。另外，芫花的提取物芫花酯甲在剂量为 60～80mg 时可用于引产。

【主要参考文献】

陈冀胜，郑硕. 1987. 中国有毒植物. 北京：科学出版社：10：586~588.

丁宝章，王遂义. 1997. 河南植物志 (第三册). 郑州：河南科学技术出版社：71~72.

国家中医药管理局《中华本草》编委会. 1999. 中华本草 第 14 卷 (第 5 册). 上海：上海科学技术出版社：402~406.

荛花属 *Wikstroemia* Endl.

落叶或常绿灌木或小乔木。叶互生，稀对生。花两性，无花瓣，排成顶生或腋生短总状花序或穗状花序；苞片无；花被圆筒状，喉部无鳞片，外面被柔毛，裂片 4 个，稀 5 个；下位鳞片 4 或 2 个；雄蕊无柄，长为花被片的 2 倍，2 轮排列于花被管的近顶部；子房无柄，被短柔毛，柱头头状，合生或离生，近无柄。果实为核果。约 70 种，产于亚洲东部及大洋洲。我国产 37 种。河南产 5 种。

荛 花

Raohua

FLOWER OF LONGFLOWER STRINGBUSH

【中文名】荛花

【别名】老龙树花、老虎麻花、土沉香、山皮条、白色矮坨坨、竹腊皮、铁扇子

【基原】为瑞香科植物荛花 *Wikstroemia canescens* (Wall.) Meisn. 的花蕾。5～6 月花未开时采收，晾干(国家中医药管理局《中华本草》编委会，1999)。

【原植物】荛花为瑞香科荛花属多年生植物，以花入药。落叶灌木，高约 1m。

小枝细长，同叶柄。叶背面、花序皆被灰色或淡黄色柔毛。叶常对生，稀互生，宽椭圆形、椭圆形或矩圆状披针形，长 1.5～2.6cm，宽 0.6～1.2cm，表面无毛，中脉和 6～10 对侧脉在背面显著，叶柄短。花黄色，穗状花序，或数个合成圆锥花序；总花梗长；花被筒状，长约 8mm，被灰黄色绢状毛，裂片 4 个；雄蕊 8 个；子房被黄色绢状毛。果狭卵形，包闭在宿存花被内（丁宝章和王遂义，1997）。

【生境】 生于海拔 1200m 以上的山坡、灌丛及林缘。

【分布】 产于伏牛山的西峡、内乡、卢氏等地。湖南、湖北、江西、陕西、云南等地区有分布。阿富汗、印度也有分布（丁宝章和王遂义，1997）。

【毒性】 花有毒。

【毒理】 小鼠腹腔注射根的氯仿提取物 200mg/kg 时，出现共济失调、呼吸变深、变慢，翻正反射消失症状，1/4 死亡；腹腔注射甲醇提取物 50mg/kg 时，出现流涎、竖尾、共济失调、翻正反射消失症状（陈冀胜和郑硕，1987）。

【附注】 《本草求真》中记载：荛花虽与芫花形式相同，而究绝不相似，盖芫花叶尖如柳，花紫似荆，荛花苗茎无刺，花细色黄。至其性味，芫花辛苦而温，此则辛苦而寒。若论主治，则芫花辛温，多有达表行水之力；此则气寒，多有入里走泄之效，故书载能治利，然要皆属破结逐水之品，未可分途而别视也。

【主要参考文献】

陈冀胜，郑硕. 1987. 中国有毒植物. 北京：科学出版社：10：591.

丁宝章，王遂义. 1997. 河南植物志（第三册）. 郑州：河南科学技术出版社：74.

国家中医药管理局《中华本草》编委会. 1999. 中华本草 第 14 卷（第 5 册）. 上海：上海科学技术出版社：419.

河 朔 荛 花

Heshuoraohua

【中文名】 河朔荛花

【别名】 黄芫花、药鱼梢、矮雁皮、羊厌厌（陈冀胜和郑硕，1987）

【基原】 为瑞香科植物河朔荛花 *Wikstroemia chamaedaphne* Meisn. 的花蕾。初秋采其花蕾，阴干或烘干（国家中医药管理局《中华本草》编委会，1999）。

【原植物】 河朔荛花为瑞香科荛花属多年生植物，以花入药。灌木，高 1m 左右。多分枝，枝纤细，幼时淡绿色或绿棕色，具棱，后变深褐色，无毛。叶近革质，披针形至狭长圆状披针形，长 2～5.5cm，宽 0.33～0.8cm，先端急尖，基部楔形或渐狭成短柄，全缘稍反卷，两面无毛，侧脉不显。穗状花序或圆锥花序顶生或腋生. 被灰色短柔毛；花被圆筒状，黄色，细瘦，密被灰黄色绢毛；裂片 4 个，长为花被筒的 1/4；雄蕊 8 个，2 轮，着生于花被筒内面；花盘鳞片 1 个；子房卵形，被短柔毛，花柱极短，柱头头状。核果卵圆形，内有种子 1 粒。花期 6～8 月，果熟期 9 月（丁宝章和王遂义，1997）。

【生境】 生于海拔 1 000m 以下的阳坡、沟边和山沟路旁。

【分布】产于伏牛山区卢山、灵宝、陕县等黄土丘陵地区。我国河北、山西、陕西、甘肃、湖北、四川等地区也有分布（丁宝章和王遂义，1997）。

【化学成分】籽含有河朔荛花素（simplexin）。叶含有 5,7,3′,4′-四羟基黄酮-3′-O-D-葡萄糖苷（5,7,3′,4′-tetrahydroxyflavone-3′-O-D-glucoside）、5,7-二羟基-3′-甲氧基黄酮-4′-O-D-葡萄糖苷（5,7-dihydroxy-3′-methoxy-flavone-4′-O-D-glucoside）、5,7,4′-三羟基黄酮-3′-O-β-D-葡萄糖苷（5,7,4′-trihydroxyflavone-3′-O-β-D-glucoside）、5,7,3′,4′-四羟基黄酮-3-O-β-D-葡萄糖苷（5,7,3′,4′-tetrahydroxyflavone-3-O-β-D-glucoside）、5,7,3′,4′-四羟基黄酮-8-O-β-D-葡萄糖苷（5,7,3′,4′-tetrahydroxyflavone-8-O-β-D-glucoside）、正三十一烷（n-hentriacontane）、三十烷醇（triacontanol）、二十八烷醇（octacosanol）、29-羟基-3-二十九烷酮（29-hydroxynonacosan-3-one）。花含荛花酯甲（yuanhuacin A）等（国家中医药管理局《中华本草》编委会，1999；陈冀胜和郑硕，1987）。

从河朔荛花中提取分离出的荛花酯甲（yuanhuacin A）与从种子乙醇液中分离出的单体——河朔荛花素（simplexin）同属二萜原酸酯类结构。

河朔荛花素结构式如下：

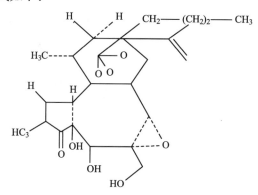

河朔荛花素（simplexin）

【毒性】根对皮肤有强烈的刺激作用；民间用 4.4～6.6g 根的乙醇提取物，给孕妇羊膜腔注射，能引产；另外，还能毒鱼。

【药理作用】河朔荛花叶对治疗精神病、躁抑症、神经官能症、癫痫等效果明显，对精神分裂症中妄想型治疗效果较好。能使兴奋性病人安静，抑郁性病人情绪活跃，忧虑性病人有所缓解。副作用是可能引起不同程度的胃部灼痛和腹泻，体弱者有虚脱现象。河朔荛花的水提物（WCM）有明显镇静作用，而安定作用、抗丙苯胺和阿朴吗啡作用比氟哌啶醇要弱。这些作用可能是其治疗精神分裂症的药理基础。此外，WCM 有与氯丙苯相似的降温作用。但 WCM 的抗惊厥作用和镇痛作用不明显。急性毒性低，小鼠腹腔注射 LD_{50} 为 25.98g/kg。临床有以下药理作用。

1. 抗心律失常

河朔荛花总黄酮一次静脉注射 200mg，对乌头碱诱发的大鼠心律失常有抑制作用；20mg/kg 静脉注射对氯化钡诱发的大鼠心律失常有对抗作用；650mg/kg 静脉注射，抑制热氯仿诱发的小鼠心律失常，其 ED_{50} 为（260.0±4.7）mg/kg。

2. 抗早孕

河朔荛花醇提物 1g/mL，腹腔注射 0.4mL，可致流产。其抗早孕流产机制主要是直接作用于蜕膜组织，使之变性坏死，引起内源性前列腺素（PG）合成与释放，从而发动宫缩，软化宫颈，导致流产。

3. 对心血管的作用

河朔荛花叶总黄酮对实验性心律失常有一定对抗作用，而对小鼠吸入氯仿引起的心室纤颤，大鼠由乌头碱诱发的心律失常则有一定的治疗作用。对氯化钡所致心律失常有一定预防作用，但对哇巴因（ouabain）诱发的心律失常则无效（赵莉蔺等，2004）。

4. 对肝脏作用

临床对于治疗急、慢性肝炎有显著疗效，可使血清丙氨酸转氨酶值降低，自觉症状改善，疗程短，无副作用。

5. 促癌作用

河朔荛花对 Raji 细胞内埃巴病毒（EB 病毒）有非常明显的诱导作用，可以使单体疱疹病毒 Ⅱ 型（HSV-2）诱癌率由 7.4% 增加到 24.2%，同时可以使甲基胆蒽的诱癌率从 56.5% 增加到 83.6%，而且可以影响肿瘤的分化程度，致使晚期浸润癌的比例增加（胡垠玲和曾毅，1985）。河朔荛花提取物使地鼠 V_{79} 成纤维细胞膜表面微绒毛与褶皱增多，黏着蛋白体分布改变，膜和膜上的信息跨膜传导体系受到影响，从而作用于细胞。其刺激 V_{79} 细胞 DNA 合成，使细胞增生周期时相群体比例右移，细胞分裂期百分比升高，这些都与细胞增生活性升高有关（林仲翔等，1991）。

【毒理】河朔荛花素等萜类化合物对皮肤、黏膜有强烈的刺激作用（鱼爱和等，1999）。河朔荛花乙醇液在临床抗生育中已应用 20 多年，根据引产娩出死胎及胎盘病理研究说明，河朔荛花乙醇液对胎儿有一定毒性作用（鱼爱和等，1997）。河朔荛花提取物中的促癌物质是否与人的鼻咽癌和宫颈癌的发生有关，是值得重视和进一步研究的问题（孙瑜等，1987）。

【主要参考文献】

陈冀胜，郑硕. 1987. 中国有毒植物. 北京：科学出版社：10：591~592.

丁宝章，王遂义. 1997. 河南植物志（第三册）. 郑州：河南科学技术出版社：75.

国家中医药管理局《中华本草》编委会. 1999. 中华本草 第 14 卷（第 5 册）. 上海：上海科学技术出版社：420.

胡垠玲，曾毅. 1985. 几种中草药对淋巴细胞的促转化作用. 中华肿瘤杂志，7（6）：417~419.

林仲翔，吕桂芝，江世文，等. 1991. 黄芫花提取物对 V9 细胞和 WB 肝细胞的生物学效应. 实验生物学报，24（4）：307~313.

孙瑜，陈敏悔，张友新，等. 1987. 中草药黄芫花和酮油提取物对实验性宫颈癌的促进作用. 中华肿瘤杂志，9（5）：345~346.

鱼爱和，范武峰，蔡淑英，等. 1997. 黄芫花乙醇液研究进展. 中草药，1：55~57

鱼爱和，范武峰，冯方波，等. 1999. 黄芫花乙醇液的毒性及质量标准研究. 中成药，21（3）：119~121.

赵莉蔺，刘素琪，曹挥，等. 2004. 河朔荛花药理作用及临床应用的研究. 山西医药杂志，33（3）：187~189.

小 黄 构

Xiaohuanggou

【中文名】小黄构

【别名】香构、黄构、藤构、娃娃皮

【基原】为瑞香科植物小黄构 *Wikstroemia micrantha* Hemsl. 的茎皮或根。全年均可采，洗净，切片，晒干。

【原植物】小黄构为瑞香科荛花属多年生植物，以茎皮、根入药（国家中医药管理局《中华本草》编委会，1999）。灌木，高 0.5～1m。枝纤细，圆柱状，无毛，幼时绿色，后变赤褐色。叶纸质至近革质，长圆形或倒卵状至倒披针状长圆形，长 1.3～4cm，宽 0.4～1.7cm，无毛，先端钝或有刺状凸尖，边缘向下面反卷，侧脉 6～11 对，在叶缘处相互网结；叶柄极短。顶生或腋生圆锥花序，有时有簇生或单生的短总状花序；花被筒状，黄色，疏被短柔毛，裂片 4 个；雄蕊 8 个；花盘鳞片 1 个，近方形，顶端 2 裂；子房顶端被黄色短柔毛。核果卵形，紫黑色。花期 8 月，果熟期 9 月（丁宝章和王遂义，1997）。

【生境】生于海拔 500～1500m 的山坡、河岸、路旁等处。

【分布】产于伏牛山灵宝、卢氏、栾川、西峡、内乡等地。我国甘肃、湖北、四川等地区有分布。

【附注】茎皮及根药用，有止咳化痰功效，主治风火牙痛、百日咳、哮喘等症。

【主要参考文献】

丁宝章，王遂义. 1997. 河南植物志（第三册）. 郑州：河南科学技术出版社：75.

国家中医药管理局《中华本草》编委会. 1999. 中华本草 第 14 卷（第 5 册）. 上海：上海科学技术出版社：427.

鄂 北 荛 花

Ebeiraohua

【中文名】鄂北荛花

【基原】为瑞香科植物鄂北荛花 *Wikstroemia pampaninii* Rehd. 的茎和根。

【原植物】鄂北荛花为瑞香科荛花属多年生植物。以茎皮、根入药。灌木，高 0.5m。当年生枝密被白色柔毛，后变无毛，老时褐紫色。叶椭圆形或倒卵状椭圆形至狭椭圆形，长 1～2.5cm，宽 0.5～1.3cm，两端尖，边缘向外卷，背面淡绿色，被白色柔毛，中脉隆起，密被白色柔毛；叶柄长约 1mm，密被白色柔毛。顶生或腋生圆锥花序；花被筒状，黄色，密被柔毛，裂片 4 个，外面被柔毛，长 1.5mm，雄蕊 8 个，上部的稍外露，下部的着生在花被筒中部以上；花盘鳞片 2 个，分裂为 4 个，与子房等长；子房被毛，花柱极短，柱头头状。未成熟的果实具绒毛。花期 7～8 月，果熟期 9 月（丁宝章和王遂义，1997）。

【生境】生于海拔 500～1200m 的山谷、山坡、灌丛中。

【分布】产于伏牛山西峡、内乡、卢氏等地。我国陕西、甘肃、湖北等地区有分布。

【主要参考文献】

丁宝章，王遂义. 1997. 河南植物志（第三册）. 郑州：河南科学技术出版社：75.

狼毒属 *Stellera* Linn.

多年生草本。叶互生。花两性，无柄，为头状花序；花被管柱头，最后于子房上部环裂，裂片 4 或 5 个，稀 6 个；雄蕊 8～10 个，2 轮，着生于花被管内；子房无柄，先端具髯毛，1 室，1 胚珠，柱头头状。果干燥，包藏于宿存花被管基部。约有 8 种。我国有 6 种。河南有 1 种。

狼　毒

Langdu

BRACTLESS EUPHORBIA ROOT

【中文名】狼毒

【别名】续毒、绵大戟、山萝卜、闷花头、热加巴、一扫光、搜山虎、一把香、药萝卜、生扯拢、红火柴头花、断肠草、猴子根

【基原】为瑞香科植物狼毒 *Stellera chamaejasma* Linn. 的干燥根。春、秋季采挖，去茎叶、泥沙，洗净，晒干（国家中医药管理局《中华本草》编委会，1999）。

【原植物】狼毒为瑞香科狼毒属多年生草本植物。多年生草本，高 20～45cm。茎丛生，无分枝，光滑。叶柄短或近无柄，长圆状披针形或线状披针形，长 1～2.4cm，宽 3～7mm，先端渐尖，全缘，两面无毛。头状花序顶生；花被管状，长达 1.2cm，紫红色，管内白色，具明显脉纹，上端 5 裂，稀 6 裂；雄蕊为花被管裂片 2 倍，2 轮，花丝极短，花药细长；子房卵圆形，顶端被淡黄色毛，花柱极短，近头状。小坚果长梨形，褐色，为花被管基部所包。花期 6～7 月（丁宝章和王遂义，1997）。

【生境】多生于海拔 1200～2900m 的向阳黄土山坡、路旁、河滩等地。

【分布】伏牛山有分布。中国东北、华北、西南及陕西、河南、甘肃、青海等地也有分布。

【化学成分】根含二萜类、黄酮类、木脂素、香豆素类成分。二萜类有格尼迪木任（gnidimacrin）、河朔荛花素（simplexin）、瑞香狼毒任（stelleramacrin）A、瑞香狼毒任 B、18-去-苯甲酰氧基-28-去氧格尼迪木任（pimeleafactor P2）、12-乙酰氧基赫雷毒素（subtoxin A）、赫雷毒素（huratoxin）。黄酮类：狼毒素（chamaejasmin）A、狼毒素 B、狼毒素 C、新狼毒素（neochamaqasmh）A、新狼毒素 B、狼毒色酮（chamaechromon）。木脂素有鹅掌揪树脂酚（lirioresino）B、松脂酚（pinoresinol）、穗罗汉松脂酚（matairesinol）。挥发油有 27 种成分，主要为 3,7,17- 三甲基十二碳 - 反 -2, 顺 -6,10- 三烯酸（3,7,17-trimethyl-*trans*-2,*cis*-6,10-dodecatrienol）等。狼毒还含茴芹香豆素（pimpinellin）、异香柑内酯（isobergapten）、异茴芹香豆素（isopimpinellin）、牛防风素（sphondin）（国家中医药管理局《中华本草》编委会，1999；陈冀胜和郑硕，1987）。

狼毒素结构式如下：

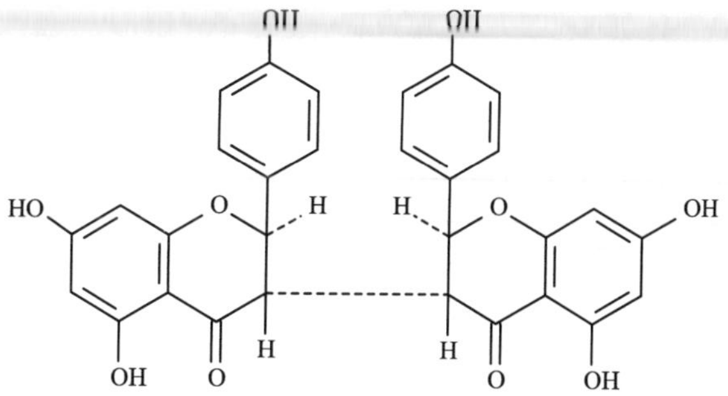

狼毒素 C

【毒性】根有大毒。

【药理作用】

1. 镇痛作用

狼毒煎剂灌服 0.6g（生药）/kg，可提高小鼠痛阈 20%～50%（小鼠电击法及热板法）。

2. 抗肿瘤作用

狼毒醇提物 80.66mg/kg 和水提取物 10.48g/kg，腹腔注射对 Lewis 肺癌的抑癌率分别为 70.2%和 59.91%。水提取物 1.5g/kg 腹腔注射对肝癌的抑瘤率为 36.77%，对子宫颈癌 U14 的抑瘤率为 50.5%。从狼毒的甲醇提取物中分离到的二萜类化合物格尼迪木任以 0.02～0.03mg/kg 腹腔注射可使患白血病 P388 和 L1210 腹水型肿瘤的小鼠生命延长 70% 和 80%。以 0.01～0.02mg/kg 腹腔注射可分别使移植实体瘤 Lewis 肺癌、黑色素瘤 B16 和肠癌 26 的小鼠生命延长 40%、49%和 41%，应用 MTT 法和克隆技术观察到格尼迪木任对体外培养的人白血病 K562 和胃癌 Kato-Ⅲ、MKN-28、MKN-45 及小鼠 L1210 的细胞生长和克隆形成抑制作用，其 IC_{50} 为 0.007～0.0012μg/mL，表明格尼迪木任具较强的抗癌活性，是狼毒抗癌作用的主要成分。

3. 其他作用

从狼毒中提取得到一种狼毒苷，原称川狼毒素，为抗菌物质（国家中医药管理局《中华本草》编委会，1999）。

【毒理】根有大毒，可引起腹部剧痛、腹泻、里急后重，孕妇可致流产，因此有断肠草之称。人接触根时能引起过敏性鼻炎，根粉对眼、鼻、咽喉有强烈而持久的辛辣性刺激。小鼠腹腔注射根的氯仿提取物 400mg/kg，出现四肢无力、伏地、惊厥死亡；腹腔注射石油醚提取物 50mg/kg 引起惊厥死亡。小鼠口服根 LD_{50} 为 3.92g/kg，急性中毒症状虽不强烈，但对心、肝、肾、脑有器质性改变及充血、出血，肺和肠胃道出血（陈冀胜和郑硕，1987）。

【附注】

1. 临床使用

狼毒有大毒。有祛痰、消积、止痛的功效；外敷可治疥癣；亦可作农药，杀蔬菜害虫、棉蚜及豆蚜，对小麦叶锈病菌及小麦秆锈病菌孢子的萌发有抑制作用。

2. 注意事项

狼毒为三毒药之一，内服宜慎；孕妇禁用。

【主要参考文献】

陈冀胜，郑硕. 1987. 中国有毒植物. 北京：科学出版社：10：590~591.

丁宝章，王遂义. 1997. 河南植物志（第三册）. 郑州：河南科学技术出版社：74.

国家中医药管理局《中华本草》编委会. 1999. 中华本草 第 14 卷（第 5 册）. 上海：上海科学技术出版社：417.

漆 树 科

漆树科 Anacardiaceae，乔木或灌木，稀为藤本，树皮具树脂。叶互生，稀对生，羽状复叶、3 小叶或单叶，无托叶或托叶不明显。花小，单性，雌雄异株、杂性同株或两性，整齐花，排列成顶生或腋生的圆锥花序或总状花序；花萼 3~5 裂；花瓣 3~5 或无花瓣；雄蕊着生于花盘基部或有时着生在花盘边缘，与花瓣同数或为其 2 倍，稀较少；花盘环状、盘状或杯状，全缘或 5~10 浅裂或呈柄状凸起；复雌蕊，子房上位，1 室，稀 2~5 室，每室 1 个胚珠，倒生，花柱通常 1 个，稀 2~5 个，常分离。核果或坚果；外果皮薄，中果皮多具树脂，通常较厚，内果皮坚硬、骨质、硬壳质或革质；种子无胚乳或有少量薄胚乳，胚弯曲。约 60 属，600 种，主产热带、亚热带，少数产温带。我国有 15 属，55 种。河南 4 属，10 种及 2 变种。

本科具花盘而适应虫媒传粉。种子通常为鸟类和哺乳类吞食后随其粪便而散布。本科起源较早，比较进化的黄连木属和黄栌属的化石见于地中海区第三纪地层中；盐肤木属和漆树属的化石在欧洲、北美和中国东北部第三纪地层中均有发现。本科是良好的华北地区秋季观叶树种；是良好的园林观赏树种和石灰岩山地的先锋树种；木材可作黄色染料；叶入药，叶片可作书签。

漆树科主要含漆酚（urushiol）、儿茶酚（catechol）、单宁酸（tannic acid）、没食子酸（gallic acid）、漆酶（laccase）、漆树素（fisetin）、杧果酸（mangiferolic acid）、榄如酸（anacardic acid）、黄颜木素（fustin）、硫磺菊素（sulfaretin）、杨梅树素（myricetin）、莽草酸（skikimic acid）、葡萄糖苷（glucoside）等。

本科代表种有以下种。

（1）漆树。漆树是生产著名"中国漆"或"生漆"的树种，生漆为工业和国防上的重要涂料。盐肤木是五倍子蚜虫的寄主植物，五倍子是医药、制革、塑料和墨水等工业上的重要原料。有的为著名的热带水果，如腰果、杧果。绝大多数属、种的树皮和叶均含鞣质，可提栲胶。

（2）人面子。人面子是人面子属的一种，分布于中国广东、广西和云南的南部热带地区，越南北方也有。喜高温、高湿，生于终年无霜的密林中。常绿乔木或大乔木，高可达 20 余米。其核果扁球形，成熟时黄色，中果皮肉质，果核扁球形，具棱和盾状凹点，形似"人面"；种子 3 或 4 枚。果肉味酸甜，可生食或盐渍做菜，入药有健胃、醒酒、解毒之效，治风毒痒痛、喉痛等；果核治小儿惊痫。木材致密，具光泽，耐腐力强，供建筑和家具用材。种子榨油，可制皂或作润滑油。

（3）黄连木。黄连木是黄连木属的 1 种，广布于中国长江以南及河北、河南、陕西、甘肃等地区；菲律宾也有。喜生于干燥、向阳的石灰山林中或林缘。落叶乔木。叶互生，奇数羽状复叶。黄连木树心含没食子酸、黄颜木素、非瑟素等。种子含二氢锦葵酸（dihydromalvalic acid）。幼叶鲜嫩，可充蔬菜和代茶。药用有清热解毒、止渴消炎之效。木材黄色，质坚致密，为家具和细木工用材。种子富含油分，作润滑油或制皂。

（4）红叶。红叶又名黄栌，是黄栌属中的一个变种，分布于北京、河北、山东、河南、湖北、四川。喜生于向阳的山坡疏林中。灌木。单叶互生，倒卵形至卵圆形，先端圆形或微凹，全缘，两面沿脉上显著被柔毛。木材黄色，古代用作黄色染料，含硫黄菊素、葡萄糖苷、没食子酸及杨梅树素。味苦涩，无毒，可入药；除烦热、解酒；树皮可提栲胶；叶含芳香油，可做香料；嫩芽可食，叶秋季变红，极为美观，北京俗称"西山红叶"。

漆属 Toxicodendron (Tourn.) Mill.

落叶乔木、灌木、或木质藤本，有白色乳液，干后变黑，有毒。叶互生，奇数羽状复叶或三小叶，叶轴通常无叶翅；无托叶。圆锥花序腋生；花小，雌雄异株或杂性；花萼 5 裂，宿存；花瓣 6 个，常具褐色脉纹；雄蕊 5 个，着生于花盘基部；花盘环状、盘状或杯状浅裂，子房基部埋入花盘中，1 室，1 个胚殊，花柱顶生，先端 3 裂。核果近球形或侧向压扁，苍白色、黄色或褐色，无毛或有毛，但不被腺毛，外果皮纸质、脆，常具光泽，成熟时与中果皮分离。中果皮蜡质，白色，与内果皮联合，内果皮骨质，与种皮联合；种子有胚乳。约 49 种，产于东亚或拉丁美洲与北美洲，我国栽培及野生有 18 种。河南有 3 种。

木 蜡 树
Mulashu
PINE STLVESTRE

【中文名】木蜡树
【别名】野漆树
【基原】为漆树科植物木蜡树 Toxicodendron sylvestre (Sieb. et Zucc.) O. Kuntze 的叶或根。夏、秋季采收，鲜用或晒干。
【原植物】木蜡树为漆树科漆树属多年生植物。以叶或根入药。落叶乔木或小乔木，高达 10m。幼枝和冬芽被黄褐色绒毛，树皮灰褐色。奇数羽状复叶互生，有小叶 7～13 对，稀 7 对，叶轴和叶柄圆柱形，叶柄长 4～8cm；小叶对生，具短柄或近无柄，卵状或卵状椭圆形或长圆形，长 4～10cm，宽 2～4cm，先端渐尖或急尖，基部不对称，圆形或阔楔形，全缘，上面有短柔毛或近无毛，下面密被黄色短柔毛；侧脉 15～25 对，两面突起，细脉在叶背略突。圆锥花序腋生，长 8～15cm，密被锈色绒毛，总梗长 1.5～3cm；花黄色，小，单性异株；花梗长 1.5mm，被卷曲微柔毛；花萼及花瓣均 5；雄蕊 5，花丝线形，花药卵形；花盘无毛；子房球形，1室，花柱3。核果偏斜扁圆形，压扁，长大于宽，长约8mm，宽6～7mm，外果皮薄，具光泽，无毛，成熟时不裂，中果皮蜡质，果核坚硬(国家中医药管理局《中华本草》编委会，1999)。

【生境】零散生于疏林中或山坡沟旁。

【分布】产于河南伏牛山和大别山区。华北至江南各地区均有分布(丁宝章和王遂义，1988)。

【毒性】有小毒。

【毒理】树的汁液有毒，对生漆过敏者皮肤接触即引起红肿、痒痛，误食引起强烈刺激，如口腔炎、溃疡、呕吐、腹泻，严重者可发生中毒性肾病(陈冀胜和郑硕，1987)。

【附注】具祛瘀消肿、杀虫、解毒功效。主治跌打损伤、创伤出血、钩虫病、疥癣、疮毒、毒蛇咬伤。

【主要参考文献】

陈冀胜，郑硕. 1987. 中国有毒植物. 北京：科学出版社：10：73.

丁宝章，王遂义. 1988. 河南植物志(第二册). 郑州：河南科学技术出版社：505.

国家中医药管理局《中华本草》编委会. 1999. 中华本草第13卷(第5册). 上海：上海科学技术出版社：95.

野　漆

Yeqi

ROOT OF WOOD SLACQUERTREE

【中文名】野漆

【别名】大木漆、山漆树、漆木、痒漆树、擦仔漆

【基原】为漆树科植物野漆 *Toxicodendron succedaneum* (Linn.) O. Kuntze 的叶或根。春季采集嫩叶，鲜用或晒干备用；根全年均可采，挖根，洗净，用根或剥取根皮，鲜用，或切片晒干。

【原植物】野漆为漆树科漆树属多年生植物。以叶或根入药。落叶乔木，高达10m。树皮褐色。幼枝和冬芽被黄褐色绒毛，皮孔不显。奇数羽状复叶；小叶7～13个，两侧小叶具短柄，顶端小叶柄长达2cm，卵形或卵状椭圆形，长4～10cm，宽2～4cm，先端渐尖或急尖，基部不对称，全缘，表面有短柔毛或光滑、背面密被柔毛，侧脉15～25对。圆锥花序腋生，披锈色绒毛，长8～15cm；花黄色；花盘杯状；波状浅裂，雌花中具迟化雄蕊。核果扁平，斜方形，先端偏于一侧，长约8mm，宽约6mm，外果皮暗绿色，无毛，成熟时不开裂，中果皮厚，略具蜡质，果核坚硬。花期6月，果熟期9～10月(丁宝章和王遂义，1988)。

【生境】生于海拔高达1100m的林中，常在岩石缝中生出，与栎、槭等树种混生。

【分布】产于河南大别山、桐柏山区各县。长江以南各地区均产。日本、朝鲜也有分布。

【化学成分】含有非瑟素(fisetin)、黄颜木素(fustin)、没食子酸(gallic acid)、硫黄

菊素(sulfuretin)、紫铆花素(butein)和 2-苄基-2,6,3',4'-四羟基香豆-3-酮(2-benzyl-2,6,3',4'-tetrahydroxycoumaran-3-one)。树蜡中含 5 种脂肪酸：棕榈酸(palmitic acid)、硬脂酸(stearic acid)、油酸(oleic acid)、亚油酸(linoleic acid)、花生酸(arachidic acid)。树蜡中黄酮类成分为新野漆树双黄烷酮(neorhusflavanone)。 叶含野漆树苷(rhoifolin)、没食子酸和并没食子酸(ellagicacid)、鞣云实精(corilagin)。果核与种子含并没食子酸和脂肪酸(fatty acid)，还有黄酮类成分，即扁柏双黄酮(hinokiflavone)、贝壳杉双黄酮(amento-flavone)、南方贝壳杉双黄酮(robustaflavone)、穗花杉双黄酮(agathisflavone)、野漆树双黄酮(rhusflavone)、野漆树双黄烷酮(rhusflavanone)、木蜡树双黄烷酮(succedanaflava-none)和新野漆树双黄烷酮(国家中医药管理局《中华本草》编委会，1999)。

【毒性】有小毒。

【药理作用】非瑟素有解痉作用，在小鼠小肠标本上，它对抗乙酰胆碱的致痉作用为罂粟碱的 166%。

【毒理】树的汁液有毒，对生漆过敏者皮肤接触即引起红肿、痒痛，误食引起强烈刺激，如口腔炎、溃疡、呕吐、腹泻，严重者可发生中毒性肾病(陈冀胜和郑硕，1987)。

【附注】根、叶及果入药，有清热解毒、散瘀生肌、止血、杀虫之效，治跌打骨折、湿疹疮毒、毒蛇咬伤，又可治尿血、血崩、白带、外伤出血、子宫下垂等症。种子油可制皂或掺和干性油作油漆。中果皮的漆蜡可制蜡烛、膏药和发蜡等。树皮可提栲胶。树干乳液可代生漆用。木材坚硬致密，可作细工用材。

注意事项：有人接触漆树后会引起皮肤红肿、痒痛，故对漆树过敏者宜慎用。如引起过敏可用韭菜烤热擦患处，或用肥皂水或碳酸氢钠溶液洗涤，同时内服安其敏片或非那根片。误食过量引起强烈刺激、呕吐、疲倦、瞳孔散大，可大量饮水后服蛋清、面糊、活性炭，也可服苯海拉明及注射钙剂，酌情给予解痉剂等对症治疗，用时宜慎。孕妇和燥热体质不宜。

【主要参考文献】

陈冀胜，郑硕. 1987. 中国有毒植物. 北京：科学出版社：10：73.

丁宝章，王遂义. 1988. 河南植物志(第二册). 郑州：河南科学技术出版社：504.

国家中医药管理局《中华本草》编委会. 1999. 中华本草 第13卷(第5册). 上海：上海科学技术出版社：93~94.

黄连木属 *Pistacia* Linn.

乔木或灌木，落叶或常绿。叶互生，无托叶，偶数羽状复叶，稀单叶或 3 小叶；小叶全缘。总状花序呈圆锥花序腋生，花小，雌雄异株；雄花花被片 3～9 个，雄蕊 3～5 个，花丝极短，与花盘联合或无花盘；雌花花被片 4～10 个，膜质，无退化雄蕊，花盘小或无，子房上位，1 室，1 个胚珠，柱头 3 裂。核果斜卵圆形，无毛，外果皮薄，内果皮骨质，种子扁，无喷乳。约 10 种，产地中海沿岸、亚洲、北美南部。我国 3 种。河南 2 种。

黄 连 木

Huanglianmu

CHINESE PISTACHE

【中文名】黄连木

【别名】楷木、楷树、黄楝树、药树、药木、黄华、石连、黄木连、木蓼树、鸡冠木、洋杨、烂心木、黄连茶

【基原】为漆树科植物黄连木 *Pistacia chinensis* Bunge 的叶芽、叶、根、树皮。春季采集叶芽，鲜用；夏、秋季采叶，鲜用或晒干；根及树皮全年可采，洗净，切片，晒干。

【原植物】黄连木为漆树科黄连木属多年生植物。落叶乔木，高达 25m，直径 1m，树皮暗褐色，鳞片状剥落，幼枝灰棕色，微披柔毛或无毛。偶数羽状复叶，小叶 10～12 个，小叶披针形或卵状披针形，全缘，对生或近对生，长 5～10cm，宽 1.5cm，基部偏斜，小叶柄长 1～2mm。花单性异株，先花后叶，圆锥花序腋生，雄花序排列紧密，长 6～7cm，雌花序排列疏松，长 15～20cm，均被微柔毛；雄花花被片 2～4 个，不等长，边缘具睫毛；雄蕊 3～5 个，无退化子房，雌花花被片 7～9 个，2 轮排列，外轮 2～4 个，内轮 5 个，无退化雄蕊。核果倒卵状球形，直径约 5mm，成熟时紫红色、绿色，后变为紫蓝色。花期 3～4 月，果熟期 9～11 月（丁宝章和王遂义，1988）。

【生境】生于山区、丘陵及平原，以海拔 400～1200m 的山坡疏林中较多。

【分布】产于伏牛山和河南其他地区。长江以南各地区及华北、西北也有分布。

【化学成分】种子含油量 35%，可作润滑油和制肥皂，也可食用。树皮、叶和果实含鞣质。

【附注】中医药用于清暑、生津、解毒、利湿。主治暑热口渴、咽喉肿痛、口舌糜烂、吐泻、痢疾、淋证、无名肿毒、疮疹（国家中医药管理局《中华本草》编委会，1999）。

【主要参考文献】

丁宝章，王遂义. 1988. 河南植物志（第二册）. 郑州：河南科学技术出版社：499.

国家中医药管理局《中华本草》编委会. 1999. 中华本草 第 13 卷（第 5 册）. 上海：上海科学技术出版社：81.

蓼 科

蓼科 Polygonaceae，双子叶植物一年生或多年生草本（挺水植物种类），稀为灌木或小乔木。茎直立或缠绕，节常膨大。叶互生，稀对生或轮生，单叶，全缘，有时分裂；叶柄基部常扩大，与托叶鞘多少合生；托叶通常膜质，鞘状。花两性，稀单性异株、辐射对称，簇生或组成穗状、总状、头状或圆锥状花序；花被片 5 个，稀 3～6 个，分离或结合，萼状或花瓣状，宿存；雄蕊通常 8 个，稀 6～7 个或更少；花盘腺状，环形或无；子房上位，1 室，花柱 2 或 3 个，分离或基部合生，胚珠 1 个，直立。果实为瘦果，三

楔形或两面凸起，全部或部分包于宿存花被内。种子有粉质胚乳。蓼科的花粉近球形或球形至长圆形，是多类型的，即在同一属中，种间的差异很明显，花粉粒具 3 沟、3 孔沟、散孔、散沟孔等，外壁所具网纹也是各式各样，主要有刺状、粗网状、细网状等。本科植物由虫媒传粉或风媒传粉，如蓼属、大黄属在雄蕊的基部有蜜腺，具头状柱头，以便于昆虫授粉；酸模属的花下垂，花梗纤细，具大型的画笔状柱头，这些特征都便于风媒授粉。40 属，800 种，主产北温带。我国有 11 属，180 多种。河南有 7 属，59 种及9 变种。

　　蓼科是一个很自然的群。蓼科与中央种子目(Centrospermae)中一些科的亲缘关系较接近。本科分 3 个亚科，6 个族。酸模亚科(Rumicoideae)包括：①美洲蓼族(Eriogoneae)，中国不产；②酸模族(Rumiceae)。蓼亚科(Polygonoideae)包括：①木蓼族(Atraphaxideae)；②蓼族(Polygoneae)。海葡萄亚科(Coccoloboideae)包括：①蓼树族(Triplarideae)，中国有栽培；②海葡萄族(Coccolobeae)，中国有栽培。本科药用植物如掌叶大黄、药用大黄等是中国传统的中药材；扁蓄、何首乌、拳蓼也是中药材。栽培作物有荞麦等。观赏植物有红蓼、珊瑚藤等。本科植物有些种类为蜜源植物。

酸模属 *Rumex* Linn.

　　一年生或多年生草本。叶有基生叶及茎生叶，互生，全缘，边缘波状或分裂；托叶鞘膜质，筒状。花两性，稀单性异株，成腋生花簇，合成简单总状或圆锥花序；花梗有关节，花被片 6 个，稀 4 个，2 轮，内轮果时增大；雄蕊 6 个；子房三棱形，有基生胚珠 1 个，花柱 3 个，柱头流苏状。瘦果包于花被内，有棱，无翅。约 130 种，主产于北温带。我国约有 30 种，各地均产。河南有 10 种。

酸　模

Suanmo

DOCK/GARDEN SORREL

　　【中文名】酸模

　　【别名】牛舌头棵、山大黄、当药、山羊蹄、酸母、牛耳大黄、酸汤菜、黄根根、酸姜、酸不溜、酸溜溜、莫菜、酸木通、鸡爪黄连、田鸡脚、水牛舌头、大山七

　　【基原】为蓼科植物酸模 *Rumex acetosa* Linn. 的根。夏季采收，洗净，晒干或鲜用。以根或全草入药。

　　【原植物】酸模为蓼科酸模属多年生草本植物。高 30～80cm。茎直立，细弱，通常不分枝。基生叶有长柄，矩圆形，长 3～11cm，宽 1.5～3.5cm，先端急尖或圆钝，基部箭形，全缘；颈上部叶较小，披针形，无柄；托叶鞘膜质，斜形。圆锥花序顶生；花单性，雌雄异株；花被片 6 个，2 轮；雄花内轮花披片长约 3mm，外轮花被片较小，直立，雄蕊 6 个；圆形，全缘，基部心脏形，外轮花被片较小，反折，柱头 3 个，画笔状。瘦果椭圆形，有三棱，暗褐色，有光泽。花期 5 月，果熟期 6 月(丁宝章和王遂义，

1981）。

【生境】生于山沟溪旁、林缘潮湿地方。

【分布】产于伏牛山和河南其他山区。分布于我国各地。

【化学成分】酸模根中含有大黄素(emodin)(**1**)、大黄酚(chrysophanol)(**2**)、芦荟大黄素(aloe-emodin)(**3**)、大黄素甲醚(physcion)(**4**)、大黄酚蒽酮(chrysophanol an-throne)、大黄素甲醚蒽酮(physcion anthrone)、大黄素蒽酮(emodin anthrone)、8-*O*-*β*-D-葡萄糖基大黄酚(8-*O*-*β*-D-glucosylchrysophanol)、8-*O*-*β*-D-葡萄糖基大黄素(8-*O*-*β*-D-glucosylemodin)、*ω*-乙酰氧基芦荟大黄素(*ω*-acetoxyaloe-emodin)和酸模素(musizin)(**5**)。果实含槲皮素和金丝桃苷(hyperoside)。酸模叶中含大黄酚(chrysophanol)、1,8-二羟基蒽醌(1,8-dihydroxyanthraquione)、芦荟大黄素(aloemodin)、槲皮素(quercetin)、山奈酚(kaempferol)、杨梅黄酮(myricetin)、牡荆素(vitexin)、金丝桃苷、董黄质(violaxanthin)、鞣质、草酸钙、酒石酸(tartaric acid)、氨基酸和维生素(vitamin)C(国家中医药管理局《中华本草》编委会，1999；陈冀胜和郑硕，1987）。

部分化合物结构式如下：

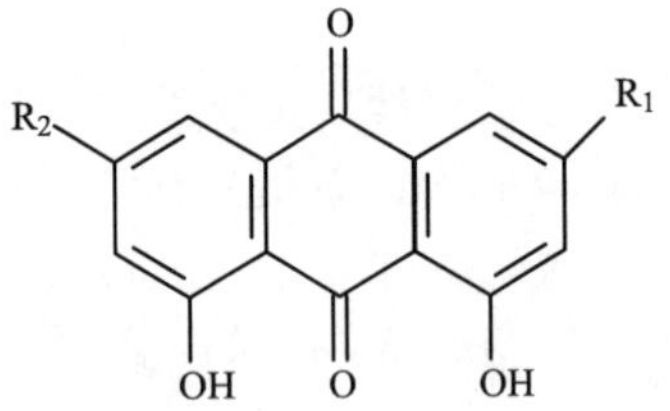

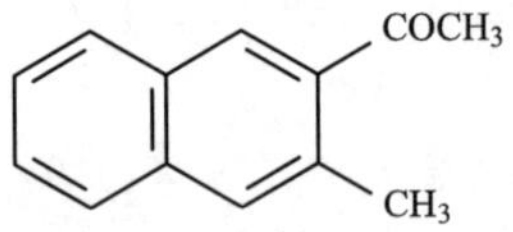

1. 大黄素(emodin)：$R_1=CH_3$，$R_2=OH$

2. 大黄酚(chrysophanol)：$R_1=CH_3$，$R_2=H$

3. 芦荟大黄素(aloe-emodin)：$R_1=CH_2OH$，$R_2=OH$

4. 大黄素甲醚(physcion)：$R_1=CH_3$，$R_2=OCH_3$

5. 酸模素(nepodin, musizin)

【毒性】全草有毒。

【药理作用】

1. 抗菌作用

本植物水提取物对发癣菌类有抗真菌作用，也能抑制大孢子真菌的生长和繁殖。根中含有强抗菌作用成分酸模素。

2. 抗癌作用

本植物根热水提取后得到的多糖部位(RAP)，采用20mg/(kg·d)、50mg/(kg·d)、100mg/(kg·d)、及400mg/(kg·d)腹腔注射，或200mg/(kg·d)及400mg/(kg·d)灌服，连续10d，对小鼠S180实体瘤，两种给药途径均有疗效，但对艾氏腹水癌无效。另有报道，本植物叶和根中提取的多糖200mg/(kg·d)，连续灌胃10d，对小鼠S180生长的抑制率为 90%。

3. 其他作用

多糖部位提取物能延长动物用戊巴比妥诱导的睡眠时间，降低苯胺羟化酶和氨基比林去甲基酶的活性，增强巨噬细胞吞噬作用，对人的补体 C3 有很强的活化作用 (国家中医药管理局《中华本草》编委会，1999)。

【毒理】全草有毒，常引起牛、马、羊等动物中毒。马中毒后的主要症状为：酒醉状、步态不稳、流涎、发绀、肌肉颤动、瞳孔扩大、尿频、脉搏慢而微弱，接着出现嘴唇阵挛、眼球下陷、呼吸急促，颈、背及四肢肌肉直性痉挛，发汗、衰弱，最后惊厥死亡 (陈冀胜和郑硕，1987)。

【附注】根及全草入药，有清热、解毒、凉血、利尿之效；民间常用于治皮肤病。花有健胃、解热作用。全草浸液可作农药，可防治小麦锈病、条锈病及抑制马铃薯晚疫病菌芽孢发芽。

【主要参考文献】

陈冀胜，郑硕. 1987. 中国有毒植物. 北京：科学出版社：459.

丁宝章，王遂义. 1981. 河南植物志 (第一册). 郑州：河南科学技术出版社：321.

国家中医药管理局《中华本草》编委会. 1999. 中华本草 第 6 卷 (第 2 册). 上海：上海科学技术出版社：722.

皱 叶 酸 模

Zhouyesuanmo

【中文名】皱叶酸模

【别名】土大黄、羊蹄叶、皱叶羊蹄、四季菜根、牛耳大黄根、火风棠、羊蹄根、羊蹄、牛舌片

【基原】为蓼科植物皱叶酸模 *Rumex crispus* Linn. 的叶和根。4～5 月采其叶和根，洗净，晒干或鲜用。

【原植物】皱叶酸模为蓼科酸模属多年生草本植物。以根和全草入药。高 50～100cm。茎直立，通常不分枝，有浅沟槽。茎生叶有长柄，披针形或矩圆状披针形，长 12～25cm，宽 2～4cm，先端急尖，基部楔形，边缘有波状皱褶，两面无毛；茎生叶向上渐小，叶柄较短；托叶鞘膜质，筒状。花序为数个腋生总状花序合成一狭长的圆锥花序；花两性，花被片 6 个，2 轮，在果时内轮花被片增大，宽卵形，顶端急尖，基部心脏形，全缘或有不明显的缘齿，有网纹，全部有瘤状突起；雄蕊 6 个；柱头 3 个，画笔状。瘦果椭圆形，有 3 棱，褐色，有光泽。花期 5～6 月，果熟期 7 月 (丁宝章和王遂义，1981)。

【生境】生于山坡湿地、沟谷、河岸及路旁。

【分布】产于河南伏牛山。分布于东北、华北、西北及四川、福建、台湾、广西、云南等地区。

【化学成分】皱叶酸模根及根茎含游离蒽醌类成分 0.57%，结合型蒽醌 1.27%，并含较多酸模素(musizin)（**1**）；游离蒽醌中有大黄素(emodin)（**2**）、大黄酚(chrysophanol)（**3**）。文摘报道还含有大黄素甲醚(physcion)（**4**）、大黄根酸、大黄酚苷(chrysophanein)、1,8-二羟基-3-甲基-9-蒽酮(1,8-dihydroxy-3-methyl-9-anthrone)、矢车菊素(cyanidin)、右旋儿茶酚[(+)catechin]、左旋表儿茶酚[(−)epicatechin]、硫胺素(thiamine)、挥发油、树脂、鞣质、草酸、草酸盐、色素、糖类、淀粉、黏液质等。种子中含植物血凝素(lectin)。叶含维生素A(国家中医药管理局《中华本草》编委会，1999；陈冀胜和郑硕，1987)。

部分化合物结构式如下：

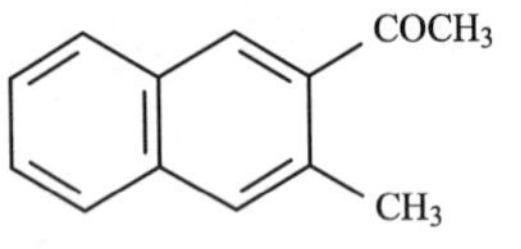

1

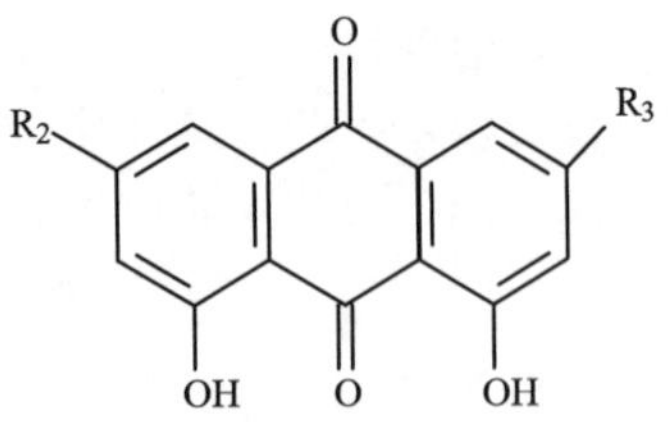

2　R$_1$=CH$_3$，R$_2$=OH

3　R$_1$=CH$_3$，R$_2$=H

4　R$_1$=CH$_3$，R$_2$=OCH$_3$

据报道，从皱叶酸模的石油醚和乙酸乙酯萃取成分中分离鉴定了 15 个化合物，分别为 β-谷甾醇、十六烷酸、十六烷酸-2,3-二羟基丙酯、大黄酚、大黄素甲醚、大黄素、大黄酚-8-*O*-β-D-吡喃葡萄糖苷、大黄素甲醚-8-*O*-β-D-吡喃葡萄糖苷、大黄素-8-*O*-β-D-吡喃葡萄糖苷、没食子酸、(+)-儿茶素、山奈酚、槲皮素、山奈酚-3-*O*-α-L-吡喃鼠李糖苷、槲皮素-3-*O*-α-L-吡喃鼠李糖苷(范积平和张贞良，2009)。

【毒性】全草有毒。

【药理作用】

1. 止咳、祛痰及平喘作用

根的水煎剂、去蛋白质后水煎液给小鼠灌胃均有明显的止咳作用(氨水喷雾引咳法)，但小鼠均有腹胀、腹泻、松毛的反应，从其中分离出的大黄素、大黄酚均有较明显的止咳作用，大黄素作用强于大黄酚，总蒽醌也有轻度止咳作用，大黄根酸则无止咳作用。水煎液及去蛋白质后水煎液有祛痰作用(小鼠酚红法)，总蒽醌作用不明显。总蒽醌给豚鼠灌胃有较明显的平喘作用(组织胺喷雾法)，但大黄素、大黄根酸及大黄酚均无效。将大黄酚与提取上述成分后的残余部分混合对豚鼠则有平喘作用。

2. 抑菌作用

从根中分离出的大黄酸、大黄素及大黄酚在试管内对甲型链球菌、肺炎球菌、流感杆菌及卡他球菌有不同程度的抑制作用。全草提取液对金黄色葡萄球菌、大肠杆菌有抑制作用。根酊剂在沙氏培养基上对犬小孢子霉菌有显著抑菌作用，最低有效浓度为 1.56%～3.12%。

3. 抗肿瘤作用

小鼠大腿肌肉接种肉瘤-37，6d 后，1 次皮下注射皱叶酸模根的醇提取物，6～48h

后取肿瘤检查，可见到药物对肿瘤的伤害作用；其酸性提取物效力可更强。

　　4. 其他作用

　　根茎含大黄素等蒽醌衍生物，故有泻下作用；它含鞣质的量也相当高(3.62%～6.42%)，故有收敛作用；根与根茎还含维生素 B_1(达 10.26μg/g)，可作健胃、强壮剂。它还含一种刺激性物质 rumicin($C_{14}H_{10}O_4$)，可作发赤剂、消散剂，并能杀灭皮肤寄生虫，但会使动物(羊、马)发生皮炎及胃肠紊乱。

　　【毒理】全草有毒。常引起羊、马等动物中毒。人中毒后主要表现为胃肠炎、腹鸣、腹胀、恶心、呕吐、流涎等。此外，尚有头痛、头晕、全身发软、食欲下降等症状(陈冀胜和郑硕，1987)。

　　【附注】临床可用于治疗慢性气管炎，可使症状、体征明显好转，同时能增进食欲、改善睡眠、提高机体抗病能力。对预防感冒也一定作用。对于血中白细胞总数偏高、肺纹理增粗、轻度肺气肿者，治疗后亦有明显改善。中医药有单方或复方煎剂。

【主要参考文献】

陈冀胜，郑硕. 1987. 中国有毒植物. 北京：科学出版社：460.
丁宝章，王遂义. 1981. 河南植物志 (第一册). 郑州：河南科学技术出版社：323.
范积平，张贞良. 2009. 皱叶酸模化学成分研究. 中药材，12：1836~1840.
国家中医药管理局《中华本草》编委会. 1999. 中华本草 第 6 卷 (第 2 册). 上海：上海科学技术出版社：725.

巴 天 酸 模

Batiansuanmo

　　【中文名】巴天酸模

　　【别名】牛西西、羊蹄根、牛舌棵、野大救驾、金不换、针刺酸模、酸模根、羊铁酸模、牛虱子棵、酸模叶、金不换叶、羊铁叶

　　【基原】为蓼科植物巴天酸模 *Rumex patienta* Linn.的根。根全年均可采挖，洗净切片，生用(晒干或鲜用)或酒制后用；叶在植物生长茂盛时采收，鲜用或晒干。

　　【原植物】巴天酸模为蓼科酸模属多年生草本植物，根与叶入药。高1～1.5m。茎直立，粗壮，不分枝或分枝，有沟槽。基生叶有粗壮长柄，矩圆状披针形，长 15～30cm，宽 4～8cm，先端急尖或圆钝，基部圆形或近心脏形，全缘或边缘波状；上部叶小而狭，近无柄，托叶鞘筒状，膜质；大形圆锥花序，顶生或腋生；花两性；花被片 6 个，2 轮，在果期内轮花被片增大，宽心脏形，有网纹，全缘，一部或全部有瘤状突起；雄蕊 6 个，柱头 3 个。瘦果卵形，有三锐棱，褐色，光亮。花期 5～6 月，果熟期 6～7 月(丁宝章和王遂义，1981)。

　　【生境】生于山坡路旁、山沟水旁潮湿地方。

　　【分布】产于伏牛山北部和河南太行山。分布于内蒙古、河北、山东、山西、陕西、甘肃、青海、新疆等地区。西欧至伊朗也产。

　　【化学成分】巴天酸模根及根茎含结合及游离的大黄素(emodin)，大黄素甲醚(physcion)，大黄酚(chrysophanol)衍生物。大黄酚类化合物占总量 1.67%，其中结合型

占 0.79%，游离型占 0.88%。还含有尼泊尔羊蹄素（nepodin）和多量鞣质（国家中医药管理局《中华本草》编委会，1999）。

据报道，从巴天酸模中提取的化学成分为 5-甲氧在-7-羟基-1（3H）-苯骈呋喃酮、5,7-二羟基-1（3H）-苯骈呋喃酮、十九烷酸-2,3-二羟丙酯、决明酮-8-O-β-D-葡萄糖苷、没食子酸、β-谷甾醇、胡萝卜苷、儿茶素（原源等，2001）。另外还有 α-细辛醚、大黄素甲醚、大黄素-1,6-二甲醚、大黄素、大黄酚、xanthorin-5-nethylether、牛蒡子苷、3-羟基牛蒡子苷、3-甲氧基牛蒡子-4′-O-β-D-木糖苷、大黄素-8-O-β-D-葡萄糖苷、山奈酚、槲皮素-3-O-β-D-葡萄糖苷、异鼠李素、山奈素-3-O-β-D-葡萄糖苷、5-羟基-4′-甲氧基黄酮-7-O-β-芸香糖苷等化合物（高黎明等，2002）。

从巴天酸模根部分离得到单体化合物被分别鉴定为酸模素、酸模素-8-O-β-D-葡萄糖苷、大黄酚-8-O-β-D-葡萄糖苷、大黄素-6-O-β-D-葡萄糖苷、大黄素-8-O-β-D-葡萄糖苷、1,3,5-三羟基-7-甲基蒽醌、大黄素甲醚-8-O-β-D-葡萄糖苷（刘景等，2011）。

【毒性】全毒。

【药理作用】本植物小剂量有收敛作用，较大剂量则致泻。动物实验表明，本植物具有祛痰、镇咳和平喘的作用。其成分大黄酚口服或皮下注射，均有明显缩短血液凝固时间的作用。另据报道，本植物尚有消炎杀菌作用，对金黄色葡萄球菌有较强的抗菌作用，对甲型和乙型副伤寒杆菌、宋内和福氏痢疾杆菌、卡他球菌和伤寒杆菌也有一定的抗菌作用（国家中医药管理局《中华本草》编委会，1999）。

【附注】根与叶入药。生品有清热解毒、活血散瘀、凉血止血、润肠通便之效。嫩茎叶可作蔬菜。

大量食用能引起腹胀、流涎、胃肠炎、腹痛等毒性反应。

【主要参考文献】

丁宝章，王遂义. 1981. 河南植物志（第一册）. 郑州：河南科学技术出版社：323.

高黎明，沈序维，苏耀曾，等. 2002. 巴天酸模中化学成分的研究. 中草药，33（3）：207~209.

国家中医药管理局《中华本草》编委会. 1999. 中华本草 第6卷（第2册）. 上海：上海科学技术出版社：735.

刘景，孔令义，夏忠庭，等. 2011. 巴天酸模根化学成分研究. 中药材，34（6）：893~895.

原源，陈万生，张汉明. 2001. 巴天酸模的化学成分. 中国中药杂志，26（4）：256~258.

羊　蹄

Yangti

JAPANESE DOCK ROOT

【中文名】羊蹄

【别名】东方宿、连虫陆、鬼目、败毒菜根、羊蹄大黄、牛舌根、牛蹄、牛舌大黄、野萝卜、野菠菱、癣药、山萝卜、牛舌头、牛大黄

【基原】为蓼科植物羊蹄 *Rumex japonicus* Houtt 的根。栽种 2 年后，当地上叶秋季变黄时，挖出根部，洗净鲜用或切片晒干。

【原植物】羊蹄为蓼科酸模属多年生草本植物。高 50～100cm。茎直立，不分枝，稍屈曲。基生叶有长柄，长椭圆形或卵状矩圆形，长 10～25cm，宽 4～10cm，先端稍钝，基部心脏形，边缘有波状皱褶；茎生叶较小，有短柄，基部楔形、两面无毛；托叶鞘筒状，膜质，无毛。花序为狭圆锥状；花两性；花被片 6 个，2 轮，在果时内轮花被片增大，卵状心脏形，先端急尖，基部心脏形，边缘有不整齐牙齿，全部生瘤状突起；雄蕊 6 个；柱头 3 个。瘦果宽卵形，有 3 棱，黑褐色，有光泽。花期 4～5 月，果熟期 6 月（丁宝章和王遂义，1981）。

【生境】生于山野、路旁、溪边等地。

【分布】产于河南伏牛山南部，大别山和桐柏山区；分布于江苏、浙江、福建、台湾、安徽、江西、湖北、湖南、四川、广东、广西等地区。

【化学成分】羊蹄根及根茎含有结合及游离的大黄素（emodin）、大黄素甲醚（physcion）、大黄酚（chrysophanol）。大黄酚类化合物占所含化合物总量的 1.73%，其中结合型占 0.27%，游离型占 1.46%。还含有酸模素（musizin）即尼泊尔羊蹄素（国家中医药管理局《中华本草》编委会，1999）。

对羊蹄根中化学成分进行分析，其中含有氨基酸、多糖蛋白质、有机酸、间苯二酚化合物、还原性糖、多糖苷、甾体、三萜类、酯、内酯、香豆素、强心苷、蒽醌及其苷（陈忠航等，2008）。

【毒性】全草有毒，特别是根部毒性较大。

【药理作用】

1. 抑菌作用

羊蹄根酊剂在试管内对多种致病真菌有一定的抑制作用。

2. 预防感染作用

将根（品种未鉴定）煎剂与亚洲甲型流感病毒在试管内直接接触后注入鸡胚，有预防感染的作用，尿囊液蛋白质可大大降低这一作用。

3. 对血液系统的作用

羊蹄根（品种未鉴定）煎剂浓缩后酒精提取物对急性淋巴细胞型白血病、急性单核细胞型白血病和急性粒细胞型白血病患者血细胞脱氢酶都有抑制作用（试管中美蓝脱色法），对前两者白细胞的呼吸有一定的抑制作用（瓦氏呼吸器测定法）。

【毒理】羊蹄含草酸，大剂量应用时有毒。

【附注】临床使用用于清热通便、凉血止血、杀虫止痒。主治大便秘结、吐血衄血、肠风便血、痔血、崩漏、疥癣、白秃、痈疮肿毒、跌打损伤。

【主要参考文献】

陈忠航，雷钧涛，于波. 2008. 羊蹄根中化学成分的初步分析. 吉林医药学院学报，29(1)：20~21.

丁宝章，王遂义. 1981. 河南植物志（第一册）. 郑州：河南科学技术出版社：317.

国家中医药管理局《中华本草》编委会. 1999. 中华本草 第 6 卷（第 2 册）. 上海：上海科学技术出版社：729.

翼蓼属 *Pteroxygonum* Damm. et Diels

多年生草本，茎缠绕，叶具长柄，三角形；托叶鞘膜质。总状花序腋生，下垂；

苞片膜质，狭披针形；花梗有关节，果期增大；花被 5 深裂，在果期稍增大；雄蕊通常 8 个。瘦果三棱形，顶端有 3 裂，基部有 3 个角状物。仅一种，产我国西北部。河南也有分布。

翼 廖

Yiliao

【中文名】翼廖

【别名】红要子、山首乌、老驴蛋、白药子、金翘仁、石天荞、红药子、金荞仁、黑驴蛋、红药、荞麦头、荞麦蔓、珠沙莲

【基原】为蓼科植物翼廖 *Pteroxygonum giraldii* Damm. et Diels 的块根。秋季挖出块根，去掉茎叶及须根，洗净泥土，切片晒干。

【原植物】翼廖为蓼科翼廖属多年生草本植物，以块根入药。块根肉质，褐色。茎缠绕或蔓生，基部常带紫褐色。叶通常 2～4 个簇生，三角形或三角状卵形，长 4～6cm，宽 3～4cm，先端狭尖，基部宽心脏形；叶柄细长；托叶鞘膜质，顶端尖。花序总状，腋生，有长总梗，通常长于叶；苞片膜质，狭披针形；花梗有关节，在果期增大，花白色或淡绿色，花被 5 深裂，裂片矩圆形，在果期稍增大；雄蕊通常 8 个，5 花被近等长。瘦果卵形，有 3 个膜质翅，基部有 3 个角状物，黑褐色，伸出宿存花被之外。花期 5～7 月，果熟期 7～9 月（丁宝章和王遂义，1981）。

【生境】生于山沟、溪旁、林下、灌丛阴湿处。

【分布】产于河南伏牛山和太行山区济源、辉县。分布于河北、山西、陕西、甘肃、四川等地区。

【化学成分】块根含少量蒽醌，主要为大黄素（emodin）及大黄素甲醚（physcion）的游离型蒽醌，并含有较多的鞣质（国家中医药管理局《中华本草》编委会，1999）。据报道，从翼廖块根中分离得到化合物分别为 β-谷甾醇、β-胡萝卜苷、4',5,5',7-四羟基-3-甲氧基-3'-O-α-L-吡喃阿拉伯糖基黄酮、没食子酸、杨梅素、3-甲氧基杨梅素、5,5',7-三羟基-2',3-二甲氧基-4'-O-β-D-吡喃葡萄糖基黄酮、2',5,5',7-四羟基-3-甲氧基-4'-O-β-D-吡喃葡萄糖基黄酮、杨梅素-3-O-α-L-鼠李糖苷、3,4'-二甲氧基杨梅素（程新萍等，2010）。

【药理作用】本植物煎剂在试管内对金黄色葡萄球菌有较强的抗菌作用，其抗菌效价在 1 : 128 以上。

【附注】块根入药，有清热解毒、消肿止痛、止痢止泻、止血生肌之效。治烧伤、烫伤，也可治痢疾、崩漏、腰腿痛、疮疖、疯狗咬伤等。

【主要参考文献】

程新萍，陈晟，田棵等. 2010. 荞麦七化学成分研究. 中药材，11：1727~1730.

丁宝章，王遂义. 1981. 河南植物志 (第一册). 郑州：河南科学技术出版社：325.

国家中医药管理局《中华本草》编委会. 1999. 中华本草 第 6 卷 (第 2 册). 上海：上海科学技术出版社：701.

金线草属 *Antenoron* Rafin.

多年生草本，茎直立，不分枝或上部分枝。叶互生，具短柄，倒卵形或椭圆形，全缘，托叶鞘膜质，常易破裂，花两性；花序穗状，顶生或腋生，具稀疏的花瓶簇；苞漏斗状，内生 1～3 朵花；花梗具关节；花被 4 深裂；雄蕊 5 个，与花盘互生，不伸出花被外；花盘腺状，具 5 齿；花柱由基部分成 2 个，先端反曲呈弯钩状，宿存，在果时变硬，伸出花被之外。小坚果扁平，两面凸，有光泽，包于宿存的花被内。有 3 种，分布于东亚和北美洲的亚热带地区。我国有 2 种，河南也均有分布。

金　线　草

Jinxiancao

GOLDTHREADWEED

【中文名】金线草

【别名】重阳柳、蟹壳草、毛蓼、白马鞭、人字草、九盘龙、毛血草、野蓼、一串红、蓼子七、化血七、大蓼子、九节风、大叶辣蓼、鸡心七

【基原】蓼科植物金线草 *Antenoron filiforme*（Thunb.）Roberty et Vautier 的全草。夏、秋采收，鲜用或晒干。

【原植物】金线草为蓼科金线草属多年生草本植物。高达 100cm。叶椭圆形，长 7～18cm，宽 4～9cm，先端短渐尖或急尖，基部宽楔形，两面有长糙伏毛；叶柄长约 1cm；叶鞘管状，膜质，有毛，先端截形，具缘毛，长 6～10mm，易破裂。花序顶生或腋生，穗状，长 15～35cm，细弱；花甚稀，淡红色，花披 4 裂，长 3mm，宿存，果后增大；雄蕊 5 个，花柱由基部分为 2 个，伸出花被之外，先端反曲呈钩状，宿存；花梗短，苞斜筒状。瘦果卵形，两面凸，暗褐色，光亮，包于宿存花被内。花期 7～9 月，果熟期 8～10 月（丁宝章和王遂义，1981）。

【生境】生于山坡林缘、沟边、溪旁。

【分布】产于伏牛山区的河南济源及大别山和桐柏山区。在我国的山东、山西、江苏、浙江、湖北、四川、云南、广东等地区也有分布。

【化学成分】含有化合物 5-羟基-2-O-β-D-吡喃葡萄糖基-龙脑、腺苷、1-O-β-D-吡喃葡萄糖基-2-(9^Δ-十六酰胺基)-3,4,12-三羟基正十八烷醇、鼠李黄素、3-O-β-D-吡喃半乳糖苷-槲皮素、3-O-β-D-吡喃半乳糖苷-鼠李黄素、3,7-二-O-α-L-吡喃鼠李糖基-山奈酚、豆甾醇、正二十九烷酸、胡萝卜苷、谷甾醇等（赵友兴等，2011）。

【毒性】有小毒。

【药理作用】具收涩、止泻、抗微生物作用（国家中医药管理局《中华本草》编委会，1999）。

1. 排石作用

金钱草有利胆排石和利尿排石的功效。蝌蚪实验性草酸钙肾结石模型试验表明，金钱草煎汁对于预防和治疗蝌蚪实验性肾结石是有效的。麻醉狗半开放式记录系统实验结果表

明，金钱草可引起输尿管上段腔内压力增高，输尿管蠕动增强，尿量增加，对输尿管结石有挤压和冲击作用，促使输尿管结石排出。

2. 抗炎作用

金钱草 50g/kg 及其总黄酮及酚酸物 3.75g/kg 腹腔注射，对组胺引起的小鼠血管通透性增加有显著的抑制作用，对巴豆油所致的小鼠耳部炎症具有非常显著的抑制作用，对注射蛋清引起的大鼠踝关节肿胀和大鼠棉球肉芽肿均有显著的抑制作用。

3. 对免疫系统作用

金钱草对细胞免疫有抑制作用。在玫瑰花试验中，金钱草小鼠脾细胞与绵羊红细胞形成玫瑰花的百分率，明显低于对照组，即便在停药后 10d 仍受抑制，其程度与环磷酰胺相似。金钱草与环磷酰胺合用抑制更明显。金钱草能增强小鼠巨噬细胞的吞噬功能，其吞噬功能百分率为对照组的两倍；给小鼠注射葡萄球菌后不同时间检查嗜中性白细胞的吞噬功能可见金钱草组具有吞噬功能的细胞数均高于对照组，注射后 4h、6h、8h 最明显。

4. 对血管平滑肌及人血小板的作用

金钱草对血管平滑肌有松弛作用，对试管内 ADP 及花生四烯酸诱导的人血小板聚集也有一定的抑制作用。

【附注】中医药临床应用，具有祛风除湿、理气止痛、止血、散瘀等疗效。

【主要参考文献】

丁宝章，王遂义. 1981. 河南植物志（第一册）. 郑州：河南科学技术出版社：326.

国家中医药管理局《中华本草》编委会. 1999. 中华本草 第 6 卷（第 2 册）. 上海：上海科学技术出版社：627.

赵友兴，李红芳，马青云，等. 2011. 金线草化学成分研究. 中药材，34(5)：704~707.

荞麦属 *Fagopyrum* Gaertn.

一年生或多年生草本。茎具细沟纹。叶互生，三角形或箭形，全缘。花两性，白色或淡粉红色，呈穗状、总状花序或为圆锥花序，顶生和腋生；花梗通常具关节；花被 5 裂，花后不增大；雄蕊 8 个，排列为 2 轮，外轮 5 个，内轮 3 个；花柱 3 个，柱头头状，子房三棱形；花盘瘦腺状。果三棱形，具尖头，伸出宿存花被 1~2 倍。种子具中轴胚，胚具发达的弯曲子叶。约有 10 种，广布于欧洲及亚洲，我国有 8 种。河南有 4 种。

苦 荞 麦

Kuqiaomai

DUCKWHERA/HULLESS BUCK WHEAT

【中文名】苦荞麦

【别名】苦荞头、乔叶七、荞麦七

【基原】为蓼科植物苦荞麦 *Fagopyrum tataricum*（Linn.）Gaertn 的根及根茎。8～10 月采收，晒干。

【原植物】苦荞麦为蓼科荞麦属多年生草本植物。多年生草本，高 30～90cm。茎直立，分枝，有时不分枝，具细沟纹，绿色或微带紫色，无毛；小枝有乳头状突起。叶宽三角形或近楔形，长 2.5～7cm，宽 2.5～8cm，先端急尖，基部心脏形，全缘或微波状，两面沿脉具乳头状毛；叶柄细长，与叶片等长或长至 2 倍，托叶鞘三角状，膜质，长 0.5～1cm，无毛；上部茎生叶稍小，具短柄。总状花序腋生和顶生，细长，开展，花簇疏松；花被白色或淡粉红色，裂片椭圆形，长 1.5～2mm，被稀疏柔毛，宿存，花柱极短。果实圆锥状卵形，长 5～7mm，灰棕色，具三角棱，上部角棱锐利，下部圆钝，波状。花期 6～8 月，果熟期 8～9 月（丁宝章和王遂义，1981）。

【生境】生于湿润的沟谷、村边、草地。

【分布】河南伏牛山的卢氏、栾川、嵩县、西峡、南召等地的高山地区有栽培，有时呈半野生。广布于欧洲、亚洲和北美洲及拉丁美洲，我国东北、西北、西南各地区有栽培。亦有野生。

【化学成分】全草含硝酸盐还原酶（nitrate reductase）、芸香苷（rutin）。叶中含 3′,4′,5,7-四-*O*-甲基槲皮素-3-*O*-α-L-吡喃鼠李糖-（1→6）-*O*-β-D-吡喃葡萄糖苷［3′,4′,5,7-tetra-*O*-methylquercetin-3-*O*-α-L-rhamnopyranosyl-（1→6）-*O*-β-D-glucopyranoside］。果实含蛋白质。籽含槲皮素（quercetin）、山奈酚（kaempferol）、芸香苷、山奈酚-3-芸香糖苷（kaempferol-3-rutinoside）、槲皮素-3-芸香糖苷-7-半乳糖苷（quercetin-3-rutinoside-7-galactoside）（国家中医药管理局《中华本草》编委会，1999）。

【药理作用】

1. 抗乙肝表面抗原作用

用酶联免疫吸附检测（ELISA）技术测定抗乙肝病毒表面抗原（HBsAg）试验表明，苦荞麦水煎剂对 HbsAg 有明显灭活作用。

2. 降血糖、血脂作用

给糖尿病患者服用苦荞麦条 200g/d，连用 3 个月，空腹血糖和胆固醇有下降，并能明显减少降糖药物的用量。给四氧吡啶性高血糖大鼠每日服用苦荞麦粉 10g，连续 6 星期，有显著降糖作用；连用 5 星期对高脂饲料所致血脂大鼠，有明显降低胆固醇和三酰甘油的作用（国家中医药管理局《中华本草》编委会，1999）。

【毒理】有小毒。

【附注】中医药用于理气止痛，解毒消肿的治疗。主治胃脘胀痛、消化不良、痢疾、腰腿痛、跌打损伤、痈肿恶疮、狂犬咬伤等。

【主要参考文献】

丁宝章，王遂义. 1981. 河南植物志（第一册）. 郑州：河南科学技术出版社：327.

国家中医药管理局《中华本草》编委会. 1999. 中华本草 第 6 卷（第 2 册）. 上海：上海科学技术出版社：635.

细 梗 荞 麦

Xigengqiaomai

RHIZOMA FAGOPYRI

【中文名】细梗荞麦

【别名】野荞麦

【基原】为蓼科植物细梗荞麦 *Fagopyrum gracilipes* (Hemsl.) Dammr 的根。

【原植物】细梗荞麦为蓼科荞麦属多年生草本植物。高 15～65cm。茎直立，多分枝；小枝纤细，具细条纹，无毛。叶卵形或卵状三角形，长 2～6cm，宽 2～4(～5)cm，先端长渐尖或急尖，基部心脏形，表面无毛，背面沿脉及叶缘有乳头状突起；叶柄与叶片等长或较短；托叶鞘膜质，长 1.5～4mm，先端斜形。总状花序顶生和腋生，狭细，具稀疏的花簇，微下垂；总花梗细长，苞漏斗状，先端斜形，全缘，背脊草质，绿色，余均膜质；花梗细，比苞长；花被红色或淡红色，长 1.5～2mm，5 深裂，裂片卵形；雄蕊比花被短。果实圆卵状三棱形，长约 2.5mm，黄褐色或黑褐色，仅 1/3 露出花被外。花期 6～7 月，果熟期 7～9 月（丁宝章和王遂义，1981）。

【生境】生于山坡路旁、林下、河滩或田边。

【分布】产于河南伏牛山区。分布于我国的陕西、甘肃、湖北、四川、云南等地区。

【主要参考文献】

丁宝章，王遂义. 1981. 河南植物志（第一册）. 郑州：河南科学技术出版社：328.

蓼属 *Polygonum* Linn.

一年生或多年生草本。茎直立，平卧或缠绕。叶互生，单叶，多为全缘；托叶鞘膜质，常为圆筒形，全缘或有缘毛。花两性，簇生稀单生；花簇有苞片，腋生或集生为穗状、头状、圆锥状花序；小花梗短，基部有小苞，通常有关节；花被 5 裂，稀 4～6 裂，常为花瓣状，宿存；花盘常发达，腺状、环状或无；雄蕊通常 8 个，稀较少；子房三棱形或两侧突起，花柱 2 或 3 个，分离或基部连合，柱头头状。瘦果三角形或两侧突起，包于宿存花被内或稍伸出；胚位于一侧，子叶扁平。200 多种，广布全球，而以北半球最多。我国约有 120 种，分布于各省区（市）。河南有 38 种及 8 变种。

刺 蓼

Ciliao

YUNNAN MANYLEAF PARISRHIZOME

【中文名】刺蓼

【别名】廊茵、红大老鸦酸草、石宗草、蛇不钻、猫儿刺、南蛇草、急解索、猫舌草、蛇倒退、红花蛇不过

【基原】为蓼科植物刺蓼 *Polygonum senticosum* (Meisn.) Franch. et Sav.，以全草入药。夏、秋季采收，洗净，鲜用或晒干。

【原植物】刺蓼为蓼科蓼属多年生草本植物。茎蔓生或上升，四棱形，有倒生钩刺。叶有长柄，三角形成三角状截形，长 4～8cm，宽 3～7cm，先端渐尖或狭尖，基部心脏形，通常两面无毛或疏生细毛，背面沿脉有倒生钩刺；托叶鞘短筒状，膜质、上部草质、绿色。花序头状，顶生或腋生；总花梗具腺毛和短柔毛，疏生钩刺；花淡红色，花被 5 深裂，裂片矩圆形；雄蕊 8 个；花柱 3 个，接头头状。瘦果近球形，黑色，光亮。花期 6～7 月，果熟期 8～9 月(丁宝章和王遂义，1981)。

【生境】生于沟边、路旁旁及山谷藏丛中。

【分布】产于河南伏牛山和太行山区。分布于我国辽宁、河北、山东、浙江、福建、台湾等地区。日本、朝鲜也产。

【化学成分】刺蓼全草含异槲皮苷(isoquercitrin)，约 0.07%(国家中医药管理局《中华本草》编委会，1999)。

【附注】具有清热解毒、和湿止痒，散瘀消肿的功效。主要用于痈疮疔疖、毒蛇咬伤、湿疹、黄水疮、带状疱疹、跌打损伤、内痔外痔等的治疗。

【主要参考文献】

丁宝章，王遂义. 1981. 河南植物志 (第一册). 郑州：河南科学技术出版社：333.

国家中医药管理局《中华本草》编委会. 1999. 中华本草 第6卷 (第2册). 上海：上海科学技术出版社：693.

戟　叶　蓼

Jiyeliao

WATER BUCKWHEAT

【中文名】戟叶蓼

【别名】水麻芍、藏氏蓼、凹叶蓼、水犁壁草、火烫草、拉拉草、红降龙草

【基原】为蓼科植物戟叶蓼 *Polygonum thunbergii* Sieb. et Zucc.的全草。夏季采收，晒干或鲜用。

【原植物】戟叶蓼为蓼科蓼属多年生草本植物。一年生草本，高 30～70cm，茎直立或斜升，下部有时平卧，具匍匐枝，四棱形，沿棱有倒生钩刺。叶戟形，长 4～9cm，宽 2～6cm，先端渐尖，基部截形或略呈心脏形，边缘具短睫毛，表面疏生伏毛，背面沿脉具伏毛；叶柄有狭翅和刺毛；托叶鞘膜质，圆筒状，通常边缘草质，绿色，向外反卷。花序聚伞状，顶生或腋生；苞片卵形，绿色，有短毛；花梗密生腺毛和短毛；花白色或淡红色，花被 5 深裂；雄蕊 8 个。瘦果卵形，有 3 棱，黄褐色，平滑，无光泽。花期 6～7 月，果熟期 8～9 月(丁宝章和王遂义，1981)。

【生境】生于海拔 1000m 以上的山谷、林下、河旁潮湿地方。

【分布】产于伏牛山和河南各山区。分布于东北及河北、山东、陕西、甘肃、湖北、浙江、江苏等地区。朝鲜、原苏联(西伯利亚)、日本也有分布。

【化学成分】戟叶蓼全草中含水蓼素（persicarin）、槲皮苷（quercitrin）。其芽叶中含矢车菊苷（chrysanthemin）、卡宁（canin）、花青素鼠李葡萄糖苷（keracyanin）、石蒜花青苷（lycoricyanin）、芍药花苷（paeonin）、矢车菊素（cyanidin）、飞燕草素（delphinidin）、芍药花素（peonidin）、锦葵花素（malvidin）和 2,6-二甲氧基苯醌（2,6-dimethoxy benzoquinone）（国家中医药管理局《中华本草》编委会，1999）。

【药理作用】本植物所含槲皮苷有抗病毒作用，对鼠体组织和鸡胚中的流感病毒 A 有消除作用，也有抗水疱性口炎病毒作用。所含化合物 2,6-二甲氧基苯醌对苯并咪唑类抗真菌药有解毒作用（国家中医药管理局《中华本草》编委会，1999）。

【附注】具有祛风清热、活血止痛的功效。主治风热头痛、咳嗽、痢疾、跌打伤痛等症。

【主要参考文献】

丁宝章，王遂义. 1981. 河南植物志（第一册）. 郑州：河南科学技术出版社：335.
国家中医药管理局《中华本草》编委会. 1999. 中华本草 第6卷（第2册）. 上海：上海科学技术出版社：2(6)：696.

朱 砂 七
Zhushaqi
SHOULIANG YAM RHIZOME

【中文名】朱砂七

【别名】黄药子、荞馒头、朱砂莲、红药子、雄黄连、猴血七、血三七

【基原】为蓼科植物朱砂七 *Polygonum cillinerve* (Nakai) Ohwi。以块根入药。春秋采挖，除去须根，洗净，切片晒干备用。

【原植物】朱砂七为蓼科蓼属多年生草本植物。根状茎膨大，呈块状，近木质，长卵圆体状，皮褐色，断面黄红色，具须根。茎缠绕，中空，多分枝。叶椭圆形，长 4～10cm，宽 3～5cm，先端渐尖，基部耳状箭形，表面无毛，背面具乳头状突起；叶柄较叶片短；托叶鞘膜质，褐色。圆锥状花序顶生，大型；苞小，膜质，通常内含 1～3 朵花；花梗细，长 2～2.5mm，基部有关节；花被白色或黄白色，5 深裂，外面 3 片背部具翅，翅微下延至花梗，雄蕊 7～8 个，较花被短；花柱极短，枝头 3 个，扩展呈盾状。果实卵状三棱形，两端尖，长约 2.5mm，黑褐色，有光泽，花被片具宽翅，心脏形。花期 6～7 月，果熟期 8～9 月（丁宝章和王遂义，1981）。

【生境】生于山坡路旁、沟边、滩地或乱石滩。

【分布】产于河南卢氏、西峡、栾川、南召等地区。分布于我国东北及陕西、湖北、四川、贵州等地区。日本及朝鲜也产。

【化学成分】含大黄素苷等结合性蒽醌（1.61%），朱砂莲甲素即大黄素（1.34%）、朱砂莲乙素（0.28%）、土大黄苷及鞣质，尚还有大黄素葡萄糖苷、大黄酚和大黄酸。块茎主要含缩合鞣质及苷类，如分离得到酚性糖苷 3,4-二羟基苯乙醇葡萄糖苷。

【药理作用】其中所含之朱砂莲甲素、朱砂莲乙素对金黄色葡萄球菌、大肠杆菌、

绿脓杆菌、弗氏痢疾杆菌有抑制作用。

朱砂七水浸液对多种呼吸道及肠道病毒有广谱的抗病毒作用。

朱砂七抗肿瘤作用表现在：①朱砂七总蒽醌在体内对 H-(22) 和 EAC 小鼠具有效的抑制作用；②朱砂七总蒽醌能有效抑制 HL-60 细胞增殖，将细胞阻滞于 G-2/M 期，诱导其凋亡，凋亡相关基因($Bcl2$, bax)则不参与其诱导细胞凋亡过程。

【附注】根状茎入药，用于抗菌消炎、顺气活血、凉血止血、镇静解痉、止痛、止泻、促进溃疡愈合作用，对急性胃痛有特效；盐制者能补肾，醋制者能止血，碱制者健胃。

【主要参考文献】

丁宝章，王遂义. 1981. 河南植物志（第一册）. 郑州：河南科学技术出版社：337.

齿 翅 蓼
Chichiliao

【中文名】齿翅蓼

【别名】野荞麦

【基原】为蓼科植物齿翅蓼 *Polygonum dentatoalatum* F. Schmidt ex Maxim。

【原植物】齿翅蓼为蓼科蓼属一年生草本植物。茎缠绕，平滑或粗糙，分枝。叶有柄，卵形或广椭圆形，长 4～6cm，宽 3～5cm，先端渐尖，基部心脏形；托叶鞘斜形，膜质，褐色，无毛。花序总状，顶生或腋生；苞管状，长约 1.5mm，内具 4 或 5 朵花；小花梗甚短，果期伸长，中部以下具关节；花被紫红色，5 裂，外部 3 裂片特大，背部具翅，翅具牙齿；雄蕊 8 个；花柱短，3 裂。瘦果三棱核形，黑色，具点状雕刻线纹，全包于增大的花被内。花期 6～8 月，果熟期 8～9 月（丁宝章和王遂义，1981）。

【生境】生于山坡灌丛、河岸和荒地。

【分布】产于河南伏牛山和太行山区。分布于辽宁、黑龙江、河北、陕西、甘肃等地区。朝鲜、日本和印度也产。

【附注】民间用全草治眼结膜炎。

【主要参考文献】

丁宝章，王遂义. 1981. 河南植物志（第一册）. 郑州：河南科学技术出版社：338.

珠 芽 蓼
Zhuyaliao

RHIZOMA POLYGONI VIVIPARI

【中文名】珠芽蓼

【别名】石风丹、红蝎子七、朱砂参、狼巴子、草河车、染布子、红粉、猴子七、

野高粱、猴娃子、红三七、然波、山高粱、剪刀七、转珠莲、白粉、紫蓼、白蝎子七、土蜂子、蜂子帽、草血竭、弓腰老、拳参

【基原】为蓼科植物珠芽蓼 *Polygonum viviparnm* Linn.，以根状茎入药。秋季采挖，洗净晒干备用。

【原植物】珠芽蓼为蓼科蓼属多年生草本植物。高 10～35cm。根状茎粗短，肥厚，多须根，具残留的老叶。茎直立不分枝，细弱，紫红色，具细条纹，常 2 或 3 个自根状茎生出。基生叶与下部茎生叶具长柄，叶柄无翅；叶片草质，长圆形，卵形或披针形长 3～8cm，宽 0.5～3cm，先端急尖或渐尖，基部浅心脏形，圆形或楔形，不下延成翅，叶缘稍反卷，具增粗而隆起的脉端，两面均无毛，被稀疏白色柔毛；上部茎生叶无柄，披针形或线状披针形，渐小；托叶鞘膜质，棕色，长管状，长 1.5～6cm，先端斜形，无毛。花序穗状，顶生，狭圆柱形，紧密，长 3～7.5cm；苞膜质，淡褐色，宽卵形，先端急尖，开展，其中着生 1 个珠芽或 2 朵花；珠芽圆卵形，长约 2.5mm，宽约 2mm，褐色，常着生花穗下部，有时可上达花穗顶端或全穗均为珠芽，花梗细，比苞短或长；花被白色或粉红色，5 深裂，裂片宽椭圆形或倒卵形，长 2.5～3cm；雄蕊 8 个，伸出或不伸出花被外，花药暗紫色；花柱 3 个，线形，基部合生，枝头小，头状。果实卵状三棱形，深褐色，有光泽，先端尖，长 2.5～3mm。花期 5～6 月，果熟期 7～8 月（丁宝章和王遂义，1981）。

【生境】生于海拔 1000m 以上的沟边或林下阴湿地方。

【分布】产于伏牛山灵宝、卢氏、栾川、嵩县、鲁山、西峡、南召等地和河南太行山区。分布于我国吉林、内蒙古、河北、陕西、山西、甘肃、青海、四川、云南等地区。亚洲、欧洲、北美洲都有分布。

【化学成分】据报道珠芽蓼全草挥发油的主要成分为香茅醇、香叶醇、法呢醇乙酸酯、荜草烯、3-辛酮、α-桉醇、β-榄香烯等。以萜类、酯类化合物为主，还有一些杂环化合物、醛、烯和烷烃类。

从甘肃天祝采集的珠芽蓼全草中分离鉴定出了 11 个化合物，其中 2 个为新化合物。9 个已知化合物分别为阿魏酸、4-豆甾烯-3-酮、紫丁香苷、5,8,2-三羟基-5-甲氧基双氢黄酮、异鼠李素、槲皮素-3-*O*-鼠李素、山奈素-3-*O*-β-D 葡萄糖苷、洋芥素-7-*O*-β-D-葡萄糖苷、5-羟基 4-甲氧基厥酮-7-*O*-β-芸香苷；2 个新化合物为 viviparum A 和 viviparum B，结构如下：

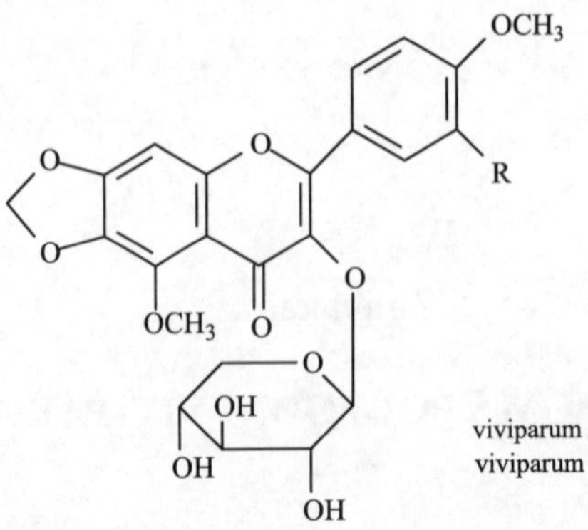

viviparum A:R=H
viviparum B:R=OH

另外，还含有 β-谷甾醇(β-sitosterol)、胡萝卜苷(daucosterol)、槲皮素(quercetin)、6-O-没食子酰熊果苷(6-O-galloylarbutin)、蔗糖(sucrose)等(翁华，2011；张彩霞等，2005)。

【药理作用】

1. 抗菌作用

珠芽蓼(品种未定)醇提取物有较强抗菌作用,抗菌效价在 1∶128 以上的病原微生物有金黄色葡萄球菌、甲型和乙型链球菌、肺炎链球菌、福氏痢疾杆菌和大肠杆菌等。珠芽蓼(根茎)煎剂对金黄色葡萄球菌、卡他奈瑟球菌、福氏痢疾杆菌、甲型副伤寒杆菌有较强抗菌作用，除鞣后抗菌作用减弱。此外，对白色念珠菌和热带念珠菌有较弱的抗真菌作用。珠芽蓼根茎抗菌作用的有效成分为没食子酸，对志贺和福氏痢疾杆菌的抗菌效价分别为 16.62μg/mL 和 31.25μg/mL，作用强度与小檗碱相似(国家中医药管理局《中华本草》编委会，1999)。

2. 抗病毒作用

珠芽蓼根茎的除鞣煎剂经鸡胚外试验表明，对亚洲甲型流感病毒(京科 68-1)及Ⅰ型副流感病毒(仙台株)有明显的抗病毒作用。鸡胚内试验 10.25% 0.16mL 尿囊腔注入，在感染前、同时或感染后给药，对两种病毒均有抑制作用(梁波和张小丽，2008)。

【附注】根状茎入药，有收敛止血之效，治疗痢疾、腹泻、肠风下血、崩漏、白带、吐血、外伤出血。根含淀粉及鞣质，可提制栲胶，又可酿酒。幼嫩茎叶可作饲料。全草捣烂制成粉剂或溶液，可防治农作物害虫。

【主要参考文献】

丁宝章，王遂义. 1981. 河南植物志 (第一册). 郑州: 河南科学技术出版社: 340.

国家中医药管理局《中华本草》编委会. 1999. 中华本草 第 6 卷 (第 2 册). 上海: 上海科学技术出版社: 700.

梁波，张小丽. 2008. 珠芽蓼的化学成分和药理活性研究进展. 中国现代中药，10(5): 8~9.

翁华. 2011. 珠芽蓼珠芽药用和营养成分分析. 江苏农业科学，3: 449~450.

张彩霞，李玉林，胡凤祖. 2005. 珠芽蓼全草化学成分研究. 天然产物研究与开发，17(2): 177~178.

支 柱 蓼
Zhizhuliao

【中文名】支柱蓼

【别名】扭子七、算盘七、九龙盘、螺丝三七、血三七、九牛攒、九节犁、九节雷、赶山鞭、蜈蚣七、伞墩七、螺丝七、荞叶七、钻山狗、荞莲、蜈蚣草、盘龙七、牡蒙、荞麦三七、散血丹、紫参七

【基原】为蓼科支柱蓼 *Polygonum suffultum* Maxim.的植物，以根状茎入药。秋季采挖，洗净，切片，晒干备用。

【原植物】支柱蓼为蓼科蓼属多年生草本植物。高 20～40cm。根块状肥厚，紫

褐色。茎直立或斜上，细弱，不分枝，通常 3 或 4 个簇生于根茎上。基生叶有长柄，卵形，长 7～12cm，宽 4～6cm，先端渐尖或急尖，基部心脏形；茎生叶较小，有短柄或抱茎；托叶鞘膜质，黄褐色。花序穗状，顶生或腋生；苞片膜质；花白色，花被 5 深裂；雄蕊 8 个，与花被近等长；花柱 3 个，基部联合。瘦果卵形，有 3 锐棱，黄褐色，有光泽。花期 6～8 月，果熟期 8～9 月（丁宝章和王遂义，1981）。

【生境】生于海拔 1000m 以上的林下潮湿地方。

【分布】产于河南伏牛山区。分布于河北、山西、陕西、湖北、四川、江西、云南、西藏等地区。日本、朝鲜也有分布。

【化学成分】根茎中含大黄素（emodin）、大黄酸（rhein）、大黄酚（chrysopharol）及大量鞣质（国家中医药管理局《中华本草》编委会，1999）。

【附注】根状茎入药，有收敛止血、行气散血、止痛功效。可用于治疗跌打损伤、胃痛、伤劳淤血、白带、痢疾、脱肛、月经不调、血崩、便血、淋证及外伤出血等。

【主要参考文献】

丁宝章，王遂义. 1981. 河南植物志（第一册）. 郑州：河南科学技术出版社：340.

国家中医药管理局《中华本草》编委会. 1999. 中华本草 第 6 卷（第 2 册）. 上海：上海科学技术出版社：694.

河　南　蓼

Henanliao

【中文名】河南蓼

【基原】为蓼科植物河南蓼 *Polygonum honanense* Kung。

【原植物】河南蓼为蓼科蓼属多年生草本植物。多年生草本，高约 30cm。根状茎粗短肥厚，近球形，具残留的老叶柄，多须根。茎细弱，近直立，有细沟纹，无毛。基生叶圆卵形或卵状椭圆形，长约 6cm，宽 4～5cm，先端钝圆，基部近心脏形，边缘稍向外反卷，无毛。叶柄长 2～3cm，具波状皱褶的狭翅；茎生叶少数，较小，有短柄或几无柄，卵形或披针形；托叶鞘膜质，褐色，筒状，先端细裂。花序穗状单生茎顶；花粉红色，花被 5 深裂；雄蕊 8 个，伸出花被之外；花柱 3 个。瘦果三棱形，淡褐色，平滑，具光泽。花期 6～8，果熟期 8～9 月（丁宝章和王遂义，1981）。

【生境】生于海拔 1000m 以上的山坡、草地、灌丛中。

【分布】产于河南卢氏的大块池、栾川的老君山、嵩县的龙池曼、南召的宝天曼、西峡的黑烟镇。

【化学成分】根状茎含鞣质和淀粉。

【主要参考文献】

丁宝章，王遂义. 1981. 河南植物志（第一册）. 郑州：河南科学技术出版社：317.

头 状 蓼

Touzhuangliao

HETEROSREMMA ESQUIROLII

【中文名】头状蓼

【别名】尼泊尔蓼

【基原】为蓼科植物头状蓼 *Polygonum alatum* Buch 的根。夏季采收，洗净，晒干或鲜用。

【原植物】头状蓼为蓼科蓼属草本植物。一年生草本，高 30～50cm。茎细弱，直立或平卧，有分枝。下部叶有长柄，卵形或三角状卵形，长 3～5cm，宽 2～4cm，先端渐尖，基部截形或圆形，背面密生金黄色腺点，沿叶柄下延呈翅状或垂耳状；上部叶近无柄，抱茎，托叶鞘筒状，膜质，淡褐色。花序头状，顶生或腋生；花白色或淡红色，密集；花被通常 4 深裂；花柱 2 个，下部合生，柱头头状。瘦果圆形，两面凸出，黑色，密生小点，无光泽。花期 6～8 月，果熟期 7～9 月（丁宝章和王遂义，1981）。

【生境】生于山坡、沟谷湿地、溪旁、路边、田埂。

【分布】产于河南伏牛山、太行山、大别山和桐柏山区。分布于东北、华北、中南、西北至西南各地区。朝鲜、日本、菲律宾、印度到非洲都有分布。

【附注】全草入药，有收敛固肠、祛风湿之功效；治痢疾、大便失常、关节风湿痛等症。

【主要参考文献】

丁宝章，王遂义. 1981. 河南植物志（第一册）. 郑州：河南科学技术出版社：343.

黏 毛 蓼

Nianmaoliao

KNOTWEED

【中文名】黏毛蓼

【别名】香蓼、水毛蓼、红杆蓼

【基原】为蓼科植物黏毛蓼 *Polygonum viscosum* Buch.-Ham. ex D. Don 的茎叶，花期采收地上部分，扎成束，晾干。

【原植物】黏毛蓼为蓼科蓼属草本植物。一年生草本，高 50～120cm。茎直立，上部多分枝，密生开展长毛或有柄腺毛。叶披针形或宽披针形，长 5～13cm，宽 1.5～3.5cm，先端渐尖，基部楔形，两面疏生或密生糙伏毛，有时表面或两面有无柄腺毛；叶柄长 1～2cm；托叶鞘筒状，膜质，密生长毛。花序穗状，长 3～5cm；总花梗有长毛和有短柄的腺毛；苞片绿色，具长毛和有短柄的腺毛；花红色，花被 5 深裂，裂片长约 3mm；雄蕊 8 个；花柱 3 个。瘦果宽卵形，有 3 棱，黑褐色，有光泽，花期 7～9 月，果熟期 9～10 月（丁宝章和王遂义，1981）。

【生境】生于山沟水边、路旁湿地。

【分布】产河南伏牛山、太行山、大别山和桐柏山区。分布于我国各地区。朝鲜、日本、越南和印度也产。

【化学成分】所含主要脂肪酸为油酸、亚油酸和棕榈酸，即黏毛蓼脂溶性成分中主要为烷烃类成分(40.98%)和脂肪酸成分(29.01%)，另外还含少量的植醇、甾醇类化合物(孙慧玲等，2008)。

【附注】临床具有理气除湿、健胃消食功效。

【主要参考文献】

丁宝章，王遂义. 1981. 河南植物志 (第一册). 郑州：河南科学技术出版社：345.

国家中医药管理局《中华本草》编委会. 1999. 中华本草 第6卷 (第2册). 上海：上海科学技术出版社：699.

孙慧玲，田泽儒，袁王俊，等. 2008. 黏毛蓼脂溶性成分的 GC-MS 分析. 河南大学学报(医学版)，27(4)：45~47.

赤 胫 散

Chijingsan

WILD BUCK WHEATRHIZOME

【中文名】赤胫散

【别名】土竭力、花蝴蝶、花脸荞、荞子连、九龙盘、花扁担、土三七、散血连、小晕药、花脸晕药、红皂药、苦茶头草、红泽兰、荞黄连、广川草、甜荞莲、脚肿草、田枯七、蛇头草、九龙盘、斗花痒、南蛇头、蝴蝶草、化血丹、草见血、血当归、黄泽兰、花脸荞麦、亚腰山蓼、飞蛾七、散血丹、花月天、盘脚莲、金不换

【基原】蓼科植物赤胫散 *Polygonum runcinatum* Buch.-Ham. var. *sinense* Hemsl.，以根及全草入药。夏、秋采，洗净切片，鲜用或晒干。

【原植物】赤胫散为蓼科蓼属多年生草本植物。高 30~50cm。根状茎细长。茎直立或斜上，细弱，分枝或不分枝，具纵沟纹，被稀疏柔毛或近于无毛。叶有柄，卵形或三角状卵形，腰部深内陷，长 4~10cm，宽 3~5cm，先端渐尖，基部截形，且常有 2 或 3 对小圆裂片，两面无毛或有柔毛；托叶鞘筒状，膜质，长约 1cm，有短睫毛或近无毛。花序头状，小形，直径 6~7mm，通常有数个生于枝端，总花梗有腺毛；小花梗短；花白色或淡红色；花被 5 深裂；雄蕊 8 个，与花被等长。瘦果卵形，有 3 棱，黑色，有小点，无光泽。花期 6~8 月，果熟期 8~9 月(丁宝章和王遂义，1981)。

【生境】生于山谷林下、溪旁湿地。

【分布】产河南伏牛山区卢氏、栾川、嵩县、西峡、南召等地，分布于我国陕西、甘肃、湖北、湖南、四川、云南、贵州等地区。

【化学成分】研究报道，赤胫散挥发油主要成分是棕榈酸、棉子油酸、亚麻仁油酸、植醇(蔡泽贵等，2004)。从赤胫散已分离得到化合物有 3,3′,4-三甲基鞣花酸、3,3′-二甲基鞣花酸、3,3′,4-三甲基鞣花酸-4-O-β-D-葡萄糖、3,3′-二甲基鞣花酸-4-O-β-D-葡萄糖、没食子酸、没食子酸乙酯、邻苯二甲酸二(2-乙基)己酯、胡萝卜苷(王莉宁等，2009)。

【约理作用】

1. 抗氧化作用

赤胫散醇提取液对猪油有较强的抗氧化能力，仅次于乙二胺四乙酸（EDTA）的抗氧化性（王绪英，2010）。

2. 抑菌作用

研究表明，赤胫散的醇提物水溶液对 G^- 志贺痢疾杆菌有明显的抑菌作用，且抑菌作用强度与药液浓度呈正相关；对 G^- 大肠杆菌、G^+ 金黄色葡萄球菌无抑菌作用（向红等，2003）。

【毒性】根状茎与全草入药，根状茎有收效、舒筋活血、接骨消肿、止痛之效；全草能清热解毒、消肿，治毒蛇咬伤、痈疖、无名肿毒、乳腺炎等。

【主要参考文献】

蔡泽贵，梁光义，周欣，等．2004．贵州赤胫散挥发油化学成分及其抗菌活性研究．贵州大学学报（自然科学版），21（4）：377~379．

丁宝章，王遂义．1981．河南植物志（第一册）．郑州：河南科学技术出版社：342．

王莉宁，徐必学，曹佩雪，等．2009．赤胫散化学成分的研究．天然产物研究与开发，21（1）：73~75．

王绪英．2010．赤胫散醇提物抗氧化作用的研究．井冈山大学学报（自然科学版），31（3）：58~60．

向红，王绪英，孙爱群．2003．蓼属植物赤胫散醇提物水溶液的抑菌作用．毕节师范高等专科学校学报（综合版），21（2）：65~68．

水　蓼

Shuiliao

WATERPEPPER/KNOTWEED

【中文名】水蓼

【别名】蓼、蔷、蔷虞、虞蓼、泽蓼、辣蓼草、柳蓼、川寥、药蓼子草、红蓼干草、白辣蓼、胡辣蓼、辣蓼、辣柳草、撮胡、辣子草、水红花、红辣蓼、水辣蓼

【基原】为蓼科植物水蓼 *Polygonum hydropiper* Linn. (*Persicaria hydropiper*(Linn.) Spach)的地上部分，在播种当年 7~8 月花期，割起地上部分，铺地晒干或鲜用。

【原植物】水蓼为蓼科蓼属的草本植物。一年生草本，高 40~80cm，茎直立或斜上，多分枝，无毛，叶有短柄，披针形，长 4~7cm，宽 5~15mm，先端渐尖，基部楔形，通常两面有腺点；托叶鞘筒状，膜质，黑色，有疏生短缘毛。花序穗状，顶生或腋生，细长，花疏生，下部间断；苞片钟形，疏生睫毛或无毛；花淡绿色或淡红色，花被 5 深裂，有腺点；雄蕊通常 6 个，花柱 2 个，稀 3 个。瘦果卵形，扁平，稀有三棱，有小点，暗褐色，稀有光泽。花期 7~8 月，果熟期 8~9 月（丁宝章和王遂义，1981）。

【生境】生于田野水边或山谷湿地。

【分布】产于河南伏牛山、太行山、大别山和桐柏山区。分布于全国。

【化学成分】水蓼全草含水蓼二醛（polygodial，tadeonal）、异水蓼二醛（isotadeonal，isopolygodial）、密叶辛木素（confertifolin）、水蓼酮（polygonone）、水蓼素 -7- 甲醚（persicarin-7-methylether）、水蓼素（persicarin）、槲皮素（quercetin）、槲皮苷（quercitrin）、

槲皮黄苷（quercimeritrin）、金丝桃苷（hyperoside）、顺/反阿魏酸（*cis/trans*-ferulic acid）、顺/反芥子酸（*cis/trans*-sinapic acid）、香草酸（vanillic acid）、丁香酸（syringic acid）、草木犀酸（melilotic acid）、顺/反对香豆酸（*cis/trans*-*p*-coumaricacid）、对羟基苯甲酸（*p*-hydroxybenzoic acid）、龙胆酸（gentisicacid）、顺/反咖啡酸（*cis/trans*-caffeic acid）、原儿茶酸（protocate-chuic acid）、没食子酸（gallic acid）、对羟基苯乙酸（*p*-hydroxyphenyl acetic acid）、绿原酸（chlorogenic acid）、水杨酸（salicylic acid）、并没食子酸（ellagic acid）。地上部分还含有甲酸（formicacid）、乙酸（acetic acid）、丙酮酸（pyruvic acid）、缬草酸（valericacid）、葡萄糖醛酸（glucuronic acid）、半乳糖醛酸（galacturonicacid）及焦性没食子酸（pyrogallic acid）和微量元素。其茎和叶中含有 3,5,7,3',4'-五羟基黄酮（3,5,7,3',4-pentahy-droxyflavone）即槲皮素（quercetin）、槲皮素-7-*O*-葡萄糖苷（quercetin-7-*O*-glucoside）、*β*-谷甾醇葡萄糖苷（*β*-sitosterol-D-glucoside）及少量生物碱和 D-葡萄糖（D-glucose）。其叶中含异水蓼醇醛（isopolygonal）、水蓼醛酸（polygonic acid）、11-乙氧基桂皮内酯（11-ethoxycinnamolide）、水蓼二醛缩二甲醇（polygodialacetal）、水蓼酮、11-羟基密叶辛木素（valdiviolide）、7,11-二羟基密叶辛木素（fuegin）、八氢三甲基萘醇二醛（warburganal）、八氢三甲基萘甲醇（drimenol）、异十氢三甲基萘并呋喃醇（isodri - meninol）。*β*-谷甾醇（β-sitosterol）和花白苷（leucoanthocyanin）。还含槲皮素-3-硫酸酯（quercetin-3-sulphate）、异鼠李素-3,7-二硫酸酯（isorhamnetin-3,7-disulphate）、柽柳素-3-葡萄糖苷-7-硫酸酯（tamarixetin-3-glucoside-7-sulphate）、7,4'-二甲基槲皮素（7,4'-dimethylquercetin）、3'-甲基槲皮素（3'-methylquercetin）（国家中医药管理局《中华本草》编委会，1999）。

【毒性】 全草有小毒。

【药理作用】

1. 止血作用

水蓼叶用于子宫出血（月经过多）及痔疮出血，以及其他内出血，其作用与麦角相似，但较弱，所不同者本剂还有镇痛作用。水蓼中所含的苷能加速血液凝固。

2. 降血压作用

挥发油（含水蓼酮）对哺乳动物能降低血压（主要由于血管扩张引起），降低小肠及子宫平滑肌的张力。

3. 抑菌作用

叶、茎中含鞣质，体外试验对痢疾杆菌有轻度抑制作用。50%煎剂用平板挖沟法，对金黄色葡萄球菌、福氏痢疾杆菌、伤寒杆菌有抑制作用。

4. 对皮肤的刺激作用

挥发油具辛辣味，有刺激性，敷于皮肤可使之发炎。

5. 抗生育作用

水蓼根乙醇提取物对雌性大鼠、小鼠有抗生育作用（国家中医药管理局《中华本草》编委会，1999）。

【附注】 临床用于治疗细菌性痢疾、肠炎和治疗子宫出血。

【主要参考文献】

丁宝章，王遂义. 1981. 河南植物志(第一册). 郑州：河南科学技术出版社：348.

国家中医药管理局《中华本草》编委会. 1999. 中华本草第 6 卷(第 2 册). 上海：上海科学技术出版社：662.

蔷 薇 科

　　蔷薇科起源较早，但至今为止植物化石记载不多。本科比较进化的属如蔷薇属见于古新世或始新世，至渐新世广泛分布于世界各地，绣线菊属和李属见于始新世后期，山楂属和苹果属在中新世陆续有发现。蔷薇科花粉在渐新世以后及近期，世界各地均有记录。蔷薇科在被子植物演化历史上处于初级到中级的发展阶段，为具有多型演化支的主要支干之一。

　　蔷薇科 Rosaceae，落叶或常绿灌木或乔木，或草本。叶互生，单叶或复叶，有叶柄；有托叶，稀无。花两性，稀单性，辐射对称；单生、簇生或呈总状、圆锥状、伞房状、伞形花序；花托扁平、凸起，或凹陷为坛状(壶状)、杯状与子房合生；花萼分离或为管状而具裂片，或与子房贴生，通常 4 或 5 片，稀较多，覆瓦状排列，有时具副萼；花瓣与萼片同数，稀缺；雄蕊多数，稀 1~4 个；雌蕊由 1 至多数分离或合生心皮组成，子房上位或下位，每室有 1 或 2 个或多数胚珠。果实为蓇葖果、瘦果、梨果或核果，稀为蒴果；种子通常无胚乳。根据托杯的形状、心皮的数目、子房的位置和果实类型分为 4 个亚科：①绣线菊亚科，中华绣线菊、白鹃梅；②蔷薇亚科，月季、草莓、悬钩子；③苹果亚科，苹果、枇杷、山楂；④李亚科，桃、梅、杏。本科 4 个亚科约 124 属，3300 多种，分布于全世界，温带较多。我国有 56 属，1000 多种，产于全国各地。河南包括栽培的有 34 属，211 种及 92 变种与变型。

　　蔷薇科常含有单宁酸、花色素苷、鞣花酸和没食子酸，常积累三萜皂角苷、山梨醇、生氰酸、苯丙氨酸。偶有生物碱，薄壁组织细胞中常有单生或簇生草酸钙结晶体。

　　本科中的许多种如苹果、沙果、海棠、梨、桃、李、杏、梅、樱桃、枇杷、山楂、草莓和树莓等，是常见的水果；扁桃仁和杏仁是常见的干果，各有许多优良品种，在世界各地普遍栽培。许多种类的果实含维生素、糖和有机酸，可作果干、果脯、果酱、果糕、果汁、果酒、果丹皮等的加工原料。桃仁、杏仁和扁桃仁可榨油。地榆、龙芽草、翻白草、郁李仁、金樱子和木瓜等可以入药。悬钩子、野蔷薇和地榆的根皮可以提取单宁，作为工业原料。玫瑰、野蔷薇、香水月季等的花瓣可以用来提取芳香油，供制高级香水及饮料。乔木种类的木材多坚硬细致，有多种用途，如梨木为优质雕刻板材，桃木、樱桃木、枇杷木和石楠木等适宜作农具柄材。本科许多植物可作观赏，或具美丽可爱的枝叶和花朵，或具鲜艳多彩的果实，如绣线菊、绣线梅、珍珠梅、蔷薇、月季、海棠、梅花、樱花、碧桃、花楸、棣棠和白鹃梅等，在世界各地的庭园绿化中占重要的位置。

石楠属 *Photinia* Lindl.

落叶或常绿灌木或乔木。叶互生，单叶有托叶，具短柄，边缘常有锯齿。花两性，白色，成伞房或复伞房花序或短圆锥花序；萼筒杯状、钟状或筒状，萼裂片 5 个；花瓣 5 个；雄蕊 20 个；子房半下位，2～5 室，每室有 2 个胚珠；花柱 2 个，稀 3～5 个。梨果有 1～4 个种子，萼裂片宿存。60 余种，分布于亚洲东南部及北美洲。我国约有 50 种，分布于中部、西南部至东南部。据不完全报道，河南有 6 种及 3 变种。

毛 叶 石 楠
Maoyeshinan

ROOT OF ORIENTAL PHOTINIA

【中文名】毛叶石楠

【别名】邓向观根

【基原】为蔷薇科植物毛叶石楠 *Photinia villosa*（Thunb.）DC.（*Crataegus villosa* Thunb.）的根或果实。全年均可采根，洗净，晒干。8～9 月果实成熟时摘果，晒干。

【原植物】毛叶石楠为蔷薇科石楠属多年生植物。落叶灌木或小乔木，高 2～5m。小枝灰褐色，幼时具白色长柔毛，后脱落。叶纸质，倒卵形或长圆状倒卵形，长 3～8cm，宽 2～4cm，先端急尖，基部楔形，侧脉 5～7 对，边缘上半部密生锐锯齿，幼时两面有白色柔毛，老时仅背面沿脉有柔毛；叶柄长 1～5mm，有长柔毛。顶生伞房花序，有 10～20 花，总花梗和花梗有柔毛；花白色，直径 7～12mm；花柱 5 个，离生，子房顶密生白色柔毛。梨果椭圆形或卵形，直径 6～8mm，红色或黄色，稍有柔毛。花期 1～5 月，果熟期 8～9 月（丁宝章和王遂义，1988）。

【生境】生于山坡或山谷杂木林中。

【分布】产河南伏牛山南部，大别山和桐柏山区。分布于我国长江流域及其以南各地区。

【化学成分】含儿茶精、鞣质。种子含油率 37.90%，脂肪酸主要为亚油酸（linoleic acid）、油酸（oleic acid）、棕榈酸（palmitic acid）、硬脂酸（stearic acid）及花生酸（arachidic acid）（国家中医药管理局《中华本草》编委会，1999）。

【毒性】未见有毒性报道。

【附注】临床使用用于清热利湿、和中健脾。主治湿热内蕴、呕吐、泄泻痢疾、劳伤疲乏。

【主要参考文献】

丁宝章，王遂义. 1988. 河南植物志（第二册）. 郑州：河南科学技术出版社：185.

国家中医药管理局《中华本草》编委会. 1999. 中华本草 第 10 卷（第 4 册）. 上海：上海科学技术出版社：172.

中华石楠

Zhonghuashinan

ZHONGHUA FOLIUM PHOTINIAE

【中文名】中华石楠

【别名】假思桃、牛筋木、波氏石楠

【基原】为蔷薇科植物中华石楠 *Photinia beauverdiana* Schneid. 根或叶、果实。夏、秋季采叶，晒干；根全年可采，洗净，切片晒干；7～8月果实成熟时采摘，鲜用。

【原植物】毛叶石楠为蔷薇科石楠属多年生植物。落叶灌木或小乔木，高 3～10m。小枝紫褐色，无毛。叶纸质长圆形，倒卵状长圆形或长卵形，长 5～10cm，宽 2～4.5cm，先端渐尖或急尖，基部圆形或宽楔形，边缘有粗锯齿，背面沿脉疏生柔毛，侧脉 9～14 对，叶柄长 5～10mm。复伞房花序顶生，总花梗和花梗无毛，有瘤点；花白色，直径 5～7mm；萼筒杯状；外面微生柔毛，裂片三角状卵形；花瓣卵形或倒卵形，无毛；雄蕊 20 个；花柱 2 或 3 个，基部合生。梨果卵形，直径 5～6mm，紫红色。花期 5 月；果熟期 9～10 月（丁宝章和王遂义，1988）。

【生境】生于山坡或山谷杂木林中。

【分布】产于河南伏牛山南部、大别山和桐柏山区。分布于陕西、江苏、安徽、浙江、江西、湖南、湖北、四川、云南、贵州、广东、广西等地区。

【附注】临床主要治疗风湿痹痛、肾虚脚膝酸软、头风头痛、跌打损伤。

【主要参考文献】

丁宝章，王遂义. 1988. 河南植物志（第二册）. 郑州：河南科学技术出版社：184.

国家中医药管理局《中华本草》编委会. 1999. 中华本草 第 10 卷（第 4 册）. 上海：上海科学技术出版社：168.

唐棣属 *Amelanchier* Medic.

落叶灌木或乔木。叶互生，单叶，具柄，边缘有锯齿；托叶小，脱落。花两性，白色，呈总状花序，顶生，稀单生；萼筒钟状，萼裂片与花瓣各 5 个；雄蕊 10～20 个；花柱 3～5 个，子房下位，3～5 室，每室有 1 个胚珠。梨果浆果状，近球形，有 1 个种子；萼片裂宿存，反折。约 25 种，主要分布于北美洲，少数分布于亚洲东部、欧洲和非洲北部。我国有 2 种，分布于东部和西部。河南有 1 种。

唐 棣

Tangdi

SERVICE-BERRY/JUNE-BERRY SHED-BUSH

【中文名】唐棣

【别名】红栒子木、栒子木、扶栘木皮

【基原】为蔷薇科植物唐棣 *Amelanchier sinica*（Schneid.）Chun 的树皮。全年均可

采，剥取树皮，切片晒干。

【原植物】唐棣为蔷薇科唐棣属多年生植物。小乔木，高 3～5m。小枝幼时紫褐色，无毛，老时黑褐色。叶卵形至长椭圆形，长 4～7cm，宽 2～3cm，先端急尖，基部圆形，稀近浅心形，边缘中部以上具细锯齿，表面深绿色，无毛，背面粉绿色，无毛或幼时沿脉被稀疏柔毛；叶柄长 1～2cm，无毛；托叶线状披针形，早落。总状花序具多花，总花梗与花梗均无毛，花梗长 1～3cm；花白色，直径 3～4.5cm；花瓣线状长圆形，长 13～19mm，宽 3～4mm；雄蕊 20 个；花柱 5 个，基部合生。果实球形或稍扁，直径约 1cm，紫黑色萼裂片反折。花期 4～5 月，果熟期 8～9 月（丁宝章和王遂义，1988）。

【生境】生于海拔 1000m 以上的山坡疏林中。

【分布】产于河南伏牛山区的灵宝、卢氏、栾川、嵩县、洛宁、西峡、南召、内乡、淅川、鲁山等地。分布于陕西、四川、甘肃、湖北等地区。

【化学成分】含有黄芪苷。果实中含较多的维生素 C。

【毒性】有小毒（国家中医药管理局《中华本草》编委会，1999）。

【主要参考文献】

丁宝章，王遂义. 1988. 河南植物志（第二册）. 郑州：河南科学技术出版社：189.

国家中医药管理局《中华本草》编委会. 1999. 中华本草 第 10 卷（第 4 册）. 上海：上海科学技术出版社：73.

委陵菜属 *Potentilla* Linn.

多年草本，稀为一、二年生草本或藤灌木。叶互生，三出复叶、掌状复叶或羽状复叶，有叶柄或无；托叶与叶柄或多或少合生。花两性，黄色或白色，单生或呈伞房状聚伞花序；萼 2 轮，萼裂片及副萼片各 5 个，互生，在芽中镊合状排列；花瓣 5 个；雄蕊 10～30 个，通常 20 个；心皮多数，稀为少数，离生，着生于凸起花托上，花柱侧生或顶生，宿存或脱落，子房具 1 个下垂的胚珠。瘦果多数，着生于干燥的花托上而成一聚合果；萼宿存。约 300 种，广布于北温带及亚寒带。我国约有 90 种，分布于南北各地。河南有 18 种及 3 变种。

绢毛细曼委陵菜

Juanmaoximanweilingcai

ROOT O FSERICEOUS CREEPING CINQUEFOIL

【中文名】绢毛细曼委陵菜

【别名】鸡爪棵

【基原】为蔷薇科植物绢毛细曼委陵菜 *Potentilla reptans* Linn. var. *sericophylla* Franch. Pl. David.

【原植物】绢毛细曼委陵菜为蔷薇科委陵菜属多年生草本植物。根为须根，常具纺锤状块根。茎纤细，匍匐丛生，不分枝，长 30～100cm，被伏柔毛；节间较长，节上有时生不定根。基生叶具长柄，具小叶 2～5 个，呈鸟足状，连叶柄长达 10cm；小叶无柄或近无柄，倒卵形或菱状倒卵形，长 1.5～3cm，宽 8～15mm，先端圆钝，基部楔形，边缘中部以上具 3～6 个圆钝粗锯齿或牙齿，表面被疏伏柔毛，背面被绢毛；叶柄长 4～7cm，密被绢状伏柔毛；托叶膜质，披针形，全缘，被柔毛，基部与叶柄合生；茎生叶具短柄，有小叶 3 或 5 个；托叶膜质，披针形，全缘，离生，被柔毛。花单生，花梗纤细，长 3～7cm，被伏柔毛，花黄色，直径 2～2.5cm；副萼片披针形，先端急尖，长约 4mm，外面被长伏毛；萼裂片与副萼近同形或稍宽，等长，外面被长伏柔毛；花瓣倒心脏形，基部具短爪；雄蕊 20 个，黄色，长 3～4mm；花柱近顶生；花托密被短柔毛。瘦果长圆状卵形，具皱纹。花期 4～7 月，果熟期 7～9 月(丁宝章和王遂义，1988)。

【生境】生于山坡、沟岸、路边草地、河滩或石缝中。

【分布】产于河南伏牛山、桐柏山和大别山区。分布于陕西、甘肃、湖北、四川、贵州、云南等地区。

【药理作用】块根供药用，能收敛解毒、生津止渴、也为利尿剂；主治水肿、腹胀、脚肿痛及腹水等症。全草有发表、止咳作用。鲜品捣烂外敷可治疮疖。

【主要参考文献】

丁宝章，王遂义. 1988. 河南植物志 (第二册). 郑州：河南科学技术出版社：248.

匍枝委陵菜

Puzhiweilingcai

HERBA POTENTILLAE CHINESE

【中文名】匍枝委陵菜

【别名】鸡儿头苗、蔓委陵菜

【基原】为蔷薇科植物匍枝委陵菜 *Potentilla flagellaris* Willd. ex Schlecht 的全草。

【原植物】匍枝委陵菜为蔷薇科委陵菜属多年生植物。多年生草本。茎匍匐细长，幼时具长柔，毛后渐脱落。基生叶为掌状复叶，小叶 5 个，稀 3 个，菱状倒卵形，长 2～5cm，宽 1.5～2cm，先端急尖，基部楔形，边缘不整齐浅裂，表面幼时有柔毛，后脱落近无毛，背面沿脉有柔毛；叶柄长 4～7cm，微被长柔毛；茎生叶较小。花单生叶腋，花梗长 2～4cm，有柔毛；花黄色，直径约 1.5cm；副萼片披针形；萼裂片三角状钻形，与副萼近等长，背面均疏生伏毛；花瓣倒卵形，长 3～4mm，宽 2～3mm。瘦果长圆状卵形，微皱，疏生柔毛；花柱近顶生。花期 6～7 月，果熟期 7～8 月(丁宝章和王遂义，1988)。

【生境】生于山坡、河滩、草地、路旁。

【分布】产河南伏牛山区。分布于黑龙江、河北、山东、山西、江苏等地区。

【化学成分】全草主要含有黄酮苷、酚类、甾体、有机酸，以及铜、锰、锌、铬、镍等多种微量元素(吴玉贵等，1994)。

【药理作用】

1. 抑菌作用

对金黄色葡萄球菌、痢疾杆菌、八叠球菌、短小芽胞菌、鸡沙门氏菌、大肠埃希氏菌

[O_{55}：K_{59}（B_5 型）和 O_{26}：K_{60}（B_6）型）]、甲型副伤寒菌、乙型副伤寒菌、猪霍乱沙门氏菌、鼠伤寒沙门氏菌、肠炎沙氏菌等十多种菌均有不同程度抑菌作用，可视为广谱抗菌药物。

2. 提高机体非特异免疫能力

通过家兔免疫原性测定，服药后血清 γ 球蛋白值升高，可提高机体非特异免疫能力。本植物为免疫激发性中草药（吴玉贵等，1994）。

【毒理】100%煎剂小鼠腹腔注射 LD_{50} 为 18.75g/kg。

【附注】吴玉贵等进行了匍枝委陵菜保健添加剂喂商品肉鸡实验，结果表明：①应用匍枝委陵菜粉作为商品肉鸡保健添加剂可提高存活率 1～2 百分点，增重明显。个体重比对照组增加 100g。饲料报酬高，可降低饲料成本，增 500g 可节省饲料 35g。②通过鸡白痢沙门氏菌攻毒（回归）试验，得出有保健作用。这与本草药具有较强的疫苗作用和提高免疫能力有直接关系。因此，本草药能提高存活率、增加生长速度和提高饲料报酬，为较好的肉鸡保健添加剂（吴玉贵等，1994）。③匍枝委陵菜为广谱抗菌和免疫激发性药物，可在一定程度上减少鸡肠道疾病，提高机体免疫功能，从而提高鸡群的饲料利用率，增强体质，降低死亡率，提高生产性能和经济效益。④匍枝委陵菜中含铜、锰、锌、铬、镍等多种畜禽必需微量元素，参与并调节机体代谢，对鸡生产性能的提高可能起到一定的促进作用（吴玉贵等，1996）。

【主要参考文献】

丁宝章，王遂义. 1997. 河南植物志（第二册）. 郑州：河南科学技术出版社：249.

吴玉贵，敖凤玲，滕远，等. 1996. 匍枝委陵菜作为饲料添加剂饲喂蛋鸡实验. 中国兽医杂志，22（10）：44.

吴玉贵，戴国栋，周政岐，等. 1994. 匍枝委陵菜保健添加剂喂商品肉鸡实验. 中国兽医杂志，20（12）：32~33.

蛇莓委陵菜

Shemeiweilingcai

CHINESE CINQUEFOIL HERB

【中文名】蛇莓委陵菜

【基原】为蔷薇科植物蛇莓委陵菜 *Potentilla centigrana* Maxim. 的全草。

【原植物】蛇莓委陵菜为蔷薇科委陵菜属多年生草本植物。匍匐茎细长，长 30～50cm，无毛或被稀疏柔毛，节间较长，有时节上生不定根。三出复叶；基生叶和下部茎生叶连叶柄长 5～10cm；小叶质薄，有短柄，倒卵形或椭圆形，长 1～2.5cm，宽 8～15mm，先端急尖，基部楔形，边缘自基部 1/3 以上有粗钝锯齿，表面无毛或被稀疏伏柔毛，背面疏生柔毛；叶柄细，长 2～6cm，无毛；托叶卵形，膜质，全缘，与叶柄合生或先端分离；上部茎生叶具短柄，托叶草质，较大，边缘具数齿。花单生叶腋；花梗纤细，长 1～3cm，无毛；花黄色，直径 7～8mm；副萼片椭圆形，长约 3mm，两面无毛；萼裂片披针形，长约 2.5mm，先端急尖，两面无毛；花瓣小型，倒卵形，长约 1.5mm；雄蕊（10）15～20 个；花柱近顶生；花托被短柔毛。瘦果宽卵球形，黄褐色，有少数纵皱。花期 5～6

月，果熟期 7～8 月（丁宝章和王遂义，1988）。

【生境】生于湿润草地、溪旁、林缘。

【分布】产于河南伏牛山灵宝、陕县、卢氏、栾川、嵩县、鲁山、西峡等地。分布于辽宁、吉林、陕西、甘肃、湖北、云南等地区。朝鲜、日本和原苏联西伯利亚地区也产。

【主要参考文献】

丁宝章，王遂义. 1988，河南植物志（第一册）. 郑州：河南科学技术出版社：250.

狼牙委陵菜

Langyaweilingcai

ALL-FRESS OF NIPPON CINQUEFOIL

【中文名】狼牙委陵菜

【别名】地蜂子

【基原】为蔷薇科植物狼牙委陵菜 *Potentilla cryptotaeniae* Maxim. var. *cryptotaeniae* 的全草。夏季采挖，洗净，切碎晒干。

【原植物】狼牙委陵菜为蔷薇科委陵菜属草本植物。一年或二年生草本。根为须状。茎单生，少分枝，直立或基部上升，长 50～100cm，被长柔毛。三出复叶，基生叶和茎下部叶连叶柄长 10～15cm；小叶具短柄或几无柄，长椭圆状披针形，长 3～8cm，宽 1～3cm，先端渐尖，基部楔形，边缘具 10～20 个卵形或三角状披针形的钝锯齿，表面被稀疏伏柔毛，背面披柔毛，沿脉较密；叶柄长 1～4cm，被柔毛；托叶披针形或卵状披针形，长 5～15mm，膜质或叶质，全缘，背面和边缘被稀疏长柔毛；上部茎生叶具短柄，近花序为 1 单生小叶，近无柄。伞房状聚伞花序具多花；花梗细，长 1～1.5cm，被短柔毛；副萼片椭圆状披针形或线状披针形，长 4～5mm，两面均被稀疏长柔毛；萼裂片狭卵形或卵形，先端急尖，外面被长柔毛，较副萼片短或近等长；花瓣黄色，倒卵形，与萼片近等长或稍短；雄蕊 20 个；花柱近顶生，花托具短柔毛。瘦果扁卵形，无毛。花期 6～7 月，果熟期 7～8 月（丁宝章和王遂义，1988）。

【生境】生于海拔 1000m 以上的山坡或山谷草地、路旁、沟岸或灌丛下。

【分布】产于河南伏牛山区的栾川、卢氏等地。分布于我国东北及陕西、湖北等地区。朝鲜及日本也产（国家中医药管理局《中华本草》编委会，1999）。

【附注】临床用于活血止血、解毒敛疮。

【主要参考文献】

丁宝章，王遂义. 1988. 河南植物志（第一册）. 郑州：河南科学技术出版社：250.

国家中医药管理局《中华本草》编委会. 1999. 中华本草 第 10 卷（第 4 册）. 上海：上海科学技术出版社：177.

三叶委陵菜

Sanyeweilingcai

THREELEAF CINQUEFOIL

【中文名】三叶委陵菜

【别名】三爪金、地蜘蛛、三片风、软梗蛇扭、三张叶、地风子、白里金梅、烂苦春、独立金蛋、三叶蛇子草、三叶蛇莓，铁秤砣

【基原】为蔷薇科植物三叶委陵菜 *Potentilla freyniana* Bornm.的全草。夏季采收开花的全草，晒干。

【原植物】三叶委陵菜为蔷薇科委陵菜属多年生草本植物。根茎或全草入药。主根短而粗。茎细长柔软，稍匍匐，有柔毛。三出复叶；基生叶的小叶椭圆形、长圆形或斜卵形，长 1.5～5cm，宽 1～2cm，先端钝圆，基部楔形，边缘有钝锯齿，近基部全缘，背面沿脉有较密的柔毛；叶柄细长，有柔毛；茎生叶较小，叶柄短。聚伞花序顶生；总花梗和花梗有柔毛；花黄色，直径 10～15mm；萼片披针状长圆形，副萼片线状披针形，与萼片近等长，背面被伏毛。瘦果卵形，黄色，无毛，有小皱纹。花期 4～5 月，果熟期 7～8 月（丁宝章和王遂义，1988）。

【生境】生于丘陵、山坡灌丛、路边、溪旁等地。

【分布】产于河南伏牛山、太行山、大别山和桐柏山区。分布于辽宁、吉林、河北、陕西、甘肃、江苏、湖北、湖南、四川、云南等地区。

【化学成分】含有 β-谷甾醇（$C_{29}H_{50}O$）、胡萝卜苷（$C_{35}H_{60}O_6$）、齐墩果酸、肌醇（刘梁等，2006）；另含有鞣质，含量为 11%（边可君等，2001）。

【毒性】全草入药，有小毒。

【药理作用】

1. 镇痛作用

在对非甾体药敏感的扭体法中，不同剂量的三叶委陵菜醇提物（口服 0.5g/kg，1.25g/kg，2.5g/kg）均能显著抑制 0.7%乙酸引起的扭体反应（边可君等，2002）。

2. 对致龋齿菌抑菌作用

三叶委陵菜根乙醇提取液乙酸乙酯萃取部分对 *Streptococcus mutans* 8148 和 *Streptococcus sobrinus* 6715 有明显抑制作用，其 MIC 值分别为 1.5mg/mL 和 3.0mg/mL（罗新舟等，2008）。

3. 抗病毒作用

三叶委陵菜抗萨奇病毒 B_3（CVB_3）的 IC_{50} 为 0.53μg/mL，治疗指数 TI 为 14（张巧玲等，2005）。

【毒理】全草入药，有小毒，三叶委陵菜的安全剂量为 4.0μg/mL，≥12.0μg/mL 时对细胞有较强的毒性作用。三叶委陵菜的 TC_{50} 为 7.2μg/mL。

【附注】临床用于清热解毒、敛疮止血、散瘀止痛。主咳嗽、痢疾、肠炎、痈肿疔疮、烫伤、口舌生疮、骨髓炎、骨结核、瘰疬、痔疮、毒蛇咬伤、崩漏、月经过多，产后出血、外伤出血、胃痛、牙痛、胸骨痛、腰痛、跌打损伤等（国家中医药管理局《中华本草》编委会，1999）。

【主要参考文献】

边可君，韩定献，黄开勋，等. 2002. 三叶委陵菜乙醇提取物镇痛作用的研究. 江苏临床医学杂志, 6(3)：200~203.

边可君，王满辉，黄开勋，等. 2001. 络合量法测定三叶委陵菜鞣质含量. 中国药师, 4(4)：269~270.

丁宝章，王遂义. 1988. 河南植物志（第一册）. 郑州：河南科学技术出版社：251.

国家中医药管理局《中华本草》编委会. 1999. 中华本草 第 10 卷（第 4 册）. 上海：上海科学技术出版社：181.

刘梁，韩定献，刘长林，等. 2006. 三叶委陵菜根化学成分研究. 天然产物研究与开发, 18(6)：62~63.

罗新舟，丁洁，韩定献，等. 2008. 三叶委陵菜根对致龋齿菌抑菌作用的研究. 湖北中医杂志, 30(2)：61~62.

张巧玲,杨占秋,陈科力,等.2005.4 种药用植物提取物体外抗柯萨奇病毒 B3 作用的研究.武汉大学学报(医学版),26(2)：157~160.

鹅绒委陵菜

Erongweilingcai

SILVERWEED CINQUEFOIL

【中文名】鹅绒委陵菜

【别名】蕨麻委陵菜、曲尖委陵菜、人参果、延寿草

【基原】为蔷薇科植物鹅绒委陵菜 *Potentilla anserina* Linn. 的全草。

【原植物】鹅绒委陵菜为蔷薇科委陵菜属多年生匍匐草本植物。根肉质，纺锤形。匍匐茎细长，节上生根，微生长柔毛。基生叶为羽状复叶，小叶 7～25 个，卵状长圆形或椭圆形，长 1～3cm，宽 0.6～1.5cm，先端圆钝，边缘有深锯齿，背面密生白色绵毛；小叶间有极小的叶片；叶柄长，有白色；茎生叶有较少的小叶。花单生于匍匐茎的叶腋；花梗长 1～7cm，有长柔毛；花黄色，直径 1～1.8cm；副萼片卵形，先端常 3 裂或 5 裂，与萼片近等长；花瓣椭圆形，长 6～8mm。瘦果卵形，具洼点，背部有槽。花期 5～6 月，果熟期 7～8 月（丁宝章和王遂义，1988）。

【生境】生于河谷或湿润的草地。

【分布】产河南伏牛山北部、太行山和黄河沿岸各地。分布于东北、华北及西南各地区。

【化学成分】块根中富含淀粉、糖、蛋白质、脂肪、维生素，以及 Fe、Mg、Si、P、S、Cl、K、Ca 等无机元素（周劲松，2003）。

【主要参考文献】

丁宝章，王遂义. 1988. 河南植物志（第二册）. 郑州：河南科学技术出版社：252.

周劲松. 2003. X-射线能谱微区分析法对鹅绒委陵菜块根组织的化学元素分析研究. 青海大学学报(自然科学版)：7~8.

朝天委陵菜

Chaotianweilingcai

CARPET CINQUEFOIL

【中文名】朝天委陵菜

【别名】伏枝委陵菜、仰卧委陵菜、野香菜、地榆子 、铺地委陵菜、鸡毛菜

【基原】为蔷薇科植物朝天委陵菜 *Potentilla supina* Linn.，夏季枝叶茂盛时采割，除去杂质，扎成把晒干。

【原植物】 朝天委陵菜为蔷薇科委陵菜属草本植物。一年生或二年生草本。长 20～50cm。植株铺散，分枝多。主根细长，并有稀疏侧根；茎被疏柔毛或脱落近无毛。基生叶羽状复叶，有小叶 2 或 3 对，稀 4 或 5 对，互生或对生，最上面 1 或 2 对小叶基部下延与叶轴合生；叶柄被疏柔毛或脱落近无毛，小叶无柄；托叶膜质，褐色，外被疏柔毛或近无毛；小叶片长圆形或倒卵长圆形，长 1～2.5cm，宽 0.5～1.5cm，先端圆钝或急尖。基部楔形或宽楔形，边缘有圆钝或缺刻状锯齿，两面绿色，被绢毛、疏柔毛或脱落近无毛；茎生叶与基生叶相似，向上小叶对数逐渐减少。托叶膜质，全缘。花两性；单花侧生或顶生，花茎上多叶；花直径 6～8mm，稀达 1cm；萼片 5，三角形，先端急尖；副萼片 5，长椭圆形或椭圆披针形，先端急尖，比萼片稍长或近等长；花瓣 5，倒卵形，先端微凹，与萼片近等长或较短，黄色；花柱近顶生。瘦果长圆形，先端尖。表面具脉纹，腹部膨胀若翅或有时不明显。花期 4～7 月，果期 8～10 月（国家中医药管理局《中华本草》编委会，1999）。

【生境】生于海拔 100～2000m 的田边、路旁、河岸沙地、草甸和山坡湿地。

【分布】全国各地区多有分布。

【化学成分】全草含黄酮类化合物。

【药理作用】

1. 护肝作用

研究发现朝天委陵菜乙醇提取物（EEPS）对四氯化碳（CCl_4）致小鼠肝损伤有保护作用。方法为采用 CCl_4 急性肝损伤模型，小鼠 ig 给予不同剂量的 EEPS，并以联苯双酯为阳性对照，测定小鼠血清中丙氨酸氨基转换酶（ALT）、天冬氨酸转换酶（AST）的活性及肝组织中丙二醛（MDA）的含量和过氧化物歧化酶（SOD）的活性。结果显示，不同剂量的 EEPS 能够抑制 CCl_4 诱导的肝损伤小鼠血清中 AST 和 ALT 酶活性的升高，且能有效地抑制脂质过氧化，升高 SOD 的活性。因此，EEPS 对 CCl_4 致小鼠的肝损伤具有保护作用（郑光海和朴惠顺，2010a）。

2. 降糖作用

朝天委陵菜乙酸乙酯萃取物（EEPS）对四氧嘧啶糖尿病小鼠有降血糖作用。方法为用四氧嘧啶制备糖尿病小鼠模型，分别研究不同剂量（44mg/kg、88mg/kg、176mg/kg）EEPS 对糖尿病小鼠血糖、血脂、肝糖原的影响。结果显示，EEPS 各剂量组能显著降低糖尿病小鼠第 7、第 14 天的血糖，可显著降低血清中胆固醇水平，明显增加肝糖原含量。因此 EEPS 具有降血糖作用（郑光海和朴惠顺，2010b）。

【附注】中药临床用于收敛止泻、凉血止血、滋阴益肾。主治泄泻、吐血、尿血、便血、血痢、须发早白、牙齿不固等。

【主要参考文献】

国家中医药管理局《中华本草》编委会. 1999. 中华本草 第 10 卷（第 4 册）. 上海：上海科学技术出版社：192.

郑光海，朴惠顺. 2010a. 朝天委陵菜乙醇提取物对 CCl_4 致小鼠肝损伤的保护作用. 华西药学杂志，25（3）：311～312.

颜先海，朴惠顺．2010b．刺天委陵菜乙酸乙酯提取物对四氧嘧啶致糖尿病小鼠的降糖作用研究．华西药学杂志，23(4)：416~417.

西山委陵菜

Xishanweilingcai

【中文名】西山委陵菜

【基原】为蔷薇科植物西山委陵菜 *Potentilla sischanensis* Bunge. ex Lehm.。

【原植物】西山委陵菜为蔷薇科委陵菜属多年生草本植物。高 10~15cm。根茎木质，基部具残余托叶；茎稍倾斜伸展，与小叶背面、叶柄、总花梗、花梗和花萼外面均有灰白色绒毛及柔毛。羽状复叶，基生叶有小叶 7~9 个，稀 11 个，无柄，长圆形或卵形，长 1.5~2cm，羽状深裂，表面微生长柔毛或近无毛；叶柄长；托叶近膜质；茎生叶通常有小叶 3~5 个，叶柄短或无柄；托叶小，椭圆形。聚伞花序，花排列稀疏，花黄色，直径约 1cm；副萼片线形，稍短于萼片；萼片卵圆形，先端急尖。瘦果小，卵形，褐色，多皱纹，花柱近顶生。花期 5~7 月，果熟期 6~8 月(丁宝章和王遂义，1988)。

【生境】生于山坡或沙滩沙地。

【分布】产河南伏牛山北部及太行山区。分布于河北、内蒙古、山西、陕西、甘肃、宁夏、青海等地区。

【主要参考文献】

丁宝章，王遂义．1988．河南植物志(第二册)．郑州：河南科学技术出版社：253.

翻 白 草

Fanbaicao

DESCOLOR CINQUEFOIL HERB

【中文名】翻白草

【别名】狼金爪、鸡腿儿、天藕儿、湖鸡腿、鸡脚草、鸡脚爪、鸡距草、独脚草、鸡腿子、乌皮浮儿、天青地白、金钱吊葫芦、老鸹枕、老鸦爪、山萝卜、土菜、结梨、大叶铡草、白头翁、鸡爪莲、郁苏参、土人参、野鸡坝、兰溪白头翁、黄花地丁、千锤打、叶下白、茯苓草

【基原】为蔷薇科植物翻白草 *Poterntilla discolor* Bunge 带根全草。夏、秋季，将全草连块根挖出，抖去泥土，洗净，晒干或鲜用。

【原植物】翻白草为蔷薇科委陵菜属多年生植物。多年生草本，高 15~40cm。根肥厚，纺锤形，两端狭尖。茎段儿不明显，基部具残留的老叶柄。奇数羽状复叶，基生叶丛生，具长柄，有小叶 5~9 个，连叶柄长 6~15cm；小叶或无柄，长圆形或长椭圆形，长 2~5cm，宽 0.7~1.5cm，先端钝，基部楔形，边缘每侧有 6~10(12)个钝锯齿，表面绿色，无毛或被稀疏绒毛，背面密被白色绒毛并混生长柔毛；叶柄长 3~15cm，叶轴均被白色绒毛和长柔毛；托叶披针形，被柔毛；茎生叶无柄或具短柄，有小叶 3 个，

近花序处为单生小叶片。聚伞花序具多花，疏松；花梗长 7～15mm，被绒毛；花黄色，直径 1～1.5cm；副萼片线状披针形，长 1.5～2mm；萼裂片三角状卵形，长约 3mm，先端急尖，外面密生白色绒毛；花瓣近心状圆形，基部具短爪，雄蕊 20 个，不等长，长 1～2mm；花柱近顶生，较短，无毛；花托被柔毛。瘦果无毛。花期 5～9 月，果熟期 7～10 月（丁宝章和王遂义，1988）。

【生境】生于丘陵、山坡、路边、灌丛等干旱地方。

【分布】产于河南伏牛山、太行山、大别山和桐柏山区。分布于我国南北各地区。

【化学成分】根含可水解鞣质及缩合鞣质，并含黄酮类。全草含延胡索酸（fumaric acid）、没食子酸（gallic acid）、原儿茶酸（protocatechuic acid）、槲皮素（quercetin）、柚皮素（naringenin）、山奈酚（kaempferol）、间苯二酸（m-phthalic acid）（国家中医药管理局《中华本草》编委会，1999）。

有文献报道，从翻白草全草中分离并鉴定出的化合物主要为三萜和黄酮类化合物。例如，乌苏酸、2α,3β-二羟基-乌苏-12-烯-28-酸、euseaphic acid、委陵菜酸、胡萝卜苷、β-谷甾醇（薛培凤等，2005）。据报道，黄酮类化合物有芦丁、山奈酚-3-O-β-D-葡萄糖苷（kaempferol-3-O-β-D-glucoside）、槲皮素-3-O-β-D-葡萄糖苷（quercetin-3-O-β-D-glucoside，3.5%）、8-甲氧基草质素-3-O-β-D-槐糖苷、山奈酚-3-O-β-D-葡萄糖醛酸苷、异鼠李素-3-O-β-D-葡萄糖醛酸苷、槲皮素-3-O-β-D-葡萄糖醛酸苷、槲皮素-7-O-β-D-葡萄糖苷、短叶苏木酚酸（安海洋等，2011）、槲皮素-3-O-α-L-吡喃鼠李糖苷（quercetin-3-O-α-L-rhamnoside）、槲皮素-3-O-α-D-阿拉伯糖苷（quercetin-3-O-α-D-arabinofuranoside）、槲皮素-3-O-β-D-半乳糖-7-O-β-D-葡萄糖。山奈酚-3-O-α-L-阿拉伯糖苷（kaempferol-3-O-α-L-arabinofuranoside）、山奈酚-3-O-β-D-（6-O-cis-p-顺式-邻-coumaroyl）-吡喃葡萄糖苷 [kaempferol-3-O-β-D-（6-O-cis-p-coumaroyl）-glucopyranoside] 和山奈酚-3-O-β-D-（6-O-trans-p-trans-p-coumaroyl）-葡萄糖苷 [kaempferol-3-O-β-D-（6-O-trans-p-coumaroyl）glucopyranoside，8.9%]（王琦等，2009；Yang et al，2011）。

【药理作用】翻白草中提取成分富马酸、没食子酸、原儿茶酸、槲皮素、柚皮素、山奈素、间苯二酸，对福氏和志贺痢疾杆菌具有抑菌作用，尤以没食子酸和槲皮素活性最强，二者最低抑菌浓度分别为 59ppm 和 37ppm。

根据目前关于糖尿病提出的自由基学说，尹卫平课题组采用体外抗自由基模型和体内药效学研究的方法，对翻白草不同提取部位进行抗糖尿病的活性筛选。体外实验通过已有的自由基反应，揭示了翻白草不同提取物对·OH 清除能力和抑制硝化酪氨酸反应的能力。体外实验结果显示，所采用的酪氨酸硝基化反应体外实验，成功预测了翻白草抗糖尿病的有效部位为翻白草的 95%乙醇提取物。该粗提物对·OH 清除率达 26.9%，对硝基化反应抑制率为 58.6%，因而具有明显的抗自由基能力（邵芳芳等，2010）。

实验显示，翻白草具有降糖、降脂作用（Yang et al，2011；郑海洪等，2009）。体内动物实验采用四氧嘧啶（160mg/kg）化学损伤胰岛素方法复制糖尿病大鼠模型；翻白草 95%乙醇提取物，按照急毒试验的提取物的最大耐受量设置，阳性采用临床治疗用中药（糖尿乐）和西药（二甲双胍）进行对照。通过翻白草不同提取物灌胃治疗，测定血糖值，观察动物血糖变化，同时检测血样中总胆固醇（TC）、甘油三酯（TG）、高密度脂蛋白

(HDL)和低密度脂蛋白(LDL)等各项生化指标；再经过病理组织切片检查心、肝、胃等病理变化和光镜观察动脉硬化情况。采血检测治疗组大鼠血清中的总胆固醇、甘油三酯及低密度脂蛋白浓度，发现翻白草提取物有明显的降糖和降脂作用，对糖尿病具有较好治疗效果。与目前临床已用的中、西药对比，翻白草的治疗作用弱于西药二甲双胍，明显优于中药的糖尿乐效果。病理组织切片观察发现，患糖尿病大鼠在翻白草治疗后，胰岛细胞数目均有增多；但是各组大鼠心、肾和动脉等组织未见明显差异，这是因为动物造模时间较短，尚未造成组织的损伤。同时，翻白草给药组也未出现明显异常，可以看出翻白草的毒性作用较小，属于一类较安全的中药。通过对翻白草不同提取物体内外抗糖尿病的药效学研究，证明了翻白草既具有降糖作用也具有降脂作用，该作用被归属为翻白草提取物中含有的黄酮类化合物，就是抗自由基的化学活性成分。

郑海洪等探讨翻白草对高血脂大鼠和家兔的降血脂作用，方法采用 Wistar 大鼠 60 只(其中 50 只为高脂饲料诱导成高血脂动物模型，10 只为空白对照组)，家兔 36 只(其中 30 只为高脂饲料诱导成高血脂动物模型，6 只为空白对照组)。随机分为 6 组(翻白草大、中、小 3 个剂量组，模型组，脂必妥对照组，空白对照组)。连续给药 6 周，分别于给药后第 4 周、第 6 周采血，检测血清中总胆固醇、甘油三酯及低密度脂蛋白浓度。翻白草各给药组与模型组比较，给药后第 4 周，翻白草可降低高血脂大鼠和家兔血清中 TC、TG、LDL 的含量($P<0.05$)；给药后第 6 周，可显著降低高血脂大鼠和家兔血清中 TC、TG、LDL 的含量($P<0.01$)。据上述方法得出结论，翻白草具有很好的降血脂作用。

【附注】国家中医药管理局(1999)记载，翻白草具有清热解毒、凉血止血的功效。中药一直用于治疗肺热咳喘、泻痢、疟疾、咯血、便血、崩漏、痈肿疮毒、疮癣结核等。

【主要参考文献】

安海洋，刘顺，单淇，等. 2011. 翻白草的化学成分研究. 中草药，42(7): 1285~1288.

丁宝章，王遂义. 1988. 河南植物志 (第二册). 郑州：河南科学技术出版社：253.

国家中医药管理局《中华本草》编委会. 1999. 中华本草 第 10 卷 (第 4 册). 上海：上海科学技术出版社：178.

邵芳芳，梁菊，刘普，等. 2010. 翻白草提取物抑制硝基化反应. 河南科技大学学报(自科版)，4: 94~96.

王琦，徐德然，石心红，等. 2009. 翻白草中的黄酮类成分. 中国天然药物，7(5): 361~364.

薛培凤，尹婷，梁鸿. 2005. 翻白草化学成分研究. 中国药学杂志，40(4): 1052~1054.

郑海洪，苏健华，杜慧，等. 2009. 翻白草对大鼠和家兔高血脂模型的降血脂作用. 中国比较医学杂志，19(10): 36~40.

Yang Y L, Liu P, Shao F F, et al. 2011. Invivoantihy pergly caemicandantihy perlipidae mic effect sofflavonoid active components separated from Potentilla discolor Bunge. Mord Pharm Res, 4: 6~13.

莓叶委陵菜

Meiyeweilingcai

RADIX POTENTILLAE FRAGARIOIDIS

【中文名】莓叶委陵菜

【别名】雉子筵、满山红、毛猴子、菜飘子

【基原】为蔷薇科植物莓叶委陵菜 *Potentilla fragarioides* Linn. 带根茎的根。一般多在秋季采集，挖取根，除去地上部分，洗净，晒干。

【原植物】莓叶委陵菜为蔷薇科委陵菜属多年生草本植物。高 5～25cm。根茎粗短，具残留的老叶柄。茎常丛生，纤细，近直立或斜展，被稀疏淡黄色长柔毛。奇数羽状复叶，基生叶和下部茎生叶具长柄，长 10～20cm，小叶 5～9 个，通常 7 个；小叶无柄，椭圆形、倒卵形或菱形，长 2～4cm，宽 0.7～2cm，先端急尖，基部楔形，边缘具尖锐牙齿，两面均被稀疏柔毛；叶柄和叶轴均被展长柔毛；托叶膜质，披针形，先端急尖，全缘，被稀疏长柔毛；上部茎生叶具短柄，有小叶 1 或 3 个，托叶草质，卵形，全缘或具缺刻。聚伞花序具多花；花梗长 1～1.5cm，被短柔毛；花黄色，直径 1～1.5cm；副萼片披针形，长约3mm，全缘，两面均被稀疏长柔毛；萼裂片长椭圆形，长 3～4mm，先端急尖，全缘，两面均被稀疏长柔毛；花瓣倒卵形，长 5～6mm；花柱近顶生；花托被短柔毛。瘦果无毛，微具无毛，稍具皱纹。花期 4～5 月，果熟期 7～8 月(丁宝章和王遂义，1988)。

【生境】生于山坡草地、灌丛中或林下。

【分布】产河南太行山、伏牛山、大别山和桐柏山区。分布于黑龙江、内蒙古、河北、山东、山西、陕西、甘肃、湖北、江苏、浙江、云南、贵州等地区。日本和印度也产。

【化学成分】莓叶委陵菜包括的化学成分有：黄酮类化合物芦丁和儿茶素等，三萜类等生物活性成分；还原糖、灰分、粗蛋白、粗脂肪、粗纤维；钙、镁、钠、磷、钾、硒、铜、锌、铁、锰、锶、铬等无机元素。

【毒性】全草有毒。

【药理作用】莓叶委陵菜中含有黄酮类化合物、三萜类等生物活性成分。黄酮类化合物广泛分布于植物界，具有诸多药理作用。黄酮类化合物在心脑血管的保健、更年期综合征的治疗等方面均有显著的疗效，因此受到广泛重视。萜类化合物广泛存在于动植物体中，如植物香精油、植物及动物的某些色素等，它们的共同点是分子中的碳原子数都是 5 的倍数，三萜是由 6 个异戊二烯单位以头尾相连结合而成的。它具有许多生理活性，有保肝排毒、抗氧化、抗菌消炎、抗 HIV-1 等作用(闵运江和张正喜，2011)。黄酮类化合物具有抗癌、消炎、抗氧化等多种生物活性，已广泛应用于临床，近年来还用于治疗老年性脑部疾病、抑制神经胶质瘤增生等；儿茶素则具有抗细菌、抗病毒、抗真菌、抗毒素等作用，还具有抑制血压及血糖、降低血液中的胆固醇含量、预防癌症和心血管疾病等作用(周栋等，2011)。

【附注】莓叶委陵菜根及全草作药用，其性甘、温，益中气，补阴虚，有清热解毒，止血止痢等作用；内服治痢疾，外用治疥疮；制剂雉子筵止血片，临床用于子宫肌瘤出血、月经过多、功能性子宫出血、产后出血等。

【主要参考文献】

丁宝章，王遂义. 1988. 河南植物志 (第二册). 郑州：河南科学技术出版社：254.

国家中医药管理局《中华本草》编委会. 1999. 中华本草 第 10 卷 (第 4 册). 上海：上海科学技术出版社：180.

闵运江，张正喜. 2011. 莓叶委陵菜黄酮与三萜类成分提取与 HPLC 条件的初步研究. 皖西学院学报，27(5)：1~3.

周栋，马蓓蓓，刘汉柱，等. 2011. 春季和秋季莓叶委陵菜叶片和地下部分芦丁及儿茶素含量的 HPLC 分析. 植物资源与环境学报，20(1)：91~93.

多茎委陵菜

Duojingweilingcai

【中文名】多茎委陵菜

【别名】细叶翻白草

【基原】为蔷薇科植物多茎委陵菜 *Potentilla multicaulis* Bunge 的全草。

【原植物】多茎委陵菜为蔷薇科委陵菜属多年生草本植物。根肥厚，圆柱形。茎丛生，斜倚或斜展，长 10～30cm，常带暗红色，被平展灰白色长柔毛，基部常具残留的褐色叶柄和托叶。奇数羽状复叶，基生叶多数，丛生，有小叶 13～17 个，连叶柄长达 20cm；小叶无柄，长圆状卵形或长圆形，长 1.5～3cm，羽状深裂，裂片线形，先端钝，表面疏生短伏柔毛，背面密被灰白色绒毛和长柔毛；叶柄和叶轴均被白色长柔毛；托叶膜质，长达 2cm，与叶柄合生；茎生叶具短柄，有小叶 3～11 个，较基生叶小，托叶仅基部与叶柄合生。聚伞花序疏松，具多花，有灰白色长柔毛；花黄色，直径约 1.2cm。花瓣较萼裂片长，花柱短，近顶生；花托被柔毛。瘦果黄褐色，无毛，花期 4～9 月，果熟期 7～10 月（丁宝章和王遂义，1988）。

【生境】生于向阳的山坡、路旁、草地。

【分布】产河南伏牛山和太行山区，分布于河北、内蒙古、山西、陕西、甘肃、宁夏、青海、新疆、四川等地区。

【化学成分】据文献报道，从多茎委陵菜中分离鉴定出的化学成分有吐叶醇 (vomifoliol)、乌苏酸 (ursolic acid)、委陵菜酸 (tormentic acid)、2α-羟基齐墩果酸 (oleanolic acid)（何立华和乔颖，2008）、没食子酸 (gallic acid)、齐墩果酸 (oleanolic acid)、槲皮素 (quercetin)、2-吡咯酮 (2-pyrrolidone)、2,4-二羰基氢氮杂卓 [1H-azepine-2,4(3H，5H)-dione，dihydro]、β-谷甾醇 (β-sitosterol) 和 β-胡萝卜苷 (β-daucosterol)（何立华等，2009）。另外得到黄酮苷类化合物，如翻白叶苷 A、槲皮素-3-O-α-L-鼠李糖苷、槲皮素-3-O-β-D-葡萄糖苷、山奈酚-3-β-D-葡萄糖苷、异鼠李素-3-O-β-D-吡喃葡萄糖-7-O-α-L-吡喃鼠李糖苷（张红芬等，2009）。

【主要参考文献】

丁宝章，王遂义. 1988. 河南植物志（第二册）. 郑州：河南科学技术出版社：255.

何立华，华会明，张娜，等. 2009. 多茎委陵菜化学成分的分离与鉴定. 沈阳药科大学学报，26(2)：108~109.

何立华，乔颖. 2008. 多茎委陵菜化学成分研究. 中国医药导报，5(33)：16~17.

张红芬，路金才，张娜，等. 2009. 多茎委陵菜中的黄酮苷类成分. 中南药学，7(4)：265~268.

二裂委陵菜

Erlieweilingcai

POTENTILLA BIFURCA

【中文名】二裂委陵菜

【别名】鸡冠草、叉叶委陵菜、黄丝瓜草、老虎蹄

【基原】为蔷薇科植物二裂委陵菜 *Potentilla centigrana* Maxim.，枝条短、叶片卷曲而变为紫红色，形如鸡冠花样疣状物的红色全草。夏、秋采病态枝叶，扎成把晒干。

【原植物】二裂委陵菜为蔷薇科委陵菜属多年生草本植物。具粗壮、木质化根状茎。根系发达，较粗壮，黑褐色。茎直立或斜倚，基部分枝，被伏柔毛。羽状复叶，基生叶或下部茎生叶具小叶 9～15 个，连叶柄长 5～10cm；小叶对生或互生，无柄，长圆形或长圆状披针形，长 8～20mm，宽 3～7mm，先端急尖或圆钝，部分叶先端 2 裂，基部楔形，全缘，两面均被伏柔毛，以背面较密，上部小叶基部常下延与叶轴合生；叶柄与叶轴均被伏柔毛；托叶膜质；上部茎生叶具短柄，小叶较少，连叶柄长 2～6cm，托叶膜质，卵状披针形，全缘，先端急尖，背面被稀疏伏柔毛。聚伞花序顶生，具少数花；花梗长 1～3cm，被短柔毛；花黄色，直径 1～1.5cm；副萼片狭长圆形，先端急尖，花瓣宽倒卵形，长 5～7mm，全缘，基部具短爪；雄蕊 20 个，长约 2mm；花柱侧生或近顶生；花托具柔毛。瘦果小，无毛，光滑。花期 5～6 月，果熟期 7～8 月（丁宝章和王遂义，1988）。

【生境】生于干旱山坡草地、路旁及河滩。

【分布】产伏牛山区北部和黄河沿岸及太行山。分布于吉林、内蒙古、河北、山西、陕西、甘肃、宁夏、青海、新疆等地区。

【附注】中药记载具有凉血、止血和解毒功能（国家中医药管理局《中华本草》编委会，1999）。

【主要参考文献】

丁宝章，王遂义. 1988. 河南植物志（第二册）. 郑州：河南科学技术出版社：256.

国家中医药管理局《中华本草》编委会. 1999. 中华本草 第 10 卷（第 4 册）. 上海：上海科学技术出版社：90.

野　杏

Yexing

APRICOT

【中文名】野杏

【别名】山杏、苦杏

【基原】为蔷薇科植物山杏 *Prunus armeniaca* Linn. var. *anus* Maxim 的干燥成熟果子，夏季采收成熟果实，除去果肉及核壳，取出种子，晒干。

【原植物】野杏为蔷薇科杏属多年生植物。叶片基部楔形或宽楔形；花常 2 朵簇生，淡红色；果实近球形，红色；核卵球形，离肉，表面粗糙面有网纹，腹棱常锐利（国家中医药管理局《中华本草》编委会，1999）。

【生境】栽培或野生。

【分布】产于伏牛山区。在我国北部其他地区，尤其在河北、山西等地普遍野生，

山东、江苏等地也有分布。

【化学成分】种仁含苦杏仁苷 1%～5%，最高达 7.9%，经水解生成氢氰酸。其次含油脂 29%～59%，蛋白质约 28%。其中主要成分有：正己醛(n-hexanal)占 4.81%，反式-2-己烯醛(2-hexenal)占 11.57%，正己醇(n-hexanol)占 14.38%，反式-2-己烯-1-醇(2-hexen-1-ol)占 8.28%，芳樟醇占 12.61%，α-松油醇占 5.69%，牻牛儿醇(geraniol)占 2.78%，十四烷酸(teradecanoic acid)占 3.6%(国家中医药管理局《中华本草》编委会，1999)。

苦杏仁苷结构式如下：

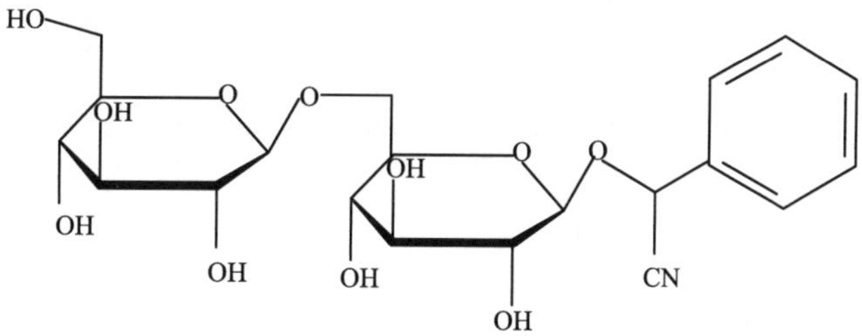

【毒性】人食苦杏仁可引起中毒，小孩误食 10～20 粒，成人食 40～60 粒即可中毒，一般在食后 1～2h 内出现症状，初觉苦涩，有流涎、恶心、呕吐、腹痛、腹泻、头痛、头晕、全身无力、呼吸困难、烦躁不安和恐惧感、心悸，严重者昏迷、意识消失、发绀、瞳孔散大、惊厥，因呼吸衰竭而死。呼吸停止时心跳尚存。服大量时，2～10min 可致死。多食苦杏仁油也可引起中毒。另报道，食苦杏仁中毒可引起多发性神经炎，除上述症状外，还有两侧下肢肌肉迟缓无力、肢端麻木、触觉痛觉迟钝、双膝反射减弱。食用经充分加热后的苦杏仁，中毒症状较轻(陈冀胜和郑硕，1987)。

【药理作用】

1. 抗炎、镇痛、降压、镇咳平喘

杏仁果具有抗炎、镇痛、降压和镇咳平喘的功效。另外，杏仁中含苦杏仁苷及苦杏仁酶，内服后，苦杏仁苷可被酶水解产生氢氰酸和苯甲醛，普通 1g 杏仁约可产生 2.5mg 氢氰酸。氢氰酸是剧毒物质，人的致死量大约为 0.05g(氰化钾为 0.2～0.3g)，苯甲醛可抑制胃蛋白酶的消化功能，成人服苦杏仁 50～60 个，小儿 7～10 个即可致死，致死原因主要为组织窒息，苦杏仁久贮，苦杏仁苷含量可减少，同时服糖，毒性可降低。关于杏仁中毒的报道不少，主要症状为呼吸困难、抽搐、昏迷、瞳孔散大、心跳加速没有力、四肢冰冷，急救必须争取时间，立即口服活性炭或过锰酸钾(1∶1000)或硫代硫酸钠(5%)，尽快洗胃，并吸入亚硝酸异戊酯，静脉注射亚硝酸钠(3%，10mL)，随后注射硫代硫酸钠(25%，50mL)，其他对症治疗如人工呼吸、输血等。有人认为服用小量杏仁，在体内慢慢分解，逐渐产生微量的氢氰酸，不致引起中毒，而呈镇静呼吸中枢的作用，因此能使呼吸运动趋于安静而有镇咳平喘的功效。1/20 最小致死量的氢氰酸静脉注射能短暂而强烈地兴奋呼吸中枢。直接涂于正常皮肤，可产生局部麻醉(如止痒等)。

2. 抗癌作用

苦杏仁提取物按 100mg/kg 和 200mg/kg 体重剂量灌胃 10d，对小鼠移植性肝癌有明显的抑制作用。

3. 促进肺表面活性物质合成作用

苦杏仁在正常动物可促进肺表面活性物质的合成，在油酸型 RDS 实验动物中，不仅可促进肺表面活性物质的合成，并可使病变得到改善。

4. 其他作用

苦杏仁苷有抗突变作用，预防和治疗抗肿瘤药阿脲引起的糖尿病的作用。此外，苦扁桃油（即苦杏仁油）有驱虫，杀菌作用。体外试验对人蛔虫、蚯蚓等均有杀死作用，并能杀死伤寒、副伤寒杆菌，临床应用对蛔虫、钩虫及蛲虫均有效，且无副作用（国家中医药管理局《中华本草》编委会，1999）。

【毒理】过量服用苦杏仁，可发生中毒，表现为眩晕、突然晕倒、心悸、头疼、恶心呕吐、惊厥、昏迷、发绀、瞳孔散大、对光反应消失、脉搏弱慢、呼吸急促或缓慢而不规则。若不及时抢救，可因呼吸衰竭而死亡。中毒者内服杏树皮或杏树根煎剂可以解救（国家中医药管理局《中华本草》编委会，1999）。

苦杏仁苷的 LD_{50}：大鼠、小鼠静脉注射为 25g/kg。大鼠腹腔注射为 8g/kg。大鼠口服为 0.6g/kg。兔、犬静脉注射和肌肉注射均为 3g/kg；口服均为 0.075g/kg；人静脉注射为 0.07g/kg。人口服苦杏仁 55 枚（约 60g），含苦杏仁苷约 1.8g（约 0.024g/kg），可致死。苦杏仁大量口服易中毒。首先作用于延脑的呕吐、呼吸、迷走及血管运动等中枢神经系统，均引起兴奋，随后进入昏迷、惊厥，继而整个中枢神经系统麻痹，最后由于呼吸中枢神经系统麻痹而死亡。其中毒机制主要是由于杏仁所含的氢氰酸很易与线粒体中的细胞色素氧化酶的三价铁起反应，形成细胞色素氧化酶-氰复合物，从而使细胞的呼吸受抑制，形成组织窒息，导致死亡。

【附注】临床应用于治疗老年性慢性支气管炎，治疗外阴瘙痒，治疗蛲虫病。

【主要参考文献】

陈冀胜，郑硕. 1987. 中国有毒植物. 北京：科学出版社：10：502.

国家中医药管理局《中华本草》编委会. 1999. 中华本草 第 10 卷（第 4 册）. 上海：上海科学技术出版社：94.

鼠 李 科

鼠李科 Rhamnaceae 为灌木、藤状灌木或乔木，稀草本，通常具刺，或无刺。单叶互生或近对生，全缘或具齿，具羽状脉，或三至五基出脉；托叶小，早落或宿存，或有时变为刺。花小，整齐，两性或单性，稀杂性，雌雄异株，常排成聚伞花序、穗状圆锥花序、聚伞总状花序、聚伞圆锥花序，或有时单生或数个簇生，通常 4 基数，稀 5 基数；萼钟状或筒状，淡黄绿色，萼片镊合状排列，常坚硬，内面中肋中部有时具喙状突起，与花瓣互生；花瓣通常较萼片小，极凹，匙形或兜状，基部常具爪，或有时无花瓣，着生于花盘边缘下的萼筒上；雄蕊与花瓣对生，为花瓣抱持；花丝着生于花药外面或基部，与花瓣爪部离生，花药 2 室，纵裂，花盘明显发育，薄或厚，贴生于萼筒上，或填塞于萼筒内面，杯状、壳斗状或盘状，全缘，具圆齿或浅裂；子房上位、半下位至下位，通常 2 或 3 室，稀 4 室，每室有 1 基生的倒生胚珠，花柱不分裂或上部 3 裂。核果、浆果状核果、蒴果状核果或蒴果，沿腹缝线开裂或不开裂，或有时果实顶端具纵向的翅或具平展的翅状边缘，基部常被宿存的萼筒所包围，1 至 4 室，具 2~4 个开裂或不开裂的分核，每分核具 1 种子，种子背部无沟或具沟，或基部具孔状开口，通常有少而明显分离的胚乳或有时无胚乳，胚大而直，黄色或绿色（丁宝章和王遂义，1988）。

我国 14 属，133 种，32 变种，1 变型，全国各地均有分布，但分布的种类数目和资源贮藏量各地区不平衡，以云南、四川、贵州、广东、广西、福建、江西、湖南、湖北、浙江等长江以南地区最为丰富。多数处于野生状态，遗传结构较为复杂，具有广泛的基因多样性，为选种育种提供了条件。这些资源植物常见于阳光充足的生长环境，尤其习见于灌丛、林缘、空地中，对干旱瘠薄的条件也能适应。该科多数种类的果实含黄色染料；种子含油脂和蛋白质，榨油可制润滑油、油墨、肥皂，少数种类树皮、根、叶可供药用。

鼠李属、勾儿茶属等很多种类可以提取黄色、绿色或蓝色染料，有些种类的色素不含有毒物质，是提取食用天然色素的优良资源；有些种类的色素还可作为生物染色剂和工业染色原料。这类资源植物本科共有 13 种，隶属于 3 属。可提供黄色色素的有欧鼠李、长叶冻绿、异叶鼠李、尼泊尔鼠李、淡黄鼠李、甘青鼠李、乌苏里鼠李、鼠李、冻绿；含绿色色素的有卵叶鼠李、圆叶鼠李、猫乳；含蓝色色素的有铁包金等。

据记载和调查统计，本科有药用价值的植物有雀梅藤、梗花雀梅藤、欧鼠李、药鼠李、鼠李、积椇、北积椇、休江积椇、猫乳、铁包金、多叶勾儿茶、马甲子、枣、无刺枣、酸枣、滇刺枣、翼核果、长叶冻绿、木子花、尼泊尔鼠李、锐齿鼠李、薄叶鼠李等 26 种（含变种）。它们的作用较广，主要具有镇定安神，清火解热，消食化气，化痰止咳，消渴利尿，活血祛风，催吐通便，治毒虫叮咬、疮毒肿痛等多种功效。

代茶植物是一类既非茶叶树，其叶、枝，甚至树皮等又能制成具有茶叶同样或更好功效的类似茶叶的植物。本科雀梅藤、异叶鼠李、光枝勾儿茶、多花勾儿茶、翼核果等种类的嫩叶均可代替茶叶使用。这些植物在我国各产区均有资源，如多花勾儿茶在华东、华中至西南地区有成片分布。

据报道，该科植物的果实含大黄素、大黄酚、蒽酚；另含山奈酚。种子中有多种黄酮苷酶。树皮含大黄素、芦荟大黄素、大黄酚等多种蒽醌类。

【主要参考文献】

丁宝章，王遂义. 1988. 河南植物志（第二册）. 郑州：河南科学技术出版社：107.

长 叶 冻 绿

Changyedonglv

ORIENTAL BUCKTHOM

【中文名】长叶冻绿

【别名】土黄柏、癫痫根、黎辣根、黄药、琉璃根、茜木叶、黎罗根、黎头根

【基原】鼠李科植物长叶冻绿 *Rhamnus crenata* Sieb et Zucc. 的全株。

【原植物】落叶灌木，高 1.5～3m。小枝与叶幼时有锈色细毛，逐渐光滑，茎褐色。叶互生，椭圆状倒卵形或披针状长卵圆形，长 4～8cm，宽 1.4～3.5cm，基部楔形，先端尖，边缘有细锯齿，叶面深绿色，背面淡绿色，叶脉有赤褐色短毛，背面主脉及侧脉突出明显；叶柄长 0.4～1cm，密被细短毛。花黄绿色，腋生聚伞花序，花萼、花瓣、雄蕊均为 5 枚，子房上位，2～4 室，与花盘离生。核果近球形，初绿色，熟时变黑色。

【生境】生于海拔 1200～2000m 的山坡、沟谷、山脊、灌木丛里或疏林中。

【分布】伏牛山有分布。主要产于我国长江流域至南部和西南各地区。

【化学成分】含有黄酮类化合物，如 multiflorin A、alaternin、kaempferol-3-*O*-β-rhamninoside（张晋豫等，1998）。

【毒性】有毒。

【药理作用】能杀虫去湿，治疥疮。

【附注】果实及叶含黄色素，可作染料。

【主要参考文献】

张晋豫，李发启，杨相甫. 1998. 华北鼠李属植物的化学分类学研究. 河南师范大学学报（自然科学版），26（2）：68~70.

锐 齿 鼠 李
Ruichishuli

【中文名】锐齿鼠李

【别名】牛李子

【基原】鼠李科鼠李属植物锐齿鼠李 *Rhamnus arguta* Maxim 的全株。

【原植物】落叶灌木，树皮灰紫褐色，枝对生或近对生，稀互生，具短枝；小枝赤褐色、暗赤褐色或微带紫色，二年生枝暗紫褐色或灰褐色带赤色，光滑，有光泽；枝端成利刺或具顶芽。芽长卵形，暗赤褐色，具光泽，芽鳞有缘毛。叶对生或近对生，稀互生，短枝上叶簇生；叶柄长 1.5～2.5(4)cm，带赤色，近光滑或柄沟内稍具柔毛；叶片卵形至卵圆形，稀近圆形或椭圆形，长 2～5(7.8)cm，宽 1～4(6)cm，基部圆形或浅心形，稀广楔形，先端急尖、钝头、具突尖或短渐尖，边缘具深锐细锯齿，齿端常呈刺芒状，两面无毛，侧脉 4 或 5 对，带赤色、花单性，雌雄异株，腋生，在短枝上呈簇生状，雌花子房球形，3 或 4 室，柱头 3 或 4 裂；花梗长 1cm 左右，雌花花梗通常较长，为雄花花梗的 1.5～2 倍。核果近球形，熟时紫黑色，径 0.5～0.8cm，内具(2)3 或 4 核，内果皮薄革质，易与种子分开；果梗长 1～1.8(2)cm，无毛。种子倒宽卵形，淡黄褐色，背面种沟开口长为种子的 1/5。花期 4 月中、下旬至 5 月下旬，果期 6 月中旬至 9 月下旬。

【生境】多生于气候干燥、土质瘠薄的山脊、山坡处。

【分布】伏牛山有分布。主要产于我国黑龙江、河北、河南、山东、山西、陕西

等地区。

【化学成分】含有黄酮类化合物，如 multiflorin A、alaternin、 kaempferol-3-O-β-rhamninoside（张晋豫等，1998）。

【毒性】茎、叶、种子可作杀虫剂。

【药理作用】用于消化不良、腹泻、风火牙痛、小儿食积、热病津伤或温病后期诸症。

【主要参考文献】

张晋豫，李发启，杨相甫，等. 1998. 华北鼠李属植物的化学分类学研究. 河南师范大学学报(自然科学版)，26(2)：68~70.

薄 叶 鼠 李

Baoyeshuli

RAMONTCHI

【中文名】薄叶鼠李

【别名】郊李子、绛梨木根、白色木、白赤木、绛梨木、嚼连木、绛耳木、鹿角刺

【基原】为鼠李科薄叶鼠李 *Rhamnus leptophylla* Schneid 植物。为中国特有品种。

【原植物】灌木或稀小乔木，高达 5m；小枝对生或近对生，褐色或黄褐色，稀紫红色，平滑无毛，有光泽，芽小，鳞片数个，无毛。叶纸质，对生或近对生，或在短枝上簇生，倒卵形至倒卵状椭圆形，稀椭圆形或矩圆形，长 3~8cm，宽 2~5cm，顶端短突尖或锐尖，稀近圆形，基部楔形，边缘具圆齿或钝锯齿，上面深绿色，无毛或沿中脉被疏毛，下面浅绿色，仅脉腋有簇毛，侧脉每边 3~5 条，具不明显的网脉，上面下陷，下面凸起；叶柄长 0.8~2cm，上面有小沟，无毛或被疏短毛；托叶线形，早落。花单性，雌雄异株，4 基数，有花瓣，花梗长 4~5mm，无毛；雄花 10~20 个簇生于短枝端；雌花数个至 10 余个簇生于短枝端或长枝下部叶腋，退化雄蕊极小，花柱 2 半裂。核果球形，直径 4~6mm，长 5~6mm，基部有宿存的萼筒，有 2 或 3 个分核，成熟时黑色；果梗长 6~7mm；种子宽倒卵圆形，背面具长为种子 2/3~3/4 的纵沟。花期 3~5 月，果期 5~10 月。

【生境】生于海拔 1700~2600m 的山坡、灌丛中、林缘、林缘路边、林中、路边、路边灌丛、山谷、山谷林缘、山坡、山坡灌丛、山坡林中、山坡路边灌丛、石灰岩山荒坡、石灰岩山林中藤灌丛、石灰岩山坡、疏林中。人工引种栽培。

【分布】伏牛山有分布。广布于陕西、河南、山东、安徽、浙江、江西、福建、广东、广西、湖南、湖北、四川、云南、贵州等地区。

【化学成分】薄叶鼠李的根含 1-O-甲基肌醇（中国植物物种信息数据库，2013）。

【药理作用】全草药用，有清热、解毒、活血之功效。还可用于消化不良或腹泻。在广西有用根、果及叶利水行气、消积通便、清热止咳的记载。

【主要参考文献】

中国植物物种信息数据库. 2013. 中国植物物种名录(CPNI). 1, 18[引用日期2013-7-29].

鼠　李
Shuli

DAHURIAN BUCKTHORN

【中文名】鼠李

【别名】乌槎树、冻绿柴、老鹳眼、红皮绿树、大绿、老乌眼、老鸦眼、臭李子

【基原】为鼠李科植物鼠李 *Rhamnus davurica* Pall. 的果实。

【原植物】树皮灰褐色，小枝褐色而稍有光泽，顶端有大型芽。叶对生于长枝上，或丛生于短枝上；有长柄；长圆状卵形或阔倒披针形，长 4～11cm，宽 2.5～5.5cm，先端渐尖，基部圆形或楔形，边缘具圆细锯齿，上面亮绿色，下面淡绿色，无毛或有短柔毛，侧脉通常 4 或 5 对。花 2～5 束生于叶腋，黄绿色，雌雄异株，径 4～5mm；萼 4 裂，萼片狭卵形，锐头；花冠漏斗状钟形，4 裂；雄花，雄蕊 4，并有不育的雌蕊；雌花，子房球形，2 或 3 室，花柱 2 或 3 裂，并有发育不全的雄蕊。核果近球形，径 5～7mm，成熟后紫黑色。花期 5～6 月，果期 8～9 月。

【生境】生于山地杂木林中；生于海拔 1500m 以下的向阳山地、丘陵、山坡草丛、灌丛或疏林中。

【分布】伏牛山有分布。我国主要分布于东北、河北、山东、山西、陕西、四川、湖北、湖南、贵州、云南、江苏、浙江等地。

【化学成分】果实含大黄素、大黄酚、蒽酚；另含山奈酚。种子中有多种黄酮苷酶。树皮含大黄素、芦荟大黄素、大黄酚等多种蒽醌类。

【毒性】有研究表明，大黄素灌胃后，中毒小鼠活动明显减慢、反应迟钝、精神萎靡、闭眼、怕光、毛耸、惊厥、四肢抽搐、死亡。所有死亡和未死亡小鼠均毛发正常、无分泌物；中毒小鼠药液均达小肠部位，而未达到大肠部位。胆囊明显变大变亮。肝大，肝细胞和细胞间隙内均有淤血；肺泡壁增厚，肺泡充血水肿，内有淤血，单个核细胞浸润现象明显；肾脏肾小球明显萎缩减少，管腔不干净，有管型；小肠皱壁水肿明显，肠绒毛粘连融合；心肌细胞有断裂；胃、脾部无明显变化(雷湘等，2008)。大黄素 80μg/mL 和120μg/mL 剂量组腺苷激酶(TK)基因突变频率、细胞拖尾率及平均尾长增加($P < 0.05$)，表现出大黄素的弱致突变作用(朱钦翥等，2011)。

【药理作用】果实中含有的大黄素成分对 Panc-1 细胞的增殖抑制作用呈明显的浓度和时间依赖性，20μmol/L、40μmol/L、80 μmol/L 大黄素作用 Panc-1 细胞 24h 后凋亡率分别为 7.1%、15.2%、21.4%。推测大黄素对人胰腺癌 Panc-1 细胞株的增殖抑制作用可能以诱导细胞凋亡方式为主(刘岸等，2011)。另有研究显示，大黄素体外可以抑制人胃腺癌 SGC-7901 细胞的增殖及诱导细胞的凋亡；大黄素诱导 SGC-7901 细胞凋亡可能与其

下调 Bcl-2 蛋白表达有关(孙振华和卜辛，2012)。

大黄素还可以使小鼠鼠动脉粥样硬化(AS)斑块内基质金属蛋白酶-2(MMP-2)、基质金属蛋白酶-9(MMP-9)的表达较模型组显著减少($P < 0.01$，$P < 0.05$)，金属蛋白酶组织抑制剂-1(TIMP-1)表达显著增高($P < 0.01$)。可见，大黄素可通过减少斑块处 MMP-2、MMP-9 的表达，增高 TIMP-1 表达，起到稳定 AS 斑块的作用(白文武等，2011)。

有研究表明，与对照组相比，大黄素可呈浓度依赖性抑制 HL-60 细胞生长，加快细胞凋亡；大黄素可明显抑制 Survivin 在 HL-60 细胞中表达，呈浓度依赖性；与对照组相比，Ⅰ和Ⅱ组裸鼠皮下移植瘤生长均被抑制，Ki-67 和 Survivin 表达下调大黄素具有抑制体内外白血病细胞生长的作用，这可能是通过抑制白血病细胞中 Survivin 蛋白的表达而实现(陈莉莉等，2012)。

另外，大黄素具有抑制胰腺癌裸鼠原位移植瘤生长和转移的作用，这可能是通过抑制胰腺肿瘤 MMP-9 的表达而实现(徐贤绸等，2011)。

果实中的另外一种成分山奈酚也具有多种药理作用，如抗氧化作用、抗炎症作用、抗癌作用等。

【毒理】大黄素的致突变作用被认为可能与其作为拓扑异构酶Ⅱ抑制剂诱发 DNA 链断裂的作用有关(朱钦翯等，2011)。

【附注】鼠李具有清热利湿、消积杀虫的功效，临床用于治疗水肿腹胀、疝瘕、瘰疬、疥癣、齿痛。内服：6～12g，煎汤；或研末；或熬膏。外用：适量，研末油调敷。

【主要参考文献】

白文武，鹿晓婷，刘运芳，等. 2011. 大黄素稳定小鼠动脉粥样硬化斑块的机制. 中国老年学杂志，31(4)：1167~1169.

陈莉莉，解晶，江文华，等. 2012. 大黄素抑制体内外白血病生长的实验研究. 临床血液学杂志，25(2)：70~74.

雷湘，陈刚，陈科力，等. 2008. 大黄素对小鼠的急性毒性研究. 中药药理与临床，24(1)：29.

刘岸，邓姿峰，胡金喜，等. 2011. 大黄素对人胰腺癌 Panc-1 细胞增殖和凋亡的影响. 中草药，42(4)：756~759.

孙振华，卜辛. 2012. 大黄素对胃癌细胞生长及 Bcl-2 表达的调控. 实用医学杂志，28(1)：42~44.

徐贤绸，刘岸，王兆洪，等. 2011. 大黄素抑制胰腺癌裸鼠原位移植瘤的实验研究. 中华中医药学刊，29(4)：770~772.

朱钦翯，陈维，张立实. 2011. 大黄素和大黄酸的体外遗传毒性评价. 癌变·畸变·突变，23(1)：65~67.

柳叶鼠李

Liuyeshuli

BARK DAVURIAN BUCKTHORN

【中文名】柳叶鼠李

【别名】黑疙瘩、黑格铃、红木鼠李、茶叶树、黑格兰、家茶

【基原】为鼠李科柳叶鼠李 *Rhamnus erythroxylon* Pall 植物。

【原植物】为灌木，稀乔木，高 2~2.5m。叶纸质，互生或在短枝上簇生，条形或条状披针形，边缘有疏细锯齿；叶柄长 3~15mm；托叶钻状。花单性，雌雄异株，黄绿色，有花瓣；雄花数个至 20 余个簇生于短枝端，宽钟状，萼片三角形；雌花萼片狭披针形。

核果球形，成熟时黑色；果梗 6~8mm；种子倒卵圆形，淡褐色。花期 5 月，果期 6~7 月。柳叶鼠李叶有浓香味，在陕西民间用以代茶（《河南植物志 第二册》）。幼枝红褐色或红紫色，平滑无毛，小枝互生，顶端具针刺。

【生境】生于海拔 1000～2100m 干旱沙丘、荒坡、乱石中或山坡灌丛中。

【分布】伏牛山有分布。还主要产于内蒙古、河北西北部、山西、陕西北部、甘肃东北部、青海东部。

【化学成分】国内外对该植物的化学成分及其生物活性的研究缺乏报道。

【药理作用】柳叶鼠李的叶具有清热除烦、消食化积功效。

【主要参考文献】

中国科学院植物研究所. 1976. 中国高等植物图鉴 第五卷. 北京：科学出版社：722，1776.

皱 叶 鼠 李
Zhouyeshuli

【中文名】皱叶鼠李

【基原】为鼠李科植物皱叶鼠李 *Rhamnus rugulosa* Hemsl 的果实。果熟后采收，鲜用或晒干。

【原植物】灌木，高 1m 以上，当年生枝灰绿色，后变红紫色，被细短柔毛，老枝深红色或紫黑色，平滑无毛，有光泽，互生，枝端有针刺；腋芽小，卵形，鳞片数个，被疏毛。叶厚纸质，通常互生，或 2～5 个在短枝端簇生，倒卵状椭圆形、倒卵形或卵状椭圆形，稀卵形或宽椭圆形，长 3～10cm，宽 2～6cm，顶端锐尖或短渐尖，稀近圆形，基部圆形或楔形，边缘有钝细锯齿或浅细齿，或下部边缘有不明显的细齿，上面暗绿色，被密或疏短柔毛，干时常皱褶，下面灰绿色或灰白色，有白色密短柔毛，侧脉每边 5～7(8) 条，上面下陷，下面凸起；叶柄长 5～16mm，被白色短柔毛；托叶长线形，有毛，早落。花单性，雌雄异株，黄绿色，被疏短柔毛，4 基数，有花瓣；花梗长约 5mm，有疏毛，雄花数个至 20 个，雌花 1～10 个簇生于当年生枝下部或短枝顶端，雌花有退化雄蕊，子房球形，3 室稀 2 室，每室有 1 胚珠，花柱长而扁，3 浅裂或近半裂，稀 2 半裂。核果倒卵状球形或圆球形，长 6～8mm，直径 4～7mm，成熟时紫黑色或黑色，具 2 或 3 分核，基部有宿存的萼筒；果梗长 5～10mm，被疏毛；种子矩圆状倒卵圆形，褐色，有光泽，长达 7mm，背面有与种子近等长的纵沟。花期 4～5 月，果期 6～9 月。

【生境】生于山坡、山谷林中或路旁。

【分布】分布于山西、陕西、江苏、安徽、江西、河南、湖北、湖南、广东、四川。

【化学成分】含有黄酮类化合物。然而国内外对该植物的化学成分及其生物活性的研究缺乏报道。

【药理作用】清热解毒。主肿毒、疮疡。

【主要参考文献】

中国科学院植物研究所. 1976. 中国高等植物图鉴 第五卷. 北京：科学出版社：722，1776.

小 叶 鼠 李

Xiaoyeshuli

PARVIFOLIA

【中文名】小叶鼠李

【别名】麻绿、大绿、黑格铃、琉璃枝、雅西勒

【基原】为鼠李科小叶鼠李 *Rhamnus parvifolia* Bge 植物，以果实入药。

【原植物】落叶灌木，高 1.5～2m。树皮灰色或暗灰色；枝干较坚硬，枝对生或近对生，具短枝；小枝灰褐色，初发时具短细毛，成长枝褐色或紫褐色，具光泽，无顶芽，先端常成利刺。芽卵形，钝尖头，灰黄褐色，无光泽。叶柄长 1cm 以内，稀较长，柄沟微具柔毛，叶对生或近对生，稀互生，在短枝上呈簇生状；叶片椭圆状倒卵形或菱状卵形，稀卵形，长(1)1.5～2.5(3)cm，宽 0.5～1.5(2)cm，基部楔形，先端短渐尖或急尖头，边缘具细锯齿，表面暗绿色，无毛或稍具短毛，背面淡绿色，干后带白色，脉腋常具凹穴，内具须毛，侧脉 2～3(4)对，花单性，异株，黄绿色，常数花簇生于短枝端，花梗长 0.6cm 左右，雌花柱头 2 裂。核果，倒卵形或卵形，稀近球形，干硬，淡绿色或带紫黑色，常不现肉质，干后易开裂，内具 2 核；种子倒卵圆形，背沟长约为种子的 3/4。花期 4 月下旬至 5 月中旬，果期 6 月下旬至 9 月。

【生境】常生于石质山地的阳坡或山脊。

【分布】伏牛山有分布。我国分布在黑龙江、吉林、内蒙古、河北、山东、山西、河南、陕西等地区。另外蒙古、朝鲜、俄罗斯(西伯利亚)也有分布。

【化学成分】文献有关于黄酮类化合物的鉴定报道，但国内外对该植物的化学成分及其生物活性的研究并不多见(李廷冰等，1993)。

【毒理】有小毒。

【药理作用】清热解毒。主治肿毒、疮疡。民间用茎皮熬成煎膏，外用治疗肿毒，疗效可与抗生素相当，且无副作用。其茎皮还具有杀虫下气、祛痰消食、清热解毒的功能。

【主要参考文献】

李廷冰，李晓毛，刘萍，等. 1993. 小叶鼠李茎皮中总黄酮类成分的含量测定. 中医药学报，2：39~41.

罂 粟 科

1. 科属特征

罂粟科 Papaveraceae，属罂粟目下一科植物，广泛分布在全世界温带和亚热带地区，

大部分种类是草本，也有少数是灌木或小乔木，整个植株都有导管系统，分泌白色、黄色或红色的汁液。单叶互生或对生，无托叶，常分裂。花两性，虫媒，有少数种是风媒花，单生，萼片和花冠分离，只有其中的博落回属没有花瓣，花多大而鲜艳，无香味。罂粟科草本稀为亚灌木、小灌木或灌木，极稀乔木状（但木材软），无毛或被长柔毛，有时具刺毛，常有乳汁或有色液汁。一年生、二年生或多年生草本植物，是提取毒品海洛因的重要毒品原植物，它与大麻、古柯并称为三大毒品植物。

2. 形态特征

主根明显，稀纤维状或形成块根，稀有块茎。基生叶通常莲座状，茎生叶互生，稀上部对生或近轮生状，全缘或分裂，有时具卷须，无托叶。花单生或排列成总状花序、聚伞花序或圆锥花序。规则的辐射对称至极不规则的两侧对称；萼片 2 或不常为 3 或 4，通常分离，覆瓦状排列，早脱；花瓣通常二倍于花萼，4～8 枚（有时 12～16 枚）排列成 2 轮，稀无，覆瓦状排列，有时花瓣外面的 2 或 1 枚呈囊状或成距，分离或顶端黏合，大多具鲜艳的颜色，稀无色；雄蕊多数，分离，排列成数轮，或 4 枚分离，或 6 枚合成 2 束，花丝通常丝状，或稀翅状或披针形或 3 深裂，花药直立，2 室，药隔薄，纵裂，花粉粒 2 或 3 核，3 至多孔，少为 2 孔，极稀具内孔；子房上位，2 至多数合生心皮组成，标准的为 1 室，侧膜胎座，心皮于果时分离，或胎座的隔膜延伸到轴而成数室，胚珠多数，稀少数或 1，倒生或有时横生或弯生，直立或平伸，具二层珠被，厚珠心，珠孔向内，珠脊向上或侧向，花柱单生，或短或长，有时近无，柱头通常与胎座同数，当柱头分离时，则与胎座互生，当柱头合生时，则贴生于花柱上面或子房先端成具辐射状裂片的盘，裂片与胎座对生。果为蒴果，瓣裂或顶孔开裂，稀成熟心皮分离开裂或不裂或横裂为单种子的小节，稀有蓇葖果或坚果。种子细小，球形、卵圆形或近肾形；种皮平滑、蜂窝状或具网纹；种脊有时具鸡冠状种阜；胚小，胚乳油质，子叶不分裂或分裂。染色体基数 $x = 6$、7、8，稀 5、8～11、16、19。

3. 地理分布

该科植物广泛分布在全世界温带和亚热带地区。

4. 亚种种类

罂粟科 Papaveraceae 全世界约 38 属 700 多种，主产北温带，尤以地中海区、西亚、中亚至东亚及北美洲西南部为多。中国有 18 属 362 种，南北均产，但以西南部最为集中,18 属包括：荷包藤属 Adlumia，蓟罂粟属 Argemone，白屈菜属 Chelidonium，紫堇属 Corydalis，紫金龙属 Dactylicapnos，荷包牡丹属 Dicentra，秃疮花属 Dicranostigma，血水草属 Eomecon，花菱草属 Eschscholtzia，烟堇属 Fumaria，海罂粟属 Glaucium，荷青花属 Hylomecon，角茴香属 Hypecoum，博落回属 Macleaya，绿绒蒿属 Meconopsis，罂粟属 Papaver，疆罂粟属 Roemeria，金罂粟属 Stylophorum。其中血水草属 Eomecon Hance 为中国特有的单种属；种类较多的紫堇属 Corydalis DC.和绿绒蒿属 Meconopsis Vig.分布中心在中国西南部，而另一些多种属如罂粟属和花菱草属 Eschscholtzia Cham.，中国只有少数种或引种栽培；有些单种属或寡种属如荷青花属 Hylomecon Maxim.、白屈菜属 Chelidonium Linn.、博落回属 Macleaya R. Br.和角茴香属 Hypecoum Linn.在中国则较广泛分布。

该科多种植物有重要毒性，主要存在于罂粟属 Papaver Linn.、博落回属 Macleaya R.

Br.、紫堇属 *Corydalis* DC.、白屈菜属 *Chelidonium* Linn.等；中毒症状表现为中枢神经系统的抑制、循环障碍和胃肠道刺激(对本科的范围有不同的见解，采纳了 Airy-Shaw1973年的主张，包括 3 个亚科：罌粟亚科 Papaveroideae A. Br.、角茴香亚科 Hypecooideae K. Prantl et J. Kundig、荷包牡丹亚科 Fumarioideae (DC.) Endlicher)。

5. 药用价值

该科植物有些种类入药，如血水草、荷青花、白屈菜、博落回、多种绿绒蒿、角茴香、紫金龙、荷包牡丹、多种紫堇，尤其紫堇属中的延胡索类，为著名的中药材，罌粟为鸦片的原植物，富含吗啡、可待因等，中药名为罌粟壳。

6. 化学成分

该科植物富含异喹啉类生物碱 (isoquinolinetype alkaloids)，如前鸦片碱(protopine)、异紫堇啡碱(isocorydine)、罌粟碱(papaverine)、吗啡(morphine)、可待因(codeine)，还有血根碱(sanguinarine)、白屈菜碱(chelerythrine)、博落回碱(bocconine)、痕迹那可汀(narcotine)、蒂巴因(thebaine) 等。按化学结构又可分为苯菲里啶{bcnzo[C]phenanthridine}型、原小檗碱(berberine)型、原阿片碱(protopine)型、苯甲基异喹啉(benzylisoquinoline)型、吗啡(morphinane)型、丽春花碱(rhoeadane)型、酞基四氢异喹啉(phthalidetetrahyroisoqmnoline)型等。

7. 有毒植物

在有毒植物中，罌粟(又称鸦片、大烟)是最重要的一种，原产南欧，后引入东南亚地区栽培。鸦片在公元 7 世纪由波斯传入中国，唐《新修本草》已有记载，宋《开宝本草》为"米囊子"，明《本草纲目》为"阿芙蓉"，俗称"鸦片"。罌粟含有丰富的吗啡等吗啡型生物碱。这类生物碱具有镇痛、止咳等重要医疗价值，但同时有严重的麻醉样副作用及成瘾性，对人健康为害极大，为国际严格控制的麻醉品。罌粟茎、叶及花均有毒，以果含毒最多，种子无毒。果未成熟时刈制鸦片，鸦片含生物碱约 20%，从中已分出 20 多种生物碱，主要成分是吗啡，占 5%～15%，主要毒性作用以吗啡为代表，其次是那可汀、可待因、蒂巴因等。所含生物碱按结构可分为：①吗啡型，有吗啡、可待因、蒂巴因、降吗啡(normorphine)、7-氧二氢蒂巴因(salutaridine)等。②苯甲基异喹啉型，有罌粟碱、杷拉乌定碱(palaudine)、东罌粟灵(orientaliue)、鸦片黄(papaveraldine)、四氢罌粟碱(tetrahy -dropapaverine)等。③原阿片碱型，有原阿片碱(protopine)、隐品碱(cryptopine)、别隐品碱(allocryptopine)、二氢原阿片碱(dihydroprotopine)、氧化隐晶碱(13-oxocrypto -pine)等。④苯菲里啶型，有血根碱、氧化血根碱(oxy-sanguinarine)、丙酮基二氢血根碱(6-acetonyldihydrosanguinarine)等。⑤小檗碱型，有二氢小檗碱(canadine)、考雷明(coreximine)、光千金藤定碱(stpholidlne)，还有那可汀、那碎因(narceine)、木兰花碱(magnoflorine)等。口服吗啡 5～15mg 引起轻度中毒，在几分钟内出现面红、疲倦、心烦、口渴、瞳孔缩小、呼吸和脉搏慢、站立不稳、嗜睡等，6～8h以上恢复。20～30mg，除上述症状外，由嗜睡很快进入深睡，唤醒后自觉意识混乱、恶心、厌食、便秘。100～350mg，引起严重中毒，病人昏睡、反射消失、脉搏弱而慢且不规则，皮肤冷湿。瞳孔很小，对光反射消失，7～12h 死亡。长期服用吗啡或鸦片者则耐受量渐增，进而成瘾，成瘾者渐呈慢性中毒：有唾液分泌减少、发汗、瞳孔缩小、消瘦、消化障碍、便秘及下痢、头痛、晕眩、不眠、四肢震颤、神经痛、神经错乱，乃至呆痴等。成瘾者如突然中止吸食，即出现恶寒、欠伸、头痛、神经痛、下痢、呕吐、不眠等症状，严重者陷于精神病状态，甚至因虚脱而死。因吗啡对呼吸中枢有高度选择性抑制，所以吗啡中毒死于呼吸麻痹。吗啡还能选择抑制大脑皮层的痛觉区，抑制消化腺的分泌和肠的蠕动，尚有镇痛、催眠、镇咳作用。对吗啡生物碱的作用机制研究很多，60 年代以后取得了重要进展，通过对吗啡镇痛作用的研究证实，动物体内神经系统等存在专一性的吗啡作用受体，称为阿片受体（opiatcreceptor），并且发现了作用于受体的内源性激动剂脑啡肽（enkehaline），而吗啡等麻醉镇痛剂是这种受体的强激动剂。这些发现，不仅较深入地解释了吗啡多方面的特殊作用，而且已发展成为神经药理学的重要新领域。蒂巴因和那碎因对呼吸有兴奋作用，在兔 2mg/kg 蒂巴因可消除 5mg/kg 吗啡引起的呼吸抑制，那可汀（15mg/kg）和蒂巴因（1mg/kg）的混合物对呼吸有强烈兴奋作用。大剂量蒂巴因能引起痉挛和呼吸麻痹。那碎因还能强烈降低血压和刺激小肠的蠕动。原阿片碱、隐品碱和别隐品碱主要影响心脏，是有效的冠状动脉血管舒张剂。静脉注射于兔和豚鼠，开始血压轻度上升，而后很快出现心律不齐。

罂　粟

Yingsu

PAPAVERIS PERICARPIUM

【中文名】罂粟

【别名】罂子粟、米壳、米囊子

【基原】罂粟科植物罂粟 *Papaver somniferum* Linn. 的干燥成熟果壳。

【原植物】一年生或两年生草本，高 30～60cm，栽培者可达 1.5cm，无毛，或在植物体下部与总花梗上具极少的刚毛，有乳状汁液。根通常单生，垂直。叶互生，茎下部的叶具短柄，上部叶无柄；叶片长卵形或狭长椭圆形，长 6～30cm，宽 3.5～20cm，先端急尖，基部圆形或近心形而抱茎，边缘具不规则粗齿，或为羽状浅裂，两面均被白粉成灰绿色。花顶生，具长梗，花茎长 12～14cm；萼片 2，长椭圆形，早落；花瓣 4，有时为重瓣，圆形或广卵形，长与宽均为 5～7cm，白色、粉红色或紫红色；雄蕊多数，花药长圆形，黄色；雌蕊 1，子房长方卵圆形，无花柱，柱头 7～15 枚，放射状排列。蒴果卵状球形或椭圆形，熟时黄褐色，孔裂。种子多数，略呈肾形，表面网纹明显，棕褐色。花期 4～6 月，果期 6～8 月。

【生境】罂粟种植区多为海拔 1000 多米的山地。例如，金三角是全球最大的罂粟种植区和毒源区。金三角大部分地区是海拔 3000m 以上的崇山峻岭，遍布密林，气候炎热，雨量充沛，土壤肥沃，极适于罂粟生长。

【分布】原产于地中海东部山区、小亚细亚、埃及、伊朗、土耳其等地，公元 7 世纪时由波斯地区传入中国。现在以印度与土耳其为两大主要产地；亚洲方面，以中国、

~~秦国、缅甸边境的金三角为主要非法种植地区。伏牛山区有野生和药用种植。~~

【化学成分】罂粟科植物是制取鸦片的主要原料，同时其提取物也是多种镇静剂的来源，如吗啡、蒂巴因、可待因、罂粟碱、那可丁。它的学名"somniferum"的意思是"催眠"，反映出其具有麻醉性。罂粟的种子罂粟籽是重要的食物产品，其中含有对身体有益的油脂，广泛应用于世界各地的沙拉中，而罂粟花绚烂华美，是一种很有价值的观赏植物。罂粟壳含少量吗啡、可待因、蒂巴因、那可汀、罂粟壳碱、罂粟碱、原阿片碱、多花罂粟碱(salutaridine)、半日花酚碱(laudanidine)、右旋网状番荔枝碱(reticuline)、异紫堇杷明碱(isocorypalmine)、杷拉乌定碱、内消旋肌醇(mesoinositol)、赤藓糖(erythritol)、景天庚酮糖(sedoheptulose)、D-甘露庚酮糖(D-mannoheptulose)、D-甘油基-D-甘露辛酮糖(D-glycero-D-mannooctulose)和多糖(于荣敏等，2004)。

部分化合物结构式如下：

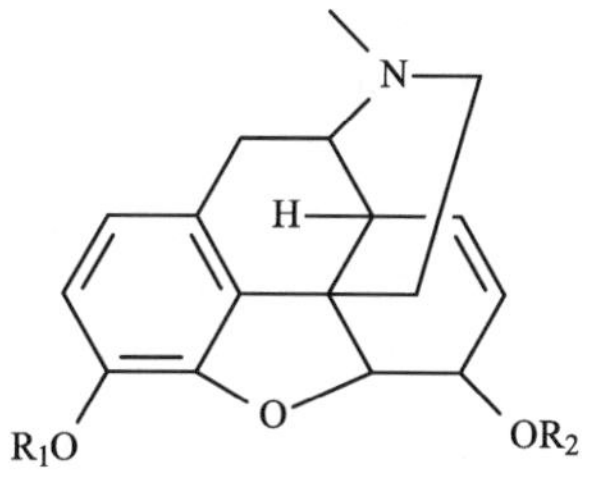

吗啡：R_1=H，R_2=H
可待因：R_1=CH$_3$，R_2=H

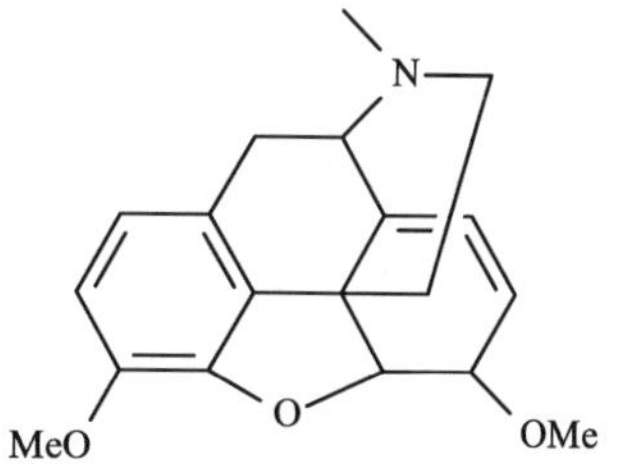

蒂巴因

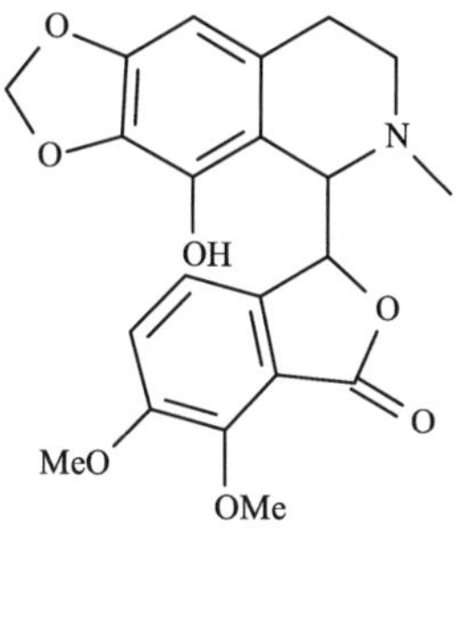

罂粟壳碱 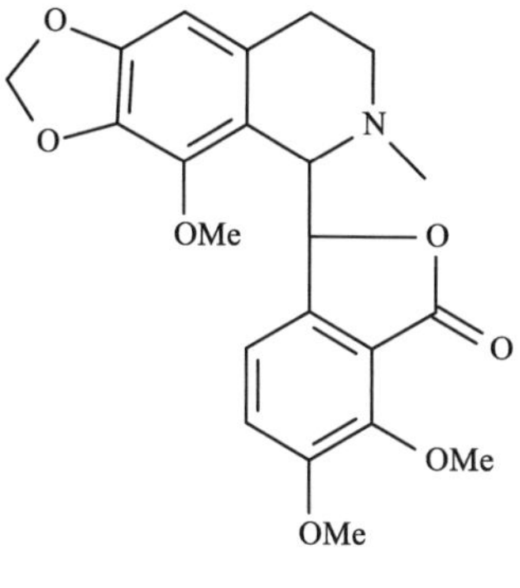　　　　　　　那可汀 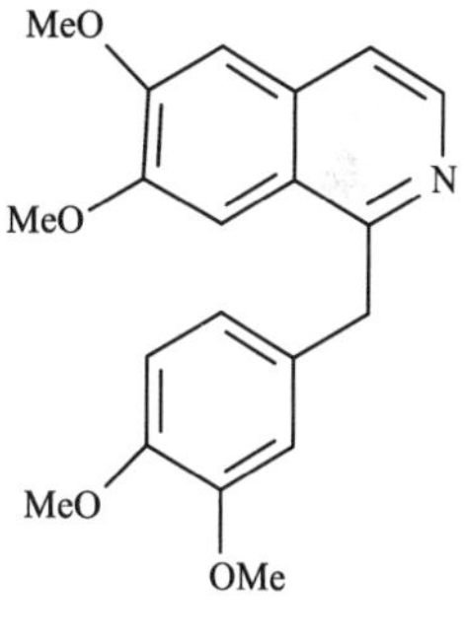　　　　　　　　罂粟碱

【毒性】反复应用吗啡后可产生耐受性，但只有中枢抑制作用有耐受性，如镇痛、催眠、抑制呼吸等，其兴奋作用及其对瞳孔、平滑肌等作用则无耐受性。因此，有吗啡瘾的人经常便秘、瞳孔缩小。一般连续服用2～3星期后即产生耐受性。停药后耐受性于数天至两个星期以内消失。如再用，第二次耐受性产生更快。获得耐受性的瘾者，剂量可用到普通治疗量的20～200倍，甚至有1d用至5g而不中毒者。耐受性的产生大概由某些神经组织对吗啡的敏感性降低所致。

凡连续服用吗啡2周以上者，即可成吗啡患者，有时连服数日即可成瘾。成瘾后，患者于每次服用后即出现欣快症（欣快症为一种情绪上的变化，患者处在一种特殊的"愉快"状态中，无忧无虑，对精神上和肉体上的痛苦听之任之，漠不关心。此种特殊的"愉快"状态为成瘾的重要原因。在吗啡的欣快症中正确判断和推理的能力还存在，同时对其个人的举动和行为的批判态度也完全保存，运动机能也无障碍，其表现为喜孤寂，沉醉于幻想之中）。瘾者非常萎靡，有兴奋状态，其程度可达到阵发性的哭泣与叫喊，不断乞求给予吗啡。连打呵欠与喷嚏，涕泪交流，冷汗淋漓。也可发生呕吐与腹泻。不能睡眠。如此持续 2～3d 后，大部分症状始可消退。有时亦有循环虚脱与意识丧失。如给以足量吗啡，则所有戒断现象立即消失。吗啡瘾的戒断治疗比较困难，并且容易复发。

可待因导致的"欣快"症与成瘾性的概率均很低。罂粟碱与那可汀没有成瘾性。

应用吗啡后的不良反应有头痛、头晕、恶心、呕吐、便秘、尿急而又排尿困难、出汗、胆绞痛等，但最危险者为呼吸抑制。急性吗啡中毒有三大特征，即昏睡、瞳孔缩小及呼吸抑制。呼吸可慢至每分钟 2～4 次，并可见潮式呼吸。病人发绀。吗啡对脊髓有兴奋作用，婴儿中毒可能出现惊厥，但强直型罕见。血压在中毒初期正常，但如缺氧不矫正则可续发休克。新生儿对吗啡有很大的敏感性，这是因为其呼吸中枢尚未稳定，也可能由于其药酶系统尚未发展完全而对吗啡的解毒能力尚很不够。一般规定出生后 6 个月以内禁用吗啡。甲状腺机能不足者，小量吗啡即可致中毒，因此也要禁用。

慢性中毒即吗啡瘾，如上所述。

可待因毒性较吗啡小得多而且很轻，如轻度便秘，恶心与呕吐也很罕见，一般不见抑制呼吸的现象。罂粟碱口服毒性甚低，但静脉注射可致心律障碍而死亡，必须稀释后缓缓注射。那可汀则无明显毒性。

吗啡口服或皮下注射吸收俱好，但口服吸收较慢，故效果也较差。吸收后，仅 10% 在体内破坏，90% 排出体外，主要通过肾脏，其中结合的吗啡较游离的吗啡至少要多 5 倍。结合的过程主要在肝中进行。乳腺可有小量排泄，故须注意到婴儿中毒的可能性。吗啡容易透过胎盘进入胎儿的血液循环，孕妇、产妇不宜应用。可待因在胃肠道的吸收与吗啡相似。吸收后部分在肝内脱去酚羟处的甲基，变成吗啡，脱下的甲基氧化成 CO_2 从肺排出。另有部分可待因被脱去 N 上的甲基。在体内变化后多从尿排出。游离体和结合体同时存在。罂粟碱于各种途径给药时均有效，但其作用短暂，消除也很快。用药后无论组织中、尿或粪中均找不到本品，可能在体内全部破坏。那可汀口服也易吸收（于荣敏等，2004）。

【药理作用】

1. 镇痛作用

吗啡有显著的镇痛作用，并有高度选择性。镇痛时，不但病人的意识未受影响，其他感觉亦存在。对持续性疼痛（慢性痛）效力胜过其对间断性的锐痛。如果增加剂量对锐痛也有效。其镇痛原理除提高痛阈外，对疼痛反应的改变也是一个重要因素。用吗啡后，痛刺激虽照旧感觉到，但像紧张、恐惧、退缩等普通应有的却已消失，病人"痛而不苦"。经常伴随疼痛的不愉快情绪若被取消，疼痛也就较易耐受。可待因的镇痛作用约为吗啡的 1/4（杨宇杰等，2005）。

2. 催眠作用

吗啡有催眠作用，但睡眠浅而易醒，不能视为真正的催眠药。可待因则并不导致睡眠。

3. 呼吸抑制与镇咳作用

吗啡对呼吸中枢有高度选择性抑制作用，在低于镇痛的剂量时，对呼吸已有抑制。这时，呼吸中枢对 CO_2 的敏感性降低，可用于治疗呼吸困难（心脏性哮喘）。呼吸抑制的最先表现为频率减少，此时由于深度加大的代偿作用，换气量尚无影响。中毒时由于抑制加深，频率降低太多，呼吸的深度加大也不能代偿，从而出现严重缺氧。呼吸中枢麻痹为吗啡中毒致死的直接原因。可待因对呼吸抑制的作用远较吗啡轻。

在吗啡的作用下，颈动脉体的化学感受器反应性提高，这是呼吸抑制造成缺氧的结果。吗啡中毒时，呼吸的维持有赖于缺氧对化学感受器的刺激。此时若吸入纯氧或高浓度的氧，可使自动呼吸立即停止，故给氧时应行人工呼吸。罂粟碱能作用于颈动脉窦与主动脉体化学感受器而有轻度兴奋呼吸的作用，但在治疗上无大意义。

吗啡的止咳作用也很强，主要由于对咳嗽中枢的抑制。止咳所需的剂量比止痛小。例如，吗啡 2～4mg 即可产生显著止咳作用，而止痛则需 5～15mg。可待因镇咳作用不及吗啡强，但已够令人满意，同时，它又没有吗啡的许多缺点（成瘾性强、易致便秘、抑制呼吸等），因此，成为最常用的镇咳药。那可汀具有与可待因相等的镇咳作用，但无其他中枢抑制作用，不会产生精神或肉体的依赖性，也不抑制呼吸，对动物，大量时反而有兴奋呼吸的作用。

4. 对心血管系统的作用

治疗剂量对卧位病人的血压、心率及节律没有什么作用，对血管运动中枢也无明显影响。但可发生体位性低血压。吗啡有舒张外周小血管及释放组织胺的作用。血容量减少的病人应用吗啡易引起低血压，吗啡与吩噻嗪类药物合用对呼吸抑制有协同作用，并有引起低血压的危险。肺心病患者应用吗啡曾有引起死亡的报告，必须注意。

罂粟碱能松弛各种平滑肌，尤其是大动脉平滑肌（包括冠状动脉、脑动脉、外周动脉及肺动脉），当存在痉挛时，松弛作用更加显著。可用于外周动脉或肺动脉栓塞。对狗有长时间舒张冠状血管及增加冠脉流量的作用，但因其表现正性肌力及收缩压降低的作用，所以并不足以防止心绞痛。大剂量可抑制心肌传导及延长不应期，治疗量对心电图无明显影响，高剂量可防止氯仿-肾上腺素引起的心脏颤动。

那可汀也能抑制平滑肌及心肌，但在止咳剂量时，这些作用并不出现。

5. 对消化道及其他平滑肌器官的作用

吗啡可致便秘，主要由于胃肠道及其括约肌张力提高，加上消化液分泌减少和便意迟钝，使胃肠道内容物向前推进的运动大大延缓。治疗量吗啡使胆道压力显著增加，患者感觉上腹不适，甚至发生胆绞痛。胆道痉挛时不宜使用（或与解痉药物同用），吗啡能使奥狄氏括约肌收缩，阻止排空，因而提高管内压。可待因抑制肠蠕动的作用远弱于吗啡，不易引起便秘。

虽然大量吗啡可使支气管收缩，但在治疗量时则罕有发生，在支气管性哮喘发生期间有应用吗啡致死的报告，故禁用吗啡。

罂粟碱能抑制肠平滑肌但作用很弱，也不能消除吗啡引起的胆管痉挛，对于醋甲胆碱引起的哮喘（人）也无效。

吗啡还有显著的缩瞳作用，可作为吗啡中毒时诊断依据之一（刘绪文和孙云延，2006）。

【毒理】过量食用后易致瘾。罂粟果实中有乳汁，割取干燥后就是"鸦片"。它含有 10% 的吗啡等生物碱，能解除平滑肌特别是血管平滑肌的痉挛，并能抑制心肌，主要用于心绞痛、动脉栓塞等症。但长期应用容易成瘾，慢性中毒，严重危害身体，成为民间常说的"鸦片鬼"。严重的还会因呼吸困难而送命。罂粟壳的毒性主要为所含吗啡、可待因、罂粟碱等成分所致。探讨野罂粟提取物对人淋巴细胞的毒理效应得出，提取物能导致人淋巴细胞微核率和姐妹染色单体互换（SCE）率的升高（肖桂芝等，2003）。

【主要参考文献】

刘绪文，孙云延. 2006. 罂粟碱的临床及药理作用研究进展. 中国药物与临床，6(9)：697~699.

肖桂芝，刘朝晖，王栋，等. 2003. 野罂粟提取物对人淋巴细胞的毒理效应. 四川中医，21(12)：21~22.

杨宇杰，王春民，袁亚非，等. 2005. 野罂粟总生物碱镇痛作用部位的研究. 中草药，36(4)：554~557.

于荣敏，王春盛，宋丽艳. 2004. 罂粟科植物的化学成分及药理作用研究进展. 上海中医药杂志，38(7)：59~61.

荷 青 花

Heqinghua

HYLOMECON JAPONICUM

【中文名】荷青花

【别名】鸡蛋黄花、刀豆三七、水菖兰七、拐枣七、大叶老鼠七、乌筋七、补血草、小菜子七

【基原】罂粟科荷青花属荷青花植物 *Hylomecon japonica* (Thunb.) Prant 的根茎入药。

【原植物】多年生草本，高 15~40cm，具黄色液汁，疏生柔毛，老时无毛。根茎斜生，长 2~5cm，白色，果时橙黄色，肉质，盖以褐色、膜质的鳞片，鳞片圆形，直径 4~8mm。茎直立，不分枝，具条纹，无毛，草质，绿色转红色至紫色。基生叶少数，叶片长 10~15(20)cm，羽状全裂，裂片 2 或 3 对，宽披针状菱形、倒卵状菱形或近椭圆形，长 3~7 (10)cm，宽 1~5cm，先端渐尖，基部楔形，边缘具不规则的圆齿状锯齿或重锯齿，表面深绿色，背面淡绿色，两面无毛；具长柄；茎生叶通常 2，稀 3，叶片同基生叶，具短柄。花 1~2(3) 朵排列成伞房状，顶生，有时也腋生；花梗直立，纤细，长 3.5~7cm。花芽卵圆形，长 8~10mm，无毛或疏被毛；萼片卵形，长 1~1.5cm，外面散生卷毛或无毛，芽时覆瓦状排列，花期脱落；花瓣倒卵圆形或近圆形，长 1.5~2cm，芽时覆瓦状排列，花期突然增大，基部具短爪；雄蕊黄色，长约 6mm，花丝丝状，花药圆形或长圆形；子房长约 7mm，花柱极短，柱头 2 裂。蒴果长 5~8cm，粗约 3mm，无毛，2 瓣裂，具长达 1cm 的宿存花柱。种子卵形，长约 1.5mm。花期 4~7 月，果期 5~8 月（中国科学院中国植物志编辑委员会，1999）。

【生境】生于海拔 300~1800 (2400)m 的林下、林缘或沟边。

【分布】产我国东北至华中、华东。伏牛山有分布。另外，朝鲜、日本及俄罗斯东

西伯利亚有分布。

【化学成分】全草含生物碱：隐品碱(cryptopine)、别隐品碱(allocryptopine)、原阿片碱(protopine)、黄连碱(coptisine)、小檗碱(berberine)、血根碱(sanguinarine)、白屈菜红碱(chelerythrine)、白屈菜玉红碱(chelirubine)、白屈菜黄碱(chelilutine)、白屈菜碱(chelidonine)、金罂粟碱(stylopine)、四氢小檗碱(tetrahy-droberberine)。

【毒性】有毒。

【药理作用】根茎药用，具祛风湿、止血、止痛、舒筋活络、散瘀消肿等功效，治劳伤过度、风湿性关节炎、跌打损伤及经血不调。

【主要参考文献】

中国科学院中国植物志编辑委员会. 1999. 中国植物志 第三十二卷. 北京：科学出版社：453.

荷 包 牡 丹

Hebaomudan

SHOWY BLEEDING HEATRT/OLD-FASHIONED BLEEDING-HEART

【中文名】荷包牡丹

【别名】兔儿牡丹、鱼儿牡丹、铃儿草、铃心草、璎珞牡丹、荷包花、蒲包花、土当归、活血草、锦囊花

【基原】罂粟科 Papaveraceae 荷包牡丹属荷包牡丹 Dicentra spectabilis (Linn.) Lem. 和大花荷包牡丹 Dicentra macrantha Oliv. 的通称。

【原植物】多年生草本，株高 30～60cm。具肉质根状茎。叶对生，二回三出羽状复叶，状似牡丹叶，叶具白粉，有长柄，裂片倒卵状。总状花序顶生呈拱状。花下垂向一边，鲜桃红色，有白花变种；花瓣外面 2 枚基部囊状，内部 2 枚近白色，形似荷包。蒴果细而长。种子细小有冠毛。茎圆柱形，紫红色。叶片轮廓三角形，长(15)20～30(40)cm，宽(10)14～17(20)cm，二回三出全裂，第一回裂片具长柄，中裂片的柄较侧裂片的长，第二回裂片近无柄，2 或 3 裂，小裂片通常全缘，表面绿色，背面具白粉，两面叶脉明显；叶柄长约 10cm。总状花序长约 15cm，有(5)8～11(15)花，于花序轴的一侧下垂；花梗长 1～1.5cm；苞片钻形或线状长圆形，长 3～5(10)mm，宽约 1mm。花优美，长 2.5～3cm，宽约 2cm，长为宽的 1～1.5 倍，基部心形；萼片披针形，长 3～4mm，玫瑰色，于花开前脱落；外花瓣紫红色至粉红色，稀白色，下部囊状，囊长约 1.5cm，宽约 1cm，具数条脉纹，上部变狭并向下反曲，长约 1cm，宽约 2mm，内花瓣长约 2.2cm，花瓣片略呈匙形，长 1～1.5cm，先端圆形部分紫色，背部鸡冠状突起自先端延伸至瓣片基部，高达 3mm，爪长圆形至倒卵形，长约 1.5cm，宽 2～5mm，白色；雄蕊束弧曲上升，花药长圆形；子房狭长圆形，长 1～1.2cm，粗 1～1.5mm，胚珠数枚，2 行排列于子房的下半部，花柱细，长 0.5～1.1cm，每边具 1 沟槽，柱头狭长方形，长约 1mm，宽约 0.5mm，顶端 2 裂，基部近箭形。果未见。花期 4～6 月。

荷包牡丹是荷花牡丹属的多年生草本花卉。地下有粗壮的根状茎，形似当归，株高 30～60cm。叶对生，有长柄，三出羽状复叶，小叶倒卵形，有缺刻，基部楔形，似牡丹的叶。总状花序，花后结细长的圆形蒴果，种子细小，先端有冠毛。

【生境】生于海拔 780～2800m 的湿润草地和山坡，喜光。可耐半荫。性强健，耐寒而不耐夏季高温，喜湿润，不耐干旱。宜富含有机质的壤土，在沙土及黏土中生长不良。

【分布】产于伏牛山。荷包牡丹原产我国北部哈尔滨地区，河北、甘肃、四川、云南有分布，许多地区大多是栽培。日本、俄罗斯西伯利亚也有分布（王英伟等，2003）。

【化学成分】荷包牡丹全草含原阿片碱、隐品碱、血根碱、白屈菜红碱、黄连碱、白屈菜玉红碱、白屈菜黄碱、紫堇定（corydine）、二氧血根碱（dihydrosanguinarine）、碎叶紫堇碱（cheilanthifoline）、斯氏紫堇碱（scoulerine）、网叶番荔枝碱（叫作牛心果碱，reticuline）和矢车菊素（cyanidin）的苷。

【毒性】全株有毒，能引起抽搐等神经症状。

【药理作用】据不同文献的记载，荷包牡丹可全草入药，有镇痛、解痉、利尿、调经、散血、和血、除风、消疮毒等功效。临床使用上，有散血、消疮毒、除风、和血功效。荷包牡丹的根茎同样可药用。

【主要参考文献】

王英伟，刘全儒，张明理. 2003. 紫堇属(荷包牡丹科)一新种. 植物研究，4：385~387.

伏 生 紫 堇

Fushengzijin

RHIZOMA CORYDALIS DECUMBENTIS

【中文名】伏生紫堇

【别名】这种植物十分特别，多生长在高山地带，严寒的冬季开始发芽，春季开花，4 月入夏之际地上部分枯萎，由此得名夏天无，又名夏无踪。

【基原】本品为罂粟科植物伏生紫堇 *Corydalis decumbens* (Thunb.) Pers.的干燥块茎。

春季或初夏出苗后采挖，除去茎、叶及须根，洗净，干燥。

【原植物】多年生草本。本品呈类球形、长圆形或不规则块状，长 0.5～3cm，直径 0.5～2.5cm。表面灰黄色、暗绿色或黑褐色，有瘤状突起和不明显的细皱纹，顶端钝圆，可见茎痕，四周有淡黄色点状叶痕及须根痕。质硬，断面黄白色或黄色，颗粒状或角质样，有的略带粉性。无臭，味苦（刘文平和王东，2011）。新块茎形成于老块茎顶端的分生组织和基生叶腋，向上常抽出多茎。茎高 10～25cm，柔弱，细长，不分枝，具 2 或 3 叶，无鳞片。叶二回三出，小叶片倒卵圆形，全缘或深裂成卵圆形或披针形的裂片。总状花序疏具 3～10 花。苞片小，卵圆形，全缘，长 5～8mm。花梗长 10～20mm。花近白色至淡粉红色或淡蓝色。萼片早落。外花瓣顶端卜凹，常具狭鸡冠状突起。上花瓣长 14～17mm，瓣片多少上弯；距稍短于瓣片，渐狭，平直或稍上弯；蜜腺体短，约占距长的 1/3～1/2，末端渐尖。下花瓣宽匙形，通常无基生的小囊。内花瓣具超出顶端的宽而圆的鸡冠状突起。蒴果线形，多少扭曲，长 13～18mm，具 6～14 种子。种子具龙骨状突起和泡状小突起(中国科学院中国植物志编辑委员会，1999)。

【生境】生于海拔 80～300m 的山坡或路边。

【分布】原产伏牛山。我国江苏、安徽、浙江、福建、江西、湖南、湖北、山西、台湾也有分布。日本南部有分布。

【化学成分】国内学者已从伏生紫堇植物分离出许多种化学成分，主要为生物碱类。生物碱类有叔胺生物碱、季铵生物碱等，其中叔胺生物碱有 11 个，分别鉴定为普鲁托品(protopine)、别隐品碱、隐品碱、隐品巴马亭(muramine)、四氢巴马亭(tetrahydropalmatine)、延胡索单酚碱(kikemanine)、斯阔任(scoulerine)、球紫堇碱(bulbocapnine)、加若定(capnoidine)、毕枯枯林(bicuculline)及紫堇明定(corlumidine)。季铵生物碱成分共有 6 个化合物，分别为：二氢巴马亭、巴马亭(palmatine)、药根碱(jatrorrhizine)、白毛茛碱宁(hydroxyhydrastine)、蝙蝠葛林(menisperine)和阿魏酸(ferulic acid) (周巧霞和顾振纶，2004)。

【药理作用】经大量的实验研究和临床应用表明，伏生紫堇具有抗炎、抗心律失常、镇痛、活血化瘀、提高记忆力和促智的作用(徐卫国和李秀梅，2005)。

1. 抗炎

伏生紫堇总生物碱对炎症反应的多个环节(如炎性渗出、炎性介质释放及炎症后期肉芽组织增生等)均有影响，从而降低了炎症反应的症状，对急慢性炎症均呈现抑制作用，具有抗炎效应。

2. 抗心律失常

经实验表明，伏生紫堇总生物碱对氯仿诱发的小鼠室颤、氯化钙诱发的大鼠室颤均有明显的预防作用，对乌头碱诱发的大鼠心律失常有治疗效果，并能显著的对抗肾上腺素所致家兔心律失常。结果表明，伏生紫堇总生物碱具有明显的抗心律失常作用，可显著减少缺血期和复灌期心律失常的发生率并有效降低其严重程度，减少心肌在缺血期和复灌期发生室颤的危险性。

3. 镇痛

经实验表明，伏生紫堇总生物碱对抗热板法所致小鼠疼痛和乙酸诱发小鼠扭体反应均有止痛作用。

4. 活血化瘀

伏生紫堇总生物碱对以大鼠皮下注射肾上腺素及冰片刺激造成的瘀血模型动物，有明显降低血黏度的作用。此外，实验表明，伏生紫堇总生物碱大、中剂量[1mg/(kg·d)、0.5mg/(kg·d)]连续给药 7d，均可抑制血栓的形成，减轻脑栓塞引起的伊文思蓝蓝染和脑水肿。上述药理作用提示，伏生紫堇有活血通络之功。

5. 提高记忆力、促智

经实验表明，伏生紫堇总生物碱对学习记忆功能障碍有明显改善作用。它可明显拮抗东莨菪碱引起的小鼠记忆获得障碍，并能显著降低小鼠脑内乙酰胆碱酯酶（AchE）的活性，提示伏生紫堇可能是一种 AchE 抑制剂，其促智作用原理是通过影响中枢胆碱能神经系统的功能来实现的。

【附注】临床使用上，伏生紫堇对高血压脑病所致的偏瘫及脑栓塞所致偏瘫，具有降压及舒张血管作用，并能纠正口角歪斜，促进患者四肢功能的恢复；对肾性高血压有降压、利尿、减慢心率等作用；对坐骨神经痛具有止痛和消除神经肿胀的作用；用于风湿性关节炎，具有阿司匹林样止痛及缓解关节僵硬的作用；单独应用可治疗扁桃体炎、乳腺炎，对骨折及扭伤患者均有显著疗效；伏生紫堇眼药水对青少年近视有一定的疗效（刘梅等，2004）。

【主要参考文献】

刘梅，王永刚，张文惠. 2004. 夏无天的研究概况. 江西中医学院学报，16(1)：56~57.

刘文平，王东. 2011. 紫堇属(*Corydalis* DC.)植物的种子形态及其分类学意义. 植物科学学报，1：11~17.

徐卫国，李秀梅. 2005. 夏无天及其制剂近 10 年研究进展. 中国药业，14(1)：80~81.

中国科学院中国植物志编辑委员会. 1999. 中国植物志 第三十二卷. 北京：科学出版社：453.

周巧霞，顾振纶. 2004. 夏天无的实验研究和临床应用进展. 中国野生植物资源，23(3)：4~6，10.

曲 花 紫 堇

Quhuazijin

CURVEDFLOWER CORYDALIS

【中文名】曲花紫堇

【别名】弯花紫堇

【基原】为双子叶植物罂粟科紫堇属植物曲花紫堇 *Corydalis curviflora* Maxim.的全草。药材的采收与储藏，为每年 7、8 月间，花期盛开季节，采集全草，洗净根部泥土，除去枯叶，晾干。

【原植物】多年生草本，高 10~35cm，无毛。须根簇生，中部 1~2cm 处常呈狭纺锤形增粗或呈粗线状。茎 1~2 条，不分枝。基生叶少数，柄长 4~6cm，叶片轮廓圆形至肾形，长 5~14mm，宽 12~24mm，3 全裂，裂片再 2 或 3 深裂，或五出掌状全裂，末回裂片狭椭圆形至狭倒卵形；茎生叶 1~4，疏生于茎上部，无柄，叶片长 12~36mm，掌状全裂，裂片条形，稀狭倒披针形，宽 1~3mm。总状花序顶生，罕腋生，长 2~10cm，有花 10~15 朵；苞片狭卵形至披针形，全缘；花冠蓝色至紫红色，长 12~14mm，外轮上瓣具鸡冠状突起，距圆筒形，长占全瓣的 1/3，末端斜上，外轮花瓣长 7~9mm，内轮花瓣长 6~8mm。蒴果条状长圆形，长 12~18mm。种子 3~6 枚。花期 4~5 月，果期 5~6 月(庄璇，1991)。

【生境】生于海拔 1500m 以上（通常 2900~4200m）的山坡密林下或灌丛下或草丛中（中国科学院中国植物志编辑委员会，1999）。

【分布】伏牛山野生。主要分布于河南西北部、山西、陕西、甘肃、青海、四川、云南等地。

【附注】该植物的化学成分、毒性、药理作用和毒理未见有详细的报道。该植物具有清热解毒、凉血止血、清热利胆功能；可作为清热解毒药。临床用于治外感热病引起的发热、恶寒、口渴、尿少、舌红少苔等症。

【主要参考文献】

中国科学院中国植物志编辑委员会. 1999. 中国植物志 第三十二卷. 北京：科学出版社：453.

庄璇. 1991. 紫堇属曲花紫堇组新分类群. 云南植物研究，3：271~273.

元 胡

Yuanhu

RHIZOMA CORYDALIS

【中文名】元胡

【别名】延胡索、延胡、玄胡索、元胡索

【基原】为罂粟科植物延胡索 *Corydalis yanhusuo* W. T. Wang 的干燥块茎。以干燥块茎入药。夏初茎叶枯萎时采挖，除去须根，洗净，置沸水中煮至恰无白心时，取出，晒干。

【原植物】多年生草本，高 9~20cm，全株无毛。块茎扁球形，直径 7~15mm，上部略凹陷，下部生须根，有时纵裂成数瓣，断面深黄色。茎直立或倾斜，常单一，近基部具鳞片 1 枚，茎节处常膨大成小块茎，小块茎生新茎，新茎节处又成小块茎，常 3 或 4 个成串。基生叶 2~4 枚；柄长 3~8cm；叶片轮廓宽三角形，长 3~6cm，宽 4~8cm，一回裂片具柄，二回三出全裂，三回裂片近无柄，裂片披针形至长椭圆形，长 20~30mm，宽 5~8mm，全缘，少数上半部 2 深裂至浅裂；茎生叶常 2 枚，互生，较基生叶小而同形。总状花序顶生，长 2~5cm，疏生花 3~8 朵；苞片卵形至狭卵形，位于花序下部者长约 10mm，先端 3~5 栉裂，位于上部者全缘；萼片 2，细小，早落；花冠淡紫红色，花瓣 4，2 轮，外轮上瓣最大，长 15~25mm，上部舒展成宽倒卵形至宽椭圆形的兜状瓣片，边缘具小齿，先端有浅凹陷，中下部延伸成长距，下瓣较短，形同上瓣，基部具浅囊状突起，内轮两瓣长 10~15mm，合抱裹于雄蕊外，上部宽倒卵形，中、下部细长成爪；雄蕊 6，略短于内轮花瓣，每 3 枚合生成束；子房条形，长 8~10mm，花枝细短，柱头近圆形，具乳突 8 个。蒴果条形，长 1.7~2.2cm，花柱、柱头宿存，熟时 2 瓣裂。种子 1 列，数粒，细小，扁长圆形，黑色，有光泽，表面密布小凹点。栽培品种常只开花，果不及成熟即凋落。花期 3~4 月，果期 4~5 月。

【生境】生于山地林下，或为栽培。

【分布】伏牛山野生。

【化学成分】对延胡索干燥块茎 60%乙醇提取物氯仿萃取部分进行了系统的化学成分研究，从中分离得到生物碱 20 个。根据理化性质和波谱数据(UV、IR、MS、1H-NMR、13C-NMR 和 2D-NMR)鉴定了它们的结构，包括 15 个原小檗碱型生物碱，分别为：*l*-四氢黄连碱(*l*-tetrahydrocoptisine)、*d*-紫堇碱(d-corydaline)、四氢小檗碱(tetrahydroberberine)、元胡宁 (yuanhunine)、*l*-四氢巴马亭 (l-tetrahydropalmatine)、*l*-四氢非洲防己胺 (*l*-tetrahydrocolumbamine)、去氢紫堇碱(dehydrocorydaline,简称 DHC)、去氢元胡宁 (dehydroyuanhunine)、13-甲基巴马士宾 (13-methylpalmatrubine)、去氢紫堇球碱 (dehydrocorybulbine)、巴马亭、小檗碱(berberine)、8-氧黄连碱(8-oxocoptisine)、*N*-甲基氢化小檗碱(*N*-methylcanadine)、*N*-甲基四氢巴马亭(*N*-methyltetrahydropalmatine)。还包括 5 个阿朴菲型生物碱，分别为：去二氢海罂粟碱(didehydroglaucine)、7-醛基脱氢海罂粟碱 (7-formyldehydroglaucine)、海罂粟碱 (glaucine)、(+)d-*O*-甲基球紫堇碱 (d-*O*-methylbulbocapnine)、南天竹宁碱(nantenine)(胡甜甜，2009)。

【毒性】四氢掌叶防己碱、癸素、丑素、B-高白屈菜碱静脉注射对小鼠最小致死量分别为 102mg/kg、42mg/kg、150mg/kg、41mg/kg。紫堇碱、四氢掌叶防己碱、原阿片碱(以前称丙素)、丑素静脉注射对小鼠半数致死量分别为 146mg/kg、151～158mg/kg、35.9mg/kg、100mg/kg，癸素腹腔注射为 127mg/kg。麻醉猫静脉注射四氢掌叶防己碱 40mg/kg，血压稍降，1h 恢复，对心肌能无明显影响；丑素 30mg/kg，多数猫血压无严重影响，但心电图有 T 波倒置，毒性比四氢掌叶防己碱大，安全范围比四氢掌叶防己碱小；紫堇碱对麻醉猫血压和心电图则均无明显影响。猴灌服四氢掌叶防己碱 85mg/kg 或 110mg/kg 或皮下注射 80mg/kg 无明显毒性，灌服 180mg/kg，先出现短时兴奋，继之为较严重的后抑制，极度镇静和较深度的催眠作用，感觉并不丧失，随后有四肢震颤和震颤性麻痹，心电图和呼吸均正常，尿中出现管型，数天后可恢复。如每天灌服 85mg/kg，共 2 周，除镇静、催眠作用外，第 4～7d 出现肌肉紧张、四肢震颤，尿中有管型，病理解剖观察内脏无明显变化，切片检查发现心脏和肾脏有轻度混浊肿胀。

延胡索的总生物碱有止痛作用，对大鼠离体子宫作用时，小量兴奋，大量则抑制并能对抗乙酰胆碱的兴奋作用。也有协同戊巴比妥钠的镇静作用。对小鼠的半数致死量口服为 18.54g 生药/kg、皮下注射为 6.24g 生药/kg，较迷延胡索毒性大，疗效指数也较小。从延胡索中提出一种生物碱单体，暂定名为苏延胡碱。对蛙、小鼠、猫、兔均有强烈的惊厥作用，惊厥形式为阵挛性发作转为强直型。

据化学分析延胡索含紫堇碱、四氢掌叶防己碱，但不含原阿片碱、B-高白屈菜碱和四氢黄连碱，而有毕枯枯林存在。总生物碱有止痛作用，对大鼠离体子宫小量兴奋，大量抑制并有对抗乙酰胆碱兴奋子宫的作用。去氢延胡索素对小鼠的 LD_{50}，灌胃为 (277.5 ± 19.0)mg/kg，腹腔注射为(21.1 ± 1.4)mg/kg，静脉注射为(8.8 ± 0.4)mg/kg。

【药理作用】延胡索为罂粟科紫堇属植物延胡索的干燥块茎，是著名的浙八味之一，能活血散瘀、行气止痛，不仅具有镇痛、镇静和催眠作用，对冠心病、心律失常、胃溃疡等多种疾病都具有较好的临床治疗效果。

1. 对中枢神经系统的作用

(1)止痛。有明显的止痛作用，粉剂的止痛效价约为阿片的 1%。各种剂型中以醇制浸膏及醋制流浸膏作用最强，毒性则以醋制剂最强，临床上最好采用粉剂或醇制浸膏。以吗啡的镇痛效力为 100，则延胡索总碱为 40，汉防己总碱约为 13。如后两者合用时，其止痛效力并不增强，反而减弱。紫堇碱、四氢掌叶防己碱(或称延胡索甲素、乙素)及延胡索丑素都有明显的止痛作用，丑素较强，乙素次之，甲素最弱，镇痛指数则以乙素较高，丑素次之，甲素最差，但均不及吗啡。癸素也有微弱的止痛作用。大鼠对乙素和丑素的镇痛作用能产生耐药性，但产生速度比吗啡约慢 1 倍，并与吗啡之间有交叉耐药现象。

(2)催眠、镇静与安定作用。四氢掌叶防己碱较大剂量时对兔、狗、猴均有明显催眠作用，但感觉仍存在，易被惊醒。狗于皮下注射后 5～20min 内出现睡眠，维持 80min 左右，多次给药后呈现一定的耐药性。四氢掌叶防己碱可抑制条件反射，对动物的分化相无明显改变，对非条件反射则无明显作用。此作用与氯丙嗪及利血平相似。它还能延长环己巴比妥钠的催眠时间，减少小鼠自发性与被动性活动，使家兔外观安静，脑电波转变为高电压慢波。并有对抗小量苯丙胺的兴奋现象，也有降低大量苯丙胺的毒性作用。对猴也有一定的驯服作用。在小鼠并有对抗墨斯卡林的作用，因此具有安定剂的一些特性。丑素的镇静、安定作用不及四氢掌叶防己碱，癸素则更弱。

(3)其他作用。四氢掌叶防己碱能使士的宁容易产生惊厥，但能抑制五甲烯四氮唑的惊厥作用，不能对抗电休克的发生，略能协同苯妥因钠抗电休克的作用。对狗有轻度中枢性镇吐作用，对大鼠能轻度降低体温。

(4)化学结构与作用的关系。四氢掌叶防己碱的左、右旋光异构体作用不同，左旋体具镇痛、镇静作用，右旋体则无；左、右旋光异构体都有协同士的宁惊厥的作用，但以右旋体作用明显。左旋体是中枢抑制剂，右旋体则相反，有短时兴奋现象。根据对 38 个四氢掌叶防己碱类似物的比较研究尚可看出：①在第Ⅲ环的饱和是保证镇痛、镇静作用的必要条件；②在母核上以甲基或卤族元素置换时，会使作用减弱；③四氢掌叶防己碱的甲氧基醚键为其他烷氧基醚键或酯键所代替时，也使作用变弱；④保持母核四个环的完整性很重要。当母核的第Ⅱ、第Ⅲ两环分别裂开仍保持环型三级胺时，使效能减弱。第Ⅱ、第Ⅲ两环沟通时，则作用消失。第Ⅱ、第Ⅲ两环或第Ⅱ、第Ⅲ、第Ⅳ三环同时裂开成为链型三级胺时，则作用性质改变，失去中枢抑制作用而出现短时兴奋现象。化学结构与四氢掌叶防己碱很相似的四氢小檗碱也具有镇痛、镇静与安定作用，但四氢掌叶防己碱的镇痛和催眠作用较强，后者则以镇静、安定作用较强，可能与后者结构中出现次甲双氧基有关。

2. 对胃肠道的作用

狗皮下注射四氢掌叶防己碱对胃液分泌量没有显著影响，大量则使胃液分泌总量显著减少，胃液酸度及消化力也明显降低。健康成人服延胡索浸剂 10g 对胃肠运动的影响不大。对于不同动物的在体与离体肠管作用的报道材料尚无一致看法。

从延胡索中提出 Coryloid，其中含去氢紫堇碱、右旋紫堇碱、四氢掌叶防己碱、原阿片碱。Coryloid 或 DHC(皮下注射)有显著的抗大鼠实验性胃溃疡，特别是幽门结扎及阿司匹林引起的溃疡，原阿片碱对幽门结扎性溃疡、四氢掌叶防己碱对饥饿引起的溃疡有轻度抑制作用，对利血平引起的溃疡则无效。Coryloid 及 DHC 对胃液分泌有抑制作用。其抑制胃液分泌及抗溃疡的作用与副交感神经的阻断无关，可能与机体内儿茶酚胺的作用有关。四氢掌叶防己碱有明显的抗 5-羟色胺作用，在整体大鼠并不增加体内 5-羟色胺的释放。

3. 对内分泌腺的作用

四氢掌叶防己碱能促进大鼠垂体分泌促肾上腺皮质激素，其作用部位可能在下视丘。小鼠胸腺萎缩法也证明它具有这一作用。大鼠连续注射四氢掌叶防己碱后，便对刺激促皮质素分泌的作用产生耐受或适应，对低温刺激引起的促皮质素释放有明显抑制作用，连续注射还能使甲状腺的质量明显增加，说明还能影响甲状腺的机能。每天皮下注射，对小鼠动情周期有明显抑制作用（范卓文等，2007；刘芳和罗跃娥，2005）。

【毒理】四氢掌叶防己碱对皮层及皮层下的电活动都能抑制，尤以皮层运动感觉区较敏感。但是把药直接涂于皮层上及在孤立皮层的试验中，均证明它对皮层无直接影响。把药注入脑室中，可产生镇静与催眠，四氢掌叶防己碱能明显抑制由刺激皮肤引起的惊醒反应，抑制中脑网状结构和下丘脑的诱发电位，对于脑干网状结构一些下行性功能也有阻断作用。因此，对皮层下结构有一定的选择作用。在对脑干网状结构下行性功能的作用上与氯丙嗪有相似之处，但也有不同的作用部位，故二者的作用不完全一致。对脊髓电活动虽也有抑制，但不及对脑干的作用明显。四氢掌叶防己碱对大鼠脑内 5-羟色胺含量并无明显影响。利血平的镇静作用能被单胺氧化酶抑制剂反转成为兴奋活动，四氢掌叶防己碱的镇静作用则不受其影响，说明它与利血平的作用方式不同。四氢掌叶防己碱对交感神经节后末梢介质释放的影响与利血平及吗啡有区别。它的止痛作用与吗啡有相似处，也有不同处。应用两药的溶液敷于兔脑皮层运动感觉区，均无镇痛作用出现，表示对皮层无直接麻痹作用。但第三脑室周围灰质对吗啡作用较敏感，小鼠脑内注射吗啡有明显的镇痛作用，而这些部位对四氢掌叶防己碱均不甚敏感。因此，四氢掌叶防己碱是一种新型的中枢抑制剂。其镇痛作用的选择性不及吗啡高，安定作用不及氯丙嗪明显，其特点表现在镇静、催眠上。作用迅速而显著，易于控制时间（汤法银等，2006）。

【附注】功效解毒，治食物中毒。

【主要参考文献】

范卓文，刘国臣，武斌. 2007. 延胡索药理研究及临床应用进展. 黑龙江医药，20(5)：522~524.

胡甜甜. 2009. 延胡索（*Corydalis yanhusuo* W. T. Wang）的化学成分和生物活性研究. 沈阳：沈阳药科大学硕士学位论文.

刘芳，罗跃娥. 2005. 延胡索研究概况. 天津中医学院学报，24(4)：240~242.

汤法银，聂爱国，李艳玲. 2006. 中药延胡索的研究进展. 临床和实验医学杂志，5(2)：185~186.

紫　堇

Zijin

EATABLE CORYDALIS

【中文名】紫堇

【别名】野花生、断肠草、蝎子花、麦黄草、闷头花、山黄连、水黄连、楚葵、蜀堇、苔菜、水卜菜

【基原】为罂粟科植物紫堇 *Corydalis edulis* Maxim 的全草及根。4~5 月采收。根于秋季采挖，洗净晒干；夏季采集全草，晒干或鲜用。

【原植物】一年生草本，高 10~30cm，无毛。主根细长。茎直立，单一，自下部起分枝。基生叶，有长柄；叶片轮廓卵形至三角形，长 3~9cm，二至三回羽状全裂，一回裂片 5~7 枚，有短柄，二或三回裂片轮廓倒卵形，近无柄，末回裂片狭卵形，先端钝，

下面灰绿色。总状花序顶生或与叶对生，长 3～10cm，疏着花 5～8 朵，苞片狭卵形至披针形，长 1.5～3mm，先端尖，全缘或疏生小齿；萼片小，膜质；花冠淡粉紫红色，长 15～18mm，距约占外轮上花瓣全长 1/3，末端略向下弯；子房条形，柱头 2 裂。蒴果条形，长 2.5～3.5cm，宽 1.5～2mm，具轻微肿节。种子扁球形，直径 1.2～2.0mm，黑色，有光泽，密生小凹点。花期 3～4 月，果期 4～5 月。

【生境】生丘陵林下、水沟边、池城边、路边或多石处等潮湿地方。

【分布】河南和陕西南部都有分布。江苏南部普遍生长，我国长江中、下游各地区都有分布。

【化学成分】含有原阿片碱类生物碱、原小檗碱类生物碱、苯酞异喹啉类生物碱、苯菲啶类生物碱、阿朴菲类生物碱、苄基异喹啉类生物碱。

【毒性】原阿片碱对小鼠静脉注射的 LD_{50} 为 36.5mg/kg。

【药理作用】25%煎液试管内对金黄色葡萄球菌有显著的抑制作用，对大肠杆菌、绿脓杆菌次之。

原阿片碱在临床上可用作防治动脉粥样硬化的有效药物。具有镇痛、解痉、止咳、平喘、抗疟、降压、改善微血管循环、松弛多种平滑肌、促进胆汁分泌、扩张支气管、抗血小板聚集、保护血小板内部超微结构、抗心律失常、抗心肌缺血、扩血管等作用；能促进戊巴比妥钠的催眠作用；有弱的杀菌和抗肿瘤作用；对小鼠腹腔巨噬细胞免疫功能有较强的促进作用；对肝损伤具有保护作用，在体外能抑制 CCl_4 引起的肝微粒体脂质过氧化及 CCl_4 转化；有降低心房自律性、抑制心房肌收缩力、延长其功能性不应期的作用；能显著抑制正常及内皮素(ET)诱导的血管平滑肌细胞(VSMC)增殖，并且对 ET 诱导的 VSMC 增殖抑制作用更明显(余丽梅等，1999；李良国，1992)。

【毒理】有毒，不可服。

【附注】全草和根药用，煎服治肺结核咯血、遗精，鲜全草捣汁治化脓性中耳炎，鲜根捣烂外敷治秃疮、蛇咬伤。

【主要参考文献】

李良国. 1992. 原阿片碱对抗血小板聚集作用. 国外医药植物药分册，(2)：417~418.

余丽梅，黄燮南，孙安盛，等. 1999. 原阿片碱对兔胸主动脉的松弛作用. 遵义医学院学报，22(3)：5~7.

刻 叶 紫 堇

Keyezijin

GAPLEAF CORYDALIS

【中文名】刻叶紫堇

【别名】紫花鱼灯草、地锦苗、断肠草、粪桶草、刻叶黄堇、裂苞紫堇、烫伤草、羊不吃。

【基原】为罂粟科植物刻叶紫堇 *Corydalis incisa* (Thunb.) Pers. 的全草或根(刘文平

和王东，2011）。

【原植物】二年或多年生草本，高达 60cm；块茎狭椭圆形，密生须根；茎直立，分枝，柔软多汁，有纵棱。叶互生，3 出 2 回羽状分裂，裂片长圆形，又作羽状深裂，小裂片顶端有缺刻。总状花序长 3～10cm；苞片菱形或楔形，1 或 2 回羽状深裂，小裂片狭披针形或钻形，锐尖；萼片小；花瓣紫蓝色，前端紫色，上面花瓣长 1.6～2cm，距长 0.7～1.1cm，末端钝，向下弯曲，下面花瓣稍呈囊状。蒴果椭圆状线形，长约 1.5cm，宽约 2mm；种子近圆形，成熟后黑色，有光泽。花期 4～5 月，果期 5～6 月。

【生境】生于近海平面至 1800m 的林缘，路边或疏林下。

【分布】伏牛山野生。河南西南部和我国河北西南部、山西东南部、陕西南部、安徽、浙江、江西、福建、台湾都有分布。日本和朝鲜也有分布。

【化学成分】块茎含延胡索、血根碱、原鸦片碱等多种生物碱。有原阿片碱（protopine）、血根碱（sanguinarine）、黄连碱（coptisine）、刻叶紫堇明碱（corysamine）、紫堇洛星碱（corynoloxine）、紫堇醇灵碱（corynoline）、异紫堇醇灵碱（isocorynoline）、乙酰紫堇醇灵碱（acetylcorynoline）、乙酰异紫堇醇灵碱（acetylisocorynoline）、紫堇文碱（corycavine）、r-四氢刻叶紫堇明碱（γ-tetrahydrocorysamine）、(+)-14-表紫堇醇灵碱[(+)-14-epicorynol-ine]、紫堇酸甲酯（corydalic acid methyl ester）、刻叶紫堇胺（corydamine）、N-甲酰刻叶紫堇胺（N-formylcorydamine）、华紫堇碱（ι-cheilanthifoline）、斯氏紫堇碱（ι-scoulerine）、异种荷包牡丹碱（coreximine）、牛心果碱（dreticuline）、清风藤碱（sinoacutine）、深山黄堇碱（pallidine）、藤荷包牡丹定碱（adlumidine）、ι-紫堇杷明碱（ι-corypalmine）等。还含二十九烷-10-醇（nonacosan-10-ol）。另据报道，全草尚含 1-碎米蕨叶碱（l-cheilanthifoline）、1-紫堇块茎碱（l-scoulerine）、縫毛荷包牡丹碱（coreaimine）和牛心果碱（reticuline）等。

【毒性】杀虫、解毒。治疥癣、癣疮。外用，不宜内服。含刻叶紫堇胺等多种生物碱。

【药理作用】全草药用、解毒、杀虫，治疮癣、蛇咬伤等。

【毒理】《草木便方》记载：辛，有大毒。《四川中药志》记载：性寒，味苦涩，有毒。

【附注】园林用途：花形奇特，色彩艳丽，春季成片开放，冬季绿色，宜成片栽植作林下地被，亦可布置岩石园，或栽植在水边。

【主要参考文献】

刘文平，王东. 2011. 紫堇属（Corydalis DC）植物的种子形态及其分类学意义. 植物科学学报，29（1）：1142~1144.

黄 堇

Huangjin

PALE CORYDALIS

【中文名】黄堇

【别名】黄花鱼灯草、石莲、水黄连、虾子草、野水芹、鱼子草

【基原】为罂粟科植物小花黄堇 Corydalis pallida（Thunb.）Pers.的全草或根。夏季

采收，洗净晒十。

【原植物】一年生草本，具恶臭，高 10~60cm。根细长。茎多分枝。叶片轮廓三角形，长 3~12cm，2 或 3 回羽状全裂，1 回裂片 3 或 4 对，2 回或 3 回裂片轮廓卵形或宽卵形，浅裂或深裂，末回裂片狭卵形至宽卵形，先端钝或圆。总状花序长 3~10cm；苞片狭披针形或钻形，长 1.5~5mm；萼片 2，卵形；花冠 4 瓣，黄色，上瓣长 6~9mm，前部唇状，后部有距，囊状，长 1~2mm，下瓣背前部微成龙骨突起，二侧片先端愈合；雄蕊 6，2 体，花丝基部具蜜腺，伸入距内；雌蕊 1。蒴果条形，长 2~3cm，宽 1.5mm。种子黑色，扁球形，直径约 1mm，密生小凹点。花期 3~5 月，果期 6 月。

【生境】生于旷野山坡、墙根沟畔；生林间空地、火烧迹地、林缘、河岸或多石坡地。

【分布】伏牛山产。我国河南、黑龙江、吉林、辽宁、河北、内蒙古、山西、山东、陕西、湖北、江西、安徽、江苏、浙江、福建、台湾等广有分布。朝鲜北部、日本及俄罗斯远东地区有分布。

【化学成分】全草含原阿片碱和消旋-四氢掌叶防己碱(dl-tetrahy -dropalmatine)。

【毒性】原阿片碱对小鼠静脉注射的 LD_{50} 为 36.5mg/kg。

【药理作用】清热解毒、止痛、杀虫。主治热毒痈疮、无名肿毒、皮肤顽癣。

【毒理】全草含原阿片碱，服后能使人畜中毒，但亦有清热解毒和杀虫的功能。

【附注】分类研究该种是一个多型种，Komarov 和 Busch 在种下分出三个变种：*typica*，*speciosa* 和 *ramosissima*。其中除 *speciosa* 的特征(总状花序密集，花金黄色，叶裂片楔形至线形)较稳定而应保留其原来的种的等级外，变种 *speciosa* 则应与原变种合并，因为它的鉴别特征(茎匍匐，强烈分枝，花淡黄色，具白色的距)并不稳定。Liden 认为 *Corydalis pallida* 和 *Corydalis speciosa* 及其相近的类型形成了一个十分难以划分的类群。一般的认识是，该种具有刺状突起的种子不同于其他种，但是它们的体态和花色上存在大量变异，因此对这一复合种除了观察它们的种子之外，还应广泛研究它们的所有特征。在朝鲜、日本和中国存在几个不同的地理位置。如朝鲜就有两个明显不同的类型，其种子均具有刺状突起(中国植物物种信息数据库)。

【主要参考文献】

中国在线植物志. 中国植物物种信息数据库(www. eflora. cn)[2013-7-29].

地 丁 草

Didingcao

ZIHUADIDING

【中文名】地丁草

【别名】苦丁、小鸡菜

【基原】罂粟科紫堇属植物地丁草 *Corydalis bungeana* Turcz.的全草。全草入药。于小满前后，当地丁草半籽半花时，选晴天割取地上全草，晒干备用。

【原植物】根细而长，具侧根，根棕褐色。茎柔弱，分枝繁多，高 15~40cm，光滑无毛，常具有 4 或 5 条棱脊。基生叶和茎叶互生，具长柄，长 2～5cm；叶片轮廓卵形，2～4 回羽状全裂，裂片 2 或 3 对，具细柄或几无柄，小裂片披针形或长椭圆形，先端钝。基部下延形。总状花序腋生，花序长 1～6cm，有叶状苞片。花淡紫色，长约 2cm，横生在小花梗上，小花梗长约 2mm，萼片小，2 轮，鳞片状；花瓣 4 枚，外轮 2 片大，上部 1 片瓣尾部延伸成圆筒状的距，距长约 0.5cm，前端微波状，下面花瓣具浅束状，先端微凹，内轮 2 瓣较小，顶端深紫色，顶端微联合，雄蕊 6 枚。花丝联合成扁平两束，对着有距花瓣雄蕊的花丝基部具蜜腺插入距内；每束具 3 个淡黄色花药；雌蕊 1 枚，花柱细而短；柱头侧扁状；子房上位，扁柱形，长约 5mm，1 室，侧膜胎座，每室多数胚胎。蒴果，长椭圆形，绿色，长 7～20mm，宽 2～6mm，花柱、柱头宿存，2 瓣裂。种子多数，圆肾状，黑色，有光泽。花期 5 月。

【生境】生于山沟、溪流或平原、丘陵草地或疏林下。

【分布】伏牛山野生。分布于甘肃、陕西、山西、山东、河北、辽宁、吉林、黑龙江、四川等地。

【化学成分】全草含多种生物碱：消旋的和右旋的紫堇醇灵碱、乙酰紫堇醇灵碱、四氢黄连碱(tetrahydrocoptisine)、原阿片碱、右旋异紫堇醇灵碱(d-isocorynoline)、四氢刻叶紫堇明碱(tetrahydrocorysamine)、二氢血根碱(dihydrosanguinarine)、乙酰异紫堇醇灵碱、11-表紫堇醇灵碱(11-epicorynoline)、紫堇文碱、毕枯枯林(bicuculline)、12-羟基紫堇醇灵碱(12-hydroxycorynoline)、斯氏紫堇碱、碎叶紫堇碱(cheilanthifoline)、大枣碱(yuziphine)、去甲大枣碱(noryuziphine)、异波尔定碱(isoboldine)、右旋地丁紫堇碱(d-bungeanine)、右旋 13-表紫堇醇灵碱(d-13-epicorynoline)(郑建芳等，2007)。另含香豆素类内酯、甾体皂苷、酚性物质、中性树脂和挥发油等。

【毒性】毒性很小，小鼠用量相当于人用量的 120 倍左右(8mL/kg)腹腔注射，未见死亡；用 10mL/kg 则有 3/10 死亡。地丁草注射液对麻醉猫与犬静脉注射，可见暂时性血压下降，半分钟内恢复；用离体蛙心灌注，有抑制心脏的作用。

【药理作用】

1. 抗菌

地丁草注射液在体外对甲型链球菌、肺病炎双球菌、卡地双球菌有抑制作用。对副流感仙台病毒亦有抑制作用。

2. 对中枢社经系统的作用

地丁草总生物碱 25.50mg/kg 皮下注射，可抑制小鼠自发活动；25.50mg/kg 皮下注射，对阈下催眠剂量的戊巴比妥钠和水合氯醛有协同催眠作用；25.35mg/kg 皮下注射，本身也有催眠作用；15.30mg/kg 皮下注射可对抗脱氧麻黄碱对小鼠活动的增加；75mg/kg 腹腔注射可减少戊四唑惊厥鼠数，但25.50mg/kg 腹腔注射具有易化士的宁的惊厥作用(吕惠子等，2002)。

【毒理】清热解毒、消痈肿。

【主要参考文献】

吕惠子，崔兴日，王广录，等. 2002. 苦地丁的化学成分与药理. 中国野生植物资源，21(4)：54~55.

郑建芳，秦民坚，郑昱，等. 2007. 苦地丁生物碱的化学成分. 中国药科大学学报，38(2)：112~114.

土 元 胡
Tuyuanhu

HUMOSUS CORYDALIS TUBER

【中文名】土元胡

【别名】白花土元胡

【基原】罂粟科紫堇属植物土元胡 *Corydalis humosa* Migo 的干燥块茎。

【原植物】瘦弱多年生草本，高 9～20cm。块茎球形，直径 6～8mm。茎纤细，基部以上具 1 鳞片，鳞片腋内常具 1～3 分枝，叶生于鳞片以上，有时少数生于鳞片腋内，下部的茎生叶腋常具退化的腋生小叶。叶二回三出，具长的叶柄和小叶柄，小叶椭圆形，全缘，有时深裂成倒卵形的裂片，下部苍白色，长 8～14mm，宽 4～12mm。总状花序具 1～3 花，疏离。苞片卵圆形至卵状披针形，长 4～6mm，宽 2～3mm。花梗纤细，长 7～15mm。萼片小，早落。花白色。上花瓣长 1～1.2cm，瓣片宽展，顶端微凹；距圆筒形，弧形上弯，长 5～7mm；蜜腺体约贯穿距长的 1/3～1/2，末端钝。下花瓣长约 6mm，顶端微凹，基部具下延的小囊状突起。内花瓣长约 4mm，顶端带紫红色。柱头头状，周边乳突不明显。蒴果卵圆形，包括喙和柱头在内长约 1.2cm，宽 3～4mm，具 5～9 种子，2 列。种子具钝的圆锥状突起。

【生境】生于海拔 800～1000m 的山地林下或林缘。

【分布】伏牛山特有种，主产于浙江。

【化学成分】主含原阿片碱、L-四氢黄连碱、苏延胡索甲、苏延胡索乙等多种生物碱(李松涛等，2012)。

【药理作用】土元胡属于紫堇属延胡索类药材，产于浙江，为延胡索类中药材的宝贵种质资源。属于珍稀濒危植物，也是浙江特有分布种，至今对其研究报道较少，主要含多种生物碱及延胡索甲素和乙素等有效成分。不同产地延胡索中的有效成分明显不同，因此多种文献，通常采用 HPLC 法测定白花土元胡药材中延胡索甲素和乙素的含量(施菁等，2007)。

【主要参考文献】

李松涛，车勇，翟树林，等. 2012. 不同产地土元胡的质量评价及与常见伪品鉴别. 食品与药品，(9)：328~310.

施菁，王玮，陈柳蓉，等. 2007. 白花土元胡药材中延胡索甲素和乙素的含量测定. 华西药学杂志，(2)：199~201.

血 水 草
Xueshuicao

SNOWPOPPY

【中文名】血水草

【别名】黄水芋、金腰带、一口血、小号筒、小绿号筒、鸡爪莲、斗篷草、马蹄草、小羊儿、血水芋、一滴血、一点血、土黄连

【基原】为罂粟科白屈菜族 Chelidonium 血水草属 *Eomecon* 血水草 *Eomecon chionantha* Hance 的全草，多年生药用草本植物，为我国独属独种的特有物种。全草入药，秋季采集全草，晒干或鲜用。地下部分（根及根茎）入药。

【原植物】多年生草本植物，高 30～65cm，全株折断有红黄色汁液。根及根茎黄色，横走。叶基生，叶柄细长，长 10～30cm，基部具窄鞘；叶片卵圆状心形或圆心形，长 5～15cm，宽 6～12cm，先端急尖，基部深心形，上面绿色，下面灰绿色，有白粉，边缘具波状齿或全缘，叶脉 5～7 条，掌状。花茎高 20～40cm，聚伞状花序顶生，有花 3～5 朵，小花梗较细长，长 0.5～5cm，苞片窄卵形，长 2～8mm，先端渐尖；花萼 2，盔状，长 5～15mm，先端渐尖，基部合生，早落；花瓣 4，白色，近圆形或倒卵形，长 1.2～2cm，宽 6～18mm；雄蕊多数，花丝长 5～7mm，花药长圆形，长约 3mm，黄色；子房卵形或窄卵形，长 5～8mm，花柱明显，长 3～5mm，顶端 2 浅裂。蒴果长椭圆形，长约 2cm，直径约 5mm，顶端稍细小，种子长圆形。花期 4～5 月，果期 5～7 月。

【生境】生于海拔 700～2200m 的山谷、溪边、林下阴湿肥沃地，常成片生长。

【分布】伏牛山特有种。分布于我国中部和南部各地，如河南、安徽、浙江、江西、福建、湖北、湖南、广东、广西、四川、贵州、云南等地。

【化学成分】目前已从血水草中分离得到白屈菜红碱（chelerythrine）、血根碱、原托品碱（protoprine）、α-别隐品碱（α-alocyptopine）、氧化血根碱（oxysanguinarine）、白屈菜红默碱（chelerythridimerine）和羽扇豆醇乙酯（lupenylacetate）。

【毒性】全草入药，有毒。

【药理作用】民间用于治疗急性结肠炎、眼结膜炎、疮痛疔毒，以及毒蛇咬伤等症。中药临床治疗劳伤咳嗽、跌打损伤、毒蛇咬伤、便血、痢疾等症。血水草总生物碱有抑菌、杀钉螺作用。以血水草醇提生物碱溶液 1.0mg/mL，常规杯碟法进行体外抑菌实验，发现其对金黄色葡萄球菌、八叠球菌、蜡样芽孢杆菌、大肠杆菌、短小芽孢杆菌的抑菌圈分别为 22.0mm、17.0mm、23.0mm、12.0mm、20.0mm（刘年猛等，2001；吴秀聪等，1979）。在血水草的抗菌作用研究中发现其抗菌成分为生物碱（周天达和周雪仙，1979）。用浸杀法进行杀螺实验，发现 1mg/L 以上浓度的血水草总生物碱溶液杀螺达 98%以上，此浓度以下也有一定杀螺作用（黄琼瑶等，2003）。在血水草总生物碱杀螺实验中发现，1.25mg/L 总生物碱提取液在 30℃时，钉螺浸泡 72h，死亡率为 100%；2.5mg/L、25℃浸泡 72h，死亡率也为 100%，证实血水草生物碱对日本血吸虫中间宿主湖北钉螺有较好的杀灭作用（杨华中等，2003）。通过对鱼类急毒实验表明，该药在有效的杀螺浓度范围内，如 1.25mg/L 不会对鱼类产生明显毒性，提示血水草可能是一种安全有效的杀螺剂。

【毒理】血根碱和白屈菜红碱对动物有抗肿瘤作用，但对人毒性大。在原苏联，从白屈菜及博落回全草提取上述二生物碱的硫酸盐混合物，用作抗菌剂和抗胆碱酯酶药，抗菌谱很广，对多种细菌、真菌和滴虫均有很强的杀灭作用。血水草在民间可作为外用抗菌药。动物实验结果表明，血水草能增加白细胞和网状内皮系统的吞噬能力。

【主要参考文献】

黄琼瑶，彭飞，刘年猛，等. 2003. 血水草生物碱杀灭钉螺及日本血吸虫尾蚴的实验研究. 实用预防医学，10(3)：289~289.

刘年猛，彭飞，黄琼瑶，等. 2001. 血水草总生物碱灭钉螺的初步探讨. 中国血吸虫病防治，13(5)：303~303.

吴秀聪，潘善庆，张祖荡，等. 1979. 血水草的药理实验. 湖南医药杂志，6(4)：50~50.

杨华中，黄琼瑶，彭飞，等. 2003. 血水草生物碱对鱼类毒性实验的观察. 中国血吸虫病防治杂志，15(4)：276~276.

周天达，周雪仙. 1979. 血水草抗菌有效成分的提取分离. 中草药通讯，1：11~12.

小果博落回

Xiaoguoboluohui

MACLEAYA MICROCAR / PAPAVERACEAE

【中文名】小果博落回

【别名】勒勒回、号筒秆、号筒青、滚地龙、山号筒、山麻骨、猢狲竹、空洞草、角罗吹、号角斗竹、亚麻筒、三钱三、山火筒、山梧桐、通大海、泡通珠、边天蒿、通天大黄、土霸王、号桐树

【基原】罂粟科博落回属植物博落回 *Macleaya cordata*(Willd.)R. Brown，以全草入药。秋季采收，晒干。

【原植物】多年生草本，高 1~2m，全体带有白粉，折断后有黄汁流出。茎圆柱形，中空，绿色，有时带红紫色。单叶互生，阔卵形，长 15~30cm，宽 12~25cm，5~7 或 9 浅裂，裂片有不规则波状齿，上面绿色，光滑，下面白色，具密细毛；叶柄长 5~12cm，基部膨大而抱茎。圆锥花序顶生或腋生，萼 2 片，白色，倒披针形，边缘薄膜质，早落；无花瓣；雄蕊多数，花丝细而扁；雌蕊 1，子房倒卵形，扁平，花柱短，柱头 2 裂。蒴果下垂，倒卵状长椭圆形，长约 2cm，宽约 5mm，扁平，红色，表面带白粉，花柱宿存。种子 4~6 粒；矩圆形，褐色而有光泽。花期 6~7 月，果期 8~11 月。

【生境】生于海拔 1400~2000m 的低山河边、沟岸、路旁。

【分布】伏牛山特有种。还分布于陕西、甘肃、湖北、四川等地区。

【化学成分】据报道从小果博落回根和地上部分已分得白屈菜红碱、血根碱、原阿片碱、α-别隐品碱、β-别隐品碱、博落回根碱、二氢血根碱、黄连碱等多种生物碱成分，多属于异喹啉、托品烷等类型(王欣，2005；肖培根和连文琰，1999；胡之璧等，1979)。

叶冯芝等从博落回中分离得到 6-甲氧基二氢血根碱、去甲血根碱、6-丙酮基二氢白屈菜红碱、6-丙酮基二氢血根碱、血根碱 sanguidimerine、chelidimerine、(±)-bocconarborine A、(±)-bocconarborine B、隐品碱、二氢血根碱、二氢白屈菜红碱、原阿片碱、α-别隐品碱(叶冯芝等，2009)。

【毒性】有毒，只能外用。研究表明，博落回所含生物碱具有一定的毒性作用。博落回中提取的乙氧基血根碱与乙氧基白屈红碱的盐酸盐水溶液腹腔注射小白鼠，安全剂量为 5mg/kg，半数致死量为 18mg/kg，最大致死量为 22.5mg/kg。博落回酊剂对家兔灌胃行急性试验，27mL(1g/mL)可致家兔死亡(王光和叶廷，1958)。博落回中毒可引起心律失常及心源性脑缺血综合征(李逢春，1972)。但博落回粉的急性和长期毒性实验显示，

博落回安全性高，并无动物死亡。

【药理作用】 中药主治恶疮及皮肤病，如瘿瘤、漏疮、息肉及汗斑等症。其药理作用有下述几点。

1. 抗菌作用

博落回中生物碱是抗菌作用的有效成分。本植物水煎剂对多种革兰氏阳性菌和革兰氏阴性菌及钩端螺旋体有较强的抑制作用。乙氧基血根碱与乙氧基白屈菜红碱在体外能抑制革兰氏阳性菌生长，对肺炎双球菌、金黄色葡萄球菌、枯草杆菌比较敏感，其抑菌作用较小檗碱强。白屈菜红碱、血根碱及博落回碱对金黄色葡萄球菌、枯草杆菌、八叠球菌、大肠杆菌、变形杆菌、绿脓杆菌、某些真菌等也有不同程度的抑制作用。乙氧基血根碱在体外对钩端螺旋体也有很强的杀灭作用。

2. 杀虫作用

实验表明，博落回有强大的杀阴道滴虫作用，在玻片上将滴虫与博落回浸膏相接触，滴虫立刻被全部杀死。此外，血根碱、白屈菜红碱及博落回碱还有杀线虫和防植物霉菌作用，其中的生物碱对植物蚜虫也有杀灭作用。

3. 杀蛆作用

博落回为民间常用杀蛆青草药，在我国已有悠久历史。研究表明，博落回中生物碱可使蝇蛆先兴奋后麻痹而死，并能抑制蝇卵孵化。用酸性乙醇提取法制得的博落回总生物碱对受试绒尾蝇蛆 3 龄蛆的 LC_{50} 为 148.75g/L，95%的可信区间为[122.19g/L，180.94g/L（以生药计）]。

4. 改善肝功能、增强免疫力

动物实验证明，博落回具有较好的免疫增强作用，对 T 淋巴细胞和 B 淋巴细胞功能均有刺激作用。对多种药物所致的急性肝损伤，博落回显示良好的改善肝功能、有效保护细胞膜、抑制肝脏纤维化的作用。

5. 抗肿瘤作用

博落回中生物碱对 KB 型、P388 型、W256 型肿瘤细胞有抑制作用。血根碱有弱抗艾氏腹水癌作用。另有实验证明，博落回总生物碱对荷瘤动物（实体瘤）有明显的抑制作用。

6. 其他作用

博落回所含白屈菜红碱有止咳、平喘、镇痛作用，血根碱能抑制胆碱酯酶活性，还能加强心脏活动、刺激唾液分泌，并具有利尿、外周抗肾上腺素解交感作用。而原阿片碱、别隐品碱对豚鼠离体心脏表现为抑制作用。原阿片碱有收缩子宫作用。

【毒理】 根据药敏试验结果，博落回对金黄色葡萄球菌、白色葡萄球菌、志贺痢疾杆菌、变形杆菌、伤寒杆菌、宋内氏痢疾杆菌、炭疽杆菌、弗氏痢疾杆菌、绿色链球菌等高度敏感；对鲍氏痢疾杆菌、大肠杆菌、类大肠杆菌等中度敏感；对绿脓杆菌则不敏感。

【附注】 本植物在民间有以下用途：①治疗各种炎症。用博落回注射液肌肉注射，成人每次 2mL，每天 2~4 次；小儿每次 0.5~1.5mL，每天 2 次。曾用于大叶性肺炎、小儿肺炎、急性扁桃体炎、上感高热、支气管肺炎、耳下腺炎、急性阑尾炎、深部脓肿、胆道蛔虫症、胆囊炎、外伤、下腿溃疡、脉管炎、不全性肠梗阻、产褥热等。②治疗滴虫性阴道炎。将鲜嫩号筒秆(博落回)茎叶切碎，加水熬成每毫升含生药 25g 的浸膏。先用 1∶5000 高锰酸钾液(严重者用 50%号筒秆溶液)300～500mL 冲洗阴道，后用棉签蘸药反复涂擦阴道壁 2 或 3 次，或留置含药的阴道棉栓。

【主要参考文献】

胡之璧，徐垠，冯胜初. 1979. 博落回果实中有效成分的研究. 药学学报，14(9)：535.

李逢春. 1972. 肌注博落回引起心源性脑缺血综合 3 例报告. 新医药资料，(1)：49.

上海中药二新品种试制小组. 1978. 妇科新药"博落回栓剂". 中成药研究，1：18.

王光，叶廷. 1958. 博落回中毒一例报告. 中华内科杂志，(6)：617.

王欣. 2005. 博落回中生物碱成分的研究. 西安：西北农林科技大学硕士学位论文.

肖培根，连文琰. 1999. 中药植物原色图鉴. 北京：中国农业出版社：133.

叶冯芝，冯锋，柳文媛，等. 2009. 博落回的生物碱成分. 中国中药杂志，34(13)：1683~1686.

白 屈 菜

Baiqucai

GREATER CELANDINE HERB

【中文名】白屈菜

【别名】地黄连、牛金花、土黄连、八步紧、断肠草、山西瓜、雄黄草、山黄连、假黄连、小野人血草

【基原】为罂粟科白屈菜属植物白屈菜 *Chelidonium majus* Linn.，以全草入药。花盛期采收，割取地上部，晒干或鲜用。

【原植物】多年生草本，高 100cm，含橘黄色汁。主根粗壮，圆锥形，土黄色或暗褐色，密生须根。茎直立，多分枝，有白粉，具白色细长柔毛。叶互生，一至二回奇数羽状分裂；基生叶长 15cm，裂片 8 对，裂片先端钝，边缘具不整齐缺刻；茎生叶长 10cm，裂片 4 对，边缘具不整齐缺刻，上面近无毛，褐色，下面疏生柔毛，脉上更明显，绿白色。花数朵，排列成伞形聚伞花序，花梗长短不一；苞片小，卵形，长约 1.5mm；萼片 2 枚，椭圆形，淡绿色，疏生柔毛，早落；花瓣 4 枚，卵圆形或长卵状倒卵形，长 1.6cm，宽 1.4cm，两面光滑，雄蕊多数，分离；雌蕊细圆柱形，花柱短，柱头头状，2 浅裂，密生乳头状突起。蒴果长角形，长 2cm，直径约 2m，直立，灰绿色，成熟时由下向上 2 瓣。种子多数细小，卵球形，褐色，有光泽。

性状鉴别：①根圆锥状，密生须根。②茎圆柱形，中空；表面黄绿色，有白粉；枝轻易折断。③叶互生，多皱缩，叶片完整者羽状分裂，裂片先端钝，边缘具不整齐的缺刻，上面黄绿色，下面灰绿色，具白色柔毛，尤以叶脉为多。④花瓣 4 片，卵圆形，边缘有不整齐缺刻，上面近无毛，下面疏生短柔毛。黄色，常已脱落。⑤蒴果细圆柱形，有众多细小、黑色具光泽的卵形种子。气微，味微苦。

显微鉴别：①叶表面观。上表皮细胞垂周壁平直；下表皮细胞垂周壁稍弯曲，气孔不定式；裂片先端叶缘细胞壁呈乳头状突起。上下表面疏生多细胞非腺毛，以下面叶脉处

较多而且长。②非腺毛 3 个细胞茎横切面。表皮细胞 1 列；外被波状角质层。皮层外侧有 2 列含叶绿体的下皮细胞，其下 4 列细胞壁稍厚。维管束约 10 个，环状排列。韧皮部散有细小的乳汁管，其外侧有韧皮纤维；木质部由导管及木薄壁细胞组成。髓大，多中空。

【生境】生于山谷湿润地、水沟边、绿林草地或草丛中、住宅附近。

【分布】伏牛山主产。分布于河南、东北、内蒙古、河北、山东、山西、江苏、江西、浙江等地。

【化学成分】地上部分含白屈菜碱(chelidonine)、原阿片碱、消旋金罂粟碱(stylopine)、左旋金罂粟碱、别隐品碱(allocryptopine)、白屈菜玉红碱(chlirubin)、血根碱、白屈菜红碱、黄连碱、左旋金罂粟碱 β-甲羟化物(stylopine β-methohydroxide)、左旋金罂粟碱 α-甲羟化物、小聚碱(berberine)、刻叶紫堇明碱(corysamine)、鹰爪豆碱(sparteine)、羟基血根碱(hydroxysanguinarine)、羟基白屈菜碱(hydroxychelidonine)、高白屈菜碱(homochelidonine)等生物碱，还含白屈菜醇(celidoniol)。茎叶还含胆碱(choline)、甲胺(methylamine)、组胺(histamine)、酪胺(tyramine)、皂苷及游离黄酮醇。

另外，白屈菜全草粗粉中还分离出消旋四氢黄连碱(tetrahy-drocoptisine)、6-甲氧基二氢血根碱、6-甲氧基二氢白屈菜红碱、8-氧黄连碱(8-oxocoptisine)、四氢小檗碱(canadine)等生物碱。

白屈菜根茎生物碱含量最高，在茎形成期，根茎、根、叶所含生物碱分别可达 15%、12%和 10.5%，而在开花期生物碱含量最低，根茎、根、叶所含生物碱分别仅为 0.8%、0.8%和 0.5%。

白屈菜乳汁含血根碱、白屈菜红碱、小檗碱、黄连碱等生物碱，还含酚类化合物及白屈菜酸(chelidonic acid)。

白屈菜在开花期，叶中维生素 C 含量可高达 834mg/100g，而在果实成熟期其所含维生素 C 仅为 231mg/100g。果实中维生素 C 含量最低。

新鲜植株有浓橙黄色的乳液，乳液中含多种生物碱，生物碱含量 0.7%或 0.97%～1.87%。其中有白屈菜碱占生物碱的 41%、原阿片碱占 22%、人血草碱占 17%、别隐品碱占 9%、小檗碱占 5%、白屈菜红碱占 3%、血根碱占 1.5%、鹰爪豆碱占 0.1%，还有羟基白屈菜碱即氧化白屈菜碱、甲氧基白屈菜碱、隐品碱、白屈菜黄碱、白屈菜胺、高白屈菜碱、羟基血根碱即氧化血根碱。除生物碱而外，还含白屈菜酸、苹果酸、柠檬酸、琥珀酸、胆碱、甲胺、组胺、酪胺、皂苷、黄酮醇、白屈菜醇，还含强心苷，在开花期的含量最高。

根含生物碱为 1.33%或 1.90%～4.14%，一部分生物碱与地上部分所含的相同，另含黄连碱、刻叶紫堇明碱、白屈菜玉红碱、白屈菜默碱、菠菜甾醇，少量麦角甾醇和橡胶(0.118%)。

叶含黄酮类 1.43%，多量维生素 C。维生素 C 的含量在开花期最高，可达 834mg，在果实成熟时含量最低，为 231mg。花含黄酮类 2.10%。

果实含多量胆碱、白屈菜碱和四氢黄连碱。种子含脂肪油 40%、黄连碱。发芽的种子含白屈菜红碱和小檗碱(黄松和杜方麓，2002)。

【毒性】原阿片碱对小鼠静脉注射的 LD_{50} 为 36.5mg/kg；隐品碱对豚鼠皮下注射的最小致死量为 190mg/kg。血根碱中毒量引起短时麻醉后，可发生士的宁样惊厥，增进肠蠕动及唾液分泌，对局部也是先刺激而后转入麻痹；还能降低胆碱酯酶的活性，增加组织对乙酰胆碱的敏感性，提高小肠、子宫平滑肌的张力。血根碱对小鼠静脉注射的 LD_{50} 为 19.4mg/kg。

【药理作用】

1. 白屈菜碱的作用

(1)对肌肉的作用。在化学上与罂粟碱同属苯异喹啉类，作用也相似，能抑制各种平滑肌，有解痉作用，而毒性则较低。对平滑肌的抑制属直接作用。白屈菜注射液还能解除豚鼠离体肠管由抗原-抗体反应引起的痉挛收缩。也有人报告，低浓度能提高离体兔肠、子宫的张力，而较高浓度呈抑制作用，大剂量还能抑制心肌、减慢心率、停止于扩张期，对横纹肌也有抑制作用。白屈菜总碱对平滑肌呈兴奋作用。

(2)对神经系统的作用。白屈菜碱属原鸦片碱一类，也能抑制中枢。与吗啡相比，它对末梢的作用较强，而对中枢则较弱，有某些镇痛及催眠作用，白屈菜注射液对小鼠能产生中枢抑制作用，使自发活动减少，热板法、乙酸扭体法实验表明，对小鼠有镇痛作用。治疗剂量不抑制呼吸，大量可使呼吸减慢；对反射无明显抑制，也无脊髓性兴奋；能麻痹感觉及运动神经末梢，但对神经干无作用。

(4)其他作用。对猫的血压可引起轻度而持久的降低；延迟或阻止豚鼠的组织胺性休克或由抗原引起的过敏性休克。

(3)抗肿瘤作用。白屈菜碱影响细胞的有丝分裂，可使小鼠移植性腹水癌细胞的高三倍体(hypertriplokd)的中、晚期分裂指数发生改变，呈显著的阻断分裂作用，给予 125mg/kg 后 12h，停止于中期分裂的占 23.1%；在体外 $2.5×10^{-6}$mol/L，能抑制成纤维细胞有丝分裂，能延缓恶性肿瘤生长。对小鼠肉瘤-180、艾氏瘤虽有抑制，但副作用及毒性大。原阿片碱也有抗癌作用。也有报道称，白屈菜碱和原阿片碱的抗癌作用不明显，而 40%的白屈菜甲醇提取物却有明显的抗癌活性；白屈菜提取物对小鼠淋巴白血病 L1210 及大鼠肉瘤 W256 并无抑制作用，但在组织培养中对 Eagles PKB 鼻咽癌细胞呈细胞毒作用，产生细胞毒作用的成分之一为黄连碱。白屈菜碱对鼠 Jensen 肉瘤无作用。

2. 生物碱的作用

$α$-高白屈菜碱作用类似白屈菜碱；$β$-高白屈菜碱为痉挛毒，有局部麻醉作用。白屈菜红碱和某种 stilbylamine 类，可能与本植物能去除皮肤赘疣的作用有关。这些成分在植物干燥时，很易变化。白屈菜中的黄连碱是一种细胞毒，小檗碱可能与其抗菌、利胆等有关。总碱在体外能抑制革兰氏阳性细菌、结核杆菌、真菌等。原阿片碱、血根碱和白屈菜碱 716.7μg/mL，对考夫曼-沃尔夫毛癣菌及絮状表皮癣菌有抑制作用(于敏等,2008)。

【毒理】白屈菜红碱抑制微管蛋白的聚合(影响有丝分裂和其他微管有关的功能)。白屈菜红碱能够抑制紫杉醇介导的小鼠脑微管蛋白的聚合(Wolff and Knipling, 1993)，阻止细胞有丝分裂的进行，同时促使细胞凋亡。

【附注】中药用于治疗百日咳、慢性气管炎、青年扁平疣、还可用作镇痛解痉剂。

【主要参考文献】

黄松，杜方麓．2002．罂粟科白屈菜族的化学成分及植物化学分类依据的研究进展．湖南中医药导报，8(10)：582~584.

于敏，陈红卫，焦连庆，等．2008．白屈菜的研究进展．特产研究，(2)：76~78.

Wolff J，Knipling L．1993．Anti microtubule properties of benzophenanthridine alkaloids．Biochemistry，32(48)：13334.

秃 疮 花

Tuchuanghua

HERB OF SLENDERSTALK DICRANOSTIGMA

【中文名】秃疮花

【别名】秃子花、勒马回

【基原】为罂粟科秃疮花属植物秃疮花 *Dicranostigma leptopodum*（Maxim.）Fedde，以全草入药。春、夏采集，晒干。

【原植物】二年生或多年生草本，高约 30cm，全体含淡黄色液汁。根圆柱形。茎丛生，被长毛。基生叶簇生，长达 18cm；叶片轮廓倒披针形，长达 12.5cm，宽达 5cm，下面有白粉，羽状全裂或深裂，2 回裂片疏生小牙齿；茎生叶小，无柄，羽状全裂。花橙黄色，直径约 3cm，呈聚伞花序式排列，花柄无苞片；萼片 2，卵形；花瓣 4；雄蕊多数；胚珠多数。蒴果长圆柱形，长 5~8cm，成熟时山顶向基部裂为 2 瓣。

【生境】生于丘陵、山坡、路边或墙上。

【分布】伏牛山主产。分布河南、陕西、山西、甘肃等地。

【化学成分】全草含 10-二十九烷醇（ginnol）、异紫堇定碱（isocorydine）、紫堇定碱（corydine）、原阿片碱、血根碱、别隐品碱、海罂粟碱（glaucine）、异紫或杷明碱（isocorypalmine）、蝙蝠葛任碱（menisperine）、木兰花碱（magnoflorine）、紫堇块茎碱（corytuberine）。根含白屈菜红碱、血根碱、原阿片碱、别隐品碱、隐品碱。从秃疮花中还发现 11 个异喹啉类生物碱，其中 2 个萘菲啶类、1 个吗啡烷类、4 个阿朴菲类和 4 个普罗托品类生物碱化合物，结构分别鉴定为：二氢血根碱、6-丙酮基-5,6-二氢血根碱、青风藤碱、秃疮花红碱、异紫堇碱、紫堇碱、N-甲基莲叶桐文碱、顺式普罗托品季铵盐、反式普罗托品季铵盐、原阿片碱、别隐品碱（刘大护等，2011）。

【毒性】有毒。含有的异紫堇碱 N-甲基氯化物大鼠腹腔注射的 LD_{50} 为 (10.9 ± 0.9) mg/kg。原阿片碱小鼠腹腔注射 LD_{50} 为 0.482g/kg。

【药理作用】中药用于清热解毒、消肿止痛、杀虫。治疗扁桃体炎、牙痛、淋巴结结核；外用治头癣、体癣。主要药理作用包括下述几点。

1. 抗菌、抑菌作用

从该植物中提取的有效成分与链霉素、异烟肼相比较，前者在低浓度时也能很好地抑制结核菌的生长。其在一定浓度范围内对细胞具有毒性作用，可抑制细胞的分裂和繁殖，对病毒有较强的抑制和灭活作用，且对传染性脓疱有很好的治疗作用（毛爱红等，2004）。

2. 抗溶血和改善微循环的作用

秃疮花提取物对 H_2O_2 诱导的鼠红细胞溶血的抑制率可达 78%，并能通过增强红细胞的自由基清除能力而使细胞膜免受氧化性损伤，通过抑制乙酰苯肼对葡萄糖-6-磷酸脱氢酶的干扰，而缓解鼠红细胞的氧化性溶血(赵祁等，2006)。紫堇碱脱氢后形成的去氢紫堇碱(DHC)可以通过增加血小板中 cAMP 的质量浓度而抑制血小板凝集(Linder and Goodman，1982)。异紫堇碱是从秃疮花、紫金龙等中提取的生物碱，在心血管系统具有广泛药理作用，有明显镇痛、镇静、缓解内脏和平滑肌痉挛等作用。其具有扩血管及心脏作用与抑制受体中介的钙释放和钙内流作用，进而抑制去甲肾上腺素(NA)引起的心肌细胞 Ca^{2+} 升高，达到抑制血管收缩的作用，但不是典型钙拮抗剂(蒋青松等，1998)。

3. 对中枢和平滑肌的抑制作用

异紫堇啡碱对小白鼠具有较明显的镇痛、镇静作用；可使豚鼠回肠、子宫、支气管及离体心脏冠脉血管平滑肌松弛；还发现可使家兔头颈部血流量增加，并有轻微短暂的降压作用；还能拮抗去甲肾上腺素对雌兔输卵管峡部平滑肌的作用，明显延缓兔卵在输卵管中的运行(侯天德等，2004)。

4. 对心肌细胞的作用

异紫堇啡碱能解除动静脉血管平滑肌痉挛、增加冠脉流量、影响血流动力学参数、对常见几种心律失常模型均具有对抗作用、对心肌细胞动作电位和收缩力有作用，可抑制由受体介导的心肌细胞内游离钙的增高(黄燮南等，2002)。

5. 对小鼠肝损伤的保护作用

研究不同剂量的秃疮花注射液对小鼠 CCl_4 肝损伤的保护作用时发现，该制剂能明显降低 CCl_4 引起的血清谷丙转氨酶(ALT)、碱性磷酸酶(ALP)、谷草转氨酶(AST)、乳酸脱氢酶(LDH)和肝脏丙二醛(MDA)水平的升高，并能维持血清超氧化物歧化酶(SOD)水平，使肝脏组织病理变化得以改善。研究还发现秃疮花提取物对卡介苗(BCG)和脂多糖(LPS)诱导的小鼠免疫性肝损伤具有一定保护作用。

6. 提高机体免疫力

秃疮花注射液对实验性免疫功能低下小鼠有明显的免疫增强作用，在机体非特异性免疫、特异性体液免疫等方面具有显著的提高作用，可作为免疫增强剂。巨噬细胞是免疫应答中一类十分活跃的细胞，它在非特异性免疫、体液免疫，以及肿瘤免疫等方面起着重要作用，秃疮花提取物可诱导巨噬细胞活化并提高其免疫功能。异紫堇碱、原阿片碱对小鼠腹腔巨噬细胞免疫能力有较强的促进作用。

【毒理】秃疮花水溶性制剂的毒性试验以局部毒性法、Reed-Muensch 法和寇氏 Karber 法进行动物皮肤刺激试验和犊牛睾丸细胞、鸡胚及小鼠的 LD_{50} 试验。试验表明，秃疮花水溶性制剂对动物皮肤无刺激，对动物皮肤无毒，但在动物体内有低毒(党岩等，2011)。

【主要参考文献】

党岩，马志宏，苟想珍，等. 2011. 秃疮花水溶性制剂的毒性试验. 动物医学进展，32(12)：70~74.
侯天德，刘阿萍，张继，等. 2004. 紫堇总生物碱对血压和离体主动脉平滑肌张力的影响. 西北师范大学学报，40(4)：71~73.
黄燮南，吴芹，雷开键. 2002. 异紫堇啡碱对培养乳鼠心肌内游离钙的影响. 遵义医学院学报，25(2)：97~99.

蒋青松，黄燮南，孙安盛，等. 1998. 异紫堇啡碱对血管平滑肌钙内流和钙释放的影响. 中国药理学通报，14(6)：546~548.

刘大护，张天才，柳军玺，等. 2011. 秃疮花生物碱类化学成分研究. 中草药，42(8)：1505~1508.

毛爱红，王勤，王廷璞，等. 2004. 秃疮花提取物对小鼠免疫性肝损伤的保护作用. 中国药理学通报，20(28)：940~943.

赵祁，韩寅，杜宇平. 2006. 秃疮花提取物对红细胞氧化性溶血的抑制机制. 兰州大学学报(医学版)，32(3)：40~45.

Linder B L, Goodman D S. 1982. Studies on the mechanism of the inhibition of platelet aggregation and release induced by high levels of arachidonate. Blood, 60(2)：436~445.

角 茴 香

Jiaohuixiang

ROOT OF ERECT HYPECOUM

【中文名】角茴香

【别名】咽喉草、麦黄草、黄花草、雪里青、山黄连、野茴香

【基原】为罂粟科角茴香属植物细叶（直立）角茴香 *Hypecoum erectum* Linn. (*Chiazospermum erectum*(Linn.)Bernh.)的根、全草。春季开花前挖根及全草，晒干备用。

【原植物】一年生草本，高 20~40cm。茎多数，上部分枝。基生叶 12~18 枚，长 1.5~9cm；叶片有白粉，轮廓倒披针形；羽状全裂，1 回裂片 2~5 对，约 3 回细裂，小裂片条形，宽约 0.3mm，先端尖；茎生叶小，无柄，裂片丝状。聚伞花序具少数或多数分枝；萼片 2，绿色，有白粉，狭卵形，长约 3mm；花瓣黄色，外面 2 个较大，扇状倒卵形，长约 9mm，里面 2 个较小，楔形，3 裂近中部；雄蕊 4，长约 6mm；雌蕊与雄蕊近等长，子房条形，柱头 2，花柱及柱头宿存。蒴果条形，长约 5cm，宽约 1mm，裂为 2。种子矩形，长约 1mm，两面有显著的十字形突起，黑褐色。花期 5~6 月。

【生境】生于干燥山坡、草地，沙地、砾质碎石地。

【分布】伏牛山野生。分布河南、辽宁、陕西、山西、河北、内蒙古和新疆等地，另外东北、华北、西北地区及西藏也有记载。

【化学成分】全草含角茴香碱(hypecorine)、角茴香酮碱(hypecorinine)、原阿片碱、黄连碱、别隐品碱、刻叶紫堇胺(corydamine)、左旋的 N-甲基四氧小檗碱(*N*-methylcanadine)、直立角茴香碱(hyperectine)。果实主含黄酮类化合物，内有槲皮素-3-*O*-鼠李糖苷(quercetin-3-*O*-rhamnoside)、槲皮素-3-*O*-葡萄糖苷(quercetin-3-*O*-glucoside)、槲皮素-3-*O*-半乳糖苷 (quercetin-3-*O*-galactoside)、槲皮素-3-*O*-木糖苷 (quercetin-3-*O*-xyloside)、槲皮素(quercetin)、山奈酚(kaempferol)、山奈酚-3-*O*-葡萄糖苷(kaempferol-3-*O*-glucoside)、山奈酚-3-*O*-半乳糖苷(kaempferol-3-*O*-balactoside)、山奈酚-3-芸香糖苷(kaempferol-3-rutinoside)。还含有机酸类化合物，内有 3-咖啡酰奎宁酸(3-caffeoylquinicacid)、4-咖啡酰奎宁酸、5-咖啡酰奎宁酸、3-阿魏酰奎宁酸(3-feruloylauinicacid)、4-阿魏酰奎宁酸、5-阿魏酰奎宁酸、4-(β-D-吡喃葡萄糖氧基)-苯甲酸[4-(β-D-glucopyra-nosyloxy)-benzoicacid]、羟基桂皮酸(hydroxycinnamicacid)、羟基苯甲酸(hydroxybenzoicacid)等。又含挥发油，其中主成分是反式茴香脑(anethole)，还有对丙烯基苯基异戊烯醚(foeniculin)、α-蒎烯(α-pinene)、β-蒎烯、樟烯(β-camphene)、月桂烯

(myrcene)、α-水芹烯(α- phellandrene)、α-柠檬烯(α-limonene)、3-皆烯(3-carene)、枝叶素(cineole)、4(10)-侧柏烯[4(10)-thujene]、α-松油烯(α-terpinene)、芳樟醇(linalool)、α-松油醇(α-terpineol)、4-松油醇(4-terpineol)、爱草脑(estragole)、顺式茴香脑、茴香醛(anisaldehyde)、α-香柑油烯(α-bergamotene)、顺式-β-金合欢烯((Z)-β-farnesene)、反式丁香烯(trans-caryophyllene)、对苯二醛(tereph-thaldehyde)、β-甜没药烯(β-bisabolene)、α-薄草烯(α-humulene)、3-甲氧基苯甲酸甲酯(3-methyl-methoxyenzoate)、β-芹子烯(β-selinene)、α-(王古)(王巴)烯(α-copaene)、对甲氧基苯-2-丙酮(p-methoxyphenylpropan-2-one)、δ-及 γ-荜澄茄烯(cadinene)、β-愈创木烯(β-guaiene)、橙花叔醇(nerolidol)、榄香醇(elemol)、甲基异丁香油酚(methylisoeugenol)、β-橄榄烯(β-maaliene)、胡萝卜次醇(carotol)、柏木醇(cedrol)、对甲氧基桂皮醛(p-methoxycinna-maldehyde)(Philipov, et al, 2009;文怀秀等, 2009;于荣敏等, 2007)。雷国莲等研究发现, 角茴香全草含角茴香碱、角茴香酮、原阿片碱、直立角茴香碱(雷国莲等, 2003)。

【毒性】有小毒。急性毒性不大, 对小鼠腹腔注射的 LD_{50} 为 0.2mg/kg。中毒时可使动物运动失调、不安、抽搐、流涎、姿势及循环障碍等, 故可能与吗啡相似, 作用于垂体外系及中脑部位。

【药理作用】中药清热解毒。用于咽喉肿痛、目赤。主要作用包括以下几点。

1. 抑菌作用

本植物水煎剂对人型结核杆菌及枯草杆菌有抑菌作用。乙醇提取物对金黄色葡萄球菌、肺炎球菌、白喉杆菌、枯草杆菌、霍乱弧菌、伤寒杆菌、副伤寒杆菌、痢疾杆菌、大肠杆菌及常见致病菌均有较强的抑制作用(李普衍和韩晓萍, 2006)。醇提取物在体外对革兰氏阳性细菌(金黄色葡萄球菌、肺炎球菌、白喉杆菌等)的抑菌作用与青霉素钾盐 20u/mL 相似;对革兰氏阴性细菌(枯草杆菌、大肠杆菌、霍乱弧菌及伤寒杆菌、副伤寒杆菌、痢疾杆菌等)的抑菌作用与硫酸链霉素 50u/mL 相似;对真菌的抑菌作用大于 1%的苯甲酸及水杨酸。

2. 刺激作用

挥发油中的茴香醚具有刺激作用, 能促进肠胃蠕动, 可缓解腹部疼痛;对呼吸道分泌细胞有刺激作用, 从而促进分泌。可用于祛痰。

3. 升白细胞作用

本植物提取物甲基胡椒酚, 给正常家兔和猴 im 100mg/只, 给药后 24h 白细胞为给药前 150%($P<0.05$), 正常犬 im 300mg/只, 给药后 24h 出现升白现象, 连续用药白细胞连续增加, 停药后 2h 白细胞仍为用药前的 157%, 骨髓细胞数为用药前 188%, 骨髓有核细胞呈活跃状态。正常犬 1 次 po 肠丸 200mg/只, 24h 白细胞升高, 48h 为用药前的 161%($P<0.05$)。手术直接灌入肠道, 6～24h 出现明显白细胞升高现象, 为用药前的 166%～181%($P<0.01$)。犬用环磷酰胺导致的白细胞减少症, 若同时服用甲基胡椒酚则可使犬全部存活, 白细胞下降慢, 恢复快。对化疗和放疗病人的白细胞减少症有较好疗效。

4. 具雌激素活性

本植物所含茴香脑具有雌激素活性。

5. 保肝、镇痛、化感作用

角茴香正丁醇提取物对肝细胞水肿变性、胞浆疏松及坏死均有明显保护作用, 还通过小鼠热板试验可知，其具有一定的镇痛作用（郭洁等，2006）。研究还发现，角茴香水浸液中含有的化感物质可引起生菜幼苗体内过量活性氧的产生，进而造成了其生长弱小，竞争力削弱（王俊儒等，2008）。

【毒理】本植物中含有的别隐品碱属原阿片碱类，其作用与罂粟碱相似。在离体豚鼠心耳标本上，能延长兴奋期。静脉注射可使豚鼠、兔血压轻度升高，大量则降压；能引起心律不齐，并对肾上腺素引起的心律不齐有增敏作用。在离体心脏上能扩张冠状动脉，降低心收缩力、振幅及频率。对离体小肠，先引起收缩，重复用药则导致松弛。有轻度的镇咳作用（电刺激猫喉神经法）。对兔有缩瞳作用，能降低眼压。

【附注】《河南中草药手册》中记载，有清热、消炎、止痛功效。《中国沙漠地区药用植物》中记载，有泻火、解热、镇咳功效。

【主要参考文献】

郭洁，黄伟，张喜德. 2006. 角茴香有效部位的筛选. 陕西中医学院学报，29（2）：58~59.

雷国莲，颜永刚，罗小红. 2003. 角茴香的生药学研究. 陕西中医学院学报，26（4）：52.

李普衍，韩晓萍. 2006. 角茴香醇提物抗炎作用的实验研究. 青海医学院学报，27（3）：193.

王俊儒，庞珂佳，张跃进，等. 2008. 角茴香根水浸液对生菜的化感潜力及机理初探. 西北植物学报，28（9）：1897.

文怀秀，邵赟，陶燕铎，等. 2009. RP-HPLC 法测定藏药细果角茴香中原阿片碱的含量. 药物分析杂志，29（1）：139.

于荣敏，王春盛，宋丽艳. 2007. 罂粟科植物的化学成分及药理作用研究进展. 上海中医药杂志，38（7）：59.

Philipov S L, Istatkova R, Denkova P, et al. 2009. Alkaloids from Mongolian species *Hypecoum lactiflorum* Kar. et Kir. Pazij. Natural Product Research，23（11）：982~987.

皂 角 刺

Zaojiaoci

SPINE OF CHINESE HONEYLOCUST

【中文名】皂角刺

【别名】皂荚刺、皂刺、天丁、天丁明、皂角针、皂针

【基原】为豆科植物皂荚 *Gleditsia sinensis* Lam.或山皂荚 *Gleditsia japonica* Miq.的干燥棘刺。全年均可采收，但以 9 月至第二年 3 月间为宜，干燥，切片晒干；或趁鲜切片，干燥（国家药典委员会，2005）。

【原植物】原植物含两种，分述如下。

1. 皂荚

乔木，高达 15cm。刺粗壮，通常分枝，长可达 16cm，圆柱形。小枝无毛。一回偶数羽状复叶，长 12～18cm；小叶 6～14 片，长卵形、长椭圆形至卵状披针形，长 3～8cm，宽 1.5～3.5cm，先端钝或渐尖，基部斜圆形或斜楔形，边缘有细锯齿，无毛。花杂性，排成腋生的总状花序；花萼钟状，有 4 枚披针形裂片；花瓣 4，白色；雄蕊 6～8；子房条形，沿缝线有毛。荚果条形，不扭转，长 12～30cm，宽 2～4cm，微厚，黑棕色，被白色粉霜。花期 4～5 月，果期 9～10 月。

2. 山皂荚

乔木，高可达 25m。刺略扁，长 5～10cm，常有分枝。幼枝淡紫色。一回偶数羽状复叶，长 25～30cm；小叶 8～12 对，长椭圆形或卵状长椭圆形，长 1～4cm，全缘或有疏圆齿，上面有光泽，中肋上有短柔毛，下面无毛；长枝上为二回偶数线状复叶，有 3～6 对羽片；小叶 5～10 对，狭卵形、卵状长圆形或卵状披针形；叶轴有短柔毛。细长总状花序；花有短梗；杂性异株，花黄绿色；雄蕊花瓣椭圆形，雄蕊 8；两性花的雄蕊较小。荚果长 25～30cm，宽 2～3.5cm，扭曲，并有泡状隆起，种子靠近中部；种子卵状椭圆形，稍扁，栗褐色。花期 6～8 月，果期 9～11 月。

皂角刺完整的棘刺有多数分枝，主刺圆柱形，长 5～15cm，基部粗 8～12mm，末端尖锐；分枝刺一般长 1.5～7cm，有时再分枝成小刺。表面棕紫色，尖部红棕色，光滑或有细皱纹。质坚硬，难折断。药材多纵切成斜片或薄片，厚在 2mm 以下，木质部黄白色，中心为淡灰棕色而疏松的髓部。无臭，味淡。以片薄、纯净、整齐者为佳。

【生境】生于路边、沟旁、住宅附近、山地林中。

【分布】主产河南伏牛山区。湖北、山西和江苏等地广有分布。另外，我国的吉林、辽宁、河北、山东、安徽、浙江均有分布。

【化学成分】含酚类、内酯类、黄酮类、黄酮苷类、单宁类和鞣花酸类化合物。黄酮类化合物有黄颜木素（fustin，即 3,7,3,4,-四羟基双氢黄酮）、非瑟素（fisetin，即 3,7,3,4-四羟基黄酮），并含有无色花青素（徐哲等，2008；李万华等，2000）。

【毒性】孕妇忌用皂角刺。

【药理作用】皂角刺具抗癌作用：①体外试验。热水浸出物对 JTC-26 抑制率为 50%～70%。②体内实验。对浊鼠肉瘤-180 有抑制活性的作用。煎剂用平板打洞法，对金黄色葡萄球菌和卡他球菌有抑制作用；水浸剂 60g/kg 灌胃对肉瘤-180 的抑制率为 32.8%。③中药功效为消肿脱毒、排脓、杀虫。（李荣等，2009；Lim et al.，2005）。

【毒理】性温，味辛，有小毒（国家药典委员会，2005）。

【附注】中药记载，功能主要有消肿脱毒、排脓、杀虫。用于痈疽初起或脓化不溃；外治疥癣麻风。可入中药，多在治疗粉刺、睑腺炎、活血软坚散结时使用（国家药典委员会，2005）。

中医临床应用中，治疗急性扁桃体炎：皂角刺 3 钱水煎，早晚 2 次分服。观察 10 例，1 例无效（并发扁桃体周围脓肿），其余均在 2～8d 治愈。大都在服药次日，体温及白细胞下降至正常，自觉症状及扁桃体红肿减轻。

【主要参考文献】

国家药典委员会．2005．中华人民共和国药典（一部）．北京：化学工业出版社：124．

李荣，肖顺汉，刘明华，等．2009．皂角刺抗肿瘤作用研究新进展．四川生理学杂志，31（1）：29~31．

李万华，傅建熙，范代娣，等．2000．皂角刺化学成分的研究．西北大学学报（自然科学版），30（2）：137~138．

徐哲，赵晓顿，王漪檬，等．2008．皂角刺抗肿瘤活性成分的分离鉴定与活性测定．沈阳药科大学学报，25（2）：108~111．

Lim J C，Park J H，Budesinky M，et al．2005．Antimutagenic constituents from the thorns of *Gleditsia sinensis*．Chem Pharm Bull，53（5）：561~564．